国家科学技术学术著作出版基金资助出版

雅砻江大河湾岩溶水文地质及工程效应研究

中国电建集团华东勘测设计研究院有限公司

单治钢　周春宏　荣　冠　等　著

科学出版社

北　京

内 容 简 介

岩溶水文地质是工程建设中十分重要的问题，本书以雅砻江大河湾岩溶水文地质及工程效应研究为主题，全面总结高山峡谷区水电工程岩溶水文地质的勘察方法，系统研究雅砻江大河湾地区基本地质条件、岩溶发育特征与规律、岩溶水动态与均衡、岩溶水化学、岩溶水同位素等内容，深入开展锦屏二级水电站工程区大理岩高压低温溶蚀试验、数次大型岩溶水示踪试验。在此基础上，进行工程区岩溶发育程度分区、岩溶水文地质单元划分的工作，揭示各水文地质单元岩溶地下水补径排关系，对工程区深埋长隧洞群的瞬时最大涌水量和稳定涌水量进行合理预测，并对工程效应进行分析，为锦屏二级水电站的顺利建设提供科学依据及技术保障。

本书可供水利水电、交通、矿山等行业从事水文地质和工程地质研究的科研人员及工程技术人员参考。

图书在版编目 (CIP) 数据

雅砻江大河湾岩溶水文地质及工程效应研究 / 单治钢等著 . —北京：科学出版社，2018.3

ISBN 978-7-03-055895-4

Ⅰ. ①雅… Ⅱ. ①单… Ⅲ. ①水利水电工程–岩溶水–水文地质勘探–研究–四川 Ⅳ. ①P641. 134

中国版本图书馆 CIP 数据核字（2017）第 306244 号

责任编辑：张井飞 韩 鹏 陈姣姣 / 责任校对：张小霞
责任印制：肖 兴 / 封面设计：耕者设计工作室

科 学 出 版 社 出版
北京东黄城根北街 16 号
邮政编码：100717
http://www.sciencep.com
河北鹏润印刷有限公司 印刷
科学出版社发行 各地新华书店经销

*

2018 年 3 月第 一 版 开本：787×1092 1/16
2018 年 3 月第一次印刷 印张：30 3/4
字数：729 000

定价：398.00 元
（如有印装质量问题，我社负责调换）

序

我国西南水电开发所处的高山峡谷区多具有海拔高、河谷剥蚀强及地质作用、气候与水文条件随高程变化大等特点。受区域特殊构造背景的影响，高山峡谷区岩溶的发育规律有别于平原剥蚀区。因此，需探索研究针对高山峡谷区岩溶及其地下水的勘察技术，进一步研究高山峡谷区岩溶地下水运动规律，并结合水电工程建设开展岩溶地下水预测与工程处理措施研究。进行高山峡谷区岩溶水文地质研究对丰富岩溶地下水理论和水能资源开发具有重要的理论和实践意义。

雅砻江大河湾地区碳酸盐岩类地层分布广泛，为典型的高山峡谷地貌，地表及地下均发育不同程度的岩溶。雅砻江大河湾河间地块的岩溶水文地质条件是决定锦屏水电开发方式最重要的依据，同时也是解决锦屏山深埋隧洞优化设计、地质条件预报、涌水预测及治理等重要工程问题的基础。西南地区区域地质条件复杂、构造活动频繁、地形差异大，区域岩溶作用和地下水与普通地质条件下的规律存在差异，这给我们认识该条件下的岩溶作用规律及地下水循环条件提出了挑战。中国电建集团华东勘测设计研究院有限公司依托锦屏二级水电工程，从20世纪60年代中期以来，围绕雅砻江大河湾岩溶地质发育规律和岩溶地下水循环条件等方面开展了深入研究。具体包括：采用大范围综合岩溶定性调查方法对岩溶发育情况进行研究；开展长时段岩溶水动态观测、岩溶水示踪试验、岩溶水化学与同位素分析及水均衡等研究工作；结合岩溶区岩溶发育规律及水文地质条件的分析评价，采用多种方法对深埋长隧洞的涌水点、涌水量及外水压力进行预测和评价；开展隧洞开挖对环境水文地质的影响分析评价；提出深埋长隧洞施工期地下水的处理措施。其研究工作在复杂地质条件下的水文地质勘察研究方法、深埋岩溶地下水示踪试验及其分析方法、岩溶发育程度和深度综合分析方法等理论方面具有创新性。

《雅砻江大河湾岩溶水文地质及工程效应研究》一书作者对雅砻江大河湾岩溶地区进行了长期调查、勘察、试验及系统研究，取得了丰硕的成果。该书系统地介绍了作者多年来对雅砻江大河湾岩溶地质规律和岩溶地下水循环条件等方面的研究成果，包括：高海拔和高山峡谷区岩溶勘察分析的基本方法、雅砻江大河湾岩溶地区岩溶发育规律、岩溶水文地质单元划分、岩溶地下水循环分析、隧洞涌突水及外水压力预测研究、岩溶水文地质的工程效应问题等。这些内容对读者掌握高山峡谷区岩溶水文地质特征及工程效应具有重要帮助。同时，也可为西南地区类似地质条件的水电工程建设提供宝贵经验。该书是一部关于岩溶及其地下水研究的优秀著作，可为水利水电、交通、矿山等建设提供难得的研究数据，在理论研究和工程实践中均能起到重要的指导作用。

中国工程院院士　王思敬

2017 年 6 月 12 日

前　言

雅砻江大河湾已建的锦屏二级水电站总装机容量为 4800MW，是雅砻江流域中装机规模最大的水电站，为低闸、长引水式开发，其引水隧洞长 17.5km，埋深大多在 1500m 以上，最大埋深达 2525m。雅砻江大河湾区碳酸盐岩类地层分布广泛，占总面积的 70% ~ 80%，为典型的高山峡谷区岩溶。岩溶及高压涌水是锦屏二级水电站深埋长引水隧洞的关键工程地质问题之一。

对于典型岩溶地区，常态条件下的勘察研究方法、岩溶发育规律与影响因素、岩溶区工程地质问题及处理、岩溶区旅游资源的利用和岩溶区灾害防治等已有较多的研究成果，但对高海拔、高山峡谷区岩溶的系统研究较少，其中对高水头溶蚀型岩溶含水层的研究更少。中国电建集团华东勘测设计研究院有限公司自 20 世纪 60 年代以来，联合中国地质科学院岩溶地质研究所等单位，对雅砻江大河湾地区的岩溶地质作用、岩溶水文地质条件和岩溶地下水工程效应等进行了长达数十年的研究。本书系统总结了该方面的研究成果，为雅砻江大河湾开发方式的确定和锦屏二级水电站的顺利建设提供了科学依据。

本书共分为 10 章：第 1 章概述雅砻江大河湾岩溶水文地质问题的研究背景、研究现状、研究方法及研究成果；第 2 章简要介绍雅砻江大河湾地区自然与地质条件；第 3 章系统总结高山峡谷区岩溶水文地质勘察与分析方法；第 4 章分析影响雅砻江大河湾地区岩溶发育程度的主要因素，揭示岩溶发育特征与规律；第 5 章研究锦屏工程区水化学同位素特征，分析工程区岩溶发育特征与地下水补径排规律；第 6 章系统介绍锦屏二级水电站工程区历次岩溶水示踪试验的实施过程和试验结果，分析岩溶含水介质特征，以及水文地质单元间的水力联系；第 7 章介绍锦屏工程区岩溶地下水动态、水均衡分析方法及成果；第 8 章介绍锦屏工程区水文地质单元划分，并概述各单元岩溶水循环特征；第 9 章总结深埋隧洞涌突水及外水压力预测技术；第 10 章介绍岩溶水文地质条件对工程选址、设计和施工的影响，简述岩溶与涌突水的工程治理措施。

本书在编著过程中，参考了国内外专家学者的相关专著，在书后均已列出，作者在此一并表示感谢。由于作者能力有限，书中难免存在不妥之处，请同行专家不吝赐教，以便纠正和改进。

作　者

2017 年 3 月 24 日

目　　录

第 1 章 绪 论

锦屏二级水电站位于雅砻江干流雅砻江大河湾上。为满足水电站引水、施工及交通需求，共布置了 7 条横穿锦屏山的深埋隧洞，隧洞长 17.5km，最大埋深达 2525m。

雅砻江大河湾地区存在海拔高、峡谷陡峻、河谷温差及气候变化明显、第四纪以来河谷切割迅速等特殊自然地质条件。中国电建集团华东勘测设计研究院有限公司依托锦屏二级水电工程，自 20 世纪 60 年代中期以来，围绕雅砻江大河湾岩溶发育规律和岩溶地下水循环条件等方面开展了长期深入的系统研究。主要研究工作包括：区域基本地质条件、岩溶发育规律、岩溶水化学特征、岩溶水示踪试验、大理岩溶蚀试验、岩溶水文地质单元划分、岩溶地下水循环分析、岩溶水动态与均衡分析、隧洞涌突水及外水压力预测研究、岩溶水文地质的工程效应问题等。研究成果为雅砻江大河湾开发方式的确定和锦屏二级水电站的工程建设提供了重要的科学依据，并且可为西南地区类似地质条件的水电工程建设提供宝贵经验。

1.1 雅砻江大河湾自然与工程背景

1.1.1 雅砻江大河湾概况

雅鲁藏布江大河湾、金沙江大河湾和雅砻江大河湾是我国三大著名的河湾及峡谷。雅砻江是金沙江的第一大支流，发源于青海省玉树境内的巴颜喀拉山南麓，干流流经四川省西部，于攀枝花的倮果处汇入金沙江，全长 1670km，流域面积 12.8 万 km^2。雅砻江干流总体流向为平行于金沙江由北向南，雅砻江下游段与理塘河汇合后，河流流向急剧转变为向北东流，至九龙河口下游窝铺乡又急转变为向南流。雅砻江由此在该河段形成了由东、西雅砻江切割，中间横亘锦屏山脉的著名的雅砻江大河湾（图 1.1）。

雅砻江大河湾地处青藏高原向四川盆地过渡的两级地貌阶梯部位，河湾区为高山峡谷地貌。河间地块（锦屏山）近 SN 向展布，山势雄厚，沟谷深切，峭壁陡立。根据山川地势、相对高差、切割程度等，雅砻江大河湾内存在高山、中山、峡谷、夷平面、阶地、岩溶和冰蚀等地貌类型。雅砻江大河湾北端至南端火炉山一带长度在 90km 左右，由东、西雅砻江切割形成的大河湾河间地块宽 12~24km。东、西雅砻江间的河间地块（锦屏山）地表分水岭高程多为 3500~4000m，最高山峰海拔为 4488m（三堂山）。东、西雅砻江河水面高程为 1250~1635m。雅砻江 150km 长的大河湾存在 310m 的天然落差，加上雅砻江流量大，对其进行截弯取直引水发电可获得丰富的水能资源。

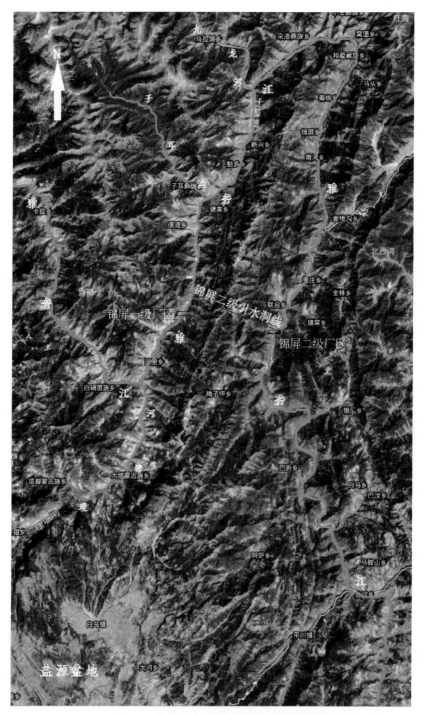

图 1.1　雅砻江大河湾地理位置示意图

1.1.2　锦屏二级水电工程背景

雅砻江下游河段（从卡拉至江口段）全长 412km，天然落差达 930m，该河段水能蕴藏量巨大，占雅砻江全流域可开发水能资源的 50%，其中锦屏水电枢纽工程是该河段的核心水电工程。锦屏水电枢纽工程由一级、二级两个梯级水电站组成：锦屏一级水电站位于四川省凉山彝族自治州盐源县和木里藏族自治县交界的雅砻江畔洼里乡灯盏窝，是雅砻江干流下游河段的控制性水库梯级电站；锦屏二级水电站位于四川省木里、盐源、冕宁三县交界处的雅砻江干流雅砻江大河湾上，上距锦屏一级水电站坝址 7.5km，系雅砻江下游的第二座梯级电站。锦屏二级水电站利用雅砻江 150km 长大河湾的天然落差，截弯取直开挖隧洞引水发电，额定水头 288m，为雅砻江上水头最高、装机规模最大的水电站，主要由首部低闸、长大引水系统、尾部地下厂房等三大部分组成。首部闸址位于雅砻江大河湾西端的猫猫滩，最大闸高 34.0m，取水口集中布置于闸址上游 2.9km 处的景峰桥右岸，地下厂房位于雅砻江大河湾东端的大水沟。电站总装机容量为 4800MW（8 台×600MW），工程建设总工期为 8 年 3 个月。锦屏二级水电站于 2007 年 1 月 30 日正式开工，2012 年 12 月 30 日首台机组投产发电，2014 年 11 月 29 日 8 台机组全部投产发电。

为满足锦屏二级引水、施工及整个锦屏枢纽交通的需求，共设计了 7 条横穿锦屏山的深埋隧洞，为世界上最大规模的水工隧洞群。其中，4 条引水洞线自景峰桥至大水沟，采用“4 洞 8 机”布置，平均长度约 16.7km，开挖洞径 13m，上覆岩体最大厚度为 2525m，具有埋深大、洞线长、洞径大的特点。沿线除了引水隧洞外，还开挖了两条辅助洞用于交通和勘探，辅助洞与引水隧洞之间为一条施工排水洞，用于排出引水隧洞开挖过程中揭露的涌突水。

雅砻江大河湾区碳酸盐岩类地层广泛，占总面积的 70%~80%，为典型的高山峡谷区岩溶，岩溶水文地质条件是深埋长引水隧洞的关键工程地质问题之一。在已有的岩溶研究成果中，关于典型岩溶地区、一般条件下的勘察方法、岩溶发育条件和影响因素、岩溶区工程地质问题及工程处理措施等的研究较多，但对高海拔、高山峡谷区岩溶发育规律及岩溶地下水循环的研究较少，尤其是对高水头溶蚀型含水层的研究在国内外极少。因此，从工程建设和岩溶水文地质学发展的角度，需对雅砻江大河湾岩溶发育规律、岩溶水文地质条件、深埋隧洞涌水量及外水压力等进行深入研究。

1.2　水电工程岩溶水文地质研究现状

1.2.1　岩溶基础地质研究

我国系统性的基础地质、水文地质调查始于 20 世纪 60 年代，至 80 年代，全国大部分地区已经完成了 1∶20 万区域地质和水文地质普查工作，这些基础地质研究成果是我国西部大部分地区迄今为止最为完整和详尽的地质资料，为我国西部水电工程建设提供了最为权威、可靠的基础资料。但在西部高海拔人烟稀少区域，仍有相当范围的区域未开展过1：20万区域水文地质调查工作。80~90年代，针对我国"北旱南涝"、岩溶干旱（北方地区为"资源性缺水"，南方岩溶区为"结构性缺水"）和区域性贫困等问题，国家启动了一些局部范围的扶贫攻坚基础研究工作，如地质部门在湖南洛塔、广西地苏地下暗河等地区开展了以开发地下水资源为主要目的的综合水文地质调查。

"十五"以来，我国启动了新的国土资源大调查。从1999年开始，地质行业以西南岩溶地区为重点开展了1：5万岩溶流域水文地质、地质环境、水资源评价等调查与研究工作。到2011年共完成了63个典型岩溶流域的岩溶水文地质与地质环境调查，调查面积达14.82万km²，对各流域的边界条件，岩溶含水层组类型和水文地质结构，岩溶地下水的补径排进行了详细的调查和研究。对西南岩溶区可采地下水资源量和地下水资源开发潜力进行了评估。选择典型岩溶流域，实施地下水开发与环境治理示范项目12项，取得了显著的成效。在工程地质调查与研究方面，重点围绕三峡水利枢纽库区及影响带开展工作，以危岩体、滑坡和泥石流等地质灾害的调查、监测、机制研究和灾害预报为主要内容，形成了较成熟的重大地质灾害防治与监测的技术方法。

在北方地区，主要针对"资源性缺水"开展水资源开发与保护性调查、监测和研究工作，完成了11个主要盆地和平原的地下水资源及其环境地质调查。例如，在鄂尔多斯盆地，查明了盆地含水层系统结构，发现并圈定了18处特大型地下水富集区，为鄂尔多斯盆地能源基地建设规划提供了水源保障；在山西主要开展以岩溶大泉保护性开发和地下水系统修复为目标的调查、监测和研究工作。2000年以来，对19处岩溶大泉进行了深入研究，查清了各岩溶泉域范围，研究了各岩溶泉域的地下水循环，分析了水资源环境问题及其成因机制。初步建立和优化了地下水位、水量与水质监测网，提出了水资源保护的目标与措施，为山西地下水资源的开发与保护奠定了基础。

在上述十多年研究的基础上，我国完成了地下水资源第二轮评价，查明地下水可开采资源量3257亿m³，建立了1：20万和一些重点地区的1：5万区域水文地质数据库，完成了1640个山地丘陵县（市）650万km²的地质灾害调查和区划，查出地质灾害隐患点24万处。这些研究成果为西部水电工程建设提供了最新的基础资料。同时，水文地质研究已经从传统单一的对水文现象的认识阶段发展到以地球系统科学思路为指导进行研究的阶段。一些新的理论和研究方法逐渐形成，并应用于西部水电工程建设的地质研究中。例如，岩溶动力学理论，即以碳-水-钙相互作用来认识岩溶动力系统的结构、功能和运行规律；岩溶水温度、同位素和水化学"三场"理论等。岩溶动力学理论初步奠定了岩溶地质调查、勘察和监测的理论基础。一系列新仪器和新技术方法在地下水调查中得到应用，如遥感技术、核磁共振及多功能电磁法等技术，为地下水的调查与开发利用提供了技术保障。

国土资源行业主要是以区域性的普通地质与水文地质调查研究为主，总体研究程度较低。例如，1999年以来西南岩溶地区实施的重点岩溶流域1：5万岩溶水文地质及地质环境调查主要集中在滇东、川东及其以东地区，滇中、川西地区只有1：20万区域水文地质调查资料。一些地形复杂的偏远高山峡谷区，如三江并流区上游地区，相关水文地质、工程地质和地质环境调查工作程度低，1：20万水文地质调查工作尚未开展。对于西南主要流域中上游及高海拔区，普通地质及水文地质缺乏系统研究，难以满足西部重大水电工程建设的需要。因此，西部大型水电工程建设均需在上述工作的基础上，开展更为详细的地质、水文地质调查工作，包括符合工程要求的岩溶水文地质研究工作。针对特定工程需进行岩溶与水文地质调查专题，以查清库坝区岩溶发育、分布规律和地下水循环运移规律。例如，锦屏二级水电站可行性研究阶段的"岩溶水文地质专题研究"、滇中引水工程的"滇中引水工程沿线岩溶发育规律性研究"等。

从已有的岩溶及岩溶地下水研究成果来看，主要集中在地质、气候、水文与岩溶形成的关系，岩溶作用和碳循环，岩溶地质及其相关生态系统全球对比等理论研究方面。在岩溶工程地质和水文地质研究方面，国内研究成果主要包括：①万家寨水库右岸岩溶渗漏试验研究，通过微量元素多元示踪环境同位素及水化学分析和数值模拟，对万家寨水库右岸岩溶渗漏问题进行综合研究，查明渗漏途径和渗漏强度，为水库渗漏治理提供依据，探索北方水库岩溶渗漏调查的有效途径。②中国北方岩溶区水库渗漏综合试验研究，采用示踪试验与地下水化学成分、地下水同位素监测相结合的方法研究岩溶发育规律。主要内容有岩溶发育规律研究、示踪试验（示踪元素、试验时机、试验区选取）、数据分析与模拟计算、现场调查等。③云南石林岩溶形成机制与地下水库渗漏问题前期研究，它从岩溶含水层结构、洞穴学、岩石学、岩石微形态、地质构造、水文地质和水化学等多方面深入和定量地探讨云南石林地区岩溶发育过程和影响因素，主要内容有石林地下水库区岩溶含水层结构及作用，石林地区地表形成研究，洞穴系统探测研究及人类活动对石林的影响和保护，得出了建设石林地下水库不可行的结论。④陇东盆地西部岩溶地下水形成机制研究，通过运用构造控水分析、水化学同位素等方法，对岩溶裂隙水系统进行了深入的分析和讨论。根据岩溶水的空间分布与水动力条件及其补径排条件，全区可划分为 3 个相对独立的岩溶水系统。

结合我国西南水电工程建设的经验，对相关的岩溶问题进行了较系统的总结，其中代表性的成果有《水利水电岩溶工程地质》（邹成杰，1994）。近 20 年来，西南大型水电工程建设先后开展了库坝区岩溶渗漏、库坝稳定、涌水突泥及水环境问题等研究，这些研究成果对西南水电工程建设发挥了重要作用。雅砻江大河湾突出的特点是海拔高、河谷深切及地质作用、气候与水文条件随高程变化大。由于高山峡谷区通行困难，常规岩溶水文地质研究工作难以全面开展，锦屏二级水电站岩溶水文地质研究主要采用大范围综合岩溶定性调查，重点开展长时段岩溶水动态观测，进行岩溶水示踪试验和岩溶水化学与同位素分析研究，采用水均衡等方法研究大河湾区不同单元的岩溶水文地质特征。采用地下水动力学理论和通过长探洞的施工实践对深埋长隧洞的涌水水文地质作出预测和评价，同时开展隧洞开挖对环境水文地质的影响分析研究。在勘探技术上配合钻孔揭露，重点通过超深平洞勘探查明研究区复杂的岩溶发育规律及其水文地质系统特征。锦屏二级水电站岩溶水文地质研究突出了高海拔、高山峡谷区和高压低温状态的岩溶作用和水文地质条件，以大范围岩溶调查、勘探钻孔长探洞，以及长时段的岩溶水流量、水化学、水同位素动态和示踪试验、溶蚀试验为基础，利用多方法获取的信息研究岩溶发育特征和水文地质格局，无论其勘察研究方法、手段还是取得的成果，都是目前为止最深入和最系统的，弥补了我国甚至世界上高海拔、高山峡谷区岩溶水文地质系统性研究方面的不足。

1.2.2 水电工程岩溶及地下水研究

地球71%的面积为水圈,陆地面积占29%,地球陆地中碳酸盐岩占15%。全球碳酸盐岩主要分布在中国南部,以及地中海沿岸、欧洲东部、东南亚和美国东南部等地区,40个国家有岩溶发育。中国的碳酸盐岩层分布面积为344.3万km²,约占陆地面积的36%,出露面积约91万km²,占陆地面积的9.4%。岩溶地貌从温带到热带、从半干旱到湿润气候均有分布。我国岩溶类型发育齐全,是全球少有的天然岩溶档案馆。岩溶地貌及岩溶作用蕴藏了地质历史时期以来环境和生态变化的信息,同时还包含了不同地质、气候、水文、生物条件下,不同岩溶动力系统的特征及发育规律。由于我国具有齐全的岩溶动力系统类型,通过研究者近几十年的努力,我国的岩溶研究水平处于国际前沿,同时也推动了世界各国的岩溶研究。目前,岩溶研究的主要方向集中在地质、气候、水文与岩溶作用的关系,碳循环、岩溶地质对生态系统的影响等方面。

法国的阿朗坝是最早在岩溶地区修建的土坝,该坝建于1845年,坝高13m。由于存在岩溶渗漏问题,1860年开始进行防渗灌浆并取得了成功。在之后的150多年间,世界上不少国家先后在岩溶地区兴建了规模不等的水库和大坝,在开发岩溶区的水能资源方面取得了显著成就。据不完全统计,在国外岩溶地区已建大中型水电工程130座以上,其中坝高在100m以上者有20余座。1970~1985年,岩溶工程地质研究发展迅速,在岩溶地区修建水库和大坝的国家越来越多,而且规模越来越大。例如,苏联1978年建成的英古里坝,坝高271.5m,是目前在岩溶地区修建的最高大坝;土耳其的凯班水库,总库容106亿m³,是目前在岩溶地区建造的最大水库。

岩溶区兴修水库由于岩溶工程地质研究不清楚或由于防渗处理不妥将有可能发生严重的渗漏问题。例如,美国1920年修建的赫尔斯巴尔坝,坝高25m,水库渗漏量达50m³/s,防渗处理持续26年之久,最后因处理无效而被迫放弃。土耳其的凯班水库建成于1974年,由于岩溶地质条件未查清,水库蓄水后渗漏量达26m³/s。经过复杂的防渗处理,后期的渗漏量已减少至8.7m³/s左右。防渗帷幕线路长、深度大,是岩溶区防渗处理的基本特征。例如,伊拉克的多康坝,坝高116.5m,防渗帷幕总长达2541m;南斯拉夫的斯拉诺水库,坝高22.5m,防渗帷幕总长达7000m;南斯拉夫的腊马若坝河床防渗帷幕深度达200m。

我国地域辽阔,江河纵横,蕴藏着丰富的水能资源。20世纪50年代前,我国的水电工程屈指可数,岩溶地区的水电工程几乎是空白。自20世纪50年代以来,特别是80年代末期以来,我国水能资源开发进入快速发展阶段。据统计,在岩溶区已建水电工程中,装机在1万kW以上的水电站38座;库容在1亿m³以上的水库32座。除此之外,还有数千座小型水库分布在我国不同的岩溶地区。

根据我国岩溶区水电工程建设历程,水电工程岩溶研究的主要进展如下:

第一阶段,1951~1960年,岩溶工程地质研究起步阶段。主要包括六郎洞、水槽子及新安江水库的勘察研究工作。1956年建成官厅电站,1958年建成水槽子电站,1960年建成六郎洞电站,这是我国在岩溶地区最早兴建的一批水电站。同时,在长江三峡的南津关灰岩坝址，开展了三峡工程的前期勘察工作。

第二阶段，1961～1982 年，岩溶工程地质研究发展阶段。在西南和华中广大地区，进行了较多的岩溶水库及坝址勘察研究，包括广西的龙江、拉浪、拔贡、六甲等电站的勘察设计和工程建设。1958 年贵州全面开展了猫跳河梯级开发规划和岩溶工程地质研究，经过 20 年的研究，1979 年猫跳河梯级开发完成，成为我国岩溶区梯级开发的典范，也是流域岩溶研究较系统、全面的河流。

1958 年，在乌江干流上开展了乌江渡电站的勘察设计工作。1982 年，建成了我国岩溶地区的第一座高坝（165m）、大库容（23 亿 m³）的大型水电站（630MW）——乌江渡水电站。乌江渡水电站在深岩溶高压防渗帷幕灌浆和高坝地基岩溶处理方面取得了成功，为之后岩溶工程处理提供了经验。1975 年，红水河下游的大化水电站开工；水库左岸亮山分水岭地区岩溶发育比较强烈，地下分水岭低于库水位 9～12m；经过科学分析，论证了水库渗漏问题较小且建库可行。黄泥河的阿岗和鲁布革等电站也进行了细致的岩溶工程地质研究工作。乌江流域的东风、彭水，清江流域的隔河岩，红水河的天生桥一级和二级、龙滩、岩滩、黄河万家寨，澧水流域的江垭，太子河上的观音阁等多个大中型水电站工程，先后开展了岩溶工程地质研究。此阶段，在研究岩溶作用和岩溶地下水等方面，采用遥感技术、无线电波透视法、水文网分析法、电网络模型试验、同位素地质学等方法来研究岩溶发育及地下水循环规律。

第三阶段，1983 年至今，岩溶工程地质研究深入阶段。本阶段是岩溶区水电工程建设高速发展阶段，在此期间，完成了鲁布革、天生桥二级、岩滩、东风、隔河岩、观音阁、高坝洲、洪家渡、构皮滩、思林、光照、恶滩、江垭等大型水电工程建设。在金沙江上，溪落渡巨型电站（水库及坝基深部均为岩溶化地层），还有雅砻江上的锦屏一级、二级电站，均已建设完成。举世瞩目的长江三峡水利枢纽建成，电站大坝虽在非可溶岩地区，但水库区域却分布较多的碳酸盐岩，为研究水库岩溶发育规律和渗漏问题，开展了大量岩溶地质研究工作。

现阶段，岩溶工程地质研究工作，不论在勘察方法还是研究理论方面，均有较大的进展。在勘察方法方面，除常规的勘察手段之外，大力发展了瞬变电磁法、微重力法、地质雷达、红外探测、地震勘测、陆地声呐等地球物理勘探技术；在研究理论方面，不断趋于科学化、理论化和模型化。例如，采用地下水渗流场、水化学场、水温场和同位素场的分析方法，应用逻辑信息法、模糊数学评判法，对水库进行渗漏计算和预测。在岩溶水均衡、水动态及衰减变化规律方面也取得了新进展。岩溶区水电工程主要问题包括岩溶、岩溶水渗漏和防渗处理。在勘测技术方面，主要综合采用多种物探、钻探、洞探等测试技术，来查明岩溶洞穴和岩溶水补径排条件。

目前我国水电开发主要集中在西南地区，该区域自然条件差、地形差异大、地质条件复杂。区域岩溶作用和地下水条件与常规地质条件下的规律存在差异，给我们认识该条件下岩溶作用规律及地下水条件提出了挑战。例如，高海拔、高山峡谷区由于存在地壳迅速抬升、降雨高程效应、积雪入渗补给、低温高水压溶蚀、地下水循环相对独立等特征，与低海拔山区河流一般岩溶发育地质条件相比，有显著不同。

以雅砻江大河湾为例，高山峡谷区岩溶作用与地下水条件存在如下特征：①受河谷迅速切割及地质构造控制，岩溶作用发育不充分，岩溶发育期次与夷平面、河流阶段等地壳运动过程关联性较差；②受地形高差影响，地下水在空间上往往存在高程补给差异明显、多重排泄基准等现象；③河间地块由于受岩溶含水层组空间分布与控水构造的影响，工程区不同地带水文地质条件差异明显，导致水文地质单元及亚单元划分复杂；④受雅砻江大河湾两岸深切河谷的隔离，河间地块与河谷对岸缺乏水力联系，使雅砻江大河湾内的地块具有除大气降水降雪补给以外，无其他水流补给的相对独立水文地质环境。

因此，综合各种勘探和分析方法深入系统地研究高山峡谷区的岩溶水文地质具有重要意义。针对高山峡谷区岩溶水文地质特点，需综合采用大范围的岩溶水文地质调查、长时段岩溶水动态观测、水化学及同位素分析、岩溶水示踪试验、水均衡分析研究等方法，配合钻孔、超深勘探平洞的勘察研究技术，来查明岩溶发育规律及其水文地质特征，以达到高山峡谷区岩溶水文地质勘察技术及研究方法的创新，并为工程建设服务的目的。

1.3　雅砻江大河湾岩溶水文地质与工程效应研究

为开发雅砻江大河湾丰富的水能资源，20 世纪 60 年代中期，国家科学技术委员会组织由地质部水文地质工程地质研究所、中国科学院地质研究所、四川省水文地质工程地质大队、锦屏水电工程指挥部和原水利电力部上海勘测设计研究院等单位组成锦屏水电工程岩溶水文地质专题研究组，对锦屏地区进行了历时两年的岩溶水文地质调查研究工作，取得了丰富的现场水文地质资料，1968 年提交了"锦屏水电工程岩溶水文地质研究报告"。1989 年 10 月，中国电建集团华东勘测设计研究院邀请地质矿产部岩溶地质研究所，在 60 年代研究成果的基础上，共同继续进行岩溶水文地质专题研究工作，开展了岩溶调查，水化学、水同位素、岩溶水示踪试验和岩石矿物及其溶蚀性等项目的测试研究，1992 年 12 月完成了"岩溶水文地质专题研究报告"。自 1991 年锦屏二级水电站大水沟长探洞开挖以来，随着工程的逐步推进，中国电建集团华东勘测设计研究院不间断地开展了锦屏工程区高海拔、高山峡谷区岩溶水文地质的系统研究，主要研究内容及成果如下。

1.3.1　研究内容

1.3.1.1　雅砻江大河湾岩溶地质作用研究

（1）大河湾区基本地质条件研究。主要包括区域地形地貌、地层岩性、区域构造、第四纪地质和新构造运动、区域气象与水文条件等。这些研究是锦屏工程区岩溶水文地质条件分析的基础，也是工程选址及相关水工建筑物枢纽布置的依据。

（2）大河湾岩溶发育特征与规律研究。主要包括对锦屏河间地块大范围岩溶的地表与地下形态、平面与高程分布规律的调查、岩溶发育程度分区、岩溶介质类型和低温高压条件下大理岩的可溶蚀性研究，目的是为掌握岩溶含水介质特征及含水岩组空间分布、分析工程区岩溶发育程度及岩溶发育规律提供基础。

1.3.1.2 雅砻江大河湾水文地质条件研究

（1）大河湾区岩溶含水介质类型的划分。确定岩溶水文地质边界条件；划分岩溶水文地质单元及亚单元。

（2）岩溶水化学和同位素研究。通过采用长时段水化学和水同位素观测试验，研究各类水的物理、化学特征和变化规律及其影响因素，各地表沟水、泉水的关系和水力联系；研究各类水同位素（$\delta^{18}O$、T值）的平面分布、动态变化特征和$\delta^{18}O$高程效应，建立地下水的年龄模型，分析各单元泉水的补给区范围和来源，从水化学、水同位素角度论证雅砻江大河湾区岩溶水文循环规律。

（3）岩溶地下水示踪试验研究。由于雅砻江大河湾为高山峡谷区岩溶，地下水埋藏深、露头少，以大泉集中排泄为主。同时大河湾区地形陡峻，多数地段通行困难，常规水文地质勘探手段受到很大限制，此时地下水示踪试验是勘察岩溶水文地质条件最为有效的手段之一，20世纪60~90年代研究者先后在雅砻江大河湾进行了7次岩溶水示踪试验。采用元素痕量级异常追踪岩溶水运动的三元先进示踪方案，试验分析引入现代地下水质运移理论、稀疏裂隙网络统计模型等理论与方法，大幅度提高示踪信息解释程度。示踪试验在分析不同水文地质单元分水岭划分、水力联系；含水层的结构与补给、地下水的运动速度与水力坡降等方面发挥了关键作用。

（4）岩溶水动态与均衡研究。通过实测资料分析岩溶水水温、水量的长期变化规律，研究含水层地下水位的衰减变化，分析地下水含水介质分布特征；通过降水量的高山效应和泉水、地表水的长期观测资料进行水均衡分析；通过岩溶水的动态与均衡研究，分析各水文地质单元补给、排泄、含水介质的组成、入渗系数及工程施工对含水层的影响。

（5）大河湾各水文地质单元岩溶水循环特征研究。根据岩性组合、岩溶发育程度、地貌特征及水文地质条件等综合因素，将大河湾区与引水隧洞直接有关的地层划分为4个水文地质单元，各单元均为具有各自的补给、径流、排泄特征的含水体系。在上述相关研究工作的基础上，深入研究各单元岩溶水补给、径流、排泄等地下水循环规律，并对各水文地质单元之间的水力联系进行评价，为工程选线、洞室涌水预测及防渗措施等提供依据。

1.3.1.3 锦屏岩溶地下水工程效应研究

雅砻江大河湾岩溶水文地质研究的主要目的是指导锦屏二级水电站长大隧洞群的设计、施工与工程运营。针对雅砻江大河湾隧洞群最突出的涌突水工程地质问题及其防治，围绕复杂岩溶水文地质条件下的工程效应先后开展了以下研究：

（1）引水隧洞线岩溶发育程度研究。综合采用大范围岩溶水文地质调查、长时段岩溶水文地质观测、人工法和天然法示踪试验、水均衡研究等方法，配合钻孔、超长探洞等勘探技术，查明研究区复杂的岩溶发育规律及其水文地质系统特征。

（2）隧洞群涌水量和外水压力预测预报研究。以大河湾工程区岩溶发育规律和水文地质格局为基础，采用水文地质比拟法、水均衡法、三维渗流场分析方法预测引水隧洞的最大总稳定涌水量；采用水力学和类比法预测引水隧洞的最大瞬时突发性涌水量和涌水点数量。结合地下洞室群的水文地质条件特点，采用宏观预报、长距离预报、短距离预报等方法相互结合、相互印证的预报方案对工程中的大涌水点进行预报。从外水压力产生机理、计算方法及工程处理措施等方面研究引水隧洞外水压力，根据长探洞的实测压力和三维渗流场有限元分析成果预测引水隧洞的外水压力。

（3）深埋长隧洞施工期地下水的处理措施研究。施工期洞内出水形式主要有集中大流量涌水、高压涌突水、线状流水和渗滴水 3 类。分别选取了引流导洞封堵、分流减压封堵、高压堵水灌浆 3 种处理措施。

1.3.2　研究成果

通过数十年对雅砻江大河湾地下水与工程作用的现场研究，包括工程区基本地质条件、岩溶发育规律、岩溶水动态、岩溶水化学、岩溶水同位素等的系统研究，岩溶水示踪、大理岩高压低温的溶蚀试验，工程区岩溶发育程度分区、岩溶水文地质单元划分和各单元地下水补径排关系分析、岩溶水均衡计算、三维渗流场模拟和岩溶发育深度分析，预测了引水隧洞的瞬时最大涌水量和稳定涌水量，对工程建设的环境水文地质问题进行了评价。研究成果不仅为锦屏二级水电站建设的重大问题提供了科学依据，而且为高山峡谷区岩溶的水电工程建设提供了宝贵经验，丰富了我国水电工程岩溶研究的理论和实践，对促进水电工程岩溶研究领域的科技进步起到了重大的作用。主要研究成果如下。

（1）区域与工程区地质条件：研究区域地形、岩性、构造、第四纪地质和新构造及其与岩溶发育期的关系，分析本区新构造运动的上升幅度、速率和岩溶发育期次及特征，发现本区 I 级、II 级夷平面高程带地表岩溶形态相对发育，III 级夷平面和阶地高程带地表岩溶形态相对较少。

（2）岩溶发育规律：研究表明，大河湾区岩溶发育受到地层岩性、地质构造、地下水动力条件、地形地貌及新构造运动的制约。区域碳酸盐岩出露面积占总面积的 70% ~ 80%，区内水量丰沛，河谷地带气候炎热，具备岩溶发育条件；但由于岩石遭受不同程度的变质，碳酸盐岩的可溶性有所下降，同时第四纪以来区域地壳急剧上升导致雅砻江快速下切，锦屏山 3000m 高程以上气候寒冷，水中 CO_2 稀少，各因素综合减弱了区内岩溶的发育速度和发育程度。大河湾区 T_2b、T_2y^5、T_2z 等三种地层大理岩的岩溶相对发育。根据碳酸盐岩的岩组划分、连续厚度、间互层组合及非可溶岩的分布情况，工程区岩溶发育程度可分为：较强岩溶化区、中等岩溶化区、弱岩溶化区及非岩溶化区。

研究表明，工程区岩溶发育总体微弱，不存在层状的岩溶系统。锦屏山南部岩溶发育较北部强烈。锦屏山东侧盐塘组地层和西侧大理岩岩溶形态总体为中小溶隙介质，在地下水季节变动带附近岩溶相对发育；中部白山组大理岩岩溶发育受两大泉（磨房沟泉和老庄子泉）地下水循环深度的控制，在高程 1730 ~ 1870m 以下岩溶发育微弱，为中小型的溶隙介质。因此，认为在引水隧洞高程 1600m 附近的岩溶形态以溶蚀裂隙、溶蚀宽缝、岩溶斜井和小型溶洞为主，大型溶洞少，且主要分布在地下水季节变动带附近。

（3）岩溶水文地质单元划分：调查研究大河湾区岩溶水文地质的边界条件，划分了水文地质单元。大河湾区以南盐源盆地为相对独立的岩溶水文地质系统。大河湾两岸属中等-弱岩溶化组，沿河谷两岸不具水力联系的岩溶系统，河间地块地下水补给为大气降水。

根据地形地貌、地层岩性、地质构造、含水介质类型、岩溶发育及气候条件等影响因素，大河湾地区划分为 4 个岩溶水文地质单元：①中部管道–裂隙汇流型水文地质单元；②东南部管道–裂隙畅流型水文地质单元；③东部溶隙–裂隙散流型水文地质单元；④西部溶隙–裂隙散流型水文地质单元。

（4）岩溶水化学和同位素研究：采用长时段水化学和水同位素观测试验，研究各类水的物理、化学特征和变化规律及其影响因素，各地表沟水、泉水的关系和水力联系特征；研究各类水同位素（$\delta^{18}O$、T）的平面分布、动态变化特征和 $\delta^{18}O$ 高程效应，建立地下水年龄模型，分析各单元泉水的补给区范围，从水化学、水同位素角度论证锦屏工程区的岩溶水文地质条件。

（5）岩溶水示踪试验研究：自 1967 年至 2009 年，研究者先后在雅砻江大河湾进行了 7 次岩溶水示踪试验。试验分析引入现代地下水质运移理论，稀疏裂隙网络统计模型等理论与方法，示踪试验在水文地质单元分水岭划分、水力联系、含水层的结构与补给、地下水运动速度与水力坡降等方面取得了可靠的岩溶水文地质信息。

（6）岩溶水动态与均衡研究：分析岩溶水水温、水量的长期动态变化特征，研究地下水的衰减变化，分析地下水空间的介质特征；采用降水量的高山效应和泉水、地表水的长期观测资料进行水均衡分析。深化对大河湾区主要水文地质单元的地下水循环规律、施工对地表水及地下水的影响等的认识。

（7）隧洞涌水量及外水压力预测研究：以大河湾工程区岩溶发育规律和水文地质格局为基础，采用水文地质比拟法、水均衡法、三维渗流场模拟方法预测引水隧洞的最大总稳定涌水量。7 条隧洞稳定涌水量预测值为 27.43~29.93 m^3/s，单点最大突水流量的量级可能为 5~7 m^3/s。采用水力学和类比法预测引水隧洞的最大瞬时突发性涌水量和涌水点数量，根据长探洞的实测压力和三维渗流场分析成果预测引水隧洞的外水压力，并总结分析了涌水规律和可能发生涌水的前兆，提出了工程处理措施的建议。

（8）引水隧洞的水文地质环境效应研究：根据工程区内岩溶水文地质条件的分析和评价，预测引水隧洞施工期在不设防渗措施的条件下，7 条隧洞的施工期排水量大于降雨入渗的动水补给，将排泄工程区内的静水储量，使工程区内地下水的降落漏斗扩大，并使两大泉断流。为控制降落漏斗的扩大，在施工期需对隧洞内大涌水点进行封堵。

1.3.3　研究意义

1.3.3.1　创新成果与科学意义

雅砻江大河湾岩溶水文地质研究采用大范围岩溶定性调查、长时段岩溶水动态观测、人工和天然法岩溶水示踪、半定量水均衡法研究、钻孔及深长探洞结合的勘察研究技术。开创了我国西南高海拔、高山峡谷区岩溶水文地质勘察深入系统全面研究的先例，创新了高山峡谷区岩溶工程勘察研究技术方法，提出了"一个河间地块双重排泄基准"的概念，进行了大规模示踪试验、高压低温条件下的碳酸盐岩溶蚀试验。地下水渗流场数值分析中采用水力耦合理论，运用子模型技术。水均衡分析改进了雨水补给量计算方法，并应用水化学、水同位素高山效应确定岩溶水补给区。运用勘探成果、水化学、水同位素、衰减分析和示踪试验综合分析岩溶发育深度和程度。针对雅砻江大河湾岩溶水文地质的研究方法、技术手段和研究结论在深埋地下洞室岩溶水文地质和高山峡谷区岩溶水文地质研究中具有重要的科学意义。综合而言，取得了如下创新成果：

（1）对西南高海拔、高山峡谷区岩溶水文地质条件进行了系统和全面的研究：锦屏山海拔大多在3000m以上，最高达4480m，最大高差3150m。高海拔、高山峡谷区的地质、气候、水文条件不同于低海拔地区，常规的岩溶水文地质研究难以适用。本书在综合岩溶调查的基础上，结合岩溶水动态观测、岩溶水示踪、水化学、水同位素研究和三维渗流场分析、水均衡研究等手段，论证区内不同单元的岩溶水文地质特征，并运用地下水动力学理论和长探洞的施工实践对深埋长隧洞的岩溶水文地质作出预测和评价，同时开展隧洞开挖对环境水文地质的影响分析研究。

（2）创新了西南复杂地质条件的水文地质勘察研究方法：针对高海拔、高山峡谷区岩溶水文地质特点，采用大范围岩溶调查定性、长时段岩溶水动态观测、人工法和天然法岩溶水示踪、水均衡研究半定量，少量钻孔、深长探洞勘探定量的勘察研究技术。本书的岩溶调查范围大于1000km^2，岩溶水流量和水化学动态观测时间长达17年，水同位素研究长达7年，最深单条勘探长探洞达4168m。

（3）创新了示踪试验及其分析方法在深埋岩溶地下水勘探中的应用：以元素痕量级异常追踪岩溶水运动的三元示踪试验，最长示踪距离14.0km，示踪深度1000~1500m，示踪剂当量相当于投放食盐7364t，综合指标超过了南斯拉夫狄纳尔山区特列比斯尼卡河流域和卢布尔雅那河流域等岩溶水示踪试验。示踪试验分析采用地下水质运移理论、稀疏裂隙网络统计模型等理论与方法，大幅度提高示踪信息提取程度和解释精度。

（4）填补了高压低温条件下的碳酸盐溶蚀试验的空白：针对雅砻江大河湾区岩溶水地下水位高、水温低的特点，进行大理岩的高压低温条件下（温度为10℃，围压分别为10MPa、20MPa）的溶蚀试验，填补了低温高压状态碳酸盐岩溶蚀研究的空白。

（5）渗流场数值模拟技术和水均衡分析方法的成功应用：渗流场分析中采用耦合理论，运用子模型技术，分析隧洞开挖后的地下水渗流场分布规律，以及渗流梯度、渗流速度规律。水均衡的分析改进了雨水补给量计算方法，并运用水化学、水同位素的高山效应确定岩溶水补给区。

（6）发展了岩溶发育程度和深度的综合分析方法：运用勘探成果、水化学、水同位素、衰减分析和示踪试验综合分析岩溶发育深度和程度，其分析方法合理先进，研究结论较符合实际情况。

1.3.3.2 工程意义

研究从20世纪60年代、90年代到21世纪，历时数十年，对高海拔、高山峡谷区岩溶发育特征和规律的认识由浅至深，对深埋隧洞岩溶水文地质条件的研究方法和评价体系也趋于完善。成果已在锦屏二级水电站取得成功应用，并产生了很好的工程效益。

（1）雅砻江大河湾的开发方式确定：雅砻江大河湾是水电富矿，雅砻江大河湾水电开发方式采用开挖隧洞引水发电还是沿河梯级开发，工程区的岩溶水文地质条件是重要的决定因素之一，研究成果为确定雅砻江大河湾段采用低闸长隧洞引水开发提供了关键性的科学依据。

（2）研究成果为锦屏交通洞、锦屏二级引水隧洞及排水洞的设计和施工提供了科学依据。通过建立锦屏岩溶水文地质基本模型，对岩溶发育分区和水文地质单元及相应含水带进行了划分，并对隧洞岩溶和涌突水情况进行预测。这些研究成果指导了 7 条隧洞的设计和施工，确保了施工安全和工程安全。

第2章　雅砻江大河湾自然与地质条件

雅砻江大河湾的自然与地质条件是影响区域地下水的决定性因素，研究并掌握大河湾的基础地质条件是开发该地区水能资源的前提。雅砻江大河湾为直线长约90km、最大宽24km的河间地块，山脊地表分水岭高程为3500~4000m，山体总体走向N15°E；东、西雅砻江河床水面高程为1250~1635m，东、西两侧岸坡冲沟发育，河谷深切，为典型的高山峡谷地貌。雅砻江大河湾为复式向斜构造，岩层陡倾。岩层走向、褶皱轴面和山体展布总体一致，区内最大断层为锦屏山断层和青纳民胜断层。雅砻江大河湾中部主要为白山组（T_2b）和盐塘组（T_2y）碳酸盐岩，东、西两侧伴有玄武岩、砂岩、板岩等地层。区内发育三级夷平面（高程分别为4000m、3000m、2200m），雅砻江两岸零星发育6~7级阶地。大河湾区与外界无水力联系，形成了独立补径排规律的岩溶地下水系统。本章主要从大地构造与新构造运动、地形地貌与气象条件、地层岩性与溶蚀条件、地质构造、岩溶发育基本规律、水文地质基本条件等方面简要介绍大河湾地区地质与自然情况。

2.1　雅砻江大河湾区域地质背景

2.1.1　区域地形地貌

雅砻江是雅砻江大河湾区的干流水系，自麦地龙由北西流向南东，经白碉至两岔河汇合小金河转向北东流，自洼里向北经淇木林后折向东，继而又南折，经泸宁、里庄、大水沟、巴折等地流出大河湾区，在地貌上形成一向北凸出的大河湾。雅砻江常水位面宽70~100m，洼里水面高程约1650m，大水沟水面高程约1326m，河床坡降大，水流湍急。新生代以来，本区地壳大面积均衡抬升，河流强烈侵蚀下切，河谷呈"V"形，漫滩、心滩少见，沿岸阶地零星发育，山势巍峨，呈典型的高山峡谷地貌景观。一级支沟大多与雅砻江近于直交，沟谷密度大，两岸高耸，切割较深，部分支沟属间隙性干谷。二级支沟多为干谷，各级支沟多见十几米至数十米的瀑布或干悬谷。沟谷纵剖面的上、下游较陡，中游较平缓，呈阶梯状变化。

2.1.2　区域地层岩性

雅砻江大河湾地区，按断块构造学说归于川滇菱形断块。区域地层可划分为康滇分区、盐源-丽江分区、马尔康分区（图2.1）。各区地层主要特征如下。

（1）康滇分区：主要出露二叠系浅海碳酸盐岩类；上二叠统峨眉山玄武岩组（$P_2\beta$）

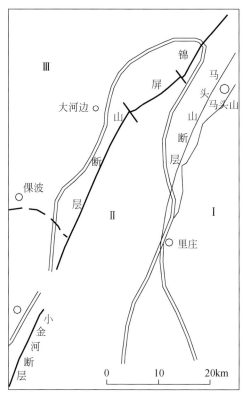

图 2.1　雅砻江大河湾区域地层分区示意图

Ⅰ. 康滇分区；Ⅱ. 盐源-丽江分区；Ⅲ. 马尔康分区

及上二叠统宣威组（P_2x）黄色板岩夹粉砂岩及变质页岩；下-中三叠统滨海相碎屑岩建造，上三叠统浅海相碎屑岩及河流湖沼相含煤岩层，下-中三叠统（T_{1-2}）粉砂岩和砾屑砂岩，上三叠统（T_3^1未建组）灰紫色变质砾岩、安山质火山砾岩、熔结火山碎屑岩及凝灰岩、黄色泥灰岩、变质粉砂岩、千枚岩等；上三叠统白果湾组（T_3bg^2）黑色煤系地层；下侏罗统益门组（J_1y）红色岩系。

（2）盐源-丽江分区：出露地层有震旦系和志留系到三叠系稳定及次稳定型沉积岩层。主要是一套滨浅海相碎屑岩、碳酸盐岩及酸性和基性火山岩建造。主要有下震旦统苏雄组（Z_1s）陆相酸性火山岩；上震旦统观音崖组（Z_2g）紫红色、灰绿色的粉砂质板岩、泥质白云岩，以及灯影组（Z_2dn）白云岩；志留系浅海陆棚相碎屑岩与碳酸盐岩；泥盆系滨浅海相碳酸盐夹碎屑岩；石炭系浅海台地相碳酸盐岩夹碎屑岩；下二叠统浅海台地相碳酸盐岩；三叠系河流三角洲相、潮滩潟湖和碳酸盐岩台地相含膏盐碎屑岩与碳酸盐岩建造。

（3）马尔康分区：出露的地层有前震旦系江浪群含基性碱性火山岩的砂泥质复理石建造。下志留统为一套半深海相黑色硅质岩建造；上石炭统为浅海相碳酸盐岩夹碎屑岩建造；上二叠统为一套具有火山、地震、同沉积断层等复杂成因的沉积岩层；中上三叠统主要是一套浅海碎屑岩复理石沉积。

（4）岩浆岩：东部主要有早元古代中酸性岩及混合岩、晚元古代（晋宁期、澄江期）酸性岩、晚三叠世（印支期）花岗岩；西部有白垩纪（燕山期）花岗岩、火山岩；东部有早震旦世酸性火山岩、二叠纪基性火山岩；西部有前震旦纪基性、碱性火山岩和二叠纪基性火山岩。

2.1.3 区域大地构造

雅砻江大河湾地区在大地构造部位上跨越松潘–甘孜地槽褶皱系和扬子准地台两个一级构造单元，二者以锦屏山–小金河断裂带为界。扬子准地台又以金河–箐河断裂带为界，西为盐源–丽江台缘拗陷，东为康滇地轴。松潘–甘孜地槽褶皱为印支褶皱系，大部分地区在二叠纪至三叠纪时强烈拗陷，三叠纪末的印支运动全面褶皱回返。盐源–丽江台缘拗陷是扬子准地台与松潘–甘孜地槽之间的过渡性构造带，是地台西缘古生代至三叠纪的拗陷带，经印支期、燕山期，特别是喜马拉雅期的强烈构造运动，形成强烈的褶皱断裂带。康滇地轴在震旦纪—中三叠世时期一直是隆起地带，印支运动后大部分地区转化为内陆断陷盆地，喜马拉雅运动再次褶皱隆起。

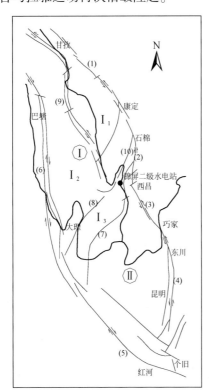

图 2.2　川滇菱形断块示意图

(1) 鲜水河断裂；(2) 安宁河断裂；(3) 则木河断裂；(4) 小江断裂；(5) 红河断裂；(6) 金沙江断裂；(7) 金河–箐河断裂；(8) 丽江断裂；(9) 理塘断裂；(10) 锦屏山断裂。Ⅰ. 雅江–稻城断块；Ⅰ₁. 雅江–九龙断块；Ⅰ₂. 稻块断块；Ⅰ₃. 盐源–永胜断块；Ⅱ. 攀枝花–楚雄断块

根据现今活动断裂构造的格局，从断块观点分析，雅砻江大河湾区处于鲜水河断裂、安宁河断裂、则木河断裂、小江断裂和金沙江断裂、红河断裂所围成的"川滇菱形断块"东部（图2.2），这些边界断裂均为多期继承性活动的断裂带。喜马拉雅期以来，印度洋板块向欧亚板块的强烈推挤，导致青藏高原急剧抬升的同时，川滇菱形断块亦向南东方向推移，各边界断裂均发生强烈的水平剪切错动，成为现代地震活动的发震构造。在川滇菱形断块内部，以金河–箐河断裂为界划分为雅江–稻城断块和攀枝花–楚雄断块两个二级构造单元。

区内褶皱及断裂构造发育，雅砻江大河湾地区为一轴向NNE的大型复式向斜，次级褶皱十分发育，且多呈紧密线状排列，岩层陡倾甚至倒转，显示了其曾经历过强大的挤压作用。在锦屏二级水电站引水隧洞沿线为锦屏复式向斜，核部为三叠系，复式向斜内次一级褶皱发育，可分为东部、中部、西部三个褶皱带。

大河湾区断裂构造发育，主要构造形迹有近 SN 向、NNE 向、NE 向、NNW 向和 NW 向，主要断裂有金沙江断裂、甘孜–理塘断裂带、安宁河断裂带、则木河断裂、小江断裂、鲜水河断裂、金河–箐河断裂带、龙门山断裂带、锦屏山断裂、青纳断裂、前波断裂等。主要断裂带的地质特征见表 2.1。

表 2.1　雅砻江大河湾区主要断裂活动特征简表

断裂带	分段	走向	活动性质	滑动速率/(mm/a)	最新活动时代	最大历史地震	古地震
金沙江		NWW	右旋	16~20.4	Q₄	6.5	多次
甘孜–理塘		NW			Q₃₋₄	7.3	
鲜水河	南段	NW	左旋		Q₄	7.0	多次
锦屏山	南段	NE	逆		Q₂₋₃		
青纳	南段	NE	逆		Q₂₋₃		
安宁河	冕宁以北	近 SN	正左旋	1~3	Q₄	6.0	多次
	冕宁–西昌	近 SN	左旋	5.6	Q₄	7	多次
	西昌以南	近 SN			Q₃		
则木河	西宁	NNW	正左旋	6.49	Q₄	7.0	多次
	西昌	NW	左旋	7.16	Q₄	$7\frac{1}{2}$	多次
小江	巧家段	NNW	左旋		Q₄	6	
	东川段	NNW	左旋	9.6	Q₄	7.5	多次
	嵩明段	近 SN	左旋	6.2	Q₄	8	多次
宁南–会理		NE	逆右旋		Q₂₋₃	5	
磨盘山–绿汁江	磨盘山段	近 SN	逆		Q₁₋₂		
	元谋段	近 SN	正左旋	3~4	Q₄	6.8	
金河–箐河		NE	逆		Q₂		
程海		近 SN	正左旋	2.7	Q₄	7.5	
龙门山		NE	逆兼右旋		Q₄	6.0	多次
丽江–剑川	丽江北东段	NE	左旋	1.8	Q₄	6.0	多次
	丽江西南段			1~2	Q₄	6.0	多次
红河		NW			Q₃₋₄	7	

新生代以来，雅砻江区域地壳以均衡上升为主，河流强烈侵蚀，形成典型的高山峡谷地貌，而且各种地貌形态成层叠置，反映出本区长期稳定上升型的地貌特征。同时，本区内广泛分布的三级夷平面和断续分布的数级阶地，表明区域间歇性均衡上升的特征。本区地壳运动在总的均衡上升过程中，仍有数次相对间歇停顿期，从而形成了三级夷平面。一级夷平面在本区表现为锦屏山主体分水岭一系列等高的山峰顶面，其形成于古近纪，雅砻江大河湾还未出现；二级夷平面主要分布在锦屏山主峰两侧，构成雅砻江河谷最高谷肩，其形成于中新世，雅砻江大河湾仅具雏形；三级夷平面表现为沿雅砻江分布的最低一级谷肩，该级夷平面形成于上新世，雅砻江大河湾已定型。

雅砻江两岸发育 6~7 级阶地，阶地类型均为基座阶地。T_7 阶地形成于早更新世晚期，T_6、T_5 阶地形成于中更新世，T_4、T_3 阶地形成于晚更新世早、中期，T_2 阶地形成于晚更新世晚期，T_1 阶地则形成于全新世。

2.2　地形地貌与气象条件

2.2.1　工程区地形地貌

雅砻江大河湾流域在区域上处于云贵高原岩溶区与青藏高原接壤地带，地势西北高东南低，大体上以西雅砻江—小金河一线为界，西北部海拔多在 4000m 以上，属青藏高原东南缘侵蚀山原区；东南部属川西南山地区，由锦屏山（4480m）-火炉山（4342m）等侵蚀构造高山区和西南侧的盐源盆地（2400~2500m）及东侧的安宁河谷地（1000~1900m）等地貌单元组成。区内山脉走向与构造线基本吻合。区内广泛分布碳酸盐岩地层，由于经受强烈的构造、区域变质和急剧上升作用，岩溶总体不甚发育，岩溶地貌景观不普遍。碳酸盐岩组成的山体峻峭挺拔，碎屑岩组成的山体雄厚平缓，两者地貌景观存在明显差别。岩溶地貌在区内以深切干谷和尖棱状的山脊为主。区域主要地貌形态有夷平面、阶地、岩溶地貌和冰蚀地貌，夷平面大致可分为三级（图 2.3），即 4000m、3000m 和 2200m 高程夷平面，其中最低一级（2200m 高程左右）是介于阶地和夷平面之间的过渡类型。由于强烈切割、剥蚀和上升作用，夷平面保存的不完整，但仍依稀可辨。锦屏二级水电站工程区内阶地不发育，仅零星分布，保存较好的有西雅砻江的洼里和东雅砻江的里庄等地。一般都为基座阶地，阶面范围小，并遭冲沟切割破坏，阶地出露均不完整。

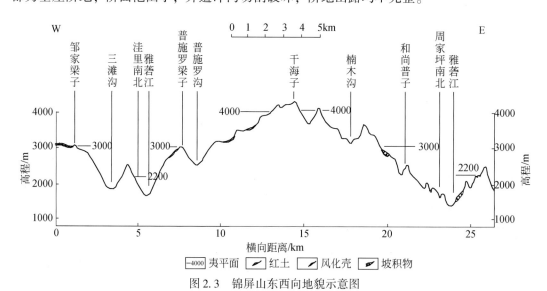

图 2.3　锦屏山东西向地貌示意图

2.2.2　工程区气象条件

雅砻江锦屏山脉由于山体巨大，地面高差显著，气候垂直分带明显。在海拔 4000m 以上的山顶地带常年积雪，冰蚀、雪蚀作用明显，低温岩溶过程普遍；海拔 3000~4000m 的地区多为季节性积雪带，地表温差变化较大；海拔 2000~3000m 的地区为暖温带，气候温凉；海拔 2000m 以下的地区气候温暖并逐渐转变为亚热带气候。根据大水沟 1341m 高程气象站、磨房沟 1830m 高程气象站及上瓦厂 3080m 高程气象站的观测资料表明，工程区降水具有明显的高程效应，年内降水分布极不均匀，上瓦厂 3080m 高程气象站多年平均降水量为 1339mm，最大年降水量为 1604mm，最小年降水量为 1171mm，多年平均气温为 4.18℃，极端最高气温为 26.5℃，极端最低气温为 -8.4℃；磨房沟 1830m 高程气象站多年平均降水量为 1139mm，最大年降水量为 1636mm，最小年降水量为 907mm，多年平均气温为 16.15℃，极端最高气温为 37℃，极端最低气温为 0℃；大水沟 1341m 高程气象站多年平均降水量为 977mm，最大年降水量为 1367mm，最小年降水量为 839mm，多年平均气温为 18.13℃，极端最高气温为 39℃，极端最低气温为 1.3℃。

锦屏工程区为深切的高山峡谷地貌，存在上寒下暖、上湿下干的小气候分异，由此促成峡谷区的小气候环流，使气温和高山降水的高程效应十分明显，即河谷地带的热气流上升，与山体上部分水岭地带冷空气汇合时就会形成降雨和降雪。这种降水的强度规律使分水岭地带降水量比河谷区要大得多。

2.3　地层岩性与地质构造

2.3.1　工程区地层岩性

雅砻江大河湾区出露地层以三叠系为主，其次为泥盆系、石炭系、二叠系和部分侏罗系，为一套浅海-滨海相、海陆交替相地层。三叠系分布面积占 90% 以上，其中碳酸盐岩出露面积占 70%~80%。大河湾各时代的地层岩性由老至新基本特征如下：

(1) 前泥盆系（AnD）：仅见于东雅砻江一带，其主要岩性为灰白色、灰绿色的石英片岩，片理发育，本层厚度大于 600m。

(2) 中泥盆统（D_2）：主要见于区内东雅砻江东岸、棉纱弯以南至安沙坪子一带。岩性较复杂，上部为白色细晶致密质纯的中薄层大理岩；中部为灰白色花斑状或条带状致密厚层白云质大理岩、深灰色中厚层结晶灰岩；下部为灰色中薄层结晶灰岩夹薄层青灰色钙质砂岩，泥灰岩和砂岩、板岩等，总厚度大于 1200m。与下伏前泥盆系呈断层接触。

(3) 上泥盆统—下石炭统（D_3-C_1）：黑色千枚状粉砂质板岩，夹薄层泥质灰岩和钙质粉砂岩，本层厚 750m。出露于东部全骨楼一带，与下伏地层呈整合接触。

(4) 中-上石炭统黄龙组—马平组（C_2h-C_3m）：致密块状大理岩，质纯，其颜色在空间上具有一定程度的变化规律，即灰白色—灰黑色—肉红色—灰黑色—灰白色，局部地段变质程度较浅，夹有结晶灰岩，本层厚1530m。主要分布于东雅砻江两岸，与下伏地层呈断层接触。

（5）下二叠统栖霞组—茅口组（P_1q-P_1m）：出露于联合乡及皮罗渡沟一带。岩性为灰白色、灰黑色的厚层致密块状、浅变质含燧石结核大理岩。上部夹中厚层（单层厚10～20cm）浅变质大理岩及薄层状灰岩、白云质大理岩。顶部在皮罗渡一带见有厚1m的紫黄色千枚状砂质页岩。在区内层厚350～375m，与下伏地层呈整合接触。至玻璃村、巴折以东一带，本层厚181～583m，岩性以灰岩为主，夹灰色粉砂岩、板岩等。

（6）上二叠统：为一套变质火山岩夹结晶灰岩、大理岩及绿片岩等，层厚2000～2200m。主要出露于联合乡一带，与下伏地层呈假整合接触。

峨眉山组（$P_2\beta$）：绿色-浅绿色致密块状玄武岩，局部夹少量凝灰岩。顶部有一层厚40m的灰褐色-紫红色凝灰质粉砂岩。本层厚100～625m。与下伏地层呈假整合接触。至巴折以东一带，本层厚度变大，达1838～3230m，岩性为变质玄武岩夹变质凝灰岩、板岩、玄武角砾岩、结晶灰岩等。

宣威组（P_2x）：底部为黑色大理岩化灰岩，中薄层，含少量泥质和碳质；下部为青灰色页岩、砂质板岩；中部以砂岩、粉砂岩为主；上部为碳质板岩；顶部为杂色厚层状硅化灰岩。本层厚50～375m。与下伏地层呈假整合接触或断层接触。

（7）二叠系—三叠系（P-T）：主要分布于西雅砻江西岸的洼里、生教院一带，岩性复杂，其确切时代尚未确定。自下而上可分为4个岩性段：①下部为薄层状含钙质粉细砂岩，上部为灰色-灰黑色粉细砂岩，钙质砂岩夹薄层状浅变质大理岩、砂岩、板岩等；②底部为绿泥石片岩，中部为含黑色矿物的玄武岩，上部为绿色致密块状变质火山岩；③灰色-灰褐色粉砂岩与薄层状结晶灰岩互层；④薄层状大理岩夹绿砂岩，中薄层状浅变质大理岩夹少量板岩。

（8）下三叠统（T_1）：分布于测区西部，岩性复杂，相变大。四坪子一带为灰绿色绿帘石、绿泥石；猫猫滩—景峰桥及其北延部位，有黑云母绿泥石片岩、变质中细砂岩、碳质泥岩、砾状大理岩等出露。本层厚300～350m，与上覆地层呈整合接触。在巴折以东，出露青天堡组（T_1q），岩性为砂岩、砾岩、泥岩夹泥质灰岩，层厚370～510m。

（9）中三叠统（T_2）：包括盐塘组（T_2y）、白山组（T_2b）、杂谷脑组（T_2z），主要为一套以碳酸盐岩为主的岩系地层，局部夹碎屑岩或与砂板岩互层。主要分布于工程区中部、西部，即锦屏山复式向斜核部及西翼。此外，在测区东南部的三股水流域也有分布。

盐塘组（T_2y）：中部、东部中三叠统盐塘组主要分布在大水沟一带及老庄子背斜核部。老庄子一带地表出露厚度较小，其岩性为似片状或条带状绿泥石大理岩，鳞片等粒变晶结构，定向或似片状构造。大水沟以东一带，岩性、岩相相对稳定，主要由结晶灰岩、大理岩、泥质灰岩组成。按其岩性差异，可划分为六层，自下而上依次为：①白色中厚层大理岩，硅质结核大理岩及泥碳质灰岩；②黑云母角闪石片岩夹含钠铁黑云母角岩、条带状大理岩；③白色-灰白色中厚层中粗晶大理岩；④条带状云母大理岩；⑤灰色-灰黑色中厚层状大理岩，条带状或角砾状中厚层大理岩及白色、紫红色大理岩；⑥灰色-灰黑色中薄层含泥质灰岩夹灰色大理岩。本层厚 2127～2535m。与下伏地层呈断层接触。

白山组（T_2b）：底部为杂色大理岩与结晶灰岩互层；中部为粉红色厚层状大理岩；上部为灰色-灰白色致密厚层块状臭大理岩。本层厚 750～2270m。主要分布于工程区中部和东部，该层岩相稳定、结构致密、质纯，形成锦屏山的主峰山脉，与上覆砂岩、板岩呈整合接触，与下伏地层呈平行不整合接触。

杂谷脑组（T_2z）：主要分布于锦屏山断层以西，碳酸盐岩以岩粒变化多、岩性杂为特征，主要岩性为白色-灰白色纯大理岩、角砾状或条带状大理岩、深灰色中厚层变质砂岩夹角砾状大理岩，偶夹绿片岩透镜体、薄层砂岩、云母片岩等。本层厚 150～700m。

（10）上三叠统（T_3）：主要分布于大药山—手爬梁子—二罗一带及模萨沟养猪场—梅子坪、民胜乡一带，均呈 NNE 向展布构成复式向斜核部，自下而上分为：①青灰色中-厚层中细砂岩夹薄层砂质板岩；②黑色板岩夹少量深灰色细砂岩或粉砂岩、砂质板岩；③青灰色厚层中粗粒砂岩，偶夹板岩；④灰黑色板岩夹青灰色粉砂岩，偶夹薄层泥灰岩，上部可见砂岩、板岩互层并有含砾粗砂岩及透镜状砾岩，本层厚1400～2025m。

（11）下侏罗统（J_1）：分布于里庄附近，岩性为黑色碳质板岩，由泥质或粉砂质组成，中间夹薄层劣煤，燕山期花岗岩与之呈侵入接触。本层厚 250～380m。

（12）第四系松散堆积物（Q）：分布于磨房沟、模萨沟、三坪子、四坪子、落水洞、下手爬、牛圈坪等沟谷或盆地中，岩性以崩坡积、残坡积、洪积堆积物和河流冲积物为主。洪积物多由含砂壤土碎砾石层和壤土、黏土碎石层组成；崩坡积、残坡积一般由褐黄色、灰褐色壤土夹碎石组成，碎石多为碳酸盐岩、砂板岩，钙质胶结；而河流冲积物以砂砾石层为主，多分布在河流阶地和大的沟谷中，如磨房沟、三坪子等。此外，在靠近大型断层带附近，还通常分布有钙质胶结的角砾岩。

大河湾区域岩浆岩主要分布于东雅砻江的里庄一带，岩性为燕山期花岗岩、中基性侵入角闪岩、酸性细晶岩脉、石英脉岩等。

2.3.2　工程区地质构造

锦屏二级水电站工程区在大地构造上处于松潘-甘孜地槽褶皱带的东南部，白垩纪末的四川运动受 NWW-SEE 向应力场控制，形成规模较大的轴向 NNE，向南倾伏的复式紧密褶皱及走向为 NNE 向的高倾角压性或压扭性断层，并伴随有 NWW 向的张性或张扭性断层。东部地区断裂较西部地区发育，北部地区较南部地区发育，规模较大；东部的褶皱大多向西倾倒；西部地区扭曲、揉皱现象表现得比较明显。岩层陡倾，其走向与主构造线方向基本一致。

2.3.2.1　褶皱

大河湾工程区的褶皱极发育且复杂，多表现为近 SN 向（NNE 向）延展的紧密褶皱，主要褶皱的分布位置如图 2.4 所示。总体可划分为如下 3 个褶皱带。

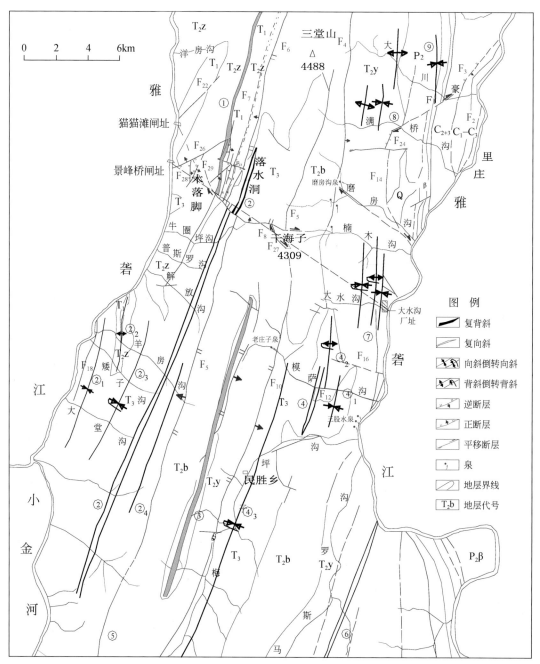

图 2.4　工程区主要断层和褶皱的分布位置图

①落水洞背斜；②解放沟复式向斜；②₁ 大堂沟向斜；②₂ 陆房沟背斜；②₃ 羊房沟倒转背斜；②₄ 一碗水向斜；
③老庄子复式背斜；④养猪场复式向斜；④₁ 庄子向斜；④₂ 西牦牛山背斜；④₃ 和尚堡子倒转背斜；
⑤足木背斜；⑥马凼向斜；⑦大水沟复式背斜；⑧漫桥沟复式复斜；⑨阿角堡子向斜

（1）东部褶皱带（南段旧称养猪场复向斜）：分布于锦屏山东侧，由东向西依次为大水沟复型背斜（图 2.5）、庄子向斜、西牦牛山背斜、和尚堡子倒转向斜，由上三叠统（T_3）砂岩、板岩组，中三叠统白山组（T_2b）大理岩组成；大水沟一带由盐塘组（T_2y）构成一系列向西倾倒的复式褶曲，大川豪一带由盐塘组构成向斜和背斜相间的连续褶曲。

（2）中部褶皱带（旧称老庄子复背斜）：是以锦屏山主脊为代表的背斜构造，其核部由中三叠统盐塘组（T_2y）构成，两翼为白山组（T_2b），产状较对称，倾角 60°～80°，该褶皱带总体上为向南倾伏的复式背斜，由于褶皱轴部在向南倾伏过程中发生波状起伏，形成"马鞍"形构造（图 2.6）。

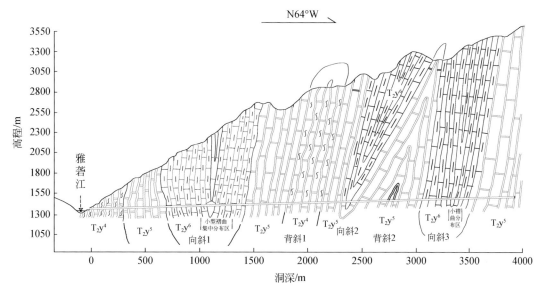

图 2.5　大水沟长探洞复式背斜构造图

（3）西部褶皱带（解放沟复式向斜）：轴向 NNE，向南倾伏，核部由上三叠统砂岩、板岩组成。但向北至大药山转变为由两个次一级向斜和两个次一级背斜组成。

除上述褶皱构造外，区内更小规模的层间褶曲和揉皱构造较发育。

2.3.2.2　断层

区内断层构造按其形迹和展布方位分为 4 个构造组：NNE 向、NNW 向、NE—NEE 向、NW—NWW 向（表 2.2）。其中以 NNE 向和近 EW 向较为发育。

1）NNE 向断层

该组断层在坝区最为发育，断层总体产状为 N15°～50°E，SE∠48°～87°。断层的地质力学性质多属于压性或压扭性结构面，地貌上多呈现陡崖。主要有 F_2、F_4、F_5、F_6、F_7、F_9、F_{10}、F_{14}、F_{17}、F_{18}、F_{28}、F_{29}、F_{30} 等断层。

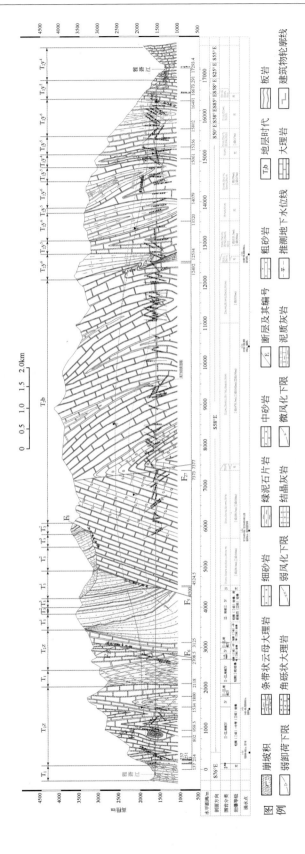

图2.6　锦屏二级水电站引水隧洞沿线典型工程地质剖面图

表 2.2　工程区主要断层特征表

断层走向	断层名称	起止地点	产状	性质	带宽	地质描述
NNE	F_2	棉纱弯—安砂坪	N15°~20°E，NW∠66°~76°	压性	15m	在皮罗渡沟对岸，断层挤压带宽达50m（视宽度），由数个挤压面组成，断层的地质力学性质属压性结构面
	F_4	青纳—楠木沟	近SN向，E∠70°~80°	压性		南段断于中三叠统盐塘组与白山组之间，两侧挤压破碎片理发育，伴有小褶曲和小冲断层，个别地段宽达百米，断面波状弯曲，显示压性；中段挤压破碎明显，并见糜棱岩化，断崖挺拔
	F_5	拉纱沟—一碗水	N10°~30°E，NW∠70°	压扭性		地貌上多呈陡崖
	F_6	锦屏山	N20°~50°E，NW（或SE）∠60°~87°	压扭性	一般断层带宽1.0~4.2m，影响带宽6~37m	断层往北清楚，往南有收敛的趋势。据延拓资料，锦屏山断层最大延拓深度为5~6km，属于一般盖层断层
	F_7	南起于手爬山北坡，往北顺沟延伸，并形成延绵数公里的断层崖	走向N20°E，近直立	不明	5~10m	断层面平整，形成深切沟谷，被引沟断层F_{23}错开，错距20~50m
	F_9		N10°~20°E，SE∠80°~85°	张性	断层宽6~7m，主带宽12m	挤压成片状，局部糜棱岩化，形成延绵数公里的断层崖陡壁，正断层
	F_{10}	甘家沟—民胜乡	N10°~20°E，SE∠70°~80°	压性	挤压带宽3~4m	地貌上呈一系列的大陡壁
	F_{14}	联合乡—模萨沟口	走向N20°E—N20°W	压性	带宽15~20m	围岩蚀变带达数十米，沿带有大量基性岩（角砾岩）侵入，被石英岩脉所穿插
	F_{17}		N45°E，NW∠50°	压扭性	挤压带宽20余米	断于三叠系砂板岩中，揉皱剧烈，并见断层泥，充填石英脉
	F_{18}	蒸房村北	N15°E，SE∠48°	压扭性	40m以上	沿西雅砻江左岸近SN向发育，至三滩上游未通过西雅砻江右岸
	F_{28}		N20°E，SE∠70°	不明	主带宽1~2m	挤压成片状岩
	F_{29}		N30°E，SE∠85°	压性	挤压破碎带宽5m	局部见30cm宽的挤压片岩，属压性断层

断层走向	断层名称	起止地点	产状	性质	带宽	地质描述
NNE	F_{30}		N15°E, SW∠80°	不明	挤压破碎带宽8m, 影响带宽10m	断裂面平直
NNW	F_3		南段走向N15°~20°W, 倾向NE, 北段产状为N10°~30°E, NW∠70°	压扭性		带内可见宽度达20余米的劈理带, 延伸长, 在测区北段构造形迹不明显
	F_{27}	干海子中部	N30°~40°W, NE∠80°	不明		挤压破碎, 干海子地区唯一的小泉也分布在该断层附近
NE/ NNE	F_{22}		N50°E, SE∠80°~85°	压扭性	10余米	全长5km, 层面扭曲, 由压碎岩、片状岩和糜棱岩组成, 见团块状石英脉定向排列, 并见构造透镜体呈香肠状分布
	F_{25}		N70°E, SE∠66°~75°	压扭性	主带宽4~5m	发育3条20~35cm带状分布的断层泥, 见强-全风化断层角砾岩, 局部有石英脉充填, 并见少量次生泥, 岩石挤压破碎, 影响带上盘宽7~8m, 下盘宽4~5m, 发育近水平右旋擦痕
	F_{26}		N50°~70°E, NW∠80°~85°	压扭性	挤压破碎带宽6~15m	挤压破碎带, 呈强风化状, 由碎裂岩、片状岩和少量糜棱岩组成, 发育挤压透镜体, 具揉皱现象, 充填黄色次生泥、石英脉
NW/ NWW	F_8	发育于四坪子、上手爬梁子及干海子以北	N42°~80°W, NE∠45°~63°	张扭性	2.2~13m	横切了碳酸盐岩和砂岩、板岩地层, 地貌上呈断层崖, 岩石扭曲破碎, 呈片岩化和糜棱岩化, 多见石英脉穿插, 沿断层带有泉出露
EW	F_{12}	顺模萨沟发育	近EW向	不明		横穿上三叠统砂岩、板岩, 以及中三叠统白山组, 沟两侧地层错距达50~100m, 左行
	F_{16}	周家坪	N70°~80°W, SW—N87°E, SE∠47°~52°	压扭性	带宽3~8m, 影响带宽约9m	此断层横切地层走向, 北盘东移, 断层带内强烈扭曲挤压破碎, 有角砾岩和糜棱岩, 右行

F_2 断层 (棉纱弯–安砂坪断层): 南起于安砂坪, 北达棉纱弯, 产状为走向 N15°~20°E, 倾向 NW, 倾角 66°~76°, 局部倾向 SE。在东雅砻江西岸该断层形迹清楚, 形成宽达 15m 的断层破碎带。在皮罗渡沟对岸, 断层挤压带宽达 50m (视宽度), 由数个挤压面组成, 断层的地质力学性质属压性结构面。

F_4 断层 (青纳断层): 南起楠木沟, 以 NNE 方向经泸宁延伸区外。南段断于中三叠统盐塘组与白山组之间, 产状为近 SN 向, E ∠70°~80°, 两侧挤压破碎片理发育, 伴有小褶曲和小逆冲断层, 个别地段宽达百米, 断面波状弯曲, 显示压性; 中段挤压破碎明显, 并见糜棱岩化, 断崖挺拔; 青纳以北二叠系玄武岩逆冲于盐塘组之上。断层带上有泉水出露, 如磨房沟泉、泸宁泉等。

F_5 断层 (拉纱沟–一碗水断层): 断于白山组大理岩与西侧上三叠统砂岩、板岩之间。地貌上多呈陡崖, 产状为 N10°~30°E, NW ∠70°, 属压扭性断层。

F_6 断层 (锦屏山断层): 总体产状为 N20°~50°E, NW (或 SE) ∠60°~87°。其规模在各段不一, 一般断层带宽 1.0~4.2m, 影响带宽 6~37m。断层往北清楚, 往南有收敛的趋势。据延拓资料, 锦屏山断层最大延拓深度为 5~6km, 属于一般盖层断层。

F_7 断层: 南起于手爬山北坡。断层面平整, 形成深切沟谷, 宽 5~10m, 走向 N20°E, 近直立, 被引沟断层 F_{23} 错开, 错距 20~50m, 往北顺沟延伸, 并形成延绵数公里的断层崖。

F_9 断层: 产状为 N10°~20°E, SE ∠80°~85°, 全长 5km, 断层宽 6~7m, 主带宽 12m, 挤压成片状, 局部糜棱岩化, 形成延绵数公里的断层崖陡壁, 正断层。

F_{10} 断层 (甘家沟–民胜乡断层): 北起甘家沟, 顺沟向南, 经大铺子、民胜乡向南延伸, 地貌上呈一系列的大陡壁。产状为 N10°~20°E, SE ∠70°~80°, 挤压带宽 3~4m。

F_{14} 断层 (联合乡–模萨沟口断层): 北自联合乡上瓦厂经松林坪, 折向东雅砻江左岸, 在周家坪以南又转向右岸向南延伸。其产状变化大, 走向为 N20°E~N20°W。断层带宽 15~20m, 围岩蚀变带达数十米。

F_{17} 断层: 产状为 N45°E, NW ∠50°, 挤压带宽 20 余米, 断于三叠系砂板岩中, 揉皱剧烈, 并见断层泥, 充填石英脉。

F_{18} 断层 (蓹房村北断层): 沿西雅砻江左岸近 SN 向发育, 断层带宽达 40m 以上, 至三滩上游未通过西雅砻江右岸, 产状为 N15°E, SE ∠48°。

F_{28} 断层: 产状 N20°E, SE ∠70°, 主带宽 1~2m, 挤压成片状岩。

F_{29} 断层: 产状 N30°E, SE ∠85°, 挤压破碎带宽 5m, 局部见 30cm 宽的挤压片岩, 属压性断层。

F_{30} 断层: 产状 N15°E, SW ∠80°, 挤压破碎带宽 8m, 影响带宽 10m, 断裂面平直。

2) NNW 向断层

该组断层总体上规模较小, 主要发育在金箐断裂的北延段及干海子中部。包括 F_3、F_{27} 断层, 断层走向 N15°~40°W, 倾向 NE。断层的地质力学性质多属于压性或压扭性结构面。

F_3断层：南段走向 N15°~20°W，倾向 NE；北段构造形迹不明显，仅在皮罗渡沟左坡上见有宽达 20 余米的劈理带，其产状为 N10°~30°E，NW∠70°，属压扭性断层。

F_{27}断层：位于干海子中部，产状 N30°~40°W，NE∠80°，挤压破碎，干海子地区唯一的小泉也分布在该断层附近。

3）NE—NNE 向断层

该组断层总体上规模较小，包括 F_{22}、F_{25}、F_{26}断层，断层走向 N50°~70°E，倾向 SE。断层的地质力学性质多属于压扭性结构面。

F_{22}断层：产状为 N50°E，SE∠80°~85°，全长 5km，带宽达 10 余米。

F_{25}断层：产状 N70°E，SE∠66°~75°，主带宽 4~5m，发育 3 条 20~35cm 带状分布的断层泥，见强-全风化断层角砾岩，局部有石英脉充填，并见少量次生泥，岩石挤压破碎，影响带上盘宽 7~8m，下盘宽 4~5m，发育近水平右旋擦痕，属压扭性断层。

F_{26}断层：产状 N50°~70°E，NW∠80°~85°，挤压破碎带宽 6~15m，呈强风化状，由碎裂岩、片状岩和少量糜棱岩组成，发育挤压透镜体，具揉皱现象，充填黄色次生泥、石英脉，属压扭性断层。

4）NW—NWW 向断层

该组断层总体上规模极小，主要为 F_8断层。

F_8断层：产状为 N42°~80°W，NE∠45°~63°。发育于四坪子、上手爬梁子及干海子以北。横切了碳酸盐岩和砂岩、板岩地层，地貌上呈断层崖。据槽探揭露，该断层带宽 2.2~13m，岩石扭曲破碎，呈片岩化和糜棱岩化，多见石英脉穿插，沿断层带有泉出露。

5）EW 向断层

该区域内近 EW 向断层构造较为发育，主要为 F_{12}、F_{16}断层，断层的地质力学性质多属于压扭性结构面。

F_{12}断层：顺模萨沟发育，走向近 EW。沟两侧地层错距达 50~100m。横穿上三叠统砂岩、板岩，中三叠统白山组。

F_{16}断层（周家坪横断层）：产状为 N70°~80°W，SW—N87°W，SE∠47°~52°，为压扭性断层。断层带宽 3~8m，影响带宽约 9m。此断层横切地层走向，北盘东移。

2.3.2.3 节理

锦屏二级水电站工程区节理，因构造部位和岩性不同而异，总体而言，以 NNE 向的顺层节理和近 EW 向（NWW 向和 NEE 向）的张扭性节理最为发育，前者多呈闭合状，后者多呈张开状。据大水沟长探洞揭露，近 EW 向和 NNE 向节理发育，且为主要导水通道。NNE 向、NE 向、近 EW 向构造组成了大河湾区的构造骨架。而纵张断层和横张断层、节理切割带则常为地下水活动通道，也为地下水富集地带。

2.4 岩溶发育基本特征

雅砻江大河湾区属裸露型深切河间高山峡谷区岩溶，接受大气降水补给。岩溶化地层和非岩溶化地层呈 NNE 向分布于河间地块，其中岩溶化地层主要分布于锦屏山中部，而非可溶岩分布于东西两侧。受 NNE 向主构造线与横向（NWW 向、NEE 向）扭-张扭性断裂交叉网络的影响，构成了河间地块地下水的集水和导水网络。

大河湾区碳酸盐类地层分布广泛（占 70% ~ 80%），加上区内水量丰沛，河谷地带气候炎热，区内发育三级夷平面，具有岩溶发育的地质条件。由于区内岩石遭受不同程度的区域变质，碳酸盐岩的可溶性有所下降。第四纪以来本区地壳急剧抬升，岩溶溶蚀速率低于地壳的上升速率，侵蚀作用起着重要的控制作用，以致来不及形成广泛的层状岩溶系统。区内寒冷的环境气候也对岩溶发育有重要影响，同时由于 CO_2 稀少，地下水处于过饱和状态，减弱了岩溶发育程度。区内较强的岩溶化岩层大多被弱岩溶化岩层或非可溶岩层包围，抑制了岩溶的发育。这种特殊的自然地理环境和区域地质环境，使大河湾区岩溶发育程度总体较弱，典型的岩溶形态较少。

大河湾区岩溶发育总体上具有以下特征：

（1）典型的岩溶形态较少。

（2）岩溶在白山组大理岩中发育相对较强，而在其他岩组中发育较弱，岩溶发育的不均一性明显。

（3）可溶岩呈 NNE 向条带状分布，地下水主要沿层面方向运动，排泄于横切岩层的雅砻江一级支沟中。因而岩溶通常顺层面发育，尤其是在可溶岩与非可溶岩接触带之间发育顺层岩溶化带。

（4）区内褶皱构造十分发育，总体为向南倾伏的紧密状复式褶皱。由于褶皱轴向南倾伏过程中发生波状起伏，形成轴部马鞍构造。该构造部位地形起伏大，负地形部位多见岩溶洼地，出露岩溶大泉，在岩溶水文地质条件上具有显著的差异性。

（5）区内断裂构造发育，岩溶主要沿断裂破碎带发育，尤其是地质力学属性的张性-张扭性结构面的断裂及断裂构造的交汇部位。

（6）区内 NWW 向陡倾角裂隙特别发育，岩溶常沿该组裂隙发育，溶蚀裂隙是本区分布最广的岩溶形态，也是最主要的输水通道。

（7）新生代以来，本区地壳呈间歇性均衡上升，形成 4000m、3000m、2200m 高程的三级夷平面及阶地、沟谷裂点等，岩溶发育程度与其有一定的相关性。

2.5 水文地质基本条件

工程区所处的锦屏山由雅砻江环绕深切，主体山峰高程为 3900 ~ 4488m，相对高差为 2560 ~ 3150m。在水文地质环境上为一与 NNE 向主构造线相一致的独立"河间地块"，南北长 71km，东西宽 12 ~ 23km，面积 1126.7km²。"河间地块"内岩溶区的地表水发育较差，多数为干谷和季节性干谷。"河间地块"内地下水有岩溶水、裂隙水和孔隙水，均由大气降水补给，排向雅砻江。其中岩溶水分布面积为 840.9km²，占河湾内总面积的 74.6%，岩溶水分布于各层组类型的岩溶含水层中。

工程区所处的锦屏山属裸露型深切河间高山岩溶区，与外界无水力联系，可视为一相对独立的岩溶水文地质系统。系统内以裂隙-溶隙大理岩岩溶含水介质为主，包气带-饱水带上部岩溶及岩溶水具有一般岩溶发育特征，而深部岩溶发育与岩溶水的活动主要分布在受断裂和可溶岩与非可溶岩分界面控制的部位。地形下切深度不断加大和区域气候的演变，形成了从雅砻江河谷至锦屏山分水岭地带的气候分带，寒带岩溶与亚热带岩溶并存，且水化学环境温度普遍较低（多低于 15℃）。受地质构造等因素的控制形成的沿 NNE 向主构造线与横向（NEE 向、NWW 向）张-张扭性断裂交叉网络系统及紧密褶皱，地层陡倾，在很大程度上控制了地下水的富集和运移。岩溶地下水排泄方式也差别悬殊，表现为大泉集中与中小泉分散排泄，以及双重基准排泄。新生代以来地壳大幅度抬升，河流深切，水文网不断调整变化，导致了岩溶水分布的不平衡与工程区岩溶及其水文地质条件的特殊性和复杂性。

2.5.1　岩溶水文基本特征

锦屏引水隧洞工程区穿越的地层为三叠系浅海-滨海相、海陆交替相地层，碳酸盐岩占 70%~80%，属裸露型深切河间高山峡谷区岩溶，接受大气降水补给。

大河湾与外界无水力联系，岩溶地下水的补给来源为大气降雨和降雪。地下水运动形式可分为溶隙-裂隙分散状和管道状慢速流及管道状快速流。岩溶地下水主要以泉的形式排向当地支沟，最终排向雅砻江，或直接排向雅砻江。其突出特点以大泉集中排泄为主和双重基准排泄。大泉排泄以磨房沟泉、老庄子泉、沃底泉和三股水泉为代表。

根据工程区岩溶含水层组、岩溶水的补给、运移、富集和排泄特点，工程区不同地带的水文地质条件有明显差异，其规律性受地形地貌、地质构造、含水介质类型、岩溶发育及气候条件的控制或影响。据此将大河湾区划分为以下 4 个岩溶水文地质单元（图 2.7）：①中部管道-裂隙汇流型水文地质单元；②东南部管道-裂隙畅流型水文地质单元；③东部溶隙-裂隙散流型水文地质单元；④西部溶隙-裂隙散流型水文地质单元。

2.5.2　岩溶水循环基本规律

1）补给规律

雅砻江大河湾与外界无水力联系，岩溶地下水的补给来源为大气降雨和降雪。河间地块高山降雪和降雨的高程效应十分明显。大气降水入渗条件受当地小气候、地形、岩性、地质构造、岩溶、土壤和植被等多种因素的制约，锦屏工程区的特殊地理、地质条件导致其具有较高的入渗强度。除降水补给外，尚存在大泉集中排泄，形成沟谷径流并转换成低高程泉的补给源，从而提高了大气降水的总体入渗率。

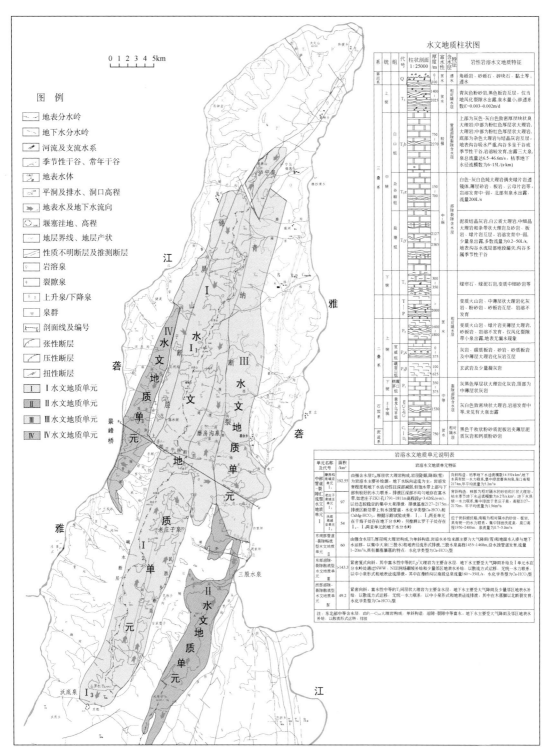

图 2.7　雅砻江大河湾水文单元划分图

本图系根据 1971 年编绘出版的 1 ∶ 10 万地形图编制；1954 年北京坐标系；

1956 年黄海高程系，等高距为 1000m

2）运移规律

根据岩溶含水介质和地下水流态，将地下水运动形式划分为溶隙节理、管道慢速流和管道快速流。管道慢速流发育在含水层的深部，受地层、构造的制约。管道快速流在大泉排泄区局部表现突出，它是管道慢速流在排泄区受地下水长期排泄溶蚀的产物。

从地形条件和地下水露头看，地下水饱水带埋藏较深，上部包气带厚度较大，可达百米到数百米，在包气带和季节变动带地下水以垂向运动为主，在近水平循环带兼有水平运动和垂向运动。在平面上受构造格局的控制，在含水带的上部以近 SN 向和近 EW 向地下水网络运移为主。长探洞勘探及辅助洞揭示查明，深部循环带的地下水常与 NWW—NEE 向断裂构造有关而分布不均，活动较弱，循环交替缓慢。

3）富集规律

地下水的富集微观上取决于岩体的节理和岩溶孔隙特征，宏观上受控于地质构造、岩溶发育程度及含水层分布。锦屏山上部的白山组大理岩岩溶较其他地带发育，是地下水的主要赋存场所。受区域性压性断层和相对隔水层的阻隔，老庄子背斜和干海子–石官山向斜地下水大量富集。

4）排泄规律

岩溶地下水主要以泉的形式排向支沟，最终排向雅砻江。总体为大泉集中排泄和向雅砻江排泄的双重基准排泄。大泉排泄主要有磨房沟泉、老庄子泉、沃底泉和三股水泉，四大泉总流量占岩溶研究区总流量的 60% ~70% 。双重基准排泄指以磨房沟泉和老庄子泉为代表的锦屏山中部地带高程 2100 ~2200m 的高位基准排泄和雅砻江低位基准排泄。

第3章 岩溶水文地质勘察与分析方法

在岩溶地区水电工程地质勘察过程中，因岩溶现象发育的特殊性，其工程地质勘察有别于非可溶岩地区。其具有勘察研究范围大、水文地质问题复杂、勘察工作难度大等特点。近年来，在西部岩溶地区大型水电工程建设中，为查明工程区岩溶发育与地下水运移规律，除采用常规岩溶水文地质勘察技术外，还采用了综合勘察技术，如遥感技术、地球物理勘探、岩溶水流量、水化学、水同位素长时段动态监测与示踪技术、三维渗流场模拟技术等。本章系统总结了高山峡谷区岩溶水文地质勘察方法、水文地质试验及相关分析方法，旨在为同类工程实践提供参考。

3.1 工程地质测绘及岩溶调查

工程地质测绘及岩溶调查是岩溶水文地质研究的基础。其采用大范围岩溶水文地质填图，以查清工程区的水文地质、工程地质条件，引水线路区的测绘和调查范围应包括岩溶发育和地下水补径排影响区域，测绘和调查比例尺一般选用 1∶25000 ~ 1∶10000。对岩溶水文地质条件评价影响大的区域应进行专门性工程地质测绘，比例尺可选用 1∶2000 ~ 1∶1000。

3.1.1 水文地质调查

3.1.1.1 水文地质调查基本内容

（1）地下水天然露头（泉）、人工露头（水井、钻孔、矿坑等）及地表水体（河流、湖泊、沼泽、池塘等）的分布。

（2）地下水的类型、分布情况和埋藏条件。

（3）相对隔水层、透水层和含水层的分布。

（4）环境水的物理性质、化学成分。

（5）分析水文地质条件对工程建筑物的影响。

（6）预测水文地质条件的改变对环境的影响。

此外，应收集工程区降水量、蒸发量等气象资料，结合实际需要，对泉、井和地表水体进行详细调查。其中，泉水应调查其类型、出露位置、高程，以及所处位置的地层岩性、地质构造情况；温度、流量、浑浊度等物理性质及其随季节变化情况；化学成分和化学类型等内容。水井应调查其位置、井深、井口高程和井体结构；所处位置的地层岩性与地质构造；水位埋深及其随季节变化情况，估算涌水量；水的物理性质、化学成分和化学类型等内容。地表水体应调查其分布位置、范围、地形地貌特征，主要河流和湖泊的流量、水位、水质及其与地下水的补排关系。

3.1.1.2　水文地质调查基本要求

（1）水文地质调查中应着重调查透水层和相对隔水层的数目、层位、岩性、地质构造、埋藏条件、分布情况，以及是否有尖灭或被断裂构造错开等现象。分析透水层的透水性和相对隔水层的阻水性及其对工程建筑物的影响。

（2）在可能产生渗漏的地段应结合地貌、地层岩性、地质构造和水文地质点调查，分析地下水分水岭的位置和高程。

（3）工程区应分析工程施工和运行引起的水文地质条件改变及其对工程和环境的影响。

3.1.2　岩溶调查

3.1.2.1　岩溶调查内容

调查可溶岩的分布、岩性、厚度、产状、结构、化学成分；岩溶的地貌特征、类型；各种岩溶形态的分布位置、高程、规模；岩溶的类型、组成形式、发育程度和发育规律；岩溶的水文地质条件；分析岩溶对工程地段的渗透条件和稳定性的影响。

（1）调查工程区碳酸盐岩的类别、分布、产状、厚度及其与非碳酸盐岩层的组合情况。

（2）调查褶皱形态、性质、特征及主要断层和结构面的产状、性质、规模、延伸情况等，研究不同构造部位对岩溶发育和形态的影响及断层对岩溶岩层切割错位情况，断层与岩溶发育的关系。

（3）调查峰林、孤峰、残丘、岩溶丘陵和石芽、岩溶洼地、漏斗、落水洞、斗淋、竖井、峡谷、溶沟、溶槽与溶隙等的分布位置、形状、规模、层位、岩性、构造条件及地貌部位，溶洞、溶隙、落水洞、管道、地下暗河等的分布、位置、形态、规模、填充情况，落水洞地表水情况与下潜流量及其季节变化，各种岩溶形态的数量、密度及其空间分布规律，分析其与岩溶地下通道的关系。

（4）调查岩溶洞穴的位置、洞口、洞底高程、所在层位、岩性、构造情况，岩穴形态，洞内地下水，沉积物，堆积物性质和洞体的完整性，洞穴数量、密度、分布规律和连通情况；调查溶蚀裂隙的空间分布规律、特征、延伸方向、充填情况，以及与洞穴等的发育关系；判断岩溶洞穴的形成时期。

（5）调查各种岩溶泉的出露位置、高程、层位、岩性、构造条件及出水口的变迁情况。通过水温、流量测定、水质分析及连通试验，了解其水位动态（特别是反复泉、多潮泉、涌泉等）和水力联系等，分析地下水的埋藏、补给、径流和排泄条件。对地下暗河还应测定其流量和流速。必要时，应对其已发育方向、途径及水源区等进行专门调查。

（6）岩溶含水层的地下水位、动态规律及最高、最低水位，划分岩溶含水层和相对隔水层，岩溶泉出露位置、泉水动态，含水层和相对隔水层遭受断层切割的情况。根据地下水与河水的补排关系，确定水动力条件；按地下水循环条件，划分岩溶水动力带。

（7）分析岩溶发育与地形地貌、岩性和岩组、地质构造、地文期和新构造运动、水文网的关系。

（8）在水库区，当可溶岩分布至邻谷或下游时，应扩大调查范围，了解其渗漏情况。

3.1.2.2　岩溶的物探方法

（1）采用综合物探方法，探测岩溶发育强度、大洞穴位置及地下水位。

（2）采用地质雷达、瞬变电磁法、大地电磁测深法，探测地下洞室附近的洞穴和岩溶发育带位置和规模。

（3）采用钻孔电视、层析成像技术探测钻孔内及钻孔间的岩溶发育情况。

3.1.2.3　勘探工作布置

（1）隧洞进出口、厂房和建筑物区应沿轴线布置勘探剖面。

（2）隧洞线路的钻孔应沿线路布置，宜布置在进出口、地形低洼、岩溶发育、水文地质条件复杂的地段，在可能存在大洞穴、大断层，低水位带部位应布置专门性钻孔。

（3）钻孔深度应进入洞室底板以下 $10 \sim 30m$，或达到地下水位，或大洞穴底板以下，建筑物区的钻孔深度应进入设计建基面高程以下 $2 \sim 30m$，专门性钻孔深度应视具体要求而定。

（4）隧洞进出口、高压管道和厂区宜沿轴线布置长探洞和相应的横向支洞，长探洞应能控制厂房和高压管道地段的岩溶发育情况，特别是大洞穴和管道系统的情况。

此外，对岩溶进行调查时，可在洞穴网内进行连通试验，并应进行地下水动态观测。

3.1.3　岩溶洞穴调查与测量

岩溶洞穴调查与探险是岩溶水文地质调查与大型工程建设中水文地质分析的辅助方法之一，对研究地下岩溶形态和规模、调查岩溶空间分布及发育规律、查清地下暗河分布位置及地下水运移方向和流量、分析构造对岩溶发育影响、岩溶发育演化等有着十分重要的意义。

岩溶洞穴调查包括洞穴测量与制图、洞穴沉积物及其形成年代的研究、洞穴水文与气象观测，以及对不同岩石地层单位及构造对岩溶发育的影响和控制的研究。洞穴测量一般使用的仪器工具包括：罗盘、洞穴测量专用罗盘、测尺或激光测距仪等。根据不同调查目的、精度要求，洞穴测量结果有素描图、草测图或粗测图、不同比例尺的洞穴测量图。在洞穴调查过程中，涉及洞穴探险、潜水技术等，可能需要相关的专用探洞设备、潜水设备等，对于垂直发育的地下暗河天窗、竖井、斜井和天坑，通常需要熟悉和掌握单绳技术，甚至使用热气球、升降机等设备。

长探洞穴测量和洞穴沉积物测年是了解区域岩溶发育演化历史、分析不同高程岩溶发育的时间和强度的重要手段。此方法一般采取洞穴中最早的洞穴沉积物——钙华或石笋等，进行^{14}C 或 U 系测年，然后通过对不同高程洞穴形成年代的研究，分析区域新构造活动规律，恢复岩溶发育演化历史，研究岩溶发育对水电工程建设的影响。

3.1.3.1 三维激光扫描

三维激光扫描技术主要根据激光测距原理（包括脉冲激光和相位激光），瞬时测得空间三维坐标值的测量技术。目前应用的三维激光扫描系统操作的空间位置可以划分为三类：一是机载型激光扫描系统；二是地面型激光扫描系统，根据测量方式分为移动式激光扫描系统和固定式激光扫描系统；三是手持型激光扫描系统。

激光扫描仪主机中包含一部激光测距仪和一组可以引导激光以等角度速度扫描的反射棱镜。激光测距仪主动发射激光，接收目标反射信号进行测距，即测站到扫描点的斜距，然后根据扫描点的水平和垂直方向角可求算以测站为基点的三维空间相对坐标，若测站的三维坐标已知，则可求算扫描点的真实三维坐标。

三维激光扫描仪是将空间按照坐标系分成指定的水平和垂直间隔网，然后连续快速测量网格交点处扫描点到测站的斜距，再通过角度计算得到初步资料，它是一群密布的具有三维坐标的空间点云，这些点云通过后处理软件处理得到三角形网格或四边形网格曲面。

三维激光扫描仪和配套的专业数码相机融合了激光扫描及遥感等技术，可以同时获取空间三维点云和彩色数字图像两种数据，甚至能够记录反映物体特征的电磁波反射率，扫描点空间定位精度可达到 5~10mm 的扫描精度。

采用三维激光扫描仪对锦屏二级水电站 3#调压井底部至 3#引水隧洞尾部（厂 9#施工支洞交汇处）、8#高压管道下平段（厂 2#施工支洞上游侧）进行了三维激光扫描。成果分别如图 3.1~图 3.4 所示。

图 3.1　3#调压井底部至 3#引水隧洞尾部（厂 9#施工支洞交汇处）

图 3.2　8#高压管道下平段（厂 2#施工支洞上游侧）

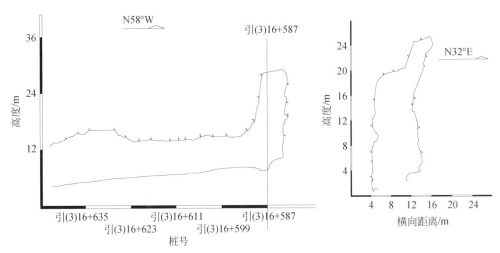

图 3.3　3#引水隧洞与厂 9#施工支洞交汇处岩溶形态图

根据三维激光扫描数据得到截面数据

从三维激光扫描的结果来看，3#引水隧洞与厂 9#施工支洞交汇处，岩溶管道高度超过 25m，最宽处为 7 ~ 8m。8#高压管道下平段由于存在溶蚀作用及重力作用，在施工过程中产生坍塌，形成一 "喇叭" 空腔，据扫描结果显示，该空腔最大高度达到了 37m。

3.1.3.2　三维数码摄影地质编录

数码摄影地质编录（测绘）技术是将遥感、摄影测量、三维虚拟仿真和计算机辅助绘图技术同工程地质理论与时间相结合，进行工程各类场地的地质编录（测绘）的综合应用

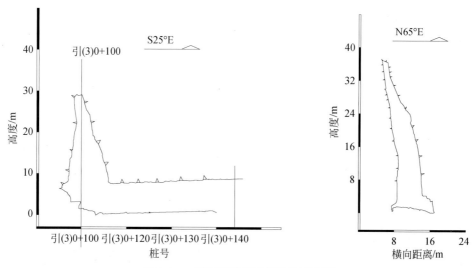

图 3.4　8#高压管道下平段岩溶形态图

根据三维激光扫描数据得到截面数据

技术。其以普通数码相机作为遥感器，以三脚架上架数码相机方位控制装置作为平台，采用可见光摄影方式，在地面站点拍摄目标场地的数码图像，依据摄影测量原理，经过一系列人机交互操作，获得工程场地的立体影像模型，经图像地质解译和三维地质素描，提取地形地质空间属性数据，最终按照地质编录要求输出有关图表等成果。

数码地质编录（测绘）主要运用摄影测量技术，该技术的基本工作原理可以用人眼的功能来理解。人的左右眼同时睁开时，获取到目标物的左右两幅图像，并在大脑内形成立体像对，就可感知物体的大小和距离。数码摄影地质编录系统则是通过数码相机，分左右摄站点拍摄目标场地的左右两幅图像，在计算机中形成立体像对，并经计算机处理形成可量测大小的三维影像模型。

在使用数码相机进行摄影测量时，通常需要进行检校，采用空间后方交会的方法。该方法主要用来检定或测定数码相机的物镜畸变差系数、外方位元素和内方位元素等系统误差参数。在畸变系数、内方位元素及外方位元素均解出的情况下，可以建立像素点坐标 (x,y) 与物方（对象方）三维坐标 (x,y,z) 的线性关系。

通常数码拍摄的图片都是二维的，图片上的任意像素点都可以用一个二维坐标 (x,y) 来描述，然而现实世界中的空间位置点，却需要用三维坐标 (x,y,z) 描述。三维数码拍照技术的基本原理是物体反射的光线通过照相机透镜中心，投射到相机传感器上，并以像素点坐标 (x,y) 表示。当照相机的透镜中心及拍摄方位角确定后，便可以确定物点三维坐标所在的射线，但无法确定物点的准确位置，而设置两个照相机站点拍摄同一个物体时，在照相机透镜中心及拍摄方位角确定后，便可以通过两个射线的交点，确定像素点的唯一三维坐标点。这样通过计算每个像素的空间坐标，最终将二维视图转变为三维视图。数码成像原理类似于人的眼睛获取外部空间影像的过程，为了使叠加的图像清晰，先后两次拍摄使用的相机焦距必须相同。

系统工作流程主要包括拍摄模式优选、数码图像拍摄、数字高程模型（DEM）建立、空间属性数据提取和空间属性数据利用 5 个主要步骤，具体工作流程为：第一步，在拍摄之前首先要优选拍摄模式，根据地下岩溶洞室的场地条件大致确定拍摄距离，然后选择合适的镜头焦距和对应规格的数码相机操作台，镜头焦距直接决定单次拍摄场景的视角范围；第二步，在布置好的拍摄站点位置上拍摄一幅或连续多幅图像；第三步，基于拍摄的目标场地图像，利用 3DM 系列软件程序，通过一系列处理过程生成三维影像模型，处理过程主要包括图像编排、像对点匹配、控制点坐标设定、数码相机定向参数自动反算、数字图像处理、像对点坐标计算、三维曲面网格剖分、立体图像投影等工序；第四步，在生成的三维影像模型上可以提取地质要素的空间属性数据，主要包括地质结构面的出露迹线、空间位置、整体产状数据、等高线及主要结构面的等密度图等；第五步，将提取的地质要素空间属性数据以 DXF、DEM 等格式导入专业绘图与分析软件，利用这些数据进行二维出图（平面图、展示图、分析图）、三维建模、图表统计、工程计算等工作。

该系统已经成功应用于杨房沟、锦屏二级和白鹤滩等大型水电站边坡、洞室、基坑的地质测绘和编录，应用证明该系统具有操作方便、采样速度快、精度和分辨率较高、无接触测量等优势，切实提高了地质编录的速度和质量。

3.2　遥　感　技　术

遥感不直接接触目标物或现象来搜集信息，通过对信息的分析研究，确定目标物的属性和目标物之间的相互关系。它是根据电磁辐射的理论，应用现代技术中的各种探测器，对远距离目标辐射来的电磁波信息进行接收的一种技术。作为一种先进的调查与勘察技术手段，遥感技术具有信息丰富、影像逼真、视野广阔或宏观性强、信息获取快速实时及更新周期快、调查不受地形或交通条件限制（克服了复杂山区地面调查的困难）、信息处理与专题信息提取技术成熟、调查成本低和速度快等优点，在复杂山区重大水电工程的地质调查与勘察中得到了广泛应用。

3.2.1　遥感原理

遥感技术的基本原理是通过传感器获取地物的电磁波谱，根据波谱的特征差异来识别物体。遥感技术手段多样、应用广泛。依据遥感信息获取的平台不同，遥感可分为航天（卫星）遥感、航空遥感（飞机、热气球）和地面遥感。根据电磁波谱（光谱）特征（波长）不同，遥感可分为可见光遥感（摄像、多光谱）、红外（含热红外）遥感、微波（含侧视雷达）遥感、激光或高光谱遥感等。不同水电工程所面临的工程地质问题不同，所选用的遥感手段或数据类型也有差异，如地面分辨率应小于所需要识别地质体（如泉点、岩体、水体、岩溶塌陷坑、落水洞等）的最小规模。

遥感调查的一般工作流程为：区域资料收集→遥感数据源选择与购置→遥感图像处理–正摄影像图制作→工程地质遥感解译标志的建立→工程地质解译或信息提取→解译结果的验证与精度评价等环节（图 3.5）。

其中，遥感图像解译是根据人们对客观事物所掌握的解译标志和实践经验，通过各种

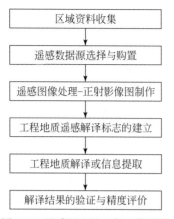

区域资料收集

↓

遥感数据源选择与购置

↓

遥感图像处理-正射影像图制作

↓

工程地质遥感解译标志的建立

↓

工程地质解译或信息提取

↓

解译结果的验证与精度评价

图 3.5 遥感调查的一般工作流程

手段和方法,对图像进行分析,以达到识别目标物的属性和含义的目的。利用地质学、工程地质学等知识来识别与工程建设有关的地形地貌、地层岩性、地质构造、不良地质作用、水文地质条件等地质作用和地质现象的过程,称为遥感图像的工程地质解译。

在工程地质解译中岩溶地区具有明显的影像特征,一般具有深色调的蜂窝状密集斑点,峰林残山表现为正地形,而溶沟、溶斗则为负地形。溶沟、石芽在航片上有清楚的显示,呈脑纹状或指纹状。溶沟色调浅,溶斗多呈深色调,但被堵塞的溶斗,其影像色调较浅。洼地底部有较松散堆积物,色调呈浅色。竖井和落水洞表现为深色点状,有时可借助水流的汇集及茂密的草丛追索。地下暗河的发育受构造断裂控制,溶斗、竖井、溶蚀洼地呈线状排列,地下水点断续分布,同时在图像上反映出较开阔的条形洼地,这都表明其下可能存在地下暗河。暗河进出口往往有陡坎,地表水流突然消失或突然出现。

近年来,随着遥感信息获取技术和遥感数字图像处理技术的不断提高,高分辨率(包括地面分辨率、光谱分辨率等)图像的普及和海量遥感数据处理技术的提高促进了遥感技术在水电工程建设中的应用。因信息直观、可视性好,目前可见光遥感仍然是水电工程地质勘探、水文地质调查中的主要遥感手段,其主要用于识别地层岩性、岩溶地貌形态、水体、地质构造(断层和褶皱),以及塌陷、滑坡的工程地质体等。例如,在二滩水电站开发前期论证研究中,首次采用航空遥感进行坝址及库区周围区域滑坡分布、规模及其发育环境调查,并评估坝址及库岸稳定性。此后,我国先后在红水河龙滩电站、长江三峡电站、黄河龙羊峡电站、金沙江下游的溪落渡电站、白鹤滩电站及乌东德电站库区开展了大规模的区域性滑坡遥感调查,为这些大型水电工程的可行性研究提供了滑坡灾害及地质环境基础资料。此后,滑坡遥感逐渐扩大到山区铁路及公路选线、山区城镇及区域等方面。21 世纪以来,国土资源航空物探遥感中心先后在西藏、三峡、四川等多个地区开展地质灾害的航空遥感调查,取得了较好的效果。2006~2008 年,中国地质科学院岩溶地质研究所采用美国 KH(锁眼)卫星数据、QuickBird(快鸟)卫星和 WorldView 卫星遥感数据、日本 ALOS 卫星数据,首次对广西桂林会仙岩溶湿地的 1969~2008 年演变进行监测,并为湿地修复工程规划提出库坝选址建议。红外遥感、微波遥感和高光谱遥感信息等进一步拓宽了人的视野或认知领域,如热红外遥感对物体的热信息感应灵敏,常用于对水体(如泉、地下暗河、水下泉)、含水体(如含水断层)等的识别、地热异常区的圈定。例如,红水河大化水电站前期勘探中,曾使用红外探测技术,在坝址上游 7km 范围内,寻找出 5 处水下地下暗河(泉)出口,为库区岩溶发育规律、水库岩溶渗漏分析评价提供了依据;中国地质科学院岩溶地质研究所于 20 世纪 80 年代末采用彩色航空遥感图像和热红外图像对桂林漓江航道浅滩、水下沙滩进行识别,并对其动态变化趋势进行监测和分析,为漓江航道的整治提供了依据。侧视雷达或激光雷达能较好地识别微地貌形态,对植被有一定的穿透能力,在南方植被覆盖区应用效果较好,常用于地貌形态研究、断层、节理或裂隙的识别和统计等。

3.2.2 遥感技术在岩溶地质调查中的应用

利用遥感图像，特别是彩红外影像进行岩溶及岩溶水文地质调查具有特殊的优势，相片解译不仅能很好地判断各种岩溶地貌现象，而且还可以充分利用水质和其他介质红外光谱的差异，判断地下水的分布和泉水分布等。遥感图像的应用是区域岩溶工程地质调查的有效手段。应充分利用现有遥感资料进行岩溶形态与工程地质解译，以减少野外工作量，提高工作效率和成果质量。

遥感图像解译应结合岩溶工程地质调查的实际需要和已有遥感资料的片种、比例尺、可解程度来定。其主要内容如下：

（1）地貌形态、成因类型和主要微地貌形态的发育和分布特征。判定岩溶地貌与地质构造、可溶岩层组类型及工程地质条件的关系。应特别注意对各级剥夷面、岩溶陷落柱及岩溶负地形（如岩溶洼地、漏斗、岩溶谷地等）和地表岩溶地貌组合形态（如峰丛洼地、溶丘洼地、脊峰沟谷、峰林平原等）的解译，并进行密度统计分析和区域对比。

（2）确定裸露或隐伏岩溶区的分布位置，解译其发育与地质构造的关系。

（3）划分可溶岩的岩溶层组类型及其分布范围。

（4）解译岩溶地质现象，如岩溶塌陷、岩溶陷落柱等的分布、规模和形态特征，对其危害程度和发展趋势作出初步评价。

（5）解译岩溶水文地质现象，重点解译地下水对岩溶区工程地质现象和不良地质现象的影响。判定岩溶泉（泉群）、伏流、地下暗河出口、落水洞、竖井、天窗、溶潭、水库岩溶渗漏等的分布位置，圈定地表水体的分布范围。分析岩溶区水系发育特征、水质污染状况。

针对一般岩溶地貌，在遥感图像上岩溶的溶沟常以线状和网状呈现，它受节理和断裂控制，在厚层灰岩地区节理发育差，网状稀疏，在薄层灰岩地区节理发育网状密集。在两组节理或断裂的交汇处发育漏斗或落水洞，其形状不一，形态有圆形、椭圆形或不规则碟形。在岩层坡度较缓，裂隙发育的部位，漏斗较密集；在构造背、向斜轴部或碎裂带上漏斗呈线条带状分布。因此它的分布规律成为解译岩溶地区地质构造的重要标志。

峰林、丛林常呈现群连山峰。在遥感图像上以深色调，山峰呈带状分布。在平缓的褶皱构造区，峰林、丛林呈星点状分布；在紧密褶皱构造区，呈脊状展布；峰林之间常发育漏斗和洼地。孤峰是岩溶发育的晚期产物，其形状似圆锥形，地形上呈单面山，是判断岩层产状的标志。

岩溶地貌除上述类型外，还有溶洞、暗河等，一般在航片上难以观察，可根据热红外图像或其他间接标志推测其分布。

3.2.3 遥感技术在水文地质调查中的应用

地下水的存在会引起土壤表面及植被的温度或辐射强度两种变化。一般利用夜航成像的热红外遥感图像，可分析地下水补径排等区域的水文地质条件，探测泉水或浅层地下水的分布。温度是地下水运动的天然示踪剂。利用热红外遥感探测技术，可查询溶洞、地下暗河、断裂破碎带、古河道、渗透性较大的风化岩体等水库和大坝的可能渗透通道。

水体信息的提取受到水体成分、含水物质，如土壤、植被、疏松多孔的岩石或构造裂隙等因素的影响，这些物质能够反映研究区水体情况的光谱信息。不同杂质影响下的水体在卫星图像中可能会呈现不同颜色，而含水量的变化，会引起地物反射率的变化。一般来说，含水较多的物质反射率较低，反之则较高。在 TM 合成的遥感图像上，含水较多的地物色调较暗，干燥的地物相对较亮。

利用遥感技术探测地下水分布情况，主要是通过异常信息提取的手段来实现的。利用遥感技术可提取与地下水富集相关的地表含水断层、裂隙、线性构造及地面湿度等信息；查明浅层地下水赋存条件、分布规律、补径排条件；分析研究水资源的时空分布规律，以及地表水与地下水的联系，结合水文地质条件，可较准确地评价地下水资源。此外，还可用微波遥感对地面有一定穿透能力的特征，来发现地下古河网的踪迹，寻找地下潜水层。充分利用航空像片、卫星图像的解译和其他遥感手段，使我们能更准确地掌握研究区域地下水形成、储存、运动特征，水质、水量的变化规律，节省野外勘察耗费的大量人力、物力，为地下水资源的规划、开发和合理利用提供充足的水文地质依据。

3.3　地球物理勘探技术

水文地质物探是采集（接收）特定地区天然的和人工产生的各种地球物理场数据，分析被探测地质体与围岩的物理性质，如电性、磁性、声波、重力、热性和放射性等的差异来识别所探测地质体的方法，也是水电工程勘探的主要手段之一。

水文地质物探贯穿于水电工程勘察设计的各个阶段。一般可以用于解决以下工程地质问题：地层岩性及其完整性，包括岩石的破碎程度、岩性的接触关系、软/硬岩体，以及断层、褶皱、裂隙等地质结构；岩溶发育程度，包括分析溶洞（管道）、溶孔、溶蚀裂隙等的深度、规模与形态等参数；岩石含水性，包括含水地质体的埋深、厚度、地下水性质、孔隙率和含水度等；岩溶地下暗河或集中径流带的位置、埋深、规模，结合水文地质条件综合分析地下水的补、径、排、蓄等，预测隧洞涌水、岩溶塌陷等工程地质问题。

目前，水文地质物探的方法手段较多，包括地面物探、孔内物探，广义上还包括航空物探等范畴。具体的物探方法中，航空物探通常用于区域性的普查；地面物探包括电法、电磁法、地震法和放射法四大类十多种方法；孔内物探有电阻率法（视电阻率测井、井液电阻率测井等）、声测法（声速测井、超声成像测井）、放射性法（自然 γ 测井、γ-γ 测井）、流量法等，共计十多种。不同物探方法的适用范围不相同，需要根据调查的目的和水电工程所在地的地质情况进行选择。

目前在岩溶地区使用较为广泛、方法较为成熟的有电法勘探、电磁法勘探、地震探勘、声波探测、陆地声呐法、放射性探测、红外线探测法（表3.1）。例如，地震探测是利用弹性波在遇到物性界面或突变点会发生反射或绕射的特性，通过记录各种波的旅行时间和动力学特征来反演介质的物性参数。锦屏二级水电站施工中，采用 TSP 地震探测法、瞬变电磁法、地质雷达等方法开展引水隧洞施工过程中的超前预报，成功地预测到 F_6 断层和一些规模较大的隐伏水体，为工程施工处理提供了第一手资料。

表 3.1　岩溶地区常用工程物探方法的应用范围及适用条件

方法名称		应用范围	适用条件
电法勘探	高密度电阻率法	测区地形起伏不大、电极距不大于电缆间隔	对构造破碎带、强岩溶发育带、堤坝渗漏位置识别效果较好
	自然电位法、充电法	周围围岩介质的电阻率与水体电阻率差异较大（3 倍以上）或运动水体产生的天然电场大；地下水流动性好、埋深在 20m（自然电位法）或 50m（充电法）、干扰电场小	自然电位法：地下水的流向、地表水体的渗漏位置及与地下水的关系、追踪地下暗河等，识别岩性接触带、岩溶发育带、了解上升泉与裂隙溶洞的关系；充电法：探测地下暗河分布、在单孔中确定地下水流向、流速和抽水影响半径
	电测深、电剖面法	地形相对平坦、被测地质体岩层产状平缓（电剖面法要求地质体倾角越大越好）、周边围岩电阻率差异较大、规模与埋深比较足够大	覆盖层厚度或基岩起伏、岩石富水性（富水块段）及延伸方向（识别深度可达 300m 左右）、寻找富水断层或裂隙破碎带、水下泉等
电磁法勘探	地质雷达法	受地形影响小，但应排除周边强电场、磁场的影响	地质界面、溶洞或软弱地质体、土洞、基岩埋深，广泛用于隧洞施工的超前预报中
	电磁测深法	探测深度大、分辨率高。要求探测地质体与围岩的电性或电磁性、电阻率差异明显	地层分层、查明深埋或古岩溶界面起伏、构造破碎带及其岩溶发育的空间展布特征、查明岩溶管道分布特征、区分咸淡水体或矿化度
	核磁共振法	适用电磁干扰小、地磁场稳定、探测地质体埋深 150m 以内，深部探测效果较差	定量有效量化含水层位置、埋深、厚度，估算地下含水层渗透率等地质参数，定性判断充填物性质
	瞬变电磁法	探测深度大、容易穿透高阻层、抗干扰能力强，以及可在远端观测	该方法可作为远距离探水的主要手段，但目前尚未解决精确定位的计算问题
地震探勘	地震波 CT	探测地质体的弹性波的反射速度与围岩要求有明显差异，探测地质体在垂向上的尺度不小于地震波有效信号主波长的 1/8，人为噪声干扰能有效控制或处理	确定及颜面起伏形态（精度高于电法），对地下暗河、含水体、富水断层、岩石破碎带或岩溶发育带识别效果好跨孔法可分析两孔间地质结构剖面、识别溶洞位置、规模、充水或充泥情况
	TSP 地震探测法	利用特定爆破点产生地震波，对隧洞开挖面前方地质情况进行超前预报	预测工作面前方遇到与隧洞轴线近垂直的不连续体（节理、裂隙、断层破碎带等）的界面
声波探测		多用于裸露基岩、地下洞室岩体、岩样或混凝土构件的声速测试	测定岩体或混凝土的声波波速，计算动力学参数，测定岩体松弛厚度，评价岩体的完整性和岩体灌浆效果

续表

方法名称		应用范围	适用条件
陆地声呐法		采用锤击震源，在掌子面上布置工作，不打孔、不必固定检波器，探查断层及破碎带、大节理、岩脉、陡倾角岩体分界线，以及岩溶、洞穴等，预报距离80m左右	可探查断层等近似平面型的物体，还可探查溶洞等有限大小地质体
放射性探测	α射线测量	探测具有较好透气性和透水性的构造破碎带	通过α射线测量发现氡的富集带，进而寻找隐伏断层构造带和断层裂隙水
	自然γ测量	探测具有较好透气性和透水性的构造破碎带	通过测量γ场的分布，探测隐伏构造破碎带和地下储水构造
	γ-γ测量	适用于钻孔内测量	测试岩土层的原状密度和孔隙度
红外线探测法		可以实现对隧洞全空间、全方位的探测，仪器操作简单，能猜测到隧洞外围空间及掘进前方30m范围。此外，可利用施工间歇期测试，基本不占用施工时间	探查是否存在隐伏水体或含水构造，只能确定有无水，至于水量大小、赋水形态、具体位置没有定量解释

3.3.1　电法勘探

电法是根据岩石和矿石电学性质（如导电性、电化学活动性、电磁感应特性和介电性，即所谓"电性差异"）来找矿和研究地质构造的一种地球物理勘探方法。它是通过仪器观测人工的、天然的电场或交变电磁场，分析、解释这些场的特点和规律，以达到找矿勘探的目的。电法勘探分为两大类：一是研究直流电场，统称为直流电法，包括电阻率法、充电法、自然电场法和直流激发极化法等；二是研究交变电磁场，统称为交流电法，包括交流激发极化法、电磁法、大地电磁场法、无线电波透视法和微波法等。近年来高密度电阻率法作为一种有效、快捷的方法，以其生产成本低、工作效率高等特点，在岩溶地区得到广泛应用。该方法的原理主要是通过电极向地下供电形成人工电厂，其电厂的分布与地下岩土介质电阻率的分布密切相关，从而通过对地表不同部位人工电厂的测量，了解地下介质视电阻率的分布，并推断解释地下地质结构。

在岩溶地区，碳酸盐岩含量比较丰富，当碳酸盐岩层比较完整时，就会具有很高的电阻率，从而使得其极化率变得很低。相反，如果碳酸盐岩层比较破碎，岩溶发育，饱水或是被黏土充填时，它的电阻率就会显著降低，而极化率则会明显升高，且半衰时间增大。岩溶裂隙发育程度越高，含水量越大，就显得更加异常。因此，电法勘探可了解地下水位及地下水位以下的大中型溶洞、暗河、断层带等。

3.3.2　电磁法勘探

3.3.2.1　地质雷达法

地质雷达法是一种高频电磁探测技术，它利用地下介质对广谱电磁波（$10^7 \sim 10^9$Hz）

的不同响应来确定地下介质的分布特征，主要是通过观测位移电流的变化来实现其探测目的。作为一种高精度、连续无损、经济快速、图像直观的高科技检测仪器，它是通过向隧道掌子面前方岩体发射高频电磁波并接收相应的反射波来判断前方岩体的异常情况。但它探查的距离较短（<30m），数据处理和资料解释难点较多，需要专业人员才能作出正确判断。同时地质雷达易受隧道中金属物等干扰，影响掌子面前方水体的预报位置和精度。图 3.6 为拉脱维亚 ZOND-12e 地质雷达；图 3.7 为瑞典 MALA 公司生产的 RAMAC/GPR 地面雷达，具有 100MHz 地面耦合非屏蔽天线；图 3.8 为地质雷达现场测试情况。

(a)雷达系统　　　　　　　　　　　　　　　　(b)屏蔽天线

图 3.6　拉脱维亚 ZOND-12e 地质雷达

(a)雷达系统　　　　　　　　(b)屏蔽天线　　　　　　　　(c)非屏蔽天线

图 3.7　瑞典 MALA 公司生产的 RAMAC/GPR 地面雷达

图 3.8　地质雷达现场测试情况

地质雷达法在探测雅砻江地区岩溶分布规律时发挥了重要作用，如在引水系统东端，为探测调压室竖井四周是否存在大的岩溶管道，就采用了地质雷达进行探测，以及在引水压力管道上平段也用地质雷达进行了探测，在4#~8#高压管道上平段左右侧底板共布置10条雷达测线，测线编号分别为 G4-zd、G4-yd、G5-zd、G5-yd、G6-zd、G6-yd、G7-zd、G7-yd、G8-zd 和 G8-yd，各测线沿高压管道上平段底板作铅垂方向探测。其中 4#高压管道上平段左侧底板（G4-zd）雷达探测成果与分析如下：图 3.9 为 4#高压管道上平段左侧底板（G4-zd）雷达探测图像，该测线有效探测深度达到 70m，共发现 6 条近直线同相轴和 7 个近双曲线同相轴。6 条近直线同相轴推测为节理，编号分别为 s4-1~s4-6，测线方向视倾角为 30°左右；7 个近双曲线同相轴推测为岩溶、溶蚀构造等三度地质体，编号为 v4-1~v4-7，大多沿节理发育，地质体长轴为 2~30m，其中 v4-7 规模较大，且位于 4#竖井西北侧，雷达反射强，可能有泥质充填，如图 3.10 所示。

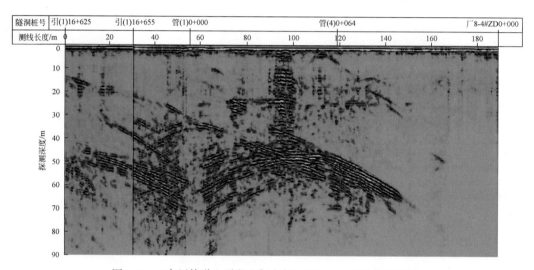

图 3.9　4#高压管道上平段左侧底板（G4-zd）雷达探测图像

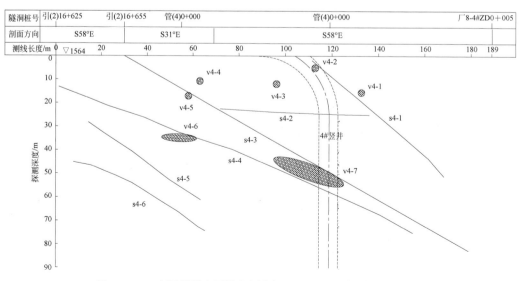

图 3.10　4#高压管道上平段左侧底板（G4-zd）雷达探测成果图

　　图 3.11 为 4#高压管道上平段右侧底板（G4-yd）雷达探测图像，该测线有效探测深度达到 50m，共发现 3 条近直线同相轴和 3 个近双曲线同相轴。3 条近直线同相轴推测为节理，编号分别为 s4-7～s4-9，测线方向视倾角为 20°～30°；3 个近双曲线同相轴推测为岩溶、溶蚀构造等三度地质体，编号为 v4-8～v4-10，沿节理发育，地质体长轴为 3～20m，其中 v4-10 规模较大，且位于 4#竖井西南侧，雷达反射强，可能有泥质充填，如图 3.12 所示。

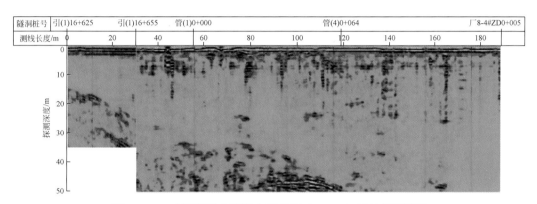

图 3.11　4#高压管道上平段右侧底板（G4-yd）雷达探测图像

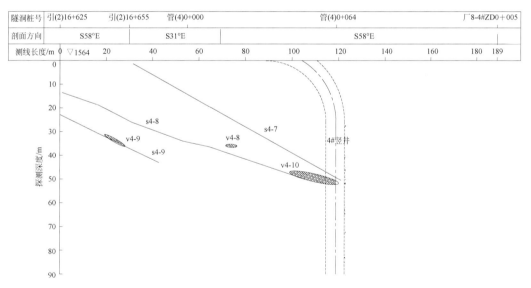

图 3.12　4#高压管道上平段右侧底板（G4-yd）雷达探测成果图

3.3.2.2　瞬变电磁法

　　瞬变电磁法（TEM）是利用阶跃波形电磁脉冲激发，不接地回线向地下发射一次场，测量由地下介质产生的感应二次场随时间的变化。日本试验了 MT 法，根据含水层为低电阻率的特征，可探寻掌子面前方低电阻层。但 MT 为剖面型方法，定量精度差。在地面上探查地下水的方法很多，大多数方法需要与探查深度相近的场地，而 TEM 法则可利用"烟圈"效应，用较小的场地探测大于发射场地 10 倍以上的深度。这种方法适用于在狭小的掌子面上探测较远深度，可能达到掌子面前方 40～60m 或更远。该方法可作为远距离探水的主要手段，但目前尚未解决精确定位的计算问题。TEM 法在隧道中探查掌子面前方地下水还处于试验阶段，缺乏大量的试验研究，同时在理论、技术方法和资料处理软件等方面需进一步改进。图 3.13 为瞬变电磁仪主机，图 3.14 为瞬变电磁现场测试情况。

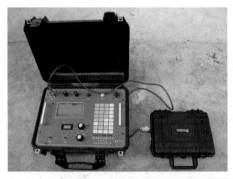

图 3.13　瞬变电磁仪主机

图 3.14　瞬变电磁现场测试情况

3.3.2.3　电磁测深法

电磁测深法作为综合地质和地球物理研究的方法之一，以地壳中岩矿石的导电性和导磁性差异为主要物质基础，根据电磁感应原理研究天然或人工（可控）场源在大地中激励的电磁场分布，并用电磁场观测值来研究地电参数沿深度的变化，是寻找地下良导体或解决其他地质问题的一组方法技术。

目前常用的电磁测深法有天然场源的大地电磁测深法、人工源频率电磁测深法（简称频率测深法）及人工源瞬变电磁测深法（简称瞬变测深法）。前两者属于频率域方法，是通过改变频率来控制探测深度；后者属于时间域方法，是通过观测地中瞬变感应电磁场随时间的变化，达到测深的目的。电磁测深法在锦屏二级水电站地质勘测中主要用于探测绿泥石片岩的埋深。

3.3.3　地震勘探

地震勘探是近代发展变化最快的地球物理方法之一。它是利用人工激发的地震波在弹性不同地层内的传播规律来勘探地下的地质情况。在地面某处激发的地震波向地下传播时，遇到不同弹性的地层分界面就会产生反射波或折射波返回地面，可用专门的仪器记录这些波，并分析所得记录的特点，如波的传播时间、振动形状等。通过专门的计算或仪器处理，能较准确地测定这些界面的深度和形态，推断地层的岩性。近年来，应用天然震源的各种地震勘探方法也得到了不断的发展。

在岩溶发育地区，主要用来解决如下问题：①确定第四纪覆盖层的厚度，探测基岩埋深和起伏状态；②了解地下岩溶发育及岩溶含水层情况；③探查地质构造，确定断裂破碎带的位置；④确定岩土弹性波的速度。

目前在岩溶地区广泛应用浅层地震反射波法和跨孔法来测量直达波。反射法主要用于探测岩溶上下界面的深度、形状，以及裂隙岩溶集中发育的地段。跨孔法可以勘测岩溶的位置、规模、充水情况。通过激震孔与接收孔的互换，采用双跨、双向的测试手段，可提高勘测溶洞的精度。

3.3.3.1　地震波 CT

地震波 CT 是工程物探中的一种新的勘探方法，也称地震波层析成像方法。它被广泛地应用于工程勘探的线路、场地、隧道、边坡等领域的工程地质勘查和病害诊断中，解决了很多复杂的地质问题。在雅砻江大河湾地区运用了地震波 CT 技术对岩溶进行勘察。在 3#、4#引水隧洞完成孔间 CT 探测 15 组，分别是 ZK1－ZK2、ZK1－ZK6、ZK3－ZK8、ZK3－ZK24、ZK8－ZK26、ZK26－ZK27、ZK27－ZK28、ZK19－ZK20、YK8－2－YK8－1、YK8－2－YK8－3、YK8－2－YK8－4、YK8－5－YK8－4、YK8－5－YK8－2、YK8－5－YK8－6、YK8－1－YK8－6。地震波 CT 测试取得的波速与经过的岩体完整性程度有关，如 3.3.2 节所述；岩体的波速取决于岩溶发育程度、岩溶发育规模、溶腔内部充填物类型和充填物性质等因素。一般推断，岩体破碎-较破碎区域为溶蚀空腔、溶蚀通道等岩溶发育强烈区；岩体完整性差的区域为溶蚀裂隙、溶蚀孔隙等岩溶发育相对较弱区；岩体完整-较完整区域为无（弱）岩溶发育区。图 3.15 为 4#引水隧洞 ZK1-ZK2 孔间 CT 图。

ZK1 ［引（4）0+325.9］和 ZK2 ［引（4）0+313.9］位于 4#引水隧洞底板北侧，与洞轴线方向平行。从探测成果分析，ZK1 与 ZK2 之间代表岩体完整性差的黄色区域主要位于浅部约 4m 以上和 ZK2 侧孔深 8.0～11.5m、12.2～13.4m 和 17.0～19.0m 段附近，分布范围较大，其余在 ZK1 侧孔深 10～12m 及 14～15m 段黄色区域小范围出现，未出现破碎-较破碎的粉红色区域。结合钻孔资料推断，黄色区域主要为溶蚀裂隙发育区，其地震波速为 3.8～4.7km/s；未发现明显的岩溶溶穴、溶蚀管道等构造。

为查明 4#～3#引水隧洞、3#～2#引水隧洞、2#～1#引水隧洞间岩体的岩溶发育情况，完成了 3 组地震波洞间 CT 探测。图 3.16 为 3#和 4#引水隧洞洞间 CT 图。3#、4#引水隧洞洞间 CT 位于 3#引水隧洞南边墙 ［引（3）0+258～引（3）0+344］与 4#引水隧洞北边墙

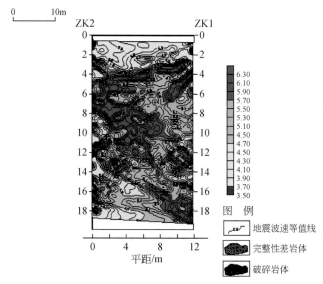

图 3.15　4#引水隧洞 ZK1-ZK2 孔间 CT 图

[引（4）0+276～引（4）0+324]，对穿水平面高程为 1623m。从探测成果分析，代表完整性差的黄色区域和代表破碎-较破碎的粉红色区域主要分布在 4#洞桩号引（4）0+280～引（4）0+310 至引（3）0+320～引（3）0+344，其范围大，连通性较好；此外在 3#引水隧洞南边墙桩号引（3）0+273～引（3）0+278、引（3）0+280～引（3）0+290 和引（3）0+300～引（3）0+305 出现形状不规则的小范围黄色和粉红色区域，连通性较差。结合钻孔资料分析，黄色区域可能为溶蚀裂隙及溶孔发育区，其地震波速为 3800～4700m/s；粉红色可能为溶蚀空腔，其地震波速为 3200～3800m/s。

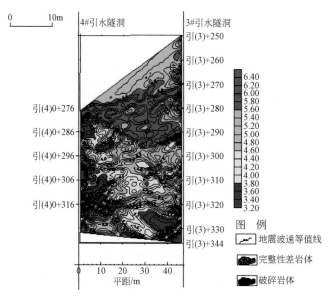

图 3.16　3#和 4#引水隧洞洞间 CT 图

3.3.3.2　TSP 地震探测法

TSP 是一种用于隧洞开挖面前方地质情况超前预报的地下反射地震波技术，是利用地震波的反射原理进行地质探测。地震波由若干个（一般≤24 个）特定爆破点上的小规模人工爆破激发产生，并由电子传感器接收。当地震入射波遇到地层界面、节理面，特别是断层破碎带、溶洞、暗河、岩溶陷落带、淤泥等不良地质界面时，将产生反射波，然后被高灵敏度的特制地震检波器接收，并被转换成电信号加以放大。经过电脑处理后，形成反映相关界面或地质体反射能量的影像点图和隧洞平面、剖面图。反射波被接收器接收，由数字记录仪放大、输出并记录。反射波的传播速度、延迟时间、波形、强度和方向等均与相关界面的性质和产状相关，并通过不同数据表现出来，以用来对掌子面前方的不良地质体进行预报。图 3.17 为 TSP203 主机及附件；图 3.18 为 TSP 测量原理及测线和仪器布置图。

当工作面前方遇到与隧洞轴线近垂直的不连续体（节理、裂隙、断层破碎带等）的界面，TSP 探测结果将是较准确可靠的，但如果不连续体的界面形状不规则，准确预报的难度较大，则需要具有丰富地质经验的专家来分析。

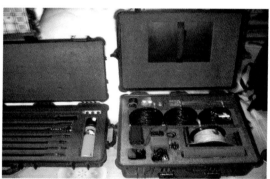

图 3.17　TSP203 主机及附件

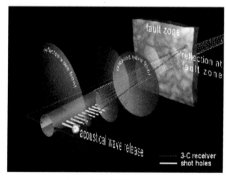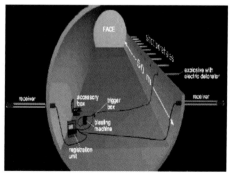

(a)原理图　　　　　　　　　　　　　　　(b)测线和仪器布置图

图 3.18　TSP 测量原理及测线和仪器布置图

3.3.4　声波探测

弹性波是震源所产生的应变在介质中的传播，按照频率特征不同可将其分为地震波和声波两大类。声波在不同类型的介质中具有不同的传播特征，声波探测是测定声波在岩体中的传播速度、振幅和频率等声学参数及变化。根据声波在岩土介质中的声速、声幅和频谱，可推断被测岩土介质的结构和致密完整程度，从而对其作出评价。声波在岩体中的传播速度与岩溶发育程度、岩溶发育规模、溶腔内部充填物类型和充填物性质等因素有关。岩体破碎-较破碎区域为溶蚀空腔、溶蚀通道等岩溶发育强烈区；岩体完整性差区域为溶蚀裂隙、溶蚀孔隙等岩溶发育相对较弱区；岩体完整-较完整为无-弱岩溶发育区。

根据测试方式不同，声波探测分为表面声波探测和钻孔声波探测。表面声波探测分为平测法和对测法；钻孔声波探测分为单孔声波和对穿声波。表面声波探测多用于裸露基岩、地下洞室岩体、岩样或混凝土构件的声速测试。钻孔声波探测有单孔声波和对穿声波两种测试方式。单孔声波测试是利用一发双收换能器在同一钻孔中测试孔壁的声速，测试方法与声波测井相同；对穿声波测试是在一个钻孔中发射声波，在相邻的另一个钻孔中接收声波，测试两孔间岩体或混凝土的声速。在锦屏二级水电站引水隧洞西端第Ⅱ岩溶分区完成声波测孔 31 个，其中 4#引水隧洞 ZK1 声波测孔成果图如图 3.19所示。

3.3.5　陆地声呐法

陆地声呐法采用锤击震源，在掌子面上布置工作，不打孔、不固定检波器，可以探查断层及破碎带、大节理、岩脉、陡倾角岩体分界线，以及岩溶、洞穴等，预报距离80m左右。其要点和特点是：隧道掌子面上设一测量剖面，剖面上每 30cm 左右设一测点，用锤击方式激发弹性波，它向掌子面前方传播，遇到断层、大节理、岩层分界面、岩脉、涌水层、溶洞等产生反射，在激震点旁设检波器接收被测物体的反射波。然后通过接收仪器将各测点的时间曲线拼接成时间剖面图像，根据图像解释出这些不良地质体，并计算出它们的空间位置（图 3.20）。该方法用锤激震源可激发和接收从几赫兹至 4000Hz 的波，可通过分窗口带通滤波提取不同频段的反射波，高频段的反射波可反映薄层和大节理等断裂面和小溶洞，低频段的反射波可反映较大的断层、较厚的岩脉、岩层和大溶洞，通过不同频段反射的图像对比，可以分辨不同的不良地质体；作为极小偏移距（震-检距）的方法，此方法由于全信息的采集，还可根据频谱测出断层影响破碎带的范围；由于在激震点旁接收，激震能量效率高，用锤击激发可探到80m以上，避免了爆炸激震的麻烦和在支护后爆破对隧道的破坏。该方法不仅可探查断层等近似平面型的物体，还可探查溶洞等有限大小地质体。

ZK1(0.4~25.6m)　　　　　　　　　　　　　　　孔口高程：1662m

孔深/m	钻孔资料	声速测井曲线/(m/s) 0 1000 2000 3000 4000 5000 6000 7000	岩体纵波速度 V_p/(m/s)	岩体完整性系数 K_v	岩体风化波速比 K_w	评价
		较完整基岩 声速临界值 完整基岩 声速临界值	4819	0.44	0.66	完整性差
			5887	0.65	0.81	较完整
			5405	0.55	0.74	完整性差
4			6168	0.71	0.84	较完整
7			6452	0.78	0.88	完整
8			6010	0.68	0.82	较完整
9			5115	0.49	0.7	完整性差
11	大		6084	0.69	0.83	较完整
13	理		5334	0.53	0.73	完整性差
			5808	0.63	0.8	较完整
			5405	0.55	0.74	完整性差
15	岩		6066	0.69	0.83	较完整
17					该段因卡孔未测	
19			6121	0.7	0.84	较完整
			5405	0.55	0.74	完整性差
			6225	0.73	0.85	较完整
			6061	0.69	0.83	较完整
21			6452	0.78	0.88	完整
22			6317	0.75	0.87	较完整
23			6586	0.81	0.9	完整
25			6203	0.72	0.85	较完整
			5218	0.51	0.71	完整性差

图 3.19　4#引水隧洞 ZK1 声波测孔成果图

图 3.20　陆地声呐现场测试及仪器照片

3.3.6　放射性探测

地壳内的天然放射性元素蜕变时将放射出 α、β、γ 射线，这些射线穿过介质便会产生游离、荧光等物理现象。放射性探测就是借助研究这些现象来寻找放射性元素矿床和解决有关地质问题的一种物探方法。放射性勘探方法按所测量的射线及测试方式不同可分为 γ 测量、α 测量、γ-γ 测量、同位素示踪法和放射性气体测量等。γ 测量使用辐射仪或能谱仪，可测量射线的强度和射线的能谱，通过测量 γ 场的分布，寻找隐伏断层破碎带和地下储水构造；α 测量采用静电 α 卡法和瞬时测氡方法，测量氡的放射性同位素及其短寿命衰变子体产生的 α 粒子，通过 α 测量发现氡的富集带，进而寻找隐伏断层构造带和断层裂隙水；γ-γ 测量主要用于测量岩土密度，以计算其孔隙度。

3.3.7　红外线探测法

由于所有物体都会发射出不可见的红外线能量，该能量大小与物体的发射率成正比，发射率的大小取决于物体的物质和它的表面状况。当掌子面前方及周边介质单一时，所测得的红外场为正常场；当存在隐伏含水构造或有水时，它们所产生的场强要叠加到正常场上，从而使正常场产生畸变。据此可以判定掌子面前方一定范围内是否有水。

现场测试有两种方法：一是在掌子面上，分上、中、下及左、中、右 6 条测线的交点测取 9 个数据，根据这 9 个数据之间的最大差值来判定是否有水；二是在已挖洞段按左边墙、拱部、右边墙的顺序进行测试，每 5m 或每 3m 测取一组数据，共测取 50m 或 30m，并绘制相应的红外辐射曲线，根据曲线的趋势判定前方是否有水。

掌子面上 9 个数据的最大差值大于 $10\mu W/cm^2$，就可以判定有水；红外辐射曲线上升或下降均可以判定有水，其他情况判定无水。红外线法探测的特点是可以实现对隧洞全空间、全方位的探测，仪器操作简单，能猜测到隧洞外围空间及掘进前方 30m 范围内是否存在隐伏水体或含水构造，而且可利用施工间歇期测试，基本不占用施工时间。但这种方法只能确定有无水，至于水量大小、赋水形态、具体位置还没有定量解释。

3.4　地质钻探与洞探

3.4.1　水文地质钻探

水文地质钻探是水电工程最常用的地质勘探手段，是直接获取地面以下地层岩性（物性）、构造、水位、水温、流速、流向、岩溶发育（如溶洞或溶蚀裂隙的形态、深度、充填物和规模）等水文地质要素的勘探手段，配合水文地质试验（包括压水试验、抽水试验等），还可以获得岩体的岩溶发育率、溶洞或溶蚀裂隙率及其连通性、地下水渗透率（透水性）等参数。此外，水文地质钻探还为水文地质物探（包括钻孔电视、单井或跨孔透视、综合测井等）和水文地质试验提供了条件。几乎所有中、大型水电工程的水文地质调查中均布置有数量不等的水文地质钻探工作量，可以说水文地质钻探是大型水电工程地质勘探的基本手段。

水文地质钻探根据探测目的可以分为地质勘探孔、水文地质孔、探采结合孔、观测孔几种类型（表 3.2）。不同用途或目的的钻孔其结构（单径孔、多径孔）、孔深、孔径和孔段各不相同。典型的水文地质钻孔（以多径孔为例）结构应包括上部的孔隙段和下部的基岩段，以及自孔口向下直径逐渐变小的一套或多套管柱。一般只在上部第四系松散层中下井管、过滤管中填砾（或不填砾），基岩部分除破碎带、强烈风化带或岩溶发育带需下管外，其余为裸孔。

表 3.2　水文地质钻孔类型（中国地质调查局，2012）

类型	作用与特点	基本要求	备注
地质勘探孔	一般用于水文地质研究程度较低的普查区，其作用是通过钻探取心和简易水文地质观测，取得地质、水文地质相关信息	满足岩心采取率、校正孔深、测井斜、开展简易水文地质观测、原始编录、封孔 6 项钻探工作指标，并做电测井校对，采取水、土（岩）	通常采用常规口径取心钻进，即 91、110mm、130mm、150mm、172mm 口径
水文地质孔	一般用于水文地质勘查、勘探阶段。其目的除与地质勘探孔相同外，尚需进行单孔及分层抽水试验，必要时要进行多（群）孔非稳定流抽水试验	除满足地质孔的基本要求外，还需了解地下水的水位、水量、水质、水温等	多采用常规口径取心钻进，大口径扩孔，进行抽水试验
探采结合孔	在满足水文地质勘探试验的基础上，结合供水需要将勘探井改建为供水井	满足管井供水的水量、水质、含砂量井径等要求。在下泵深度内，每 100m 孔斜不超过 1.5°，并留足够长度（一般为 2～10m）的沉淀管	
观测孔	有抽水试验观测孔和地下水监测长观孔（简称长观孔）两种	应满足水文地质孔的基本要求	抽水试验观测孔和长观孔过滤器骨架管的外径不宜小于 75mm

对于有水文地质试验或特殊目的的钻孔（如示踪试验孔、供水井），需要在钻井完工后进行洗井，以清除井内泥浆、破坏井壁泥皮，增加钻孔渗漏率或出水量。常用的洗井方法包括活塞洗井、稀盐酸或磷酸盐溶液洗井等。

我国西南地区水文地质钻探常见的问题包括：

（1）在西南地区复杂地形和地质条件下，尤其是岩溶地区地下水深埋或深埋隧洞，为查清深部岩溶发育或地质结构，钻孔设计深度通常在 500m 以下，超深钻孔施工难度大、成本高，工期长，影响工程进度。

（2）受探测仪器、操作限制，超深钻孔的水位、流量、水温测试，乃至压水、抽水试验工作难以实施，水文地质钻孔的作用或效果受到影响。例如，滇中引水工程鹤庆香炉山隧洞段布置数十个钻孔，大多数钻孔孔深在 600m 以上，给测温、压水或抽水试验造成了困难，导致大多数孔仅作为地质勘探孔使用，不能获取岩溶含水层的基本信息。

钻孔的布置是水文地质钻探成功的关键。一般根据岩溶水系统的径流途径（管道或岩溶发育方向）顺向或横向布置。在钻孔不足的情况下，一些水文地质试验（如抽水试验）

可以用天然的溶洞、竖井、人工隧洞代替。但一些水文地质钻探工作中由于缺乏系统科学的指导，水文地质钻孔的布置不规范或目的性不强，钻孔实际效果受到影响，不利于对工程地质的综合分析。

在雅砻江大河湾地区岩溶地质勘察研究中，钻孔技术运用较多。据资料统计显示，东端岸坡总共有55个钻孔：前期钻探的51个钻孔和后期补充勘察的DK43、DK44钻孔及高压管道1#、8#竖井先导孔。为了探测岩溶的发育程度，主要采用钻孔电视手段并利用其成果进行分析。通过上述4个钻孔的摄像成果反映出钻孔地区深部岩溶发育的情况，见表3.3。

表3.3 高压管道区竖井孔内彩色摄像成果

位置	孔深/m	岩溶裂隙发育程度	备注
1#竖井先导孔	0~137.7	裂隙不发育，以中陡倾角为主，局部有中缓倾角裂隙发育，部分裂隙面铁锰质渲染或钙膜。22.9m左右发育陡倾角溶蚀裂隙，宽度为0.5~5cm	施工较顺利，未发生回水消失情况
	137.7~211.1	裂隙较发育，缓倾角为主，裂隙间距一般为0.4~1.5m，普遍张开0.5~5cm，部分充填次生泥质，岩溶溶蚀现象不发育，未发现较大溶蚀裂隙及溶洞	
DK43	0~101.0	裂隙不发育，以缓倾角（10°~20°）为主，裂隙间距一般为0.5~2.5m，普遍张开0.3~2cm，沿面有溶蚀现象，其中在孔深21.0m、38.0m处发育两条倾角75°~80°的溶蚀裂隙，宽0.5~4cm，铁锰渲染	位于2#竖井中心点下游3m
	101.0~176.5	裂隙不发育，主要为中陡倾角，裂隙大多闭合或充填方解石细脉，岩体较完整	
DK44	2.3~124	裂隙较发育，且大多数沿裂隙有溶蚀现象，溶蚀裂隙以缓倾角为主，集中发育在孔深2.3~28.5和52.2~89m。裂隙张开宽度大于5mm的洞段共有19处，其中孔深7.04~7.1m沿缓倾角裂隙最大张开宽度为60mm；孔深8.3~8.42m沿缓倾角裂隙最大张开宽度为70mm	
	124~240	裂隙不发育	
8#竖井先导孔	0~56.4	裂隙较发育，以中缓倾角为主，且以7°~20°最为发育，间距一般为0.3~1.5m，普遍张开0.5~10cm	施工中因经常回水消失而多次水泥封孔的情况也证实了该孔岩溶溶蚀裂隙及溶洞发育的现象
	56.4~98.0	岩溶较发育，以溶蚀裂隙（缓倾角）为主，普遍张开0.5~10cm，其中孔深58.4~68.2m为溶洞，图像显示最大铅直高度超过9.8m；孔深74.5~82.7m发育多个溶穴，溶穴直径为0.2~0.5m；孔深81.0~82.7m为溶洞，最大铅直高度大于1.7m	
	98.0~199.5	裂隙较发育，主要为缓倾角（20°左右），间距一般为0.30~1.0m，密集段间距0.10~0.20m。另发育一组陡倾角裂隙，两组裂隙普遍张开，充填次生泥质，其中孔深192~198m，孔壁沿缓倾角节理渗水，水浑浊。其中146.3~169.1m为条带状或花斑状大理岩，其余为灰白色大理岩	
	199.5~211.1	裂隙较发育，主要为陡倾角，宽2~5cm张开，充填泥质	

3.4.2　水文地质洞探

长探洞是指矿山、矿井、水电工程勘察等进行采掘时，直接与地面相通的水平巷道。它的作用类似于立井，有主长探洞、副长探洞、排水长探洞和通风长探洞等。长探洞技术在矿山开采中运用的比较多，在地质勘察中也受到很广泛的运用，主要采用长探洞或竖井开挖以追索溶洞或暗河。勘测长探洞是钻孔或探槽的一种延伸，是水电工程水文地质勘探中常用的勘测手段，由于其具有规模大、可进入测量、建立观测点进行长期观测或试验、直观性强等优点，在大型水电工程中应用尤其普遍。例如，在龙江下桥电站坝址、清江隔河岩电站、天生桥二级电站、构皮滩电站等都采用了该技术以查明溶穴、溶洞等的发育情况，且取得了很好的效果。又如，锦屏二级水电站大水沟探测长探洞、许家坪长探洞以及大水沟–景峰桥之间的锦屏辅助洞（交通洞）等，均属长探洞勘测。

岩溶地区大型工程中长探洞勘测一般包括以下几个方面：揭示地层岩性层序、岩石完整性和地质构造情况；探测岩溶发育程度、规律；研究地下水赋存和运移、岩石含水程度（富水性）；建立地下水文观测站，观测岩溶地下水的动态变化情况，或开展岩溶地下水相关试验工作；研究工程地质问题及岩石力学性质；等等。在一些地形条件较差、地下水埋深较大的地段，长探洞中还可以进一步布置钻孔，实施立体工程探测。

因此，对获取详细的地层岩性（剖面）、构造、识别或追踪岩溶发育层位、观测岩溶形态（如溶洞、裂隙）发育特征和规模，追索地下暗河（或地下强径流带）的位置和地下水流向、流量等，一般均能收到更好的效果。即使某些长探洞施工中遭遇涌水突泥等事故，造成周边地下水位的下降，也可以作为大型岩溶地下水试验进行观测和分析、研究。例如，1993 年 7 月 1 日在大水沟长探洞开挖过程中，于 PD_2–2845.5m 涌水点出现大规模涌水，最大瞬时流量达 $4.91\text{m}^3/\text{s}$，并导致磨房沟泉断流，随后于 1996 年 10 月长探洞封堵恢复磨房沟泉的过程，可视为一种典型的长探洞岩溶水文地质试验（地下水堵洞抬水试验），获得的宝贵数据对认识区域水文地质结构有着十分重要的意义。

长探洞布置的依据和目的有较大的差异。一般设计为横穿区域地层走向，或地下水主径流带，或顺地质现象的追踪等。长探洞的结构、规模也依据目的、用途而有所差异。例如，陕西东庄水库即在水库坝址上游左岸的长探洞中设计了 4 个超高的洞道，用于实施洞中钻探、开展水文地质试验和岩溶水示踪试验等工作；采用长探洞开挖探测和追溯断层、溶洞、地下暗河在不少水电工程建设中得到过成功的应用，并取得了良好的效果，上述锦屏二级水电站大水沟长探洞对地下水集中排泄带的揭露就是成功的应用。

3.5　岩溶水文地质试验与分析方法

3.5.1　岩溶水文地质试验与观测

3.5.1.1　岩溶水文地质试验

1）示踪试验

岩溶水示踪试验也是岩溶地区水电工程勘探中常用的方法，其通过对某种示踪物质随流体在给定两点之间的移动轨迹的监测来分析两点之间水力连通情况及含水介质性质的一种方法。

示踪试验可分为人工示踪和天然示踪。当前岩溶水示踪试验仍然以人工示踪试验为主，以查明岩溶地区两个或两个以上水点（通常情况下为落水洞、渗漏河段、岩溶漏斗与岩溶竖井、岩溶泉、地下暗河之间）之间的连通情况，以分析岩溶地下水系统边界、岩溶含水介质类型（岩溶管道、溶蚀裂隙或管道与裂隙混合等）、岩溶发育、地下岩溶发育形态或规模、地下水运移途径、径流方向或轨迹等为目的。例如，在一些重大水电工程建设中，通过示踪试验确定地下施工中突发性岩溶涌水的地下水来源、水库岩溶渗漏的途径，以便为制定涌水处理、堵漏方案提供技术支持。目前，岩溶水示踪试验是一种成熟、可靠、直观的勘探技术手段，在岩溶水文地质调查与研究、岩溶水电工程勘探中应用十分广泛。

（1）基本原理

示踪试验的原理是投放（或自然存在）于流体（即示踪剂载体，可以是液体、气体乃至固体）中的物质（示踪剂），或以离子或化合物的方式溶解于流体中，或悬浮于流体中，在地下随流体向目的地（接收点）运移，并在目的地随流体排出地表，通过检测和分析各监测点（示踪剂接收点）流体中示踪剂在投放前后的浓度异常来确定两点间的连通情况和介质类型、岩溶发育情况等。示踪试验成果是研究地下水流态、性质的基础。

传统的岩溶水示踪试验是一种人工示踪，即在示踪源点投放某种易溶于水的化学试剂，在设计潜在的排出点检测该示踪化学试剂浓度，而示踪剂的载体为地下含水层中的岩溶地下水。溶解物质以某种方式进入含水层后，在分子扩散和水力弥散的双重作用下，总是形成一定形态的弥散晕沿水流方向移动。人工示踪试验即在人为给定溶质源（示踪剂）和输入方式的前提下，通过追踪示踪剂弥散晕的运移情况获取含水介质和水流运动的信息。由于示踪剂质点运移受含水介质性质（如管道、裂隙）、水力坡度等的影响，质点运移情况有较大的差异，即溶质场的时空变化是溶质源形态及溶质输入方式、溶质与围岩（含水层组）的物质交换、溶质在水体中的扩散速度、含水介质的特性、水流运动的方向与速度等变数的函数，即弥散晕的空间形态（波形）可用溶质空间函数描述，时间变化由溶质场各点的浓度–时间函数表征（图 3.21）。

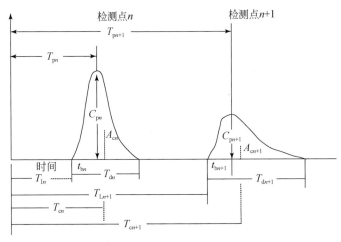

图 3.21　地表河示踪模型

向河流某点或某一断面瞬时投放一定数量的示踪剂后，在分子扩散和水力弥散的双重作用下，水流中形成示踪弥散晕。弥散晕由水流携带并向下游移动时，在水流 L 点示踪剂浓度将随时间发生变化，其变化曲线叫 L 点的历时浓度曲线、示踪曲线或示踪波。任一点的示踪波都可以用 5 种参数（或称特征值）予以表征：初现时间 T_L、峰值时间 T_p、50%示踪剂通过时间（或称形心时间）T_c、终止时间 T_T 和峰值浓度 C_p。受一系列次要因素制约，示踪波尾部有时拖得很长，为此多选定示踪剂浓度降到峰值浓度 10% 的时刻作为示踪波结束时间，或称 10% 浓度终止时间 T_{10}。弥散晕由水流携带向下游移动时，本身的体积不断扩大，浓度相应变小。由图 3.21 可知，示踪波对此的反应是，由上游向下游到达时间推迟（即 $T_{Ln+1} > T_{Ln}$，$T_{pn+1} > T_{pn}$，$T_{cn+1} > T_{cn}$），峰值变小（即 $T_{pn+1} > T_{pn}$），波长增大（即 $T_{dn+1} > T_{dn}$）。

Boning（1974）归纳美国东部大量示踪数据，针对两种不同河道形态给出计算弥散晕峰点沿河道运移速度 V_p 的公式。

浅滩–水塘型：

$$V_p = 0.38Q^{0.40}i^{0.20} \tag{3.1}$$

渠道型：

$$V_p = 3.5Q^{0.26}i^{0.28} \tag{3.2}$$

式中，Q 为河流流量，m^3/s；i 为河道水力坡度。

根据弥散晕峰点沿河道运移速度 V_p 求峰值到达时间 T_p：

$$T_p = \frac{L}{V_p} \tag{3.3}$$

式中，L 为投放点到接收点（检测点）的距离。

Kilpatrick 和 Wilson（1989）给出评估 10% 浓度波长 T_{d10} 的经验公式，即

$$T_{d10} = 0.7T_p^{0.86} \tag{3.4}$$

Taylor（1986）统计数百次示踪结果得出，地表河示踪波的上升支长度 t_b 约为 10% 浓度 T_{d10} 波长的 1/3。由此可求出初现时间 T_L 和 10% 浓度终止时间 T_{10}，即

$$T_L = T_p - \frac{1}{3}T_{d10} \tag{3.5}$$

$$T_{10} = T_p + \frac{2}{3}T_{d10} \tag{3.6}$$

因此，当已知河流流量 Q 和水力坡度 i 时，即可预测示踪波的全部 4 个长度参数，若又知示踪剂回收量，亦可求出异常峰值 C_p。根据检测点浓度异常初现的时间、浓度值（含峰值）和浓度曲线特征、持续时间上的差异，不仅可以确定示踪剂投放点与接收点之间的地下水连通情况，还可以分析两点间含水介质特征，如管道形态特征、地下水流速等。

（2）常用示踪试验方法

化学离子示踪法：化学离子示踪法在我国应用十分广泛，该法的基本原理是将某种化学物质投入地下水后，离解成化学离子，在接收点提取水样，再用化学方法进行离子分析。若被检测的水样中有投放的化学离子，即可证明投放点和接收点的地下水是连通的。并可根据若干个水样不同时间的离子浓度变化，作出示踪剂的时间过程曲线。从曲线的波

峰波谷的变化，还能推测地下水管道的展布情况。由于这些化学离子的检测比较容易，绝大多数的检测试验均可在野外条件下进行。通常用于示踪的化学离子有氯离子（Cl^-）、硝酸根离子（NO_3^-）、亚硝酸根离子（NO_2^-）、碘离子（I^-）和铵根离子（NH_4^+）。

染料示踪法：染料示踪法是我国普遍采用的一种地下水示踪方法。它具有染色力强、浓度持续时间长、直观、检测精度高、示踪浓度用目测或仪器检测均可等优点。常采用的示踪剂有食用合成染料和荧光素（常用荧光黄和荧光红）。

一般物理方法示踪：一般物理方法示踪是将地下水视为传播声波、震动波和导电的介质，在地下水的上游投放声源材料、震动材料和电解质，在下游安装一种物理检测仪器，如仪器收到上述材料的信息，说明投放点和检测点的地下水是连通的，同属一个地下水系。常用的方法包括水声法示踪、水文地质炸弹示踪、电导率法示踪、电阻率法示踪等。

颗粒示踪法：充当颗粒的常有聚苯乙烯小球（直径为 0.2 ~ 3mm）、塑料粉、乒乓球、石松孢子等。将它们于投放点投放后，在接收点用生物捕捞网或其他方法拦截这些颗粒。如有捕获，说明投放点和接收点的地下水是连通的。为了满足在几个水点同时进行连通试验的需要，还可将颗粒染成红、黄、蓝、绿、紫等各种颜色。分别同时投放后，再于接收点收集和鉴定分析。

微生物示踪法：微生物系指所有形体微小、单细胞或个体结构较为简单的多细胞，甚至没有细胞结构的低等生物。微生物分为四大类，即细菌、霉菌、海藻和酵母菌。据目前的情况来看，可作为地下水示踪剂的微生物中有酵母菌和噬菌体，其中尤以酵母菌示踪最为理想。经国内外的一些试验资料证明，酵母菌示踪剂可广泛地适用于各种岩性不同的地层中，效果甚好。噬菌体虽在一些不同岩性的地层中不被吸附，但由于菌体太小，怕阳光直射，易被酶类分解破坏，在我国未见有人研究或使用，在国外仅为初步尝试，还未成为一种成熟的示踪剂。

放射性同位素示踪法：目前，将放射性同位素作为地下水连通试验的示踪剂，在我国已经应用。使用的方法有两种：一是利用天然水中的放射性同位素；二是把人工放射性同位素投入地下水中示踪。由于放射性同位素的种类很多，分别具有不同的射线和能量、不同的半衰期和毒性，所以在选用放射性同位素时，除了要考虑现场试验条件和技术设备外，还应注意其他一些特别问题，如所选的放射性同位素须具备一般化学示踪物的某些性质。

简易地下水连通试验方法：包括放水试验、闸水试验、浮标试验、抽水试验等，主要应用在岩溶地区的地下暗河系统和管道系统中，它是把地下水本身作为示踪剂，多适用于非专业性的小型工程。这类方法虽然简单易行，成本低，但受到许多条件的限制，有时达不到预计的效果。例如，放水试验和闸水试验，其流动的实质属水分子之间的压力传递，即使试验证明了源点和接收点是连通的，也不能获得地下水的实际流速等参数。

（3）常用示踪剂

理想的示踪剂应该满足如下条件：①性质稳定，在地下水环境中不易与其他溶质和岩土介质发生化学反应，不分解变质；②易溶于水，且能与地下水一起同步运动，在浓度较小时不显著改变地下水体的密度；③示踪剂无毒，对人体、动植物无直接的损害，无长期的隐性不良作用，不明显改变自然界外观；④能在试验现场检测，检测方法简单方便，检出限低，灵敏度高；⑤岩土介质对示踪剂的吸附能力小；⑥地下水中该示踪剂背景值低，波动小；⑦成本低，易于获取。

示踪剂可分为两大类，即环境示踪剂和人工示踪剂。环境示踪剂为可用于示踪的水循环系统中的固有成分；人工示踪剂为人为注入水循环系统中的用于示踪试验的物质。任何类型的示踪剂都应携带可识别和可优选的独特信息，以便于在低浓度情况下能最有效地辨别出来。结合上述示踪试验方法，常用的示踪剂见表 3.4。

表 3.4　常用的示踪剂

环境示踪剂		人工示踪剂	
类型	举例	类型	举例
天然水中的稳定同位素	氘（D）、氧-18（^{18}O）	可溶性盐化学离子	食盐（NaCl）、硝酸钠（$NaNO_3$）、亚硝酸钠（$NaNO_2$）、碘化钠（NaI）、碘化钾、钼酸铵、重铬酸钾、硫酸铜、氯化铵（NH_4Cl）、碳酸氢铵（NH_4HCO_3）
天然水中的放射性同位素	氡（^{222}Rn）、氚（T）、碳-14（^{14}C）	人工放射性同位素	碘（^{131}I）、铬（^{51}Cr）、溴（^{82}Br）、钴（^{58}Co）、钴（^{60}Co）
天然水中的稀有气体	氦（He）、氖（Ne）、氩（Ar）、氪（Kr）、氙（Xe）	食用合成染料	天然色素（果红、叶绿素、胭脂红、番红）；合成色素
天然水中的地球化学组分	硅酸盐、氯化物、重金属	荧光染料	荧光黄、荧光红、钠荧光素、罗丹明 B
天然水的物理化学参数	电导率、温度	微生物	酵母菌
		可溶性有机物	氟苯甲酸、乙醇
		固体颗粒漂浮物；非可溶性稀有气体	聚苯乙烯小球、塑料粉、乒乓球、石松孢子；氦（He）、氖（Ne）、氪（Kr）、六氟化硫（SF_6）

（4）常用示踪试验成果分析方法

示踪试验是近 50 年来在溶质运移理论基础上发展起来的一项新技术，目前处于蓬勃发展阶段。虽然此方法已能提供一些很有价值的信息，如确定水流速度、水流和溶质平均滞留时间、含水层导水系数和弥散系数、有效孔隙度等，但多数情况下因概化程度过高，提供的水文地质参数准确度较差，只有半定量评价的性质。目前常用的示踪试验数学模拟方法可分为三类，即系统分析法、确定性分析法和随机分析法。

①系统分析法

系统分析法将地下水系统视为黑箱或灰箱系统，把人工投放的示踪剂、接收的示踪剂浓度曲线和含水层结构分别视为系统的输入、输出和系统响应（图 3.22），应用三者的关系求解预测、验证和识别三大类问题。一般认为系统分析法不能识别系统内部结构和过程的机制，这是由于该方法不考虑系统内部结构的模拟原理。但实际运用中，示踪剂本身可在系统方法和过程机制之间架起桥梁，从而在一定程度上达到描述示踪剂传输中各种物理、化学和生物过程的目的。黑箱法只提供一种认识事物的宏观框架，人们可以通过其他手段认识事物机制的部分内容后，把这些内容"填入"黑箱框架，使之成为"灰箱"，从而解决部分机制问题。黑箱法是研究溶质场的一种有效的数学方法，它把含水层看作黑色系统（黑箱），在不追究溶质场空间特征的前提下，仅依靠溶质输入特征（输入函数）及其在特征点上的时间变化（输出函数）来测定黑箱内部的参数（介质和水运动信息）。具体方法是把溶质输入含水层中的浓度–时间过程看作输入函数，把特征点上的浓度–时间过程（通过实地测量取得）看作输出函数。根据黑箱内部含水层介质、水流混合过程、溶质弥散和与围岩交换过程的特点，给定水质运移物理模型后，确定其数学模型，即黑箱系统的反响函数。在已知输入和输出函数的情况下，可以用拟合法求解系统反响函数，从而求出含水层的静储量、有效孔隙率、地下水平均滞留时间、流速等重要水文地质参数。

图 3.22　基于示踪试验的水文系统分析法示意图

溶解物质以某种输入方式进入含水层后，总是形成一定形态的弥散晕沿水流方向移动。弥散晕的空间形态由溶质场空间函数描述，时间变化由溶质场各点的浓度–时间函数表征。溶质场的时空变化是溶质源形状及溶质输入方式、溶质与围岩的物质交换、溶质在水体中的扩散速度、含水介质的特性、水流运动的方向与速度等变量的函数。人工示踪试验的基本原理就是在认为给定溶质源和输入方式的条件下，通过追踪示踪剂弥散晕的运移情况获取含水介质和水流运动的信息。波形分析是黑箱法的一种定性分析方法。根据黑箱法原理，人工示踪试验在各测点检测到的示踪波就是溶质在该点的输出函数。对示踪波作波形分析就是对输出函数进行定性分析，示踪波波形类型分为多孔均质介质示踪波和双重介质示踪波两类。

第一类，多孔均质介质示踪波。

多孔均质介质的弥散晕与示踪波如图 3.23 所示。

点源示踪剂在 t 时刻内以 V 流速移动 L 距离后，其弥散晕形状取决于初始浓度 C_0 和示踪剂轴分散系数 D_L，其浓度场 $C(L, t)$ 由下式表示：

$$C(L, t) = \frac{C_0}{4D_L t}\exp\left(-\frac{L-Vt}{4D_L t}\right) \tag{3.7}$$

由式（3.7）可知，示踪波的形态（峰值浓度、持续时间等）与水流速度、有效孔隙率、轴分散系数及示踪距离有关。流速越小，有效孔隙率越大，示踪距离越长，示踪剂轴分散系数越大，则示踪波波形越趋于平稳。

第二类，双重介质示踪波。

岩溶含水层具有典型的多重介质特征，多数情况下可简化成管道–裂隙型（或快速

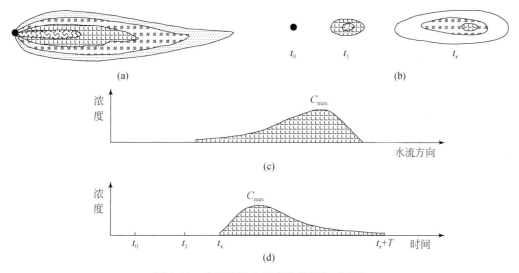

图 3.23　多孔均质介质的弥散晕与示踪波

（a）固定点源弥散晕平面图；（b）瞬时点源弥散晕平面图；

（c）瞬时点源弥散晕 t_x 时刻沿水流方向浓度分布曲线；（d）在 M 点的示踪波（浓度历时曲线）

流-慢速流型）双重介质，亦称宏观双重介质。在岩溶型宏观双重介质中，示踪试验的两个端点（投放点与接收点）之间水流连通程度大致可分为三级，即不连通、慢速流连通和快速流连通。与三级连通状况对应，存在三种不同类型的波形，如图 3.24 所示。其中，（a）为裂隙流波，这些波形的特点是裂隙流在非稳定的双重介质流场中所具有的曲折、缓慢和动态不稳定特征的反映；（b）为管道流波，快速波是由快速流传导的示踪波，波形分单一型（b1）和复合型（b2）两类。单一波发生在单一径流带（管道）内的单一水文过程中；两个或两个以上径流带的混合或新水文过程的叠加都会造成示踪波的叠加，从而产生复合波。

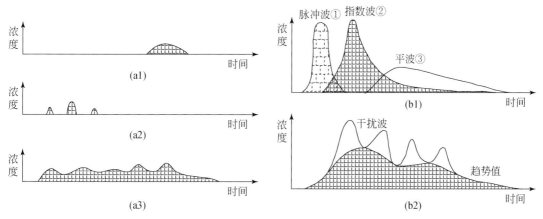

图 3.24　双重含水介质的示踪波形态

（a）裂隙流波：（a1）短波，（a2）散波，（a3）长波；（b）管道流波：（b1）单一型，（b2）复合型

单一型波形主要受径流带（管道）内水流混合作用制约，这类混合作用基本上有两

种，即带内（管道内）径流资源与静储量之间的混合和带内与带间慢速流之间的混合。两种混合作用的地位在非稳定流系统中因水文动态期不同而发生质的变化，相应产生不同形态的波形。

单一波有三种，如图3.24（b1）所示。脉冲波（曲线①）发生在流量上升期和衰减期的单一型动态期，期间带内（管道内）水流流量大，组分以入渗补给和带内静储量消耗为主，水交替速度快，水流流动接近活塞型方式。波形特点是上升支与下降支陡降，几乎无波峰前兆和衰减尾。指数波（曲线②）发生在衰减期的第二亚动态期。此时流量锐减，径流补充组分已由带内静储量为主变为带间静储量为主，示踪剂溶液不断被慢速流的横向径流所冲淡，水流混合方式接近全混模型，波形为指数曲线。平波（曲线③）发生在第三亚动态期，水流流量接近枯季流量，径流补充的主要组分为带间慢速流补给的横向径流，水交替缓慢，波形为平缓的拱形曲线。

复合波形是由两个或两个以上的单一波叠加而成，如图3.24（b2）所示。导致多个波产生的原因有：两条单管水流的汇合；新的水文动态周期的出现。复合波在数学上可分解为谐波和干扰波两个组成部分，可用下式表示：

$$C\ (t)\ =D\ (t)\ +\mu\ (t) \tag{3.8}$$

式中，$C\ (t)$ 为复合波；$D\ (t)$ 为谐波或基波，可视为径流带中弥散晕传输在时间上的反映；$\mu\ (t)$ 为干扰波，可视为径流带中各裂隙通道传输差异的反映。

②确定性分析法

第一，不同类型介质地下水的示踪数学模型。

确定性分析法建立在溶质运移理论的基础上，它倾向于最大限度地描述传输机制。确定性分析受介质性质影响，对于三种不同类型的地下水（孔隙水、裂隙水、岩溶水），其传输机制和采用的示踪数学模型之间有很大的差异。

孔隙水：孔隙介质中的溶质运移理论，即通常的水质模型理论，目前已相当成熟。由于示踪试验能够人工控制输入过程，示踪数学模拟的难度可以在很大程度上得到简化。对平均滞留时间（传输时间）小于数十天的人工示踪系统，分子扩散作用通常可以忽略不计。因此，孔隙水示踪数学模型一般可以简化为"对流-水力弥散模型"。必要时，也引进一些常数来描述若干线性因素的影响，如瞬时或非瞬时（但属线性）吸附作用，非线性问题现在还很少考虑。迄今主要利用分析法或数值法进行模拟，采用的模型多是一维模型或集块（lunped）模型，二维和三维模型尚处于积极探索与开发阶段。

当地下水流在多孔介质中做一维匀速流动时，将示踪剂瞬时注入流场中，解对流-弥散方程可得如下示踪剂浓度分布公式：

$$C\ (x,\ t)\ =\frac{M}{\sqrt{4\pi Dt}}\exp\left(-\frac{(Vt-x)^3}{4Dt}\right) \tag{3.9}$$

式中，M 为示踪剂单位面积注入量（注入强度）；x 为一维坐标；t 为时间；V 为水流速度；D 为纵向弥散系数。

该方法给出的浓度-时间函数为一正态分布函数，函数曲线具有"对称钟形"形态。大量试验表明，实测的示踪曲线（浓度-时间曲线）多数带有拖长的尾巴，为"不对称钟形"的非正态分布曲线。示踪曲线普遍存在"拖尾"的现象表明，对流-弥散模型充其量只能近似地描述示踪剂在孔隙水中的传输过程，多数情况下，由于过于简化，不能描述传输过程的真正机制。"拖尾"现象实际上是多成因的，也就是说有一系列因素使溶质传输过程偏离简化的"均质对流-弥散模型"。其中，较主要的因素有吸附作用和介质的非均一性。示踪剂在开始传输过程中被围岩吸附，当水中浓度降低后又被逐步释放，这一过程可产生"拖尾"效应。最新研究表明，在非均质含水层中存在一些"优势水道"，当介质中存在速度不等的多条水道时，也会产生"拖尾"效应。此外，"优势水道"还可造成"尺寸"效应，使含水的弥散性随距离的增长而增大，这也给简化的一维对称弥散模型带来了很大误差。

裂隙水：裂隙水的特点是水流运动的非连续性（离散型）。在裂隙介质中，水分子或溶质质点移动时，在水力梯度和浓度梯度的驱动下，可从一条"管道"进入另外一条"管道"而发生混合。不同水量的水流以不同的速度沿离散的裂隙流动。在密集网状裂隙介质中它们在大致固定的距离内相互混合。这种混合过程往往符合分子扩散规律，通常可视为连续流，并可用 Fickian 弥散函数予以处理。但近年来越来越多的野外调查表明，当到达一定深度后，裂隙变得稀疏，裂隙分布离散化程度增加，不同裂隙导水能力的差别增加，水流中"优势水道"现象更为突出。主要水流通过这些"优势水道"移动，几条"优势水道"中的水流往往在很长的距离上不相互混合，从而使裂隙水流整体上具有非连续流的离散性质，只能作为离散态介质处理，非连续流不能用描述连续水流的微分方程表达，也不能用传统的水力学公式求解。

岩溶水：岩溶含水层具有典型的多重介质特征，多数情况下可简化成管道-裂隙型双重介质，有时也叫宏观双重介质。在岩溶型宏观双重介质中示踪试验的两个端点（投入点与接收点）之间，水流连通程度大致可分为三级：不连通、慢速流连通、快速流连通。后两级之间的不同组合可产生几种连通方案，并对应存在几种不同类型的示踪曲线。与三级连通状况对应，存在三种不同类型的波形（水流模型）：裂隙型、管道型、复合型。

岩溶水示踪试验的解释还受其水位和流量动态变化的影响，并可分为稳定流双重介质示踪和非稳定流双重介质示踪两大类。目前，岩溶水示踪模拟工作尚处于初期发展阶段，主要利用示踪波形态对含水层通道的宏观格局做定性判断，除可测量含义不十分严格的视流速外，尚不能有效地定量测定含水层介质和水流运动的主要参数。

第二，浓度-时间的变化关系及基本原理。

浓度-时间关系曲线（以下称"示踪曲线"）是示踪试验所要获取的最主要成果。它除了说明曲线是否连通外，还可根据曲线的波峰和波谷的变化来确定地下水通道的展布特征。

设地下水是稳定的一维流，溶质沿正的 x 方向运移，地下水系统中示踪剂运动的基本微分方程式为

$$\frac{\partial C}{\partial t} = \frac{\partial}{\partial x}\left(D\frac{\partial C}{\partial x}\right) - V\frac{\partial C}{\partial x} + \frac{1}{n}\frac{\partial g}{\partial t} \tag{3.10}$$

式中，D 为弥散系数；x 为示踪剂的运移距离；V 为水流平均速度；C 为示踪剂浓度；t 为溶质运移时间；g 为示踪剂的重量；n 为系数。

式（3.10）右边的第一项表示由弥散效应引起的溶质运动，第二项表示由液体的对流

或总的水流引起的运动，第三项表示由于化学作用而产生的溶质散失或增加。如果示踪剂采用相对非吸收性物质（如 Cl^-、NO_3^-），它们在运移中与固体裂隙介质一般不会发生化学作用，溶质不会散失或增加，则方程式右边第三项可以忽略不计，故可得表达式：

$$\frac{\partial C}{\partial t} = \frac{\partial}{\partial x}\left(D\frac{\partial C}{\partial x}\right) - V\frac{\partial C}{\partial x} \tag{3.11}$$

由式（3.11）可知，溶质浓度随时间的变化与弥散系数、地下水的水流速度有关。由于示踪剂弥散，它逐渐分散并占据着一定的范围，在地下水中的分布，理论上应为一顺水流方向拉长的椭圆形，在示踪剂弥散范围的中心浓度最高，前后逐渐降低。因此，观测点所测得的浓度变化曲线应为两翼略显对称的单峰线（图3.21）。

第三，常见示踪成果的流场解释。

示踪探测理论的核心是对示踪曲线等示踪资料进行分析整理、解释及计算，从而达到识别流场类型结构、计算流场参数的目的。20 世纪 70 年代初，一些学者就利用示踪结果计算了岩溶水管流场的流速和流量；杨立铮和刘俊业（1979）利用示踪曲线对岩溶水管道的结构特征作出了解释与判断：①单一管道为典型单峰曲线；②单管道呈水池型，为下降支平缓或有台阶的单峰曲线；③多管道型为独立多峰或连续多峰曲线；④多管道呈水池型，为下降支呈波状起伏或台阶状下降的示踪曲线。Field 等（1995）较全面地总结了岩溶地区示踪结果的分析和解释技术，提出 8 种示踪曲线类型及对应的管道系统结构特征（图3.25）；孙恭顺和梅正星（1988）在系统总结国内外连通试验方法

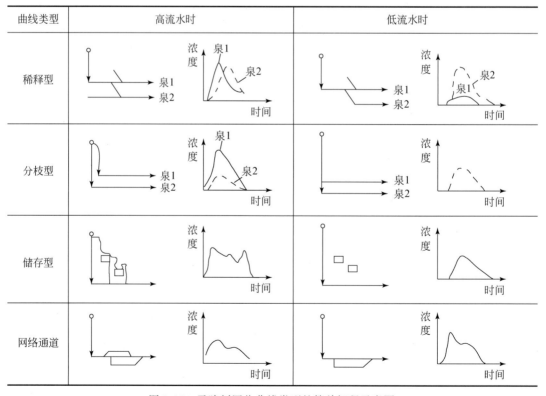

图 3.25　示踪剂回收曲线类型的简单解释示意图

时，提出了三大类共 7 种示踪曲线对应的管道结构特征（图 3.26）。张祯武（1990）把溶质运移数学模型运用到示踪理论中，通过对各类岩溶水管流场地质条件与示踪条件的归纳，给出了管流场和分散流场示踪数学模型及其解析解，同时利用理论示踪曲线与实际曲线对比分析，建立了各类岩溶水管流场和分散流场与示踪曲线间的一一对应关系。

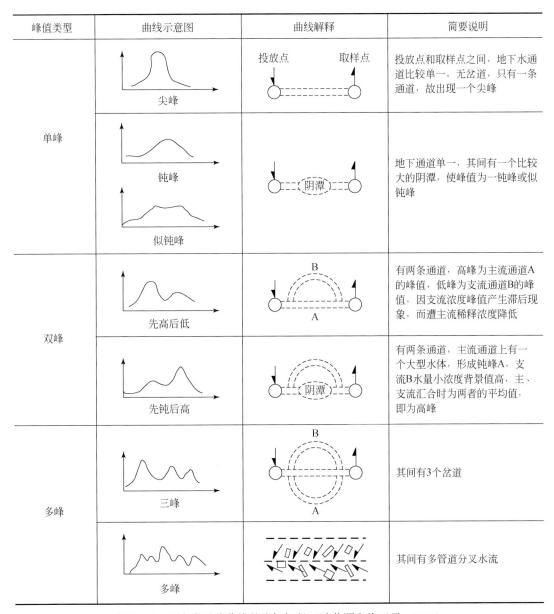

峰值类型	曲线示意图	曲线解释	简要说明
单峰	尖峰	投放点　取样点	投放点和取样点之间，地下水通道比较单一，无岔道，只有一条通道，故出现一个尖峰
	钝峰	阴潭	地下通道单一，其间有一个比较大的阴潭，使峰值为一钝峰或似钝峰
	似钝峰		
双峰	先高后低	B　A	有两条通道，高峰为主流通道 A 的峰值，低峰为支流通道 B 的峰值，因支流浓度峰值产生滞后现象，而遭主流稀释浓度降低
	先钝后高	阴潭	有两条通道，主流通道上有一个大型水体，形成钝峰 A，支流 B 水量小浓度背景值高，主、支流汇合时为两者的平均值，即为高峰
多峰	三峰	B　A	其间有 3 个岔道
	多峰		其间有多管道分叉水流

图 3.26　三大类示踪曲线的流场解释（孙恭顺和梅正星，1988）

③随机分析法

随机分析法把示踪剂质点传输视为随机过程，把示踪曲线视为示踪剂质点在流场中滞留时间的分布曲线。同时对含水层介质和水流运动的各种参数，如导水系数、孔隙度、弥散系数、水流速度、流量等进行实地统计，找出其随机分布规律。通过对比滞留时间和各种参数分布之间的相关关系来确定模拟对象的参数值。随机分析法有许多优点：一是概化程度高，不受具体机制的限制，因而不必查清一些地质细节即可开始模拟工作；二是灵活性大，可以描述非均质和边界条件复杂系统的传输过程。但是随机法需与地质调查资料结合使用，以保证统计对象属于相对均一的地质体。

2）堵洞抬水

通过在岩溶管道或地下暗河口筑堤，抬高地下水位，在其上游形成地下水库，引起该岩溶系统水文地质条件（水位、出水点、流量等）发生一系列的变化，对它们进行观测、对比和研究，查明该岩溶系统的空间分布、补给排等特征，为水库渗漏、渗透稳定处理等提供基础地质资料。一般用于地下水库勘测、渗漏条件复杂地段防渗检验等，试验前应调查了解不利影响和做好有关应对措施。

从 1991 年 12 月开始在大水沟厂址处施工开挖长探洞，至 1995 年 5 月长探洞停止掘进（PD_1 掘至 3948m，PD_2 掘至 4168m），并着手进行涌水洞段的封堵，随着长探洞出水段封堵任务的实施，3+948、3+500 和 2+548.5 三个出水段封堵分别于 1995 年 12 月底、1996 年 4 月底和 1996 年 10 月 18 日相继完成。为了解各出水段的水压力变化情况，获得一个相对精确的外水压力值，并为以后长引水隧洞的设计、施工提供宝贵的第一手资料，同时也为弄清工程区的岩溶水文地质格局提供基础资料，则各出水段堵头在关阀后进行外水压力的监测工作十分必要。

通过 3+948、3+500、2+845.5 三个出水段堵头水压力表的监测，可以分别获得一个相对稳定的压力表读数，即三个堵头的实测外水压力，部分监测成果见表 3.5。在 1996 年枯水期时，这三个出水段的静水压力为 7.27 ~ 7.95MPa，地下水位埋藏高程为 2180 ~ 2210m；1998 年雨季，堵头压力表读数明显上升，平均值在 9.00MPa 左右，并于 1998 年 8 月 30 日测得最大读数为 10.12MPa（2+845.5）、10.22MPa（3+500）；而在枯水期的压力为 7.73 ~ 7.84MPa，两个季节的水位变幅达 250m 左右。水压力观测成果曲线详见图 3.27 ~ 图 3.29。

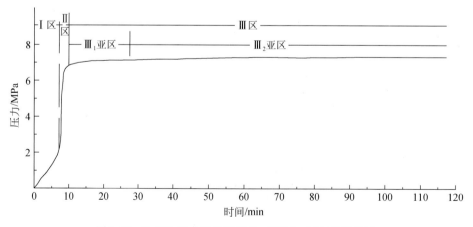

图 3.27　3+948 出水段关阀后 2h 水压力–时间关系曲线

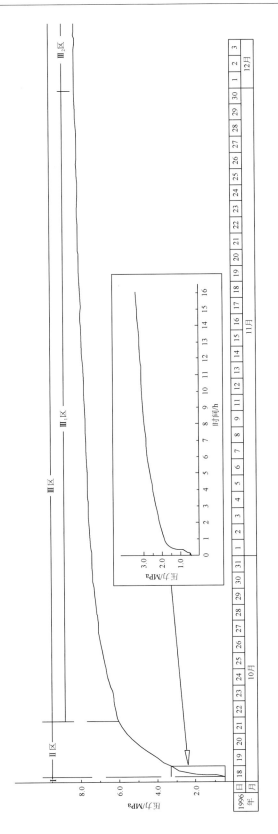

图3.28　2+845.5出水段堵头关阀后47天水压力–时间关系曲线

表 3.5   水压力监测成果表

压力阶段		项目		2+845.5 出水段	3+500 出水段	3+948 出水段
Ⅰ 区		水压力		0~0.45MPa	0~1.60MPa	0~2.00MPa
		历时		约5h	87min	6min
		上升速度	平均		0.018MPa/min	0.33MPa/min
			最大		0.095MPa/min	0.50MPa/min
Ⅱ 区		水压力		0.45~6.00MPa	1.60~6.60MPa	2.00~6.50MPa
		历时		81h	34min	2.3min
		上升速度	平均	0.07MPa/h	0.047MPa/min	1.96MPa/min
			最大	0.098MPa/min	0.123MPa/min	2.00MPa/min
Ⅲ 区	Ⅲ₁ 亚区	水压力		6.00~7.94MPa	6.00~7.00MPa	6.50~7.20MPa
		历时		960h	15min	50.5min
		上升速度	平均	0.002MPa/h	0.010MPa/min	0.014MPa/min
			最大	0.007MPa/min	0.096MPa/min	0.124MPa/min
	Ⅲ₂亚区	最大水压力读数		9.32MPa	9.34MPa	7.42MPa

注：压力观测截止日期为1997年12月底

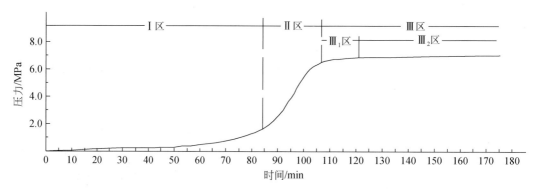

图 3.29   3+500 出水段堵头关阀后 3h 水压力–时间变化关系曲线

3）室内水化学试验

基本原理：利用水化学场来分析岩溶水化学变化规律、岩溶含水层的补给排泄规律及岩溶渗漏等方法，称为水化学场分析方法。

岩溶水在运动过程中，其化学成分是不断变化的。岩溶水化学均衡即是根据岩溶水的化学组成，特别是用一些标志离子，如 SO_4^{2-}、Ca^{2+}、Mg^{2+} 等的含量特点来探索地下水与可溶岩之间的相互关系，结合现今岩溶水中标志离子含量的变化，以及洞穴形成年代等方面的研究，分析地下水的渗流条件及运动速度、循环速度、岩溶管道的连通性等。

研究表明，岩溶水化学动态迁移变化与多项制约因素之间是有一定规律可循的。利用这一规律，可以帮助我们解决岩溶水文地质的一些实际问题。

4) 室内水同位素试验

(1) 基本概念

稳定同位素与放射性同位素：原子核不稳定能自发进行放射性衰变或裂变而转变成其他类核素的同位素称为放射性同位素。原子核稳定，迄今尚未发现存在放射性衰变现象的同位素称为稳定同位素。目前已知的天然核素中，稳定核素有 270 多种，放射性核素有 60 多种。

天然同位素与人工同位素：自然界中天然存在的同位素称为天然同位素。它包括地球形成原始合成的稳定同位素、长寿命 (半衰期大于 108 年) 放射性同位素及其子体、天然核反应生成的同位素等。人工同位素是指通过人工方法 (如核爆炸、核反应堆和粒子加速器等) 制造出来的同位素。目前由人工方法制造出的放射性同位素已达 1600 余种。

环境同位素与人工施放同位素：从同位素示踪观点可分为环境同位素和人工施放同位素两种。前者指遍布整个自然环境中的同位素，主要是一些天然同位素，也包括人工核反应进入自然环境中的人工同位素。后者指为了某种研究目的作为示踪剂人为投放到某局部范围的人工同位素。

(2) 同位素分析

①^{14}C 测定地下水年龄

地下水中的含碳物质是溶解于水中的无机碳 (DIC)，通过测定地下水中溶解无机碳的年龄并认为溶解无机碳在水中的动力行为与地下水相同。在一般情况下，可以认为地下水溶解无机碳与土壤 CO_2 (或大气 CO_2) 隔绝之后便停止了与外界的 ^{14}C 交换。所以地下水 ^{14}C 年龄是指地下土壤 CO_2 隔绝后 "距今" 的年代。^{14}C 法测定地下水年龄的上限为 5 万 ~6 万年，超灵敏计数器有可能向上延至 10 万年。

②利用氢氧同位素组成研究地下水成因

利用区域不同年代地层水与油田水中氢氧同位素组成的研究结果，可以解释区域地下水起源与形成机制，确定补给区和局部补给源的水文学模式，溯源地下水化学组分的变异历史等。在已经具备了比较丰富的地质与水文地质资料的基础上，地下水中稳定同位素可以提供确凿的证据，深入阐明上述问题的某些细节。而且还可以利用氢氧同位素作为示踪物质追索地下水的活动图像，验证地质数据判断的可信深度。

③利用氢氧同位素确定含水层补给带 (区) 或补给高度

大气降水的氢氧同位素组成具有高度效应，据此可以确定含水层补给区及补给高程。

$$H = \frac{\delta_G - \delta_P}{K} + h \qquad (3.12)$$

式中，H 为同位素入渗高度，m；h 为地下水高程，m；δ_G 为地下水的 $\delta^{18}O$ (或者 δD) 值；δ_P 为取样点附近大气降雨 $\delta^{18}O$ (或者 δD) 值；K 为大气降水 $\delta^{18}O$ (或者 δD) 值的浓度梯度。

④应用氚测定地下水补给

氚的半衰期为 12.43 年，可以用来研究水圈各个环节水中水的运移时间特征。实际工作中天然氚的最重要条件是氚从同温层 (平流层) 通过对流层参与水循环的范围比较固定。在同温层中由于宇宙粒子与大气层中氮、氧原子的核反应不断产生氚，各类型天然水中天然氚浓度的变化范围十分宽广（为 0 ~ 200TU）。

⑤利用氢氧稳定同位素计算地下水在含水层中的滞留时间

$$\delta_{W} = K + \frac{A}{1+4\pi^2 T^2}\ (2\pi T \sin 2\pi t + \cos 2\pi t)\ + \left(\delta_{w0} - K - \frac{A}{1+4\pi^2 T^2}\right) e^{-\frac{t}{T}} \qquad (3.13)$$

式中，δ_W 为 t 时刻含水层中水的 ^{18}O 含量；δ_{w0} 为 $t = 0$ 时刻含水层中水的 ^{18}O 含量；K 为大气降水的同位素年平均含量，是与年平均同位素含量相比偏差的最大幅度；T 为水在含水层中的停留时间。

只要测出出入口大气降水信号和在一个井内产生的信号（即出口信号）就可以估算出水在含水层中的滞留时间。

3.5.1.2　岩溶水文地质观测

岩溶地区地下水的主要补给来源为大气降水，而大气降水的多寡又受季节控制。因此地下水位、流量、水质、水温、外水压力等随着季节的变化会有所不同，如仅根据某一勘测阶段所得的资料去评价岩溶地下水，则会出现较大的偏差。为了掌握岩溶水的变化规律和运动特征，以便能用多种方法计算隧道涌水量，那么对于岩溶地质条件复杂的长隧道，有必要对岩溶水的动态特征进行长期的观测工作。对于锦屏工程区，具体岩溶水文地质观测见第 7 章。

根据观测目的确定应观测的内容，一般应观测地下水位、流量、水质、水温、外水压力、气象要素（降雨、蒸发、气温）等项目。观测水位、流量、水质的间隔时间一般为5 ~ 10天，雨季应增加观测次数，如果用自动水位计配合捻板或量水槽可得逐日水位流量资料。气象要素应逐日观测。鉴于岩溶水随季节变化较大，作为排水工程要求观测时间在一个水文年以上。

1）地下水位

井、钻孔、河床断面和洼地水位的观测，一般应在同一时间内测量，旱季间隔5 ~ 10天，雨季应加密观测，最好每日一次。井或钻孔应每月测量一次孔深，了解淤塞情况。消水洼地的观测，应在洼地中立标尺，在雨季积水期间逐日观测水位变化。

地下水位观测可分为简易地下水位观测和长观孔地下水位观测。

简易地下水位观测一般包括钻孔初见水位、钻进过程水位、终孔水位和稳定水位的观测。在无冲洗液钻孔时发现水位后，应立即进行初见水位的观测。钻探过程中的地下水位，应在钻探交接班提钻后、下钻前各观测一次。终孔水位应在封孔前提出钻孔内残存水后进行观测，每30min 观测一次，直到两次连续观测的水位差值不大于2cm 时，方可停止观测，最后一次的观测值即为终孔水位。稳定水位观测每30min 观测一次，连续观测应达到4 次以上，直到后4 次连续观测的水位变幅均不大于2cm 时才可认为稳定。

长观孔地下水位观测应根据地质要求和具体情况布设长观孔，利用长观孔观测地下水动态观测地区的地下水位、水质、水文等的变化情况。长观孔地下水观测每次观测应重复两次，两次观测值之差不得大于2cm。

2）流量

泉、暗河、河床流量，应根据水量的大小，分别采用三角堰、梯形堰、矩形堰，或凉水槽、溢流坝等，测量时间间隔同水位测量要求。由于暗河河道断面复杂，雨季、旱季流量变化大，给观测工作带来很大的困难。在暗河中应选择较规则的廊道式通道并在有跌水处建立固定墙或量水槽。对抽水钻孔除观测水位、水量外，还应该观测其含砂量的大小，以了解岩溶带的充填情况，分析塌陷形成的可能性。

3）水质、水温

无论作为排水或供水、环境检测及了解地下水的连通性，都需要对水质、水温等进行观测。水温观测与水位、水量观测同时进行。水质取样分析一月一次，泉分析一季度一次。以排水为目的观测，时间间隔可放长。每个水样取 1~3L，观测或取样时段宜尽可能与勘测期相同。

4）气象观测

在需要设立气象观测点的地方进行雨量、蒸发、气温等的观测工作。每日定时观测。如系自动观测，也应定时换记录纸。雨量、蒸发、气温尽量做到同步观测，以便于资料的分析与整理。

5）外水压力

对深埋隧洞，天然的地下水面线与隧洞轴线之间的高差很大，从而形成相对较大的衬砌外水荷载，其外水压力对引水隧洞的围岩和衬砌的稳定性有较大影响。因此，需根据需要对引水隧洞外水压力进行长期观测。

3.5.2　岩溶水化学分析

岩溶水化学成分是水-岩长期交互作用的结果，影响地下水化学成分的有地表水、地下水运移-排泄过程中岩石和土壤的可溶性成分、地下水流途径与距离、水动力条件，以及离子交换和水中各种化学反应等。通过对水化学数据的分析，可以研究地下水的来源，划分含水层组或含水介质类型、研究不同地下水（泉、地下暗河）之间的关系并圈定地下水系统边界，甚至对于岩溶水循环（深部、浅部）或岩溶发育下限也有指示意义。尤其是对于一些具有特殊地质背景（如煤矿）或人为活动（洗矿场）影响下的水化学流场分析，可以清楚地分析出地下水的来源。岩溶水化学场是一种复杂的水文化学多维空间场，可利用水化学场来分析岩溶水化学变化规律、岩溶含水层的补径排规律，以及岩溶渗漏等问题，即水化学场分析。水化学研究的对象主要是水溶液及其运动过程中的可溶岩与土壤、大气层、有关的地表水等。水化学测试的内容包括水的主要化学成分、CO_2 分压、水温，以及与环境有关的其他因素。一个地区地下水的化学面貌，反映了该地区地下水的历史演变。研究地下水的化学成分，有助于回溯一个地区的水文地质历史，阐明地下水的起源与形成。例如，中国地质科学院岩溶地质研究所在云南省文山德厚水库的水化学研究中，发现三叠系、二叠系和石炭系岩溶地下水（泉）的水化学成分，尤其是矿化度、Ca^{2+}/Mg^{2+} 含量、HCO_3^-、水温等指标具有明显的差异，可以划分出三叠系、二叠系和石炭系三种类型的地下水，来源于二叠系煤矿区的地下水中的 SO_4^{2-} 含量明显偏高。同时还分析出多个泉水受到洗矿场及砒酸厂等的污染，如砒酸厂供水泉的 AS 离子浓度高于生活饮用水标准数百倍。

地下水中化学元素迁移、聚集与分散的规律，是水文地质学的分支——水文地球化学的研究内容。这一研究地下水水质演变的学科，与研究地下水水量变化的学科——地下水动力学一起，构成了水文地质学的理论基础。地下水中元素迁移不能脱离水的流动，因此水文地球化学研究必须与地下水运动研究紧密结合。地下水水质的演变具有时间继承的特点，自然地理与地质发展历史给予地下水的化学面貌以深刻影响；因此，不能从纯化学角度，孤立、静止地研究地下水的化学成分及其形成，而必须从水与环境长期相互作用的角度出发，去揭示地下水化学演变的内在依据和规律。

从地下水化学形成的基本作用出发，地下水的成因类型可分为三种：①溶滤–渗入水，即为大气起源，其成分由水与岩石作用形成；②沉积–埋藏水，即埋藏于地质构造比较封闭的部分，其成分在一定程度上反映了形成沉积物盆地的特点；③内生水，即参与发生在地球深部的许多地质作用的地下水。由于不同成因类型的地下水经常发生混合作用，如火山活动带的地下水经常在地表出露前已与其他类型的水发生混合，所以要鉴别内生水及沉积水是很困难的。地壳中水的地质循环问题与水的水文循环问题结合在一起，构成水的循环全过程（图3.30）。锦屏地区岩溶地下水的成因类型主要为溶滤–渗入水，故对这种成因类型的地下水的形成作详细说明。

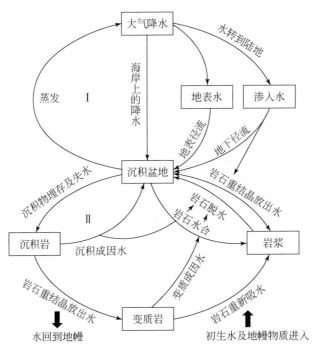

图3.30　地壳中水的水文（Ⅰ）及地质（Ⅱ）循环的相互关系

3.5.2.1　渗入成因地下水成分的形成与特征

渗入成因地下水成分的形成，可分为4个阶段，即在大气圈中、与生物圈接触、在岩石中和经历蒸发浓缩。

1）大气降水的成分特征

大气降水是海洋和陆地所蒸发的水蒸气凝结而成，它的成分取决于地区条件，因此差别较大，在靠近海岸处的降水中，Na^+ 与 Cl^- 的含量相对增高。内陆降水可混入大气中的灰尘、细菌等，一般以 Ca^{2+} 及 HCO_3^- 为主。初降雨水或干旱区雨水中杂质较多，而长期降雨后或湿润地区雨水中杂质较少。大气降水的矿化度一般仅为 0.02~0.05g/L，只是在海边，可超过 0.1g/L，在干旱区，有时可达 $n×0.1g/L$。近期来，由于人为因素的影响日益增长，在大气圈中可以形成各种酸雨（H_2SO_4、HNO_3等），在城市上空也可以形成酸雨，我国不少城市上空雨水 pH 有时已低达 3 左右。有时在人为因素的影响下，有碱的积聚。总之，人为因素的影响不仅在工业发达的地方可以见到，在人烟稀少的极地地带也已有显示，这种影响促使大气降水富集各类金属、有机化合物及各种盐类，使得水的矿化度、成分、氧化–还原性质、侵蚀性等方面均有变化。因此，在研究地下水化学成分时，对经常作为补给源的大气降水成分的这些变化应予以重视。大气降水中一部分元素来自海洋，如在海边地区雨水中的钠、氯、溴、碘等。除了盐类组分外，大气降水还有可溶性气体、二氧化碳及惰性气体、氧、氮等。二氧化碳与水相互作用，降低 pH，提高侵蚀性。空气类气体随水渗入岩石，沿途可发生一系列化学反应，改变地下水圈的面貌，并形成不同类型的次生矿物。而惰性气体则可随水一直下渗到深处，基本上不改变原来的状态，因此可用它们作为判别地下水成因与运动途径的标志。大气降水的矿化度很低，酸性较强，尚未与岩石直接发生作用。另外，一些事实表明，大气降水可能仅已饱和一些金属的氢氧化物，而对其他化合物而言，还远未饱和。因此，大气降水具有一种能使各种元素在水中大量聚集起来的能力。

2）植物、土壤的影响

雨水降到地表，在多数情况下，首先与植物和土壤相遇，有时植物与土壤对水成分显示出不小的影响。土壤处于岩石圈的最上层，这里在植物的参与下进行着各种生物过程，光合作用促使有机物质进入土壤，而有机物质的分解又促使土壤中的气体及水分富集了像 CO_2、NH_3 等一类强反应物，土壤的作用亦十分明显。雨水含氧，它会氧化土壤的有机物质，从而使水又补充了一部分新产生的二氧化碳，并富集了各种有机酸（腐殖酸、甲酸、醋酸等）。

3）地下水与岩石的相互作用

地下水通过土壤层进入岩石，在这里，水的成分主要取决于围岩性质与水交替特点。在地壳中广泛分布的造岩矿物，按其与水的相互关系可划分为两大类：在水中呈全等（成分一致的）溶解的矿物（碳酸盐、硫酸盐、氯化物、某些硅酸盐）；在水中呈不全等（成分不一致的）溶解的矿物（主要为铝硅酸盐及硅酸盐）。一般地，可以见到"水流经的岩石怎样，水也就怎样"的情况，但在有些情况下亦有例外。根据造岩矿物的特征及其与水的化学反应性质，可分简单的全等溶解、复杂的全等溶解、不全等溶解、氧化还原反应 4种情况。

4）蒸发浓缩

大陆盐化作用：很多人研究过大陆盐化作用的特点。在蒸发浓缩过程中有次序地自水析沉出 Al、Fe、Mn 的氢氧化物，不同成分的黏土矿物，Ca 及 Mg 的碳酸盐、硫酸盐及磷酸盐，Na 及 K 的氯化物，Ca 及 Mg 的氯化物，硝酸盐。大陆盐化水的一般特点是弱碱性的，微咸及咸的，成分复杂，当矿化度>5g/L时，在表生带一般看不到苏打水，这可能是由于钠的氯化物及硫酸盐相对浓缩的结果。一些微量组分及二氧化硅的含量随矿化度及pH的增高而略有增高，但看不出其中有严格的比例关系，这可能是有一些微量组分与盐类及黏土矿物发生共沉淀的结果。且溴、碘、硼、钼、锂、锶等的浓度可以很大。

　　海水的浓缩：表3.6列出了海水浓缩过程的实验结果。最早形成的是钙的碳酸盐及硫酸盐，然后结晶出石盐，而卤水富集了镁与钾盐。当卤水浓度达到325g/L时，硫酸镁开始晶出，然后是钾盐。卤水更富集镁的氯化物，其中钾、溴、硼的含量很高，铷和锂的含量也相当高。当然，在实际情况下，很少见到单纯海水的浓缩作用，无论是在典型内陆盐化区还是滨海盐化区，地下水的成分总是比较复杂的。

表3.6　浓缩程度不同的海水成分

海水浓缩阶段	液相								固相
	$CaCO_3$	$CaSO_4$	$MgSO_4$	$MgCl_2$	NaCl	KCl	NaBr	总盐量	
正常海水开始沉淀	0.134	1.276	2.305	3.285	27.667	0.763	0.09	35.62	—
石膏	0.34	4.90	9.50	14.90	99.10	2.40	0.26	131.40	$CaSO_4 \cdot 2H_2O$
石盐	0.52	0.460	21.0	33.20	214.1	5.20	0.59	275.27	$CaSO_4 \cdot 2H_2O + NaCl$
泻利盐	2.24	痕迹	89.2	158.2	50.5	22.9	2.72	325.76	$CaSO_4 \cdot 2H_2O + NaCl + MgSO_4 \cdot 7H_2O$
钾盐	未测	痕迹	75.5	169.1	33.8	49.2	未测	327.6	$NaCl + MgSO_4 \cdot 7H_2O + KCl$
光卤石	3.01	痕迹	64.4	218.4	24.4	41.6	3.9	345.5	$NaCl + MgSO_4 \cdot 6H_2O + KCl + KCl \cdot MgCl_2 \cdot 6H_2O$
残卤	4.57	痕迹	39.9	308.6	10.5	1.9	5.99	371.46	$NaCl + MgSO_4 \cdot 6H_2O + KCl + MgCl_2 \cdot 6H_2O$

3.5.2.2　地下水圈化学的基本特征

　　水圈由大气圈的水、地球表面的水和地球内部的水三部分组成，地下水圈是指地球内部的水。地壳中的元素有87种，而在地下水中已发现70种以上，这些元素在地下水中组合成不同类型。根据组分成分的不同配比与含量比例，地下水的化学类型可组合成几千种。通常，地壳中化学元素的分布量用"克拉克值"（指该元素在地壳中的平均含量）表示；若以其在地壳总重量中所占的百分数表示，则称为"重量克拉克值"，可用百分数表示，亦可用g/t表示，即1g/t = 0.0001% = 1ppm（10^{-6}），用到水上，即相当于1mg/L = 1ppm。A. II. 维诺格拉道夫将地下水中的化学元素按含量多少划分成三组，见表3.7。

表 3.7　地下水中化学元素按其含量的分组

元素组	组名	元素含量/%	离子
I	大（宏）量组分	$>10^{-2}$	Na、Ca、Mg、Cl$^-$、SO$_4^{2-}$、HCO$_3^-$
II	微量组分	$10^{-2} \sim 10^{-6}$	Br、Sr、B、F、Li、As、Rb
III	超微量组分	$<10^{-6}$	Cu、Au、Bi、Te、Cd、Se

　　在地质循环过程中，水不是简单地为沉积物所占有，或者在一定深度上从岩石中被挤压出来，或者溶解并沉淀出不同矿物的、有机的、气态的化合物而已。水还经历着另外一些过程，当水与岩石不断作用时，有一部分水分子分解为离子并重新合成，这就决定了地球化学环境的特点。根据这些情况，什瓦尔采夫引进了"地壳中水的地球化学循环"的概念。地壳中水的地球化学循环，是指沉淀–变质过程（作用），有次序有方向地发展过程中，岩石、有机物质及气体经历的地球化学改造中，导致水分子直接参与作用，分解及合成等作用与现象的总和。水的地球化学循环开始于表生带，由大气降水渗入岩石（土）的时刻起，而在再生水回返地表以后，可以认为循环结束，如图 3.31 所示。

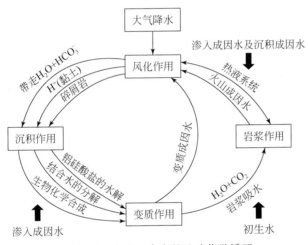

图 3.31　水在地壳中的地球化学循环

　　水的地球化学循环过程中，首先，在水–CO_2–铝硅酸盐系统演化的不同阶段，形成的次生矿物是不同的（如方解石及萤石），在空间上它们可以是分开的，也可以是相互叠加在一起的；其次，在不同阶段，地下水中积聚的化学元素也是不同的。换句话说，在水与岩石相互作用的每一阶段，具有一定组合的次生矿物；与此相应，地下水具有一定的化学成分。但是，在自然界中观测到的实际情况并不那么单纯，经常地下水不仅自铝硅酸盐接收化学元素，而且还存在其他来源，如其他成分的岩石、大气降水、埋藏的海水、内生水源等。因此，水与铝硅酸盐类之间相互关系的阶段性不易分辨。但无论如何，在作用的初期，进入水溶液的成分基本等同于岩石的成分，随着作用的进一步发展，能够为次生产物所结合的元素显得少了。这就是说，相对于原始的岩石而言，地下水中元素间的相互比例逐渐发生改变。而且，相互作用的时间越长，越深入，则水的成分与原始岩石成分间的区别就越大。在水中不断浓缩一些元素，而沉淀出另一些元素，最后沉淀出来的可以是与原始岩石成分很不相符的物质。一般来说，水的循环深度越大，则它与岩石接触的时间越长，矿化度就越大，它的成分与围岩成分的差别就越大。

3.5.3　岩溶水同位素分析

地球化学和宇宙学研究中，假定任何一种同位素的初始同位素成分是一个自然常数。后来，由于核物理、物理化学和生物化学过程等作用，元素同位素成分发生了时空变异，变异结果给各种不同的地质体系或亚体系打上了各自的天然同位素标记。这一系列的同位素标记就提供了追索地质建造和改造过程时空变化、研究地球层圈（体系）及某些层圈内部（亚体系）之间物质传递作用，以及确定地质体热力学特征时空变化等的可能性。各类地质体（包括地下水）中同位素成分及其含量的变化，客观上记录和指示了各类地质体的历史发展和演变过程。而地下水中稳定同位素成分及其含量的变化，主要是由于地下水在埋藏和循环运动过程中受地球物理、地球化学和生物化学作用而发生的同位素分馏作用所引起的；放射性同位素成分及其含量的变化，则主要是核物理作用所引起的放射性衰变作用而造成的。

自然界的地下水中存在多种稳定同位素和放射性同位素。其中，氧（^{18}O）和氘（D）属于稳定同位素，主要用来当作区域性地下水运动和地表水体蒸发作用的指示剂；氚（T）和碳（^{14}C）为放射性同位素，是表示地下水年龄的指示剂。利用岩溶地下水同位素含量的大小和分布规律来研究岩溶地下水的年龄、深岩溶和水库岩溶渗漏等问题，即岩溶水同位素场分析。利用放射性同位素氚不仅可以测定地下水的年龄，还可以用来寻找地下岩溶渗漏带，其原理在于这类同位素具有一定的化学稳定性和半衰期，其含量浓度与地表水和地下水流量，以及运移的时间和途径有关。同位素技术在水文地质勘察中的应用，实际上就是通过测定水分子或水中某些化学物质的同位素组成或放射性强弱的分布及变化特征，以查明地下水的"来龙去脉"，这是水文地质学中以微观技术解决宏观问题的最典型范例。同位素技术在水文地质勘察和研究中的应用，不仅能有效确定地下水的成因和补径排关系，测定地下水年龄、流向、流速、流量和含水层参数，还能查明某些水化学组分的成因和污染物质的来源。

3.5.3.1　同位素分馏作用

同位素分馏作用是一种因某些物理化学及生物化学作用所引起的稳定同位素成分发生改变的作用。自然界中能引起同位素成分发生改变的作用，主要有同位素交换反应、单向（不可逆）反应、蒸发作用和生物化学作用等。其中以同位素交换反应、蒸发作用和生物化学作用为主要同位素分馏作用。

影响同位素分馏作用的因素是多种多样的，其中以温度变化的影响最为明显。研究表明，当同位素处于平衡状态下且温度适宜时，含氧岩石中比水中更富含^{18}O；如果以$\Delta = \delta_{岩石}{}^{18}O - \delta_{水}{}^{18}O$表示岩石与水中含$^{18}O$的差值，那么随着温度的升高这一差值将明显降低。因此，同岩石处于平衡的水（25℃时）随温度的升高，其分子组成中将越来越

富含 ^{18}O。类似的现象往往出现于深部含水层及热液体系的水中，这时可广泛观察到氧的"漂移"。

3.5.3.2　H. Craigh 降水直线——氢氧同位素应用原理

自然界中由大气降水、地表水和地下水组成的天然水是一个统一的整体，它们通过蒸发、凝结、降落、径流、入渗、渗流和排泄等方式相互联系在一起，构成天然水的不同循环运动阶段。处于不同循环运动阶段的天然水，其氢氧同位素组成与含量因受复杂的地球物理、地球化学和生物化学作用的结果，自然也就存在着明显差异。构成地球上水圈总水储藏量 97% 以上的大洋水是在 D 和 ^{18}O 含量上，以及其他物理化学性质上最为稳定的水。研究表明，在 500m 深度以下的大洋水，在其同位素成分和含量上更为稳定，这就是 H. Craigh 建议以大洋水作为衡量天然水中 D 和 ^{18}O 含量标准的基础。

大量的实验数据表明，大气降水的 ^{18}O 和 D 的平均含量同地表上空的空气年平均温度之间存在着一种相关关系。经过 H. Craigh 等对全球各个不同温度区间大气降水中 ^{18}O 与 D 含量资料的分析研究，终于发现了如下这一重要的相关关系：

$$\delta^{18}O = 0.695t - 13.6\permil \tag{3.14}$$

$$\delta D = 5.6t - 100\permil \tag{3.15}$$

式中，t 为一个地区上空的空气年平均温度。

在此两个经验公式的基础上，可将大气降水中 ^{18}O 与 D 含量间的关系归纳为

$$\delta D = a + b\delta^{18}O \tag{3.16}$$

其中，系数 b 可由经验公式（3.14）和式（3.15）求得，即 $b = d\delta D / d\delta^{18}O \approx 8$。由式（3.16）不难看出，大气降水中 ^{18}O 与 D 的含量与当地大气中水汽的凝结温度存在着极为密切的关系，而此温度又直接受当地年季节性温度变化、所处纬度及地面的绝对高程控制，即存在着所谓纬度效应、陆地（或海岸）效应、季节效应和地区高程效应等的影响。总的来说，水在蒸发与凝结过程中所发生的同位素分馏作用是导致上述现象出现的主要因素。研究得知，水汽中 ^{18}O 及 D 含量分别比液态水中含量低 10‰ 和 80‰。一般来说，大气水中 $\delta^{18}O$ 值为 0 ~ −60‰，而 δD 值为 +10‰ ~ −400‰。考虑到上述诸因素的影响，H. Craigh 将大气降水中的 D 和 ^{18}O 含量之间的关系归纳为

$$\delta D = 10 + 8\delta^{18}O \tag{3.17}$$

这就是 H. Craigh 降水直线方程，并可用作图法加以表示（图 3.32），此关系可被理解为在平衡条件下的水和水汽之间 δD 的差值比 $\delta^{18}O$ 的差值约大 8 倍。

世界上各地的降水大都符合上述关系，但也有局部地区略有差异。如经强烈蒸发的湖水及其他地表水体中 δD-$\delta^{18}O$ 关系偏离上述关系式，其直线斜率一般小于 8（一般为 4 ~ 6）。我国北京市经 1979 年、1980 年两年内逐月降水水样测定结果为 $\delta D = 9.7 + 7.3\delta^{18}O$，北京降水中 D 和 ^{18}O 含量同气温关系不明显。H. Craigh 降水直线是利用氢氧稳定同位素来判定和解决一系列水文地质问题的原理和方法基础，因此是极为重要的。如果测出某地的地表水和地下水中的 δD 与 $\delta^{18}O$ 关系值是处于 H. Craigh 降水直线附近，这就意味着被测定的水主要来源于当地大气降水。

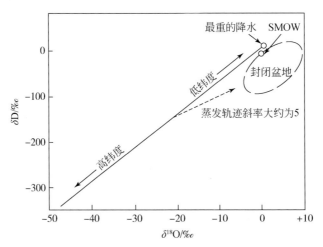

图 3.32　大气降水中 δD 与 $\delta^{18}O$ 值间的关系 (Craigh，1961)

3.5.3.3　放射性同位素的衰变作用——地质计时性

一些元素同位素的核质量与能态可以自发地以一定的速率进行蜕变，形成新的原子核，这部分同位素称为放射性同位素。放射性蜕变是原子核素的一种特性，是由于原子核中中子过剩（即中子与质子之比大于 1.5）而引起的。放射性元素原子都有半衰期，即具有一定数目的放射性原子核衰变掉一半时所花费的时间。水文地质研究中常用 T 的半衰期为 12.26 年，^{14}C 的半衰期为 5568±30 年或 5730±40 年。

T 是氢的一种宇宙射线成因的放射性同位素，它是在大气层上部由于宇宙射线快速中子与稳定的 ^{14}N 原子发生核反应而产生：

$$^{14}_{7}N + ^{1}_{0}n \rightarrow ^{3}_{1}H + ^{12}_{6}C \tag{3.18}$$

T 生成后，很快同大气中的氧原子化合而生成 HTO 水分子；随后，HTO 与大气水混合并随之而一起降落到地表，继而随普通水分子一起渗入地下，成为地下水的组成部分。由于 T 的半衰期为 12.26 年，其寿命很短，由在大气高空生成到进入地下成为地下水组成部分这一整个过程中，T 在不断地进行衰变；也就是说，T 在水中的浓度在不断地降低，特别是当 T 进入地下以后，其浓度随地下水埋深的增加而减少。这样，根据 T 因自身的衰变而在地下水中的浓度不断减少的事实，客观上就起到了对地下水的地质计时作用。

用氚法测定地下水年龄称氚法测龄，即通过测定地下水中的 T 含量来估算地下水年龄。需要注意的是，氚法测龄只适用于测定浅部较年轻的地下水，一般在 50 年以内的水，而不适用于测定深部循环的地下水。T 的天然绝对丰度通常用单位 TU 表示，1TU 代表 10^{18} 个 H 原子中 1 个 T 原子，亦相当于 0.118Bq/kg。水中 T 含量的多寡，主要与 T 的来源有关，也与一个地区的自然地理及地质-水文地质条件有关，即当地的降水、蒸发、气候、地形、植被及地下水的补给强度有关。人工氚主要由大气核试验产生，首次核试验开始于 1945 年，1953 年以前降水中 T 含量约为 5TU，20 世纪 50 年代及 60 年代早期大气核试验使降水中的 T 含量急剧增加，在 1963 年达到最大（T 含量可达 6000TU）。北半球自 1963 年开始，南半球自 1964 年开始，降水中的 T 含量呈指数衰减，到目前北半球大气背景含量为 5 ~ 30TU，南半球为 2 ~ 10TU。大气降水中 T 含量变化过程，以加拿大渥太华站的监测资料最为典型，如图 3.33 所示。

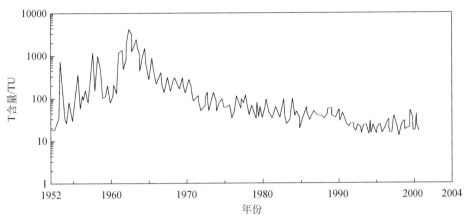

图 3.33　渥太华站大气降水中 T 含量变化曲线（据 IAEA 资料）

经验法估算地下水年龄，是根据地下水是否受到 20 世纪 60 年代核爆试验期间产生的大量核爆氚，将地下水形成时间划分为核爆试验前和核爆试验后两个阶段。从最后一次核爆试验至今，由于放射性衰减和海洋的吸收，大气中的 T 含量已接近核爆前的水平。这种大气 T 浓度的演化信号在地下水中往往发生混合，再加上有些地下水还保存着核爆前的补给信息，多种信息的叠加和混合，使得对地下水年龄的定量计算很困难，只能作出定性解释。Clark 和 Fritz（1997）给出一种大陆地区地下水年龄的定性解释方法，见表 3.8。显然，这种定性解释因时、因地而异，在实际应用中，应结合研究区的实际条件确定分界值。

表 3.8　地下水形成时间划分

大陆地区		海岸和低纬度地区	
T 含量/TU	地下水形成时间	T 含量/TU	地下水形成时间
<0.8	1952 年以前补给	<0.8	1952 年以前补给
0.8 ~ 4.0	1952 年以前补给水和近代水的混合	0.8 ~ 2.0	1952 年以前补给水和近代水的混合
4 ~ 15	现代水（1952 年后 5 ~ 10 年）	2 ~ 8	现代水（1952 年后 5 ~ 10 年）
15 ~ 30	部分为核爆 T	10 ~ 20	部分为核爆 T
>30	相当一部分为 20 世纪 60 ~ 70 年代补给	>20	相当一部分为 20 世纪 60 ~ 70 年代补给
>50	主要在 20 世纪 60 ~ 70 年代补给	—	—

3.5.4　岩溶水温度分析

水温是岩溶地下水的重要指标，影响地下水温度的有地下水来源（补给区）高程、区域地温场与地下水循环方式、新构造活动断层或放射性物质等。不同来源或不同地下水系统、地表水与地下水的温度通常有明显差别。利用岩溶水温度场分析岩溶地下水形成条件、水温分布规律，并用以寻找岩溶通道和渗漏通道，即岩溶水温度场分析。地球内部的热量，通过对流、传导与辐射等多种形式传导至地壳层内而形成不同性质的水温场，水温场与地热场的温度在地壳浅部一般相差 1~3℃，在深部接近一致。地下水在地热场中通过对流和运移而得到升温，从而加强了对碳酸盐岩的溶解性。不同温度地下水的混合，因高温水的冷却或因低温水温度的升高，产生温度混合溶蚀作用，有利于溶蚀的发育。由于岩溶洞穴的存在，反过来又对水温场产生影响，以致产生各种温度异常。

地下水温度随深度变化曲线，可以分为 5 种类型（表3.9），以 A 型曲线最为常见。当下部遇冷水时，出现 B 型；当有热水出现时，则表现为 C 型；而 D 型和 E 型大部分是岩溶管道的存在而使地下水出现温度异常。现有仪器在测试地下水温度场的同时，亦可同时测定地下水的电导率，通过电导率变化特征，结合地下水温度变化情况，可分析地下水的渗流条件，探测可能存在的渗漏通道的位置，尤其是与库水连通的、正在发生渗漏的岩溶渗漏通道，通过地下水温度场及电导率场，可有效予以查明。两种方法联合，在猫跳河四级岩溶渗漏勘察中效果较好。

表 3.9　水温曲线类型及形成机理

序号	A	B	C	D	E
曲线名称	直线型	抛物线型	对数曲线型	正异常型	负异常型
曲线图形					
形成机理	冷水地温场多见，符合一般地温增温率曲线	上部曲线符合一般增温率曲线，下部遇冷水，温度降低且稳定	上部曲线符合一般增温率曲线，下部遇热水，增温快	在正常型曲线中出现正异常，说明有岩溶管道，地下水对流快，补给水温度高	在正常曲线中出现负异常，说明有岩溶管道，地下水对流快，补给水温度低

3.5.5　岩溶水动态与均衡分析

岩溶地下水系统不断地与外界发生着物质、能量和信息的交换，交换的结果使系统本身的状态发生相应的改变，这种变化的过程就称为岩溶地下水动态。变化的因素有水位、流量、水化学成分、水温等。以上各动态要素之所以发生变化，是地下水系统对外界环境变化所作出的响应，本质上是地下水系统中水量、盐量、能量、热量的收支失衡所致。为了建立新的平衡，系统的动态要素要作出响应而发生改变，其动态特征决定了岩溶水的补给来源、补给方式和排泄方式。这种动态特征能够反映含水层之间，以及含水层与地表水之间的水力联系，即各类含水介质的结构特征和相互联系。影响含水系统中地下水动态的因素包括气象、水文、地质、生物、宇宙及人为活动等，这些条件在地下水动态观测期限内一般是相对稳定、变化不大的。很多水文地质学家已经表明，从辩证的观点来研究地下水动态形成的条件尤为重要，显然以地质年代来计算时间，这些条件也是变化着的。例如，雨水淋溶、潜蚀、淤积、胶结、变质、成岩作用等可以改变岩石的结构和透水能力；构造活动、侵蚀、岩溶及风化作用可以改变地形切割程度、地区地下水排泄能力、排泄特征；大陆漂移可以改变广大区域气候的根本特点；等等。

　　总体来说，影响岩溶地下水动态的因素分为两大类，即外部因素（环境因素）和内部因素。外部因素包括气候、水文及人为因素，如大气降水、地表水、人工补给与排泄和地应力等。地质、地形等属于含水系统的内部因素。表 3.10 反映了岩溶地下水动态的影响因素。

表 3.10　岩溶地下水动态影响因素分类

影响因素 成因组合	多年显示变化	年内（季节）变化	昼夜变化	偶然变化
气象的	气象要素（降水、蒸发、气温、气压等）			急剧的气温变化引起的解冻、暴风雨等
	太阳活动		潮汐力	
地质的	新构造运动、岩溶塌陷、岩溶虹吸泉、火山地区的水热活动、间歇喷泉			地震、火山喷发、水热爆炸、滑坡
水文的	河流、湖泊及沼泽地的水文变动			河流凌汛、逆风顶托水位涨落
	冰川补给		涨潮、退潮	
生物的	水土保持与流失		植物蒸腾	—
人为的	矿山排水、城市建设、水库浸没及回水、农田水利建设、石油开采、造林		灌溉、抽水、农田耕作、人工补给	采矿塌陷、原子爆炸、水库放水

　　岩溶水动态观测的目的是获取上述各岩溶水动态观测指标随时间变化的详尽资料，分析其在自然因素或人为作用影响下空间分布及随时间变化的规律，在此基础上查清区域岩溶水文地质条件（尤其是地下水的补、径、排、蓄），掌握岩溶地下水的动态变化规律，或为某种特殊目的（如岩溶碳汇动态变化、地下水对全球气候变化的响应、地下水污染等）开展的观测。岩溶动态观测工作的布置包括单个水点（如泉点或地下暗河出口）、观测线或观测网。观测线的布置一般沿地下水主径流线或与之垂直的地方布置多个观测点；监测网的布置除国家级、省级和地区级监测网络（不同级别、不同地区或水文地质条件下的观测网的布置对检测点的布设密度有规定）外，一般在工作区范围内根据项目要求和当地的实际情况进行布控，观测点多选择天然水点、钻孔、探洞，形成网格状布局。观测点的数量依据当地情况，以满足实际需要为准。一些工程水文地质的动态观测还需要与钻孔抽（压）水试验、岩溶水示踪试验相结合。

　　常规的水文动态观测指标包括：气温、降雨量、蒸发量、水温、pH、水位、流速与流量、电导率（矿化度）、浊度、$HCO_3^-/Ca^{2+}/Mg^{2+}$ 浓度，其他水化学指标（水质）一般根据试验目的和观测区域水文地球化学背景确定。数据获取方式包括人工测量和读取数据、仪器自动检测和记录及远程传输、野外水质测量和采样回实验室检测分析等，监测频率尽可能地加密。专门性的地下水监测指标与监测的相关地下水问题相一致。

岩溶水测量、观测数据的处理和分析是一项庞大的工程，通常称为岩溶水地质场研究。岩溶水文地质场包括岩溶水温度场、水化学场和同位素场（简称岩溶水"三场"），以及岩溶水动力场等。20 世纪 60 年代后，岩溶水"三场"理论和方法在重大工程岩溶水文地质调查中得到了广泛应用。例如，张之淦曾运用岩溶水"三场"理论方法和思路指导锦屏二级水电工程等的岩溶水文地质工程地质调查工作，取得了良好的效果。

地下水均衡特别是不同自然条件下潜水均衡规律的研究是查明地下水资源形成与动态地区特征的重要手段。水均衡各要素的地理分布决定了地区地下水均衡的特点，各地每一水均衡要素与地区自然地理、地质条件之间存在着广泛的联系，而降水、径流、蒸发是水均衡的三大要素。在岩溶地区进行水资源评价或水库渗漏分析时，往往由于岩体渗透性的极不均匀，难以获得必要的计算参数，而采用水均衡分析法，借助各项均衡要素的动态观测资料，建立水均衡方程，计算未知项，其结果能够反映一个较大范围内的岩体平衡渗透性，以避免局部因素的干扰。

地下水均衡分析的方法很多，岩溶地块的总均衡方程式为

$$Z + B + \sum Y_1 + \sum Q_1 = K + \sum Y_2 + \sum Q_2 \pm W \qquad (3.19)$$

式中，Z 为大气降雨量；B 为岩溶裂隙中凝结水量；$\sum Y_1$ 为地表水流入量；$\sum Q_1$ 为地下水流入量；K 为总蒸发量(含岩石、水体和潜水面)；$\sum Y_2$ 为地表水流出量；$\sum Q_2$ 为地下水排泄量；W 为地下水储量变化值。

对于一个闭塞的岩溶盆地而言，可用下式表示：

$$Z = K + Q + W \qquad (3.20)$$

式中，Q 为地下水排泄总量。

水均衡计算的精度直接由组成均衡的各要素的测定精度来决定，其中以降水、蒸发等气象要素的测量及其均衡区平均值的确定等影响最大。在引用均衡区附近气象站的降水及蒸发资料时，要特别注意它们的代表性。因为大多数时候降水总是构成均衡收入项的主要部分。有时由于仪器结构及安放位置的不当可能导致降雨量测量的不准确，在冬季测量固体降水的误差就更大，固体降水一般均用均衡期初、末的积雪厚度差来计算。受微地貌及风化影响，积雪厚度可以有很大的变化，遇到这种情况需要做一些典型的调查，并用数理统计的方法来确定其值。

对于蒸发，它是水均衡中的主要支出项之一，常用蒸发皿或土壤蒸发计来测量，蒸发量可以用下垫面热平衡方程式来计算，也可以用水汽的湍流−扩散方程来计算。对于大面积开放水域（湖、水库等）的蒸发可直接用水面蒸发皿测定。在潜水浅埋的大平原地区，潜水毛细边缘出露地表，蒸发成为潜水的主要排泄方式，在这种情况下，蒸发值可用罗杰仪器观测取得。被雪覆盖的地面蒸发同样可用专门的雪蒸发计实测。流域表面的总蒸发量，可用位于不同典型地区的土壤蒸发计、水面蒸发皿的实测资料确定。

同时在水均衡中的地表水流量可用流速仪通过典型断面或河流在盆地进、出口处实测。在地表水流量测定中必须注意可能出现的地下暗河及伏流。因为河流湍流时经常包括

浅层地下径流，所以在水均衡中区别总径流中地下径流及地表径流也是一项重要工作。这就要求对河流流量过程线进行有效的成因分割，同时用地下水动力学的方法核实这些地下径流，确定合理的分割方法，否则就会严重影响水均衡的计算精度。上述公式中的各项均衡要素可通过长期观测获得数据，但最好用多年平均观测值。

3.6　深埋隧洞涌水预测方法

深埋隧洞涌水量的预测较为复杂，采用的主要方法有水均衡法、地下水动力学法、水文地质比拟法、模糊数学预测法和三维渗流场数值模拟法等。

3.6.1　水均衡法

水均衡法适用于地下水运动为非渗流型，无法用抽（压）水试验求得渗透系数，难以根据地下水动力学原理进行隧洞涌水量预测的情况。其预测的涌水量均为稳定流量，不含涌水排泄过程中的静水储量。

3.6.1.1　降雨入渗法

根据水文地质条件，一定范围内大气降水的有效渗流补给量部分或全部涌入隧洞，其平均稳定涌水量为

$$Q_{cp} = \frac{1000\eta F\alpha R}{365} \tag{3.21}$$

式中，Q_{cp} 为隧洞平均稳定涌水量，m^3/d；F 为地表补给面积，在汇流型单元为该单元汇流的总面积，在散流型单元和碎屑岩区则根据地形圈定，km^2；R 为大气降水量，采用实测资料，考虑降水高山效应确定，mm；α 为大气降水入渗系数，根据地质构造、岩性条件和拥有资料的情况，在不同洞段分别采用计算值或经验值；η 为折减系数，取值为 $0.2 \sim 1.0$，取决于洞段所处部位、埋深、岩石富水性、断裂发育特征等，富水性越好，折减系数越大。

3.6.1.2　地下水径流模数法

地下水径流模数是指单位时间内单位流域面积上的地下水流量，其表达式为

$$M_i = \frac{Q_i}{F_i} \tag{3.22}$$

式中，M_i 为隧洞通过第 i 个单元或第 i 条支沟流域的地下径流模数，$m^3/(d \cdot km^2)$；Q_i 为隧洞通过第 i 个汇流型单元地下水（泉水）流量，采用实测流量，在散流型单元和碎屑岩区则为第 i 条支沟流域枯水期的地表流，以此代表该流域地下径流量 F_i 为隧洞通过第 i 个汇流单元（泉域）面积，在散流型单元和碎屑岩区则为第 i 条支沟流域地表水汇流面积，以此代表相应区域地下水的流域面积，km^2。

（1）隧洞稳定单位涌水量。当隧洞只通过一个富水性分区流域时，则表达式为

$$q_i = M_i B_i \tag{3.23}$$

式中，M_i 为隧洞稳定单位涌水量，$m^3/(d \cdot km)$；B_i 为不同富水性分区中隧洞两侧影响宽度，km，可按 $R = 215.5 + 510.5K$（K 为岩体渗透系数）粗略估算。

（2）隧洞分段及总稳定涌水量。隧洞分段稳定涌水量的表达式为

$$Q_i = q_i L_i \tag{3.24}$$

隧洞总稳定涌水量的表达式为

$$Q = \sum Q_i \tag{3.25}$$

式中，Q_i 为隧洞在某一富水性分区的分段稳定涌水量；L_i 为隧洞在某一富水性分区中的长度；Q 为隧洞总涌水量。

3.6.2　地下水动力学法

地下水动力学法又称解析法，是根据地下水动力学原理用数学解析方法对给定边界值和初值条件下的地下水运动建立解析式，而达到预测隧道涌水量的目的。在地下水运动学中有以裘布衣公式为代表的稳定流理论和以泰斯公式为代表的非稳定流理论。根据这两大理论人们研究出了许多隧道涌水量预测的经验公式，比较常见的有佐藤邦明公式、古德曼公式及我国的经验公式。

地下水动力学法是比较常用的方法，但在工程建设中往往受地形、人力、物力、经费等诸因素影响，使预测精度受到限制。例如，大巴山隧道采用此法预报涌水量为 $4.14 \times 10^4 m^3/d$，而实际涌水量高达 $20.155 \times 10^4 m^3/d$，是预测的几倍；再如，岩脚寨隧道采用该法预测涌水量为 $0.66 \times 10^4 m^3/d$，而实际涌水量为 $10.08 \times 10^4 m^3/d$，是预测的几十倍；其他岩溶隧道诸如大寨、娄山关、南岭、梅花山、燕子岩等均采用此法预报，预报与实际结果均相差很大。

依隧道位置与底部不透水层之间的相互关系，分为完整型隧洞和非完整型隧洞两种。在计算公式中需先得含水层或受压水层的渗透系数、含水层厚度、影响半径等参数。在基岩地区应多用解析法，该法经过了水文地质模型概化，简化了水文地质条件，具有快速实用的特点。由此可见，地下水动力学法在岩溶区的应用有很大的局限性，使用时必须根据具体情况进行适当的修正，一般情况下最好不用，如非用不可，建议应与其他方法结合使用。

3.6.2.1　承压含水层的裘布依公式

把深埋地下洞室的涌水看成地下水向承压完整井的稳定流动，将无限含水层中的涌水情况设想为一半径为 R 的圆形岛状含水层情况，其模型示意图如图 3.34 所示。岛边界上的水头 H_0 保持不变，且满足如下假设条件：①含水层均质各向同性，产状水平，等厚，侧向无限延伸；②抽水前的地下水面是水平的，并视为稳定的；③含水层中的水流服从达西定律，并在水头下降的瞬间释放出来。如有弱透水层，则忽略其弹性释水量。

此时水流满足方程：

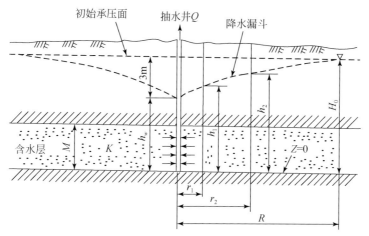

图 3.34　地下水向承压完整井的稳定运动模型示意图

$$\frac{\mathrm{d}}{\mathrm{d}r}\left(r\frac{\mathrm{d}H}{\mathrm{d}r}\right)=0 \tag{3.26}$$

其边界条件为：当 $r=R$ 时，$H=H_0$；当 $r=r_w$ 时，$H=h_w$；且因不同过水断面的流量相等，并等于井的流量，有 $Q_r=2\pi KMr\dfrac{\mathrm{d}H}{\mathrm{d}r}=Q$。

联立上述方程求解得裴布衣公式如下：

$$H_0-h_w=s_w=\frac{Q}{2\pi KM}\ln\frac{R}{r_w} \tag{3.27}$$

或

$$Q=2.73\frac{KMs_w}{\lg\dfrac{R}{r_w}} \tag{3.28}$$

式中，s_w 为井中水位降深；Q 为抽水井流量；M 为含水层厚度；K 为渗透系数；r_w 为井的半径；R 为影响半径。

3.6.2.2　承压含水层的泰斯公式

把深埋地下洞室的涌水看成地下水向承压完整井的非稳定运动，涌水量计算的物理模型看成承压含水层中的完整井流运动模型，在如下假设条件下建立数学模型：①含水层均质各向同性，等厚，侧向无限延伸，产状水平；②抽水前天然状态下水力坡度为零；③完整井定流量抽水，井径无限小；④含水层中水流服从达西定律；⑤水头下降引起的地下水从储存量中的释放是瞬时完成的。

在上述假设条件下，抽水后将形成以井轴为对称轴的下降漏斗，将坐标原点放在含水层底板抽水井的井轴处，井轴为 Z 轴，概化后的模型图如图 3.35 所示。此时，单井定流量的承压完整井流，可以归纳为如下的数学模型：

$$\begin{cases} \dfrac{\partial^2 s}{\partial^2 r} + \dfrac{1}{r}\dfrac{\partial s}{\partial r} = \dfrac{\mu^*}{T}\dfrac{\partial s}{\partial r} \quad t>0,\ 0<r<\infty \\[2mm] s\ (r,\ 0)\ =0 \quad 0<r<\infty \\[2mm] s\ (\infty,\ t)\ =0 \quad \dfrac{\partial s}{\partial r}\bigg|_{r\to\infty}=0 \quad t>0 \\[2mm] \lim_{r\to 0} r\dfrac{\partial s}{\partial r} = -\dfrac{Q}{2\pi T} \end{cases} \tag{3.29}$$

求解得泰斯公式如下：

$$s = \frac{Q}{4\pi T}\int_u^\infty \frac{e^{-y}}{y}\mathrm{d}y \tag{3.30}$$

式中，s 为抽水影响范围内，任一点任意时刻的水位降深；Q 为抽水井的流量；T 为导水系数；t 为自抽水开始到计算时刻的时间；r 为计算点到抽水井的距离；μ^* 为含水层的贮水系数。

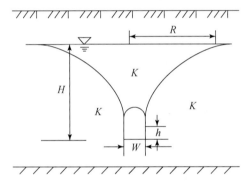

图 3.35　地下水向承压完整井的非稳定运动模型示意图

3.6.2.3　经验公式

（1）当隧道通过潜水含水体时，可用下列公式预测隧道最大涌水量。
古德曼经验公式：

$$Q_0 = L\frac{2\pi KH}{\ln\dfrac{4H}{d}} \tag{3.31}$$

式中，Q_0 为隧洞通过含水体地段的最大涌水量，$\mathrm{m^3/d}$；K 为含水体渗透系数，$\mathrm{m/d}$；H 为静止水位至洞身横断面等价圆中心的距离，m；d 为洞身横断面等价圆直径，m；L 为隧洞通过含水体的长度，m。

佐藤邦明非稳定流式：

$$q_0 = \frac{2\cdot\pi\cdot m\cdot K\cdot h_2}{\ln\left[\tan\dfrac{\pi\ (2h_2-r_0)}{4h_c}\cot\dfrac{\pi\cdot r_0}{4h_c}\right]} \tag{3.32}$$

式中，q_0 为隧洞通过含水体地段的单位长度最大涌水量，$\mathrm{m^3/}$（$\mathrm{d\cdot m}$）；m 为换算系数，一般取 0.86；K 为含水体渗透系数，$\mathrm{m/s}$；h_2 为静止水位至洞身横断面等价圆中心的距离，m；r_0 为洞身横断面等价圆半径，m；h_c 为含水体厚度，m。

（2）当隧洞通过潜水含水体时，可采用下列公式预测隧洞正常涌水量。

裴布依理论式：

$$Q_s = L \cdot K \frac{H^2 - h^2}{R_y - r} \tag{3.33}$$

式中，Q_s 为隧洞正常涌水量，m^3/d；K 为含水体渗透系数，m/d；H 为洞顶以上潜水含水体厚度，m；h 为洞内排水沟假设水深（一般考虑水跃值），m；R_y 为隧洞涌水地段的引用补给半径，m；L 为隧洞通过含水体的长度，m。

佐藤邦明经验公式：

$$q_s = q_0 - 0.584 \cdot \bar{\varepsilon} \cdot K \cdot r_0 \tag{3.34}$$

式中，q_s 为隧洞单位长度正常涌水量，$m^3/(d \cdot m)$；$\bar{\varepsilon}$ 为试验系数，一般取 12.8；r_0 为洞身横断面等价圆半径，m；K 为含水体渗透系数，m/d；q_0 为隧洞通过含水体地段的单位长度最大涌水量，$m^3/(d \cdot m)$。

我国经验公式：

$$q_s = \bar{K}H \, (0.676 - 0.06\,\bar{K}) \tag{3.35}$$

式中，q_s 为单位长度正常涌水量，m^3/d；$\bar{K}$ 为渗透系数，m/d；H 为地下水埋深，m。

3.6.3　水文地质比拟法

这是利用地质条件相似的已施工隧洞的实际涌水量进行比拟推算的一种估算方法。

$$Q = aqM \tag{3.36}$$

式中，Q 为预测洞段的稳定涌水量，m^3/s；M 为预测洞段的洞段表面积，m^2；q 为已施工隧洞的单位面积涌水量，$m^3/(s \cdot m^2)$；a 为流量折减系数，视隧洞表面涌水构造发育程度而定，一般取值为 0.2 ~ 0.6。

3.6.4　模糊数学预测法

隧洞用水量预测受许多非确定性因素的影响，如富水区的边界条件、含水介质特征、降雨入渗条件、岩体渗流特征等，这些因素的关系具有模糊性，可采用模糊数学的方法，将既有隧洞和待预测隧洞各因素进行比较，确定其相对大小，并以隶属度的形式表示这种相对大小，得到各因素的评判结果，据此确定既有隧洞和待预测隧洞各主要因素之间的综合系数，采用模糊类比式确定待预测隧洞的涌水量。

3.6.5　三维渗流场数值模拟法

岩体是非均质、各向异性的渗透介质，其渗透性高度离散，渗透性的空间变异受结构面及其网络特征控制。由于岩体渗透介质的复杂性，岩体渗流场表现出显著的不均匀性、时空变异性和非线性特征。故岩体渗流场一般很难用解析法描述，对于大型工程岩体渗流场的分析与模拟，即使采用物理模拟方法也收效甚微，数值模拟是研究复杂渗流问题的有效途径，其中有限元单元法最为常用。与其他数值模拟方法相比，有限单元法在复杂渗透介质特征模拟、复杂渗流特性描述、非线性边界条件处理等方面具有明显优势。三维渗流场数值模拟法的基本步骤为：①建立基于工程区水文地质模型的数值分析物理模型；②提出适合工程区水文地质条件的渗流分析模型和计算参数；③在上述工作的基础上，分析工程区的三维初始渗流场的分布规律，为隧洞开挖渗流场应力场耦合分析奠定基础；④分析隧洞开挖渗流场与应力场分布规律，预测隧洞开挖后的地下水渗流场分布规律，以及渗流梯度、渗流速度规律；⑤分析隧洞开挖后的稳定涌水量和外水压力。三维渗流场数值模拟法的基本原理简介如下。

3.6.5.1　连续介质渗流控制微分方程

地下水位埋藏较深的工程，地下水常常位于富含水的储水构造带。发生大强度的降雨或降雪，储水构造带以上的岩体饱和度迅速发生改变，而储水构造带以下的岩体饱和度的改变是一个逐渐的过程。鉴于此，可以把锦屏二级水电站地下洞室群渗流问题近似处理为稳定渗流问题。

当裂隙岩体的表征单元体（REV）存在且其大小满足岩体可被概化为等效连续介质的条件时，地下水在岩体中的运动规律可按多孔介质中的渗流控制微分方程加以描述。根据达西定律和质量守恒原理，等效岩体中的稳定渗流控制微分方程为

$$\frac{\partial}{\partial x_i}\left(k_{ij}\frac{\partial h}{\partial x_j}\right)=0 \tag{3.37}$$

式中，h 为水头；k_{ij} 为岩体的等效渗透张量。

3.6.5.2　渗流方程定解条件

稳定渗流控制微分方程 ［式（3.37）］应满足的边界条件包括以下方面。

1）水头边界条件（Dirichlet 边界条件）

当渗流区域的某一部分边界（如 S_1）上的水头已知，法向流速未知时，其边界条件可以表述为

$$h\ (x,\ y,\ x)\ |_{S_1}=\phi\ (x,\ y,\ z),\qquad(x,\ y,\ z)\in S_1 \tag{3.38}$$

2）流量边界条件（Neumann 边界条件）

当渗流区域的某一部分边界（如 S_2）上的水头未知，法向流速已知时，其边界条件可以表述为

$$k\frac{\partial h}{\partial n}\bigg|_{S_2}=q\ (x,\ y,\ z),\qquad(x,\ y,\ z)\in S_2 \tag{3.39}$$

式中，S_2 为具有给定流入流出流量的边界段；n 为 S_2 的外法线方向。

3）自由面边界条件

自由面的边界条件可以表述为

$$\begin{cases}\dfrac{\partial h}{\partial n}=0\\[2mm]h\ (x,\ y,\ z)=z\ (x,\ y),\quad(x,\ y,\ z)\in S_3\end{cases} \tag{3.40}$$

4）溢出面边界条件

溢出面的边界条件可以表述为

$$
\begin{cases}
\dfrac{\partial h}{\partial n} \neq 0 \\[2mm]
h\left(x,\ y,\ x\right)\big|_{S_4} = z\left(x,\ y\right),\quad \left(x,\ y,\ z\right) \in S_4
\end{cases}
\tag{3.41}
$$

3.6.5.3　稳定渗流问题定解方程

三维稳定渗流问题可以归结为下列定解问题：

$$
\begin{cases}
\dfrac{\partial}{\partial x}\left(k_x\dfrac{\partial h}{\partial x}\right)+\dfrac{\partial}{\partial y}\left(k_y\dfrac{\partial h}{\partial y}\right)+\dfrac{\partial}{\partial z}\left(k_z\dfrac{\partial h}{\partial z}\right)+\omega=0 \\[2mm]
h\left(x,\ y,\ x\right)\big|_{S_1}=\phi\left(x,\ y,\ z\right), & \left(x,\ y,\ z\right)\in S_1 \\[2mm]
k_x\dfrac{\partial h}{\partial x}\cos\left(n,\ x\right)+k_y\dfrac{\partial h}{\partial y}\cos\left(n,\ y\right)+k_z\dfrac{\partial h}{\partial z}\cos\left(n,\ z\right)=q, & \left(x,\ y,\ z\right)\in\left(S_2\cup S_3\right) \\[2mm]
h\left(x,\ y,\ z\right)\big|_{S_3+S_4}=z\left(x,\ y\right), & \left(x,\ y,\ z\right)\in\left(S_3\cup S_4\right)
\end{cases}
\tag{3.42}
$$

式中，ω 为汇源流量；q 为渗流区域边界上单位面积流入（出）流量；S_1、S_2、S_3、S_4 分别为已知水头、已知流量、自由面、溢出面边界。

3.6.5.4　三维渗流场有限元计算格式

对渗流区域进行有限元离散，并对任一单元建立如下水头插值函数：

$$
h = N^{\mathrm{T}} H^e
\tag{3.43}
$$

式中，N 为单元节点形函数列阵；H^e 为单元节点水头列阵。

对式（3.43）应用 Galerkin 方法，并利用 Neumann 边界条件［式（3.39）］和自由面边界条件［式（3.39）］，可得如下有限元支配方程组：

$$
KH = Q
\tag{3.44}
$$

式中，K 为整体渗透传导矩阵；H 为节点水头列阵；Q 为渗流自由项列阵。

$$
K_{ij} = \sum_e k_{ij}^e
\tag{3.45}
$$

$$
k_{ij}^e = \iiint_{\Omega_e} B_i^{\mathrm{T}} k B_j \mathrm{d}\Omega
\tag{3.46}
$$

$$
B_i = \left\{ \frac{\partial N_i}{\partial x}\quad \frac{\partial N_i}{\partial y}\quad \frac{\partial N_i}{\partial z} \right\}^{\mathrm{T}}
\tag{3.47}
$$

$$
Q_i = \sum_e q_i^e
\tag{3.48}
$$

$$
q_i^e = \iint_{\Gamma_q} N_i q_n \mathrm{d}S
\tag{3.49}
$$

其中，式（3.49）仅对流量边界上的单元积分。

3.6.5.5　渗流量的计算方法

地下隧洞群的涌水量预测及工程渗控效果评价需要计算隧洞的渗流量。根据定义，通

过某一断面 S 的渗流量 Q 可表示为

$$Q = \iint_s q_n \mathrm{d}S = \iint_s - k_{ij} \frac{\partial h}{\partial x_i} n_j \mathrm{d}S \tag{3.50}$$

利用有限单元法计算渗流量,一般采用中断面法计算(毛昶熙,2003)。在中断面法中,假设断面 S 穿过的单元集合为 E,则对 E 中的每一个单元 e,利用单元中断面流速在中断面面积上的积分来计算通过该单元的渗流量。即

$$Q = \sum_{e \in E} \iint_{S_e} q_n \mathrm{d}S = \sum_{e \in E} \iint_{S_e} - k_{ij} \frac{\partial h}{\partial x_i} n_j \mathrm{d}S \tag{3.51}$$

式中,S_e 为 e 单元中断面。

中断面法涉及水头导数和面积分运算,计算精度受到一定影响。朱岳明(1997)建议的等效节点流量法不仅计算精度高,且程序实现相当简便,可用于计算任意过流断面(如坝基、坝肩及排水廊道)的渗流量。

以空间六面体等参单元为例。根据插值函数的性质,单元 e 中任一表面 S_e 的等效节点列阵之和为

$$Q_{S_e} = \sum_i \iint_{S_e} N_i q_{S_e} \mathrm{d}S = \iint_{S_e} q_{S_e} \mathrm{d}S \tag{3.52}$$

式中,q_{S_e} 为 e 单元 S_e 表面的流速。

对于任意过流断面 S [S 既可以是边界面(如排水廊道),也可以是内部过流断面(如坝基)],假设与 S 关联的某一侧单元集合为 E,且满足 $S = \{ \cup S_e | e \in E \}$,则通过 S 的渗流量为

$$Q = \sum_{e \in E} Q_{S_e} = \sum_{e \in E} \iint_{S_e} q_{S_e} \mathrm{d}S \tag{3.53}$$

由于式(3.53)是用单元的等效节点流量表示的,根据流量平衡方程,可以改写为

$$Q = \sum_{i=1}^{n} \sum_{e \in E} \sum_{j=1}^{m} k_{ij}^e H_j^e \tag{3.54}$$

式中,n 为 S 上的节点总数;m 为单元节点数;k_{ij}^e 为单元渗透传导系数;H^e 为单元节点水头列阵。

对于边界面 S 上的渗流量计算,式(3.54)只需要对与 S 相关联的单元中渗透传导系数 k_{ij}^e 和节点水头 H_j^e 做代数和运算;对于内部过流断面的渗流量计算,只要求对与 S 相关联的其中一侧单元做相应的代数运算,从而避免了中断面法所需的水头导数及面积分运算,提高了计算精度,并简化了程序设计。

第4章 雅砻江大河湾岩溶发育规律研究

雅砻江大河湾地区碳酸盐岩分布广泛，占整体的70%～80%，且该地区雨雪量丰沛，河谷地带气候温暖，为岩溶发育提供了条件。锦屏二级水电站四条长达17km的深埋引水隧洞位于高海拔、高山峡谷岩溶发育区，高压涌突水问题突出。雅砻江大河湾地区岩溶发育程度主要受碳酸盐岩的类型与结构、地质构造特征、地下水动力条件等因素的影响。根据碳酸盐岩的岩组划分、连续厚度、岩层组合及非可溶岩的分布情况，工程区按岩溶发育程度可分为较强、中等、弱和非岩溶化区。岩溶发育的深度受可溶岩及其埋藏深度、断裂构造和地下水循环深度、排泄基准面控制。此外，由于雅砻江大河湾地区新构造活动强烈，工程区岩溶垂向发育始终占主导地位，岩溶在发育时间上具有一定的阶段性。

4.1 岩溶发育条件分析

岩溶发育的三个必要条件是：有能够被溶蚀的岩石（溶质）、具有溶蚀能力的水体（溶剂）和水的运移（流动）通道。岩溶发育受地层岩性、地质构造及新构造运动、地下水动力条件的制约。工程区碳酸盐岩出露面积占70%～80%，加上区内水量丰沛，河谷地带气候炎热，具有岩溶发育的条件。但由于岩石遭受不同程度变质，碳酸盐岩的可溶性有所降低。而第四纪以来本区地壳急剧上升，雅砻江快速下切，锦屏山3000m高程以上气候寒冷，水中CO_2稀少，减弱了岩溶发育速度。总体来说，锦屏工程区岩溶发育程度相对微弱，典型的岩溶形态较少。

4.1.1 可溶岩类型与结构

4.1.1.1 碳酸盐岩岩石矿物构成与化学成分

锦屏二级水电站工程区主要的可溶性碳酸盐岩是区域中-浅变质大理岩，仅少量碳酸盐岩是未变质灰岩。根据碳酸盐岩矿物及化学成分的划分标准（表4.1），可将研究区的碳酸盐岩划分为灰岩、云质灰岩、灰质白云岩和白云岩。对应的变质碳酸盐岩有大理岩、云质大理岩、白云石大理岩。由于区内碳酸盐岩多经过中-浅程度的变质即重结晶过程，岩石结构具有典型的粒状变晶结构，因此，又可根据重结晶结构和矿物粒度进行分类（表4.2）。

表 4.1　不同碳酸盐岩岩石类型的矿物与化学组分划分标准

岩石类型	主要矿物成分/%		主要化学组分/%			
	方解石	白云石	CaO	MgO	CO₂	CaO/MgO
灰岩	100~75	0~25	56~49.6	0~5.4	44~45	>9.2
云质灰岩	75~50	25~50	49.6~43.2	5.4~10.9	45~45.9	9.2~4.0
灰质白云岩	50~25	50~75	43.2~36.8	10.9~16.3	45.9~46.9	4.0~2.2
白云岩	25~0	75~100	36.8~30.4	16.3~21.8	46.9~47.8	2.2~1.4

表 4.2　变质碳酸盐岩分类

岩石名称	矿物粒级（直径）/mm	注
角砾状大理岩（云质大理岩）	>2	角砾状灰岩变质
粗晶大理岩（云质大理岩）	1~2	
中晶大理岩（云质大理岩）	0.25~1	
细晶大理岩（云质大理岩）	0.1~0.25	
微晶或泥晶大理岩（云质大理岩）	<0.1	
不等粒大理岩（云质大理岩）		不等粒结构
花斑或杂色大理岩		不纯碳酸盐岩变质

　　根据工程区野外调查和 32 个岩石样品的化学分析及 84 个岩石薄片的鉴定结果（表 4.3~表 4.5）可以看出，研究区碳酸盐岩包括纯碳酸盐岩（碳酸盐岩占 90%）和不纯碳酸盐岩（其他矿物占 10% 以上）两大类，主要岩石类型有灰岩（泥质灰岩、微晶灰岩、细晶灰岩、微细晶灰岩、角砾状灰岩）、白云岩（仅个别）、大理岩（角砾状、粗晶、中晶、细晶、微晶、泥晶）几种。其中，细粒结构的占 36%，中粒和微（泥）晶结构的占 23% 和 26%，粗粒和不等粒结构的仅占 5% 和 10%。

表 4.3　锦屏二级工程区岩石鉴定成果表

样品号	方解石/%	白云石	其他矿物/%	结构	命名
B1	>95	微	<2	变余微粒	微-细晶灰岩
B2	90	少	7	变余粒状	角砾状细晶灰岩
B3	>98			粒状变晶	中细晶大理岩
B6	70		30	粒状变晶	条带状含石英黑云母细晶大理岩
B7	65		35	粒状变晶	条带状含石英、绿泥石微-细晶大理岩
B8	95	少		粒状变晶	中晶大理岩
B13	65	少	30	粒状变晶	含绿泥石、黑云母、石英的中晶大理岩
B16	85		15	粒状变晶	含绿泥石、石英、斜长石的中晶大理岩
B20	90		10	粒状变晶	细晶大理岩
B21	95	少		粒状变晶	细晶大理岩
B22	85		15	微粒变余	含泥质微晶灰岩

续表

样品号	方解石/%	白云石	其他矿物/%	结构	命名
B24	90		10	粒状变余	细晶灰岩
B25	90		10	粒状变晶	中粗晶大理岩
B26	85		15	微粒变余	含泥质细晶灰岩
B28		85%	15	微粒	含石英白云岩
B29	75		25	微粒	碳泥质微细晶灰岩
B30	60		40	微粒变余	含石英的泥质微晶灰岩
B31	95		少	微粒	微晶灰岩
B40	85		15	微细粒变晶	角砾状微细晶大理岩
B46	90		少	微粒	微细晶灰岩
B9	90		10	粒状变晶	中粗晶大理岩
B15	95		少	粒状变晶	中晶大理岩
B16	75		25	泥质	泥质灰岩
B17	95		少	微细晶	细晶灰岩
B19	80		20	微细晶	角砾状含云母微晶灰岩
B20	95		少	细粒变晶	细晶大理岩
B22	>95			微晶	角砾状微晶灰岩
B23	>95			细粒变晶	细晶大理岩
B24	90		少	细晶	角砾状细晶灰岩

表 4.4　分层岩性及碳酸盐岩矿物成分特征表

层位	岩性特征	分层厚度/m	矿物成分/%												结构成因类型
			方解石	白云石	黄铁矿	石英	石墨	白云母	褐铁矿	金云母	斜长石	水美石	绢云母	绿泥石	
1	浅灰色厚层状大理岩	3.5	98			<1	<1	<1	<1						细粒粒状变晶结构
2	浅灰色厚层状角砾状大理岩	12.5	97			<1	<1	<1	<1						细粒粒状变晶结构
3	浅灰色厚层状角砾状大理岩，角砾为白云岩、砂岩角砾	7.5	97			<1	<1	<1	<1	<1					细粒粒状变晶结构
4	浅灰色厚层状大理岩	2.5	94	5		<1	<1	<1	<1						细粒粒状变晶结构
5	浅灰色厚层状条带状大理岩	4.0	99			<1		<1							细粒粒状变晶结构

续表

层位	岩性特征	分层厚度/m	矿物成分/%												结构成因类型
			方解石	白云石	黄铁矿	石英	石墨	白云母	褐铁矿	金云母	斜长石	水美石	绢云母	绿泥石	
6	浅灰色厚层状角砾状大理岩，角砾为白云岩、砂岩、板岩角砾	11.0	97		<1	<1	2								细粒粒状变晶结构
7	深灰色厚层状灰质白云质大理岩	3.0	11	82		<1	<1	<1		4	<1				细粒－微粒粒状变晶结构
8	深灰色厚层状条带状、角砾状白云质大理岩（含方解石脉）	7.8	60	38		<1	<1	<1							微粒－细粒粒状变晶结构
9	深灰色厚层状大理岩夹绿泥石片岩	6.2	90	2	<1			<1		<1		2	4		微粒－细粒粒状变晶结构
10	浅灰色厚层状角砾状大理岩，角砾为绿泥石片岩、砂岩角砾（呈透镜体状）	25.0	97			2	<1	<1							细粒粒状变晶结构
11	浅灰色厚层状大理岩	17.5	98		<1	<1		<1							细粒粒状变晶结构
12	浅灰色、深灰色厚层状角砾状大理岩	12.5	98		<1	1									细粒粒状变晶结构
13	深灰色厚层状大理岩	21.5	99		<1	<1									细粒粒状变晶结构
14	灰白色厚层状角砾状大理岩，含砂岩、绿泥石板岩角砾	29.5	98			<1	<1	<1	<1						微粒－细粒粒状变晶结构
15	浅灰色、灰白色厚层状云质大理岩	3.0	3	95	<1	<1		<1	<1						微粒粒状变晶结构
16	浅灰色厚层状角砾状大理岩夹浅灰色大理岩	31.5	95			2	<1		<1	2					微粒－细粒粒状变晶结构

层位	岩性特征	分层厚度/m	矿物成分/%												结构成因类型
			方解石	白云石	黄铁矿	石英	石墨	白云母	褐铁矿	金云母	斜长石	水美石	绢云母	绿泥石	
17	浅灰色厚层状条带状大理岩，局部夹角砾，方解石脉较多	16.0	92	6		<1	<1	<1							细粒粒状变晶结构
18	浅灰色厚层状条带状、角砾状大理岩，局部夹绿泥石板岩	23.0	94	4	<1	<1	<1								细粒粒状变晶结构
19	浅灰色厚层状条带状、角砾状大理岩	75.5	99			<1	<1								细粒粒状变晶结构
20	浅灰色厚层状条纹状大理岩	6.5	98		<1	<1	<1	<1							细粒粒状变晶结构
21	灰白色厚层状云质大理岩	13.0	99			<1		<1							细粒粒状变晶结构
22	浅灰色厚层状条纹状大理岩	48.5	92			<1				5			<1	2	微粒-细粒粒状变晶结构

表 4.5　中三叠统杂谷脑组（T_2z）碳酸盐岩化学成分特征表

层位	岩性特征	分层厚度/m	CaO/%	MgO/%	酸不溶物/%	烧失量/%	CaO/MgO
1	浅灰色厚层状大理岩	3.5	53.37	1.80	0.69	43.37	29.65
2	浅灰色厚层状角砾状大理岩	12.5	51.03	2.39	3.13	42.57	21.35
3	浅灰色厚层状角砾状大理岩，角砾为白云岩、砂岩角砾	7.5	49.67	2.94	3.50	41.93	16.89
4	浅灰色厚层状大理岩	2.5	52.17	3.13	0.73	43.74	16.67
5	浅灰色厚层状条带状大理岩	4.0	50.43	3.99	1.00	43.98	12.64
6	浅灰色厚层状角砾状大理岩，角砾为白云岩、砂岩、板岩角砾	11.0	50.65	2.62	2.45	43.13	19.33
7	深灰色厚层状灰质白云质大理岩	3.0	28.75	13.86	16.73	36.12	2.07

续表

层位	岩性特征	分层厚度/m	CaO/%	MgO/%	酸不溶物/%	烧失量/%	CaO/MgO
8	深灰色厚层状条带状、角砾状白云质大理岩（含方解石脉）	7.8	40.63	9.56	5.22	42.80	4.25
9	深灰色厚层状大理岩夹绿泥石片岩	6.2					
10	浅灰色厚层状角砾状大理岩，角砾为绿泥石片岩、砂岩角砾（呈透镜体状）	25.0	43.79	5.32	8.33	40.82	8.23
11	浅灰色厚层状大理岩	17.5	50.76	3.52	0.74	44.06	14.42
12	浅灰色、深灰色厚层状角砾状大理岩	12.5	51.85	2.74	0.75	43.74	18.92
13	深灰色厚层状大理岩	21.5	55.00	0.16	0.56	43.42	343.75
14	灰白色厚层状角砾状大理岩，含砂岩、绿泥石板岩角砾	29.5	49.07	4.35	2.85	42.89	11.28
15	浅灰色、灰白色厚层状云质大理岩	3.0	36.32	16.25	0.49	46.15	2.24
16	浅灰色厚层状角砾状大理岩夹浅灰色大理岩	31.5	49.45	3.29	3.14	42.46	15.03
17	浅灰色厚层状条带状大理岩，局部夹角砾，方解石脉较多	16.0	45.42	6.18	4.35	42.52	7.35
18	浅灰色厚层状条带状、角砾状大理岩，局部夹绿泥石板岩	23.0	54.19	0.98	0.53	43.60	55.30
19	浅灰色厚层状条带状、角砾状大理岩	75.5	48.90	3.99	2.81	42.80	12.26
20	浅灰色厚层状条纹状大理岩	6.5					
21	灰白色厚层状云质大理岩	13.0	46.62	7.36	0.48	44.33	6.33
22	浅灰色厚层状条纹状大理岩	48.5	44.55	3.09	11.48	38.64	14.42

根据猫猫滩闸址区段地层实测剖面 22 个薄片鉴定统计（表 4.4），中三叠统杂谷脑组（T_2z）碳酸盐岩按矿物成分分类，主要有不纯碳酸盐岩、方解石大理岩、白云大理岩及其过渡类型。其结构类型为细粒粒状变晶结构、微粒-细粒粒状变晶结构、微粒粒状变晶结构。根据样品薄片的鉴定成果，细粒粒状变晶结构的占 68.18%、微粒-细粒粒状变晶结构的占 27.18%、微粒粒状变晶结构的仅占 4.64%。反映杂谷脑组大理岩以细粒粒状变晶结构为主。

从矿物成分来看，碳酸盐岩方解石含量大于 90% 的占 86.36% 、白云石含量大于 90% 的仅占 9.10% 。反映杂谷脑组碳酸盐岩地层从上到下主要为方解石大理岩，局部夹白云石大理岩。

各层碳酸盐岩中的 CaO 、MgO 、酸不溶物含量及 CaO/MgO 见表 4.5 、图 4.1 。

从表 4.5 可见，方解石大理岩 CaO 含量一般大于 45% 、MgO 含量一般小于 5% 、CaO/MgO 一般大于 12；白云石大理岩 CaO 含量一般小于 40% 、MgO 含量一般大于 10% 、CaO/MgO 一般小于 5% 。如图 4.1 所示，中三叠统杂谷脑组（T_2z）碳酸盐岩化学成分从上到下具有三段分层 CaO 含量高、MgO 含量低及二段分层 CaO 含量低、MgO 含量高的特征，即 Ⅰ 至 Ⅵ 小层、Ⅻ 至 ⅩⅤ 小层、ⅩⅨ 至 ⅩⅩⅢ 小层的 CaO 含量高、MgO 含量低；Ⅶ 至 Ⅺ 小层、ⅩⅥ 至 ⅩⅧ 小层的 CaO 含量低、MgO 含量高。

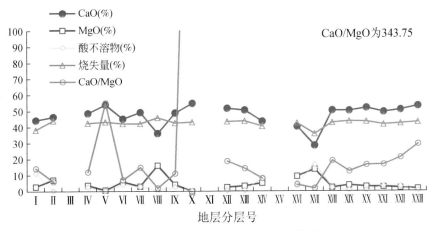

图 4.1　杂谷脑组岩石化学成分变化特征图

4.1.1.2　孔隙度

孔隙度是反映碳酸盐岩岩石结构的重要指标。一般来说，它主要反映岩石中粒间孔隙和晶间孔隙的多少。对沉积相碳酸盐岩来说，普遍规律是孔隙度随岩石晶粒变粗而增大。如图 4.2 所示，在雅砻江大河湾工程区，孔隙度主要分布在 0.27% ~0.86% ，而 0.40% ~0.80%

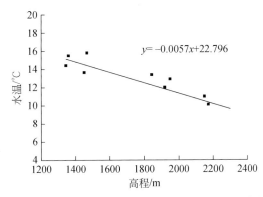

图 4.2　锦屏二级水电站工程区碳酸盐岩石孔隙度直方图

居多。从岩石结构可以发现随着晶粒变粗孔隙度减少的规律，而微晶泥晶和不等粒两者变化规律较明显（表4.6）。这种反向规律可能是锦屏山碳酸盐岩经历区域变质后的一个特点。从化学成分来看，孔隙度随白云岩含量的增加而增大（表4.7），但是与我国其他地方的未变质碳酸盐岩（包括古生界老地层）相比，其总体水平仍偏低（表4.8）。这说明工程区所经历的区域变质作用对其他碳酸盐岩的结构乃至可溶性产生了深刻的影响。

表4.6 工程区不同结构类型岩石孔隙度

晶粒	孔隙度/%	统计样品数/个
粗粒	0.45	2
中晶	0.47	8
细晶	0.57	8
微晶泥晶	0.74	4
不等粒	0.71	2

表4.7 锦屏二级水电站不同岩性的岩石有效孔隙度

岩性	平均孔隙度/%（样品个数）
大理岩（灰岩）	0.52（14）
云质大理岩	0.67（2）
白云石大理岩	0.75（1）

表4.8 中国部分地区岩石孔隙度对比表

地点及层位	平均孔隙度/%	
	石灰岩	白云岩
任丘油田，Zjw	1.67▽	1.12~3.56▽
河南焦作，ϵ，O	0.40△	0.60~0.80△
任丘北部，O	1.08~1.70▽	3.14~3.42▽
何庄西油田，O_2^3	1.92▽	6.64▽
湖南洛塔，T，P	0.32~0.94△	1.4~3.2△
广西桂林，D_3	0.67~1.11△	1.79△

△有效孔隙度；▽全孔隙度

4.1.1.3 可溶性碳酸盐岩溶蚀强度试验

根据影响岩溶发育或水-岩交互作用的必要条件，在锦屏二级水电站工程区选择不同岩性、结构（孔隙度、晶体结构）的碳酸盐岩样品，通过其与不同溶蚀性溶剂（水）之间的水-岩交互作用溶蚀试验结果，评价其对岩溶发育的影响。

1）溶蚀试验方法

将不同样品及选定的一个标准样按相同几何尺寸制样烘干，然后各放在一个容器内，在相同环境温度下通以同流量同浓度的碳酸水，经过一定时间后取出烘干，然后测出试验前后试样质量变化和参与试验的溶液化学成分的变化,经计算并与标准样对比,即可得出各个样品相对于标准样的比溶蚀度和比溶解度,以此作为衡量岩石的可溶蚀性、可溶解性指标。

2)溶蚀试验结果

工程区 32 个样品的溶蚀试验成果见表 4.9。

表 4.9　锦屏工程区碳酸盐岩溶蚀试验成果一览表

野外编号	岩石名称		CaO/%	MgO/%	CaO/MgO	CO₂/%	酸不溶物/%	比溶蚀度 K_v	比溶解度 K_{cv}	机械破坏量/%
I5	中晶大理岩	T_2b	54.45	0.92	59.18	42.86	2.24	1.04	1.05	1.44
I6	含生物碎屑含泥质微晶灰岩	T_2y^6	47.67	3.43	13.90	40.36	5.54	1.25	1.18	8.05
I7	含石英细晶大理岩	T_2y^1	49.81	1.03	48.36	39.12	8.16	1.14	1.07	8.51
I29-1	细晶大理岩	T_2	54.51	0.97	56.20	43.37	0.83	1.14	1.10	5.75
I29-2	细晶大理岩	T_2	44.26	7.48	5.92	41.57	5.00	1.05	0.97	9.66
I33	中晶大理岩	T_2	54.84	0.90	60.93	41.38	0.73	1.18	1.20	1.41
I42-1	粗晶大理岩	T_2	55.51	0.21	264.33	41.50	0.72	1.03	1.04	1.53
I42-2	粗晶大理岩	T_2	55.43	0.41	135.20	42.63	0.82	0.88	0.89	0.82
I56	细晶白云质大理岩	T_2b	42.90	10.88	3.94	43.69	1.05	0.92	0.84	11.48
I57	不等粒大理岩	T_2b	53.14	2.22	23.94	42.65	0.77	1.09	1.07	3.92
I63	含生物碎屑含泥质微晶灰岩	T_2y^6	51.32	1.64	31.29	41.65	3.62	0.97	0.93	5.83
I64	微晶灰岩	T_2y^5	55.47	0.01	5547	42.64	1.01	1.21	1.18	5.71
I65	中细晶大理岩	T_2y^1	53.38	1.80	29.66	41.74	1.60	1.00	1.00	2.33
I66-1	黑云母石英岩	T_2y^2	18.00	4.18	4.31	15.92	54.23	0.83	0.75	11.20
I66-2	黑云母石英岩	T_2y^2	18.00	4.18	4.31	15.92	54.23	0.67	0.59	14.15
I67-1	细晶大理岩	T_2y^3	48.11	5.04	9.55	41.70	3.50	1.06	1.00	7.86
I67-2	细晶大理岩	T_2y^3	48.11	5.04	9.55	41.70	3.50	1.28	1.15	12.30
I68	细晶大理岩	T_2y^4	54.88	0.78	70.36	42.01	0.61	1.06	1.06	2.65
L1-1	中晶大理岩	T_2	54.47	0.84	64.85	43.48	0.40	0.95	0.96	1.99
L1-2	中晶大理岩	T_2	54.47	0.84	64.85	43.48	0.40	1.10	1.10	2.73
L3-1	含石英绿泥石细晶大理岩	T_2	44.88	1.38	32.52	37.00	13.76	1.14	1.07	8.68
L3-2	含石英绿泥石细晶大理岩	T_2	44.88	1.38	32.52	37.00	13.76	1.15	1.06	10.79
L5	微细晶白云石大理岩	T_2	32.28	18.88	1.71	46.09	2.11	0.85	0.62	29.60
L8-1	花斑状细中晶白云质大理岩	T_2	46.13	6.59	7.00	43.25	2.86	1.01	0.93	11.17

野外编号	岩石名称		CaO/%	MgO/%	CaO/MgO	CO_2/%	酸不溶物/%	比溶蚀度 K_v	比溶解度 K_{cv}	机械破坏量/%
L8-2	花斑状细中晶白云质大理岩	T_2	46.13	6.59	7.00	43.25	2.86	1.13	1.04	10.65
L14-1	镶嵌状细晶大理岩	T_2	55.14	0.48	114.88	43.67	0.32	1.12	1.13	2.42
L14-2	镶嵌状细晶大理岩	T_2	55.14	0.48	114.88	43.67	0.32	1.04	1.05	2.20
L16-1	细晶大理岩	T_2	54.89	0.78	70.37	43.75	0.25	1.07	1.07	3.49
L16-2	细晶大理岩	T_2	54.89	0.78	70.37	43.75	0.25	1.17	1.19	1.74
L17	含白云质的碳质细晶大理岩	T_2	52.34	1.11	47.15	42.12	3.26	1.17	1.13	6.83
L18-1	白云质大理岩	T_2	49.30	3.54	13.93	43.01	3.06	1.08	0.99	11.79
L18-2	白云质大理岩	T_2	49.30	3.54	13.93	43.01	3.06	1.92	1.17	40.86

从表4.9可以看出：

（1）锦屏二级水电站工程区岩石的比溶蚀度 K_v 和比溶解度 K_{cv} 的算术平均值分别是大理岩（灰岩）>云质大理岩>白云石大理岩（表4.10）。L5、L8 样的镜下观察表明，经溶蚀后，表现为白云石条带或白云石基质变化极微，而方解石条带或方解石斑晶、细脉明显地被溶蚀凹下，说明不同成分矿物有显著差异溶蚀，即从成分上看，岩石的 K_v、K_{cv} 与岩石中方解石、CaO、CO_2 含量成正比（图4.3），成分是决定岩石可溶蚀性的重要因素。

表 4.10　不同岩性的 K_v、K_{cv} 对比表

岩性（统计样品数）	K_v	K_{cv}
大理岩（灰岩）（26）	1.126	1.070
云质大理岩（3）	1.020	0.937
白云石大理岩（1）	0.850	0.620

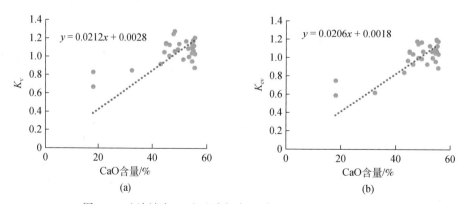

图 4.3　比溶蚀度 K_v 和比溶解度 K_{cv} 与 CaO 含量的相关关系

（2）比溶蚀度 K_v 和比溶解度 K_{cv} 一般都随着组成岩石的颗（晶）粒变细而逐渐提高，

即颗（晶）粒变细，K_v、K_{cv}增大，仅 K_{cv} 中的中晶和不等粒结构的样品略有反常（表4.11）。

表 4.11　不同结构类型岩石的 K_v、K_{cv} 对比

岩性（统计样品数）	K_v	K_{cv}
粗晶大理岩（2）	0.955	0.965
中晶大理岩（11）	1.079	1.083
不等粒大理岩（1）	1.090	1.070
粗晶大理岩（8）	1.133	1.055
微晶、泥晶灰岩（大理岩）（4）	1.150	1.105

（3）表现在溶蚀形态上。通过对统一几何形状的完整试样的溶蚀试验前后的镜下观察对比，溶蚀作用主要发生在试样表面。试验前较平滑的试样表面，试验后普遍变得具不同程度的粗糙度，晶粒凸起，晶间隙凹下，即晶间隙的溶蚀作用强于晶粒表面的溶蚀作用。

工程区地下水对可溶岩的溶蚀作用主要取决于岩体中地下水能够运移的孔隙，如导水断层、张开的节理、晶孔等，而晶间原生孔隙对试验中的溶蚀作用未产生明显影响（图4.4）。野外调查和各类勘探均未见沿原生孔隙的溶蚀作用迹象，这也从侧面表明，工程区岩石在完整状态下或仅有闭合裂隙存在时，具有相对隔水意义。

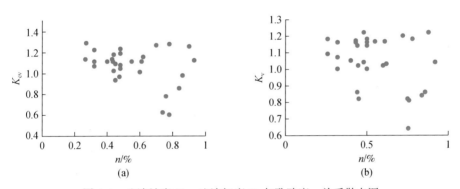

图 4.4　比溶蚀度 K_v、比溶解度 K_{cv} 与孔隙度 n 关系散点图

4.1.2　地质构造与新构造运动

4.1.2.1　地质构造对岩溶发育的影响

地质构造因素对岩溶发育的影响是通过岩体破裂和变形表现出来的。它与岩溶发育的关系极为密切，不仅控制着岩溶发育的方向，而且影响着岩溶发育的规模和大小。断层或裂隙是岩体内地下水径流的通道，然而不同力学性质的断裂、岩体破裂程度和形式及充填情况差异很大，其水文地质意义也各不相同。另外不同的褶皱部位裂隙发育各具特点，对地下水径流、岩溶发育起着控制作用。断层和裂隙是岩体在构造应力作用下形成的破裂构造形迹。各种力学性质的断层，主要区别表现在它们在阻水或是富水程度上的差异。据应

力场中的应力特点，断层可以归纳为压性、张性、扭性、压扭性及张扭性五类。

压性断层是指由中间主应力处于水平状态时的一对剪切应力所形成的断层。它的走向一般与褶皱走向一致，组成断层破碎带的构造岩，以断层角砾岩、糜棱岩、断层泥为主。主要的压性断层，沿其走向与倾向往往呈舒缓波状，因受张性及扭性断层的切割、拖拉，在走向上的这种变化尤其明显。由于压性断层所承受的压应力最大，与破碎带内物质胶结良好、孔隙小且孔隙率低，往往起隔水作用，相对于其他类型的断层而言，其岩溶作用最弱，岩溶化程度也最轻微。例如，F_9 断层，产状为 N10° ~ 20°E，SE∠80° ~ 85°，全长 5km，断层宽 6 ~ 7m，主带宽 12m，挤压成片状，局部为糜棱岩，形成延绵数公里的断层崖陡壁，在该断层上岩溶水很少，且流动缓慢，岩溶不甚发育。

张性断层由张拉应力产生，常沿一对扭性断裂面追踪发育，断层面粗糙不平。组成断层破碎带的构造岩以压碎岩、断层角砾岩为主，断裂面的张裂程度大，裂隙率高。故沿张性断层岩体破碎、岩溶发育强烈、富水性强。

扭性断层由扭（剪）应力产生，在平面上常成对出现，为共轭式的"X"形断层。其裂面平直，一般呈闭合型或较窄的裂隙，但延伸远、发育深度大、分布广，如有破碎带往往一侧或两侧壁上有很薄的一层构造角砾岩，具有糜棱岩化现象。影响带裂隙往往密集成群，平行密集的扭节理与扭动方向呈斜交的张性裂隙发育，"人"字形分支断裂常见。在灰岩、白云岩等脆性岩石中，若受牵引强烈，这些扭动裂隙延伸较大，则导水性强，有利于岩溶向深度方向发展。扭性断层的破碎带一般阻水，但影响带岩体破碎强烈，往往富水性也很强。

张扭性断层是由张性兼扭性产生的断层，断层特征以张性为主，也有扭性的特点。因而张裂程度较大，破碎带物质多为较松散的角砾岩，孔隙率高，富水性优于扭裂面。

压扭性断层是由压性兼扭性形成的断层，其特征以压性为主，兼有扭性的特点，其开裂程度小于扭性裂面，破碎带物质较细，因而富水性应较扭性裂面差。但压扭性断层的影响带节理裂隙发育，岩体破碎，尤其是断层旁边的岩石受强烈牵引或分支断裂发育时，其富水范围也很广。锦屏山区压扭性断层比较发育，如 F_2 断层（棉纱湾-安砂坪断层）、F_5 断层（拉沙沟－一碗水断层）等。

锦屏山大河湾地区主要地质构造为褶皱和区域性断层。该区褶皱、断裂构造发育，构造形迹主要受白垩纪末四川运动 NWW-SEE 向强烈挤压作用的影响，形成一系列规模较大（跨越东、西雅砻江，长轴方向延伸大于 100km）、轴向 NNE 向、向南倾伏的紧密复式褶皱和断层（图 4.5），将该区的可溶岩层白山组和盐塘组推挤成产状近于直立或倒转的褶曲，东、西雅砻江即在此向斜的两翼顺岩层走向发育。向斜北端收敛，南端散开，因此雅砻江在大河湾一带的平面形态就形成北端窄南端宽的河间地块及走向为 NNE 向的高陡倾角压性或压扭性断层，并伴随有 NWW 向的张性或张扭性断层。岩层陡倾，其走向与主构造线基本一致。锦屏山断层和青纳断裂、民胜乡断层是该区的主要断层。两条区域性断层顺锦屏山脉走向（亦顺向斜轴面方向）将此河间山体切割，形成东西方向的山体平分态势，那么河间地块中部长条形的碳酸盐岩陡立岩层岩溶发育的主导方向将只能是顺向斜的轴面方向、顺岩层层面方向、顺控制性断层的走向。沿青纳断裂、民胜乡断层发育的老庄子泉、磨房沟泉和泸宁泉即为顺构造导水的结果。

图 4.5　锦屏二级水电站工程区地质构造纲要图

从地表地质调查统计可以看出，岩溶大泉、洼地、溶蚀裂隙等岩溶形态多数沿断层带及其交汇地带发育；长探洞揭露的岩溶形态中，除沿层面发育以外，其余几乎都沿 NE—NEE 向、NW—NWW 向断层和裂隙发育，说明断裂构造是控制本区岩溶发育的最主要因素。引水隧洞所揭露的岩溶形态中，除沿层面发育以外，其余几乎都沿 NE—NEE 向、NW—NWW 向的断层和裂隙发育，也说明了断裂构造是控制本区岩溶发育的最主要因素，且倾角以中、陡倾角为主。此外，区内与大型褶皱伴生且垂直于褶皱构造的横张裂隙（NWW 向），对纵向的含水岩体和导水构造起到了横向沟通作用，大水沟勘探长探洞中的多处涌水即与 NWW 向构造裂隙有关，该组裂隙对工程区岩溶水文地质条件有一定的控制作用。

4.1.2.2　新构造运动对岩溶发育的影响

新构造运动系指新近纪以来的构造运动，属喜马拉雅运动的中后期，它的发生和发展与人类的生产、生活关系最为密切。我国是世界上新构造运动最强烈的国家之一，其最突出的特点是：西部地区隆升和东部地区沉降形成西高东低的地势，这种格局又影响和决定着我国大陆的气候、植被、古人类、古文化以至现代经济、文化的发展。新构造运动主要表现为升降运动，有时也表现为水平运动。新构造运动和当代构造运动有各式各样的表现，在山区常常表现为强烈的上升带与下降带相毗连。升降运动表现最强烈的山区主要是现代高山区，局部地区上升速度每年可达 5 ~ 12cm。平原地区的新构造运动主要表现为大面积缓慢地下沉降和隆起。新近纪和第四纪的垂直运动幅度不超过 0.3 ~ 0.4cm。

一切地质作用，都表现为地表所形成的地貌及其作用的产物——堆积物。在岩溶地区，地表风化、剥蚀（溶蚀、侵蚀）、搬运、沉积，配合了它的主导作用——新构造运动，造成各种地貌形态，而在地下形成各级溶洞及各式落水洞、漏斗、深潭等。新构造运动使得地壳不断隆起，地下潜水面则相对下降，原来的横向发育层改为向下垂直发育，水的横向循环带下移，上层暗河、伏流、溶蚀谷的水被袭夺，最后直至干涸，而地表地貌的发展亦有一定的相对应：河谷重新下切，峡谷深陷逐渐形成，河漫滩上升为阶地。

锦屏二级水电站工程区位于雅砻江大河湾之间的河间地块，碳酸盐岩广布。新生代以来，受印度板块向欧亚板块俯冲作用的影响，青藏高原及其周边地区整体抬升，致使工程区地壳运动以均衡上升为主，河流强烈下切，侵蚀、剥蚀和冰蚀作用强烈，形成了以侵蚀-剥蚀地貌为主体，并发育岩溶地貌和冰蚀地貌的地貌格局。

锦屏山以近 SN 向展布于大河湾范围内，山势雄厚，重峦叠嶂，沟谷深切，主体山峰高程在4000m 以上，最高峰4488m，最大高差达 3000m 以上；组成分水岭的最高山脊多呈尖棱状、梳状的峰丛；分水岭两侧地形不对称，东侧宽而缓，西侧窄而陡；山麓和冲沟内多见崩塌堆积物及倒石堆，在沟口形成冲积堆。雅砻江在工程区内常水位水面宽 70 ~ 100m。洼里水面高程约 1650m，大水沟水面高程约 1326m，河床坡降大，水流湍急。河谷呈 "V" 形，沿岸一级支沟大多与雅砻江近于直交，且沟谷密度大，两岸高耸，切割较深，多属终年有水流或间歇性干谷，二级支沟多为干沟。各级支沟多见十几米至数十米的瀑布或干悬谷，沟谷纵剖面的上、下游较陡，中游较平缓，呈阶梯状变化。

工程区地貌形态千姿百态，既有侵蚀、剥蚀地貌景观，也有溶蚀、冰蚀地貌景观。碳酸盐岩组成的山体俊俏挺拔，尖峰毕露；碎屑岩组成的山体雄厚平缓，两者地貌景观有明显差别。在缓坡地段分布的胶结良好的新生界角砾岩中，可见发育较好的溶洞、岩房、岩柱、朝天洞和天生桥等溶蚀地貌。冰蚀地貌仅见于锦屏山海拔 3500m 以上的山峰，如在 II 级夷平面以上局部可见冰斗、悬谷状槽谷和带清晰冰蚀刻痕的漂砾。总之，各种地貌形态成层叠置，反映出本区长期稳定上升型的地貌特征。区内间歇性均衡上升运动表现的主要迹象有：广泛分布的三级夷平面和断续分布的数级阶地，保存比较完整的有洼里七级阶地和里庄六级阶地。

1）夷平面发育特征

夷平面是指各种夷平作用形成的陆地平面，包括准平原、山麓平原、风化剥蚀平原和高寒夷平作用形成的平原等。夷平作用是外营力作用于起伏的地表，使其削高填洼逐渐变为平面的作用，它是由剥蚀作用、流水侵蚀作用、磨蚀作用等共同构成，致力于趋向侵蚀基准。夷平面只能发育在一定的地质时期，这个时期是地壳长期相对稳定的阶段，这样夷平作用才能广泛地发生和产生效果。夷平面的形成是一个漫长而复杂的过程，影响其形成的主要因素有前期大地构造、侵蚀基准面、气候、岩性、时间、后期构造运动等。一个夷平面就代表一个时代，是地貌学上最好的"地层"标志。每一个夷平面反映着一个相对静止的阶段，至少是上升阶段中一个相对较长的稳定时期。

前期大地构造是夷平面形成的基础，它直接影响夷平面发育的时间和程度。如果前期地壳抬升很高，则同一种外力对同一地区（即除构造外其他条件都相同）的夷平作用将更加迅速，单位时间夷平（剥蚀）物质的量更大，但并非所有抬升高的地区达到侵蚀基准面的时间就比抬升低的地区短。地貌发育是具有承袭性的，前期的大地构造就像先天的"遗传因素"，它给出了未来夷平面发育的范围，具体的结果如何还要看后天的"环境因素"及外营力作用。

后期构造运动通常会改变夷平面的原始状态，不利于夷平面的保存。由于地壳抬升和水准面的下降都会使夷平面遭到切割，夷平面的面积大大减小，会在山顶残留一小部分，形成齐顶山峰。断裂、褶皱、掀斜都会引起夷平面的变形。断裂使夷平面沿断裂面发生差异性抬升，除了形成陡崖以外，还有层状地貌产生；褶皱和掀斜主要是使夷平面不再水平。如果后期地壳比较平静，则有利于夷平面的保存。

在雅砻江大河湾地区，地壳运动在均衡上升过程中，仍有数次相对间歇停顿期，从而形成了Ⅰ级（高程4000m）、Ⅱ级（高程3000m）、Ⅲ级（高程2200m）三级主要夷平面，如图2.3所示。

（1）Ⅰ级夷平面：在本区表现为锦屏山主体分水岭一系列等高的山峰顶面，在其旁边可见冰斗、角峰、槽谷及峰丛地貌，为侵蚀、溶蚀和冰蚀的综合结果，在区内石笋沟岩子、黑山里、海洼山等地均可见到，具有较大的区域性。盐源地区北面火炉山高程4000m的夷平面至今残留有细粒的、全部为石英成分的河流相砾石。从区域对比来看，它是横断山系统夷平面的一部分，形成于古近纪，雅砻江大河湾还未出现。图4.6为Ⅰ级夷平面。

图4.6　远景为高程4000m左右夷平面，近景为残留峰丛地貌

（2）Ⅱ级夷平面：Ⅱ级夷平面主要分布在锦屏山主峰两侧，高程 3000m 左右，构成雅砻江河谷最高谷肩。区内以西部的邱家梁子、印坝子、拉波梁子、保斯伙普梁子、宝石山梁子以及东部的黄瓜坪子等地为代表。由于支沟切割，形成了本区次一级的近 EW 向分水岭或等高的山顶面，范围广、发育好、保存亦较完整。本级夷平面在砂岩、板岩地段风化盖层较厚，其内有河流相石英砾石及红土，在碳酸盐岩地段仅在低洼地方堆积有角砾岩。基岩中岩溶现象在Ⅱ级夷平面以上最发育。其前缘可见到较多的冰斗地貌，并具有清楚的冰川刻痕的漂砾，悬谷状槽谷。其形成于中新世，雅砻江大河湾仅具雏形。图 4.7 为Ⅱ级夷平面。

图 4.7　联合乡瓦厂山顶地形平台——高程 3000m 左右夷平面行迹之一

（3）Ⅲ级夷平面：Ⅲ级夷平面表现为沿雅砻江分布的最低一级谷肩，高程 2200m 左右。盖层堆积物为粉砂壤土或巨厚的钙质胶结的角砾岩。岩溶形态在Ⅲ级夷平面高程亦较发育，有溶蚀斜井、洼地与岩溶大泉等。雅砻江沟谷在此级谷肩之下为"V"形峡谷，该级夷平面形成于上新世，雅砻江大河湾基本成形，对该高程中的钙板、钙质土、石钟乳等进行铀系法绝对年龄测定，为 12 万年左右。图 4.8 为Ⅲ级夷平面。

图 4.8　健美一带高程 2200m 左右的红土堆积

2）河谷阶地发育特征

河谷阶地，就是由于河床的下切作用而形成的阶地，大部分河流由于水流的冲刷作用，河床是不断下切的，就会在河床与河的两岸形成类似阶梯状的阶地。阶地的形成基本上经历了两个阶段：首先是在一个相当稳定的大地构造环境下，河流以侧蚀或堆积作用为主，形成宽广的河谷；然后地壳上升、河流下切，于是便形成阶地。地壳稳定一段时间后，再次上升，便又形成另一级阶地。一般地壳上升越强烈的地区，阶地越高。

河谷阶地的形成主要受构造运动和气候变化的影响，其中主要受控于构造运动。地壳上升，河床纵比降增加，河流以下切为主，即形成"V"形河谷，原来的河漫滩变成河谷两侧的阶地；当地壳相对稳定时，河流以侧向侵蚀为主，形成"U"形河谷，此时形成河漫滩。不同的抬升方式，对河流演化有不同的作用。均匀的垂直抬升运动，使河流下切，原来的河漫滩变成河谷两侧的阶地；掀斜式抬升运动，使河流向相对沉降的一侧移动，而在相对抬升的一侧形成阶地。气候变化对河谷阶地形成主要起辅助作用。气候湿润时，雨量增加，从而使河流流量增加，则河流侵蚀作用就加强；气候干燥时，雨量减少，使河流流量减少，则河流侵蚀作用就减弱。

雅砻江大河湾地区的现代地貌是在喜马拉雅运动塑造的构造山地的基础上演化而来的。根据区内地形地貌特征，可将雅砻江河谷地貌演化史大致分为 3 个发展时期，即准平原期、宽谷期和峡谷期：①准平原期，古近纪–新近纪晚期区内为一向东缓倾斜的掀斜面（海拔 1000m），是古近纪–新近纪不均匀抬升和上新世地壳相对稳定时准平原化的产物，广泛发育残积物，现在区内保存的 I 级夷平面就是上新世准平原被抬升、解体而成的，上升幅度为 2000～3000m。②宽谷期，进入更新世，随着青藏高原的抬升和川滇菱形断块向东挤出，区域上出现断陷的内陆盆地（如西昌–渡口盆地）。由于断陷盆地的基底与西部山地高差并不大，在新近纪游荡性河流的基础上发育宽谷。区内 3000～3200m 有一次停顿，形成脊肩。由于宽谷期下切速度慢、河流纵比降小，早更新世以细砾、砂及黏土为主，这一时期一直持续到中更新世中期，谷底构成区内 2100～2200m 的 II 级夷平面。③峡谷期，中更新世晚期开始进入峡谷期，开始下切速率较慢，并有三次低速期，在中更新世晚期，形成六级和七级阶地。

雅砻江两岸阶地零星发育，保存较好的有西雅砻江的洼里阶地、东雅砻江的里庄阶地，发育 6～7 级阶地，其特征如图 4.9 和表 4.12 所示。

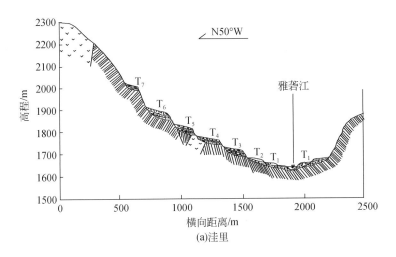

(a)洼里

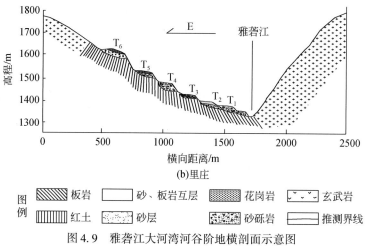

图 4.9　雅砻江大河湾河谷阶地横剖面示意图

图例　▨ 板岩　□ 砂、板岩互层　▦ 花岗岩　⌁ 玄武岩
　　　▥ 红土　⌇ 砂层　⊡ 砂砾岩　▬ 推测界线

表 4.12　里庄六级阶地和洼里七级阶地的各级阶地的特征

级数	里庄六级阶地（江水面高程 1350m）				洼里七级阶地（江水面高程 1650m）			
	高程/m	高出水面/m	阶地类型	盖层堆积物特征	高程/m	高出水面/m	阶地类型	盖层堆积物特征
VII					2020	370	基座	砂砾石层
VI	1595~1600	245~250	基座	表层为黄褐色黏土层掩盖，可见有一定程度胶结的砂卵石层，卵砾石的磨圆度较好，砾石外壳呈强风化	1900~1920	250~270	基座	自上而下为壤土夹碎石砾石层、粉砂层及砂砾石层
V	1530~1535	180~185	基座	表层为黏土层，其下为砂砾石层，有一定的原始倾斜度，产状SN—N20°E，E—SE∠10°~20°，本层之下为角砾岩，厚度不详	1820~1840	170~190	基座	自上而下为淡绿色、灰白色壤土夹碎石砾石层、粉砂及砂砾石层，本阶地受人工破坏及冲沟切割较严重
IV	1470~1485	120~135	基座	粉土-黏土层，其间偶含砾石层，土层成黄绿色，微层理发育	1770~1790	120~140	基座	自上而下为角砾岩、壤土夹碎石砾石层、砂砾石层
III	1420~1440	70~90	基座	细粉砂层及黏土	1720~1725	70~75	基座	自上而下为角砾岩及壤土夹碎石砾石层、粉砂及砂砾石层

级数	里庄六级阶地（江水面高程 1350m）				洼里七级阶地（江水面高程 1650m）			
	高程/m	高出水面/m	阶地类型	盖层堆积物特征	高程/m	高出水面/m	阶地类型	盖层堆积物特征
Ⅱ	1380 ~ 1400	30 ~ 50	基座	上部为灰黄色粉、细砂层，层理平缓清晰，疏松状，厚 10 ~ 15m；下部为砂卵石层，厚 5 ~ 10m，层理产状 SN—N10° ~ 20°E，E—SE∠16°	1685 ~ 1695	35 ~ 45	基座	自上面下为碎石层、砂砾石层
Ⅰ	1363 ~ 1370	13 ~ 20	基座	由砂（卵）砾石层组成，其下与雅砻江岸相毗连，后缘与Ⅱ级阶地相连接，界面产状 N8° ~ 10°E，NW∠80° ~ 85°	1665 ~ 1670	15 ~ 20	内叠	砂卵砾石层

T_6、T_5 阶地皆发育红土、红土砾石层，且自地面向下红土含量减少，含砂量增多，颜色由棕红色变为黄红色，系原冲积物经湿热化作用的残积物，与以红土化为特征的炳草岗组沉积相一致，形成于中更新世。位于其上的 T_7 阶地形成于早更新世晚期。在本区雅砻江下游桐子林河段，T_2 阶地与河床下部沉积物为距今 2.3 万 ~ 1.0 万年的河湖相沉积层，形成时代为晚更新世晚期。位于其上的 T_4、T_3 阶地形成于晚更新世早、中期。T_1 阶地则形成于全新世。

3）新构造运动的上升幅度与速率

根据区内夷平面与河谷阶地的高程和形成时代，得出本区新构造运动的上升幅度和速率。以里庄 T_1 ~ T_6 阶地与其附近牙谷台子 T_7 阶地为例，计算成果见表 4.13。

4）夷平面、河谷阶地与本区裂点发育的关系

锦屏二级水电站工程区夷平面、河谷阶地与本区沟谷内裂点发育的对应关系如图 4.10 所示。从该图可以看出，东、西部沟谷内裂点发育具有区域性特点，尤其是 2200m 和 2400m 高程附近区域性特点很强，无差异性运动，为整体性间歇性抬升的结果。东部沟谷的裂点比西部发育，这与地层岩性的制约有关。雅砻江河谷阶地与其同高程的裂点难以对比，这与地壳抬升和雅砻江下切速度快及后期地表水冲刷破坏有关。据四川省地质矿产勘查开发局区域地质调查队资料，新生代上升了 2300 ~ 2600m，如此快速上升很难形成完整的裂点。

表 4.13　新构造运动中夷平面和各级阶地的上升幅度和速率

夷平面与阶地级序	高程/m	高差/m	形成时代	上升幅度/m	上升速度/(mm/a)
夷平面 Ⅰ	4000		古近系	1000	0.077
夷平面 Ⅱ	3000	1000	中新世	800	0.092
夷平面 Ⅲ	2200	800	上新世	460~480	0.18
阶地 T_7	1720~1740	460~480	早更新世晚期	200~210	0.34~0.36
阶地 T_6	1595~1600	120~145	中更新世	130	0.93
阶地 T_5	1530~1535	60~70			
阶地 T_4	1470~1485	45~65	晚更新世		
阶地 T_3	1420~1440	30~65			
阶地 T_2	1380~1400	20~60		20	1.9
阶地 T_1	1363~1370	10~37	全新世		

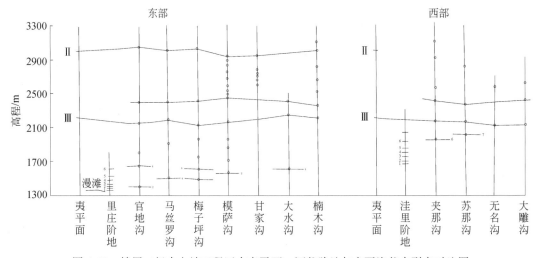

图 4.10　锦屏二级水电站工程区内夷平面、河谷阶地与主要沟谷内裂点对比图

本区夷平面、河谷阶地发育与岩溶发育有密切关系。本区的新构造运动决定了地下水的排泄基准面，并造就了近代的岩溶发育程度。Ⅰ、Ⅱ级夷平面高程带上有较多的中、小岩溶泉和小型地表岩溶形态发育；Ⅲ级夷平面和阶地发育的高程带上地表岩溶形态相对较少，这主要是由于本区在第四纪以来地壳急剧上升和雅砻江快速下切，区内仅有短暂的相对稳定期，而来不及形成典型的岩溶形态。

4.1.3　地下水动力条件

碳酸盐岩地区地表水和地下水的运动也是岩溶发育的必要条件。水对可溶性岩石进行溶蚀、侵蚀破坏作用时，必须有水的运动及交替作用。岩溶地下水的动态因地而异，主要取决于岩石的透水程度、补给条件和排水条件。在河谷岩溶区，水动力条件主要取决于河谷岩溶水文地质结构和地表水与地下水的相互作用。按河水和地下水的补排关系，将河谷岩溶水动力类型划分为五种类型，见表 4.14。

表 4.14　河谷岩溶水动力类型（邹成杰，1994）

型号	河谷水动力类型	水动力特征	形成条件	实例
I	补给型	两岸地下水补给河水	本河谷就是当地或区域的最低排水基准面；本河谷的岩溶层不延伸到邻谷；两岸有地下水分水岭	乌江渡、天生桥、猫跳河大部分河段、隔河岩等
II	补排型	河流的一侧地下水补给河水，另一侧确是河水补给地下，向下游或是邻谷排泄	一侧有地下水分水岭；另一侧有岩溶层延伸到低邻谷，且无地下水分水岭	黄河万家寨河段、贵州红岩电站库首、云南绿水河等
III	补排交替型	洪水期，地下水补给河水；枯水期，河水从一侧或两侧补给地下水，向外排泄	两岸和河床基岩岩溶发育，且有近期发育岩溶管道通往本河段更低的排水基准面；本河段地下水位变动幅度大，洪水期为补给型河谷、枯水期为排泄型	篆长河高桥河段、南斯拉夫特例比什尼察河下游河段
IV	排泄型	河水从两岸向外排泄，补给地下水	两侧有低邻谷，并有岩溶层延伸分布，且无地下水分水岭；两岸有强岩溶带或岩溶管道顺河通向下游，地下水位低于河水位	怒江明子山水库、窄巷口电站水库
V	悬托型	河床处地下水位埋藏在河床以下深处；地下水与河水完全脱离分开，两者无直接水力联系	河床基岩岩溶发育，透水性强；岩溶地下水的排泄基准面低；河床表层透水性弱，此种类型多见于高原河谷	云贵高原，水槽子河段罗平大河湾子河段。山陕高原、漆水河羊毛湾等

在岩溶化厚均质石灰岩地区，岩溶水动力剖面一般可分为 4 个垂直带，如图 4.11 所示。

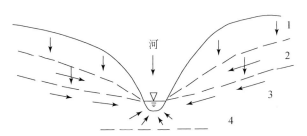

图 4.11　岩溶水动力剖面垂直分带示意图
1. 垂直渗入带；2. 季节变动带；3. 水平流动带；4. 深部缓流带

（1）垂直渗入带。也叫垂直渗流带，此带位于地表以下、丰水期最高潜水面以上的充气带。该渗入带平时含水较少，降雨或融雪是其主要的水流来源。水流主要是沿着岩层中的垂直裂隙和管道向下运动，遇到局部的近似水平的隔水层或水平孔道，也会做局部水平流动，在岩体中形成含水透镜体，或在谷坡上形成悬挂泉。但大部分岩溶水则一直渗流到潜水面，汇入地下形成地下水。垂直渗入带发育的岩溶，以垂直形态为主，如石芽、溶沟、漏斗、洼地、竖井和落水洞等。

（2）季节变动带。又叫过渡带或交替带。由于潜水面是随季节而升降的，特别在季风气候区，升降幅度更大，因此在垂直渗入带与水平流动带之间存在一个过渡带。在过渡带里，地下水的水平流动和垂直流动周期性的交替，因此在垂直和水平方向岩溶形态均有发育，常发育落水洞泉和间歇性泉。该带下部地下水交替快、流量大，可发育较大的通道、溶洞和间歇性暗河（枯水期断流）。

（3）水平流动带。也叫饱水带。此带的上限是枯水期的最低潜水面，下限要比河水面或河床底部低得多。在这个带中，几乎常年有水，是地下水的循环带。水主要沿水平方向流动，而且往往是成层流动。水平流动带因常年有水，而且岩溶地下水流动交换快，特别是它的上层，还有河水倒灌的混合溶蚀作用，所以在上层发育大型水平通道、廊道、溶洞和暗河。在河床底部常发育不均一的高倾角的地下水管道和通道。

（4）深部缓流带。在水平流动带之下，岩溶化岩层仍然是饱水的，不过由于深部岩层中地下水运动受排泄基准面的影响很小，运动、交替极为缓慢，因此岩溶作用也非常微弱。该带地下水的流动方向主要受地质构造情况所决定，具有承压性，不流入本地区主排河道，而极缓慢地流向远处。岩溶发育程度微弱，以溶孔和溶蚀裂隙为主。

在这4个岩溶水动力带内，水的交替程度及岩溶形态发育特征各不相同，表现出垂直分带的现象。岩溶地下水的垂直分带不但受气候的影响，同时受地壳运动的影响显著。随着地壳的上升或下降，垂直入渗带、季节变动带和水平流动带之间可能会发生转变。因此在研究岩溶发育时，必须和古气候的变迁、气候的变动及地貌的发育联系起来。有时在岩溶尚未形成统一地下水面的厚层灰岩区域内，裂隙岩溶水可单独自成系统，这加强了岩溶垂直分带的复杂性。

雅砻江沿江地带地下水的季节变动带埋深为50～240m，浅层潜水带埋深为240～540m，由于岩层透水性强、弱相间分布，因此有"悬托"类型。沿江地带的正常排泄带埋深为800～1160m，深循环带上部埋深1550～1800m，接受Ⅰ单元（图2.7）上部岩溶地下水顺坡下泄的补给。深循环带下部埋深为1800～2130m，与Ⅰ单元岩溶地下水有一定的直接水力联系。季节变动带位于工程区地下水最高水位和最低水位之间，水平距离为40～800m，其厚度可达数十米至600m左右。受雨季影响地下水位于高水面时，该带上升进入上部的包气带内，水分充满包气带内的岩溶孔隙，当雨季过后，地面来水消失，该带水面迅速回落到地下稳定潜水面。因此，该带水面随季节变化而涨落频繁，故溶蚀作用较为强烈，溶洞、溶蚀宽缝、溶穴和溶孔等岩溶形态均有不同程度发育。但据辅助隧洞、引水隧洞所揭示的地下水深循环带岩溶发育的情况来看，深部岩溶总体发育微弱，以溶隙和溶孔为主。

水文地质条件和岩溶发育程度之间有明显的回馈效应，即溶蚀裂隙或地下水径流、排泄通道一旦形成，将主要在其基础上发展、扩大，而在其周边一定范围内不太可能形成大的岩溶裂隙或地下水径流通道。在雅砻江大河湾地区，工程区属于裸露型深切河谷高山岩溶区，可视为一相对独立的岩溶水文地质系统。区内以裂隙-溶隙大理岩岩溶含水介质为主，包气带-饱水带上部岩溶及岩溶水具有一般岩溶发育的特征，而深部岩溶发育与岩溶水的活动主要分布在受断裂和可溶岩与非可溶岩分界面控制的部位。受地质构造等因素的控制形成的沿 NNE 向主构造线与横向（NEE 向、NWW 向）张-张扭性断裂交叉网络系统，加之褶皱紧密、地层陡倾，这在很大程度上控制了地下水的富集和运移。自新生代以来，该区地壳大幅度抬升、河流深切，水文网不断变化，与之相适应的岩溶垂向发育始终占主导地位。

雅砻江大河湾河间地块地下水排泄的趋势方向主要是向两侧河谷排泄。中部 I 区的厚层连续型强岩溶化含水层组由于西侧隔水层的封闭、东侧不完善隔水层的阻隔，在切割至基准面高程 2100m 左右，形成了磨房沟泉（2174m）和老庄子泉群（2130～2170m），为主要排泄口的高位排泄。同时也是隧洞开挖前山体地下水的主要排泄通道，滞缓了岩溶水向更低高程处的径流排泄，抑制了可溶岩在引水隧洞所在高程的深部岩溶的溶蚀速度。雅砻江大河湾地区的岩溶深部循环主要是纵向的（顺主要构造线方向），表现最突出的是磨房沟泉（区内最大的岩溶上升泉），由于磨房沟泉顺青纳断裂发育，也可称为断层泉，岩溶水从溶蚀裂隙扩大而成的缝状溶洞中向上翻滚涌出，枯期流量 2.58m³/s，雨季最大流量达 17m³/s，滞后降雨 30 天，水温 10.59℃，低于气温。这些现象均表明泉水的补给来源远、循环深。

该区岩溶水动力条件的特点是水头高、压力大，同时存在雅砻江低高程排泄基准面。区域性越域补给深循环水和当地高山入渗水流，除了顺构造和岩层层面向深部低处运移排泄于雅砻江（岸边或河水面以下）之外，由于横向排泄通道的不畅通性，一部分水流向上部压力低处循环，在适当的高程露出地表是完全有可能的（图 4.12）。老庄子 1 号钻孔反映出来的水文地质信息亦证实了深部循环的水向上部运移的事实。该钻孔孔口高程 2160.31m，钻孔深 450m，岩层倾角约 80°，穿过岩层的真实厚度 50m，分别于孔深 22～31m 和 350～370m 处揭露了上下两个富水段，其单位涌水量分别为 56.94L/(min·m²) 和 323.4L/(min·m²)，岩体渗透系数分别为 4.461m/d 和 21.309m/d，正好能说明问题的是下富水段水位高于上富水段水位 0.4～1.5m。不但说明了深循环的存在，而且反映出深部水可以向浅部运动。高程 2000m 以下的压力饱水带，由于地下水排泄不畅，径流缓慢，岩溶发育微弱，以溶隙、溶孔为主。工程区存在部分来自非碳酸盐岩地区的外源水汇入，尤其是西端，外源水的溶蚀能力比流经碳酸盐岩地区的本源水溶蚀能力强的多，这是西端岩溶发育较为强烈的原因之一。

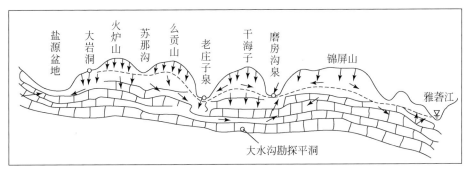

图 4.12　岩溶水顺层深循环模型示意图

4.1.4　其他影响因素

除了上述介绍的岩溶发育的两个最基本条件：岩石的可溶性和透水性、水的溶蚀作用和流动性外，还有一些自然因素也是岩溶发育的重要影响条件，如气候、土壤、植被、地貌等。

4.1.4.1　气候对岩溶发育的影响

气候是影响岩溶发育的一项重要影响条件，降水、蒸发、温度都对可溶性岩石的溶蚀有着重要作用。地表和地下岩溶的发育直接受降水量多少的影响，如果蒸发量过高，则降水对可溶性岩石的溶蚀作用将会减弱，特别是减弱水向地下的渗透和地下岩溶的发育。

气温对岩溶作用也有影响，近年来大量试验表明：从单因子分析，若单纯考虑水对碳酸钙的溶解，则温度对岩溶发育为正影响；而考虑 CO_2 在水中溶解和碳酸的形成及其对碳酸钙的溶解，则温度应为负影响。但从地球系统科学考虑，气温对植被、细菌及土壤空气中 CO_2 含量有重要的影响，因此，其对岩溶作用的正影响，就整体来看，远远超过了上述单因子的负影响。在各种气候带内均有岩溶发育，甚至在永久冻结地区也有岩溶发育，但各气候带内岩溶的发育速度、发育部位和发育特征却大不相同。

在低温条件下，岩溶发育过程很缓慢，这时水的溶蚀力和溶蚀反应速度都比较小。降雪、融雪、降水强度等对渗透条件都有很大的影响。积雪和融雪引起渗透条件的不均匀性，从而影响到岩溶作用的不均匀性，但随着温度的升高，岩溶作用也相应增强。

降水的多少不仅影响水的渗透条件和水的运动交替，而且雨水通过空气和土壤层，含有游离 CO_2，能使岩溶作用大大加强。比较我国温带、亚热带和热带气候的年平均气温，温带多在 15℃ 以上，亚热带为 15～20℃，热带在 20℃ 以上。对年降水量，温带多在 800mm 以下，亚热带为 800～1500mm，热带在 1500mm 以上。因此，就气候条件来看，热带岩溶最发育，且地表、地下岩溶都很发育。亚热带地表、地下岩溶也很发育，但发育程度和规模与热带相比相差甚远。温带只有地下发育管道式岩溶，地表岩溶发育不明显。

雅砻江大河湾地区气候垂直分带十分明显，4000m 高程以上多常年积雪，冰蚀和溶蚀作用强烈；3000～4000m 高程多季节性积雪；2000～3000m 高程为温暖和冰寒交替带；2000m 高程以下气候温暖，据锦屏山工程区三个气象站长期观测，年降水量的高山效应显著。东雅砻江河谷地带的年平均降水量为 863mm，最高气温为 39℃，最低气温为 -2.7℃，多年平均气温为 18℃。由于本地区所处的自然地理环境和区域地质环境的特殊性，区域岩溶发育总体程度较弱。

4.1.4.2　地下水温度对岩溶发育的影响

地下水温度对岩溶发育有重要影响。岩溶发育是由于可溶性岩石被溶蚀，所以具有溶蚀能力的水是不可或缺的条件，而水的溶蚀能力取决于其中酸性物质的含量，主要是水中 CO_2 的含量。一般情况下，水中 CO_2 含量越高，水的溶蚀能力越强。在一定条件下，CO_2 在水中的溶解度随温度的升高而减小，所以地下水的温度影响着岩溶的发育程度。

雅砻江大河湾地区主体山峰高程在 4000m 以上，最高峰 4488m，最大高差达 3000m 以上，地下水主要接受高山降雪入渗补给。由于地形下切深度不断加大和区域气候演变，该区形成了从雅砻江河谷至锦屏山分水岭地带的气候分带，寒带岩溶与亚热带岩溶并存，且水化学环境温度普遍较低，常年水温在 8 ~ 16.6℃ 变化，属于冷水类型；随着高程的增加，岩溶水温度降低，在海拔 3200m 以上属于极冷水类型。磨房沟泉和老庄子泉是该地区主要的地下水排泄通道，其年平均水温分别为 10.1℃ 和 11.0℃，年变幅为 3℃ 和 4.7℃。依据长探洞（PD_2）的水温：最高水温为 19℃，最低水温为 10.8℃，洞内平均水温为 13.0℃，也属于冷水类型。通过主要的排泄通道和探洞揭露的水温信息，可以推断该地区地下水温度偏低是岩溶发育微弱的重要原因。

4.1.4.3　低温高压条件下碳酸盐岩的溶蚀特征

低温高压环境是雅砻江大河湾地区岩溶发育的一个重要气候条件，现通过低温高压溶蚀试验来研究其对该地区岩溶发育的影响。

1）低温高压渗流条件下的溶蚀试验

如果地下水在地下岩层中存在渗流过程，当含有 CO_2 的地下水流渗透过碳酸盐岩地层时，岩溶过程就必定发生，碳酸盐岩地层中就必然出现溶蚀现象。为此，设计并制造出以下试验装置，用以构造地下深部的高压水渗透条件和模拟低温高压状态下碳酸盐岩块内部的溶蚀过程，如图 4.13 所示。

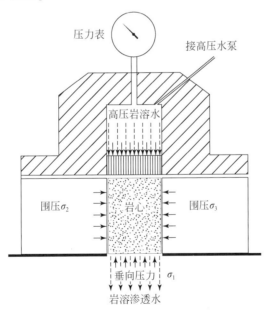

图 4.13　低温高压溶蚀试验装置示意图

试验在特制的 KXS-2005 多功能岩石试验机上进行，具体的试验条件和参数如下：①岩溶水按工程区地表面的水化学特征进行配制。考虑到地表水通过表层土壤后渗入碳酸盐岩地层的实际情况，试验用水中的 CO_2 含量为 0.08% ~ 0.1%；②岩心试件尺寸为直径 50mm、高 20mm；③岩心垂向压力（σ），分别为 30MPa、40MPa 和 50MPa；④岩心围压

（$\sigma_2 = \sigma_3$），分别为 15MPa、25MPa 和 35MPa；⑤岩溶水压分别为 10MPa、20MPa 和 30MPa；⑥温度为25℃；⑦每一试件上机试验时间 8h。

本试验揭示了两个事实：工程区内碳酸盐岩地层岩块的透水性极弱，地下水主要通过地层内部的裂隙和溶孔、溶洞或廊道流动；工程区内的碳酸盐岩块内部未能发生岩溶过程，地下深部的岩溶作用仅沿碳酸盐地层内部的次生结构表面和地层层面发生。

2）低温高压空腔内的溶蚀试验及溶蚀速率推算

设计依据：碳酸盐岩地层内部的岩溶水在承压条件下沿着次生结构面或溶隙、溶洞流动，那么，具有一定压力的岩溶水就必然会对碳酸盐岩地层中的裂隙结构和溶隙、溶洞表面产生溶蚀作用。据此，可以构造一个高压空腔，将碳酸盐岩试片放入空腔内，让空腔内承压岩溶水接触碳酸盐岩块试片的表面去模拟地下深处碳酸盐岩层中溶隙、溶洞内的岩溶过程（图4.14）。

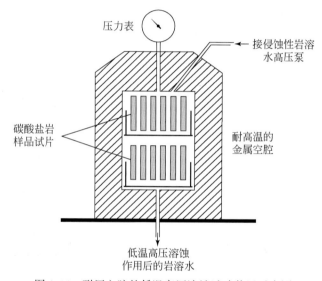

图4.14　耐压空腔的低温高压溶蚀试验装置示意图

试验同样在 KXS-2005 多功能岩石试验机上进行，具体的试验条件和试验参数如下：①侵蚀性岩溶水的化学特征与试验一中的第一条参数相同；②碳酸盐岩样品试片的尺寸为直径50mm，厚30mm，试片表面积为 43.982cm²；③空腔内岩溶水的承压分别为10MPa、20MPa 和 30MPa；④温度分别为 25℃ 和 10℃；⑤侵蚀性岩溶水经过高压泵注入空腔的速率约为14mL/min；⑥试片在空腔内进行溶蚀试验历时约6h。

因高水压环境中岩石试片的含水率较大，故先将试片置于10MPa 高压水空腔内2h，使其达到过饱和含水率后取出称重，再按温度20℃，水压分别为10MPa、20MPa 和 30MPa；温度10℃，水压分别为 10MPa、20MPa 和 30MPa 的温压条件分 6 次按序进行。10℃的低温条件采用冰块堆置高压腔周围的方法实现。试验开始后，将空腔内的水压升至设计要求后，按设计速率连续不停地注入高压侵蚀性岩溶水约6h。每次试验完成后，为防止烘烤和试片表面擦水破坏表层的溶蚀微形态，需将从高压空腔中取出的试片置放在气温25℃的无气流环境中，经2h让试片表面水分消失后，采用千分之一电子天平称重，得出每次溶蚀试验后的溶蚀量，其试验结果见表 4.15。溶蚀试验后的碳酸盐岩试片经目测可见试片表面由磨床加工的光泽消失，再置于放大镜下可见试片表面有围绕难溶矿物颗粒周围的细微溶凹或溶痕出现。

表 4.15　常温和低温高压溶蚀试验测试成果

样品编号	地层年代	试片编号	饱和含水率的试片质量/g	常温（20℃）			低温（10℃）		
				10MPa	20MPa	30MPa	10MPa	20MPa	30MPa
1	T_2y^6	1	15.828	15.826	15.825	15.822	15.819	15.818	15.816
		2	15.769	15.761	15.755	15.750	15.749	15.747	15.746
		3	15.481	15.478	15.473	15.469	15.468	15.466	15.464
2	T_2y^{5-2}	4	15.631	15.627	15.624	15.622	15.620	15.619	15.618
		5	15.647	15.643	15.638	15.633	15.631	15.631	15.631
		6	16.066	16.065	16.064	16.062	16.061	16.061	16.061
3	T_2y^{5-1}	7	15.945	15.939	15.935	15.933	15.932	15.930	15.928
		8	15.929	15.927	15.925	15.924	15.923	15.923	15.922
4	T_2y^4	9	16.168	16.161	16.155	16.150	16.150	16.147	16.145
		10	16.630	16.621	16.613	16.606	16.603	16.601	16.600
		11	15.521	15.515	15.509	15.507	15.505	15.502	15.500
5	T_2y^4	12	15.978	15.976	15.973	15.969	1.967	15.963	15.959
		13	16.243	16.241	16.239	16.233	16.230	16.228	16.226
		14	16.467	16.463	16.457	16.452	16.448	16.442	16.439
6	T_2y^{5-1}	15	15.922	16.917	15.910	15.904	15.903	15.901	15.897
		16	15.623	15.619	15.616	15.614	15.613	15.613	15.613
7	T_2b	17	15.818	15.814	15.799	15.794	15.793	15.792	15.790
		18	15.885	15.880	15.879	15.878	15.877	15.876	15.875
		19	15.831	115.82	15.813	15.811	15.810	15.806	15.802
8	T_2z	20	15.402	15.396	15.391	15.390	15.389	15.388	15.387
		21	15.655	15.650	15.644	15.642	15.640	15.639	15.638
		22	15.583	15.578	15.571	15.563	15.561	15.560	15.559
9	T_2z	23	15.812	15.805	15.799	15.798	15.796	15.795	15.793
		24	15.394	15.391	15.389	15.387	15.386	15.385	15.384
10	T_2b	25	15.582	15.576	15.573	15.572	15.4569	15.568	15.566
		26	15.720	15.716	15.712	15.710	15.709	15.707	15.706
11	T_2b	27	16.235	16.232	16.228	16.226	16.225	16.224	16.222
		28	16.206	16.200	16.196	16.194	16.191	16.188	16.185
12	T_2z	29	15.535	15.533	15.530	115.527	15.525	15.524	15.523
		30	15.587	15.584	15.581	15.578	15.575	15.572	15.571

　　现用溶蚀速率作为反映溶蚀速度快慢的指标。溶蚀速率是指在一定的溶蚀环境和时间内，单位碳酸盐岩表面被溶蚀的碳酸盐岩岩石数量及其深度。在本试验中，结合锦屏二级水电站工程区的需要，仅对水温10℃和水压10MPa、20MPa、30MPa条件下的溶蚀速率进行推算。

　　根据本次试验条件和有关规范，溶蚀速率 C 的推算采用该样品试片的平均值，其基本单位是由侵蚀性高承压岩溶水经6h缓慢流过后，单位碳酸盐岩石表面产生溶侵蚀量和溶蚀深度。12 个碳酸盐岩地层样品的溶蚀速率 C 见表4.16。经计算，锦屏二级水电站工程区碳酸盐岩地层在温度10℃的低温，岩溶水压为10MPa的环境条件下，其平均溶蚀速率 C 为21.323mm/ka；水压为20MPa的环境条件下，其平均溶蚀速率 C 为20.871mm/ka；其中，10℃及10MPa 条件下，T_2y^4 的平均溶蚀速率 C 为27.485mm/ka、T_2y^{5-1} 为 12.131mm/ka、T_2y^{5-2} 为20.381mm/ka、T_2y^6 为20.119mm/ka、T_2b 为19.971mm/ka、T_2z 为25.438mm/ka，以 T_2z 的溶蚀速率最大、T_2y^{5-1} 的溶蚀速率最小。

表 4.16　工程区主要碳酸盐岩地层在低温高压条件下的溶蚀速率

地层代号		T_2y^4	T_2y^{5-1}	T_2y^{5-2}	T_2y^6	T_2b	T_2z	平均溶蚀速率/(mm/ka)
溶蚀速率/(mm/ka)	温度（10℃）、水压10MPa	19.812～35.157（27.485）	12.084～12.178（12.131）	20.381	20.119	12.128～24.207（19.971）	20.878～30.952（25.438）	21.323
	温度（10℃）、水压20MPa	31.696～46.880（39.288）	12.084～12.178（12.131）	12.232	20.119	18.148～24.251（21.993）	12.241～24.762（16.431）	20.871

注：最小值～最大值（平均值）

　　3）溶蚀速率检验

　　袁道先（1993）建议溶蚀速率的计算公式为

$$C = \frac{M_{地表} \cdot R_{地表} + M_{地下} \cdot R_{地下}}{10\rho \cdot n} \tag{4.1}$$

式中，C 为溶蚀速度，$m^3/(km^2 \cdot a)$；$M_{地表}$、$M_{地下}$ 分别为地表水和地下水的碳酸盐岩溶蚀模量，mg/L；$R_{地表}$、$R_{地下}$ 分别为地表水和地下水的年均径流深度，dm；ρ 为碳酸盐岩的平均密度，g/cm^3；n 为碳酸盐岩所占的面积百分比。

　　可见地表以下的溶蚀平均速率应为

$$C_{地下} = \frac{M_{地下} \cdot R_{地下}}{10\rho \cdot n} \tag{4.2}$$

　　根据"锦屏二级水电站预可行性研究阶段岩溶水文地质研究专题报告"中的有关数据，工程区内的年平均地下水径流深度 R 为 4.4dm，地下水对碳酸盐岩的溶蚀模数 $M_{地下}$ 为122mg/L。考虑到大气降水是同地表沟水和地表层土壤水混合后再渗入地下，因此工程区地面渗入地下碳酸盐岩地层中的水矿化度含量应取大气降水与地表沟水矿化度的平均值，而地下水的矿化度含量则应取探洞水矿化度的平均值为宜，二者之间的差值则为工程区地下水的碳酸盐岩溶蚀模数值。碳酸盐岩的密度 ρ 取 2.7g/cm³，由于是地下岩溶过程，故碳酸盐岩的出露面积所占百分比为 100%。将上述数据代入式 (4.2)，经计算得出工程区地下碳酸盐岩的溶蚀速率 C 为 19.88mm/ka。

另外，碳酸盐岩溶蚀速率 C 与降雨量 R 的幂函数经验计算公式 (袁道先，1993) 为

$$C = 0.0079R^{1.23} \tag{4.3}$$

如果将地下水的径流量 $R_{地下}$ 看作是地下的降雨量，那么就可以利用式 (4.3) 来推算碳酸盐岩地层深部的溶蚀速率 $C_{地下}$。现以工程区中的磨房沟泉域为例。磨房沟泉域地下水的入渗率为 0.463，年均降雨量取磨房沟泉平均地理高程 (3745m) 补给量为 1537.32mm (为考虑高山效应观测平均值)，下渗量则为 745.6mm。现将地下径流量 $R_{地下}$ 引入式 (4.3)，经计算，得出工程区磨房沟泉域的地下径流量幂函数计算公式的溶蚀速率 C 为 26.97mm/ka。

对比上述三种地下岩溶蚀速率的计算值可见，由低温高压溶蚀试验的推求值同由式 (4.2) 的计算值很接近，分别为 21.32mm/ka 和 19.88mm/ka，两者相差仅 1.44mm/ka；而采用式 (4.3) 的推算值则为 26.97mm/ka，这同上述计算值相差 7mm/ka 左右。究其原因，式 (4.3) 过于简单，考虑的因素不足，而式 (4.2) 在考虑地下径流溶蚀特征的基础上，还考虑了地下溶蚀模量和岩石密度，其物理化学意义较为合理。因此，式 (4.2) 计算值和试验推求值是较为符合实际的。从工程安全角度考虑，采用由低温高压溶蚀试验推算的溶蚀速率 C 为 21.323mm/ka (10℃，10MPa) 和 20.871mm/ka (10℃，20MPa) 为宜。其中，10℃ 及 10MPa 条件下，对平均溶蚀速率 C，T_2y^4 为 27.485mm/ka、T_2y^{5-1} 为 12.131 mm/ka、T_2y^{5-2} 为 20.381 mm/ka、T_2y^6 为 20.119mm/ka、T_2b 为 19.971mm/ka、T_2z 为 25.438mm/ka，以 T_2z 的溶蚀速率最大、T_2y^{5-1} 的溶蚀速率最小。

4) 工程区低温高压条件下的溶蚀特征

由低温高压溶蚀试验研究成果可知，工程区碳酸盐岩的溶蚀特征如下：

(1) 锦屏二级水电站工程区位于高山峡谷地带，土壤植被发育欠佳，大量的碳酸盐岩地层裸露地面，大气降水未能通过地表植被和土壤补充到较多 CO_2。因此，渗入地下碳酸盐岩地层的岩溶水中 CO_2 含量较低，工程区碳酸盐岩地层深部的岩溶作用较为微弱。

(2) 根据低温高压溶蚀试验结果和有关公式计算，工程区地下碳酸盐岩的溶蚀速率 C 较低，仅为 20mm/ka 左右，这同我国南方岩溶地区的溶蚀速率 C 相比，其值要低 1.5~3 倍 (广西、湖南、云南、湖北等地区的溶蚀速率达 51~85mm/ka)。

(3) 低温高压溶蚀试验显示，在水温 10℃、水压分别为 10MPa 和 20MPa 的条件下，溶蚀速率 C 并没有显著的差异。其原因可能是在这种压力条件下，其压力作用到水中的 H^+ 和 HCO_3^- 上时，因离子尺寸十分微小，压力分散作用到离子上时已微不足道，难以影响 Ca^{2+} 和 HCO_3^-、H^+ 的化学动量。

4.2　岩溶发育与演化规律

在岩溶发育地区，可溶性岩石在溶蚀性水流的作用下会形成各种典型的地表和地下地貌形态，这些典型的地貌形态称为岩溶形态，如溶洞、溶孔、溶隙、岩溶盆地、岩溶干谷、岩溶大泉、石芽、天生桥、峰林等。根据各种岩溶形态的分布位置和出露于地表的情

况，可将岩溶形态分为地表岩溶形态和地下岩溶形态。虽然分为上述两种形态，但是它们彼此是相互依存，密切联系的，如地表岩溶漏斗和地下落水洞之间由于水流的作用，联系比较紧密。受地层岩性、地质构造、地下水动力条件、岩层组合等因素的影响，不同的高程和区域往往分布着不同的岩溶形态。而这些不同的岩溶形态分布，同时反映出了一定的岩溶分布规律，包括水平方向的分布规律和垂直方向的分布规律等。

4.2.1　岩溶形态

雅砻江大河湾地区相对高差大，地形坡度陡，区内褶皱构造十分发育，总体上表现为向南倾伏的紧密状复式向斜。由于褶皱轴向南倾伏过程中发生波状起伏，形成轴部马鞍状构造。该构造部位地形起伏大，负地形部位多见岩溶洼地，出露岩溶大泉，在岩溶水文地质条件上具有显著的差异性。区内断裂构造十分发育，岩溶主要沿断裂破碎带发育，尤其是地质力学属性的张性−张扭性结构面的断裂及断裂构造的交汇部位。溶岩呈 NNE 向条带状分布，地下水主要沿层面方向运动，排泄于横切岩层的雅砻江一级支沟中。因而岩溶通常顺层面发育，尤其在可溶岩与非可溶岩接触带之间发育顺层岩溶化带。区内 NWW 向陡倾角裂隙特别发育，岩溶常沿该组裂隙发育，溶蚀裂隙是本区分布最广的岩溶形态，也是主要的输水通道。

该区地表岩溶形态主要为深切的岩溶干谷、岩溶大泉及尖棱状山脊，还有一些发育较微弱的典型岩溶形态如岩溶洼地、漏斗等，再加上少数石芽和天生桥零星分布。地下岩溶形态主要有朝天井、岩溶斜井、溶孔、溶蚀裂隙等。还有部分组合岩溶形态包括岩溶斜坡沟谷、峰丛（岭丘）槽谷、高原岩溶−溶（岭）丘槽谷、峰丛洼地、岩溶台（盆）地、岩溶峡谷等。

4.2.1.1　地表岩溶形态

1）岩溶干谷

因地壳上升，侵蚀基准面下降或河流袭夺等原因，地面河转为地下暗河，在地表遗留下干涸的河道，谷底较平坦，并有漏斗、落水洞分布，常覆盖有松散堆积物。由于近期一些地区上升运动强烈，干谷高悬于近代深切的峡谷之上称为岩溶悬谷。有时由于河流发生地下裁弯取直的现象，而使地表原来弯曲的河段变为干谷。

干谷大部分分布在较强岩溶化的大理岩中，可分为季节性干谷和常年性干谷。如松林坪沟上段、甘家沟和落水洞沟末段和楠木沟等都有干谷、半干谷段。模萨沟和磨房沟在工程施工过程中，因泉水干枯也变为季节性岩溶干谷。

有些干谷上游在非可溶岩与较强岩溶化大理岩交界处，见有溶蚀裂隙集中吸水的现象，如在苏那沟可见非可溶岩与岩溶化大理岩交界处有溶蚀裂隙集中吸水现象，吸水量每秒数十升至数百升，在该处可见大量溶蚀裂隙和朝天井群。干谷谷底一般都被大理岩块石堆积，仅在个别跌水地段有基岩出露。

2）岩溶大泉

岩溶泉实际上就是地表流出的天然露头。按成因岩溶泉可分为以下 4 种：①垂直渗入带的间歇泉及悬挂泉，主要在饱水带以上的饱气带发育，该类泉与实际含水层没有联系，不能反映岩溶水目前的动态。②季节变动带的落水洞泉，该类泉主要受季节的影响，变化较大，在洪水期向上涌水形成喷泉，平水时，主要起消水作用。③水平径流带的涌泉、溶洞泉、溶隙泉，主要靠位于岩溶侵蚀基准面以上的水平含水层补给。④深部循环带的潭、海底泉及涌泉，主要靠位于含水层下部或深饱水带的水补给。

雅砻江大河湾地区岩溶大泉主要受构造和岩性控制，如沿民胜乡断层附近发育的老庄子泉（流量为 0.7～10.0m³/s，出露高程 2130～2170m）、磨房沟泉（流量为 2.58～17m³/s，出露高程 2174m）和泸宁泉（流量为 0.1～2m³/s，出露高程 2280m），均发育于白山组大理岩的东侧边界。三股水泉沿 NNE 向断层发育于白山组大理岩临江陡崖之下，出露高程 1468～1455m，枯水期流量为 1.0m³/s，丰水期流量达 20.0m³/s。沃底泉（流量为 0.7～5m³/s，年均流量为 1.2m³/s，出露高程 1950～2400m）出露于白山组大理岩和砂板岩交界附近砂板岩一侧，随枯洪季节变化，泉水出露点也随之变化。大水沟探洞（高程 1300m）中多次发生涌水，是沿顺层面裂隙或 NWW 向裂隙呈高水头大压力形式涌出，洞深 2845.5m 处的特大涌水瞬时最大流量达 4.91m³/s，半月后降至 2.0m³/s 左右，雨季回升达 3.0m³/s，一个水文年后，长期稳定流量保持在 2.0m³/s。该涌水洞段为岩溶发育强度弱于白山组大理岩的盐塘组地层。磨房沟泉和老庄子泉应该属于垂直渗入带泉，因为东、西雅砻江水面高程（1250～1635m）与两个大泉的高程至少相差 600m，大泉出水口在江水面以上很高处。图 4.15 和图 4.16 分别为磨房沟泉在枯水期和丰水期的水流情形。

图 4.15　磨房沟泉枯水期水流（1990 年 3 月 30 日）

图 4.16　磨房沟泉丰水期水流（1990 年 6 月 10 日）

　　三股水大泉由于其出露高程和雅砻江东西方向的水面高程相差不是很大，而且出现过季节性干枯，应该属于季节变动带泉。图4.17和图4.18分别为三股水泉在枯水期和丰水期的水流情形。

图4.17　三股水之第一股泉枯水期水流（1990年3月28日）

图4.18　三股水之第一股泉丰水期水流（1989年10月下旬）

　　3）石芽与溶沟
　　石芽是地表水沿碳酸盐岩表面裂隙溶蚀所成沟槽间的脊状岩体，也是岩溶地貌中地表形态的一种，是地表可溶性岩体受地表水的长期溶蚀作用而形成的，地表露出顶端尖、下部粗的锥形岩体，又称"石笋"。由于地表岩溶作用，石灰岩表层溶沟发育，纵横交错的溶沟之间多残留石芽（图4.19）。溶沟与石芽是共生的，在坡度较大的地面上，水流沿着地面的倾斜方向流动形成彼此平行的石芽溶沟，在平缓的斜坡上则纵横交错，凹凸不平。这种溶蚀的正负地形又可分为下列三种类型：①山脊式石芽溶沟，主要在岩层很厚、倾角很小、质地较纯的石灰岩上发育。厚层石灰岩往往不发育，流水沿自然坡面溶蚀，石芽成脊状。②长垣状石芽溶沟，又称车轨状石芽溶沟，深达10余米，彼此平行，或以一定角度相交。石芽呈平直长垣状。这种长垣状的石芽溶沟，都是由化学溶解作用和冲蚀扩大节理所形成的。③棋盘状石芽溶沟，石灰岩倾角很小，有两组垂直裂隙互相交切，溶蚀循此进行，把岩石切成棋盘状的菱形石块，彼此以底宽壁陡的交叉溶沟相分隔。

图 4.19　周家坪一带的石芽

小片石芽见于干海子北坡 3900～4000m、周家坪 1550～1600m 等处，呈浑圆状，其间溶沟、溶槽宽 20～40cm，深 20～50cm，形成于土壤覆盖层之下，由入渗地表水沿土壤层和基岩界面作用而成。另一类石芽分布在分水岭山脊和岩坡上，受大气降水和风化营力长期作用而形成，其形状为破碎的尖棱状，如天仙配梁子以西高程 4000m 左右的周家坪一带发育尖棱状石芽。两类石芽在形态和成因上都有所区别，其分布也无明显的规律。

4）天生桥

暗河的顶板崩塌后留下的部分顶板，两端与地面连接而中间悬空的桥状地形，称为天生桥。大河湾地区的天生桥为溶蚀穿洞，形似拱桥，一般分布在 3400m 高程以上。另一类为角砾岩天生桥，其基座为基岩，拱桥为第四纪角砾岩，此类天生桥在工程区南部 2100m 高程和楠木沟有发育。具体分布见表 4.17。图 4.20 为楠木沟左岸的天生桥。

表 4.17　雅砻江大河湾天生桥分布

岩溶形态	高程/m	位置	特征
天生桥	4280	干海子	发育于白山组大理岩的基岩陡壁上
	3950	鸡纳店北侧	发育于白山组大理岩山峰陡壁上，为基岩穿山洞
	3750	牦牛棚子沟西侧	发育于中三叠统大理岩峰丛上，为基岩穿山洞，其规模为 0.5m²
	3450	草坪子沟	发育于残留峰丛悬谷上
	2850	石官山沟	发育于沟底洪积砾石内，钙质胶结，规模为 2m×2m
	2050	楠木沟	拱桥为钙质胶结角砾岩，其基座为灰色中细晶大理岩

图 4.20　近代角砾岩中发育的天生桥

5) 落水洞、消水洞

落水洞是地表水流入地下暗河的主要通道，它是由流水沿裂隙进行溶蚀，机械侵蚀作用及塌陷而成的。开始裂隙扩大，引入大量的地表水，由于管道狭窄，当流速较大时，水中携带的岩屑对管壁进行强烈的磨蚀，使地下通道不断扩大，顶板发生崩塌，形成落水洞。它分布于溶蚀洼地和岩溶沟谷的底部，也分布在斜坡上。按其深度及断面变化分为缝隙状落水洞、竖井状落水洞及深渊等。雅砻江大河湾地区落水洞主要位于宽缓沟谷的下端，主要为裂隙状，系构造裂隙发育而成，其下部与地下岩溶通道相连，排泄地表水。在干海子北侧 3800m 和 3900m 两处高程处发育落水洞。图 4.21 为苏那沟洼地西侧某落水洞，苏那沟水全部流入该落水洞中，洪水期吸入量为 $3 \sim 5 m^3/s$。

图 4.21　苏那沟洼地某落水洞

　　消水洞是落水洞的一种特殊形式，主要沿断层裂隙发育而成，与地下溶蚀裂隙相通，为地表水的入口之一。

　　6）洼地和漏斗

　　由于岩溶作用产生的封闭洼地，四周为低山丘陵和峰丛所包围。一般形态上，溶蚀洼地的底部较平坦，覆盖着松散堆积物，可种植作物。漏斗主要是由于地下的岩溶水不断作用，扩大地下坑道或溶洞，以及地下水位的降低，使这些坑道或溶洞的顶部发生崩塌和塌陷。这种塌陷造成的漏斗可能与地下水通道保持一定的联系。具有土层覆盖的岩溶，较易发育成塌陷漏斗。按漏斗形成的主要因素可将漏斗分为溶蚀漏斗、渗透漏斗、潜蚀漏斗、溶解–雪蚀漏斗。

　　岩溶洼地在本区不甚发育，仅见非典型的雏形洼地，沿断层交汇处或岩性界面处发育，如三坪子洼地，受多组断层控制，面积200m×1000m；泸宁洼地属于接触型，面积300m×100m，洼地内见两个岩溶塌陷坑；海子洼地，面积80m×50m（图4.22），梅子坪沟在此切入中大理岩带，洼地垭口高出落水洞2～3m，由大理岩块石和黏土组成。落水洞为裂隙状消水洞和块石堆，均处于近EW向横张断裂带内。枯水季节，来自上游的地表水全部吸入分散的落水洞；洪水季节，由于来水排泄不及而积水成湖，占据整个洼地。部分通过垭口附近的落水洞大量排泄到梅子坪沟下游，最大流量达1m³/s。阿查扣底洼地，发育于两条宽缓沟谷交汇地段［图4.23（a）］，面积50m×100m（两个洼地总和）。洼地垭口高出落水洞3～5m，垭口以下为深切峡谷。来自上游的沟水全部潜入三个落水洞，洪水期总吸水量达1m³/s。苏那洼地，位于苏那沟宽缓沟谷下端，高程2670m，面积180m×90m［图4.23（b）］，洼地垭口高出落水洞20～30m，垭口以西（下游）为深切峡谷。主要洼地的详细介绍见表4.18。

　　洼地状漏斗是一种岩溶负地形，主要发育于3000m高程以上的白山组大理岩，常呈近圆形，直径数十米至数百米，底部常发育有近垂直的溶蚀裂隙或溶蚀孔道，与深部岩溶系统相通，为地下水的入水口。

图4.22　海子洼地，高程2510m

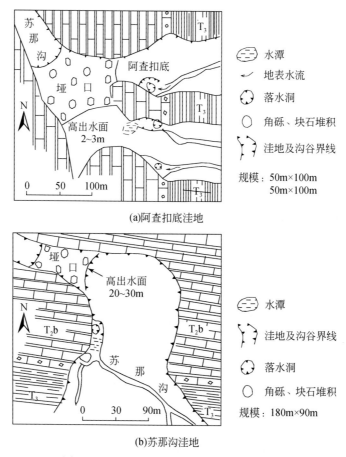

(a)阿查扣底洼地

(b)苏那沟洼地

图4.23　阿查扣底洼地和苏那沟洼地示意图

表4.18　大河湾地区主要洼地形态

岩溶形态	高程/m	位置	特征
泸宁洼地	2680	泸宁大校场	洼地面积300m×100m，发育于青纳断层带东盘，表层为红土堆积。洼地内发育两个落水洞，为岩溶塌陷形成
海子洼地	2510	梅子坪沟上游	洼地面积80m×250m，发育有三个裂隙状落水洞。枯水季节来自上游的水全部吸入落水洞，洪水季节来水渲泄不急积水成湖
甘家沟洼地	2350	甘家沟鸡纳店沟沟口	发育两个呈珠状排列，为角砾岩堆积体经水流切割溶塌而成，平面近椭圆形，面积分别为30m×16m、深7~12m，100m×60m、深5~7m
阿查扣底洼地	3400	阿查扣底沟	面积50m×100m的两个，洼地有三个落水洞。来自上游的沟水全部潜入洼地的落水洞内
三坪子洼地	2050	三坪子	洼地有堆积物覆盖，落水洞沟的来水在洼地上游消失于砂砾岩中，洼地面积200m×1000m

4.2.1.2　地下岩溶形态

1）朝天井

朝天井由三个部分组成：①溶洞，通常底部为崩石堆积，也有卵石堆积，洞壁常有钙华和石钟乳，高、宽、深为数米至数十米不等；②近垂直通道，形如竖井和斜井，入口在溶洞顶部，通道向上方或斜上方延伸；③落水洞，大多发育在洞内壁脚下，向斜下方延伸，由于崩石等覆盖，往往见不到敞开的洞口。朝天井是雅砻江大河湾地区较为广泛发育的一种岩溶形态，井径、深度为数十厘米至数十米不等。

朝天井是高山峡谷型岩溶具有代表性的一种形态，一般发育在岩溶化岩层接收集中的地表水补给地段，如砂岩、板岩区地表水集中补给大理岩的地段（落水洞沟上游）和干谷中支流汇入主沟地段（毛家沟左岸）。此种形态为前期地表水集中入渗的通道，后因为沟谷下切而出露地表。表4.19主要是该区的典型朝天井。图4.24为 T_2b 大理岩中高程2670m处苏那沟的溶蚀裂隙和朝天井群。

表4.19　工程区内典型朝天井的分布及特征

岩溶形态	高程/m	位置	特征
朝天井	3140	韭菜坪沟下游	溶洞高8m、宽5m、深5m，顺层面发育，岩性为条带状中细晶大理岩，洞内石钟乳、钙华较发育
	2970	毛家沟左岸	溶洞高10m、宽2m、深5m，洞壁有石钟乳、钙华堆积
	2960	偏岩房沟	沿层面发育
	2900	落水洞沟上游	溶洞高20m、宽10m、深10m，沿裂隙发育，洞顶朝天井直径约0.5m。洞内发育石钟乳、石笋，并有砾石堆积

图4.24　苏那沟朝天井群

2）岩溶斜井

岩溶斜井为溶洞式通道，发育在排泄地段。斜井由沟谷岸坡向山体内侧斜下方伸延，将岩溶水由深部引出，常成为大泉的出水通道，如老庄子斜井（图4.25），该井沿近SSN

向断裂发育，井口高程 2177.8m，斜井可见水平长度和垂直向深度均为 30 余米。

图 4.25　老庄子斜井深部景观

　　磨房沟斜井（图 4.26）是区内第一大泉磨房沟泉的出口，该斜井是以顺层发育为主的岩溶斜井，其可观测深度为 26m，成因与外侧泥质灰岩的阻隔有关，顺层向北查看，在不同高程可见已干涸的同类斜井发育，其中见有石钟乳、钙华等发育，底部堆积有大量泥沙。

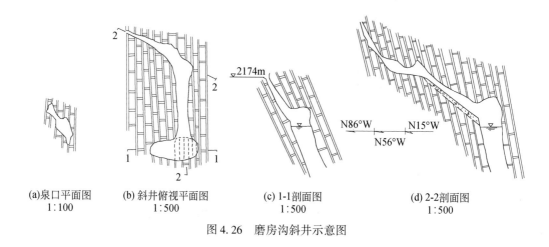

| (a)泉口平面图
1∶100 | (b) 斜井俯视平面图
1∶500 | (c) 1-1剖面图
1∶500 | (d) 2-2剖面图
1∶500 |

图 4.26　磨房沟斜井示意图

　　3）溶洞

　　溶洞是地下水沿着可溶性岩的层面、节理或裂隙、落水洞和竖井下渗而形成大小不一、形态多样的洞穴。起初这种下渗的水所造成的溶洞，彼此是孤立的，随着溶洞的不断扩大，水流不断集中，岩溶作用不断地进行，使孤立的洞穴逐渐沟通，许多小溶洞就合并成为大的溶洞系统。这时静水压力就可以在较大范围内起作用，形成一个统一的地下水面，在临近河谷处有出口。当地壳上升、河流下切、地下水面下降，洞穴脱离地下水，就成为干溶洞。洞内有各种碳酸钙的化学沉积物及其他洞穴堆积物。

溶洞一般有两种类型：一种是水平型溶洞。它是与侵蚀基准面相适应的溶洞，主要发育于饱水带内，位于地下水面附近，如广西桂林的七星岩，为地下廊道式的溶洞。另一种是垂直型溶洞，沿陡倾的石灰岩层面或垂直裂隙发育，常见于充气带和深饱水带内，如北京周口店猿人洞和山顶洞。

雅砻江大河湾地区在大部分支沟都发育有溶洞，发育高程从 1990 多米到 4000 多米。大部分都是顺层面、沿着节理或是在断裂破碎带发育。在大水沟高程 1920m 处，沿一组 N37°E，SE∠21°的缓倾角裂隙密集发育近 40 个，面积约 10m² 溶孔（洞），一般直径为 5～15cm，深 20～30cm，最大直径为 40cm，深 60cm。在干海子东北侧 4000m 高程处，沿层面发育一系列溶洞，有的呈串珠状排列，规模不大。在引水系统东端的盐塘组大理岩中，发现直径大于 10m 的大型溶洞有 5 个，占总数的 1.80%；中型溶洞（直径为 5～10m）有 7 个，占总数的 2.52%；小型溶洞（直径为 0.5～5m）有 68 个，占总数的 24.46%。在引水系统中部的白山组大理岩中，不发育大型溶洞；中型溶洞 4 个，占 0.47%；小型溶洞 14 个，占 1.63%。同样在引水系统西端的杂谷脑组大理岩中，发育 1 个直径大于 10m 的大型溶洞，占总数的 0.12%；中型溶洞（直径为 5～10m）有 4 个，占总数的 0.48%。

4）溶孔和溶隙

溶孔是指碳酸盐类矿物颗粒间的原生孔隙，解理等被渗流水溶蚀后，形成直径小于数厘米的小孔。主要发育在地下水比较集中的入渗和排泄地段，常呈串珠状或蜂窝状集中出现，如本区大水沟右岸海拔 1920m 处，在面积 10m² 范围内集中发育 40 个溶孔，直径为 5～15cm，深 20～30cm。如图 4.27 所示。

图 4.27　大水沟顺层面发育的溶孔和溶蚀裂隙

溶隙是水流沿碳酸盐岩节理裂隙渗流溶蚀扩大而成，其宽一般不到 50cm，长度为几米至几十米的长条形裂隙通道，有的后期被黏土、砂砾、碎石等充填。其密集带常有地下水活动，充填物多呈流塑状态。本区，在铜厂沟，高程 2490m 处发育一条长 50cm，宽

25cm，深度大于 1m 的溶隙或溶蚀宽缝。据钻孔和探洞揭露，地下深部岩溶也以溶隙发育为主，其张开度一般为 1～10cm，局部集中呈带发育。据大水沟长探洞的统计：地下深部溶隙主要是沿 NWW 向、NEE 向和 NNE 向三组结构面发育，构成垂向岩溶化带。如图 4.28 所示，在深埋引水系统附近的岩层也发现了各种数量不等的溶孔和溶隙：在引水系统西段杂谷脑组（T_2z）大理岩地层中，发育溶蚀宽缝（宽 0.5～2.5m）4 条，占总数的 3.96%，溶孔（<0.1m）31 条，占总数的 11.15%；在引水系统中部白山组大理岩层以溶蚀裂隙发育为主，占总数的 96.27%；在引水系统东部盐塘组大理岩层发育溶孔（<0.1m）643 条，占总数的 77.75%。整个引水系统发育的岩溶形态以溶孔和溶隙为主，是该地区的主要岩溶形态。

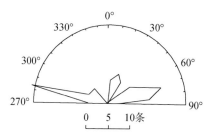

图 4.28　长探洞溶蚀裂隙走向玫瑰花图

4.2.1.3　组合岩溶形态

1）岩溶斜坡沟谷

斜坡沟谷是本区分布较为广泛的岩溶地貌单元，主要分布于雅砻江东、西河谷，宽 1～2km 地带；地面高程为 1600～2500m，坡降一般大于 25°，局部大于 60°或为陡壁。斜坡面上主要分布垂直雅砻江的平行沟谷和由流水溶蚀、侵蚀作用形成的浅切沟谷、长条形溶丘及少量石芽和落水洞，局部发育一定宽度的台面（如二坪子）、溶洞。降水多以地表径流形式沿沟谷汇入雅砻江（图 4.29）。

图 4.29　岩溶斜坡沟谷地貌（大水沟附近）

2）峰丛（岭丘）槽谷

峰丛（岭丘）槽谷位于锦屏山河谷斜坡与岩溶高原面过渡地带或沟谷下游，是本区主要的岩溶地貌类型。由溶蚀宽谷和峰丛或岭丘（局部岩溶发育较差，如磨房沟泉附近，峰丛表现为岭丘）组成。峰丛山体基部相连，顶部为圆锥状和浑圆馒头状，峰顶高程较接近（3000m 左右）。岩溶槽谷宽度多在 100m 以内，底部一般堆积较薄的松散层。区内的降水以径流的形式直接汇入槽谷，但沿槽谷不断下渗，并在强下渗带潜入地下，形成地下径流。

该类岩溶地貌主要受地形、岩性和构造控制。如西部大量出露 T_2z（杂谷脑组）大理岩地层，河流深切，或受下伏非碳酸盐岩地层（T_1）的阻水作用，有利于形成峰丛山体和切割不深的岩溶槽谷和洼地。典型的如落水洞、四坪子、楠木沟等地；在梅子坪沟谷下游（靠近东雅砻江、三股水泉）附近最为典型，局部可见典型的峰林地貌（图4.30）。

(a)梅子坪沟　　　　　　　　　　　　(b)落水洞沟

图 4.30　峰丛洼地、槽谷

3）高原岩溶–溶（岭）丘槽谷

溶（岭）丘槽谷主要分布于地形波状起伏的岩溶高原面上，属于典型的高原岩溶地貌。由溶蚀丘陵、岭丘与溶蚀谷组成。谷地宽缓，或微可见蝶形、长条形浅洼地，或较大的溶蚀坝子（如干海子、落水洞东侧的坝子等）；溶丘一般位于谷地两侧，或呈圆丘状，或呈丘岗（长条）状，丘峰呈浑圆的馒头状（个别槽谷，如甘家沟、模萨沟沟口，可见典型的孤立石峰），与谷地或洼地底部高差小。代表性的如梅子坪沟溶丘槽谷、甘家沟槽谷、干海子槽谷等（图4.31）。该地降水多以片流形式向槽谷或沟谷排泄，侵蚀作用较弱，以溶蚀为主，在谷底形成沟溪或季节性河流，在槽谷或洼地底部形成落水洞，或以分散渗漏方式入渗补给地下水，在地表形成岩溶干谷，如老庄子泉、干海子和楠木沟等。

4）峰丛洼地

峰丛洼地是斜坡岩溶地貌的主要类型。本区由于汇水面积有限，地下水以垂直运动为主，有利于形成峰丛和洼地。典型的峰丛洼地见于模萨沟沟口—三股水—梅子坪沟沟口一带，以及干海子坪、三坪子、松林坪沟上游、距三坪子上游约 1km 的落水洞一带（图

4.32）。

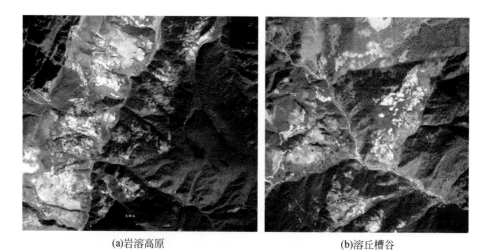

(a)岩溶高原　　　　　　　　　　　　(b)溶丘槽谷

图 4.31　高原岩溶-溶（岭）丘槽谷地貌

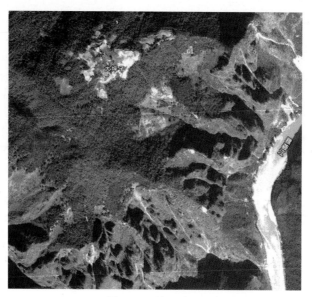

图 4.32　峰丛洼地

　　该类地区山体基部相连，呈锥状，局部为缓丘状山体。洼地底部一般堆积有厚度小于 2m 的第四系冲、洪积松散层。区内降水多经过片流形式直接汇入洼地，然后通过漏斗或落水洞补给地下水。该类岩溶地貌的形成除受岩性、构造因素外，主要与水动力条件有关，地表水系发育，地形切割强烈。

　　5）岩溶台（盆）地

　　调查区内典型岩溶台地如大坪子（高程 1650m）、二坪子（高程 1800m）、三坪子（高程 2100m）、四坪子（高程 2600m），以四坪子最为典型。岩溶台地是岩溶槽谷谷口部位发育的一个较为宽缓的台面，底部较平坦，向一端倾斜，略呈阶梯状下降，堆积较薄的松散沉积物。

　　6）岩溶峡谷

　　本区山峰主要是脊状峰，但有部分碳酸盐岩山体仍保留有过去岩溶化作用的形迹，山体近锥状，坡面圆缓，尚未受到后期物理剥蚀作用的强烈改造而得以保留。当后期侵蚀-剥蚀作用将这些溶峰或溶峰群深切分割后，即构成特殊的地貌组合形态——峰丛狭谷，成为区域岩溶环境变迁的极好证据。雅砻江流经本区时形成典型的高山峡谷地貌。河谷呈"V"形（图 4.33），常水位面宽 70～100m，河床坡降大，水流湍急。

(a)东雅砻江岩溶峡谷　　　　　　　　(b)模萨沟岩溶峡谷

图 4.33　"V"形河谷地貌

4.2.2　岩溶发育空间规律

4.2.2.1　岩溶层组类型规律

　　岩溶层组类型是指碳酸盐岩与非碳酸盐岩的区域沉积组合关系。雅砻江大河湾地区岩溶层组类型的划分主要考虑三个因素，即某一地层单元中碳酸盐岩的累计厚度、其中各段碳酸盐岩的连续沉积厚度及碳酸盐岩的岩石类型。划分结果见表 4.20，就区域可溶岩而言，岩性由不纯到纯，岩石类型由白云石大理岩（白云岩）到云质大理岩，再到大理岩（或石灰岩），可溶岩连续沉积厚度越大，对岩溶发育越有利。本区岩溶层组 T_2b、T_2y^5 和 T_2z 的岩溶比较发育。

表 4.20　岩溶层组类型划分一览表

系	统	组	代号		厚度/m		岩溶层组类型	
	上统		T_3		1400～2025		非可溶岩	
三叠系	中统	白山组	T_2b	T_2	750～2270	Δ150～700	纯连续型	纯连续型
		盐塘组	T_2y		2127～2535		纯-不纯间层型	
	下统		T_1		300～350		不纯夹层型	

续表

系	统	组	代号	厚度/m	岩溶层组类型
二叠系	上统		P₂	1750～2800	不纯夹层型
	下统	栖霞组—茅口组	P₁（q+m）	350～375	纯连续型
石炭泥盆系	中上统	黄龙组—马平组	C₂h+C₃m	1530	纯连续型
			C₁+D₃	750	非可溶岩

注：Δ 表示区内可见厚度

　　从表 4.21 可以看出，中三叠统白山组和盐塘组是两个纯连续性岩溶层组。盐塘组自下而上依次分为 6 层，而其中 T_2y^5 这一岩层的岩石属性为中厚—厚层状中粗晶大理岩，透水性很强，同时该层岩溶也很发育，对于白山组岩层为灰白色厚层大理岩，岩层透水性很强，岩溶也很发育。上述两个岩溶层组都位于大河湾锦屏山中部 I 水文地质单元，该单元也是较强岩溶发育区的代表，从而验证了上述两个岩层岩溶确实很发育。

表 4.21　中三叠统岩性和富水性一览表

系	统	组	代号	厚度/m	主要岩性		富水性
三叠系	上统		T₃	1400～2025	砂岩、板岩，偶夹薄层泥灰岩		很弱
	中统	白山组	T₂b	750～2270	灰白色厚层大理岩	灰白色厚层大理岩、角砾状大理岩、下部变为绿片岩和云母片岩等	强
		盐塘组	T₂y⁶	100～300	灰黑色含泥质灰岩		弱
			T₂y⁵	1000	中厚—厚层状中粗晶大理岩		强
			T₂y⁴	400	条带状云母大理岩		很弱
			T₂y³	60～175	灰白色中厚层大理岩		弱
			T₂y²	250	黑云角闪片岩夹薄层大理岩		很弱
			T₂y¹	310	中厚层大理岩，下部为泥质灰岩		中等

（厚度 Δ150～700，富水性列中等-弱 跨中统各行）

注：Δ 表示区内可见厚度

4.2.2.2　岩溶发育的平面分布规律

为了对工程区岩溶发育程度进行分级，通常可根据该地区岩溶现象、岩溶密度（每平方公里内的岩溶洞穴个数）、钻孔岩溶率（单位长度内溶隙、溶孔、溶洞所占长度的百分率）及暗河与泉的流量作为划分岩溶程度的指标，分为极强、强烈、中等及微弱 4 个等级，见表 4.22。

表 4.22　岩溶发育程度等级及其指标

岩溶发育程度	岩溶层组	岩溶现象	岩溶密度/（个/km²）	最大泉流量/（L/s）	钻孔岩溶率/%
极强	厚层块状石灰岩及白云质灰岩	地表及地下岩溶形态都很发育，地表有大型溶洞，地下有大规模暗河，以管道水为主	>15	>50	>10
强烈	中厚层石灰岩夹白云岩	地表溶洞、落水洞、漏斗、洼地密集，地下有较小暗河，以管道水为主兼有裂隙水	5~15	10~50	5~10
中等	中薄层石灰岩、白云岩与不纯碳酸盐岩成夹层、互层	地表有小型溶洞、漏斗、地下发育裂隙状暗河，以裂隙水为主	1~5	5~10	2~5
微弱	不纯碳酸盐岩与碎屑岩互层或夹层	以裂隙水为主，少数漏斗、落水洞和泉水，发育以裂隙水为主的多层含水层	0~1	<5	<2

岩溶发育的平面分布特征受控于地层岩性及其组合关系、地质构造、水动力条件、气候条件及新构造运动等因素，它们之间相互联系和制约。即使相同岩溶化区，因水动力条件不同，其岩溶发育深度和发育程度也不一样，如排泄区要比补给区的强。总体上，雅砻江地区岩溶发育程度较弱，而且发育的不均一性很明显。

根据碳酸盐岩的岩组划分、连续厚度、间互层组合及非可溶岩的分布情况，岩溶发育程度工程区可分为：较强岩溶化区（Ⅰ、Ⅱ区）、中等岩溶化区（Ⅴ、Ⅵ）区、弱岩溶化区（Ⅲ、Ⅳ区）及非岩溶化区等，如图 4.34 所示。

1）较强岩溶化区

（1）Ⅰ区：由中三叠统白山组（T_2b）组成，一条呈 NNE 走向的大理岩带，长约 59km，宽 3.5~8km，构成锦屏山主峰。从地质调查、勘探资料看，本区地下岩溶发育网络主要是规模不等、垂直或近垂直的顺层溶蚀裂隙和 NWW 向的张性溶蚀裂隙构成垂直或近于垂直的岩溶化网络。本区岩溶类型为寒带高山岩溶和亚热带高山岩溶并存，以裸露型为主。高程 3400m 以上，岩溶形态以溶沟、溶槽和小型溶洞、落水洞为主，其次为岩溶悬谷、不典型的天生桥；高程 3000m 左右，多见干谷、规模不大的溶洞和溶蚀裂隙宽缝；高程低于 3000m 的本区边缘部位，以干谷、小型洼地和岩溶大泉为主要特征。

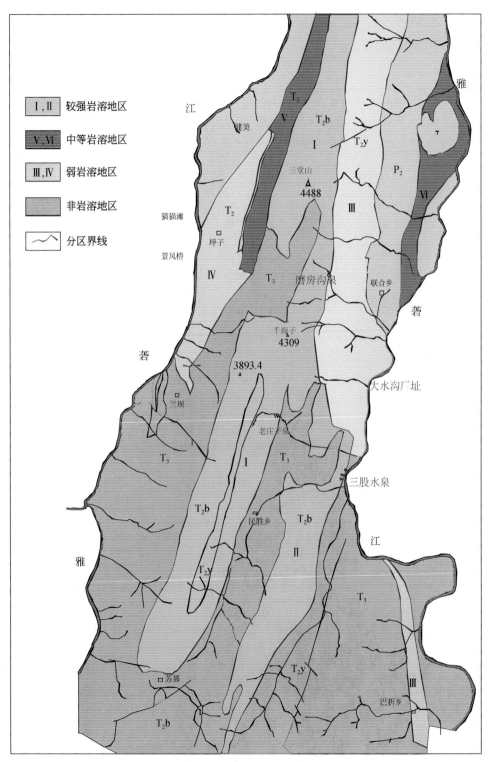

图 4.34　雅砻江大河湾地区岩溶发育程度分区图

（2）Ⅱ区：由较强岩溶化岩组——白山组大理岩构成，东西两侧及北部为弱-非可溶岩。本区岩溶为高山岩溶类型，也以裸露型为主。岩溶形态典型者不多，其南部可见溶沟、溶槽、石芽和少量朝天井。高程3000m左右，以岩溶悬谷、干谷为主；本区边缘部位出露一系列中小泉，在北端的东侧发育三股水泉。

2）中等岩溶化区

（1）Ⅴ区：位于工程区西北部，由中等岩溶化岩组三叠系大理岩组成，东侧与Ⅰ区直接相接，为统一的含水单元，西侧有非可溶岩层阻隔，与雅砻江无直接水力联系。本区地形高程均低于3500m，以亚热带高山岩溶为主。落水洞沟以北，地表岩溶相对发育，有洼地状漏斗、溶洞、消水洞和干谷；落水洞沟以南，地表岩溶不发育，仅见少量溶槽和岩溶角峰。

（2）Ⅵ区：位于工程区的东北部雅砻江边，为中等岩溶化岩组石炭系大理岩组成，东西两侧为非可溶岩条带分布，南、北两端濒临雅砻江，构成独立的中等岩溶化区。本区所见的岩溶现象不多，顺层或沿构造带发育一些小溶洞、溶孔和溶蚀裂隙。可溶岩层呈NNE向的狭长条带状分布。区内地形陡峻，地表径流、排泄条件较好，富水性相对较差，无大泉出露，雅砻江边陡壁偶见季节性泉水出露。

3）弱岩溶化区

（1）Ⅲ区：位于工程区东部的东雅砻江谷坡地带，为盐塘组地层（巴折一带部分白山组也暂列入该区内）。从岩层的组合形态来看，是中等岩溶化岩组与弱岩溶化岩组相间呈条带状分布，这种组合结构不利于岩溶发育。从大水沟长探洞揭示：本区岩溶总体不发育，主要表现为沿结构面发育的溶孔、呈串珠状排列和近垂向的溶蚀裂隙。溶孔和溶隙的个别最大直径为1～1.2m；一般情况仅为几厘米到几十厘米。沿东雅砻江谷坡较广布的第四纪角砾岩堆积缓坡台地中岩房十分发育，Ⅳ级和Ⅲ级阶地高程带上岩房发育规模较大，一般高5～10m、宽15～30m、深5～15m，常为当地百姓临时住地。

东端近岸坡地带岩溶主要沿NWW向陡倾角结构面发育，其次是沿层面陡倾角结构面溶蚀，再次是沿NE向中等倾角结构面发育。该区域局部岩溶相对较发育是由于位于地下水季节变动带附近，地下水循环速度快，是东端主要的地下水排泄通道，这一现象也验证了前期提出的第Ⅰ、Ⅲ水文地质单元在大水沟一带存在地下水渗流"窗口"的结论。

（2）Ⅳ区：位于工程区西部，地层为大理岩夹变质砂岩、绿帘石云母片岩等，这种组合结构不利于岩溶发育。岩溶发育在本区有明显的不均一性。落水洞沟以南，地形坡度大，有四条深切的雅砻江一级支沟分布，地表径流条件好，地表岩溶形态极少见，深部岩溶不发育。落水洞沟以北，地形切割较弱，岩溶发育程度相对较南部强，特别是三坪子落水洞一带，洼地、消水洞、溶蚀宽缝及干谷岩溶形态多见。通过对西部杂谷脑组大理岩调查，认为该区内岩溶发育程度总体微弱，不存在层状岩溶系统，具有较明显的垂直分带，即高程2900m以上岩溶较发育，2200～2900m高程带岩溶相对不甚发育，在高程2000m以下岩溶发育微弱，大多以沿结构面发育近垂直岩溶系统为主。出露于沿河底高程部位（景峰桥闸址）T_2z岩层经较大比例尺实测调查，属岩溶弱发育或是不发育区，在引水隧洞高程附近的岩溶形态以溶蚀裂隙为主，溶蚀裂隙发育密度很小；溶洞少，且规模不大。受T_1绿片岩等岩性控制，背斜的T_1-T_2z大理岩接触带岩溶相对较发育，岩溶管道以垂向发育为主。西侧与 T_1、T_3 砂岩，板岩接触界线处为岩溶较为发育区段。区内岩溶大部分沿 NWW—近 EW 向张性构造带、节理带发育，受构造、岩层产状、褶皱、断层和裂隙的控制，构造是岩溶发育的主控因素。另据锦屏一级水电站探洞揭露的 T_2z 大理岩表明，T_2z 大理岩岩溶发育微弱，以溶蚀裂隙为主，未揭露大规模的岩溶通道。T_2z 地层一般在侧区出露高程较高，除景峰桥一带沿江出露外，出露高程多在 2400m 以上；在景峰桥引水隧洞进水口右岸 T_2z-T_1 接触界线附近高程 2000m 处有一小泉，枯水期流量为 0.2L/s（2002 年 3 月 12 日），丰水期流量约为 2L/s；左岸高程 1650m T_2z^2/T_2z^3 大理岩岩层变化界线处有流量为 0.001L/s（2002 年 3 月 10 日）的小泉；进水口 PD_1 探洞内 T_2z^2 厚层角砾状、条带状大理岩内的 j19、j28 节理（洞深 24m、40m），产状为 N62°~70°W，NE∠65°~74°，节理面有轻挤，夹有挤压岩屑、挤压片状岩，延伸长，沿节理面有溶蚀现象，并发育有串珠状溶孔（直径为 5cm×12cm、8cm×4cm），其他多组节理均未见溶蚀现象；右岸马道及左岸坡 T_2z 地层中仅见三组走向 N60°~70°W 节理沿结理面有宽数毫米至数厘米溶隙，可见 T_2z 地层此高程范围仍属岩溶相对弱发育区。左岸坡泉水出露点与其南侧 T_2z^3 岩层中变质砂岩阻隔有关，右岸坡泉水出露点也与两侧砂岩（南侧 T_2z^3 层中变质砂岩，北侧 T_1 板岩、绿片岩）阻隔有关。

落水洞右支沟沿 T_1-T_2z 西侧界线往北，高程 2930m 岩壁沿 NE80°—NW65° 断层发育溶洞，呈串珠状产出，发育 8 个之多；松林坪沟及松林坪右支沟未见明显溶蚀现象；韭菜坪沟高程 3600~4000m 处发育溶洞，沿壁面 NW 向构造带发育有溶洞达 11 个；往北时官山沟、姑鲁沟和接兴沟 T_2z 岩体深部未见有较大规模的岩溶发育区带，仅见有少量沿构造面溶蚀现象。由此可见，上述地段 T_2z 地层深部岩溶不甚发育，西侧 T_1 砂岩阻隔及断层构造形成局部地段地下水富集，成为地下水活动通道，是造成 T_2z 西侧岩壁岩溶较发育的主要原因。

4.2.2.3 岩溶发育的垂直分布规律

本区存在的 4000m、3000m 及 2200m 高程等Ⅲ级夷平面，在残留的各级夷平面上，保存发育完好的溶沟、溶槽、天生桥、石芽等地表形态及残留红土和古河道遗迹（落水洞沟—丢种湾 3000~3200m 高程各垭口），说明本区地壳抬升具有一定的规律性。按一般情况与各级夷平面相应，应形成三层水平岩溶化带（层），但据野外调查，地下岩溶形态（朝天井、溶洞、落水洞、斜井等）按高程分布没有十分明显的规律性（表 4.23），这是因为各级夷平面之间抬升幅度很大，地壳运动相对稳定时期短，来不及形成水平的地下岩溶系统。但地壳运动相对稳定时期所形成的夷平面或阶地与岩溶发育亦有一定的相关性。

表 4.23　岩溶形态发育在高程上分布特征

序号	高程/m	岩溶形态	代表地点
1	3800~4000	普遍发育石芽、天生桥、洼地	干海子
2	3400~3500	溶洞、洼地、峰丛、天生桥	燕彝卡—鸡纳店之间山脊、阿查扣底
3	2900~3000	石芽、溶洞	牛圈坪沟、落水洞沟、毛家沟
4	2500~2700	石芽、洼地	大坪子梁子、苏那、梅子坪沟、海子

序号	高程/m	岩溶形态	代表地点
5	2000～2200	石芽、溶洞、洼地、斜井、岩溶大泉	松林坪梁子、楠木沟、磨房沟、老庄子沟、三坪子
6	1610～1750	小型溶洞、第四纪岩房	模萨沟、周家坪、许家坪、大水沟
7	1440～1600	岩溶大泉、溶沟、石芽、溶槽、溶洞、第四纪岩房	三股水泉、东雅砻江岸坡
8	1345～1440	小泉、小型溶洞、第四纪岩房	许家坪、大水沟、梅子坪沟、楠木沟

注：在其他的高程上仍有岩溶形态发育，但相对较少

4000m 和 3000m 高程夷平面上发育的石芽、天生桥、洼地等岩溶形态比较普遍，白山组大理岩强于盐塘组（T_2y）和西大理岩带（T_2z）。2200m 高程左右发育的磨房沟泉和老庄子泉是大理岩带（白山组）的排泄基准，应与 2200m 高程左右夷平面在同一时期形成。虽然近期地壳不断上升，雅砻江不断下切，但其排泄基准仍保持在这一高程上。

东雅砻江沿岸高程 1440～1550m 岩溶相对较发育，岩溶形态以岩溶泉、小型岩溶孔洞及第四纪角砾岩中岩房为主，三股水泉（高程 1468m、1455m 和 1455m）也在该高程带范围内，可能与东雅砻江形成的第四、五级阶地时地壳运动短暂停顿有关。

3000m 高程夷平面开始以后的地质时代中，岩溶作用一直在适应不断下切的新基准，表现为垂向的岩溶化带。在大水沟长探洞中所揭示的诸多垂向岩溶裂隙和岩溶孔洞是最好的例证：表部 20m 左右范围内，发育溶蚀宽缝；河谷岸坡卸荷地带松弛倾倒，表部张裂缝特别发育，由于大气降水直接入渗，有利于岩溶发育，埋深 800m 以内，发育溶孔、小溶洞，沿结构面呈串珠状排列，直径多数小于 1m；埋深大于 800m，在 T_2y^5 地层内多见沿裂隙面局部溶蚀，铁锰质渲染，形成含水构造；西部大理岩的岩溶调查发现，高程 2900m 以上高程带岩溶较发育，以溶洞、溶孔、溶沟、落水洞等岩溶形态为主，且溶洞大小直径一般在 1m 以上。据不完全统计，共发育 33 个溶洞，而近山顶地表则以峰丛、天生桥、岩溶角峰、石芽为主，并有因地下水活动沿节理面所形成的溶沟等。

2000～2900m 高程带岩溶相对发育，以小溶洞、溶孔发育为主，溶洞、溶沟的规模明显小于 2900m 以上的高程带。据统计，该高程带共发育 5 个溶洞，溶沟的宽度一般为 10～25cm。

2000m 高程以下岩溶不发育，其形态以溶孔、溶隙为主，且主要沿裂隙溶蚀而成。表 4.24 为西部大理岩岩溶在各高程上的分布特征。

表 4.24　西部大理岩岩溶在各高程上的分布特征

序号	高程/m	岩溶形态	代表地点
1	>3500	溶洞，可见天生桥、峰丛及冰斗	松林坪沟、韭菜坪沟
2	2900～3500	溶洞为主，溶坑、溶穴次之	火烧岗顶、松林坪左、右支沟
3	2000～2900	溶洞、溶隙、溶穴及溶坑	落水洞沟、石官山沟、姑鲁沟
4	<2000	小溶洞或溶孔、溶隙	景峰桥

T_2z 地层属中等岩溶化岩组组成，东侧与 T_2b 较强岩溶化岩组相接，西侧与非可溶岩 T_1、T_3 相接，受阻隔而与雅砻江无直接水力联系。

该区岩溶发育的阶段性和成层性不明显，以垂向岩溶化带为主，不存在广泛的层状岩溶系统。

4.2.2.4 岩溶发育的其他特点

锦屏工程区岩溶发育最显著的规律是褶皱对岩溶的控制十分明显，即岩溶主要顺褶皱（向斜、背斜）轴部发育。例如，梅子坪溶丘槽谷位于老庄子复背斜核部，干海子位于锦屏复式向斜核部；磨房沟泉、老庄子泉作为统一的岩溶地下水系统，地下水主要赋存在锦屏复式向斜核部和东部紧密倒转褶皱带（紧密向斜）核部，如大水沟长探洞、辅助洞及引水隧洞施工揭示，规模较大的隧洞突水点、溶洞均分布在向斜的核部；落水洞沟背斜核部岩溶洞穴发育，在靠近背斜核部的两翼发育多个落水洞。

沿断层带（尤其张性断裂带）或在断层一侧的岩溶普遍较为发育，与岩石破碎有关。典型岩溶现象包括沿断层破碎带发育规模较大的溶洞或地下管道，在引水隧洞和辅助洞施工中较为常见；老庄子泉、磨房沟泉及泉口附近规模较大的溶洞（斜井、岩溶管道）也均是发育在断层带或断层面岩性较纯的碳酸盐岩一侧，与断层延伸方向一致；落水洞边缘溶蚀谷地及落水洞上游消水点位于 F_6 断层带、三坪子溶蚀谷地（洼地、台地）位于 F_{28}、F_{29} 和 F_{26} 断层交汇处；牛圈坪沟口泉位于 F_{25} 断裂带附近。

NNE 向（层面）和 NWW 向的两组陡倾裂隙特别发育，常沿这两组裂隙发育溶蚀裂隙，也是最主要的输水通道。

在研究区内，沿碎屑岩与碳酸盐岩接触界面，岩性较纯的碳酸盐岩与岩性不纯的碳酸盐岩接触界面，尤其是断层岩性接触界面附近，岩溶发育一般较强烈，形成顺接触界面的强岩溶化带，有两种方式：一种是碎屑岩地表水经接触界面进入碳酸盐岩分布区后，由于外源水的补给，在界面处溶蚀作用强烈，一般形成规模较大的边缘溶蚀谷地、瀑布（跌水），并在界面附近或向下游数百米范围内有落水洞或消水带出现，地表水通过落水洞转换成地下水，沟谷成为干谷或季节性地表河，具有代表性的如落水洞边缘谷地和落水洞消水带；另一种是地下水自岩溶含水层向前运移过程中，遇非碳酸盐岩或岩溶发育较差的不纯碳酸盐岩相对隔水层阻挡而以大泉或岩溶地下暗河的方式出露地表。典型的如老庄子泉群、磨房沟泉、石官山泉群等，泉口附近一般发育顺断层规模较大的地下管道，如磨房沟岩溶管道、老庄子斜井。

4.2.2.5 岩溶发育深度预测

深岩溶的发育受可溶岩及其埋藏深度、断裂构造和地下水循环深度、排泄基准面控制。锦屏二级水电站引水隧洞在高程 1600m 穿越锦屏山，最大埋深达 2500m，且多数洞段为可溶岩，因此研究工程区岩溶发育的深度极为重要。岩溶发育的深度并不像地表岩溶形态那样直观地表现出来，必须通过一些间接的手段来研究岩溶发育的深度。

1）地表岩溶形态反映的岩溶发育深度

虽然从宏观上分析本区岩溶发育的阶段性和成层性不明显，但据地表岩溶地质调查和统计，在 102 个典型的岩溶形态中，有 96 个分布在高程 2000m 以上（图 4.35），说明工程区内在高程 2000m 以上有较强的岩溶发育，在此高程以下岩溶发育相对较弱。

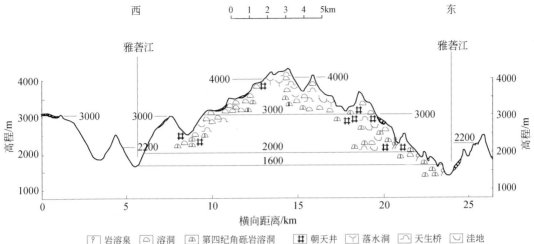

| ♀ 岩溶泉 | ⌂ 溶洞 | ⌂ 第四纪角砾岩溶洞 | ⊞ 朝天井 | Y 落水洞 | ⌒ 天生桥 | ⌣ 洼地 |

图 4.35 锦屏工程区岩溶形态分布高程示意图

从研究区内各泉水点分布高程和流量特征（表 4.25）可以看出，区内泉水点的分布有几个高程带：3000～3200m（2 个）、2500～2700m（3 个）、2130～2350m（6 个）、1845～1960m（4 个）、1455～1468m（1 个）、1345m（1 个）。从岩溶泉的分布高程分析，在 17 个岩溶泉中，有 15 个分布在高程 1845m 以上，说明该高程带以上地壳抬升的速度相对较慢（0.077～0.092mm/a），曾出现过多次局部排泄基准的调整，且每次调整的高度为 285～500m，在 3000～3200m、2130～2350m 高程带停顿时间较长，形成了 Ⅱ、Ⅲ 级夷平面。2130～2350m 高程带出露大泉，成为区内 T_2b 大理岩补给面积的排泄基准，该高程以上的排泄点已适应了该排泄基准；对 1845～1960m 高程带的排泄点，按常规应使 2130～2350m 高程带的排泄基准，但受岩性可溶程度较弱的影响，阻隔了两个高程带之间的地下水循环通道，而不能使 T_2b 地层补给水排向该高程带。

在 1845m 高程以下出露三股水泉，高程 1455～1468m，比最低一级排泄基准高 110～123m。此时雅砻江排泄基准面高程出露的可溶岩地层为三股水泉补给区的 T_2b 大理岩（Ⅱ 单元）和磨房沟—周家坪一带的 T_2y 地层，T_2y 地层为间层型岩溶层组，其溶蚀能力较 T_2b 地层差，岩溶发育程度较弱。岩溶发育主要发生在 Ⅱ 单元内，受东侧 T_2y 条带状大理岩、粉砂岩、泥灰岩和 $P_2\beta$ 峨眉山玄武岩的阻水而形成了三股水泉。该期间的 Ⅰ 单元 T_2b 地层的岩溶发育主要决定于两大泉（磨房沟泉、老庄子泉）的循环深度，其循环深度不会低于 1800m 高程，因为若低于该高程，其循环通道将与该高程带的排泄点相通，泉水会被袭夺。

表 4.25 锦屏工程区岩溶泉一览表

编号	地点	高程/m	流量/（L/s）	测量方法	日期	地层
1	泸宁马家沟	2280	100	断面浮标	1990 年 5 月 2 日	
2	泸宁府后坡	1960	110	目测	1990 年 5 月 2 日	

编号	地点	高程/m	流量/(L/s)	测量方法	日期	地层
3	节兴沟	2300	200	目测	1990 年 4 月 29 日	T_2
4	节兴沟	3200	20	目测	1990 年 4 月 29 日	T_2y
5	石官山沟	2740	250	目测	1990 年 4 月 26 日	T_2b/T_2y
6	磨房沟	2174	17200/0	断面测流法	1966 年 9 月 1 日/1995 年 5 月	T_2b
7	毛家沟	2350	1.5/0.4	目测	1991 年 11 月 5 日/1993 年 10 月 27 日	T_2y
8	毛家沟	2500	1.0	目测	1993 年 10 月 31 日	T_2y
9	楠木沟	2700	1.5	目测	1993 年 10 月 31 日	T_2y
10	楠木沟	1950	5.0	目测	1993 年 11 月 2 日	T_2y
11	楠木沟	1845	4.0	目测	1993 年 11 月 2 日	T_2y
12	大水沟	1950	0.5/0	目测	1990 年 4 月 3 日/1992 年 3 月 8 日	T_2y
13	小水沟钙华	1345	50/80/0.7/0	目测	1990 年 4 月 7 日/1990 年 5 月 8 日/1992 年 3 月 6 日/1993 年 11 月 23 日	T_2y
14	老庄子沟	2130 ~ 2170	14100/200	断面流速法	1998 年 7 月 10 日/1995 年 5 月	T_2b
15	三股水泉	1455 ~ 1468	1000/20000	目测	1990 年 3 月 26 日/最大值	T_2b/T_2y
16	苏那沟	3175	5	目测	1993 年 11 月 14 日	T_3/T_2b
17	沃底泉	1950 ~ 2400	3000 ~ 5000/700	目测	最大值/最大值	T_3/T_2b

综上所述，从地表岩溶发育的情况分析，工程区内总体岩溶发育微弱，1800 ~ 2000m 高程以上发育较强，该高程以下发育相对较弱。T_3、T_4 阶地形成时的岩溶发育，由于受岩性制约，对 II 单元 T_2b 大理岩和沿岸 T_2y 地层的岩溶发育有利；对 I 单元 T_2b 大理岩，岩溶发育受控于两大泉的循环深度和岩石的溶蚀速度。

2）勘探成果反映的岩溶发育深度

（1）钻探成果显示的岩溶发育深度

在磨房沟泉口附近 2170m 高程处经物探 α 杯法探明有 R_n 异常，后又采用电磁法三极测深证实，其泉口附近浅部岩层电阻率较低（图 4.36），并在 $AO = 92.5m$，$AO' = 82.5m$ 时出现低阻异常，证实在深 58 ~ 66m（高程为 2112 ~ 2104m）出现一个低阻带的物性异常，可解释为相对富水段，可能是磨房沟泉排泄口深部的深循环管道流。

老庄子 1 号钻孔（老庄子泉群内），如图 4.37 所示，孔口高程为 2160.31m，钻孔深 450m，岩层倾角约 80°，穿过岩层的真实厚度约 50m，从钻孔中发现，深部岩溶发育微弱，未见溶洞带，岩溶形态为细小的溶蚀裂隙和溶孔，溶隙的规模一般为数毫米至 2cm。孔深 12 ~ 40m 处发育节理密集带，溶蚀裂隙比较发育，1 ~ 5cm 的溶孔呈单个或蜂窝状出现；孔深 103 ~ 115m、180 ~ 197m、226 ~ 236m、257 ~ 271m、350 ~ 370m 五段见到了一些溶蚀裂隙和直径 0.5 ~ 10cm 的溶孔；孔深 370 ~ 425m 段仅见四条细小溶隙和一个直径为

10000
1000
AO′
AO
7.5 17.5 27.5 37.5 47.5 57.5 67.5 77.5 87.5
AO′/m
0 7.5 22.5 32.5 42.5 52.5 62.5 72.5 82.5 92.5 102.5
AO/m

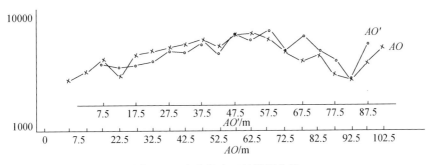

图 4.36　磨房沟泉三极测深曲线

AO、*AO′*是起始点，相距 10m，点距 5m

0.4 ~2cm 的蜂窝状小溶孔；孔深 425m 以下未见溶隙和溶孔。由此可见，随钻孔深度的增加，溶孔、溶隙的发育强度明显减弱，规模逐渐变小，在高程 1735m（孔深 425.31m）以下岩溶发育极其微弱。上述现象表明：大泉排泄区的深岩溶发育深度为 400m 左右。

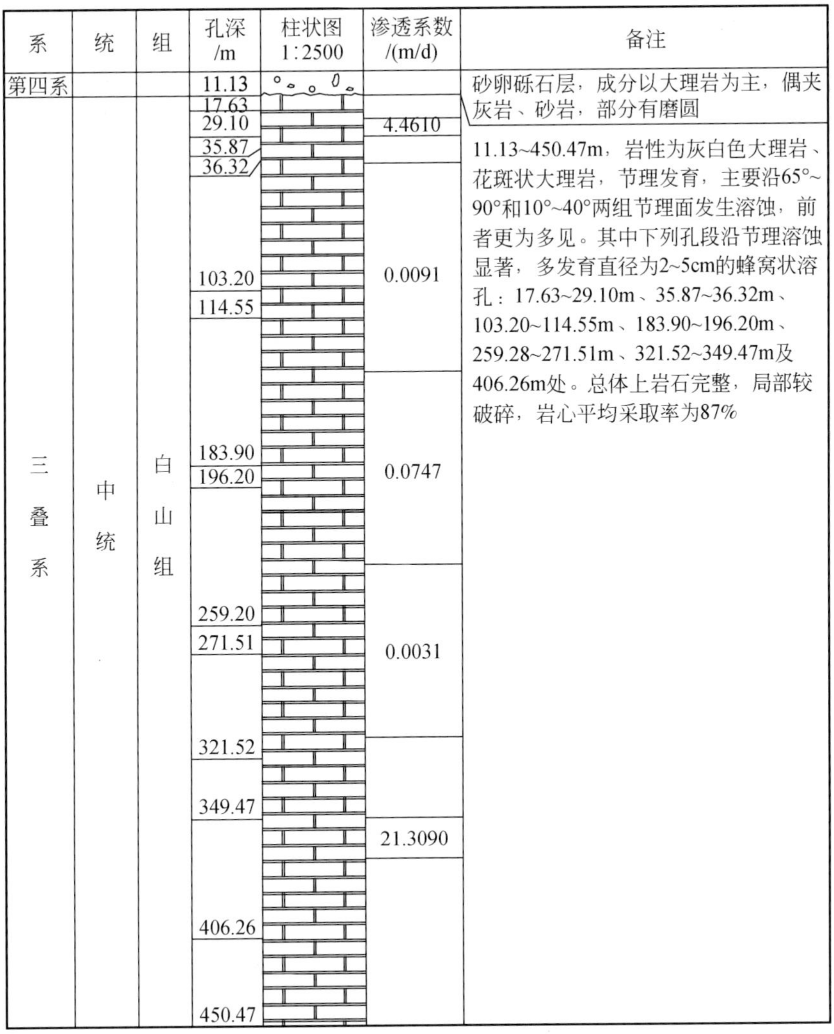

系
统
组
孔深 /m
柱状图 1:2500
渗透系数 /(m/d)
备注
第四系
11.13
砂卵砾石层，成分以大理岩为主，偶夹灰岩、砂岩，部分有磨圆
17.63
29.10
4.4610
35.87
36.32
11.13~450.47m，岩性为灰白色大理岩、花斑状大理岩，节理发育，主要沿65°~90°和10°~40°两组节理面发生溶蚀，前者更为多见。其中下列孔段沿节理溶蚀显著，多发育直径为2~5cm的蜂窝状溶孔：17.63~29.10m、35.87~36.32m、103.20~114.55m、183.90~196.20m、259.28~271.51m、321.52~349.47m及406.26m处。总体上岩石完整，局部较破碎，岩心平均采取率为87%
103.20
0.0091
114.55
三叠系
中统
白山组
183.90
196.20
0.0747
259.20
271.51
0.0031
321.52
349.47
21.3090
406.26
450.47

图 4.37　老庄子 1 号钻孔柱状图

由表 4.26 可见，老庄子 1 号孔岩溶水中矿化度、SO_4^{2-} 含量和 Mg^{2+}/Ca^{2+} 有随孔深增加而明显增大的规律，说明从饱水带上部向下至深部循环带，地下水的运移循环条件变差，活动性逐渐减弱。

表 4.26　老庄子 1 号钻孔部分水化学离子含量随孔深的变化

孔深/m	段长/m	SO_4^{2-}/(mg/L)	矿化度	Mg^{2+}/Ca^{2+}/%	单位涌水量/［L/(s·m)］
0～141	141	0.0	128.0～129.0	16.8～17.8	0.89～1.22
141～312	171	1.0～1.6	129.6～138.2	24.6～32.7	0.008～0.064
312～450	138	1.0～3.6	144.6～149.4	32.0～35.4	3.3～7.3

东部Ⅲ区盐塘组地层为中、弱岩溶化岩组与非可溶岩成间层分布，不利于岩溶发育。据勘探资料表明：毛家沟 201 号钻孔位于白色大理岩中，孔口高程 2267.85m，孔深 300m，未见溶蚀裂隙和溶孔，透水性微弱；许家坪探洞，高程 1344.09m，洞深 550m，仅见极少量的溶蚀裂隙，张开宽度为数毫米至 2cm，一般沿溶蚀裂隙滴水；周家坪 201 号钻孔孔深 514m 及周家坪探洞 500m，均未见大于 0.2m 的溶蚀裂隙。

工程区西部地层，落水洞沟以南，沟谷密而深切，地下水动力条件差，深部岩溶不发育。解放沟 206 号钻孔，孔口高程 1740.58m，孔深 135.15m，仅在孔深 20.10～23.84m 段节理被溶蚀成 0.2～0.5cm 宽的溶隙及直径为 0.7～1.5cm 的蜂窝洞。落水洞沟以北，深部岩溶相对南段发育。

（2）大水沟长探洞揭露的岩溶发育深度

从 1991 年 12 月开始在大水沟厂址处施工开挖长探洞，至 1995 年 5 月长探洞停止掘进（PD_1 掘至 3948m，PD_2 掘至 4168m），并着手进行涌水洞段的封堵，封堵概况详见表 4.27。

表 4.27　长探洞封堵情况表

封堵段	堵头位置		堵头处岩性描述
	PD_1	PD_2	
3+948	3+877～3+861	3+847～3+831	白色、灰白色的中、粗晶大理岩
3+500	3+348～3+332	3+314.5～3+298.5	黑色、灰黑色夹白色、灰白色条带状大理岩
2+845.5	3+100～3+106	3+141～3+147	灰黑色薄层状、泥质灰岩、大理岩
	2+641～2+620	2+494～2+473	灰白色厚层状、中-细晶大理岩

长探洞从施工开挖形成人工渗流场到长探洞封堵，天然流场的恢复过程，取得大量的可靠的岩溶、水文地质第一手资料，进一步查明了Ⅲ水文地质单元的岩溶水文地质特征：

①岩溶发育

地表岩溶发育在 PD_1 深 44m 左右、埋深 50m 为代表，为溶蚀裂隙和斜井式管道，宽 50～80cm，其间有黏性土充填，同时也见地下水季节性渗滴，是包气带与地下水季节变动带界面上表层岩溶。

常年性出水构造位于洞深 232～236m、埋深 240m 左右。为季节变动带与饱水带界面，与饱水带相适应的岩溶，相对发育较弱，在洞深 294～372m 处，为小溶隙和直径约 10cm

的垂直状溶蚀管道，出水量较小，仅为 3~8L/s，埋深为 240~310m。

洞深 929~1280m 处岩溶相对集中发育，主要是沿 NWW 向张扭性裂隙，呈串珠状发育，一般直径为 40~60cm，少数长轴方向达 80~120cm 的溶隙和斜井状管道，埋深 730~1010m，出水量达 300~700L/s，是长探洞内发生的第一次较大涌水事件的洞段，也是本单元沿江地带正常岩溶发育深度的代表性界面。埋深大于上述界面，在 T_2y^6 内岩溶不发育，仅在 T_2y^5 内的白云质大理岩中，见有沿面发育的溶蚀、溶痕、溶孔形态，它的特点是"蚀"的特征比"溶"的特征显得多，这是在高水头作用下的特殊类型，其下界埋深可大于 1500m。

总体而言，岩溶发育以近垂直状的深发育为显著特征。从岩组、构造、第四纪地壳抬升快、地下水的环境条件造成本单元不可能形成厅堂式岩溶发育带，只能形成近垂直向深部继承发育的岩溶带，岩溶发育强度总体不强，但深度甚深，在国内外十分少见。

②主喷水构造反映的深部含水介质

长探洞Ⅲ集中涌水带以 PD_2-2845.5m 喷水点为中心，洞深 2100~2624m 段为渗水、滴水；洞深 2624~2802m 段地下水沿裂隙面呈线状渗水；洞深 2802~2845m 段地下水沿各方向裂隙喷溢。PD_2-2845.5m 的主喷水构造于 1993 年 7 月 1 日揭露，瞬时最大涌水流量为 $4.91m^3/s$，夹带泥沙喷射远达 40 余米。但衰减甚快，前五天内以 $0.7m^3/s$ 日平均量下降，随之放缓呈日平均 $0.08~0.04m^3/s$ 速率下降，至 7 月 17 日降至稳定值后，受雨季的降水补给，呈平缓波状上升。根据涌水流量的长期观测，其间泄放静储量为 $109.986 \times 10^4 m^3$。假定地下水为层流条件，可根据该涌水构造封闭（1996 年 10 月 18 日）时水压力恢复时间，估算其等效（相当于圆径）半径，半定量地描述主喷水构造在断面上的变化状态。值得指出的是该等效半径不仅仅是单点涌水构造的等效半径，而是整个封闭段长范围的等效半径。2845.5m 的主喷水构造在天然状态下及在该涌水段封堵时流量减少情况下的等效半径计算结果见表 4.28。采用涌水静储量的计算结果，是代表该喷水构造在接近天然状态下的等效半径值，若采用封闭时实际减少流量（为 $2.0m^3/s$）计算结果，则代表该涌水构造在喷溢 3、4 年以后，主涌水构造被涌水"清洗"后状态下的等效半径值。两者差 1.6 倍左右，如图 4.38 所示。

表 4.28　2845.5m 涌水构造的等效半径表

序号	水位恢复/m	厚度 B/m	水位高程/m	水位恢复历时 t/s	接近天然状态下的等效半径 R/m	涌水"清洗"状态下的等效半径 R/m
1	0~50	50	1389~1439	360	0.83	2.14
2	50~100	50	1439~1489	852	1.27	3.29
3	100~160	60	1489~1549	813	1.13	2.93
4	160~200	40	1549~1589	3056	2.69	6.97
5	200~260	60	1589~1649	14027	4.70	12.20
6	260~309	49	1649~1698	22560	6.60	17.12
7	309~376	67	1698~1765	43200	7.81	20.26

续表

序号	水位恢复/m	厚度 B/m	水位高程/m	水位恢复历时 t/s	接近天然状态下的等效半径 R/m	涌水"清洗"状态下的等效半径 R/m
8	376 ~ 423	47	1765 ~ 1812	28800	7.61	19.75
9	423 ~ 462	39	1812 ~ 1851	28800	8.36	21.68
10	462 ~ 502	40	1851 ~ 1891	28800	8.25	21.41
11	502 ~ 558	56	1891 ~ 1947	57600	9.86	25.59
12	558 ~ 600	42	1947 ~ 1989	57600	11.39	29.55
13	600 ~ 655	55	1989 ~ 2044	216000	19.27	50.00
14	655 ~ 703	48	2044 ~ 2092	345600	26.09	67.70
15	703 ~ 750	47	2092 ~ 2139	777600	39.55	102.63
16	750 ~ 794	44	2139 ~ 2183	2073600	66.75	173.21
		794		3699268	20.99	54.46

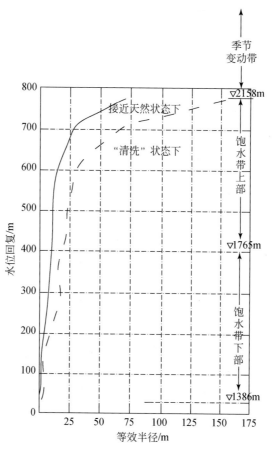

图 4.38　2845.5m 水位恢复-等效半径图

　　长探洞 IV 深层涌水带也由多点涌水构造组成，主要是 3500m 和 3948m 两段。单点涌水流量在 60 ~ 80L/s 居多。喷距为 6 ~ 20m，集中分布在 T_2y^6—T_2y^5 界面附近，沿 NWW 向裂隙发育，总涌水量为 0.46 ~ 0.50m^3/s，季节性变化小，总涌水量稳定。由于该涌水带分两段封堵，因此各段水位恢复情况分述如下。

　　3500m 涌水段：自 1994 年 5 月 20 日揭露至 1996 年 4 月 30 日封堵，历时近两年的涌水过程，水化学、水同位素及涌水量均十分稳定。据封堵时的压力恢复情况在洞顶以上 50m 范围内，水位恢复较慢（与水要充填被封堵洞段有关）。随后水位恢复越来越快，反映出该高程段内溶隙管径较小，岩体渗透性较弱；直至洞顶以上 620m（高程 2015m）以后水位恢复变缓，相对管隙较大或岩体渗透性转换，此类水位恢复呈两头慢、中间快的现象，是管隙两头大、中间细呈"朝鲜鼓"状的反映，等效半径的估算见表 4.29。据 1997 年的长观资料，该涌水构造的枯水期最低水位为 777m（按洞顶以上计，高程为 2169m）、丰水期最高水位为 934m（高程为 2326m）。因此可以确定：1997 年该部位的包气带厚 973m、季节变动的厚度为 157m、饱水带的上部（岩溶化较强，透水性较好）厚度约 154m（高程为 2015 ~ 2169m）。

表 4.29　3500m 涌水构造的等效半径表

序号	水位恢复/m	厚度 B/m	水位高程/m	水位恢复历时 t/s	等效半径 R/m
1	0 ~ 25	25	1395 ~ 1420	3060	4.41
2	25 ~ 50	25	1420 ~ 1445	935	2.44
3	50 ~ 75	25	1445 ~ 1470	455	1.70
4	75 ~ 100	25	1470 ~ 1495	330	1.45
5	100 ~ 120	20	1495 ~ 1515	208	1.62
6	120 ~ 140	20	1515 ~ 1535	177	1.12
7	140 ~ 160	20	1535 ~ 1555	127	1.00
8	160 ~ 180	20	1555 ~ 1575	103	0.91
9	180 ~ 200	20	1575 ~ 1595	89	0.84
10	200 ~ 220	20	1595 ~ 1615	70	0.75
11	220 ~ 240	20	1615 ~ 1635	74	0.77
12	240 ~ 260	20	1635 ~ 1655	57	0.67
13	260 ~ 280	20	1655 ~ 1675	54	0.66
14	280 ~ 300	20	1675 ~ 1695	52	0.64
15	300 ~ 320	20	1695 ~ 1715	44	0.59
16	320 ~ 340	20	1715 ~ 1735	40	0.56
17	340 ~ 360	20	1735 ~ 1755	39	0.56
18	360 ~ 380	20	1755 ~ 1775	38	0.55
19	380 ~ 400	20	1775 ~ 1795	38	0.55
20	400 ~ 420	20	1795 ~ 1815	40	0.56
21	420 ~ 440	20	1815 ~ 1835	40	0.56

序号	水位恢复/m	厚度 B/m	水位高程/m	水位恢复历时 t/s	等效半径 R/m
22	440~460	20	1835~1855	39	0.56
23	460~480	20	1855~1875	37	0.54
24	480~500	20	1875~1895	39	0.56
25	500~520	20	1895~1915	39	0.56
26	520~540	20	1915~1935	43	0.58
27	540~560	20	1935~1955	53	0.65
28	560~580	20	1955~1975	48	0.62
29	580~600	20	1975~1995	67	0.73
30	600~620	20	1995~2015	62	0.70
31	620~640	20	2015~2035	106	0.92
32	640~660	20	2035~2055	125	1.00
33	660~680	20	2055~2075	235	1.37
34	680~700	20	2075~2095	690	2.34
35	700~718	18	2095~2113	7674	8.24
	718			15327	

3948m 涌水段：自 1995 年 3 月 13 日揭露至 1996 年 1 月 8 日封堵，历时近 10 个月的喷溢，初期涌水量有逐渐增大的趋势，含泥量甚高，达 27240mg/L，详见表 4.30。值得注意的是初期水温为 14.1~14.3℃，较本段一般水温值增高 1~3℃，显示该含水构造的岩溶地下水径流条件极差。封堵时压力恢复情况见表 4.31。从表 4.31 可以看出，洞顶以上 300~600m 段水位不足 20s 时间恢复 50m，速度之快也是少见。说明高程 1700~2000m，岩体十分完整、等效半径很细、渗透性很弱，反映出饱水带内部的介质状况。本涌水构造的压力观测仅在初期范围，未能长期观测。

表 4.30 3948m 涌水构造实测涌水量表

时间	涌水流量/(m³/s)	泥沙含量/(g/L)
1995 年 3 月 13 日	0.256	27.24
1995 年 3 月 15 日	0.268	
1995 年 3 月 16 日	0.318	
1995 年 3 月 17 日	0.328	5.216
1995 年 3 月 18 日	0.356	
1995 年 3 月 19 日	0.402	
1995 年 3 月 20 日	0.400	
1995 年 3 月 22 日	0.529	18.8（冲开）

续表

时间	涌水流量/(m³/s)	泥沙含量/(g/L)
1995 年 3 月 24 日	0.620	
1995 年 3 月 25 日	0.640	
1995 年 3 月 27 日	0.611	
1995 年 3 月 30 日	0.690	

表 4.31　3948m 涌水构造的等效半径表

序号	水位恢复/m	厚度 B/m	水位高程/m	水位恢复历时 t/s	等效半径 R/m
1	0 ~ 50	50	1401 ~ 1451	120	0.76
2	50 ~ 100	50	1451 ~ 1501	120	0.76
3	100 ~ 150	50	1501 ~ 1551	60	0.54
4	150 ~ 200	50	1551 ~ 1601	60	0.54
5	200 ~ 300	100	1601 ~ 1701	30	0.27
6	300 ~ 350	50	1701 ~ 1751	20	0.31
7	350 ~ 400	50	1751 ~ 1801	10	0.22
8	400 ~ 450	50	1801 ~ 1851	10	0.22
9	450 ~ 500	50	1851 ~ 1901	14	0.26
10	500 ~ 550	50	1901 ~ 1951	16	0.28
11	550 ~ 600	50	1951 ~ 2001	15	0.27
12	600 ~ 650	50	2001 ~ 2051	22	0.32
13	650 ~ 700	50	2051 ~ 2101	390	1.36
14	700 ~ 742	42	2101 ~ 2143	840720	69.13
	742			841607	

　　归纳三个主喷水构造特征：Ⅲ 集中涌水带涌水量最大，随着埋深增大，涌水构造的规模和涌水量越来越小，总体上反映了 Ⅲ 水文地质单元内（雅砻江谷肩地带）饱水带下部的岩溶水径流条件，其中 3948m 涌水构造已接近饱水带底部的趋势。从毛家沟 201 孔看（图 4.39），Ⅰ 单元与 Ⅲ 单元之间岩体透水性也是很弱的，两者的水力联系仅限于局部"窗口"或裂隙张开度甚小的溶隙。

　　从三个涌水构造封堵时求得等效半径，取洞顶上最初一段（仅 3500m 段因要充填封堵段取第三段）的等效半径值换算成等效面积，然后用封堵洞段的探洞表面积相比，求算溶隙率（面积率法），见表 4.32。由此可见，溶隙率随埋深的增加有下降的趋势，采用加权平均值，则 Ⅲ 单元深循环带的溶隙率平均值为 0.08%。

系	统	组	孔深/m	柱状图 1:1500	渗透系数 /(m/d)	备注
第四系			34.20			砂卵砾石层，成分以大理岩、砂板岩为主，砾径大小不等，由数十厘米至100cm，松散状，渗透性强
三叠系	中统	盐塘组	57.20 112.23 200.23 300.00		0.0562 0.0045 0.0002	34.20~300.00m，岩性为灰色、灰白色厚层块状臭大理岩。 34.20~53.00m，节理不发育，岩石较完整，岩心平均采取率为84%。岩石溶蚀现象极为微弱，仅于孔深36.30m、52.00m处有极较微水流侵蚀痕迹，无明显溶蚀现象。 53.00~143.80m，节理发育，局部高倾角节理面呈微风化。岩石较破碎，岩心平均采取率为68%。岩石未见溶蚀痕迹，仅于方解石脉中偶见豆大溶孔。 143.80~149.08m，节理发育，岩石破碎，风化强烈，岩石无溶蚀痕迹。 149.08~300.00m，节理较发育，岩石极破碎无风化现象，岩心平均采取率为71%。岩石无溶蚀痕迹，局部见方解石脉发育直径为0.3~0.5cm的细小溶孔

图 4.39 毛家沟 201 孔柱状图

表 4.32 溶隙率（面积率法）估算表

带号	堵头位置	封堵段长/m	探洞表面积/m²	等效半径/m	溶隙面积/m²	溶隙率/%
2845.5	PD_1-3100 ~ 2641m PD_2-3141 ~ 2494m	1106	12166	2.69	22.73	0.19
3500	PD_1-3861 ~ 3348m PD_2-3831 ~ 3314.5m	1029.5	11324.5	1.70	9.08	0.08
3948	PD_1-3948 ~ 3877m PD_2-4168 ~ 3847m	392	4312	0.76	1.81	0.04

注：探洞设计断面为3m×3m，实际开挖不足，周长取11m

从主喷水构造的等效半径计算可以看出：三个主喷水构造中 PD_2-2845.5m 点等效半

径相对较大，其岩溶含水介质在高程 1989m 以下较小；3500m 涌水段在高程 2015m 以下岩溶含水介质较小；3948m 涌水段在高程 2101m 以下岩溶含水介质较小。

大水沟长探洞所揭示的岩溶形态和主喷水构造的水位恢复及溶隙率估算情况反映了Ⅲ区深部的岩溶发育程度，也在一定程度上反映了 T_2b 地层的岩溶发育情况。其岩溶现象主要沿 NNE 向、NWW 向、NEE 向三组结构面发育，表现为垂直状的溶蚀裂隙及小溶孔等，且以前者为主。在长探洞揭露的各涌水点特别是深部涌水点中，大多见涌水初期携带有大量的泥沙，可见岩溶地下水在岩体中的流动是很缓慢的，才能使泥沙沉淀下来，也说明岩溶现象是以裂隙型为主。PD_1 深 1424.5~1828.3m，T_2y^5 层位内，多见沿白色–灰白色大理岩（白云质岩类）沿面发育溶蚀、溶孔、溶痕，是白云质类岩石的深岩溶代表（埋深在 1200m 左右）。

综上所述，勘探成果表明，工程区岩溶发育总体微弱。东部 T_2y 地层岩溶形态为溶隙型，以 T_2y^4 相对较强，岩溶发育深度已到了雅砻江高程，其原因是该部位是地下水深循环的窗口；西部大理岩由于岩溶层组和构造发育的影响，其岩溶发育程度相对较强；中部白山组大理岩在高程 1735m 以下岩溶发育微弱。

3）水化学及水同位素分析反映岩溶发育深度

岩溶发育强度除了受可溶岩岩性、结构和构造条件影响外，主要取决于岩溶水的溶蚀作用强度。本区天然水的矿化度较低，但水相对矿物方解石均呈过饱和状态，相对白云石也大多处于过饱和状态，说明天然水的溶蚀能力很弱。天然水的溶蚀性主要取决于水中的 CO_2 含量，CO_2 主要来源于土壤中的有机质和微生物，其次是植物的腐殖质。土壤中 CO_2 含量一般是大气中的 10~100 倍，据野外观察，本区碳酸盐岩地段土壤和植被不发育，使得本区天然水中的 CO_2 含量较其他岩溶区低得多。本区岩溶水处于贫 CO_2 环境，因而只能溶解少量碳酸盐即很快达到过饱和。除雨水外，其他类型水对碳酸盐岩的溶蚀性一般都较微弱。

据计算，工程区Ⅰ单元的连续状纯厚层大理岩分布区的溶蚀量为 37.96~38.51mm/ka，低温高压条件下的溶蚀量为 21.323mm/ka，T_2y^4、T_2z 相对较大，分别为 27.485mm/ka 和 25.438mm/ka，这与载于有关文献的典型地区溶蚀量（51.53~87.88mm/ka）相比偏低。显然，本区岩溶作用较弱，区内岩溶不发育，导致区内典型岩溶形态少。

另外根据 D、O^{18} 同位素研究计算，磨房沟泉泉域含水带平均厚度为 306.6m，泉口地下水循环深度为 1867.4m；老庄子泉泉域含水带平均厚度为 229.4m，泉口（2129m）地下水循环深度为 1899.6m。这反映了工程区 1870m 高程以上岩溶发育较强。

4）衰减分析和示踪试验成果反映的岩溶发育深度

从大泉的流量衰减分析和示踪试验成果看，工程区具有岩溶管道、大溶隙、小裂隙和溶孔岩溶含水介质。磨房沟泉衰减分析的多年平均储水系数（K）为第一亚动态占 70.5%、第二亚动态占 29.5%，表明白山组厚层状纯大理岩中的中、大含水介质占主导；老庄子泉衰减分析的多年平均储水系数（K）为第一亚动态占 42.4%、第二亚动态占 36.9%、第三亚动态占 20.7%，表明三种含水介质均占了一定空间，以溶管、溶隙为主，其原因是与泉域内分布有 T_2y 岩组有关。多重介质示踪试验的视速度划分：溶蚀管道系统视速度大于 1000m/d，具有一定程度的汇流性质；中等溶蚀裂隙系统视流速为 500~

700m/d，汇流性质不强；小溶蚀系统的视流速为 $100\sim400m/d$，呈散流性质。值得指出的是视流速大于 $1000m/d$ 溶蚀管道系统，它的比流速 u_i 值小于 $10m/(d\cdot m)$，仍属溶隙流场。

长探洞在近 2000m 埋深下的涌水比较普遍和分散，显示了深部裂隙岩溶涌水特征。根据长探洞 $PD_2-2845.5m$ 涌水的衰减分析，储水系数 (K) 为第一亚动态占 31.14%、第二亚动态占 46.71%、第三亚动态占 22.15%。对探洞涌水而言，第一亚动态、第二亚动态、第三亚动态应分别显示大、中、小含水介质。长探洞 $PD_2-2845.5m$ 涌水时的水压力为 8.75MPa，按折减系数 0.85 估算，当时的地下水位在 1029m 左右，中、小溶隙占 709m，即高程 2098m，在该高程以上为大的溶隙介质。

综合上述各方面分析，工程区岩溶发育总体微弱，不存在层状的岩溶系统。在高程 2000m 以下，岩溶发育较弱并以垂直系统为主，深部岩溶以 NEE 向、NWW 向的构造裂隙及其交汇带被溶蚀扩大了的溶蚀裂隙为主。具体而言，东部盐塘组地层岩溶形态以溶隙型为主，岩溶发育深度已到了雅砻江高程，在比较长探洞所揭露的隧洞线高程的岩溶发育程度有所增强；西部大理岩由于岩溶层组的影响，其岩溶发育程度与盐塘组相似。东西两侧岸坡地下水季节变动带附近岩溶发育较强。中部白山组大理岩岩溶发育受两大泉地下水循环深度的控制，在高程 $1730\sim1870m$ 以下岩溶发育微弱，为中、小型的溶蚀裂隙介质。因此，可以认为在引水隧洞高程（1600m）附近的岩溶形态以溶蚀裂隙为主，溶洞很少，且规模不大；东、西雅砻江两侧岸坡地下水季节变动带附近岩溶发育较强。

4.2.3 岩溶发育演化的阶段性

本区新构造活动强烈，表现为在整体抬升过程中，经历了几次相对稳定的地壳稳定阶段，造成本区与之相适应的岩溶垂向发育始终占主导地位，形成以垂直岩溶形态（岩溶竖井或斜井、岩溶峡谷、岩溶斜坡、漏斗等）为主，以及在相对稳定阶段岩溶发育相对强烈的特点，形成了几个分布在不同高程（或深度）、岩溶形态特征和规模不等的水平岩溶地貌形态——岩溶夷平面（或水平岩溶强发育带或管道），即岩溶发育在不同时间上具有明显的阶段性（图 4.35），不同时间（阶段）在不同高程上的岩溶发育差异性显著。

4.2.3.1 第一岩溶发育期

相当于 I 级岩溶夷平面，分布高程约 4000m。表现为组成锦屏山山体主山脊，即分水岭附近的一系列等高的山峰顶面，岩溶发育强度不详。在干海子、石笋沟岩子、黑山里和海洼山等地，可见冰斗、角峰、槽谷、峰丛等溶蚀和冰蚀地貌；在盐源地区火炉山海拔高程 4000m 的夷平面上残留古河流相石英细砾碎屑岩（红崖子组），区域对比其形成年代为古近纪，其气候湿热，在夷平面上普遍发育石牙、溶洞、浅而窄的条形洼地、天生桥等，代表性点如干海子附近。

4.2.3.2 第二岩溶发育期

相当于 II 级岩溶夷平面，分布于锦屏山主山脊的两侧，高程为 $3000\sim3500m$，形成海拔 3000m 和 3500m 左右的两个台面。3500m 左右的台面，如牛圈坪沟和牛圈坪沟以东的燕彝卡—鸡纳店之间的平缓山梁等，岩溶发育总体上不明显，岩溶现象以峰丛、洼地地貌为主，见有溶洞和天生桥；3000m 左右台面包括西部的牛圈坪、牛圈坪沟村、邱家梁子、印坝子、拉波梁子、保斯火普梁子、宝石山梁子、落水洞沟源头边缘谷（洼）地，以及东部的黄瓜坪子等地。岩溶地貌以分布于次一级分水岭的等高山峰顶面及其上残留的众多石牙、溶洞、洼地、落水洞、岩溶角砾岩和河流相石英砾石、红土（红壤）堆积等为特征，分布面积较广，岩溶现象明显。在本岩溶发育夷平地面的前缘可见较多的冰斗、冰川漂砾、悬谷状槽谷等冰蚀地形。本岩溶发育期形成于新近纪，形成时气候湿热，岩溶发育良好，此时雅砻江大河湾雏形开始形成。

4.2.3.3　第三岩溶发育期

相当于Ⅲ级岩溶夷平面，分布于锦屏东、西雅砻江两侧，形成锦屏山两侧最低的台地或最低一级面积较大的谷肩（台面），其高程为 2200～2500m（包括大约 2200m 和 2400～2500m 两个次一级台面）。保留较好的有三坪子、四坪子、松林坪梁子、大坪子梁子、干海子、磨房沟、老庄子、楠木沟和梅子坪沟、苏那，分布面积较宽，组成锦屏山岩溶地貌的主体，地表地势平坦，岩溶强烈发育，有石牙、溶丘、溶蚀洼地或宽缓槽谷、落水洞，发育有地表河流（或季节性地表河）、岩溶大泉，如老庄子泉群、磨房沟泉、泸宁泉、三股水泉群、沃底泉等。地下岩溶形态主要有溶蚀裂隙、孔洞和地下洞穴系统，如磨房沟和老庄子泉口岩溶管道等。在溶蚀面上常堆积有河流相砂砾石、钙质胶结角砾岩、洞穴堆积物等化学堆积物。其形成时代大致相当于石林期，此时雅砻江大河湾已基本形成。

由于磨房沟泉和老庄子泉群为高位排泄基准面，在一定程度上抑制了岩溶向深部发育，即在地下水位 2170m 左右附近岩溶发育强烈。据磨房沟泉口附近 2170m 高程处进行的三级测深，在 58～66m 深处（高程为 2112～2104m）出现了一个相对低阻带，为相对富水段，可能有岩溶发育管道，后被磨房沟泉干枯后洞穴调查证实；老庄子老 1 号钻孔，孔口高程 2160.31m，钻孔深 450m，孔深 12～40m，发育节理密集带，溶蚀裂隙比较发育，1～5cm 的溶孔呈单个或蜂窝状出现，孔深 21.80～31.14m 揭露了富水段，单位涌水量为 56.94L/（min·m）。综合分析，在整个工程区本期（高程为 2100～2200m）地下岩溶发育最强烈。

4.2.3.4　第四岩溶发育期及岩溶发育下限

岩溶发育分布于东、西雅砻江河谷两侧，大致相当于三峡期（或云贵高原的乌江期），高程跨度较大，高程为 2000～1300m，反映新构造活动以整体抬升为主，期间历经几次较短暂的稳定溶蚀或侧向侵蚀-沉积阶段，即岩溶发育期可分为以下几个小的发展阶段（表 4.33）。在西部的洼里和东部的里庄阶地保存较好，分别保留有七级和六级河流阶地，阶地沉积物孢粉分析表明，本阶段（Q）气候总体偏温凉，历经温和湿润→温暖湿润→温凉潮湿→寒凉潮湿的气候变化过程，不利于岩溶发育，岩溶作用总体以垂直溶蚀为主，地表岩溶形态表现为深切岩溶峡谷和峡谷两侧局部残留的多级河流阶地；地下岩溶形态主要为岩溶竖井（斜井）、垂直岩溶裂隙及呈阶梯状形态的岩溶管道。例如，在大水沟（厂址）

长探洞、辅助洞和引水隧洞中，均揭示诸多的垂直溶蚀裂隙、孔洞等，即是最好的例证。

表 4.33　第四岩溶发育期历经的几个岩溶发展阶段地貌及岩溶发育特征

岩溶发育阶段（对应阶地）	海拔/m	相对高程（高于河面）/m	阶地特征	地表或地下岩溶发育
第一阶段（T₇）	西：2010~2030	西：360~380	砾石层，总厚 10~15m，砾石磨圆好，上部夹砂层透镜体，具交互层理；下部分选差。形成于 Q₁	老庄子泉群及洞穴系统、磨房沟泉及洞穴系统等
第二阶段（T₆）	西：1890~1920 东：1610~1630	西：240~270 东：260~280	西：由上到下为中、粗砂层（3~5m）+圆砾石（10~15m）+砂层（5~10m） 东：平缓台地，其上覆黏土夹圆砾石，下伏全风化板岩，形成于 Q₂	老庄子 1 号孔孔深 103~115m 溶蚀裂隙及直径 0.5~10cm 溶孔，孔深 12~40m 溶蚀裂隙密集发育，1~5cm 的溶孔呈单个或蜂窝状出现，孔深 21.80~31.14m 揭露了富水段，单位涌水量分别为 56.94L/(min·m)。磨房沟泉口以下 58~66m 深处（高程 2112~2104m）为相对富水段，发育规模较大的岩溶管道
第三阶段（T₅）	西：1820~1840 东：1520~1530	西：170~190 东：170~180	西部：间互状夹砂砾石层，砾石磨圆好，由上而下粒度变细，厚 30~35m 东部：由上到下为红土层（0.5~1m）+砂砾石层+钙质角砾岩，砂砾石层倾角 10°~20°，形成于 Q₂	二坪子（1800m）溶蚀平台；辅助洞（1600m）、引水隧洞中揭示的溶洞、地下暗河管道、涌水点；老庄子 1 号孔孔深 180~197m 溶蚀裂隙及直径 0.5~10cm 溶孔
第四阶段（T₄）	西：1770~1790 东：1470~1480	西：120~140 东：120~130	西部：由上到下为黄褐色含砾砂壤土（5m）+灰黄色中细砂层（0.5~1m）+砾石层（5~7m，分选磨圆好）+中粗砂层（3~5m） 东部：夹砂砾石层，砾石分选磨圆好，具交错层理，形成于 Q₃	三股水泉（1468m）高层岩溶大泉；老庄子 1 号孔孔深 226~236m、257~271m 溶蚀裂隙及直径 0.5~10cm 溶孔
第五阶段（T₃）	西：1720~1740 东：1420~1430	西：70~90 东：70~80	西部：由上到下为黄褐色含砾砂壤土（2~5m）+粗圆砾石层（5~7m）+成层状中细砂层（5m）+夹砂砾石层（5m，磨圆好）+含砾石透镜体之中粗砂层（1~1.5m，具交互层理） 东部：上部土黄色砾石层，分选磨圆好，泥质胶结；下部细砂层夹砾石透镜体（2~3m），形成约 100m×300m 的台面，形成于 Q₃	三股水泉群低层岩溶大泉（1455m）、楠木沟泉；老庄子 1 号孔孔深 350~370m 溶蚀裂隙及直径 0.5~10cm 溶孔

岩溶发育阶段（对应阶地）	海拔/m	相对高程（高于河面）/m	阶地特征	地表或地下岩溶发育
第六阶段（T₂）	西：1680~1690 东：1390~1400	西：30~40 东：40~50	西部：上部为含砾砂层，下部为夹砂砾石层（分选磨圆好），总厚15~20m；东部：上部灰黄色半胶结粉细砂岩（10~15m）；下部灰黄色夹砂砾石层（5~10m），形成约50m×300m的台面，形成于Q₃	老庄子1号孔孔深394.47~369.62m富水段〔单位涌水量313.32L/(min·m)〕
第七阶段（T₁）	西：1665~1670 东：1370~1380	西：15~20 东：20~30	西部：上部砂层，下部砂砾石层，总厚25~30m 东部：灰色夹砂砾石层，后缘与T₂相连，呈内迭式，形成于Q₄	景峰桥附近一坪子（1650m）；大水沟长探洞中揭示的溶洞、涌水点、溶蚀裂隙

注：西部为洼里阶地；东部为里庄阶地剖面

对应于上述各阶地代表的地貌发育阶段，不同深度（高度）岩溶发育程度不一。如老庄子1号钻孔，孔深103~115m、180~197m、226~236m、257~271m、350~370m五段（对应高程分别为2057.31~2045.31m、1980.31~1963.31m、1934.31~1924.31m、1903.31~1889m、1810~1790m）见到了一些溶蚀裂隙和直径0.5~10cm的溶孔；孔深21.80~31.14m及孔深349.47~369.62m（对应高程为1790~1765m）二次揭露了富水段，单位涌水量分别为56.94L/(min·m)和313.32L/(min·m)（其中，揭露下含水段时，钻孔水位突然上升0.8m，证明深部存在弱承压的透水性较好的富水条带）；孔深370~425m段仅见四条细小溶隙和一个直径0.4~2cm的蜂窝状小溶孔；孔深425m以下未见溶隙和溶孔。由此可见，随钻孔深度的增加，溶孔、溶隙的发育强度明显减弱，规模逐渐变小，高程在1735m（孔深425.31m）以下岩溶发育极其微弱。根据勘探资料，毛家沟201号钻孔（孔口高程2267.85m，孔深300m）、许家坪长探洞（高程1344.09m，洞深550m）、周家坪201号钻孔（孔深514m）和周家坪探洞500m，均未见或少见溶蚀裂隙和溶孔，透水性极微弱，一般溶蚀裂隙滴水，也均表明深部岩溶发育较弱。

锦屏二级水电站引水隧洞、辅助洞高程约1600m，该高程岩溶发育规模对工程施工和水环境影响重大。该高程低于1735m，按照钻孔揭示的岩溶发育规律，该深度岩溶不发育，但施工揭示在该高程岩溶仍然发育强烈，尤其是垂直岩溶裂隙和规模较大的溶洞均有揭示，隧洞群的最大总涌水量达8.56~16.71m³/s；在大水沟长探洞（高程约1350m）及辅助洞（高程约1600m）的施工中，也曾引发大规模的涌水并疏干该长探洞以上高程的含水层，导致磨房沟泉干枯的现象。因此，岩溶发育更深。综合分析认为，研究区岩溶发育在东、西雅砻江为区域最低排泄基准面以下，即区域岩溶发育下限深度应低于最低排泄基准面1300m左右。

第5章 雅砻江大河湾岩溶水地球化学特征研究

为了深入分析锦屏二级水电站工程区的岩溶水文地质条件，开展了工程区天然水水化学和水同位素研究，在工程区内主要含水层中布置了大量长期观测点，并进行地下水取样测试。全面调查区内各单元地下水的地球化学特征，又有针对性地对重要含水层地下水的地球化学特征进行动态监测。本章应用水文地球化学的基本理论，根据水化学成分、水化学动态及岩溶水化学性质分析，论证了工程区天然水化学性质的形成机制、岩溶发育强度、岩溶水系统及亚系统之间的关系，查明了大水沟厂址长探洞地下水的补给来源。研究表明，工程区岩溶水溶蚀能力较弱，岩溶发育微弱；本区地下水均为直接接受大气降水补给的潜水类型，各水文地质单元补给区高程有区别；长探洞内集中涌水点的补给主要来自于磨房沟泉域和老庄子泉域的储水体。

5.1 岩溶水化学研究

5.1.1 天然水水化学成分特征

锦屏二级水电站工程区岩溶水化学研究，主要围绕引水隧洞影响较大的磨房沟泉、老庄子泉及长探洞各涌水点进行，同时对该区域的相关沟水、泉水也设置了水化学动态长期观测点，以研究各类水的化学特征及其变化规律。自1990年5月至2006年1月，技术人员在研究区内进行了大量水化学分析，共调查各类水点108处，采集全、简分析样品数共1015个，其中全分析样品数322个（表5.1）。

表5.1 各类水点水化学采样分析数量

水点类型	雨水	地表水	岩溶泉	许家坪探洞水	大水沟长探洞		合计
					PD$_1$	PD$_2$	
水点数	1	11	15	4	42	35	108
样品数	2	237	205	45	340	186	1015

水点中动态长期观测点28处，样品共754个（表5.2）。观测延续时间基本上都达到或超过一个水文年，并逐月采样分析，各长期观测取样点分布如图5.1所示。

表 5.2 锦屏二级水电站工程区水化学动态长期观测点

水点类型	采样地点	高程或深度/m	采样日期	样品数/个
地表水	雅砻江	1325～1330	1990 年 6 月～1996 年 1 月	65
	大水沟口	1340	1990 年 6 月～1996 年 1 月	53
	楠木沟口	1370	1990 年 6 月～1996 年 1 月	57
	楠木沟	1550	1992 年 3 月～1993 年 11 月	20
	毛家沟口	2100	1992 年 6 月～1996 年 1 月	11
岩溶泉	磨房沟泉	2174	1990 年 6 月～1996 年 1 月	63
	老庄子泉	2100	1990 年 6 月～1996 年 1 月	63
	三股水泉（中）	1455	1990 年 6 月～1991 年 6 月	11
	小水沟泉	1345	1990 年 5 月～1992 年 6 月	25
	PD_1 上游沟泉	1355	1990 年 6 月～1996 年 1 月	15
探洞水	许家坪探洞	40	1990 年 6 月～1996 年 1 月	39
长探洞水	PD_1	309	1990 年 9 月～1992 年 1 月	18
		347	1992 年 2 月～1993 年 2 月	11
		373	1990 年 9 月～1992 年 1 月	19
		558	1990 年 9 月～1993 年 2 月	30
		577	1990 年 9 月～1991 年 9 月	13
		1447	1992 年 5 月～1995 年 6 月	34
		2135	1993 年 2 月～1995 年 6 月	26
		2572	1993 年 4 月～1995 年 6 月	25
		2760	1993 年 7 月～1995 年 6 月	21
		2829	1993 年 7 月～1996 年 1 月	30
		3005	1994 年 3 月～1996 年 1 月	20
		3581.7	1994 年 6 月～1996 年 1 月	15
		3670.5	1995 年 1 月～1996 年 1 月	12
	PD_2	289	1991 年 5 月～1993 年 6 月	24
		564	1992 年 3 月～1993 年 6 月	13
		1716	1992 年 7 月～1993 年 5 月	10
		2845.5	1993 年 8 月～1994 年 6 月	11
合计				754

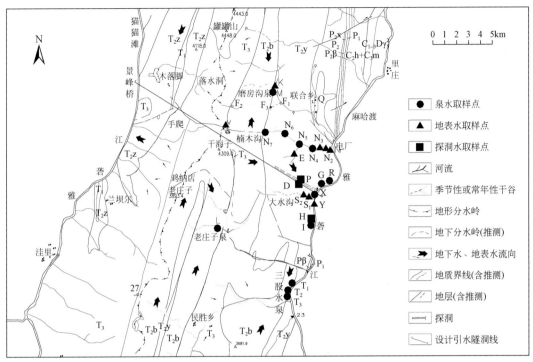

图 5.1　研究区天然水水化学长期观测取样点分布及水文地质简图

本区天然水类型有地表水、岩溶泉和长探洞水,其水化学资料见表 5.3。由表可见,本区天然水矿化度小于 250mg/L,一般为 120~180mg/L,均属低矿化水;HCO_3^- 和 Ca^{2+} 是主要离子,其他离子一般在 10mg/L 以下,除雅砻江为 HCO_3-Ca·Mg 型水外,其他类型水均属 HCO_3-Ca 型水,各类型水由于其形成和所处环境的不同,水化学组成也存在明显的差异。

表 5.3　研究区天然水化学成分数据

编号	位置	水温/℃	pH	$K^+ +$ Na^+ /(mg /L)	Ca^{2+} /(mg /L)	Mg^2 /(mg /L)	Cl^- /(mg /L)	SO_4^{2-} /(mg /L)	HCO_3^- /(mg /L)	CO_2 /(mg /L)	矿化度 /(mg /L)	$-lg$ $\{P_{CO_2}\}$	SIC	SID	样品数
雨水	大水沟基地	19.0	6.3	0.02	0.5	0.18	0.5	1.4	1.5			3.12	-5.18	-10.56	1
Y	雅砻江	12.8	8.34	8.20	30.5	8.95	2.53	9.96	134.71	4.13	131.93	3.30	0.34	0.29	20
S_1	大水沟口		8.34	4.82	50.43	4.82	2.44	6.00	172.06	3.31	151.73	3.18	0.68	0.51	21
S_2	大水沟泉 2000m	12.0	7.92	4.4	70.5	4.1	1.8	6.7	235.5	0.0	205.5	2.63	0.51	-0.09	1
X	小水沟泉		8.0	4.3	53.5	4.4	2.6	5.7	185.8	0.0	164.0	2.78	0.38	-0.18	18
N_1	楠木沟口	12.7	8.5	5.6	42.3	6.3	2.3	10.2	145.4	6.4	146.5	3.39	0.66	0.65	14

续表

编号	位置	水温 /℃	pH	K^++ Na^+ /(mg /L)	Ca^{2+} /(mg /L)	Mg^2 /(mg /L)	Cl^- /(mg /L)	SO_4^{2-} /(mg /L)	HCO_3^- /(mg /L)	CO_2 /(mg /L)	矿化度 /(mg /L)	$-\lg\{P_{CO_2}\}$	SIC	SID	样品数
N_2	楠木沟水 1500m	13.2	8.6	3.0	44.9	6.8	2.1	10.0	152.6	4.8	147.9	3.47	0.78	0.90	1
N_3	楠木沟水 （1950～ 1960m）	12.8	8.0	3.2	59.3	4.1	2.1	5.8	198.9	0.0	174.0	2.78	0.46	-0.09	1
M	磨房沟泉	9.6	8.2	4.1	38.5	3.5	2.0	2.1	135.4	2.1	120.5	3.19	0.32	-0.32	20
L	老庄子泉	10.7	7.9	3.9	40.6	6.4	2.2	2.0	153.0	3.4	136.1	3.20	0.47	0.25	20
H	许家坪探洞	15.5	8.3	3.5	47.2	12.9	1.8	22.3	164.2	10.8	160.5	3.37	0.36	0.34	2
P_1	PD_1-309m	17.3	8.0	5.8	52.8	5.7	2.1	7.0	192.3	0.0	169.2	2.71	0.40	0.04	17
P_2	PD_1-373m	17.0	7.9	6.2	53.4	6.6	2.1	12.0	198.9	0.0	178.1	2.69	0.37	0.03	17
P_3	PD_1-434m		7.9	11.7	70.1	8.5	5.0	22.6	250.2	0.0	250.3	2.17	0.16	-0.41	1
P_4	PD_1-528m	15.0	8.0	12.0	50.1	15.8	2.5	12.0	244.1	0.0	214.5	2.67	0.47	0.62	1
P_5	PD_1-558m	15.9	7.8	4.9	60.3	5.6	2.3	5.8	213.8	0.0	177.4	2.50	0.30	-0.28	17
P_6	PD_1-577m	15.1	7.7	6.9	55.6	5.2	2.2	7.1	201.3	0.0	177.7	2.47	0.18	-0.49	11
P_7	PD_1-1104m	12.4	7.7	2.1	56.7	3.0	2.1	4.1	184.9	0.0	160.3	2.52	0.15	-0.83	2
P_8	PD_1-1106m	12.4	7.7	3.4	54.5	3.4	2.5	3.8	183.1	0.0	159.2	2.51	0.18	-0.87	2
D_1	PD_2-232m	17.8	7.9	5.1	49.1	7.9	2.0	7.0	189.4	0.0	166.3	2.68	0.34	0.10	7
D_2	PD_2-236m	18	8.0	4.7	50.8	7.4	2.2	6.3	194.1	0.0	167.7	2.74	0.44	0.25	2
D_3	PD_2-289m	15.4	8.0	5.4	52.6	4.8	2.0	5.4	187.1	0.0	163.2	2.80	0.42	-0.006	7
D_4	PD_2-294m	15.5	8.1	3.4	53.8	5.0	2.5	4.8	188.0	0.0	163.4	2.87	0.52	0.18	2
D_5	PD_2-446m	17	8.0	6.8	66.2	7.5	1.7	16.3	230.9	0.0	218.6	2.72	0.64	0.54	6
D_6	PD_2-573m	15	8.0	6.1	54.6	4.2	1.8	5.3	193.8	0.0	175.1	2.80	0.47	-0.02	5
D_7	PD_2-702m	15.3	8.0	4.2	53.8	5.8	1.8	6.8	192.3	0.0	68.3	2.83	0.49	0.18	2
D_8	PD_2-996m	13	7.6	0.5	58.1	2.4	2.5	2.4	183.1	0.0	157.5	2.41	0.03	-1.17	1
D_9	PD_2-1004m	12.7	7.7	2.7	54.9	3.0	2.0	4.1	181.1	0.0	157.2	2.47	0.06	-1.02	6

1）地表水

雅砻江为主要流经非岩溶区的过境河流，水的矿化度低（132mg/L），为 HCO_3-Ca·Mg 型水，Mg^{2+} 含量较高，Ca/Mg=3.4，其他次要离子含量均小于10mg/L。地表沟水除雨季排泄地表径流外，主要排泄沟谷两侧地下水，由于其汇水范围内的地质地理环境不同，其化学成分有显著差异，并与雅砻江水不同。例如，大水沟和楠木沟，矿化度较高（约150mg/L），属 HCO_3-Ca 型水，Ca/Mg=6.7～10.5，次要离子含量也较低，K^++Na^+、Cl^-

含量均小于 4.4mg/L。两沟均横切地层发育，但前者切割的地层以盐塘组为主，其中灰岩的夹层较多，而后者切割的地层有盐塘组及其下层位的变质岩，故在水化学特征上有所差异，表现在后者 Mg^{2+}、$K^+ + Na^+$、SO_4^{2-} 含量较高，反映了地质环境的差异对水化学特征的影响。

由于取样均为枯水期，沟水主要为排泄的地下水，大水沟、楠木沟自上游向沟口水化学特征也有明显的变化：①自上游向下游矿化度明显降低，其差值各为 50.8mg/L 和 26.1mg/L，且主要受 HCO_3^- 和 Ca^{2+} 含量变化的影响；②水温有所增高，pH 明显增大；③从 $K^+ + Na^+$ 和 SO_4^{2-} 含量变化来看，沟口水来自不同水质地下水的排泄混合。

从水的碳酸盐平衡状态来看，上游水 CO_2 分压较高，水对方解石呈过饱和状态、对白云石呈欠饱和状态；至下游 CO_2 分压急剧减小，水对方解石过饱和程度增加、对白云石也为过饱和状态。这主要是因为地表沟水在流动过程中逸出 CO_2，同时越向下游，水温、气温增高更易于 CO_2 逸出，使水对碳酸盐的饱和程度急剧增高而沉积 $CaCO_3$，这一现象可在大水沟 1600～1800m 高程的沟中见到。

2）岩溶大泉

磨房沟泉和老庄子泉是本区中部白山组大理岩带的两个稳定的排泄中心，都受当地大气降水补给，且出露高程相近（磨房沟泉为 2174m，老庄子泉为 2125～2164m），在水化学特征上有其共同特点，但受各自泉域地质环境的影响，又有明显的差异：①两者水温和矿化度均低于其他类型水，都属于 HCO_3 – Ca 型水。但磨房沟泉水温和矿化度最低（9.6℃，120mg/L），老庄子泉则稍高（10.6℃，136 mg/L）；②老庄子泉由于泉域内碳酸盐岩白云质含量较高，故水中 Mg^{2+} 含量较高，$Ca/Mg = 6.3$；磨房沟泉域内灰岩较纯，水中 Mg^{2+} 含量较低，$Ca/Mg = 10.9$，差异显著。

三股水泉是 II 单元岩溶水系统主要排泄点，该单元与工程区无直接水力联系。由水化学观测资料可知，三股水泉的矿化度平均值在 I 单元两大泉之间（128～129mg/L），$Ca/Mg = 7.1$，为 HCO_3 – Ca 型水，其他成分中 $K^+ + Na^+$ 和 SO_4^{2-} 含量较 I 单元两大泉稍高，为 3～7mg/L，这与岩性不同有关。

3）中小岩溶泉

本工程区观测的中小泉水点主要分布于东雅砻江右岸的岸坡地带，有 PD_1 上游沟泉、大水沟泉、小水沟泉、楠木沟泉（4 个水点）、毛家沟泉、钙华层泉、一碗水泉等，其水化学特征为：①矿化度最低 113.1mg/L，最高 205.5mg/L，平均 155.5mg/L 左右，较岩溶大泉的矿化度高 30mg/L 左右；②$Ca/Mg = 10$，较老庄子泉高，但较磨房沟泉稍低，主要为 HCO_3^-，属 HCO_3 – Ca 型水；③除 Cl^- 和岩溶大泉相当，其他离子含量为 2～17mg/L，较大泉水高 0.5～15mg/L。

以小水沟泉为代表，出露于东部盐塘组夹层状大理岩带中，其位置在雅砻江右岸大水沟北侧岸坡上，为出自角砾岩崖底灰华中的悬挂泉，出露高程 1340m，呈分散状股流，枯水期流量大于 50L/s。其水化学特征与大水沟沟口水相近，与两个大泉的区别主要是矿化度较高，高出 28～44mg/L，主要是 HCO_3^- 和 Ca^{2+} 含量较高所致。次要离子中 SO_4^{2-} 含量比两个大泉高出 1.3 倍，这主要受小水沟泉汇水区盐塘组变质大理岩中黄铁矿的影响。

4）长探洞水

大水沟北 PD_1 和 PD_2 两条长探洞平行相距 30m，走向 NWW，到 1992 年 3 月开挖至 1000m，共揭露涌水点 60 多个，初期涌水量大小不均，最大涌水点初始涌水量达 $0.67m^3/s$（位于 PD_2-1002.4m 处）。小者呈细流，大者呈股水喷射而出，它们随时间呈不同程度的衰减。技术人员对其中的 17 个水点进行了水化学采样观测。表 5.3 可见其主要特征是：①水的矿化度较高但变化较大，其范围为 157~250mg/L，但大多在 163~178mg/L；②水温变化较大，具有从洞口（18℃）向山内逐渐降低（12℃）的趋势；③HCO_3^- 含量随矿化度而变化，Ca^{2+} 含量变化不大，次要离子含量一般在 10mg/L 以下，但少数水点中 SO_4^{2-} 和 K^++Na^+ 含量达到 23mg/L 和 11mg/L，这主要与涌水层位的岩性有关。

此外，从探洞 PD_2 水化学剖面图（图 5.2）来看，探洞前半段矿化度高、后半段矿化度低，在进深 2000m 附近矿化度达到最高值。

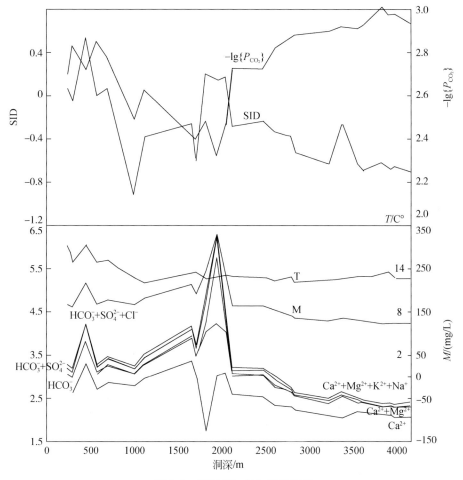

图 5.2　探洞 PD_2 水化学剖面图

根据 1992 年枯水期 1 月 5 日~2 月 14 日的水化学资料，结合地层岩性和地质构造，长探洞水化学特征按水点洞深可以分为 3 段，见表 5.4。

从表 5.4 可以看出，探洞 I 段，水化学性质与中小泉相当接近，为表层岩溶水带，受大气影响显著，水温较高，可能有地表沟水的影响；探洞 II 段，除水温与 I 单元两大岩溶泉（磨房沟泉和老庄子泉）接近外，其水化学性质独特，为以裂隙水为主的慢速流带，径流较滞缓，矿化度高，受岩性影响，含 SO_4^{2-} 和 $K^+ + Na^+$ 偏高；探洞 III 段，水化学性质与 I 单元两大岩溶泉比较接近，为岩溶深饱水带，水温低，矿化度低，次要离子含量低。

综上所述，长探洞横穿各涌水层位，其水化学特征各具特色，表明它们是主要受涌水层位控制的具有相对独立性的地下水子系统，相互联系比较微弱，反映出岩塘组上段是一套多层状含水性不均一的含水岩组，层位储水，岩溶裂隙导水。

5.1.2　天然水水化学动态特征

本区呈典型的高山峡谷气候，据气象资料可知每年 5 ~ 10 月为雨季，其中 6 ~ 9 月雨量较集中，月降雨量在 100mm 以上，为丰水期；每年 1 ~ 3 月气温较低，冰冻雪封，降水稀少，为枯水期；平水期为 4 ~ 5 月和 10 ~ 12 月，降水的高程效应明显，每年从 9 月下旬开始到次年 6 月，河谷区降雨，高程 3000m 以上的山区降雪。9 ~ 12 月由于白昼气温较高，部分积雪融化；3 ~ 6 月气温渐升，积雪渐化。这样组成了一个降雨期和两个融雪期的动态过程，是本区水化学动态的主要影响因素，各类水点水化学动态特征列于表 5.5。

由表 5.5，根据本工程区天然水化学动态变化过程与幅度，可将天然水分为如下 6 类水动态类型。

1）雅砻江气候型动态

随气候季节变化，矿化度与水温呈负相关，对应明显，变幅较大，枯水期最高，丰水期最低，融雪期反应不明显。

2）岩溶大泉稳定型动态

磨房沟泉与老庄子泉两者的共同特点是波动微弱，变幅最小，融雪期矿化度最低，影响明显。但两者有差异，磨房沟泉矿化度在丰水期一般较低而在枯水期较高，系受降水影响的正常动态。但丰水期中有突然升高的现象，其原因可能是气温升高微生物大量繁殖，入渗水中含较多 CO_2，具较强溶蚀性，致使水的矿化度增高。老庄子泉矿化度丰水期较高而枯水期较低，呈反常动态，反映两个泉在含水层结构上有所差异。磨房沟泉含水介质空间较大，含水层调节性能较好，溶解的盐类得以稀释、储存再流走，老庄子泉含水介质空间较小，水岩接触面积相对较大，径流较通畅，溶解的盐类得不到稀释即流走。老庄子泉枯水期矿化度较低，可能与泉域补给区高程比磨房沟的低，融雪期较长因素有关，致使枯水期仍有融雪水入渗的影响。

3）岸坡岩溶水平缓波动型动态

属于此类的有大水沟、楠木沟、小水沟泉及许家坪探洞（40m）等，其共同特征是波动较平缓，变幅较小。但由于所处位置不同，其季节反应也有所差异：①大水沟季节反应较明显，其矿化度在枯水期高，融雪期低，丰水期较低但有波动异常；②楠木沟、小水沟泉，其矿化度在枯水期低，丰水期一般较高且有波动异常；③许家坪探洞（40m）在丰水期稍低，变化平缓。

表 5.4　长探洞水水化学成分分段特征

分段		进深/m	水温/℃	pH	K⁺+Na⁺	Ca²⁺	Mg²⁺	Cl⁻	SO₄²⁻	HCO₃⁻	矿化度	$-\lg|P_{CO_2}|$	SID
PD₁	I	0~327	17	8.18~8.25	5.8~7.6	48.1~54.1	7.3	2.1~2.8	4.5~15.0	187.9~198.9	162.2~185.5	2.97~3.02	0.56~0.77
	II	327~558	15~16	7.50~7.89	3.0~12.0	50.1~70.1	2.7~15.8	1.1~5.0	4.8~22.6	186.7~250.2	161.9~250.3	2.17~2.78	-0.41~0.62
	III	558~1104	12.4~15	7.60~7.67	2.3~7.1	55.3~56.1	2.4~5.3	1.8~3.2	2.4~6.0	183.1~201.4	156.6~177.6	2.41~2.43	-0.55~-1.21
PD₂	I	0~290	15~16.5	8.18~8.25	4.4~8.3	48.5~52.1	4.4~9.0	2.1~2.5	4.5~7.0	183.1~210.4	159.1~176.0	2.80~3.06	0.38~0.68
	II	290~573	15~16.5	8.11~8.18	6.0~11.0	52.1~66.1	4.9~6.6	1.4~2.1	5.0~15.5	189.2~241.6	164.7~221.4	2.80~2.89	0.19~0.66
	III	573~1004	13~15	7.50~8.11	0.5~4.8	52.2~58.1	2.4~2.5	1.4~2.5	2.4~5.5	180.6~195.3	157.3~168.9	2.31~2.89	0.36~1.32

表 5.5　锦屏二级水电站工程区各类水点水化学动态数据

位置	水温/℃ 高/低	pH 高/低	矿化度/(mg/L) 高/低	$-\lg|P_{CO_2}|$ 高/低	SID 高/低	特征	水化学曲线 高值时期	低值时期	观测时间
雅砻江	18/5	8.58/8.05	160.0/85.6	3.56/2.97	0.77/-0.23	随气候作季节性波动,对应明显"丰低枯高"	1990年1~2月,每年4月	1990年9~10月,1991年6~8月	1990年6月~1992年2月
大水沟		8.59/8.18	184.4/149.7	3.46/2.98	1.05/-0.03	略有平缓波动,丰水期融雪期低,枯水期高	1991年2月~3月1日,1992年1月,1991年8月(异常)	1990年1月,1991年9~11月	1990年6月~1992年3月
楠木沟	18/9.6	8.70/8.20	182.6/125.8	3.61/3.03	1.16/0.33	有小波动,融雪期最低,枯水期略高,丰水期波动明显	1991年1~2月,1991年6月	1991年4~5月,1990年12月~1991年1月	1990年6月~1992年3月,(缺1991年8月~1992年1月)
小水沟泉		8.15/7.80	178.4/154.0	2.93/2.59	0.40/-0.74	有小波动,融雪期略高,枯水期略高,丰水期波动明显	1991年1~2月,1991年8~10月(异常)	1991年4~6月,1990年10~12月	1990年6月~1992年2月
磨房沟泉	11/9	8.68/7.80	128.9/113.0	3.70/2.75	0.41/-1.08	波动微弱,枯水期高,丰水期及融雪期低	1991年1~3月,1992年1月,1991年7月(异常)	1990年9~12月,1991年6月	1990年6月~1992年3月
老庄子泉	12/8	8.53/7.86	147.3/124.6	3.50/2.71	0.66/-0.46	波动微弱,融雪期、枯水期及枯水期低,丰水期波动	1990年9~10月,1991年5~8月(异常)	1990年12月~1991年4月,1991年9月~1992年3月	1990年6月~1992年3月
PD₁-309m	19/16	8.28/7.60	188.7/158.8	3.08/2.37	0.56/-0.65	有小波动,融雪期、枯水期略高,丰水期最高	1990年9~11月,每年8~9月	1991年3~7月,1991年11月~1992年1月	1990年6月~1992年3月
PD₁-373m	18/16	8.25/7.50	194.6/167.4	3.02/2.53	0.77/-0.33	有小波动,枯水期及融雪期低,丰水期较高	1991年8~9月	1990年12月~1991年5月	1990年9月~1991年1月
PD₁-558m	17/15	8.10/7.50	239.8/160.0	2.88/2.19	0.22/-0.85	波动较大,丰水期突起较高,融雪期也较低	1991年7~9月,1990年11月	1991年4~6月,1991年10月~1992年2月	1990年9月~1992年1月
PD₁-577m	16/14	7.88/7.61	224.1/160.6	2.65/2.30	0.20/-0.74	波动较大,丰水期突起较高,融雪期也较低	1990年10月	1990年11~12月,1991年4~6月	1990年10月~1991年8月

本类水点除大水沟、楠木沟雨季排泄洪水径流外，主要排泄岸坡地带的渗流水（即表层水），其水化学动态一方面在不同程度上受到融雪水入渗的影响，地表水矿化度小，在补给地下水过程中将有机质带入地下，增加水的溶蚀能力，使水的矿化度突然增高；其影响程度与补给高程有关，即补给高程越高、融雪水的影响越显著，水温及矿化度的变幅也越大。另一方面，融雪期气候较寒冷，生物作用微弱，水中 CO_2 较少，溶蚀作用较弱，故矿化度较低；丰水期生物作用强烈，水的溶蚀能力较强，故形成矿化度升高的异常波动。

4）大泉波动型动态

三股水泉动态波动较明显，融雪期水温升高，矿化度降低，系常年入渗的沟水受融雪水补给的影响。丰水期后期矿化度略有升高，反映丰水期生物作用较强烈，入渗水中含较多有机物，水的溶解能力增强。另外，三股水泉主要受两侧沟谷水补给，从而也引起泉水化学组分产生动态波动。

5）探洞水波动型动态

探洞水在水点 P_{23}（PD_1-2572m）之前，其都具有或大或小的明显动态，矿化度变幅大，一般丰水期较高，枯水期及融雪期较低，突起波动主要在丰水期，此时生物作用强烈，水的溶蚀能力较强，包气带水在入渗过程中溶解了较多矿物质。

PD_1-2135m 至 PD_1-2572m 洞段，虽然矿化度变幅与此前洞段相当，但变化特征有明显差异。PD_1-2135m 水点表现出枯水期矿化度较低，融雪期、丰水期矿化度较高的特点，主要受降水和融雪水的影响；PD_1-2572m 水点 4～7 月矿化度波动幅度较大，结合同位素分析，这两个水点主要受来自 I 单元表层岩溶带水和地表水的补给。从探洞 II 段到 2572m 洞段水的矿化度较高，主要与该洞段出水量小、水交替慢及围岩岩性有关。

6）探洞水稳定型动态

探洞水自 PD_1-2760m 后，各水点都显示出稳定的动态特征，是岩溶水深循环带缓慢裂隙流的反映。

5.1.3　岩溶水的溶蚀化学性质

水的溶蚀化学特征指标为水相对碳酸盐岩矿物的饱和指数和水的 CO_2 分压。SIC 为水相对方解石的饱和指数，SID 为水相对白云石的饱和指数；SIC/SID＝0 为饱和状态，SIC/SID<0 为非饱和状态，SIC/SID>0 为过饱和状态，其意义同 SIC。水中 CO_2 分压以其负指数 $-\lg\{P_{CO_2}\}$ 表示。本区各类水的饱和指数和 CO_2 分压数据见表 5.3 和图 5.3。

1）雨水

雨水的 $-\lg\{P_{CO_2}\}$＝3.12，SIC＝-5，SID＝-10，呈极度不饱和状态，说明本区空气洁净，含矿物质很少，对碳酸盐岩具有溶蚀能力。

2）雅砻江水

雅砻江水 CO_2 分压很低，$-\lg\{P_{CO_2}\}$＝3.30，说明江水中含腐殖质较少；SIC、SID 约 0.3，水相对方解石和白云石呈过饱和状态，具有沉积碳酸盐岩的性质。

3）地表沟水

大水沟口 S_1、楠木沟口 N_1 和楠木沟 1500m 处沟水 N_2，CO_2 分压是全区各类水中最低

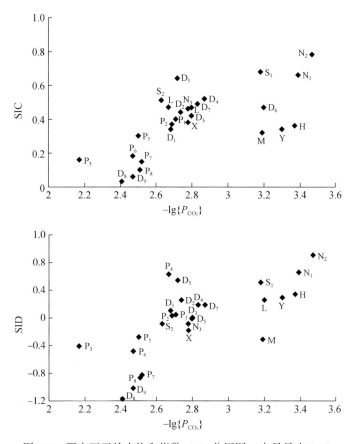

图 5.3 研究区天然水饱和指数-CO_2 分压图（点号见表 5.3）

的，$-\lg\{P_{CO_2}\}$ = 3.18 ~ 3.47，SIC、SID 是全区最高的，为 0.5 ~ 0.9，呈高度过饱和状态。这主要是由于水在流动过程中溢出 CO_2、沉积 $CaCO_3$，其中楠木沟 CO_2 分压较大水沟低而过饱和程度较高是由于楠木沟水量小，地形较缓，有利于 CO_2 溢出和 $CaCO_3$ 沉积。

4）小水沟泉、大水沟和楠木沟泉

图 5.3 上，楠木沟 1950 ~ 1960m 高程处沟水 N_3 落在长探洞水分布区，在小水沟泉 X 和大水沟泉 S_2 之间，该样品应归属于泉水。可以看出小水沟泉和地表沟附近泉水相对方解石呈过饱和状态，其饱和程度与老庄子泉相当，但 CO_2 分压却大得多，$-\lg\{P_{CO_2}\}$ 为 2.7 左右；3个泉水相对白云石均呈非饱和状态，SID = -0.09 ~ 0.18，对白云质碳酸盐岩有溶蚀性。

5）大泉水

磨房沟泉 $-\lg\{P_{CO_2}\}$ = 3.19，老庄子泉 $-\lg\{P_{CO_2}\}$ = 3.20，几乎相同。虽然相对方解石均呈过饱和状态，但程度有差异，磨房沟泉稍低，与该泉域含水层介质空间较大，水量大有关。两个泉相对白云石饱和程度差别更大，老庄子泉 SID = 0.25，呈过饱和状态，磨房沟泉 SID = -0.32，呈非饱和状态，这主要是由于老庄子泉域含水层中蛋白质含量较多，溶解了较多的白云石。

三股水泉北、中两股，其 CO_2 分压在大泉中最低，$-\lg\{P_{CO_2}\}$ = 3.3 ~ 3.4，SIC、SID 较

高，为 0.4 ~ 0.7；三股水泉南股，其 CO_2 分压是大泉水中最高的，$-\lg\{P_{CO_2}\}=2.96$，SIC、SID 相应较低，分别为 0.2、-0.4。这表明，三股水泉的三个泉各有不同的补给途径。

6）长探洞水

长探洞水 CO_2 分压是全区最高的，$-\lg\{P_{CO_2}\}=2.17 \sim 2.87$，但饱和指数变化较大，SIC = 0.03 ~ 0.64，SID = -1.17 ~ 0.64，后者从饱和到不饱和。两个探洞的溶蚀化学性质具有相似的特征，有随洞深增加 CO_2 分压增加、饱和指数降低的特点。在图 5.3 上，PD_1 长探洞中的 P_1、P_2 为第 I 段，P_3、P_4、P_5 为第 II 段，P_6、P_7、P_8 为第 III 段，第 I、III 段点分布较集中，第 II 段点分布较分散。从洞口到深处，CO_2 分压逐渐增大，水对于方解石饱和度逐渐降低，对于白云石由洞口的稍过饱和变为不饱和。PD_2 长探洞中的 D_1、D_2、D_3 为第 I 段，D_4、D_5、D_6 为第 II 段，D_7、D_8、D_9 为第 III 段，也具有随深度增加 CO_2 分压增大、相对方解石和白云石饱和程度降低的特点，但该洞第 I、II 段和第 III 段的 700m 附近溶蚀化学性质相近，在 700m 以后，水相对于方解石和白云石的饱和程度突然降低。

以上分析表明，第 I 段小型裂隙、溶隙之间联系较好，第 II 段较差，第 III 段则发育较大裂隙、溶隙，大突水（1002.4m 处）通道靠近 PD_2，PD_1 只是受其影响，此原因随洞深增加 CO_2 分压增加、饱和度降低与洞中水 CO_2 不易溢出有关，同时也与突水源中携带的 CO_2 有关。突水时发现大量泥土，土壤是产生 CO_2 的一个重要来源。

5.2　岩溶水同位素研究

5.2.1　天然水同位素组成和分布特征

自 1990 年 4 月至 1995 年 6 月，分三个阶段对锦屏二级水电站工程区内雨水、地表水、岩溶泉、探洞水等共计 81 个采集点进行取样分析，采集样品 254 件（表 5.6）。此外，对高山气象站、磨房沟泉、老庄子泉等 8 个采集点进行动态监测，采集样品 156 件（表 5.7），长期观测点指高山气象站、磨房沟泉、老庄子泉和雅砻江水，大水沟长探洞 PD_1-1447m、PD_1-2829m、PD_1-3629m 和 PD_2-2845.5m 也作为短期的系列观测点。

表 5.6　锦屏二级水电站工程区各类水点同位素采样数量

水点类型	雨水	地表水	岩溶泉	大水沟长探洞		高程效应点	合计
				PD_1	PD_2		
水点数	4	16	16	19	18	8	81
样品数	25	40	110	8	42	29	254

表 5.7　锦屏二级水电站工程区水同位素动态观测点

序号	采样地点	高程或深度/m	采样日期	样品数量
1	高山气象站	3080	1992 年 2 月 8 日 ~ 1995 年 4 月 8 日	22
2	雅砻江	1325 ~ 1330	1990 年 4 月 7 日 ~ 1993 年 8 月 20 日	21

续表

序号	采样地点	高程或深度/m	采样日期	样品数量
3	磨房沟泉	2174	1990 年 3 月 29 日 ~ 1995 年 6 月 3 日	55
4	老庄子泉汇集点	2100	1990 年 8 月 3 日 ~ 1995 年 5 月 11 日	27
5	PD_1	1447	1992 年 2 月 4 日 ~ 1995 年 5 月 8 日	12
6	PD_1	2829	1993 年 10 月 8 日 ~ 1995 年 5 月 8 日	9
7	PD_1	3629	1994 年 10 月 6 日 ~ 1995 年 5 月 8 日	4
8	PD_2	2845.5	1993 年 8 月 20 日 ~ 1994 年 6 月 3 日	6

5.2.1.1　稳定氢氧同位素的组成和分布特征

1）$\delta^{18}O$ 值的平面分布特征

锦屏二级水电站工程区中部地表沟水和泉水的 $\delta^{18}O$ 值以干海子为界分为两段，其北部 $\delta^{18}O$ 值一般小于-15‰，其南部 $\delta^{18}O$ 值接近-15‰，这证明了 I 水文地质单元确实存在地下分水岭——干海子。锦屏山主分水岭西侧 $\delta^{18}O$ 值多在-14‰水平，B 线附近的 4 个点在-13‰水平；东侧 $\delta^{18}O$ 值较富，除大水沟 S_3 号水点、探洞 4 个水点及三股水泉 $\delta^{18}O$ 值小于-14‰外，大多在-13‰水平。这说明锦屏山主分水岭西侧地形较陡峻，汇水范围内地理高程较东部高；其中，h_5、h_6 两个地表水点的 $\delta^{18}O$ 值较富，T 值较低，主要与汇水范围内岩性有关，汇集的主要是砂岩、板岩组地下水。$\delta^{18}O$ 值的平面分布特征如图 5.4 所示。

2）$\delta^{18}O$、δD 值的动态变化特征

各类型水稳定氢氧同位素 δ 值动态变化各具特点，如图 5.5，图 5.6 所示。

（1）大气降水同位素 δ 值变化幅度相当大，$\delta^{18}O$ 高值期在每年的 2 ~ 6 月；低值期为每年的 7 ~ 11 月，最大变幅 $\delta^{18}O = 15.3‰$、$\delta D = 119.2‰$。δ 值在干冷季节偏高，湿热季节偏低，是由于干冷季节蒸发量大，湿热季节降水量大起主导作用，即蒸发效应和降水效应掩盖了温度效应。

（2）雅砻江水同位素 δ 值高值期为 4 ~ 7 月，低值期为 9 ~ 11 月，一般滞后降水 2 个月，平均最大变幅 $\delta^{18}O = 1.5‰$、$\delta^{18}O = 10‰$。

（3）磨房沟泉和老庄子泉同位素 δ 值高值期在 7 ~ 9 月，低值期为当年 12 月至次年 2 月，平均最大变幅 $\delta^{18}O = 1.2‰$、$\delta D = 10‰$。两个大泉的同位素 δ 值动态变化基本同步，变幅相同，但各自特征值不同，这说明两个大泉是相互独立的岩溶泉。

（4）长探洞水同位素 δ 值动态变化：PD_1-1447m 涌水点初始 $\delta^{18}O$ 值较高，次月大幅度降低，降幅为 1.14‰，随之 $\delta^{18}O$ 呈现小变幅的波动，变幅仅为 0.56‰，高值与低值出现的规律性不强；PD_1-2829m 水点初始 $\delta^{18}O$ 值较低，之后几乎在同一水平上略有变化；PD_1-3629m 涌水点 $\delta^{18}O$ 值动态相当稳定，$\delta^{18}O$ 值变幅约为 0.22‰；PD_2-2845.5m 集中涌水点 $\delta^{18}O$ 值动态亦较稳定，$\delta^{18}O$ 值的变幅约为 0.3‰（PD_2-2845.5m 第 1 个样品除外），变动情况与 PD_1-2829m 点相似，两水点动态曲线几乎重合，只是 PD_1-2829m 水点采样滞后了 1 个月。

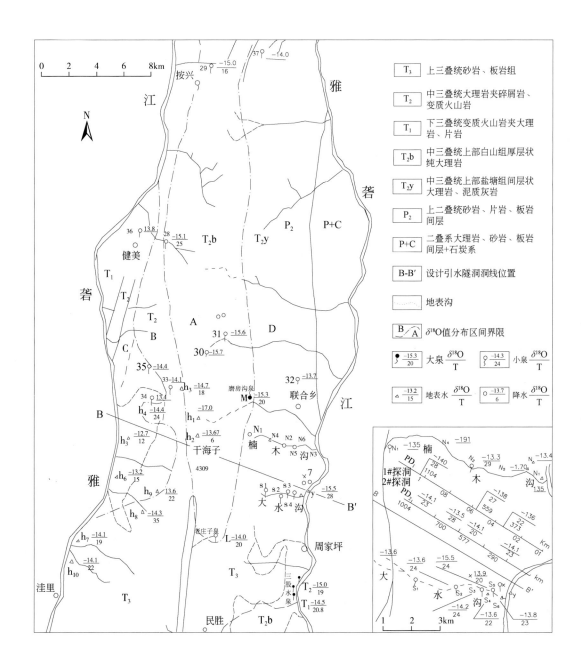

图 5.4　锦屏二级水电站工程区稳定同位素 $\delta^{18}O$、T 值平面分布图

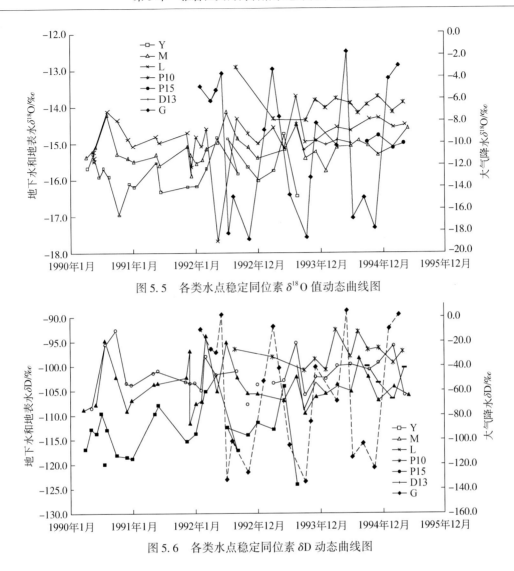

图 5.5 各类水点稳定同位素 $\delta^{18}O$ 值动态曲线图

图 5.6 各类水点稳定同位素 δD 动态曲线图

3) 天然水 δ 值在 δD-$\delta^{18}O$ 图上分布特征

为了图面的清晰,将本工程区各类型水点中雅砻江水、磨房沟泉、老庄子泉三类水点以系列样品点投放于 δD-$\delta^{18}O$ 关系图 5.7 上,高程水点数据未投放,其余水点数据均以平均值投放。本工程区大气降水月水量加权平均值相当分散,故将大气降水系列样品和磨房沟泉、老庄子泉及雅砻江各点平均值,长探洞发生集中大涌水前的 δ 平均值一同绘于图 5.8 上。

从图 5.9 可以看出,研究区的地下水(磨房沟泉水、老庄子泉水及长探洞涌水)和主要地表水(大水沟水和楠木沟水)的氢氧同位素数据点沿标准大气雨水线分布,并且绝大部分数据点均分布在标准大气雨水线的左边。将本区所有类型水点 δD、$\delta^{18}O$ 数据进行线性相关分析,得相关方程为 $\delta D = 7.72\delta^{18}O + 10.19$,$r = 0.98$,氘盈余 $d = 14.19‰$,这表明本区所有类型水均直接接受大气降水补给,地表水和地下水没有明显的蒸发效应,水点之间也没有明显的混合作用,水点的 δ 值在很大程度上保持了大气降水的 δ 值特征,因而所有类型水 δD、$\delta^{18}O$ 相关方程 $\delta D = 7.91\delta^{18}O + 12.77$ 可近似地代表本区雨水线。

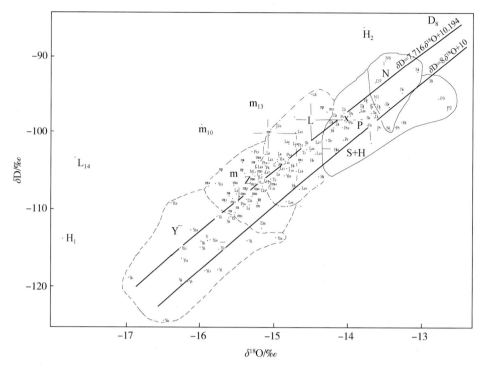

图 5.7　各类水点稳定同位素 δD-δ¹⁸O 关系图

Y. 雅砻江样品点及分布区；m. 磨房沟泉样品点及分布区；L. 老庄子泉样品点及分布区；T. 三股水泉样品点；
X. 小水沟泉样品点；S. 大水沟泉样品点；N. 楠木沟样品点及分布区；H. N 含水单元地表水点；#. PD₂-4168m
超前钻水点；Z. PD₁-3931m 超前钻水点；P. PD₁ 样品点；D. PD₁ 样品点；S+H. 大水沟范围内样品点及Ⅳ含水单
元地表水样品点分布区

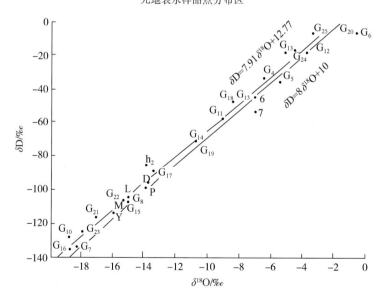

图 5.8　各类水点稳定同位素 δD-δ¹⁸O 平均值分布图

G. 大气降水月加权平均值；P. PD₁ 大突水前平均值；D. PD₂ 大突水前平均值；M. 磨房沟泉平均值；
L. 老庄子泉平均值；Y. 雅砻江平均值

图 5.9 上，据两个水文年的降水资料，绘制出降水线 $\delta D = 7.91\delta^{18}O + 12.77$，$r = 0.99$，氘盈余 $d = 15.46‰$。该线与图 5.8 上两条雨水线的特征值相当接近，本区雨水线较标准大气雨水线 $\delta D = 8\delta^{18}O + 10$ 的斜率小，其氘盈余值 $d > 10$，说明降雨云团主要来源于空气相对湿度较小的西部地区。

4）$\delta^{18}O$ 高程效应分析

本工程区属于高山峡谷岩溶地貌，地形高程相差较大，而氢氧同位素组成受地形高程的影响十分明显，因此采用孤立的局部水流系统来研究大气降水高程效应的作用。根据地下水与补给它的入渗水同位素浓度分布呈现一致的原理，大气降水高程效应样品一般是在不同高程上取流量为 $0.1 \sim 2L/s$ 的基岩裂隙泉水样品，采取取样点补给区平均补给高程代替取样点高程。对交替强烈的地区，同期样品可以消除季节变化的影响，可以反映降水 $\delta^{18}O$ 值的真实高程效应。在锦屏山东西两侧 $400km^2$ 范围内共取 8 个高程效应样品，见表 5.8。

表 5.8　锦屏二级水电站工程区高程效应点同位素值

点号	位置	高程/m	地质环境	流量/(L/s)	$\delta D /‰$	$\delta^{18}O/‰$	取样时间
30	漫桥沟上游	3600	砂岩、板岩	3.0	−133.00	−15.71	1990 年 4 月 13 日
31	漫桥沟上游	3560	砂岩、板岩	0.3	−111.70	−15.64	1990 年 4 月 3 日
32	瓦厂	2830	砂岩、板岩、页岩	0.2	−95.30	−13.73	1990 年 4 月 8 日
33	落水洞沟上游	3020	砂岩、板岩	0.7	−101.40	−14.12	1990 年 4 月 16 日
34	四坪子	2740	绿片岩	0.2	−96.80	−13.38	1990 年 4 月 17 日
35	火冬包凼	3300		0.2	−102.50	−14.43	1990 年 4 月 20 日
36	健美三队	2940	绿片岩、变质火山岩	0.3	−102.40	−13.78	1990 年 4 月 24 日
37	泸宁马家沟	2280	崩积岩	100.0	−105.10	−14.82	1990 年 5 月 2 日

其中 37 号水点实际来源于中大理岩带，故舍弃该水点的样品。将其余 7 个水点各自的 $\delta^{18}O$ 值与其水平平均补给高程 H 进行线性相关性析，得相关方程为

$$\delta^{18}O = -2.63 \times 10^{-3} H - 6.15, \quad r = 0.98 \tag{5.1}$$

即得 $H = -380 \times \delta^{18}O - 2388$（图 5.9），由此可知本区降水中 $\delta^{18}O$ 的高度梯度为 $-0.263‰/100m$，属正常梯度值。

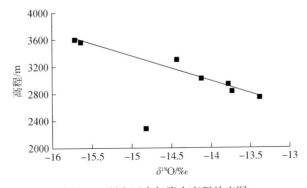

图 5.9　研究区大气降水高程效应图

因此，本工程区各岩溶泉的平均补给高程可由式（5.1）计算得出，计算结果见表5.9和表5.10。

由表5.9可以看出，地下水的$\delta^{18}O$值有一定的季节变化特点，对于用于高程效应点不同期取得的$\delta^{18}O$值来计算高程，其结果肯定有影响。但大泉水采用的是$\delta^{18}O$平均值，Ⅲ水文地质单元水点也多用平均值。从表5.10可知，探洞水点具有越往深处$\delta^{18}O$值季节变化越小的特征，所以用$\delta^{18}O$值计算的平均高程值一般可信。

5.2.1.2　放射性同位素氚（T）的分布特征

1）T值的平面分布特征

本工程区同位素T值具有明显的分带性。从图5.10可以看出，锦屏山主分水岭地带的Ⅰ单元及东部Ⅱ单元分布区T值一般为20TU，东部Ⅲ单元分布区T值为20～30TU，西部Ⅳ单元T值为12～31TU。据此可知，东部水较年轻，中部水次之，西部地下水年龄在区间内变化大；这也说明东部水循环较快，中部次之，而西部交替循环变化大，总体而言本区地下水年龄较轻，地下水周转较快。

2）T值的动态变化特征

本工程区7个同位素T动态观测点监测结果如图5.10所示。从图中可知，雅砻江水T值与岩溶泉水T值相比，变幅不同步、差异性大。磨房沟泉与老庄子泉的同位素T动态变化基本同步、变幅相同，但各自特征值不同，这说明两大泉是独立的岩溶泉水。

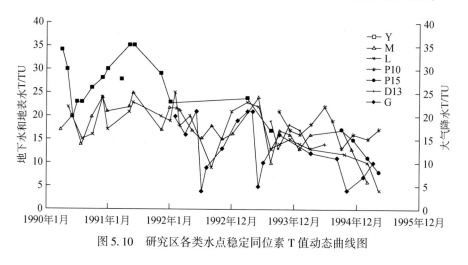

图5.10　研究区各类水点稳定同位素T值动态曲线图

5.2.2　地下水补径排关系探讨

5.2.2.1　δD-$\delta^{18}O$关系反映三水转换关系

在图5.4中，地下水$\delta^{18}O$值的平均分布与各水文地质单元的平均地理高程紧密相关。从图5.8和图5.9可以看出，无论平均值还是实测值，雅砻江水、磨房沟泉、老庄子泉及各类地表水与大气降水的$\delta^{18}O$值有很强的相关性，且两相关方程的特征值相当接近。这说明所有类型水均直接接受大气降水补给，地表水和地下水没有明显的蒸发效应。在图5.7 上，雅砻江水、磨房沟泉、老庄子泉以及 I 单元两侧 III、IV 单元地表水数据点从下往上依次集中分布，说明其补给区高程依次从高到低（表 5.9），这显示出本区岩溶地下水是分布区与补给区一致的潜水类型，具有垂直补给特征，直接接受降水补给。

在图 5.7 中，III、IV 单元的数据点相对 I、II 单元的数据点向右偏移，这表明 III、IV 单元的地表水、地下水具有一定的蒸发效应；III、IV 单元地下水除接受大气降水补给外，还接受地表沟水补给，使其 $\delta^{18}O$ 值相对增高。本区地表沟主要是排泄地表径流和岩溶地下水，但在洪水季节和地表沟的有利地段可形成对地下水的补给，即 III、IV 单元地表水和地下水具有互补关系。

5.2.2.2　δD-$\delta^{18}O$ 关系反映各水文地质单元水力联系

在图 5.7 中，磨房沟泉、老庄子泉，以及 III、IV 单元水点的数据点从下往上依次集中分布，各水点之间没有明显的混合作用，各自形成独立的系统，磨房沟泉和老庄子泉之间必有分水岭存在。1991 年 12 月，大水沟 1420m 处左壁泉的 δ 值落在老庄子泉范围（图5.10 中 L）内，反映 I、III 单元之间局部有微弱的水力联系。但在探洞的掘进过程中，PD_1-2760m、PD_2-1964m 水点开始至洞底所有水点的 δ 值均落在 I 单元 δ 值范围内，说明 III 单元在大水沟一带，由于 NWW 向张扭性裂隙和人工探洞开挖的影响，致使 I、III 单元之间有较密切的水力联系，直接接受 I 单元水补给。

5.2.2.3　δD-$\delta^{18}O$ 关系反映地下水运动特征

1）地下水循环强烈

图 5.7 中，雅砻江、三个大泉水，以及分水岭两侧的地表沟水、裂隙泉水、探洞水样品均位于同一直线上且相关密切，说明地表水径流速度快、来不及蒸发即流动入渗，表示蒸发效应微弱。本区经常流动的主要是地下水，相应包气带地下水流动速度也比较快，三个循环迅速。泉水、地表沟水 T 值为 20～30TU，接近本区最近时期大气降水背景值，此现象可认为本区地下水年龄较轻，地下水周转较快。

2）快速流和慢速流

快速流和慢速流是指垂直剖面上两种速度的水流。图 5.7 中，磨房沟和老庄子泉样品相当集中，其 $\delta^{18}O$ 值的变化范围在 1.5‰，只有磨房沟 m_3（1990 年 8 月）、m_{15}（1992 年 7 月）和老庄子泉 L_4（1990 年 8 月）、L_5（1990 年 10 月）的样品靠近 III、IV 水文地质单元水点范围，这是受季节变化的影响，反映含水层季节变化带和饱和带具有不同的流动速度。本工程区饱水带岩溶发育较弱，水运动速度较小，入渗水有一定的时间混合，所以泉水 δ 值较稳定。季节变化带岩溶发育较强烈，储水能力较强，地下水运动速度快，雨季汇集的降水入渗水来不及与饱水带很好地混合就快速流到泉口排泄，因此丰水期排泄的主要是雨季降水。

5.2.2.4　$\delta^{18}O$ 高程效应反映各水文地质单元补给范围

1）I 单元磨房沟和老庄子泉补给区的范围

由表 5.9 可知，老庄子泉域平均地理高程 3585m（每个高程点与最低高程点平均再平均计），根据泉水汇集点 28 个样品平均 $\delta^{18}O$ 值计算其平均补给高程为 3221m，较补给区平均地理高程低 364m；磨房沟泉域平均地理高程为 3745m，根据其 30 个样品平均 $\delta^{18}O$ 值计算其平均补给高程为 3396m，较其补给区平均地理高程低 351m。Ⅰ单元岩溶泉水的平均补给高程计算值较实际补给区平均地理高程低，说明泉水的 $\delta^{18}O$ 值偏高，推测可能是雪水的影响，理论上，雪的 δ 值一般较低，但本区雪样 δ 值特别高（1990 年 4 月在干海子取得雪样 $\delta^{18}O = -6.8‰$），这与本区的气候有关。本区 10 月至次年 5 月为干旱多风季节，蒸发量相对较大，Ⅰ单元补给区又在 3000m 以上，积雪特别是残雪在融化过程中经受了不同程度的蒸发作用，使雪的 δ 值升高，雪水入渗增加泉水的 δ 值，致使计算补给高程值降低。但磨房沟泉和老庄子泉的计算平均补给高程有明显的差别。

2）Ⅱ单元三股水泉补给区范围

据 $\delta^{18}O$ 值计算的平均补给高程，在大理岩分布区的中三股水泉为 3301m，南三股水泉为 3107m，其计算补给高程均比实际平均地理补给高程高，这与东大理岩带向南延伸至天仙配、大弯子一带出露高程为 3500~4000m，地下水由南向北径流补给有关。

3）Ⅲ单元泉水补给区范围

Ⅲ单元大水沟泉、小水沟泉在大水沟汇水范围内，由表 5.9 可以看出，大水沟流域平均地理高程为 3143m，楠木沟流域平均地理高程为 2882m，其计算补给高程均在各自流域平均地理高程之下或与其接近。结合该单元水点在图 5.9 上的位置，除 S_5 落在老庄子泉域 L 范围内（可能为来自老庄子泉域地下水补给）外，其余水点均落在相对集中的范围内。故可以认为两个地表沟范围内的泉水均属就地补给，补给区范围分布在各自的地表水汇水区范围内。

表 5.9　研究区地下水计算补给高程

水文地质单元	水点位置及类型		水点出露高程/m	系列样品个数	$\delta^{18}O/‰$	计算平均补给高程/m	泉域平均地理高程/m
Ⅰ单元	磨房沟泉		2174	30	-15.22	3396	3745
	老庄子泉		2100	28	-14.76	3221	3585
Ⅱ单元	三股水泉	南股	1520	6	-14.46	3107	3107
		中股	1450	8	-14.97	3301	3301
Ⅲ单元	大水沟泉	上游 23 号	2300	1	-13.58	2772	3143
		中游营地 24 号	1920	1	-13.59	2776	
		下游 25 号	1435	1	-14.20	3008	
		1420m 处左壁	1420	1	-14.14	3111	
	小水沟泉		1345	3	-13.91	2898	—
	楠木沟泉	营地 26 号	2265	1	-13.52	2750	2882
		下游 27 号	1910	1	-13.32	2674	
Ⅳ单元	石官山沟泉 28 号		2740	1	-15.13	3361	—
	节兴沟泉 29 号		3200	1	-15.63	3551	—
	四坪子沟上游 h_4 号		2550	1	-14.37	3073	2997

注：泉域平均地理高程为每个高程点与最低高程点之间的平均值；大水沟泉和楠木沟泉的平均地理高程实际分布为大水沟和楠木沟流域平均地理高程；计算磨房沟泉和老庄子泉 $\delta^{18}O$ 总平均值时各除去 M_{31} 和 L_5 异常样品数据

4）Ⅳ单元补给区范围

Ⅳ单元泉水较少。1990 年采集的两个泉水样品为 28 号石官山沟泉和 29 号节兴沟泉，两处均位于与Ⅰ单元交界附近，其计算高程分别为 3361m 和 3551m，实际和计算表明，其补给区范围多在中大理岩带，排泄的是Ⅰ单元地下水。第二期调查未发现泉水，采集的是地表水样品。四坪子沟上游 h_4 号样品为地表水，由于本单元地势陡峻，且该水点在 $\delta D - \delta^{18}O$ 图上位于当地大气降水线附近，没有明显的蒸发作用，故可代表岩溶地下水。由表 5.10 可知，该点的计算补给高程（3073m）与其汇水范围内的平均补给高程（2997m）相当，可认为是汇水范围内的岩溶地下水。

表 5.10　研究区长探洞补给高程计算表

探洞	分段	点号	洞深/m	采样日期	T 值 /TU	$\delta^{18}O$ 值/‰	计算补给高程/m	补给区地理高程/m	两个高程差/m
PD₁	Ⅰ（309～1828.3m）	P_1	232	1991 年 5 月 13 日	24	−13.98	2924	1560	1364
		P_2	273	1990 年 4 月 6 日	20	−12.54	2377	1580	797
		P_3	297	1990 年 4 月 6 日	20	−12.65	2419	1625	794
		P_4	340	1992 年 2 月 7 日	22	−13.64	2795	1640	1150
		P_5	373	1990 年 5 月 21 日	22	−13.64	2795	1660	1135
		P_6	385	1990 年 5 月 5 日	25	−13.89	2890	1700	1190
		P_7	527	1991 年 11 月 15 日	27	−13.50	2742	1780	962
		P_8	558	1992 年 2 月 7 日	27	−13.78	2848	1850	998
		P_9	1104	1992 年 2 月 4 日	28	−13.96	2917	2140	777
		P_{10}	1447	1994 年 4 月	18	−13.82	2864	2600	264
	Ⅲ（2133～3948m）	P_{11}	2760	1993 年 7 月 28 日	8	−14.53	3133	3000	133
		P_{12}	2829	1994 年 4 月	16	−14.96	3297	3170	127
		P_{13}	2880	1993 年 11 月 12 日	11	−15.20	3388	3170	218
		P_{14}	3605	1994 年 7 月 16 日	10	−14.72	3206	3560	−354
		P_{15}	3629	1995 年 3 月 4 日	11	−15.19	3384	3600	−216
		P_{16}	3948	1995 年 5 月 7 日	8	−15.34	3441	3660	−219
		Z_1	3931	1995 年 3 月 7 日	8	−15.30	3426	3680	−254
PD₂	Ⅰ（236～1799.5m）	D_1	236	1991 年 6 月 7 日	25	−13.95	2913	1500	1413
		D_2	291	1991 年 5 月 13 日	23	−14.10	2970	1625	1345
		D_3	564	1992 年 9 月 5 日		−14.35	3065	1740	1325
		D_4	577	1992 年 2 月 7 日	25	−14.09	2966	1850	1161
		D_5	702	1992 年 2 月 7 日	27	−13.52	2750	1920	830
		D_6	1002.4	1992 年 2 月 27 日	22	−14.13	2981	2140	841
		D_7	1667.5	1992 年 7 月 12 日		−13.52	2750	2650	100
		D_8	1703	1992 年 7 月 25 日		−12.59	2396	2600	−204
		D_9	1716	1993 年 4 月 7 日	15	−14.23	3019	2600	419

探洞	分段	点号	洞深/m	采样日期	T值/TU	$\delta^{18}O$值/‰	计算补给高程/m	补给区地理高程/m	两个高程差/m
PD₂	Ⅱ（1799.5m、2098m）	D₁₀	1956	1992 年 10 月 25 日		-15.11	3354	2700	654
		D₁₁	1996.5	1992 年 11 月 8 日	2	-15.30	3426	2800	626
	Ⅲ（2098m、4168m）	D₁₂	2630	1993 年 4 月	14	-14.85	3255	3000	255
		D₁₃	2845.5	1994 年 4 月	13	-14.96	3297	3250	47
		31#	4168	1995 年 5 月 29 日	11	-15.15	3369	3660	-291

5.2.2.5　δD–$\delta^{18}O$ 关系及 $\delta^{18}O$ 高程效应反映长探洞地下水补给来源

1）长探洞分段地下水补给特征分析

（1）探洞Ⅰ段

PD₁：本探洞内多数水点分布在大水沟流域范围内（图 5.9），P₇（527m）向右偏移雨水线显示蒸发效应，有地表水补给。P₂（273m）、P₃（297m）和 P₅（373m）位于楠木沟流域分布区范围之下，偏移地区雨水线较多，可视为得到地表沟水补给。随着探洞加深，所对应的地面高程越来越高，如果探洞地下水为降水垂直补给，则垂直入渗水的补给高程越高，入渗路程也越来越长，$\delta^{18}O$ 和 T 值也将逐渐降低，并且水点的 $\delta^{18}O$ 值计算补给高程应与水点对应的地理高程相适应。从表 5.10 可以看出，本洞段水点除 P₂、P₃、P₅、P₇外，$\delta^{18}O$ 基本保持在 -14‰ 水平上，T 还有所升高，计算补给也都大于地理高程 264～1364m，表明这一洞段还接受相当部分的较高高程水补给。

PD₂：本洞段有 9 个水点，多数水点在大水沟流域范围内（图 5.7），D₃（564m）、D₇（1667.5m）、D₉（1713m）样品点落在楠木沟流域范围内，并靠近雨水线，表示得到楠木沟范围地下水补给。D₈（1703m）可视为异常点。除上述外，$\delta^{18}O$ 基本保持在 -14‰ 水平上，T 有一定幅度降低，但表 5.10 中水点 $\delta^{18}O$ 计算补给高程均高于水点对应地面地理高程 1000～1413m，表明这一洞段还有相当部分的较高高程水补给。

（2）探洞Ⅱ段

该洞段为背斜轴部 T_2y^4 地层，为相对隔水层，水点不发育，PD₁ 洞段未取样。PD₂ 洞段有两个样品，即 D₁₀（1964m）、D₁₁（1995m），在 δD - $\delta^{18}O$ 关系图 5.7 上，D₁₀ 和 D₁₁ 均落在磨房沟泉域 M 内，D₁₀ 向右偏移，雨水线较多，具有蒸发效应。由表 5.9 知，该段水点 $\delta^{18}O$ 值特别低，推测为Ⅲ单元与磨房沟泉域之间构造裂隙末梢的细小裂隙，可直接接受磨房沟泉域水补给。由于自身不含水，没有水量与之混合，显示出补给水较低的 $\delta^{18}O$ 值；T 值特别低，则说明该层位两个水点裂隙相当小，水循环交替慢。

（3）探洞Ⅲ段

PD₁：本洞段有 6 个点，在 δD - $\delta^{18}O$ 关系图 5.8 上，P₁₁（2760m）、P₁₄（3605m）均落在老庄子泉 L 范围内；P₁₃（2880m）、P₁₆（3948m）均落在磨房沟泉 M 范围内；P₁₂（2829m）、P₁₅（3629m）分别有 9 个、4 个系列样品，各自 δ 平均值均落在 M、L 交界线

靠 M 一侧。这说明上述各出水点的补给来源主要来自 I 单元。

PD₂：本洞段有 D₁₂ (2630m) 和 D₁₃ (2845.5m) 两个水点，D₁₂落在 L 范围内，D₁₃落在 M、L 交界线靠 M 一侧；PD₁-3931m 超 26 号孔及 PD₂-4168m 超 31 号孔水样的 δ 值均落在 M 范围内。两条探洞这一段的 $\delta^{18}O$ 值基本在 -15‰ 水平上波动，与磨房沟泉（$\delta^{18}O$ = -15.2‰）、老庄子泉（$\delta^{18}O$ = -14.87‰）一致，说明其补给源主要来自 I 单元。

2）长探洞 2845.5m 处集中涌水点补给来源分析

(1) 集中涌水的同位素预测

1993 年 7 月 1 日，PD₂-2845.5m 处发生集中涌水，涌水前 D₁₀ (1964m) 水点的 δ 值已进入 I 单元磨房沟泉域的 δ 值范围内（无 T 值）；D₁₁ (1995m) 水点 δ 值（1992 年 11 月 8 日取样）也在磨房沟泉域的 δ 值范围内（T = 3TU）；D₁₂ (2630m) 水点 δ 值（1993 年 4 月 8 日取样）落在老庄子泉域的 δ 值范围内（T = 14TU）；D₁₃为集中涌水点，第一个样品的 δ 值（1993 年 8 月 20 日取样）落在老庄子泉域的 δ 值范围内，第二个样品的 δ 值（1993 年 10 月取样）落在磨房沟泉域的 δ 值范围内，此后均在两个泉域交界线附近跳动。据此，集中涌水点 δ 值的区间、同位素 T 的 TU 值升高，结合地质条件分析，可作为今后隧洞施工掘进过程涌水预测的一种手段。

(2) 集中涌水点初始水源

根据集中涌水点 D₁₃系列样品 δ 值动态曲线图（图 5.5、图 5.6、图 5.11）可以看出，其 δ 值总是跳动在磨房沟泉和老庄子泉 δ 值之间，并且靠近磨房沟泉 δ 值曲线，这表明集中涌水点主要来自 I 单元磨房沟泉域，其次为老庄子泉域。由于没有取到 D₁₃水点的初始水样，从同位素角度无法知道 D₁₃水点处储水体在天然状态下是 III 单元还是 I 单元的；集中涌水点 D₁₃第一样品的 $\delta^{18}O$ 值较其稳定后的平均值高 0.52‰，这是由于突水发生后疏通了地下水通道，同时吸纳 III 单元地下水，一段时间后降落漏斗稳定，水的 $\delta^{18}O$ 值也相应稳定，排泄的主要是 I 单元水。但从两个探洞进入 III 段以后出现的均为 I 单元水，特别是 P₁₄ (3605m) 为初见水样，其 δ 值位于老庄子泉域的 δ 值范围内，可推断该涌水点的初始水也主要是 I 单元水。该涌水点及其附近相当一段距离内在天然状态下就是 I 单元水向 III 单元排泄的通道，只不过其排泄通道不畅、流量较小，探洞的开挖加强了这一通道带的水循环交替强度。

(3) 集中涌水点的地下水分析

PD₂集中涌水点 D₁₃和 PD₁相应水点 P₁₂，两者 $\delta^{18}O$ 值动态相当稳定，数值也相当接近，这表明集中涌水来源于 I 单元储水盆地。由于 I 单元水是通过比较大的相对独立发育的构造裂隙导入 III 单元，故水运动呈活塞流特征。

5.2.3　地下水年龄模型及计算

5.2.3.1　地下水年龄模型介绍

1）基本概念

(1) 周转时间 T

假设研究系统为稳定流状态，周转时间定义为

$$T = \frac{V_m}{Q} \tag{5.2}$$

式中，Q 为通过系统的流量（m^3/s）；V_m 为系统中流动水的体积（m^3）。

（2）地下水年龄分配函数

地下水年龄分配函数或者传输时间分布 $E(\tau)$ 是描述系统中各种年龄（τ）水分布状况的函数，表示某一年龄水在系统中所占的份额。它是表征系统中水流混合特征的数学函数，它是一个累积函数：

$$\int_0^\infty E(\tau)\,\mathrm{d}\tau = 1 \tag{5.3}$$

（3）地下水平均传输时间或者平均年龄 τ_w

根据年龄分配函数 $E(\tau)$ 的定义，可以给出下式：

$$\tau_w = \int_0^\infty t E(\tau)\,\mathrm{d}t = T \tag{5.4}$$

上式表明流出系统的地下水的平均年龄总是等于系统的周转时间。

（4）示踪剂的平均传输时间或平均滞留时间 τ_m

示踪剂的平均传输时间或平均滞留时间 τ_m 定义为

$$\tau_m = \frac{\int_0^\infty \tau C_1(\tau)\,\mathrm{d}\tau}{\int_0^\infty C_1(\tau)\,\mathrm{d}\tau} \tag{5.5}$$

式中，$C_1(\tau)$ 为 τ 时刻在观察点观测得到的示踪剂浓度。

（5）示踪剂年龄分配函数或权函数 $g(\tau)$

$g(\tau)$ 是一个描述示踪剂的出口时间分配情况的函数，定义为

$$g(\tau) = \frac{C_1(\tau)}{\int_0^\infty C_1(\tau)\,\mathrm{d}\tau} \tag{5.6}$$

或

$$g(\tau) = \frac{C_1(\tau)Q}{M} \tag{5.7}$$

因为投入的示踪剂的全部质量或放射性 M 都要在出口处出现，所以

$$M = Q \int_0^\infty C_1(\tau)\,\mathrm{d}\tau \tag{5.8}$$

式中，C_1 为测量点观察到的示踪剂浓度；M 为示踪剂的质量或放射性；Q 为流量。

由于地下水在流动过程中要产生弥散和混合作用，示踪剂浓度在时间和空间上的分布常常不均一，因此对地下水流动过程的示踪剂浓度，需要用不同的浓度概念来表达。

2）基本数学模型

根据系统工程理论，假设地下水系统中的同位素 T 的传输关系为线性关系时，并将地下水系统概化为线性的集中参数系统，在稳定流条件下，地下水系统中同位素 T 输入和输出之间的传输关系服从下述数学物理模型：

$$C_{out}(t) = \int_0^\infty C_{in}(t - \tau) g(\tau) e^{-\lambda\tau}\,\mathrm{d}\tau \tag{5.9}$$

式中，t 为同位素的输出时间系列（年）；τ 为同位素的传输时间（年）；$t-\tau$ 为同位素输入时间系列（年）；$C_{\text{out}}(t)$ 为地下水系统的 T 输出函数，即地下水 T 浓度随时间变化的函数；$C_{\text{in}}(t-\tau)$ 为地下水系统的 T 输入函数，即地下水补给源 T 浓度随时间变化的函数；λ 为 T 的衰变系数（0.055764）；$g(\tau)$ 为地下水的年龄分配函数，该函数取决于地下水系统的结构特征和地下水流的混合形式，不同的地下水水流混合形式具有不同的年龄分配函数。

根据地下水系统的水文地质结构和水混合方式，Maloszewski 和 Zuber（1996）将地下水系统的同位素数学物理模型划分为活塞流模型（piston flow model，PFM）、指数模型（exponential model，EM）和指数–活塞流模型（combined exponential and piston flow model，EPM）等。每种类型具有不同的地下水年龄分配函数。

（1）活塞流模型

活塞流模型假定水流在含水层运动时就像在活塞筒中一样，在活塞的推动下运动，流线互相平行且流速相等，流线之间不发生水流混合。在活塞流模型中，年龄分配函数在数学上用 δ（狄拉克）函数来描述，即

$$g(\tau) = \delta(t-\tau) \tag{5.10}$$

（2）指数模型

指数模型又称为全混合模型。假设在系统中，不同年龄的水在任何时刻是均匀混合的，任一时刻输出的含量等于该时刻体系内的平均含量，通过水均衡可以得出整个水体的年龄分配函数为

$$g(\tau) = \frac{1}{\tau_{\text{m}}} \cdot e^{-\tau/\tau_{\text{m}}} \tag{5.11}$$

（3）指数–活塞流模型

实际工作中，有些地下水水流兼有全混合和活塞流两种性质，即地下水由两部分组成。一部分它的迁移时间呈指数分布，而另一部分则接近于活塞流模型。年龄分配函数用下式表示：

$$g(\tau) = \begin{cases} \dfrac{\eta}{\tau_{\text{m}}} e^{-\frac{\eta}{\tau_{\text{m}}}\tau + \eta - 1} & \tau \geqslant \tau_{\text{m}}(1-\eta^{-1}) \\ 0 & \tau < \tau_{\text{m}}(1-\eta^{-1}) \end{cases} \tag{5.12}$$

式中，τ 为地下水总体与指数模型地下水体积之比值。

3）模型的选取

工程区的磨房沟泉和老庄子泉所处的含水层为直接接受降水补给的潜水含水层，此类含水层中的地下水能够得到充分的混合，应选取全混合模型进行 T 年龄分析。而且，相比于Ⅲ和Ⅳ单元的 T 值（平均值在 23TU 左右），两大岩溶泉的 T 值（18TU 左右）相对较小，说明地下水在含水层滞留时间较长。尽管如此，考虑到工程区三水转化迅速且泉水的 $\delta^{18}O$ 变化值与雅砻江接近，龚自珍（1996）认为地下水混合较差，其主要具有活塞流的特征，应使用活塞流模型进行地下水 T 年龄分析。

如前所述，活塞流模型和全混合模型均为理想模型，为水流混合的两个极端，应该说两模型代表的水流特征在现实中是很少出现的，更多的含水层表现出来的性质应为两种模

型的结合，即指数-活塞流模型。对于研究区两大岩溶泉而言，根据前人在该地区的研究成果及对水文地质资料的分析，可将两泉的水文地质结构均概化为两个平行的系统，即岩溶管道系统和裂隙孔隙系统（图 5.11）。在岩溶管道系统中，其渗透系数大，流速快，具有活塞流的性质；而储存在裂隙孔隙含水层中的地下水流动较缓，水流能够得到充分的混合。故在计算磨房沟和老庄子泉的地下水年龄时，年龄分布函数采用指数-活塞流模型。此外，为了便于对比分析，亦用 PEM 模型和 EM 模型进行计算。

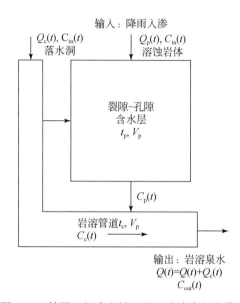

图 5.11　锦屏二级水电站工程区岩溶泉概念模型

5.2.3.2　大气降水 T 浓度恢复

锦屏地区缺少 1953 年以来的大气降水 T 值的系统观测资料，但是，利用同位素模型计算地下水年龄需要具备大气降水 T 值的系统观测资料。为此，采用插值相关法恢复大气降水 T 浓度值。根据北半球降水 T 的对数值与所在纬度成正比（$\lg T \propto L$），利用 1969～1983 年苏联伊尔库茨克和香港的降水 T 值（表 5.9），按 $\lg T \propto L$ 关系插值可获得锦屏地区同期降水 T 值，插值公式为

$$\lg C_{锦屏} = \lg C_{香港} + \frac{\lg C_{伊} + \lg C_{香港}}{X_{伊} - X_{香港}}(X_{锦屏} - X_{香港}) \tag{5.13}$$

式中，C 为大气降水 T 值；X 为测点纬度。

由此得到直线插值公式：

$$C_{锦屏} = C_{香港} + \frac{C_{伊} + C_{香港}}{X_{伊} - X_{香港}}(X_{锦屏} - X_{香港}) \tag{5.14}$$

由上述两式计算出锦屏地区 1969～1983 年两组 T 值，再与渥太华资料相联系，得

$$C_{锦屏} = 2.10607 + 0.59391C_{渥}, \quad R = 0.91804 \tag{5.15}$$

根据渥太华 1953～1997 年的资料可以得到锦屏地区同期的降水 T 值，对锦屏地区 1953 年以来缺失的大气降雨氚浓度进行恢复。恢复结果见表 5.11、表 5.12 及图 5.12，其

中最终结果采用直线插值与对数插值的平均值作为锦屏地区入渗水的 T 值，即

$$C_{锦屏} = \frac{1}{2}(C_{直线} + C_{对数}) \tag{5.16}$$

表 5.11　1969～1983 年锦屏地区 T 值插值结果

年份	香港	伊尔库茨克	锦屏地区 X=28.33		渥太华
	X=22.32	X=52.38	直线插值	对数插值	
1969	46.9	454.8	128.45286090	73.86466290	205.21
1970	29.4	464.2	116.33107120	51.04334893	190.77
1971	24.4	516.6	122.80725220	44.92152937	206.10
1972	27.9	247.2	71.74540918	43.15489050	82.34
1973	13.2	173.3	45.20934797	22.08739297	90.41
1974	17.5	216.6	57.30675316	28.93939405	98.07
1975	12.4	190.9	48.08812375	21.42000327	75.86
1976	11.7	148.4	39.03090486	19.44294585	58.91
1977	12.2	150.7	39.89078510	20.16684112	73.93
1978	10.9	103.1	29.33386560	17.08157868	73.63
1979	8.96	92.1	25.58246840	14.27680425	49.63
1980	7.63	141.8	34.45507319	13.68580776	48.54
1981	11.53	135.9	36.39572522	18.88148091	55.09
1982	9.73	66.9	21.16019627	14.30605157	47.29
1983	24.14	127.3	44.76513639	33.65948369	40.00

注：1969～1983 年香港、伊尔库茨克氚值与渥太华数据来自 IAEA 网站

表 5.12　锦屏地区大气降水 T 值恢复结果

年份	渥太华	锦屏地区		
		直线值	对数值	最终值
1953	26.4	17.785294	10.8711339	14.32821393
1954	287.7	172.973977	67.5667610	120.27036900
1955	41.3	26.634553	15.3084139	20.97148343
1956	183.8	111.266728	47.9609612	79.61384460
1957	118.0	72.187450	34.1721692	53.17980957
1958	587.2	350.850022	116.6096380	233.72983002
1959	451.6	270.315826	95.3918527	182.85383933
1960	156.3	94.934203	42.3690984	68.65165069
1961	227.3	137.101813	56.4225758	96.76219438
1962	997.4	594.483782	174.8766550	384.68021858
1963	2900.1	1724.498522	395.6293822	1060.06395204

续表

年份	渥太华	锦屏地区		
		直线值	对数值	最终值
1964	1532. 8	912. 451318	242. 9225619	577. 68693995
1965	778. 2	464. 269015	144. 6348244	304. 45191956
1966	560. 8	335. 170798	112. 5779259	223. 87436194
1967	324. 2	194. 669509	74. 0357721	134. 35264070
1968	216. 9	130. 919210	54. 4351740	92. 67719196
1969	205. 2	123. 982341	52. 1783868	88. 08036397
1970	190. 8	115. 406281	49. 3460234	82. 37615203
1971	206. 1	124. 510921	52. 3513947	88. 43115783
1972	82. 3	51. 008619	25. 9502024	38. 47941088
1973	90. 4	55. 801473	27. 8740438	41. 83775842
1974	98. 1	60. 350824	29. 6630648	45. 00694425
1975	75. 9	47. 160083	24. 3731589	35. 76662076
1976	58. 9	37. 093308	20. 0866533	28. 58998070
1977	73. 9	46. 013836	23. 8974168	34. 95562655
1978	73. 6	45. 835663	23. 8232066	34. 82943495
1979	49. 6	31. 581823	17. 6183323	24. 60007778
1980	48. 5	30. 934461	17. 3215884	24. 12802492
1981	55. 1	34. 824572	19. 0825568	26. 95356435
1982	47. 3	30. 192074	16. 9793495	23. 58571171
1983	40. 0	25. 862470	14. 9384551	20. 40046257
1984	36. 5	23. 754090	13. 9133735	18. 83373148
1985	35. 3	23. 094849	13. 5881108	18. 34148011
1986	47. 5	30. 293039	17. 0260178	23. 65952821
1987	37. 4	24. 288609	14. 1753922	19. 23200037
1988	36. 7	23. 896628	13. 9833924	18. 94001015
1989	40. 3	26. 064399	15. 0354830	20. 54994122
1990	39. 1	25. 339829	14. 6864178	20. 01312347
1991	34. 7	22. 685052	13. 3847113	18. 03488139
1992	21. 0	14. 578180	9. 1254762	11. 85182812
1993	18. 5	13. 069649	8. 2685741	10. 66911137
1994	20. 3	14. 144626	8. 8818295	11. 51322760
1995	16. 1	11. 679899	7. 4542425	9. 56707085
1996	16. 6	11. 953098	7. 6164081	9. 78475293
1997	22. 4	15. 379959	9. 5708912	12. 47542487

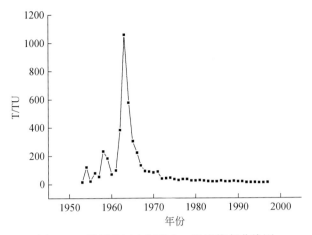

图 5.12　锦屏地区大气降水 T 浓度恢复曲线图

5.2.3.3　模型求解及分析

根据指数–活塞模型数学表达式，由于已建立的 T 值输入函数是不连续的，所有补给 T 都以年平均计算，将模型表达式表示为求和形式如下：

$$C(t) = \frac{\eta}{\tau_{\mathrm{m}}} \sum_{\tau=k}^{t-\tau} C_0(t-\tau) \mathrm{e}^{\left(-\frac{\eta\tau}{\tau_{\mathrm{m}}} + \eta^{-1}\right)}, \quad \tau \geqslant \tau_{\mathrm{m}}(1-\eta^{-1}) \tag{5.17}$$

式中，$k = \tau_{\mathrm{m}}(1-\eta^{-1})$。

根据上式求出不同 η 值下的测定年与 τ_{m} 值对应的输出 T 值 $C(t)$，再将磨房沟泉和老庄子泉在不同年份的实测值与计算值进行对比，结合本工程区的水文地质条件，选出 η 与 τ_{m} 的最优组合，$C_{\mathrm{out}}(t)$-τ_{m} 关系曲线如图 5.14（a）、（b）所示。

两岩溶大泉（磨房沟泉、老庄子泉）地下水 T 年龄的 EM 模型、PFM 模型计算结果，分别如图 5.13（c）~（f）所示。由于 PFM 模型和 EM 模型均为单参数模型（参数为 τ_{m}），故对于用多年实测值进行计算时，只能对每年求得的平均滞留时间再求平均值。由表 5.13 可知，用 PFM 模型求得的平均滞留时间年际变化太大，显然不能用 PFM 模型进行求解；而用 EM 模型计算出的平均滞留时间太长，亦不可取。

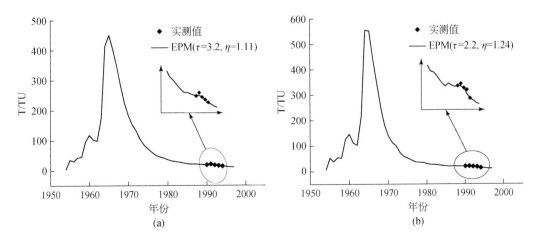

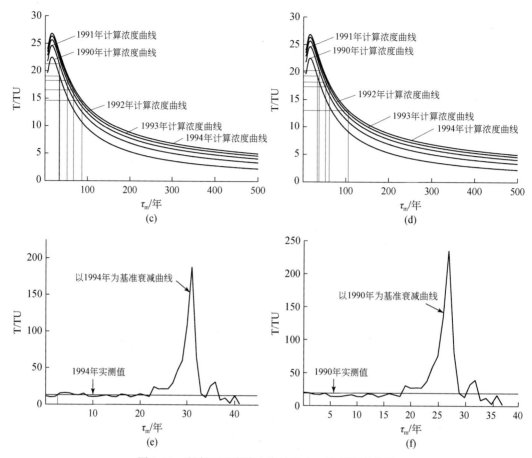

图 5.13 研究区两岩溶大泉地下水 T 浓度恢复曲线

（a）磨房沟 EPM 模型；（b）老庄子 EPM 模型；（c）磨房沟 EM 模型；（d）老庄子 EM 模型；
（e）磨房沟 1994 年 PFM 模型；（f）老庄子 1990 年 PFM 模型

表 5.13 研究区两岩溶大泉平均滞留时间 （单位：年）

实测年	磨房沟泉		老庄子泉	
	PFM 模型	EM 模型	PFM 模型	EM 模型
1990	1.175	33.885	1.074	32.853
1991	19.506	33.042	19.442	37.18
1992	20.38	51.538	20.373	52.121
1993	2.461	65.995	21.384	61.087
1994	2.864	86.726	2.515	105.911
平均值	—	54.2	—	57.8

5.2.3.4 其他水文地质参数计算

对于活塞模型，泉域岩溶水的储存量 V 与泉流量 Q 及平均滞留时间 τ_m 有关，即

$$V = V_c + V_p = \tau_m \cdot Q \tag{5.18}$$

$$V_c = \left(1 - \frac{1}{\eta}\right) V \tag{5.19}$$

而大泉泉域平均储水系数可由下式求得

$$\bar{\mu} = \frac{V}{AH} \tag{5.20}$$

式中，$\bar{\mu}$ 为平均储水系数；V 为地下水储存量；V_c 为管道水体积；V_p 为裂隙-孔隙水体积；η 为 EPM 模型参数；A 为泉域面积；H 为泉域平均含水层厚度。

对本工程区而言，根据地质勘测成果可知，两大岩溶泉的岩溶发育深度均不低于 1800m 高程。具体而言，磨房沟泉含水层平均厚度约为 300m，老庄子泉含水层平均厚度约为 250m。根据式（5.20），可求得磨房沟泉域和老庄子泉域的泉域储存量、管道水体积及平均储水系数，结果见表 5.14。

表 5.14 其他水文地质参数计算表

泉域	η	τ_m/年	Q/(m³/s)	V/10⁶m³	V_c/V/%	A/km²	$\bar{\mu}$/10⁻³	H/m	泉口高程/m	地下水循环高程/m
磨房沟泉域	1.11	3.2	6.12	617.60	9.91	192.55	10.69	300	2174	1874
老庄子泉域	1.24	2.2	2.60	180.39	19.35	97.00	7.44	250	2129	1879

注：泉口地带地下水循环高程＝泉口高程–含水层厚度

5.3 岩溶水地球化学研究成果分析

5.3.1 岩溶水化学研究成果分析

5.3.1.1 岩溶发育强度分析

岩溶发育强度除了受可溶岩岩性结构和构造条件的影响外，主要取决于岩溶水的溶蚀作用强度。本区天然水矿化度相当低，三水转换迅速，但水相对矿物方解石均呈过饱和状态，相对白云石也大多处于过饱和状态，说明天然水的溶蚀能力很弱。

天然水的溶蚀性主要取决于水中的 CO_2 含量，而 CO_2 又主要来源于土壤中的有机质和微生物，其次是植物的腐殖质。土壤中的 CO_2 含量一般是大气中的 10～100 倍。据野外观察，本区土壤和植被不发育，使得本区天然水 CO_2 含量较其他岩溶区低得多。例如，山西辛安村泉群，矿化度在 300mg/L 左右，$-\lg\{P_{CO_2}\} = 1.7$；广西桂林洞泉，矿化度在 200mg/L 左右，$-\lg\{P_{CO_2}\} = 2.2$；本区矿化度在 150mg/L 左右，一般 $-\lg\{P_{CO_2}\} = 2.6～3.2$，$CO_2$ 分压相差达一个数量级，说明本区天然水处于贫 CO_2 环境，因而只能溶蚀少量碳酸盐，很快就达到过饱和。除雨水外，其他类型水对 $CaCO_3$ 几乎没有溶蚀性。据计算，本工程区 I 单元的连续状纯厚层大理岩分布区的溶蚀量为 37.96～38.51mm/ka，与有关文献的典型地区溶蚀量（表5.15）相比，锦屏二级水电站工程区的碳酸盐岩溶蚀量偏低。因此本区岩溶作用较弱，岩溶不甚发育。

表5.15　中国典型岩溶地区溶蚀量统计表

地区	湖北宜昌	云南罗平	广西桂林	广西都安	湖南洛塔
溶蚀量/（mm/ka）	84.99	51.53	87.88	78.36	67.1

5.3.1.2　不同的岩溶水系统具有明显不同的水化学特征

不同岩溶水系统的水化学特征列于表5.16，显示出这两个岩溶水之间没有直接的水力联系，并且各具不同的循环条件，前者显然以深循环为主，而后者则以浅循环为主，受岸坡地形的控制，愈向山内，循环深度有逐渐加深的趋势。

表5.16　研究区不同岩溶水系统的水化学特征

岩溶水系统名称	水文地质结构	水动力条件	水力特征	水化学特征		
				水化学特征	水化学动态	溶蚀化学性质
T_2b 大理岩岩溶水系统	连续状厚层纯大理岩，全排型	水动力分带完全，饱水带深埋，具较好的储水和调节性能	溶隙–管道流，垂直入渗快，径流通畅	补给区高，融雪水入渗补给占比重较大，故水温（9.0～10.7℃）和矿化度（120.5～136.1mg/L）都最低	水化学动态稳定，季节反应相对较弱，仅融雪水的影响较明显，$\Delta T=2\sim4℃$，$\Delta M=16\sim23mg/L$	补给区土壤、植被不发育，入渗水中的 CO_2 含量极低，$-\lg\{P_{CO_2}\}=3.2$，水的溶蚀性能弱，除磨房沟泉非饱和（SID<0）外，均为过饱和状态
T_2y 大理岩岩溶水系统	多层状间夹层大理岩，分散状纵横排型	各层是相对独立的水动力特征，层间联系较弱	以溶隙–裂隙流为主，径流较滞缓	补给区高低不等，水温（12.4～18℃）和矿化度（157.2～250.3mg/L）较高，且变化较大，与溪沟水有互补关系	呈波动的水化学动态，融雪水有不同程度影响，矿化度低；丰水期矿化度有异常突起，有地表水入渗的影响，$\Delta M=24.4\sim79.8mg/L$	补给区土壤、植被有一定发育，入渗水中的 CO_2 含量较高，$-\lg\{P_{CO_2}\}=2.4\sim2.8$，水对方解石呈过饱和，对白云石多呈非饱和

5.3.1.3　T_2b 大理岩岩溶水系统中可按泉域进行亚系统的划分

由前述可知，在 T_2b 大理岩岩溶水系统中，磨房沟泉和老庄子泉在水化学成分、水化学动态和溶蚀化学性质上都具有明显的差异，它们受泉域的控制，各自形成独立的岩溶水亚系统。结合水文地质条件分析，这两个泉域之间存在常年分水岭，其位置在老庄子背斜以北的干海子附近。

5.3.1.4　岸坡岩溶水的水文地质特征

岸坡岩溶水属于 T_2y 大理岩岩溶水系统，但各水点的水化学特征具有一定的差异，主要在水温、矿化度、SO_4^{2-}、$K^+ + Na^+$、Mg^{2+}、P_{CO_2} 和 SID 上有明显的反映，表明它们是多层状含水层中的地下水，构造和层位储水，向沟谷和雅砻江分散排泄。层间联系较微弱，各自组成不同的岩溶水子系统，它们具有不同的补给高程和循环条件，有的还明显受地表沟水入渗补给的影响。

5.3.1.5　勘探长探洞地下水补给来源分析

楠木沟 1950 ~ 1960m 处沟水（N_3）、大水沟泉水（S_2）、小水沟泉水（X）和长探洞水处于相似的溶蚀化学环境，属于同一个补给来源，故在图 5.3 上，3 个泉水点位于长探洞水点的分布范围内。

PD_1 长探洞水随深度增加 CO_2 分压增加、饱和指数降低，这表明地下水可能来自长探洞深部方向。PD_2 长探洞水 700m 以上饱和指数跳动在大水沟泉、小水沟泉数据点附近，而到 1002.4m 突水处饱和指数突然降低，除和水量大有关外，也说明两个深度水的来源不同，700m 以上地下水与小水沟泉水具同一补给来源，而 1002.4m 处的水据同位素资料应来源于更高部位的入渗水补给。

1）探洞 I 段水

探洞 I 段水在水温、水化学性质（包括微量成分）、溶蚀化学指标等与中小泉相当，而与其他类型水差别较大，两者的水化学动态的波动变化是受降雨、融雪、地表水及包气带渗流水入渗补给的多种因素影响，因而总体上其动态过程相似，均属平缓波动型动态。从图 5.14 可以看出，探洞 I 段水矿化度与岸坡岩溶水相当，而与大泉水相差甚远，这表明 I 段水的补给来源主要是 III 水文地质单元岸坡岩溶地下水。

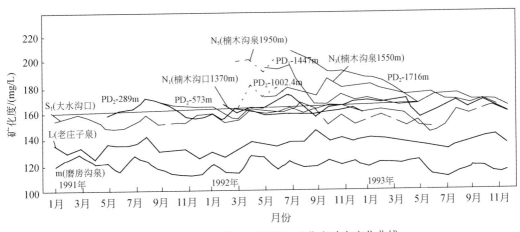

图 5.14　沟水与探洞水（I 段）矿化度动态变化曲线

2）探洞 II 段水

探洞 II 段水水温与 III 段差别不大，水化学动态与 I 段相似，但其水化学成分特征、水溶蚀性指标、其他成分含量等均具独特的特征，这主要与其岩性和水动力条件有关。该洞段渗水量较小，根据其水化学动态波动较大、水温较低及后述的同位素研究成果，其地下水主要来自Ⅲ单元内大气降水入渗补给或有少量Ⅰ单元浅层地下水的补入。

　　3）探洞Ⅲ段水

　　（1）D_{25}（PD$_2$-2845.5m）集中涌水点的补给分析：D_{25}涌水点与N_6、N_7和F_1等水点的水化学性质很接近，而其他各水点的水化学性质和类型差异较大，表明楠木沟较高高程的地下水有补给关系。从矿化度的动态（图5.15）来看，D_{25}的矿化度动态与老庄子泉群和楠木沟水点较接近，其大部分样品的矿化度在两个大泉之间。D_{25}的SIC、SID指标也在两个大泉之间，因此可以推断Ⅰ单元的地下水也是本涌水点的补给源之一。D_{25}涌水点位于Ⅲ单元的探洞Ⅲ段内，Ⅲ单元的大气降水补给也应是途径之一。总体而言，一方面本涌水点的补给应以大水沟流域和楠木沟流域内降水入渗补给，另一方面也存在Ⅰ单元地下水跨水文地质单元的补给。此外，从矿化度随时间由高变低，并稳定在低水平上，表明Ⅰ单元水的补入作用越来越明显。

　　（2）P_{23}（PD$_1$-2572m）渗入点在初始5天的水化学特征与D_{25}涌水点相同，可视为同一含水层（带），具有同一补给来源。

　　（3）D_{32}~D_{35}（PD$_2$-3863~4168m）涌水点，各水点的矿化度在116mg/L左右，几乎与磨房沟泉一致，因此该洞段的地下水补给与磨房沟泉域的地下水明显相关。

　　（4）P_{19}~P_{23}（PD$_1$-2196~2572m）涌水点，各水点的矿化度较高，水化学动态波动较大，这与该洞段透水性小、水交替缓慢，渗水量小有关。

　　综上分析，探洞Ⅲ段浅部水化学异常显著；其地下水的补给源是大水沟流域、楠木沟流域内的大气降水，也存在Ⅰ单元水跨单元补入，且随涌水时间的增长、补入作用增强；探洞Ⅲ段深部（井深3863m以内）水的补给来源主要是Ⅰ单元磨房沟泉域的岩溶地下水。

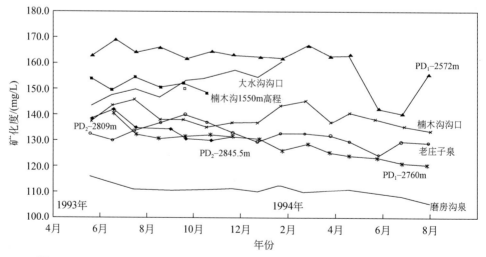

图5.15　PD$_2$-2845.5m集中涌水点与沟、泉水及相邻探洞水矿化度动态变化曲线

5.3.2　岩溶水同位素研究成果分析

（1）据 $\delta^{18}O$ 高程效应分析，本工程区各水文地质单元补给区高程有区别。Ⅰ单元的磨房沟泉域和老庄子泉域补给高程分别为 3396m 和 3221m，均比实际平均地理高程低 360m 左右，可能是受融雪水的影响；Ⅱ单元的三股水泉流域平均补给高程为 3107 ~ 3301m，均比实际平均地理高程高，这证明该泉域得到了较高高程水的补给；Ⅲ单元的大水沟、楠木沟流域内的地表水、泉水补给区主要在各自的汇水范围内，局部有来自于Ⅰ单元水的补给。

（2）本工程区岩溶地下水均为直接接受大气降水补给的潜水类型。Ⅲ单元地表水与地下水有互补关系，为垂直补给加水平补给，分散排泄；在天然状态下，Ⅰ、Ⅲ单元之间在大水沟、楠木沟一带由于构造裂隙中有黏土等沉积充填，水力联系微弱。在人工探洞影响下，加强了Ⅰ、Ⅲ单元在这一带的水力联系，成为排泄Ⅰ单元地下水的窗口。Ⅰ单元磨房沟泉和老庄子泉的同位素动态基本同步、变幅相当，但各自特征值不同，说明两个大泉是独立的岩溶水系统，它们之间必定存在地下水分水岭。

（3）长探洞第Ⅰ段涌水点的补给来源主要为大水沟流域地下水，局部有地下水和楠木沟流域地下水补给；此外，尚有来自较高高程的Ⅰ单元表层岩溶地下水和地表水。第Ⅲ段涌水点的补给主要来自Ⅰ水文地质单元。长探洞 PD_2-2845.5m 处集中涌水点同位素 δ 值动态相当稳定，其与 PD_1-3629m、PD_1-3948m 等集中涌水点的补给来源，主要来自于Ⅰ单元的磨房沟泉域和老庄子泉域的储水体。

（4）本区所有类型水的 δD、$\delta^{18}O$ 值相关关系密切，两个岩溶大泉同位素动态具有一定的季节变化，故可认为地下水混合不充分，地下水运动兼具活塞流和混合流的特征。采用指数-活塞模型计算地下水 T 年龄，磨房沟泉域、老庄子泉域的地下水年龄分别为 3.2 年和 2.2 年。据此，可计算得出磨房沟泉域地下水储量为 $617.60\times10^6m^3$，平均含水层厚度为 300m；老庄子泉域地下水储量为 $180.39\times10^6m^3$，平均含水层厚度为 250m；两大岩溶泉的泉口地带地下水循环高程在 1800m 以上。

第6章 雅砻江大河湾岩溶水示踪试验研究

锦屏二级水电站工程区处于高山峡谷岩溶区，地下水埋藏深、露头少，以大泉集中排泄为主。加上地形陡峻、交通不便，应用常规水文地质勘探手段受到很大限制，所以地下水示踪试验成为查清水文地质条件最为有效的方法之一。20 世纪 60 年代中期，在工程区的老庄子泉域排泄区实施首次示踪试验，后来又陆续成功实施了六次示踪试验（1992 年、1994 年、1997 年、2005 年、2006 年、2009 年），均基本达到预期示踪效果；尤其是 1994 年岩溶水示踪试验，采用以元素痕量级异常追踪岩溶水运动的三元示踪方案，最长示踪距离达 14.0km，示踪深度达 1000～1500m。本章概述了锦屏二级水电站工程区历次岩溶水示踪试验的实施过程和试验结果，并应用连通分析、黑箱分析、比流速分析、数学模拟等研究方法对示踪成果进行解译。示踪结果表明，本区大理岩是以溶蚀裂隙为主的含水介质，其岩溶水流较溶洞管道型含水层低一个数量级。在高山峡谷区，包气带深厚，示踪流的分流现象十分普遍；隔水边界易遭受破坏，不同单元之间越流水力联系较为广泛；且深部裂隙系统开启程度好，岩溶发育深度超过 2000～3000m，由于补给区与排泄区高差大，为深部区域水流系统的发育提供了介质和水动力条件。通过分析示踪成果，不仅对雅砻江大河湾地区特殊的水文地质条件有了深入的认识，也为深埋长隧洞施工提供了必要的依据。

6.1 岩溶水示踪试验

6.1.1 岩溶水示踪试验概述

岩溶水示踪试验是查清岩溶水文地质条件，尤其是查清水文地质边界、地下水来源或"三水"转换、地下水循环的重要手段。

锦屏二级水电站工程地质条件复杂。从可行性研究阶段至施工阶段，针对不同阶段存在的水文地质问题，曾先后于 1967 年、1992 年、1994 年、1997 年、2005 年、2006 年和 2009 年开展过 7 次岩溶水示踪试验，除 1994 年作为对 1992 年岩溶水示踪试验的验证外，其余各次试验的目的均与工程勘探过程中发生的特殊水文地质事件（隧洞突水等）有关（表 6.1），并取得了有关岩溶地下水运移的丰富的第一手资料，从而对工程区岩溶水文地质条件和岩溶地下水流格局、岩溶水系统的认识发挥了重要作用，同时指导工程选线和设计，为隧道涌水预报和环境评价提供了比较充分的水文地质数据。

表6.1 锦屏二级水电站工程区历次岩溶水示踪试验概况

试验时间	试验目的任务	投放点（投放时间）	试剂（投放量）	检测点	最长示踪距离/km	检测
1967年2月（一元示踪）	查明老庄子泉群之间的相互关系，以及地下水的富集、运移、排泄特征	老庄子沟岩溶斜井	食盐	老庄子泉群	0.115	
1992年5~7月（一元示踪）	查清老庄子泉与磨房沟泉岩溶水之间的关系（两泉岩溶水之间是否存在分水岭，分水岭的位置及性质）	干海子北坡楠木沟源头高程3820m处挖坑（1992年5月13日~17日）	钼酸铵150kg加水混合成浓度8‰溶液分次投放	磨房沟-大水沟-老庄子泉一带共设15个检测点	10.3	在工地建立实验室，采用催化极谱法分别检测Mo^{6+}
1994年5月底~8月15日（三元示踪）	①针对1992年示踪试验数据规律性不强，水文地质条件译困难实施的重复检测；②I、III两大水文地质单元之间的水力连通途径、分水岭位置及性质，以及1993年7月1日大水沟厂址PD_2探洞2845.5m处（T_2y^5）特大涌水（瞬时流量达4.91m³/s，其后稳定在2m³/s左右）来源及所形成的新排泄中心对地下水流格局的影响；③老庄子泉与三股水泉之间的深层岩溶水径流规律（关联）	(1) 干海子（新塌洞坑）6月15日（10：30~12：00）(2) 甘家沟（渗漏坑）（12：30~15：30）(3) 鸡纳店沟（渗漏坑）（8：20~8：50）	①钼酸铵500kg（干海子，10%水溶液）②碘化钾300kg（甘家沟，24%水溶液）③重铬酸钾480kg（鸡纳店，4%水溶液）	老庄子泉、磨房沟泉、三股水泉和探测长探等地	14.0（干海子），10.9（甘家沟），11.75（鸡纳店）	在工地建立实验室，采用催化极谱法分别检测Mo^{6+}、I^-、Cr^{6+}，共完成检测11890项
1997年7月18日~11月20日（一元示踪）	加深对工程区南部的岩溶水文地质条件的认识，了解干洼地地表水与老庄子泉和三股水泉间的水力联系，指导工程选线和初步设计，为解决如下四个方面的问题提供试验数据：①海子洼地地表水在老庄子泉域和三股水量间是否存在深层地下径流；②磨萨沟水与海子间大理岩之间的水流联系；③老庄子泉和三股水泉间的水流联系；④中大理岩带南部（老庄子沟以南）岩溶发育强度	海子洼地（半封闭岩溶洼地中落水洞）（1997年7月22日13：00~17：00）	钼酸铵350kg	老庄子泉、三股水泉和模萨沟等18个检测点	19.08	在工地建立实验室，采用催化极谱法分别检测Mo^{6+}，共完成检测项目3454次

续表

试验时间	试验目的任务	投放点（投放时间）	试剂（投放量）	检测点	最长示踪距离/km	检测
2005年3月15日~6月22日（二元示踪）	因2004年辅助洞西段和3#探测长探洞洞组施工过程中发生大规模涌水后确定开展岩溶水示踪。其目的任务是：①查清西大理岩岩溶水文地质情况，并为该区三维渗流场分析和隧道涌水量计算提供水文地质基础；②查清清西大理岩背斜两翼落水洞两个消水点渗漏地表水的去向，分析其与辅助洞西段涌水的关系；③分析落水洞消水与景峰桥之间的西大理岩（T_2z）含水介质特性	洛水洞复背斜两翼的落水洞，三坪子东侧渗漏带（落水洞：2005年3月16日；三坪子：2005年3月17日）	钼酸铵（洛水洞300kg）硫酸铜（三坪子1000kg）	包括辅助洞西段和3#探测长探洞洞组内各涌水点、解放沟和普斯罗等沟和磨房沟等泉水，点在内共36个检测点	14.21	在工地建立实验室，采用催化极谱法检测Mo^{6+}和Cu^{2+}，共检测3413次
2006年5月25日~7月30日（二元示踪）	查清大水沟辅助洞多处大规模涌水（2006年以来东端总涌水量达约6.9m³/s，西段总涌水量也达到约2.3m³/s）与周边大水沟岩溶泉快速衰竭（尤其磨房沟泉、老庄子泉季节性断流）的关系，为查清磨房沟泉水季节性断流的原因及地下水去向，即是否流向大水沟一带（辅助洞东、西段涌水），同时也为工程区的水文地质条件分析，隧洞施工提供了必要的依据	磨房沟泉口（洞口内斜井末端岩溶竖井、地下溶潭）（5月31日投氟化铵和50kg重铬酸钾，6月17日投450kg重铬酸钾）	重铬酸钾500kg 氟化铵3000kg	以东、西部大水沟辅助A、B洞中的多处涌水点和大水沟探测长探洞洞组为主，共39个检测点	16.25	在工地建立实验室，采用催化极谱法检测Cr^{6+}和F^-；共检测3146项次

续表

试验时间	试验目的任务	投放点（投放时间）	试剂（投放量）	检测点	最长示踪距离/km	检测
2009年12月1日～2010年1月30日（一元示踪）	由于辅助洞施工涌水后成为区域更低（1600m左右）的新排泄中心，破坏了原有的岩溶地下水系统结构，使储水构造遭到破坏，导致原有可变岩溶地下水分水岭不复存在。随着引水隧洞的开工，东、西部隧洞总涌水量在相对稳定的基础上有逐渐升高的趋势。至2009年下半年，东、西部隧洞总涌水量完全涌断，同时老庄子泉群每年断流时间达到半年以上（每年11月至次年7月）。示踪试验的目的为查明老庄子岩溶大泉季节性断流的原因及流向：①老庄子泉与辅助洞各涌水点的联系，即老庄子泉究竟流向辅助洞哪些涌水点，其与西部各涌水点有没有联系，即是否存在感（T_3砂板岩隔水层）流现象；②是否流向正在施工的各引水隧洞，即各引水洞的涌水来源于南部或是北部	老庄子主泉口附近斜井末端地下溶潭（断流后老庄子地下河水面）（2009年12月10日21：30，持续30min）	钼酸铵350kg	在三股水泉—磨房沟、解放沟—落水洞沟，及其东、西雅砻江之间的锦屏山体（包括辅助A、B洞与各引水隧洞）共设35个检测点	13.37	在工地建立实验室，采用催化极谱法检测Mo^{6+}，完成检测项目约1500项次

　　目前的岩溶水示踪试验主要采用人工示踪方法，选择合适的示踪剂是示踪试验成功的关键因素之一。示踪剂投放量的计算或估算比较复杂，本着经济、有效的原则，一般根据检测点的水量、最低检出浓度（仪器检出限及误差）、投放点与检测点之间的最长距离及含水介质类型（管道形态、地下水运移速度或方式）、推测的异常检出时间和持续时间等进行估算。

　　食盐当量是指与每单位重量示踪剂有同等示踪效果的食盐重量，是表征示踪剂性能的主要指标之一。该指标因地而异，主要受异常检出限影响，而异常检出限又主要受该元素在示踪地区的本底值和测试精度两个因素的影响。

$$N_X = \frac{K_X}{K_{Cl}} \cdot \frac{C_{Cl}}{C_X} \tag{6.1}$$

式中，N_X 为示踪剂 X 的食盐当量；K_X、K_{Cl} 分别为示踪剂 X 中示踪元素和食盐中 Cl^- 的质量分数；C_X、C_{Cl} 分别为示踪剂 X 中示踪元素和食盐中 Cl^- 在该地区的检出限。

　　根据上述示踪剂选择原则，并考虑锦屏二级水电站工程区曾进行过多次示踪，所以应尽量避免重复使用同一种示踪剂。锦屏二级水电站工程区历次岩溶水示踪试验所选择的示踪剂有钼酸铵、重铬酸钾、硫酸铜、碘化钾和氟化铵等。工程区历次示踪试验所使用的示踪剂及其性能见表6.2。根据对历次示踪效果比较，以钼酸铵和重铬酸钾的示踪效果较好。

表 6.2　锦屏二级水电站工程区历次示踪试验所使用的示踪剂及其性能

示踪试验时间	示踪剂名称	化学分子式	示踪元素	示踪元素含量/%	示踪元素检测方法	本底值/(μg/L)	最小检出浓度/(μg/L)	异常检出限/(μg/L)	不确定度/(μg/L)	对人体的影响	吸附损失	示踪剂食盐当量
1967 年	食盐	NaCl	Cl	60.7		1000 ~ 4000	500	1000 ~ 4000	国标限量 1g/L	低	1
1992 年	钼酸铵	$(NH_4)_6Mo_7O_{24} \cdot 4H_2O$	Mo	54.4	催化极谱法	0.05 ~ 1.0	0.05	0.1 ~ 0.4	0.03	微量有益	低	8960
1994 年	钼酸铵	$(NH_4)_6Mo_7O_{24} \cdot 4H_2O$	Mo	54.4	催化极谱法	0.05 ~ 1.0	0.05	0.1 ~ 0.4	0.03	微量有益	低	8960
	碘化钾	KI	I	76.5	选自国标 GB8538.39-87	<0.3	0.5	0.5	0.3	微量有益	低	5040
	重铬酸钾	$K_2Cr_2O_7$	Cr	35.4	催化极谱法	0.1 ~ 0.2	0.1	0.2 ~ 0.4	0.15	国标限量 50μg/L	中低	2920
1997 年	钼酸铵	$(NH_4)_6Mo_7O_{24} \cdot 4H_2O$	Mo	54.4	催化极谱法	0.05 ~ 1.0	0.05	0.1 ~ 0.4	0.03	微量有益	低	8960
2005 年	钼酸铵	$(NH_4)_6Mo_7O_{24} \cdot 4H_2O$	Mo	54.4	催化极谱法	0.05 ~ 1.0	0.05	0.1 ~ 0.4	0.03	微量有益	低	8960
	硫酸铜	$CuSO_4 \cdot 5H_2O$	Cu	25.6	催化极谱法	<10	10	—	2	微量有益	高	40

续表

示踪试验时间	示踪剂名称	化学分子式	示踪元素	示踪元素含量/%	示踪元素检测方法	本底值/(μg/L)	最小检出浓度/(μg/L)	异常检出限/(μg/L)	不确定度/(μg/L)	对人体的影响	吸附损失	示踪剂食盐当量
2006 年	氟化铵	NH_4F	F	51.4	离子选择电极法	20 ~ 50	5	40 ~ 90	5	国标限量 1mg/L	低	25
	重铬酸钾	$K_2Cr_2O_7$	Cr	35.4	催化极谱法	0.1 ~ 1.0	0.1	0.3 ~ 1.0	0.17	国标限量 50μg/L	中低	2920
2009 年	钼酸铵	$(NH_4)_6Mo_7O_{24}\cdot 4H_2O$	Mo	54.4	催化极谱法	0.2	0.05	0.2	0.09	微量有益	低	8960

6.1.2　历次岩溶水示踪试验

6.1.2.1　1967 年岩溶水示踪试验

1）试验过程

为了查明老庄子泉群之间的相互关系，以及地下水的富集、运移、排泄特征，1967 年 2 月 24 日首次开展了岩溶地下水示踪试验。示踪剂为食盐，投放点选在老庄子沟岩溶斜井，接收点为老庄子泉群（图 6.1）。

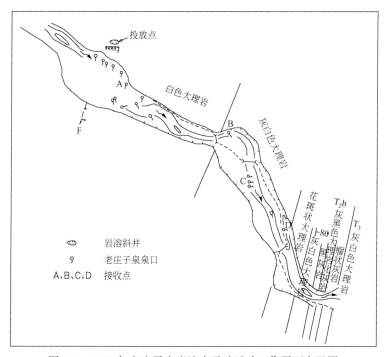

图 6.1　1967 年老庄子泉岩溶水示踪试验工作平面布置图

2）试验结果

识别异常是否出现的指标是示踪剂检出限 $C_{检}$（示踪剂检出限减去本底值为异常检出限），如果在一个水点检出的元素浓度超过了该点的 $C_{检}$ 值，就是检出了异常。$C_{检}$ 值因点而异，可由下式求出：

$$C_{检} = C_B + 2S + C_{测} \tag{6.2}$$

式中，C_B 为该测点平均本底值；S 为该测点本底值的标准离差；$C_{测}$ 为最小检出浓度。

本次试验在示踪剂（食盐）投放后 2~4h 在各接收点陆续检出了异常，4~5h 达到峰值，Cl^- 的峰值为 15.5~71.5mg/L；9~36h 后异常消失，Cl^- 浓度恢复到投放前的 4~5mg/L。在第一次异常通过后的 3~4 天，出现第二次 Cl^- 异常，且延续时间长达 10~15 天，Cl^- 峰值为 7.5~8.2mg/L。根据水文地质条件和 Cl^- 异常时间分析，第一次异常是通过季节变化带管道带来的，第二次异常则通过饱水带通道而来。

6.1.2.2　1992 年干海子岩溶水示踪试验

1）试验过程

为了研究老庄子泉和磨房沟泉岩溶水的关系，查清两泉水之间是否存在分水岭，1992 年在工程区开展过数次试验，特别是 1992 年 5 月实施的大型岩溶地下水示踪试验，获得了一些十分重要的水文地质信息。自 1992 年 5 月 13~17 日投放示踪剂到 1992 年 7 月检测工作结束，历时 63 天。示踪剂的投放点选择在白山组（T_2b）大理岩中的干海子北坡的楠木沟源头高程 3800m 处，为人工开挖渗坑，投放的示踪剂为浓度 8‰ 的钼酸铵水溶液，投放点及示踪剂投放概况见表 6.3。在磨房沟-大水沟-老庄子泉一带设接收点 14 个，试验期间对锦屏山东坡主要出水点均进行了检测，共完成检测 3903 项次，各接收点位置、高程、观测频率和检测时间见表 6.4。示踪剂投放点及接收点位置如图 6.2 所示。

表 6.3　1992 年干海子示踪试验投放点及示踪剂投放概况

投放点						投放试剂			投放情况		
编号	位置	地层	高程/m	渗坑	水源	名称	剂量/kg	食盐当量/t	投放日期	投放方式	投放浓度/‰
W	干海子	T_2b	3800	人工渗坑，深 6.5m，坑口断面 9m²	天然水塘	钼酸铵	150	1344	1992 年 5 月 13~17 日	分次投放	8

表 6.4　1992 年干海子示踪试验各接收点及检测方式概况

编号	接收点位置	性质	绝对高程/m	距投放点直线距离/km	坡比	总观测天数/天	每天观测次数/次
A	磨房沟	沟水	1800	6.9	0.3	63	3
B	楠木沟	沟水	1900	7.2	0.27	63	3
C	老庄子泉	常年泉	2140	8.0	0.21	58	3~4
D	PD_2 洞口	探洞水	1350	9.0	0.28	23	3
D_1	PD_2-230m	探洞水	1351	8.8	0.28	46	3~4
D_2	PD_2-564m	探洞水	1355	8.5	0.29	46	3~4
D_3	PD_2-1003m	探洞水	1361	8.0	0.31	46	3~4

续表

编号	接收点位置	性质	绝对高程/m	距投放点直线距离/km	坡比	总观测天数/天	每天观测次数/次
E	PD_1洞口	探洞水	1350	9.0	0.28	23	3
E_1	PD_1 -550m	探洞水	1355	8.5	0.29	46	3~4
E_2	PD_1 -1447m	探洞水	1365	7.5	0.33	46	3~4
F	大水沟沟口	沟水	1340	9.1	0.28	63	3
G_1	许家坪探洞45m	探洞水	1344	10.3	0.24	40	3
G_2	许家坪探洞450m	探洞水	1345	10.1	0.25	40	3
$H_{上}$	毛$_{上}$	季节性泉	2900	2.5	0.38	23	3
$H_{下}$	毛$_{下}$	季节性泉	2000	4.9	0.38	23	3

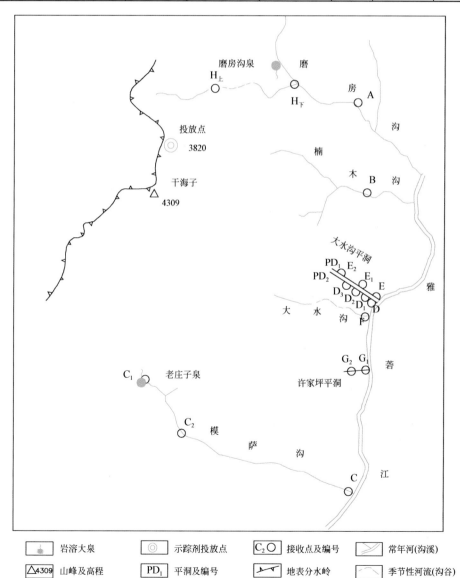

图 6.2　1992 年干海子岩溶水示踪试验工作平面布置图

2）试验结果

由于对场地地质条件复杂程度准备不足，示踪剂剂量不足，投放不连续，无理想的天然投放条件（如示踪剂是沿地表试坑中的裂隙下渗的），部分检测点偏离预定位置较远。尽管受上述因素的影响，但这次试验仍获得了很重要的信息。本次试验除毛家沟测点外，各测点分别于第 23～45 天开始出现异常，由检测结果（图 6.3）可知：

（1）检出浓度普遍偏低，低于 0.5μg/L 的检测点占 71%。异常出现在时间上呈不连续分布，除 B、D_1 测点的部分时段连续外，都呈无规律的散点出现。这说明示踪剂运动路径是以分散的裂隙为主，未见集中管道流迹象。

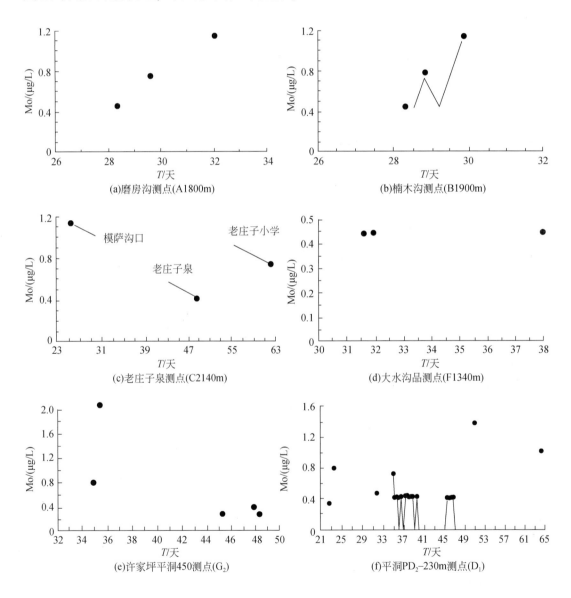

(a)磨房沟测点(A1800m)　　　　(b)楠木沟测点(B1900m)

(c)老庄子泉测点(C2140m)　　　　(d)大水沟品测点(F1340m)

(e)许家坪平洞450测点(G_2)　　　　(f)平洞PD₂-230m测点(D_1)

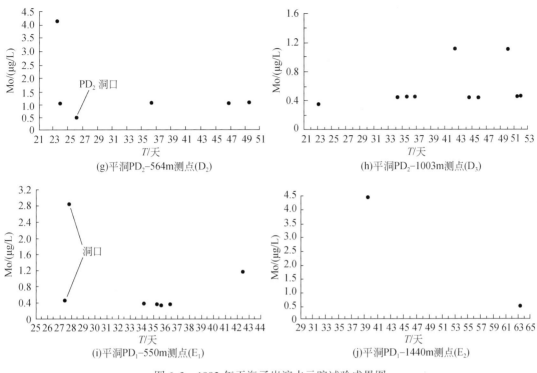

图 6.3 1992 年干海子岩溶水示踪试验成果图

（2）在磨房沟泉和老庄子泉均有小于 1.15mg/L 的偶然性检出，反映了磨房沟泉–大水沟长探洞–许家坪探洞一带 NW 向张扭性构造裂隙的控制作用。但这并不意味着 Ⅰ、Ⅲ单元间边界有"缺口"，即 Ⅰ 单元岩溶水通过 NW 向开口裂隙对 Ⅲ 单元大规模补给。这仅说明在岩性差异不大的情况下，包气带的裂隙水可产生一定程度的横向联系，这种联系随深度的增加、裂隙的闭合而减弱或消失。此外，PD$_1$ 和 PD$_2$ 长探洞内在浅部的检出情况比深部的要好，也证明从投放点到接收点间，示踪剂主要运移于包气带和饱水带的表层，在 21% ~ 33% 的坡比情况下，平均运移速度高达 7.41 ~ 15.94m/h，裂隙应有较大的开度。所以，结合地质条件分析，两大泉之间有地下水分水岭存在，其位置应在干海子一带。

6.1.2.3 1994 年干海子、甘家沟、鸡纳店沟岩溶水示踪试验

1）试验过程

1993 年 7 月 1 日大水沟厂址 PD$_2$ 探洞在 2845.5m 处（T$_2$y^5 大理岩）发生特大涌水，瞬时流量达 4.91m^3/s，后稳定在 2m^3/s 左右，形成大型人工排泄中心，一定范围内破坏了原有天然地下水流格局。鉴于 1992 年 5 月干海子岩溶水示踪试验所获得的数据规律性不强，其水文地质解释遇到较大困难，因此为了进一步了解天然条件下和长探洞集中涌水后区域水流的基本走向及其变化，同时给隧洞涌水预报和环境评价提供比较充分的水文地质依据，于 1994 年又一次开展大型岩溶水示踪试验。本次试验采用三元（Mo、I、Cr）示踪方案，即在推测的老庄子泉和磨房沟泉两大岩溶水文地质单元的分水岭附近的干海子、甘家沟和位于老庄子背斜西翼的鸡纳店沟（T$_2$b 大理岩地下水绕过背斜流向老庄子泉的转折地

段）分别投放钼酸铵、碘化钾和重铬酸钾试剂。

1994 年 6 月 15 日，在干海子、甘家沟、鸡那店沟附近三个投放点（代号分别为 T_1、T_2、T_3）分别将钼酸铵（500kg）、碘化钾（300kg）、重铬酸钾（480kg）水溶后倒入人工或天然渗坑（T_1 点为一新形成的岩溶塌陷坑，其余两点均为人工开挖的渗漏坑），之后均有水流冲洗。在锦屏山东坡设 31 个接收点，分属磨房沟泉组（6 处）、老庄子泉组（5 处）、三股水泉组（3 处）和长探洞组（17 处）四个水流系统。1994 年 8 月 15 日检测结束，共历时 62 天，连同试验前的本底值测定，试验历时共计 100 天。示踪剂投放后，对示踪元素的监测，在异常出现前频率为 1 次/d，异常出现后增至 4 次/d，高峰期过后逐渐减至 2 次/d 和 1 次/d。此次试验，示踪剂当量相当于食盐 7394t，完成检测 11890 项次，最大示踪距离 14.2km，示踪深度达 1000～1500m，以痕量级异常追踪了岩溶水的运动，综合指标与 1975 年前南斯拉卢布尔雅那河流域示踪等世界特大型示踪试验相当。此次试验各投放点概况、示踪剂投放概况及各接收点概况分别见表 6.5～表 6.8，示踪剂投放点及接收点位置示意图如图 6.4 所示。

表 6.5　1994 年干海子、甘家沟、鸡纳店沟岩溶水示踪试验示踪剂各投放点概况

投放点		地层	高程/m	水文情况	渗坑	水源	距投放点直线距离/km			
编号	位置						磨房沟泉	老庄子泉	三股水泉	长探洞 PD$_2$–3239m 出水点
A_1	干海子	T_2b	3820	岩溶洼地积水约 300m^3，有 0.6L/s 水通过洼地底部岩溶塌陷坑（坑深大于 5m，坑口断面 14m^2）渗入地下	岩溶渗坑，深大于 5m，坑口断面 14m^2	天然水塘，存水 300m^3	4.85	7.90	14.00	5.90
A_2	甘家沟	T_2b	3100	引季节泉（流量 0.4L/s）水至人工开挖的渗坑（坑深 5.4m，坑口断面 8m^2）入渗地下	人工渗坑，深 5.4m，坑口断面 8m^2	季节泉，0.4L/s	7.10	4.75	10.90	3.90
A_3	鸡纳店沟	T_2b	2950	引季节潜水（流量 0.5L/s）至人工开挖的渗坑（坑深 4.8m，坑口断面 8m^2）入渗地下	人工渗坑，深 4.8m，坑口断面 8m^2	季节泉，0.6L/s	9.50	4.23	11.70	7.20

表 6.6　1994 年干海子、甘家沟、鸡纳店沟岩溶水示踪试验示踪剂投放概况

投放点		投放试剂			投放情况				
编号	位置	名称	剂量/kg	食盐当量/t	投放日期	开始时间	延续时间/h	投放浓度/%	入渗流量/(L/s)
A_1	干海子	钼酸铵	500	4480	1994 年 6 月 15 日	10：30	1.5	10	0.6
A_2	甘家沟	碘化钾	300	1512		12：30	3.0	24	0.4
A_3	鸡纳店沟	重铬酸钾	480	1402		8：20	28.0	4	0.5

表 6.7　1994 年干海子、甘家沟、鸡纳店沟岩溶水示踪试验各接收点概况（1）

组别	编号	位置	性质	高程/m	流量/(m³/s)	水温/℃	混浊度	检测日期	样品数
磨房沟泉组	磨	磨房沟泉主出水口	常年泉	2174	6.0	9.8	清	5月20日～8月15日	440
	磨中	磨房沟泉下游出水口	常年泉	2130	0.1	9.8	清	7月14日～8月15日	120
	磨下	电厂进水口	地表水	1800	6.6	12.0	微浑	7月14日～8月15日	116
	楠	楠木沟沟口	常年泉	1356	0.06	16.1	微浑	5月20日～8月15日	439
	楠上	楠木沟中段	季节泉	2350	0.03	8.0	清	6月12日～8月15日	250
	毛	毛家沟 T₂b—T₃ 界线	沟水	3200	0.12	5.0	微浑	6月12日～8月15日	241
老庄子泉组	老₁	老庄子泉北岸主涌水口	常年泉	2160	0.10	10.8	清	6月11日～8月15日	498
	老₂	老庄子泉南岸主涌水口	沟水、泉水	2170	0.10	11.0	清	6月11日～8月15日	498
	老₃	老庄子泉南岸下游泉口	常年泉	2155	0.20	10.8	清	6月11日～8月15日	498
	老₄	水文断面上游200m	泉群	2100	2.5	11.5	清	5月20日～8月15日	530
	模	模萨沟下游	沟水	1400	2.6	14.0	微浑	6月1日～8月15日	393
三股水泉组	三北	三股水泉北口	常年泉	1468	0.1～10.0	13.5	清	5月20日～8月15日	480
	三中	三股水泉中口	常年泉	1455	1.2～7.0	13.5	清	5月20日～8月15日	480
	三南	三股水泉南口	常年泉	1455	0.5～3.0	13.5	清	5月20日～8月15日	480

表 6.8　1994 年干海子、甘家沟、鸡纳店沟岩溶水示踪试验各接收点概况（2）

组别	编号	层位	揭露日期	流量/（L/s）		水温 /℃	混浊度	检测日期	样品数
				初始	检测期				
PD$_1$长探洞组	PD$_1$洞口	—	—	—	340	12.7	浑	6 月 8 日 ~ 8 月 15 日	421
	PD$_1$-550m	T$_2$y^5	1991 年初	0.5 ~ 1	< 0.1		清	6 月 15 日 ~ 8 月 15 日	248
	PD$_1$-600m	T$_2$y^5	1991 年 10 月	5.0	5.0		清	6 月 8 日 ~ 8 月 22 日	253
	PD$_1$-1447m	T$_2$y^5	1992 年 5 月 14 日	330	10 ~ 20	12.5	清	5 月 20 日 ~ 8 月 15 日	307
	PD$_1$-2129.5m	T$_2$y^4	1993 年 1 月	0.5	0.5	12.7	清	5 月 20 日 ~ 8 月 15 日	307
	PD$_1$-2760m	T$_2$y^5	1993 年 7 月 14 日	30 ~ 40	15 ~ 20	11.7	微浑	5 月 20 日 ~ 8 月 15 日	389
	PD$_1$-2829m	T$_2$y^5	1993 年 6 月 18 日	15 ~ 20	15 ~ 20	11.8	微浑	5 月 20 日 ~ 8 月 15 日	398
	PD$_1$-3005m	T$_2$y^5	1994 年 3 年 14 日	10	10	12.0	微浑	5 月 20 日 ~ 8 月 15 日	406
	PD$_1$-3581m	T$_2$y^5	1994 年 6 月 13 日	80	20	12.3	浑	6 月 15 日 ~ 8 月 15 日	202
	PD$_1$-3605m	T$_2$y^5	1994 年 7 月 15 日	50 ~ 60	40 ~ 50	12.5	浑	7 月 16 日 ~ 8 月 15 日	98
	PD$_1$-3627m	T$_2$y^5	1994 年 7 月 28 日	70 ~ 80	100		浑	7 月 29 日 ~ 8 月 15 日	79
PD$_2$长探洞组	PD$_2$洞口	—	—	—	2300	12.6	浑	6 月 8 日 ~ 8 月 15 日	413
	PD$_2$-2845.5m	T$_2$y^5	1993 年 7 月 1 日	4910	2000	11.8	浑	5 月 20 日 ~ 8 月 15 日	380
	PD$_2$-3239m	T$_2$y^6	1994 年 3 月 16 日	10	10	11.9	清	5 月 20 日 ~ 8 月 15 日	500
	PD$_2$-3506m	T$_2$y^5	1994 年 5 月 20 日	30	50	12.2	浑	5 月 20 日 ~ 8 月 15 日	500
	PD$_2$-3569m	T$_2$y^5	1994 年 6 月 15 日	30	30	12.4	微浑	6 月 15 日 ~ 8 月 15 日	395
许家坪探洞组	许家坪洞口	T$_2$y^5	1966 年	50	2 ~ 3	16.5	清	5 月 20 日 ~ 8 月 15 日	404

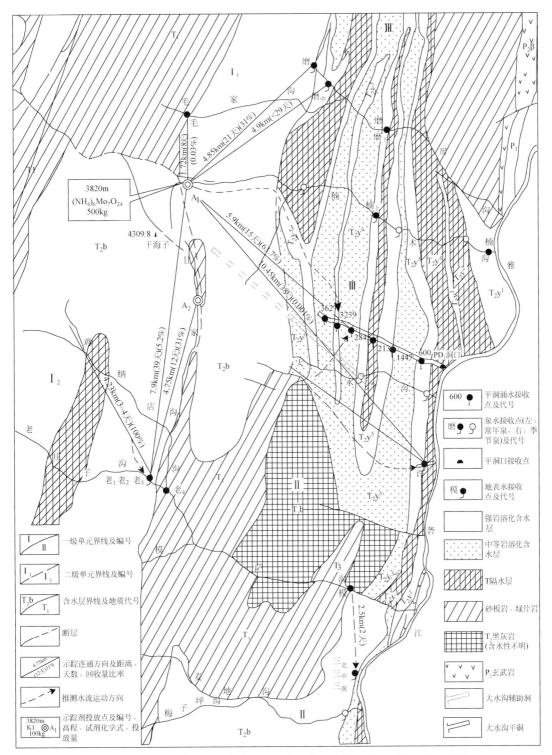

图 6.4 1994 年干海子、甘家沟、鸡纳店沟岩溶水示踪试验工作平面布置图

2）试验结果

（1）痕量级的示踪元素本底值

本次试验选择示踪元素的原则之一是其本底值浓度须低于 1μg/L。地下水中化学物质的天然含量取决于物质来源、与围岩的交换和水流的混合模式。为了确定示踪元素在各接收点的本底浓度，把每个点的本底值专项测定数据连同示踪过程中未出现浓度异常的测定数据一起建立系列进行统计学处理。本底值计算采用算术平均值，统计结果显示，所有水点三种元素（Mo、I、Cr）的本底值均小于 1μg/L。其中，各测点 Mo 本底值的平均值为 0.06 ~ 0.84μg/L，变异系数为 0.07 ~ 0.62（多数<0.3），见表 6.9。Mo 本底含量主要起源于含水层含 Mo 矿物的淋滤，同时植被在 Mo 元素循环中也起着重要作用，按 Mo 本底值大小，将各测点分为 4 组，各组的 Mo 元素来自不同含水层的矿物淋滤，见表 6.10。各测点 I 的天然含量均小于本次检测的最小检出浓度（0.5μg/L），其动态变化不详；此外，本底值低有利于示踪试验的顺利进行。大多数测点 Cr 本底值为 0.1 ~ 0.2μg/L，变异系数约为 0.5，见表 6.11。

表 6.9 锦屏地区天然水 Mo 本底值（1994 年示踪试验期间测定）

序号	编号	样品数	算数平均值/(μg/L)	标准离差/(μg/L)	变异系数
1	磨	38	0.159	0.0497	0.3120
2	磨$_中$	23	0.207	0.0312	0.1505
3	磨$_下$	27	0.196	0.0488	0.2489
4	毛	41	0.156	0.0426	0.2723
5	楠$_上$	38	0.257	0.0922	0.3588
6	楠	51	0.315	0.0448	0.1419
7	PD_1洞口	16	0.519	0.0844	0.1625
8	PD_1-550m	51	0.553	0.0713	0.1289
9	PD_1-600m	41	0.433	0.0821	0.1895
10	PD_1-1447m	59	0.379	0.0730	0.1927
11	PD_1-2129.5m	57	0.572	0.0771	0.1347
12	PD_1-2760m	22	0.310	0.0585	0.1889
13	PD_1-2829m	22	0.549	0.0692	0.1260
14	PD_1-3005m	18	0.305	0.0609	0.1997
15	PD_1-3581m	30	0.403	0.0981	0.2437
16	PD_1-3605m	—	—	—	—
17	PD_2洞口	16	0.421	0.0422	0.1003
18	PD_2-2845.5m	6	0.315	0.0217	0.0688
19	PD_2-3239m	20	0.229	0.0414	0.1808
20	PD_2-3506m	16	0.514	0.1118	0.2175

续表

序号	编号	样品数	算数平均值/(μg/L)	标准离差/(μg/L)	变异系数
21	PD$_2$–3569m	23	0.409	0.0826	0.2021
22	许家坪洞口	49	0.842	0.0932	0.1106
23	老$_1$	50	0.059	0.0364	0.6215
24	老$_2$	47	0.070	0.0209	0.2979
25	老$_3$	41	0.076	0.0273	0.3597
26	老$_4$	49	0.081	0.0274	0.3397
27	模	55	0.100	0.0412	0.4123
28	三$_北$	56	0.274	0.0866	0.3156
29	三$_中$	51	0.137	0.0492	0.3593
30	三$_南$	48	0.118	0.0427	0.3619

表 6.10 锦屏地区天然水 Mo 本底值成因

组别	含量/(μg/L)	分布	成因
I	<0.2	磨、磨$_下$、毛、老$_1$、老$_2$、老$_3$、老$_4$、模、三$_中$、三$_南$	白山组水
II	0.2~0.4	磨$_中$、楠$_上$、楠、PD$_1$–1447m、PD$_1$–2760m、PD$_1$–3005m、PD$_2$–2845.5m、PD$_2$–3239m、三$_北$	混合水（白山组水，盐塘组水）
III	0.4~0.6	PD$_1$–550m、PD$_1$–600m、PD$_1$–2129.5m、PD$_1$–2829m、PD$_1$–3581m、PD$_2$–3506m、PD$_2$–3569m	盐塘组水
IV	>0.6	许家坪洞口	玄武岩水混入

表 6.11 锦屏地区天然水 Cr 本底值（1994 年示踪试验期间测定）

序号	编号	样品数	算术平均值/(μg/L)	标准离差/(μg/L)	变异系数
1	磨	48	0.278	0.1263	0.4543
2	磨$_中$	27	0.116	0.0603	0.5199
3	磨$_下$	26	0.141	0.0764	0.5428
4	毛	49	0.224	0.1202	0.5365
5	楠$_上$	48	0.175	0.0667	0.3808
6	楠	42	0.101	0.0739	0.7302
7	PD$_1$ 洞口	32	0.130	0.1041	0.8011
8	PD$_1$–550m	49	0.142	0.0881	0.6210
9	PD$_1$–600m	42	0.208	0.0917	0.4417
10	PD$_1$–1447m	54	0.169	0.1092	0.6472
11	PD$_1$–2129.5m	53	0.107	0.0789	0.7398

序号	编号	样品数	算术平均值/(μg/L)	标准离差/(μg/L)	变异系数
12	$PD_1-2760m$	51	0.163	0.0811	0.4980
13	$PD_1-2829m$	55	0.135	0.0817	0.6041
14	$PD_1-3005m$	55	0.161	0.1041	0.6461
15	$PD_1-3581m$	34	0.159	0.1170	0.7351
16	$PD_1-3605m$	30	0.129	0.0625	0.4859
17	PD_2洞口	48	0.152	0.0830	0.5459
18	$PD_2-2845.5m$	38	0.194	0.0628	0.3232
19	$PD_2-3239m$	57	0.129	0.0770	0.5946
20	$PD_2-3506m$	44	0.160	0.0847	0.5303
21	$PD_2-3569m$	38	0.137	0.0696	0.5086
22	许家坪洞口	51	0.165	0.0932	0.5662
23	老$_1$	—	—	—	—
24	老$_2$	—	—	—	—
25	老$_3$	10	0.177	0.0558	0.3152
26	老$_4$	—	—	—	—
27	模	6	0.108	0.0483	0.4462
28	三$_北$	5	0.166	0.1095	0.6594
29	三$_中$	5	0.140	0.0860	0.6145
30	三$_南$	3	0.073	0.0116	0.1175

（2）痕量级的示踪元素异常值

本次试验有较多的脉冲式异常波出现，有些只有孤立的一个异常值。为了把单一脉冲异常值和测试中的粗大误差区别开，须对数据作深入的水文地质和误差理论分析，多数情况下能够得出确定性结论，也有个别情况，如在磨房沟泉（磨）测点第 12 天出现的钼脉冲式异常，未能确定是否存在测试误差，这在一定程度上影响了钼异常在该测点初现时间的判断。

①Mo 异常

试剂投放后第 8 天，首先在毛家沟水点检出异常；第 15 天在长探洞（$PD_2-3239m$）检出；第 21 天到达磨房沟沟口；其后于第 37 天起 3 天内分别到达楠木沟中段（楠$_上$，37天）、许家坪洞（38 天）和老庄子泉南岸（老$_3$，39 天）；最后于第 45 天在中三股水泉（三$_中$）检出。31 处检测点中，除楠木沟口外的其余各点均不同程度地检测到异常，其中，磨$_中$、磨$_下$、$PD_2-2845.5m$ 和 PD2-3627m 四点因揭露或检测时间太晚，错过了异常初现时间。试验中检测到的最大脉冲异常为 8.79μg/L（磨，7 月 6 日）；最大波状峰值为6.68μg/L（$PD_2-3239m$，8 月 8 日），最小峰值为 0.15μg/L（老$_1$，8 月 6 日），异常检出的详细情况见表 6.12。

表 6.12　1994 年干海子、甘家沟、鸡纳店沟岩溶水示踪试验各接收点异常检出情况

接收点	投放点	干海子（Mo）(6月15日10:30)				甘家沟（I）(6月15日12:30)				鸡纳店沟（Cr）(6月15日8:20)			
		异常初现时间/天	峰值出现时间/天	本底值浓度/(μg/L)	异常峰值浓度/(μg/L)	异常初现时间/天	峰值出现时间/天	本底值浓度/(μg/L)	异常峰值浓度/(μg/L)	异常初现时间/天	峰值出现时间/天	本底值浓度/(μg/L)	异常峰值浓度/(μg/L)
磨房沟泉组	磨	20.8	20.8	0.159	8.63	—	—	—	—	—	—	—	—
	磨中	—	55.9	0.207	1.12	—	—	—	—	—	—	—	—
	磨下	—	33.9	0.196	0.90	—	—	—	—	—	—	—	—
	楠	—	—	0.315	—	—	—	—	—	—	—	—	—
	楠上	37.1	52.9	0.257	0.54	—	—	—	—	—	—	—	—
	毛	8.1	9.1	0.156	1.21	—	—	—	—	—	—	—	—
老庄子泉组	老1	47.9	51.9	0.059	0.15	11.7	17.0	<0.3	3.0	3.5	6.1	0.200	10.30
	老2	45.9	45.9	0.070	0.97	13.0	14.5	<0.3	1.8	—	6.1	0.200	6.15
	老3	38.9	48.9	0.076	0.63	—	—	—	—	—	—	—	—
	老4	44.9	48.9	0.081	1.94	13.0	15.5	<0.3	0.6	—	6.1	0.200	2.95
	模	46.9	53.9	0.100	0.38	13.0	16.0	<0.3	0.6	—	7.2	0.108	1.63
三股水泉组	三北	45.9	45.9	0.274	0.94	—	—	—	—	7.1	10.1	0.166	0.58
	三中	44.9	53.9	0.137	0.20	—	—	—	—	7.1	10.1	0.140	0.38
	三南	47.9	54.9	0.118	0.62	—	—	—	—	7.1	10.1	0.073	0.50
PD1长探洞	洞口	16.9	39.0	0.519	1.13(1.36)	6.8	9.8	<0.3	1.5	—	—	—	—
	550m	51.1	51.1	0.553	0.31	—	—	—	—	—	—	—	—
	600m	46.5	52.5	0.433	0.36	—	—	—	—	—	—	—	—
	1447m	35.1	46.1	0.379	0.72	—	—	—	—	—	—	—	—
	2129.5m	38.1	41.1	0.572	0.93	—	—	—	—	—	—	—	—
	2760m	17.9	45.9	0.310	2.41	8.8	14.8	<0.3	1.5	—	—	—	—
	2829m	15.9	44.9	0.549	1.66	7.8	10.8	<0.3	1.8	—	—	—	—
	3005m	14.9	35.1	0.305	2.00(3.39)	—	10.8	<0.3	1.4	—	—	—	—
	3581m	31.9	41.9	0.403	2.58	17.0	23.8	<0.3	0.7	—	—	—	—
	3605m	31.1	39.1	—	1.90	—	34.0	<0.3	0.6	—	—	—	—
	3627m	—	50.0	—	1.32	（揭露时间太迟，错过了异常）				—	—	—	—

续表

接收点 \ 投放点		干海子（Mo）（6月15日10:30）				甘家沟（I）（6月15日12:30）				鸡纳店沟（Cr）（6月15日8:20）			
		异常初现时间/天	峰值出现时间/天	本底值浓度/(μg/L)	异常峰值浓度/(μg/L)	异常初现时间/天	峰值出现时间/天	本底值浓度/(μg/L)	异常峰值浓度/(μg/L)	异常初现时间/天	峰值出现时间/天	本底值浓度/(μg/L)	异常峰值浓度/(μg/L)
PD₂ 长探洞	洞口	16.0	36.9	0.421	1.93 (3.17)	6.8	9.8	<0.3	1.9	—	—	—	—
	2845.5m	—	35.1	0.315	1.79 (2.62)	（开始检测时间偏迟）				—	—	—	—
	3239m	14.9	33.3	0.229	3.30 (6.45)	6.0	8.8	<0.3	3.0	—	—	—	—
	3506m	13.9	36.1	0.514	1.73	9.0	10.0	<0.3	0.9	—	—	—	—
	3569m	34.1	40.1	0.409	0.62 (0.83)	—	11.8	<0.3	0.7	—	—	—	—
许家坪洞		38.3	58.3	0.842	0.81	21.0	32.3	<0.3	0.7	—	—	—	—

注：（ ）内为个别脉冲值；异常峰值浓度为示踪元素峰值浓度减本底值

②I 异常

试验投放后第 6 天，I 异常首先出现在长探洞测点 PD_2-3239m，第 12 天在老庄子泉北岸（老₁）检出，第 21 天到达许家坪洞，最大检出浓度为 $3μg/L$（老₁，PD_2-3239m）。其余各测点（包括 PD_1-550m、PD_1-600m、PD_1-1447m、PD_1-2129.5m、PD_2-2845.5m 和老₃）至试验结束均未收到异常，其原因可能是检测开始过迟，以致错过了异常脉冲。其中，PD_2-2845.5m 测点是第 17 天（7 月 2 日）开始检测的，此时 PD_2 洞口的碘浓度已经减至 $0.5μg/L$，洞口比 2845.5m 处示踪波略有滞后，因此 PD_2-2845.5m 测点未收到异常。异常检出的详细情况见表 6.12。

③Cr 异常

试剂投放后第 6 天，在没有前兆的情况下于老庄子泉测点（老₁、老₂、老₃）出现了 Cr 异常的高峰，这是因为前 5 天为取样而错过了初现异常和异常峰值。为了估计异常出现的时间，考虑：①投放 Cr 试剂的过程持续约 28h，在此时间投放处实际成为固定的点示踪源，投放后第 28h 时应形成以投放点为核心的半放射状椭圆形弥散晕；②在老₁ 至老₄ 再至模萨沟口等 5 个测点依次出现异常应是一个 1~2 天的过程；③从初现异常到出现峰值再到回落也应有 1~2 天的过程，因此从最初出现的异常到 5 个测点全部进入衰减期，估计需花 2~3 天时间。由此推测，老庄子泉群（老₁ 或老₂）初次出现铬异常的时间约在试验开始后的第 2~3 天。这一推断可以从碘异常的出现过程得到佐证，即从碘异常在测点老₁ 初现到老₄、老₁ 达到高峰值共用 4~5 天，异常检出的详细情况见表 6.12。

6.1.2.4　1997 年海子岩溶水示踪试验

1）试验过程

本次试验是 1994 年岩溶水示踪试验的继续和补充。目的在于了解海子洼地地表水与老庄子泉和三股水泉间的水力联系，并为解决如下四个方面的问题提供试验数据：①海子洼地地表水在老庄子泉域水量均衡中所起的作用；②老庄子泉和三股水泉间是否存在深层地下径流；③模萨沟水与两侧大理岩之间的水流联系；④中大理岩带南部（老庄子沟以南）岩溶发育强度。研究以上问题对加深工程区南部的岩溶水文地质条件的认识、指导工程选线和初步设计工作具有重要的实际意义。

试验采用一元示踪方法，在 T_2b 大理岩中海子洼地地表水中投放浓度为 4% 的钼酸铵水溶液 350kg，在磨房沟、大水沟长探洞、老庄子泉、三股水泉等地带共设接收点 18 个，进行取样检测 Mo^{6+}。Mo 元素的检测采用催化极谱法，与 1994 年示踪试验相同，最小检出浓度为 0.05μg/L，不确定度 $U=0.03$μg/L。试验于 1997 年 7 月 22 日 13:00～17:00 投放试剂，至 11 月 25 日检测工作结束，野外工作历时约 4 个月。试验期间对锦屏山东坡主要出水点均进行了检测，整个试验检测期共持续 131 天（含投放试剂前本底值监测 5 天）。异常出现前取样频率为 1～2 次/d，高峰期加密至 4 次/d，高峰期过后逐渐恢复至 1～2 次/d，其中 9 月 21 日～11 月 25 日取样频率为 1 次/周，本次试验共完成检测项目 3464 次。投放点及示踪剂投放概况见表 6.13，各接收点及检测方式概况见表 6.14。示踪剂投放点及接收点位置示意图如图 6.5 所示。

表 6.13　1997 年海子岩溶水示踪试验投放点及示踪剂投放概况

投放点						投放试剂			投放情况				
编号	位置	地层	高程/m	渗坑	水源	名称	剂量/kg	食盐当量/t	投放日期	开始时间	延续时间/h	投放浓度/%	冲洗流量/(L/s)
B	海子洼地	T_2b	2510	人工渗坑，深 2.0m，坑口断面 10m²	海子水库，开沟引水，1.5L/s	钼酸铵	350	3136	1997年7月22日	13:00	4.0	4	1.5

表 6.14　1997 年海子岩溶水示踪试验各接收点及检测方式概况

组别	编号	位置	检测日期	样品数	备注
老庄子泉组	老₁	老庄子泉北岸主涌水口	7 月 19 日～9 月 20 日	246	
	老₂	老庄子泉南岸主涌水口	7 月 19 日～9 月 20 日	246	
	老₃	老庄子泉南岸下游泉口	7 月 19 日～9 月 20 日	246	
三股水泉组	三北	三股水泉北口	7 月 19 日～11 月 25 日	311	
	三中	三股水泉中口	7 月 19 日～11 月 25 日	311	
	三南	三股水泉南口	7 月 19 日～11 月 25 日	311	
磨房沟泉组	磨	磨房沟电站（二级）尾水	7 月 18 日～9 月 7 日	24	不定期取样

续表

组别	编号	位置	检测日期	样品数	备注
探洞水组	PD₁	大水沟 PD₁ 洞口	7月18日~11月25日	211	
	PD₂	大水沟 PD₂ 洞口	7月18日~11月25日	211	
	许	许家坪探洞洞口	7月18日~11月25日	211	
沟水组	马口	马斯洛沟沟口	7月19日~9月20日	148	
	铜	铜厂沟沟口	7月22日~8月30日	94	
	梅口	梅子坪沟（麦地沟）沟口	7月19日~11月25日	263	
	模口	模萨沟沟口	7月19日~11月25日	225	
	模中	模萨沟养猪场	7月19日~9月25日	255	8月2日前误取支沟水
	楠	楠木沟沟口	7月18日~9月7日	24	不定期取样
	大	大水沟沟口	7月18日~11月25日	125	
水塘水组	海	海子水塘出口（出口堰）	7月22日~7月23日	2	投放期间取样
合计			7月18日~11月20日	3464	

2）试验结果

（1）示踪元素本底值

本次试验各接收点 Mo^{6+} 本底值见表6.15。由此可见，锦屏地区岩溶水 Mo^{6+} 本底值为 $0.1 \sim 0.6 \mu g/L$。其中，老庄子泉、三股水泉（北股除外）的本底值较低（在 $0.3 \mu g/L$ 以下）；人工开挖的隧洞出水点的 Mo^{6+} 本底值较大；而地表沟水的 Mo^{6+} 本底值居中，可能与人类活动的影响有关。为了便于对比，表6.16列出了1994年和1997年两次示踪试验期间若干接收点的初始本底值和试验结束时的浓度。从表6.16可以看出，1994~1997年示踪试验前，磨房沟泉、许家坪洞洞口和 PD₁ 洞口、PD₂ 洞口的 Mo^{6+} 本底值呈上升趋势，在1997年示踪试验期间有所下降，呈拱型波状变化，拱型波持续3年以上。根据这一变化趋势可以推断，上述各出水点的岩溶水可能均来源于 T_2y 大理岩裂隙含水层，该含水层中地下水运行相对缓慢，受1992年、1994年投放的钼酸铵试剂在该含水层中累积的影响，Mo^{6+} 本底值呈上升趋势，到1997年末才有不同程度回落。

（2）示踪元素异常值

本次试验各接收点异常检出概况见表6.17。其中，铜厂沟、马斯洛沟、许家坪洞口、两条长探洞洞口、大水沟、楠木沟口和磨房沟泉（电厂尾水）出水点未检出 Mo^{6+} 异常，这表明海子洼地处地下水与模萨沟以北地段的地下水无水力联系；其余各接收点均检出异常。对出现的较多的脉冲式异常（多数只有一个孤立的异常值），通过详细的水文地质分析和研究，将其与检测工作中、分装运输及计算中产生的误差进行区分，取得了良好的效果，但对个别异常（如三股水泉后期第二次异常）的判释仍未得出满意的结论。

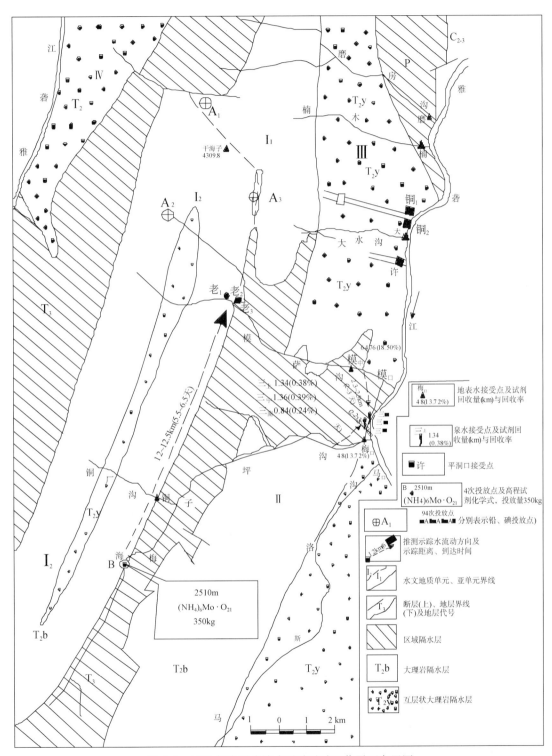

图 6.5　1997 年海子岩溶水示踪试验工作平面布置图

表 6.15 锦屏地区天然水 Mo 本底值（1997 年示踪试验期间测定）

组别	编号	水点位置	样品数	算术平均值/(μg/L)	标准离差/(μg/L)	变异系数
老庄子泉组	老$_1$	老庄子泉北岸主涌水口	43	0.0902	0.0331	0.3668
	老$_2$	老庄子泉南岸主涌水口	11	0.1245	0.0324	0.2598
	老$_3$	老庄子泉南岸下游泉口	11	0.1036	0.0465	0.4490
三股水泉组	三$_北$	三股水泉北口	118	0.3418	0.0388	0.1136
	三$_中$	三股水泉中口	126	0.1330	0.0029	0.0216
	三$_南$	三股水泉南口	125	0.1118	0.0023	0.0207
磨房沟泉组	磨	磨房沟电厂（二级）尾水	11	0.2218	0.0941	0.4243
探洞水组	PD$_1$	大水沟 PD$_1$ 洞口	64	0.4422	0.0051	0.0116
	PD$_2$	大水沟 PD$_2$ 洞口	83	0.6287	0.0044	0.0070
	许	许家坪洞洞口	65	1.0666	0.0129	0.0121
沟水组	马$_口$	马斯洛沟沟口	58	0.2471	0.0066	0.0266
	铜	铜厂沟沟口	40	0.3575	0.0271	0.0758
	梅$_口$	梅子坪沟（麦地沟）沟口	66	0.3998	0.0120	0.0301
	模$_口$	模萨沟沟口	8	0.1363	0.0585	0.4296
	模$_中$	模萨沟养猪场（支沟水样）	15	0.2680	0.0161	0.0602
	楠	楠木沟沟口	10	0.3720	0.0569	0.1530
	大	大水沟沟口	64	0.4422	0.0051	0.0116

表 6.16 锦屏地区各取样点 Mo^{6+}浓度动态变化   （单位：μg/L）

组别	编号	水点位置	1994 年示踪期间		1997 年示踪期间	
			试验开始	试验结束	试验开始	试验结束
老庄子泉组	老$_1$	老庄子泉北岸主涌水口	0.070	0.06	0.06	0.06
	老$_2$	老庄子泉南岸主涌水口	0.059	0.03	0.11	0.34
	老$_3$	老庄子泉南岸下游泉口	0.076	0.065	0.08	0.50
三股水泉组	三$_北$	三股水泉北口	0.274	0.32	0.35	0.32
	三$_中$	三股水泉中口	0.137	0.13	0.12	0.12
	三$_南$	三股水泉南口	0.118	0.11	0.10	0.10
磨房沟泉组	磨	磨房沟泉	0.159	0.25	0.38	0.15
探洞水组	PD$_1$	大水沟 PD$_1$ 洞口	0.519	1.22	0.63	0.56
	PD$_2$	大水沟 PD$_2$ 洞口	0.421	0.97	0.69	0.62
	许	许家坪洞洞口	0.842	0.84	1.10	1.00
沟水组	模$_口$	模萨沟沟口	0.100	0.07	0.11	0.35
	楠	楠木沟沟口	0.315	0.38	0.44	0.32

表 6.17 1997 年海子岩溶水示踪试验各接收点异常检出情况

组别	编号	异常初现时间/天	峰值出现时间/天	本底值浓度/(μg/L)	峰值浓度/(μg/L)	距投放点直线距离/km	备注
老庄子泉组	老$_1$	6.5	7.5	0.09	3.76	12.15	
	老$_2$	5.5	7	0.12	10.19	12.15	
	老$_3$	6.5	9.5	0.10	4.71	12.0	
三股水泉组	三$_北$	1.5	5	0.34	1.60	2.5	梅子坪沟渗漏，梅$_口$0.5 天出现异常，深层水循环引起
	三$_中$	2.5	7.5	0.13	0.46	2.4	模萨沟渗漏，模$_口$5.5 天出现异常
	三$_南$	6.0	6.0	0.11	1.44	2.5	梅子坪沟渗漏，梅$_口$0.5 天出现异常，深层水循环引起
磨房沟泉组	磨	—	—	0.22			
探洞水组	PD$_1$	—	—	0.59	—	19.08	梅子坪沟渗漏，梅$_口$0.5 天出现异常，深层水循环引起
	PD$_2$	—	—	0.63	—	19.08	
	许	—	—	1.07		17.03	
沟水组	马$_口$	—	—	0.25	—	11.13	
	铜	—	—	0.36		5.70	
	梅$_口$	0.5	1	0.25	22.65	10.93	
	模$_口$	5.5	9.5	0.14	8.01	16.50	
	模$_中$	—	—	0.27	5.87	11.40	本底值据支沟水计算
	楠	—	—	0.37			
	大	—	—	0.44	—	18.33	

①老庄子泉（老$_1$、老$_2$、老$_3$）及下游沟水（模$_中$、模$_口$）

老庄子泉各点（老$_1$、老$_2$、老$_3$）及下游沟水（模$_中$、模$_口$）5 条曲线较完整地记录了 Mo^{6+} 弥散晕通过老庄子排泄区和模萨沟的全过程。从异常出现时间上看，在试剂投放后的 5.5 天（7 月 28 日晨），异常首先在老庄子泉南岸主涌水口（老$_2$）检出（0.18μg/L），第 7 天（7 月 29 日下午）达到峰值（10.19μg/L），第 7 天出现第二次峰值（10.18μg/L）；至检测结束时（9 月 20 日），Mo^{6+} 浓度衰减到 0.34μg/L。异常在老庄子泉北岸主涌水口（老$_1$）的初现时间较（老$_2$）晚 1 天，峰值初现时间晚 0.5 天。Mo^{6+} 峰值浓度仅为（老$_2$）峰值浓度的 1/3。老庄子泉南岸下游泉口（老$_3$）初现时间较（老$_2$）仅晚 1 天，其峰值出现时间却晚 2.5 天，说明示踪波上升支时间较长。高峰过后，（老$_1$）衰减相对快些，至检测结束时（9 月 20 日）已经衰减到本底值水平（0.06μg/L），（老$_3$）异常衰减速度比（老$_2$）、（老$_1$）相对慢些，至 9 月 20 日系统检测期结束时 Mo^{6+} 异常浓度降至峰值的 8.5% 左右。

模$_中$水点因早期水样误取支沟水，异常波的上升支记录不完整，从后半段曲线的拟合情况判断，模$_中$、模$_口$两条曲线大致重合。这可能因为取样频率为 12h/次，而模$_中$、模$_口$两点间弥散晕传输时间只有 3~5h，记录曲线无法区别两点间示踪波的实际差别。

②三股水组（三$_北$、三$_中$、三$_南$）

三$_北$点 Mo^{6+} 浓度历时曲线大致可分为 5 段：第一段（投放前 4 天至投放后 1.5 天）为本底值段，曲线起伏平缓，Mo^{6+} 浓度为 0.3~0.4μg/L；第二段（投后 1.5~20 天）为脉冲式异常频繁出现段，在波动较大的基波上（波动幅度达 0.15μg/L）于投后 1.5 天、5 天和 8.5 天出现三次脉冲波，波峰值分别达 1.04μg/L、1.60μg/L 和 1.05μg/L，根据曲线波动较大和多次出现高峰的脉冲波两条依据，第二段可视为 Mo^{6+} 异常段；第三段（投后 20~34 天），Mo^{6+} 浓度为 0.28~0.37μg/L，曲线平缓，为无异常出现段；第四段（投后 34~44 天），Mo^{6+} 浓度为 0.32~0.48μg/L，曲线起伏较大（波动幅度达 0.16μg/L），Mo^{6+} 浓度比本底值平均高出 0.05μg/L，与第三段曲线起伏平缓和相对较低的浓度值形成对比，这有可能是示踪剂通过向斜核部 T_2b 大理岩从老庄子泉域被深层水流携带到三股水泉流域的结果，但第四段出现的 Mo^{6+} 浓度峰值均低于三$_北$点示踪剂检出限 0.48μg/L，因此不能被识别为异常；第五段（投后 44~60 天），曲线略有波动，但 Mo^{6+} 浓度处于较低水平，仍应视为非异常段。从三$_北$点浓度曲线总体来看，只有第二段（投放后 1.5~20 天）检测出 Mo^{6+} 异常。

三$_中$和三$_南$曲线具有与三$_北$曲线相似的 5 段结构，其中第二段（投后 2.5~20 天）同样可视为异常出现段。此外，在三$_南$曲线第四段（投后 23~53.5 天），记录到两次脉冲波，波峰值达 0.42μg/L，已超出该点示踪剂检出限（0.21μg/L）。但是考虑到野外实验室条件下，在痕量级水平上出现测试粗且误差大的概率较大，仅两条脉冲波，尚不足以作为异常出现的确定性标志。据此判断，在三$_中$和三$_南$，只在第二阶段（投后 2.5~20 天）检测出明确的 Mo^{6+} 异常。

③梅子坪沟沟口（梅$_口$）

投放试剂后 1 天（7 月 23 日下午）检测到异常峰值（22.65μg/L），由于取样频率较低，未能记录到异常初现时间。总体记录到完整的不对称钟形曲线，在相当平稳的基波上叠加着 5~6 处次级波，至 9 月 19 日 Mo^{6+} 浓度回落到本底值（0.24μg/L）。

6.1.2.5 2005 年落水洞沟岩溶水示踪试验

1）试验过程

由于预可行性研究阶段勘察结果和可行性研究阶段岩溶专题研究成果均可预测可能产生管道突水的部位主要位于工程区东部的白山组（T_2b）和盐塘组（T_2y）界面，而本地区西大理岩组（T_2z）汇水面积小且分散，对于大断面隧洞影响不是很严重，故在可行性研究阶段未做详细的勘察研究工作。2004 年，辅助洞西端 B 洞在掘进至 BK2+633 施工期间曾发生瞬时涌水量为 7.3m³/s 集中大涌水；为了查明工程区西部岩溶水文地质情况，并为该地区三维渗流场分析和隧道涌水量计算提供水文地质基础资料；分析位于落水洞沟背斜两翼的落水洞消水点与景峰桥之间的西大理岩含水介质特性；查清落水洞两个消水点的地表水渗漏去向，进而分析其与辅助洞西端涌水的关系，故于 2005 年开展落水洞沟岩溶水示踪试验。

本次示踪试验采用二元示踪方案，试验工作自 2005 年 3 月 15 日开始，于 6 月 22 日结束。试验采用钼酸铵和硫酸铜两种示踪剂，示踪检测元素分别为 Mo^{6+} 和 Cu^{2+}，在本区本底值条件下每吨示踪剂的示踪效果分别为食盐当量 2688t 和 40t。两种试剂分别投放于落水洞复式背斜东西两翼的 T_2z 含水层出露段，以及落水洞沟上游与下游两个主要岩溶渗漏段的起始点附近（图 6.6）。其中，钼酸铵试剂的投放点 A 位于落水洞复式背斜东翼的盐源县洼里乡木落脚村落水洞附近，落水洞沟水从 T_3 砂板岩进入 T_2z 大理岩界线附近（即 F_6 断层）的大理岩一侧；硫酸铜试剂的投放点 B 位于落水洞复式背斜西翼的盐源县洼里乡木落脚村三坪子村西，落水洞沟水从 T_1 砂板岩进入 T_2z 大理岩界线处的 T_2z 大理岩一侧。在 A 点投放钼酸铵试剂的时间选择在 2005 年 3 月 16 日（落水洞上游渗漏段流向下游三坪子的水量达到最小值），投放时间持续约半小时；在 B 点上游设点检测试剂流失量，检测表明，试剂流失量很小（约占投放总量的 1.18%），不会影响落水洞复式背斜东翼钼酸铵示踪效果。在 B 点投放硫酸铜试剂的时间选择在 2005 年 3 月 15 日（枯水期落水洞下游渗漏段地表水在三坪子全部渗漏进入含水层），试剂量较大，溶解稍慢，投放过程持续约 3h；试剂投放后观测显示，河床砂卵石与基岩壁染蓝，显示出 Cu^{2+} 吸附较重的特性。投放点及示踪剂投放概况见表 6.18。

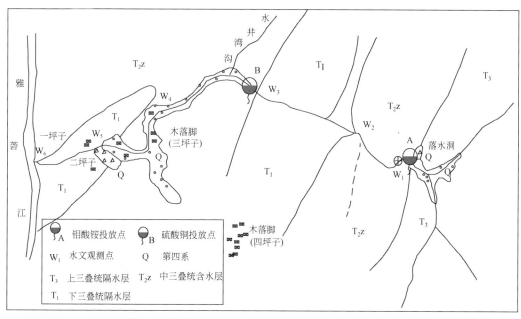

图 6.6　落水洞沟水文观测与示踪剂投放点平面布置图

表 6.18　2005 年落水洞沟岩溶水示踪试验投放点及示踪剂投放概况

投放点					投放试剂			投放情况		
编号	位置	地层	高程 /m	水文地质情况	名称	剂量 /kg	食盐当量/t	投放日期	投放方式	持续时间/h
A	落水洞附近	T_2z	3000	大理岩岩性较纯、岩石破碎，其下游为峡谷地形，水流湍急。投放点下游约 50m 处发育大小不一的古溶洞群，沟水明显减少	钼酸铵	300	2688	2005 年 3 月 16 日	一次性投放	0.5

续表

编号	投放点				投放试剂			投放情况		
	位置	地层	高程/m	水文地质情况	名称	剂量/kg	食盐当量/t	投放日期	投放方式	持续时间/h
B	三坪子村西	T_2z	2210	投放点下游为由洪冲积砂砾石层（表层）和湖积粉砂土、淤泥组成的平缓谷地（坝子）落水洞沟水在投放点附近以跌水的形式从 T_1 砂板岩中流入谷地（坝子）底部的沟谷中，枯水期地表溪水在三坪子沟谷拐弯处前后消失	硫酸铜	1000	40	2005 年 3 月 15 日	一次性投放	3.0

本次试验共设置接收点 9 组 36 个点（其中有 23 个点为硫酸铜与钼酸铵共同接收点）。其中，西雅砻江区 6 组 27 个点，东雅砻江区 3 组 9 个点。从 3 月 10 日开始对主要接收点进行本底值取样，至 6 月 2 日全部取样工作结束，6 月 22 日全部检测工作完成，共历时 105 天。为了经济且有效地完成试验的检测工作，本次试验根据投放点与接收点距离和试验范围内的水文地质情况，采取了分区不等间隔取样的方法，即重点检测点取样密度较大（如西区从猫猫滩到解放沟早期取样 3~8 次/d，后期 1~2 次/d 或两天 1 次），其余点则取样间隔较长。本次试验最长示踪距离达 14.21km，共完成检测项目 3413 次。各接收点及检测概况见表 6.19。示踪剂投放点及接收点平面布置图如图 6.7 所示。

表 6.19 2005 年落水洞沟岩溶水示踪试验接收点概况

组别	水点					距投放点直线距离		检测情况（Mo^{6+}）*		
	编号	位置	高程/m	性质	含水层	距 A 点/km	距 B 点/km	起止日期	样品数目	算术平均值/(μg/L)
景峰桥南	1	解放沟口	1660	沟水	T_2z	9.4	8.78	3 月 12 日~4 月 12 日	62	0.0426
	2	普斯罗沟	1780	沟水	T_2z	7.9	7.18	3 月 12 日~4 月 12 日	72	0.0470
	3	普斯罗沟与手爬沟间高位探洞	1750	隧洞水	T_2z	7.3	6.6	3 月 12 日~4 月 29 日	86	0.0473
	4	高位探洞下勘探长探洞	1680	隧洞水	T_2z	7.2	6.5	3 月 12 日~4 月 29 日	53	0.0510
	5	交通洞中横洞	1650	隧洞水	T_2z	7.15	6.4	3 月 12 日~4 月 10 日	63	2.5723
	6	交通洞与锦屏一级 4# 探洞间勘探长探洞	1680	隧洞水	T_2z	7.1	6.1	3 月 12 日~4 月 29 日	75	0.0969

续表

组别	水点					距投放点直线距离		检测情况（Mo^{6+}）*		
	编号	位置	高程/m	性质	含水层	距A点/km	距B点/km	起止日期	样品数目	算术平均值/(μg/L)
景峰桥南	7	靠近手爬沟一侧的勘探长探洞	1680	隧洞水	T$_2$z	7.0	6.1	3月12日~4月10日	69	4.3370
	8	手爬沟	1690	沟水	T$_2$z	6.7	5.88	3月16日~4月10日	90	0.7960
	9	手爬沟口南	1650	江水	T$_2$z	6.71	5.9	3月16日~4月10日	49	
	10	手爬沟泉	2160	泉水	T$_2$z	6.03	—	3月29日~4月29日	23	
	11	棉纱沟	1820	沟水	T$_3^1$	5.7	4.6	3月12日~4月10日	62	0.0470
景峰桥辅助洞组	12	AK1+243	1655	南侧股水	T$_2$z	5.0	2.8	3月12日~6月1日	83	0.8350
	13	AK1+240 附近	1655	混合水	T$_2$z	5.0	2.8	3月12日~4月10日	29	1.3620
	14	AK1+700 附近	1655	洞顶滴水	T$_2$z	3.6	2.7	3月12日~6月1日	51	0.0380
	15	BK1+100 附近	1655	滴水	T$_2$z	5.1	2.8	3月15日~4月10日	64	0.0940
	16	BK1+700	1655	滴水	T$_2$z	3.6	2.7	3月12日~6月1日	51	0.0460
	17	BK1+900 附近	1655	滴水	T$_2$z	3.4	2.5	3月12日~4月10日	33	0.0380
	18	BK2+633 突水	1655	溶洞水	T$_2$z	3.0	2.4	4月21日~6月1日	23	0.0620
3#洞	19	3#探洞	1660	溶洞水	T$_2$z	4.8	2.8	3月12日~4月30日	71	0.0490
	20	3#探洞下江边	1630	江水	T$_2$z	4.8	2.82	3月12日~4月10日	60	0.0650
落水洞沟口组	21	落水洞沟口	1615	江泉	T$_2$z	4.9	2.8	3月12日~4月30日	71	0.0650
	22	印把子对岸沙滩	1613	江水	T$_1$	4.9	2.7	3月10日~4月30日	71	0.0820

组别	水点					距投放点直线距离		检测情况（Mo^{6+}）*		
	编号	位置	高程/m	性质	含水层	距A点/km	距B点/km	起止日期	样品数目	算术平均值/($\mu g/L$)
落水洞沟口组	23	印把子对岸小泉	1650	泉水	T_1	5.0	2.6	3月10日～4月30日	71	0.0533
	24	猫猫滩 T_2z/T_3	1610	江水	T_2z	5.2	2.67	3月11日～4月10日	59	0.0470
		其他		江水					14	
北区	25	松林坪沟沟口	1650	沟水		7.4	—	3月23日～4月3日	14	
	26	洋房沟沟口	1640	沟水		9.2	—	3月23日～4月3日	14	
健美	27	健美石官山泉群	2720	泉水	T_2z	13.2	—	3月20日～4月29日	38	
磨房沟组	28	磨房沟泉	2174	泉水		7.0	—	3月15日～5月29日	44	0.0442
	29	磨房沟泉上游	2173	沟水		6.95	—	3月15日～5月29日	46	0.0636
	30	磨房沟电厂尾水	1365	泉沟		13.07	—	3月15日～5月29日	73	0.0492
	31	磨房沟沟口	1360	泉沟		13.12	—	3月15日～5月29日	49	0.0385
烂木场	32	烂木场沟口	1370	沟水		13.29	—	3月15日～5月29日	23	1.2521
大水沟组	33	大水沟A洞	1400	隧洞水		14.06	—	3有15日～5月29日	55	0.1338
	34	大水沟A洞左支	1400	同上		14.06	—	3月15日～5月29日	31	0.1579
	35	大水沟B洞	1400	同上		14.0	—	3月15日～5月29日	31	0.3275
	36	大水沟口	1380	同上		14.21	—	3月27日～5月29日	35	

*本次试验中，绝大多数接收点 Cu^{2+} 含量低于仪器最小检出浓度（$10\mu g/L$），故表中数据均为 Mo^{6+} 浓度检出情况

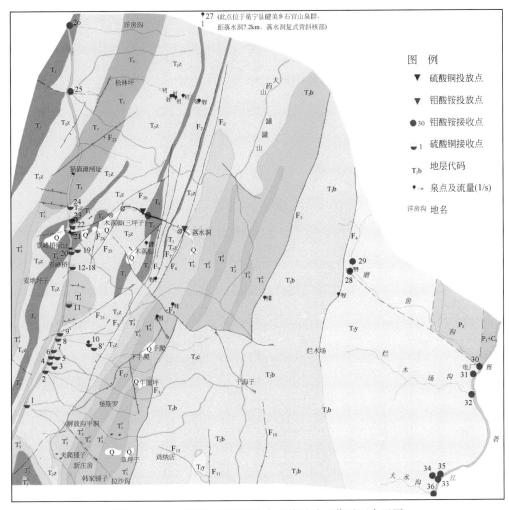

图 6.7　2005 年落水洞沟岩溶水示踪试验工作平面布置图

2）试验结果

（1）示踪元素本底值

本次试验仍采用统计学方法计算示踪元素本底值，示踪过程中没有出现异常接收点的数据亦作为本底值进行统计，取算术平均值作为该点的本底值。部分水点检测工作开始较晚，没有检测到本底值；检测到 Mo^{6+} 本底值的接收点有 27 个（表 6.18）。绝大多数接收点 Cu^{2+} 含量低于仪器最小检出浓度（10μg/L），表明本区天然水的 Cu^{2+} 本底值均小于 10μg/L；Cu^{2+} 异常值不清楚，未做统计。

（2）示踪元素异常值

①Mo 异常

各接收点 Mo^{6+} 异常检出情况见表 6.20。

表 6.20 2005 年落水洞沟岩溶水示踪试验各接收点 Mo^{6+}异常检出情况

组别	编号	接收点位置	异常初现时间/天	峰值出现时间/天	峰值浓度/(μg/L)	距投放点直线距离/km	备注
解放沟组—手爬沟组	3	堡高洞	10.3	30.1	11.07	7.30	3 月 16 日 10:00 投放（下同）
	4	堡高洞下洞	26.1	30.1	3.66	7.20	3 月 29 日有异常显示
	6	堡探洞	26.1	28.1	5.10	7.15	3 月 30 日有异常显示
	8	手爬沟	28.1	30.1	4.20	6.70	
	10	手爬沟泉	—	30.1	5.50	6.03	
西部景峰桥附近辅助洞组和 3#探洞组	12	辅 A 洞股水	12.9	28.1	6.47	5.00	
	13	辅 A 混	11.9	30.1	4.40	5.20	
	14	辅 A 洞	10.9	31.1	11.07	4.80	
	15	辅 B 洞	7.9	12.9	1.17	4.90	双峰，不稳定
	16	辅 B 洞	11.9	31.1	14.67	4.50	
	17	辅 B 洞 2	11.9	25.1	1.50	4.30	
	18	辅 BK2+633	—	39.1	2.03	2.80	滞留峰
	19	3#探洞	27.1	37.1	1.40	4.8	
磨房沟组—烂木场沟组	28	磨房沟泉	11.9	13.3	0.40	7.00	泉水，小峰
	29	磨房沟泉上游	11.9	20.9	0.43	6.95	沟水，小峰
	30	磨房沟沟口	11.9	16.3	0.60	13.12	沟口水，小峰
	31	磨房沟尾水	11.9/40.9	16.3/56	2.80	13.07	电厂尾水，双峰
	32	烂木场沟	19.9	20.9	6.07	13.29	沟水

解放沟组—手爬沟组：本组共布置 14 个接收点（含棉纱沟和后期补加的点 No.10、No.2′、No.8′），由于受施工和爆破作业的影响，许多取样点的 Mo^{6+}本底值较高，影响了异常的判断，本组检出异常的点有 5 个（No.3、No.4、No.6、No.8 和 No.10）。其中，No.3（堡高洞）由于所处的位置较高，受施工影响较小，异常最为明显。投放钼酸铵试剂 10 天后（3 月 26 日），Mo^{6+}异常首先在 No.3 隧洞水点检出（从 0.07μg/L 快速增至 7.17μg/L），其后约半个月内异常在 4.7 ~ 7μg/L 波动，至投放后 1 个月（4 月 15 日）达到峰值（11.07μg/L），之后开始稳定下降，至检测结束（投放后第 45 天）Mo^{6+}浓度仍高达 6.3μg/L。虽然 No.4、No.6 两隧洞水点分别于 3 月 29 日、3 月 30 日有异常显示，至 4 月 11 日异常才变得明显。No.8（手爬沟）及 No.10（手爬沟泉）到 4 月 13 日异常初现。这 4 个点（No.4、No.6、No.8 和 No.10）的 Mo^{6+}异常曲线形态基本一致，即 Mo^{6+}浓度均从较低值（除 No.8 外）迅速上升到较高值（0.93 ~ 1.87μg/L），然后在 4 月 14 ~ 15 日达到峰值（3.66 ~ 5.1μg/L）后迅速下降（除 No.4 有双峰外），于 4 月 17 日后异常在较低值（略高于本底值 0.1 ~ 0.5μg/L）呈波动式下降趋势，直至检测结束。

西部景峰桥附近辅助洞组和 3#探洞组：本组布置的 8 个接受点（含辅助 B 洞突水后补加的 No.18）均检出明显异常。No.15 在 3 月 24 ~ 25 日出现不稳定的低异常值（本底值为 0.094 μg/L, 异常检测值为 1 次 1.0 μg/L, 两次 0.4 μg/L); 其余接收点中, 异常最早于 3 月 27 日 8:00 在辅助 A 洞 1700m 处的洞顶滴水 (No.14) 中检出; No.13、No.16、No.17 三处于 3 月 28 日 8:00 检出异常; 辅 A 洞 1243m 处的南侧洞穴中股水 (No.12) 于 3 月 29 日 8:00 出现异常; 而 3#探洞直至 4 月 12 日 12:00 才检出异常, 比上述各点晚了约半个月。上述各点具有相似的 Mo^{6+} 浓度曲线形状, 即 Mo^{6+} 浓度首先从相对较低值到异常出现后两天快速上升到一个较高值, 然后在此水平上下波动并形成达 10 余天的波动平台, 之后于 4 月 11 日左右再次上升, 并于 4 月 14~16 日达到峰值(14~14.67μg/L)。由于辅 BK2+633 处于 4 月 20 日突水, 上述各点的 Mo^{6+} 浓度曲线于 4 月 20 日~5 月初期间中断。5 月中旬恢复检测后, No.16 有所下降但仍然维持在较高值 (约 13μg/L), 直到 6 月初开始缓慢下降; 而 No.12、No.14 则在恢复检测后已下降到 4 月初的波动平台, 并从 5 月底开始下降; No.18 于辅助 B 洞突水后第三天开始检测, 4 月 21 日 Mo^{6+} 浓度为 0.33μg/L, 4 月 24 日达到峰值 2.03μg/L, 之后便迅速下降, 至 4 月 26 日后在 0.67~0.2μg/L 波动, 直至检测结束。

磨房沟组—烂木场沟组: 东部磨房沟组—烂木场沟一带共布置 5 个接收点 (No.28~No.32), 均接收到 Mo^{6+} 异常。除磨房沟尾水 (No.31) 外, 其余各点只检测到 4 月 8 日。磨房沟的 4 个点 (No.28~No.31) 均于 3 月 28 日初现异常 (从很低的本底值迅速上升至 0.4μg/L 左右), 异常持续 4~5 天, 浓度值在 0.23~0.5μg/L 波动, 没有明显的峰值, 之后再次回到本底值。4 月 27 日, 唯一持续检测的磨房沟尾水 (No.31) 再次出现异常, 异常在 0.33μg/L 附近波动几天后于 5 月 3 日迅速上升至 2.33μg/L, 之后进入一个稳定平台, 至 5 月 11 日 10:00 达到峰值 2.8μg/L, 峰值持续约 7 天后于 5 月 23 日降到约 2.0μg/L, 后于 5 月 29 日降到 1.33μg/L。烂木场沟 (No.32) 本底值较高 (达 2.4μg/L), Mo^{6+} 异常初现于 4 月 5 日 8 时 (4.06μg/L), 4 月 6 日 8 时达到峰值 6.07μg/L, 之后开始下降, 于 4 月 8 日下降至 3.9μg/L, 异常持续 4 天。

②Cu 异常

本次试验在三坪子投放硫酸铜试剂, 但在 24 个接收检测点中均没有异常检出; 因此在该区特殊的水文地质条件下, 以硫酸铜试剂作为示踪剂未能达到预期的示踪效果。分析 Cu^{2+} 未检出异常的原因可能有下列几个方面: 一是吸附作用, 即自然界中的岩土, 尤其是黏土矿物, 由于同晶替代往往带有永久性和可变性负电荷, 当固液相接触时便会发生对液相中阳离子 (示踪溶液中的 Cu^{2+}) 的物理吸附作用或特殊的化学吸附作用; 二是离子交换作用, 即三坪子古堰塞湖沉积盆地的松散堆积物中存在大量的黏土矿物和有机质、砂砾石中的胶体等吸附剂对阳离子 (示踪溶液中的 Cu^{2+}) 的吸附交换; 三是滞流稀释作用, 即三坪子古堰塞湖沉积盆地的松散堆积物的储水容量较大, 加上附近岩溶裂隙储水构造的储水, 这在很大程度上稀释了示踪溶液中的 Cu^{2+} 浓度。综上所述, 硫酸铜作为短距离、连通性较好的管道流示踪效果较好, 但不适合中长距离和连通性较差, 尤其是黏土含量较高的孔隙地下水的示踪。

6.1.2.6 2006 年磨房沟泉岩溶水示踪试验

1) 试验过程

2006 年以来, 东端辅助洞施工引发多处隧洞涌水, 总涌水量达约 6.9m³/s; 与此同时，工程区周边的水文地质环境发生了较大的变化：大多数泉和地下涌水点水量比历年衰减得快，其中磨房沟泉和模萨沟的老庄子泉等泉点均已出现季节性断流。为了查明磨房沟泉季节性断流的原因及地下水流向，从而弄清磨房沟泉季节性断流与锦屏辅助洞施工有无直接关联，自 2006 年 5 月 25 日起在磨房沟泉域实施示踪试验。

考虑到示踪距离长（最长示踪距离达 16.15km）、接收点的流量大（其中大水沟辅助洞涌水总流量达 6.9m³/s，西端辅助洞涌水总流量约 2.3m³/s，三股水总流量达 4.0m³/s 以上，表 6.21）、示踪深度超过 700m、试验区域水文地质条件复杂（工程施工破坏了水文地质边界条件）和该地区曾投放过多次示踪试剂（如钼酸铵、碘化钾等，已投放过的示踪元素的背景值可能较高）、投放条件差等因素，经分析决定，本次试验采用二元示踪方案，即在磨房沟泉口分别投放氟化铵和重铬酸钾试剂。磨房沟泉断流后出露一总体向内部倾斜、略有起伏的（以竖井式洞穴与平缓洞道相结合）、中部下凹的廊道式地下暗河管道（图 6.8），管道高 1.5 ~ 15m，洞穴发育受 F_4 断层控制，大致呈南北向向南延伸。本次试验试剂投放点在岩溶管道中的位置分别位于投放时的地下水面（水深不详）和积水潭处（水潭长约 40m、宽 1 ~ 3m、深约 7m）。2006 年 5 月 31 日 14：00 开始投放氟化铵，将 3000kg 氟化铵运送到洞口，然后经过两次洞内的吊卸、搬运，运送到溶洞末端的投放点直接将试剂投放到洞末的地下积水溶潭中（测点 13），整个投放时间持续约 3h；再于当日 17：00 在泉口以下约 23m 处（测点 3）投放 50kg 重铬酸钾，投放完成后迅速用水管引水至测点 3 冲洗，以加速试剂的溶解和地下水循环。2006 年 6 月 17 日第二次投放重铬酸钾，经搬运进洞后直接投放在积水潭口（测点 3），考虑到重铬酸钾溶解性能比氟化铵稍差，故投放前先用大木桶溶化后再倒入水潭中，投放时间持续约 1.5h，投放完成后继续保持用水冲洗。投放点及示踪剂投放概况见表 6.22。

表 6.21　2006 年磨房沟泉岩溶水示踪试验期间主要接收点测流成果　　　　（单位：m³/s）

测流日期	磨房沟					东端辅助洞	西端辅助洞	
	楠木沟	羊圈	磨房沟堰	小电站堰	左支沟	A、B 洞总量	B 洞口	A 洞口
6 月 24 日	0.014						2.09	0.10
6 月 25 日		0.035	0.037	0.069	0.046	4.73	2.09	0.10
6 月 26 日	0.013						2.09	0.10
6 月 27 日		0.055	0.047	0.090	0.051	4.75	2.04	0.14
6 月 28 日	0.014						1.98	0.18
6 月 29 日		0.069	0.041	0.086	0.035	4.75	1.94	0.18
6 月 30 日	0.014						1.96	0.16
7 月 1 日		0.062	0.041	0.087	0.057	4.78	2.02	0.18
7 月 2 日	0.013						2.07	0.19
7 月 3 日		0.062	0.035	0.060	0.051	4.79		
7 月 4 日	0.015						2.04	0.17
7 月 5 日		0.065	0.026	0.073	0.056	4.79	2.05	0.17

续表

测流日期	磨房沟					东端辅助洞	西端辅助洞	
	楠木沟	羊圈	磨房沟堰	小电站堰	左支沟	A、B 洞总量	B 洞口	A 洞口
7 月 6 日	0.014						2.06	0.19
7 月 7 日		0.065	0.026	0.086	0.067	4.80		
7 月 8 日	0.015						2.09	0.19
7 月 9 日		0.055	0.020	0.090	0.067	4.80		
7 月 10 日	0.015						2.05	0.19
7 月 11 日		0.044	0.020	0.094	0.10	4.82		
7 月 12 日	0.018						2.07	0.15
7 月 13 日		0.048	0.026	0.094	0.13	4.98		
7 月 14 日	0.017						2.06	0.15
7 月 15 日		0.058	0.029	0.086	0.12	5.15		
7 月 16 日	0.018							
7 月 17 日		0.058	0.028	0.088	0.12	5.32	1.75	0.42
7 月 18 日	0.018							
7 月 19 日		0.069	0.028	0.078	0.12	6.74		
7 月 20 日	0.019							
7 月 21 日		0.072	0.025	0.082	0.120	6.75		
7 月 22 日	0.018							
7 月 23 日		0.072	0.025	0.082	0.067	6.70		
7 月 24 日	0.019						1.68	0.62
7 月 25 日		0.069	0.025	0.088	0.067	6.68		
7 月 26 日	0.018						0.34	1.98
7 月 27 日		0.065	0.025	0.082	0.063	6.60		
7 月 28 日	0.017						0.043	2.31
7 月 29 日		0.065	0.025	0.073	0.056	6.62	0.047	2.21
7 月 30 日	0.015							2.12
7 月 31 日		0.058	0.035	0.081	0.051	6.70		
8 月 1 日	0.017							
8 月 2 日		0.065	0.026	0.075	0.063	6.70		

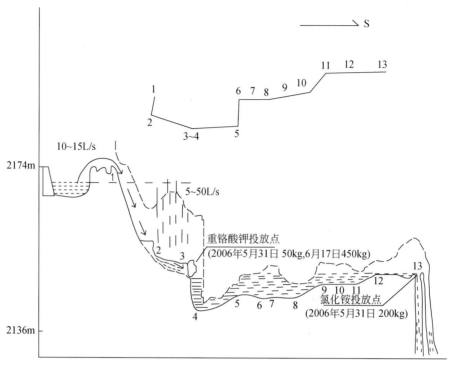

图 6.8　磨房沟泉口洞穴坡面中纵剖面与示踪剂投放点位置图

表 6.22　2006 年磨房沟泉岩溶水示踪试验投放点及示踪剂投放概况

投放点					投放试剂			投放情况		
编号	位置	地层	高程 /m	水文地质情况	名称	剂量 /kg	食盐当量 /t	投放日期	延续时间 /h	冲洗流量 /(L/s)
测点13	磨房沟泉口地下管道内	T_2b	2174	磨房沟泉发育在 T_2b 大理岩中的上升泉,原为磨房沟泉域的总排泄口,泉口位于两条断层的交汇点附近。泉口高程2174m,多年平均流量为 6.12m³/s。但近年来流量有较大的减少,枯水期流量通常不足 1.0m³/s。2006 年 3 月 23 日泉水枯竭,随后水位快速下降,至 2006 年 5 月初,水位下降到2136m(下降了 38m),5 月底下降到2129m	氟化铵	3000	75	2006 年 5 月 31 日 (14:00)	3.0	
测点3	磨房沟泉口地下管道内	T_2b	2151		重铬酸钾	50	146	2006 年 5 月 31 日 (17:00)		5~10
					重铬酸钾	450	1314	2006 年 6 月 17 日	1.5	20 (含洞顶滴水)

　　本次试验共设置接收点 6 组 39 处，遍及整个工程区（图 6.9），北起磨房沟—景峰桥，南至三股水泉群—解放沟，分属磨房沟组、东部长探洞组、大水沟东部辅助洞组、三股水组、西部辅助洞组、西部沟水组，包括地表沟水 8 处、泉水 6 处、地下隧洞中水点 25 处。尤其是东部大水沟辅助 A、B 两隧洞中的多处涌水点是本次试验的重点检测点。试验从 2006 年 5 月 25 日起开始本底值检测，2006 年 5 月 31 日投放氟化铵，至 2006 年 8 月 1 日止，历时近 70 天。每种试剂投放的当天起至随后的 3 天内，东部水点每天检测 2~3 次；对投放点附近水点和东部大水沟长探洞（厂房洞和磨房沟生活饮用水源）保持每天检测 2 次，以保证对生活饮用水质的跟踪监测；其余水点每天检测 1 次。共完成各种检测项目 3146 次。各接收点及检测概况见表 6.23。

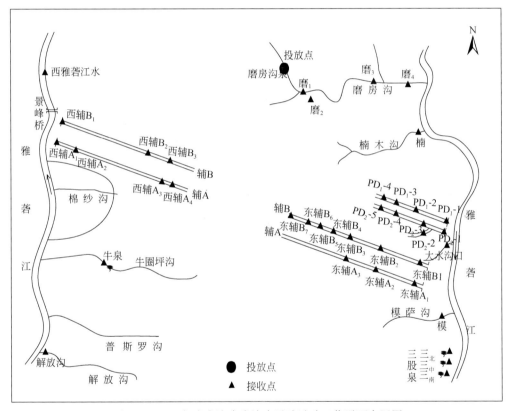

图 6.9　2006 年磨房沟泉岩溶水示踪试验工作平面布置图

表 6.23　2006 年磨房沟泉岩溶水示踪试验接收点概况

组别	水点编号	位置	距投放点直线距离/km	水点性质	高程/m	涌水量/(L/s)	水浑浊度
磨房沟组	磨$_1$	磨房沟泉下游沟中泉	1.10	泉	2130	30	清
	磨$_2$	一级电站消防水	1.40	泉	2100	10	清
	磨$_3$	磨房沟泉左支沟	4.10	沟	1800	30	清
	磨$_4$	磨房沟沟口	6.15	沟	1360	50	微浑
	楠	楠木沟沟口	6.80	沟	1356	50	清

续表

组别	水点编号	位置	距投放点直线距离/km	水点性质	高程/m	涌水量/(L/s)	水浑浊度
东部长探洞组	PD$_1$-1	东部 PD$_1$ 洞口	8.70	隧	1400	10	清
	PD$_1$-2	东部 PD$_1$+1447	8.80	隧	1400	1.5	清
	PD$_1$-3	东部 PD$_1$+1719	8.85	隧	1400	3~5	清
	PD$_1$-4	洞末堵水墙渗水	10.07	隧	1400	1~2	清
	PD$_2$-1	东部 PD$_2$ 洞口	8.75	隧	1400	30	清
	PD$_2$-2	东部 PD$_2$ 的 3 支洞	8.75	隧	1400	2~5	清
	PD$_2$-3	东部 PD$_2$ 的 1 支洞 403m	8.75	隧	1400	15	清
	PD$_2$-4	东部 PD$_2$+600 处	8.76	隧	1400	10	清
	PD$_2$-5	东部 PD$_2$+810 处	8.78	隧	1400	10	清
大水沟东部辅助洞组	东辅 A$_1$	东部辅助洞 A 洞出水口（BK17+200）	8.35	隧	1600	约4500	微浑
	东辅 A$_2$	东部辅助洞 A 洞与 5-1 横洞交叉口 A 洞水（AK14+762）		隧	1600	初始约5000	微浑
	东辅 A$_3$	东部辅助洞 A 洞与 7-1 横洞交叉口 A 洞水（AK13+520）		隧	1600	初始约1500	清
	东辅 B$_1$	东部辅助洞 B 洞出水口	8.30	隧	1600	约200	微浑
	东辅 B$_2$	东部辅助洞 BK14+882（底板涌水）		隧	1600	约500	清
	东辅 B$_3$	东部辅助洞 BK13+870（大水箱）		隧	1600	80	清
	东辅 B$_4$	东部辅助洞 BK13+725		隧	1600	20	清
	东辅 B$_5$	东部辅助洞 BK13+710		隧	1600	15	清
	东辅 B$_6$	东部辅助洞 BK13+685		隧	1600	25	清
	东辅 B$_7$	东部辅助洞 BK13+553		隧	1600	约300	浑
	大水沟	大水沟沟口	9.28	沟	1400	4700	微浑
三股水泉组	模口	模萨沟口上游150m	14.35	沟	1450	约50	清
	三北	三股水泉北口	16.00	泉	1468	约500	清
	三中	三股水泉中口	16.10	泉	1455	约2500	清
	三南	三股水泉南口	16.15	泉	1455	约1500	清
西部辅助洞组	西辅 A$_1$	西部辅助洞 A 洞口	11.40	隧	1600	80	微浑
	西辅 A$_2$	西部辅助洞 AK1+243	10.20	隧	1600	30	清
	西辅 A$_3$	西部辅助洞 AK5+160		隧	1600		清
	西辅 A$_4$	西部辅助洞 AK5+165		隧	1600		清
	西辅 B$_1$	西部辅助洞 B 洞口	11.40	隧	1600	1200	微浑
	西辅 B$_2$	西部辅助洞 BK4+760		隧	1600		清
	西辅 B$_3$	西部辅助洞 BK5+218		隧	1600		浑

续表

组别	水点编号	位置	距投放点直线距离/km	水点性质	高程/m	涌水量/(L/s)	水浑浊度
西部沟水组	解放沟	解放沟沟口	14.16	隧	1680	50	清
	牛圈坪	牛圈坪沟上游交通洞口	11.10	泉沟	2100	50	清
	西雅江	西进水口 PD_3 附近雅砻江水	11.50	江	1620	—	微浑

2）试验结果

（1）示踪元素本底值

本次试验仍采用统计学方法计算示踪元素本底值，示踪过程中没有出现异常的接收点数据也都当作本底值进入统计。个别水点是在检测过程中才开始接收，故没有检测到本底值。试验中每个检测点元素的本底值计算时，是将投放试剂前该点该元素的本底值专项检测数据连同示踪过程中未出现浓度异常的测定数据一起进行统计学处理。F、Cr 两种元素本底值的计算结果分别见表 6.24、表 6.25。

表 6.24 锦屏地区天然水 F 本底值（2006 年示踪试验期间测定）

分组	水点编号	样品数	算术平均值/(μg/L)	标准离差/(μg/L)
磨房沟组	磨$_1$	4	41.0	6.731
	磨$_4$	5	43.0	9.401
	楠	2	47.3	2.475
东部长探洞组	PD_1-1	6	48.5	9.232
	PD_1-2	5	43.1	0.963
	PD_1-3	5	47.5	9.464
	PD_1-4	3	48.6	8.314
	PD_2-1	6	50.0	7.295
	PD_2-2	5	54.1	8.471
	PD_2-3	5	52.5	5.145
	PD_2-4	5	50.9	7.823
	PD_2-5	5	47.4	3.728
大水沟东部辅助洞组	东辅 A_1	5	21.4	8.377
	东辅 A_2	5	27.2	5.922
	东辅 A_3	5	178.7	218.562
	东辅 B_1	5	28.8	4.396
	东辅 B_2	6	27.6	8.971
	东辅 B_3	3	23.0	1.323
	东辅 B_4	6	27.0	7.543
	东辅 B_5	5	31.6	3.847
	东辅 B_6	5	32.6	8.598
	东辅 B_7	5	26.3	7.839
	大水沟	4	39.2	10.495

分组	水点编号	样品数	算术平均值/（μg/L）	标准离差/（μg/L）
三股水泉组	三北	4	43.8	2.398
	三中	4	26.0	6.733
	三南	4	25.8	9.179
西部辅助洞组	西辅 A_1	3	37.5	4.583
	西辅 A_2	3	61.2	8.312
	西辅 A_3	4	35.8	10.046
	西辅 A_4	3	31.8	4.163
	西辅 B_1	3	41.2	8.622
	西辅 B_2	4	36.5	4.243
	西辅 B_3	3	37.3	5.679
西部沟水组	解放沟	3	52.8	6.331
	牛圈坪	4	53.6	2.658
	西雅江	4	65.5	3.000

表 6.25　锦屏地区天然水 Cr 本底值（2006 年示踪试验期间测定）

分组	水点编号	样品数	算术平均值/（μg/L）	标准离差/（μg/L）
磨房沟组	磨$_1$	6	0.16	0.0333
	磨$_2$	4	0.14	0.0275
	磨$_4$	4	1.24	1.0555
	楠	5	0.12	0.0292
东部长探洞组	PD_1-1	6	0.14	0.0451
	PD_1-2	6	0.145	0.0509
	PD_1-3	6	0.12	0.0186
	PD_1-4	6	0.15	0.0446
	PD_2-1	6	0.12	0.0084
	PD_2-2	6	0.14	0.0288
	PD_2-3	6	0.13	0.0322
	PD_2-4	6	0.14	0.0226
	PD_2-5	6	0.12	0.0232
大水沟东部辅助洞组	东辅 A_1	7	0.16	0.0356
	东辅 A_2	7	0.17	0.0446
	东辅 A_3	5	2.16	1.9218
	东辅 B_1	7	0.25	0.0335
	东辅 B_2	7	0.15	0.0257
	东辅 B_3	6	0.18	0.0207

续表

分组	水点编号	样品数	算术平均值/(μg/L)	标准离差/(μg/L)
大水沟东部辅助洞组	东辅 B$_4$	7	0.16	0.0230
	东辅 B$_5$	6	0.15	0.0362
	东辅 B$_6$	7	0.16	0.0440
	东辅 B$_7$	7	0.24	0.0407
	大水沟	5	0.14	0.0277
三股水泉组	模$_口$	—	—	—
	三$_北$	4	0.11	0.0084
	三$_中$	4	0.22	0.0349
	三$_南$	4	0.17	0.0329
西部辅助洞组	西辅 A$_1$	3	0.247	0.0870
	西辅 A$_2$	—	—	—
	西辅 A$_3$	—	—	—
	西辅 A$_4$	2	0.21	0.0570
	西辅 B$_1$	3	0.387	0.2080
	西辅 B$_2$	—	—	—
	西辅 B$_3$	—	—	—
西部沟水组	解放沟	2	0.565	0.0920
	牛圈坪	2	0.26	0.0140
	西雅江	2	0.2	0.0350

由于未能在投放试剂之前检测本地区 F 的本底浓度值，从表 6.23 中可以看出，在示踪过程中现场检测的 F 浓度值普遍偏高，其变化可分成三大类型：①第一类是沟（江）水，所有沟（江）水均属地表水类型，其 F 本底值普遍较高（43.0~65.5μg/L）。其中，东部沟水的 F 本底值稍低（多数为 50μg/L 以下，大水沟偏低应是由于沟水主要来源于东部辅助洞排水，而磨$_1$ 水点的 F 本底值偏高则可能与投放当天投放人员取样导致的人为污染有关）；而西部沟水的 F 本底值较高（均大于 50μg/L）。②第二类是小流量隧洞涌水，属地下水类型，包括东部大水沟长探洞组和西部辅助洞 A 洞 1243m 处的涌水点，涌水量通常为 5~30L/s，流速较慢（多为岩溶裂隙水），其 F 本底值均较高（43.1~61.2μg/L）。③第三类是大流量隧洞涌水和泉水，属地下水类型，包括东、西部辅助洞 A、B 洞中的主要涌水点和三股水泉，涌水量多在 100L/s 以上并且相对稳定，检测出的 F 本底值低且较稳定，多数为 20~30μg/L（西部辅助洞 A、B 洞的稍高，为 30~50μg/L），且变幅较小。个别水点（如东辅 A$_3$）在开始两天的值偏高（与 Cr 本底值偏高一致），随后下降并较稳定；三$_北$水点的 F 本底值偏高（与地表沟水接近），可能是受模萨沟地表水补给的影响。

表 6.24 可以看出，虽然也未能在投放试剂之前检测 Cr 的本底浓度值，但示踪过程中现场检测的 Cr 的浓度值普遍较低，这有利于示踪试验的顺利进行和对异常的判定。东部

雅砻江地区除磨房沟口和东部辅助洞 A 洞的 A_3 点有个别值偏高外，其余检测点的本底检测浓度为 $0.1 \sim 0.25 \mu g/L$，标准偏差小于 0.05，方差小于 0.02；西部雅砻江地区的 Cr 本底浓度值稍高。

（2）示踪元素异常值

各接收检测点的 F、Cr 的异常检出情况分别见表 6.26 和表 6.27，其中示踪剂检出限 $C_检$ 按式（6.2）计算。需要指出的是，东辅 A_3（AK13+878 涌水点西部，后期与最大涌水点连通）检测时（尚未连通）可能受施工影响，或出现检测误差，前两天检出的 F、Cr 的异常值均偏大，因此异常确定时参考了浓度曲线的分布形态及 A_1、A_2 的异常值。

表 6.26　2006 年磨房沟泉岩溶水示踪试验各接收点 F 异常检出情况

组别	水点编号	异常初现日期	峰值出现日期	峰值浓度 /(μg/L)	距投放点直线距离/km	$C_检$
磨房沟组	磨₁	7 月 4 日	—	72.0	1.10	64.46
	磨₄	7 月 3 日	—	76.0	6.35	71.82
	楠	6 月 11 日	6 月 12 日	72.0	6.80	62.25
东部长探洞组	PD₁-1	6 月 4 日	—	89.0	8.70	76.96
	PD₁-2	6 月 2 日	6 月 4 日	70.0	8.80	55.03
	PD₁-4	6 月 4 日	—	—		75.23
	PD₂-1	6 月 4 日	6 月 6 日	82.5	8.75	74.59
	PD₂-2	6 月 4 日	6 月 4 日	82.5		81.04
	PD₂-3	6 月 4 日	6 月 5 日	82.5		72.79
	PD₂-5	6 月 3 日	6 月 5 日	76.5		64.86
大水沟东部辅助洞组	东辅 A₁	6 月 11 日	7 月 4 日	68.0	8.35	48.15
	东辅 A₂	6 月 11 日	6 月 13 日	72.0		49.04
	东辅 A₃	6 月 10 日	7 月 4 日	68.0		45.58
	东辅 B₁	6 月 11 日	6 月 13 日	72.0	8.30	47.59
	东辅 B₂	6 月 13 日	7 月 4 日	76.0		55.54
	东辅 B₃	6 月 11 日	6 月 18 日	64.5		35.65
	东辅 B₄	6 月 12 日	6 月 18 日	67.5		52.09
	东辅 B₅	6 月 12 日	6 月 18 日	64.5		42.29
	东辅 B₆	6 月 13 日	6 月 18 日	67.5		59.80
	东辅 B₇	6 月 13 日	6 月 18 日	76.5		51.98
	大水沟	6 月 13 日	6 月 16 日	79.5	9.28	72.19
三股水泉组	三北	6 月 7 日	6 月 7 日	74.5	16.00	58.60
	三中	6 月 7 日	6 月 18 日	67.5	16.10	49.47
	三南	6 月 8 日	6 月 18 日	70.5	16.25	54.16

续表

组别	水点编号	异常初现日期	峰值出现日期	峰值浓度 /(μg/L)	距投放点直线距离/km	$C_检$
西部辅助洞组	西辅 A_1	6 月 7 日	6 月 7 日	97.5	11.40	56.69
	西辅 A_3	6 月 8 日	6 月 11 日	84.0		65.89
	西辅 A_4	6 月 6 日	6 月 12 日	80.0		50.13
	西辅 B_1	6 月 8 日	6 月 18 日	112.0	11.40	68.45
	西辅 B_2	6 月 6 日	6 月 8 日	77.5		54.99
	西辅 B_3	6 月 8 日		60.0		58.66
西部沟水组	解放沟	6 月 6 日	6 月 10 日	80.0	14.16	75.46
	牛圈坪	6 月 6 日	6 月 18 日	90.0	11.10	68.92
	西雅江	6 月 8 日	6 月 10 日	87.0	11.50	81.5

表 6.27　2006 年磨房沟泉岩溶水示踪试验各接收点 Cr 异常检出情况

分组	水点编号	异常初现日期	峰值出现日期	峰值浓度 /(μg/L)	距投放点直线距离/km	$C_检$	备注
磨房沟组	磨$_1$	6 月 25 日	—	0.44	1.10	0.567	单个异常
	磨$_4$	6 月 20 日	7 月 20 日	14.20	6.35	3.691	
东部探测长探洞组	PD_1-3	6 月 30 日	6 月 30 日	0.76		0.497	单个异常
	PD_2-1	6 月 21 日	6 月 27 日	0.63	8.75	0.477	
	PD_2-2	6 月 27 日	7 月 23 日	1.25	8.70	0.538	连续低异常
	PD_2-3	6 月 26 日	6 月 27 日	0.51		0.534	
	PD_2-4	6 月 30 日	7 月 1 日	0.51		0.525	
	PD_2-5	6 月 27 日	6 月 27 日	0.63		0.506	
大水沟东部辅助洞组	东辅 A_1	6 月 15 日	7 月 6 日	22.00	8.35	0.571	6 月 15 日检测时已错过初现异常,根据 F 离浓度曲线分析,初现时间应在 6 月 12 日左右
	东辅 A_2	6 月 15 日	7 月 3 日	22.50		0.599	
	东辅 A_3	6 月 15 日	7 月 3 日	25.00		(0.590)	
	东辅 B_1	6 月 15 日	7 月 3 日	14.33	8.30	0.657	
	东辅 B_2	6 月 16 日	7 月 4 日	16.57		0.541	
	东辅 B_3	6 月 15 日	7 月 6 日	21.80		0.561	
	东辅 B_4	6 月 15 日	7 月 4 日	17.10		0.546	
	东辅 B_5	6 月 15 日	7 月 6 日	18.70		0.562	
	东辅 B_6	6 月 15 日	7 月 2 日	16.80		0.568	
	东辅 B_7	6 月 18 日	7 月 20 日	8.65		0.661	
	大水沟	6 月 15 日	7 月 6 日	15.00	9.28	0.535	

分组	水点编号	异常初现日期	峰值出现日期	峰值浓度/($\mu g/L$)	距投放点直线距离/km	$C_{检}$	备注
三股水泉组	三北	6月23日	6月27日	1.33	16.00	0.467	连续低异常
	三中	6月26日	6月28日	0.91	16.10	0.630	2~3个异常
	三南	6月30日	7月2日	1.17	16.25	0.576	
西辅助洞组	西辅 A_1	6月28日	7月11日	4.07	11.40	0.761	
西沟水组	解放沟	6月26日	—	1.21	14.16	1.089	单个异常

①F异常

由于本次试验检测的 F 本底浓度值偏高，对 F 的异常判断受到较大的影响。总体来看，本次试验 F 异常不明显。在东部大水沟辅助洞、大水沟等接收点多次出现低异常值（不超过本底值的 2 倍），但在时间上呈"跳跃"型，即在浓度历时曲线上表现为一个或多个孤立的异常波组成的脉冲波。对这些异常的认定，需要与同期进行的铬异常的判定并配合水文分析确认；同时，鉴于异常多呈孤立状，为避免测试误差，相对连续出现两个或两个以上异常值才确认为异常（Cr 异常亦按上述方法认定）。

②Cr异常

本次试验 Cr 异常十分明显。重铬酸钾试剂分前后两次投放，第一次投放后第 15 天（6月14日）在东部大水沟辅助洞出现异常，6月14~25日为低水平异常，6月26日后快速上升，至7月1~7日达到峰值（最高达 $25\mu g/L$）；三股水泉在6月17日有微弱异常显示，但异常值很低（6月27日~7月3日最高，仅 $1.2~1.3\mu g/L$）；磨房沟于6月18日出现连续异常；但在东部勘探长探洞异常起初并不明显，且多为脉冲式低异常，仅 PD_2-3 在后期（7月7日以后）有平稳的连续异常波出现，异常初现时间较晚；西部雅砻江地区除辅助洞洞口在6月23日后出现反复脉冲式异常（最高为 $4.07\mu g/L$），其他各点（个别点出现孤立脉冲式异常）未出现明显异常。

6.1.2.7　2009年老庄子泉岩溶水示踪试验

1）试验过程

2006 年磨房沟泉岩溶水示踪试验表明，辅助洞施工破坏了原有的岩溶地下水系统结构或使储水构造遭到破坏，导致原有的可变岩溶地下水分水岭不复存在，岩溶水从磨房沟泉流向高程更低的人工排泄口——辅助洞（高程 1600m 左右）。随着引水隧洞的开工，东、西端隧洞群总涌水量在相对稳定的基础上有逐渐升高的趋势；至 2009 年下半年，东、西端隧洞群总涌水量最大值接近 $10m^3/s$；在磨房沟泉完全断流的同时，老庄子泉群每年断流的时间也逐渐增长（在 2008 年以后达到半年以上）。2009 年老庄子泉岩溶水示踪试验是 2006 年磨房沟泉试验的延续，其主要目的是查明老庄子岩溶大泉季节性断流的原因及地下水流向，即：①老庄子泉与辅助洞各涌水点的联系如何，尤其是与西部各涌水点是否有联系，是否存在越流现象（岩溶地下水穿过 T_3 砂板岩相对隔水层）；②老庄子泉水是否流向后续施工的各引水隧洞，各引水隧洞涌水点的岩溶地下水来源于南部或是北部。

考虑到示踪距离较长、接收点的出水流量大、示踪地区水文地质条件复杂及试验期间为枯水期等因素，并根据以往示踪试验的经验和对水文地质条件的分析，本次试验决定采用一元示踪方案，选用传统的四水合钼酸铵作为示踪剂，于老庄子泉地下溶洞中投放钼酸铵试剂。老庄子泉作为区域地下水排泄中心之一，2008 年以来每年 7～11 月（尤其是雨季）含水层地下水于此集中向地表排泄。岩溶地下水示踪试剂一般选在雨季前或降雨前投放，试剂投放时间受老庄子泉水文动态的影响。为了使绝大部分试剂尽快进入岩溶含水层，同时保证示踪剂进入含水层后有足够的连续水量使其绝大部分快速到达接收点，本次试验在示踪剂投放前对泉水动态进行观测，选择在老庄子泉水干枯（2009 年 11 月 8 日断流）30 余天后，于 2009 年 12 月 10 日将 350kg 钼酸铵投放于老庄子泉口附近的斜井末端积水溶潭中。投放点及示踪剂投放概况见表 6.28。

表 6.28　2009 年老庄子泉岩溶水示踪试验投放点及示踪剂投放概况

投放点				投放试剂			投放情况		
位置	地层	高程 /m	水文地质情况	名称	剂量 /kg	食盐当量 /t	投放日期	延续时间 /h	冲洗流量 /(L/s)
老庄子泉地下溶洞	T_2b	2051	投放点位于老庄子主泉口附近斜井（溶洞）最底部末端溶潭中，该斜井沿 NS 向断裂发育，井口高程 2177.8m。溶潭（积水洞段）可见长度约 5m，宽 1.5～2m，水深不详。水体清澈，在灯光下呈蔚蓝色	钼酸铵	350	3120	2009 年 12 月 10 日 （21：20）	0.5	

本次试验共设置接收点 5 组 35 处，示踪接收范围的北边以磨房沟-落水洞沟为界，南部以三股水泉群-解放沟为界，东、西雅砻江分别作为东、西边界。具体接收点包括此范围内的主要地表出水点（泉水、沟水）和隧道内主要涌（突）水点，分属辅助洞组、引水隧洞组、泉水组、地表沟水组和其他组，包括岩溶泉水 3 个、地表沟水点 5 个、隧洞出水点（或汇流水）及其他水点共 27 个。本次试验自 2009 年 12 月 3 日起开始进行本底值检测，12 月 10 日投放钼酸铵试剂后，至 2010 年 1 月 30 日完成检测工作，历时约 60 天。试剂投放的当天起至随后的 2 天内，东部水点取样检测 2～3 次/d（当天样品按照从后向前的顺序检测，检测到异常值后向前再追加检测），之后取样检测 1 次/d。隧道内主要出水点的取样检测时间持续约 2 个月，泉水、沟水的检测时间持续 1 个月以上。共完成各种检测项目约 1500 项次，为老庄子泉水季节性断流原因及其流向分析提供了依据。各接收点及检测概况见表 6.29。示踪剂投放点及接收点平面布置如图 6.10 所示。

表 6.29　2009 年老庄子泉岩溶水示踪试验接收点概况

组别	编号	位置或桩号	出水带	涌水量及水浑浊度	水文地质情况	高程/m	距投放点直线距离/km
辅助洞组	1	AK5+150	中部第六出水带	初始 100 ~ 200L/s；已封堵，取水口 3 ~ 5L/s。水清	T_2b	1671	8.446
	2	AK6+150	中部第五出水带	初始约 50L/s，已采用导管分流而无法估计水量；已封堵，取水口约 5L/s。水清	T_2b	1675	7.820
	3	AK8+750	中部第四出水带	洞底，约 10L/s。水清	T_2b，3#科研试验洞	1682	6.194
	4	AK10+610	中部第二出水带	约 150L/s。水清	T_2b，AK10+612 底板涌水（N70°E、SE∠65°）	1648	5.885
	5	AK11+200	中部第一出水带	约 150L/s。水清	T_2b，沿多组结构面出水	1633	5.819
	6	AK12+575	东部第四出水带	约 30L/s。水清	T_2y^5，多点出水，总约 30L/s	1599	5.929
	7	AK13+505	东部第三出水带	集中涌水，初始约 1.27m³/s；取水口约 10L/s。水清	T_2y^5，溶蚀破碎带（N80° ~ 85°W、NE∠82°），形成空腔，最大达 70 ~ 80cm	1576	6.163
	8	AK13+878	东部第二出水带	约 300L/s。水清	T_2y^6，沿裂隙面（N65°W、NE∠70°）在洞肩形成数个不规则的溶蚀空洞。沿溶蚀空洞股状涌水（约 80L/s）	1573	6.105
	9	BK15+035，PD_1 竖井附近	东部第一出水带	0.9m³/s。水清	T_2y^5	1569	6.795
	26	AK11+364	中部第一出水带	取水口约 2L/s。水清	T_2b	1629	5.829
	35	AK11+563	中部第一出水带		T_2b	1624	
	10	BK13+740	东部第三出水带	约 20L/s。水清	T_2y^6	1574	6.183
	11	BK14+870（南侧拱肩渗滴水）	东部第一出水带	沿裂隙面喷水，最大喷距 50m。流量初期 600L/s，后减到 100L/s；现封堵后为渗滴水。水清	T_2y^5，溶蚀形成（20 ~ 30）cm×（12 ~ 15）cm 大小不等，可见深度大于 10cm 的串珠状椭圆形溶洞。沿溶洞涌水（N60°W、NE∠75°；N20°E、NW∠50° ~ 70°；N70°W、NE∠75°；N70°W、SW∠75° ~ 80°；EW、N∠48° ~ 75°）	1570	6.695

组别	编号	位置或桩号	出水带	涌水量及水浑浊度	水文地质情况	高程 /m	距投放点直线距离 /km
辅助洞组	28	辅助洞 B 洞西端出口总排水	隧道内混合水	0.3m³/s	T_2z	1657	
	29	辅助洞 A 洞西端出口总排水	隧道内混合水	0.7m³/s	T_2z	1657	
引水隧洞组	12	引（1）1+490	西部第一出水带	50～60L/s。水清	T_2z，涌水	1613	
	13	引（2）2+878	西部第二出水带	约5L/s。水清	T_2z，沿 F_6 断层线状流水	1609	5.810
	14	引（2）11+610	中部第一出水带	约29L/s。水清	T_2b	1580	6.027
	15	引（2）12+630	东部第四出水带	取水孔约0.5L/s。水清	T_2y^5，引（2）12+600～700 大面积线状流水，总300～400L/s。经过堵水灌浆已基本无水	1577	6.146
	16	引（2）13+805	东部第二出水带	现约30L/s。水清	T_2y^5	1573	6.480
	34	引（2）11+295	中部第一出水带	约1L/s。水清	T_2b，沿破碎带附近出水，单点约5L/s	1581	6.027
	40	引（3）13+791	东部第二出水带	约1.4m³/s。水清	T_2y^6	1573	6.404
	18	引（4）13+672	东部第三出水带	初始200～300L/s，喷距16m，后衰减至100L/s；现约15L/s。初始呈浑浊，现水清	沿溶蚀裂隙 N88°E、NW ∠80°出水	1573	6.123
	27	引（4）14+240	东部第一出水带	约10L/s。水清	T_2y^5	1572	6.541
	19	施工排水洞：上线，SK15+620 改到横向排水洞下游侧	隧道内混合水	5.4m³/s。水清	4 条引水隧洞，排水洞及辅助洞汇流	1558	7.62/7.69
泉水组	20	三股水泉南口	泉水	<1.0m³/s。水清	第Ⅱ水文地质单元总排泄口之一	1455	8.246
	21	三股水泉中口	泉水	1.5～2.5m³/s	第Ⅱ水文地质单元总排泄口之一	1455	8.167
	22	三股水泉北口	泉水	1.0～1.5m³/s。水清	第Ⅱ水文地质单元总排泄口之一	1468	8.112

续表

组别	编号	位置或桩号	出水带	涌水量及水浑浊度	水文地质情况	高程/m	距投放点直线距离/km
地表沟水组	25	西部落水洞沟口	地表沟水	约15L/s	T_2z	1700	13.365
	30	牛圈坪沟与交通洞交汇点	地表沟水	西部生活用水水源	T_2z，沟中有泉水出露	2000	10.051
	31	解放沟与交通洞交汇点	地表沟水	引水水源地	T_2z	约2100	9.362
	32	磨房沟沟口	地表沟水	约30L/s	Q、P_2	1350	11.956
	33	楠木沟沟口	地表沟水		T_2y	1375	11.088
其他组	23	PD_1探洞出口	洞内出水汇合水	较少	T_2y	1348	7.81
	24	大水沟（长探洞旁上游隧洞出口）	辅助洞水汇流	>0.93m^3/s	T	1348	7.82

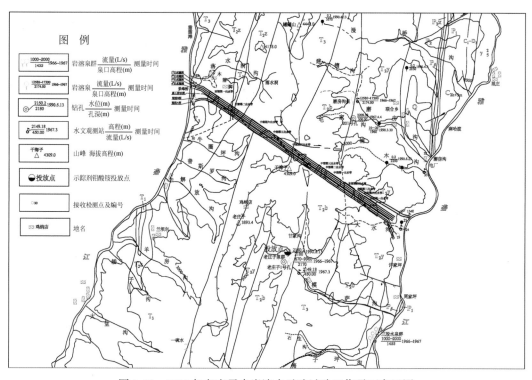

图 6.10　2009 年老庄子泉岩溶水示踪试验工作平面布置图

2）试验结果

（1）示踪元素本底值

2009 年 7 月 7 日对几个主要接收点水样进行过一次 Mo^{6+} 本底值检测，以确定此前几次投放钼酸铵试剂对工程区 Mo 本底值的影响，结果显示 Mo^{6+} 浓度均小于 $0.2\mu g/L$。本次试验示踪剂投放前（2009 年 12 月 3～10 日）再次进行了 Mo 本底值的取样测试，并采用统计学方法（取算术平均值）计算示踪元素本底值，示踪过程中没有出现异常的数据（仅计至 12 月 12 日）亦当作本底值进入统计，将投放试剂前该点该元素的本底值专项检测数据连同示踪过程中未出现浓度异常的测定数据一起进行统计学处理。个别水点是在示踪过程中才开始接收检测的，故没有检测到本底值。本底值测试原始数据及本底值的计算结果见表 6.30。不同水点示踪元素本底值有其固定的变化规律，而人为因素对各点的元素本底值检测结果也有着不可忽视的影响。但本次试验检测的 Mo^{6+} 本底值普遍较低，这有利于示踪试验的顺利进行和对异常的判定，同时这也反映出近年来由于隧道涌水量不断增大，加大了地表、地下水的交换速度或促进了地下水循环的速度。

表 6.30　锦屏地区天然水 Mo 本底值测试原始数据（2009 年示踪试验期间测定）

组别	编号	位置或桩号	2009 年 12 月										本底值计算	
			3 日	4 日	5 日	6 日	7 日	8 日	9 日	10 日	11 日	12 日	算术平均值	标准离差
辅助洞组	1	AK5+150	0.10	0.16	—	0.12	—	0.15	0.12	0.18	0.13	0.19	0.144	0.03
	2	AK6+150	0.12	0.15	—	0.10	—	0.20	0.14	0.18	0.15	0.12	0.155	0.04
	3	AK8+750	—	0.10	—	0.15	—	0.19	0.11	0.21	0.20	0.12	0.154	0.05
	4	AK10+610	0.15	0.12	—	0.16	—	0.13	0.20	0.17	0.07	0.12	0.140	0.04
	5	AK11+200	—	0.15	—	0.17	—	0.19	0.21	—	0.13	0.21	0.153	0.05
	6	AK12+575	—	0.12	—	0.18	—	0.21	0.13	0.17	0.20	0.21	0.174	0.04
	7	AK13+505	—	0.16	0.20	0.12	—		0.22	0.21	0.25	0.12	0.183	0.05
	8	AK13+878	0.15	—	0.18	0.15	—	0.21	0.22	0.16	0.18	0.26	0.189	0.04
	9	BK15+035，PD$_1$竖井附近	—	—	—	—	—		0.20	0.22	0.12	0.28	0.205	0.07
	26	AK11+364	—	—	0.11	0.12	—	—	0.16	0.20	0.18	0.21	0.163	0.04
	35	AK11+563	—	—	—	—	—	0.12	0.21	0.15	0.17	0.22	0.174	0.04
	10	BK13+740	—	—	0.18	0.15	—	0.20	0.22	0.25	0.16	0.18	0.191	0.03
	11	BK14+870（南侧拱肩渗滴水）	—	—	0.20	0.13	—		0.19	0.21	0.12	0.18	0.176	0.04
	28	辅助洞 B 洞西端出口总排水沟水	0.12	0.17	—	—	0.10		0.50	0.21	0.10	0.12	0.166	0.156
	29	辅助洞 A 洞西端出口总排水沟水	0.10	0.10	—	—	0.15	—	0.36	0.20	0.11	0.18	0.170	0.093

续表

组别	编号	位置或桩号	2009 年 12 月										本底值计算	
引水隧洞组	12	引（1）1+490（498）	0.20	0.21	0.79	0.12	0.22	0.15	0.19	1.20	0.14		0.469	0.47
	13	引（2）2+878	—	0.17	0.21	0.13	0.20	0.22	0.19	0.14	0.20	0.23	0.188	0.03
	14	引（2）11+610	—	—	—	—	0.21	0.16	0.23	0.18	0.25		0.206	0.04
	15	引（2）12+630	—	—	—	0.20	—	0.22	0.18	0.16	0.21	0.20	0.195	0.02
	16	引（2）13+805	—	—	—	0.20	—	0.17	0.22	0.16	—	0.15	0.162	0.05
	34	引（2）11+295	—	—	—	—	—	—	—	—	—		—	—
	40	引（3）13+791	—	—	—	—	0.21	0.20	0.15	0.19	0.22		0.194	0.03
	18	引（4）13+672	—	—	—	0.16	0.12	0.19	0.11	0.12	0.18	0.20	0.154	0.04
	27	引（4）14+240	—	—	—	0.20	—	0.22	0.17	0.25	0.21	0.15	0.20	0.04
	19	施工排水洞：上线，SK15+620 改到横向排水洞下游侧	—	—	—	0.15	—	0.09	0.21	—	0.22	—	0.163	0.07
泉水组	20	三股水泉南口	0.15	—	—	—	0.21	0.25	0.19	—	0.17	—	0.194	0.04
	21	三股水泉中口	0.12	—	—	—	0.20	0.22	0.18	—	0.07	—	0.158	0.06
	22	三股水泉北口	0.15	—	—	—	0.20	0.23	0.17	—	0.25	—	0.200	0.04
沟水组	25	西部落水洞沟汇入西雅江处	0.10	—	0.10	—	0.11	0.10	—	0.16	0.20	0.19	0.130	0.05
	30	牛圈坪（手爬）沟与交通洞交汇点	—	0.19	—	—	0.09	0.17	—	0.17	0.10	0.20	0.147	0.06
	31	解放沟与交通洞交汇点	—	0.17	—	—	0.11	0.20	—	0.10	—	0.21	0.154	0.06
	32	磨房沟沟口	0.12	—	—	—	0.10	0.10	0.20	—	0.17	0.20	0.143	0.05
	33	楠木沟沟口	0.15	—	—	—	—	0.10	0.17	—	0.17	—	0.140	0.05
其他组	23	PD 探测长探洞出口	0.10	—	—	—	0.17	0.20	0.10	—	0.10	—	0.124	0.06
	24	大水沟（长探洞旁上游隧洞出口）	0.10	—	—	—	0.11	0.17	0.20	—	0.17	—	0.142	0.05

（2）示踪元素异常值

各接收检测点 Mo 元素的异常检出情况见表 6.31，其中示踪剂检出限 $C_检$ 按式（6.2）计算，并作为异常出现的判别标准。需要指出的是，本次试验涉及范围广、接收检测点多，检测点的确定从 2009 年 12 月 3~9 日分次确定；尤其是辅助洞和各引水隧洞、施工排水洞各检测点的确定从 12 月 4 日开始，至 12 月 9 日完成；个别点［如引（2）11+295］是在示踪剂投放后补充设置的，故不计其本底值，只根据示踪浓度曲线判定其异常出现和连通情况。此外，受施工、仪器检测状态、人为检测误差等影响，异常确定或连通分析时还需参考浓度曲线的分布形态及水文地质条件进行综合分析。

本次试验大多数接收点检测的 Mo^{6+} 异常较为明显。试剂投放后第 4 天在个别点出现孤立低异常；从 2009 年 12 月 15 日起，辅助洞和引水隧洞内一些主要接收点陆续检测到连续异常。12 月 14 日（投后第 5 天）首先在 AK8+750 处检出异常，异常初现浓度为 2.3μg/L，此后浓度迅速下降，异常检出共持续 3 天；12 月 15 日（投后第 6 天）在 BK13+740、BK15+035 和大水沟长探洞上游侧的隧洞排水口检出异常；12 月 16～17 日在 AK13+878、AK13+505、引（1）1+490、引（2）13+805、引（3）13+791、引（4）13+672、引（2）12+630 和施工排水沟（SK15+620）相继检出异常，异常的初现浓度值较高，并快速上升至峰值（最高达 43.21μg/L），此后浓度缓慢下降，大多数点异常持续时间 15～20 天；PD_1 探测长探洞在 12 月 13 日检出一次异常（浓度为 1.5μg/L），但随后并未出现连续异常，直至 12 月 17～18 日再次检测到两个低异常；除上述接收点外的其他隧洞水点、三股水泉和所有的地表沟水等均未见明显异常。

表 6.31　2009 年老庄子泉岩溶水示踪试验各接收点 Mo^{6+} 异常检出情况

组别	水点编号	水点位置	异常初现时间/天	峰值出现时间/天	峰值浓度/(μg/L)	距投放点直线距离/km	$C_检$	备注
辅助洞组	1	AK5+150	8	8	0.60	8.446	0.26	单个异常
	2	AK6+150	—	—		7.820	0.30	
	3	AK8+750	4	4	2.30	6.394	0.31	3 个连续低异常
	4	AK10+610	3	3	1.00	5.885	0.28	两个孤立异常
	5	AK11+200	3	3	1.00	5.819	0.31	单个异常
	6	AK12+575				5.929	0.31	
	7	AK13+505	6	9	27.50	6.163	0.34	连续异常
	8	AK13+878	6	6	33.48	6.305	0.33	连续异常
	9	BK15+035，PD_1 竖井附近	5	7	35.24	6.795	0.41	连续异常
	26	AK11+364	—	—		5.829	0.30	
	35	AK11+563	—	—			0.31	
	10	BK13+740	5	6	43.21	6.283	0.31	连续异常
	11	BK14+870（南侧拱肩渗滴水）	16	16		6.695	0.32	单个异常
	28	辅助洞 B 洞西端出口总排水沟水	—	—			0.54	
	29	辅助洞 A 洞西端出口总排水沟水	—	—			0.42	

续表

组别	水点编号	水点位置	异常初现时间/天	峰值出现时间/天	峰值浓度/(μg/L)	距投放点直线距离/km	$C_检$	备注
引水隧洞组	12	引 (1) 1+490 (498)	7	9	27.20	11.200	1.47	连续异常
	13	引 (2) 2+878	—	—	—	5.810	0.31	
	14	引 (2) 11+610	—	—	—	6.027	0.35	
	15	引 (2) 12+630	7	8	29.89	6.146	0.21	连续异常
	16	引 (2) 13+805	6	8	15.61	6.480	0.32	连续异常
	34	引 (2) 11+295	—	—	—	6.027	—	
	40	引 (3) 13+791	6	8	14.02	6.404	0.31	连续异常
	18	引 (4) 13+672	6	7	14.30	6.323	0.29	连续异常
	27	引 (4) 14+240	—	—	—	6.541	0.34	
	19	施工排水洞: 上线, SK15+620 改到横向排水洞下游侧	7	8	9.26	7.655	0.36	连续异常
泉水组	20	三股水泉南口	—	—	—	8.246	0.33	
	21	三股水泉中口	—	—	—	8.167	0.34	
	22	三股水泉北口	—	—	—	8.112	0.34	
沟水组	25	西部落水洞沟汇入西雅江处	—	—	—	13.365	0.28	
	30	牛圈坪沟（手爬沟）与交通洞交汇点	—	—	—	10.051	0.33	
	31	解放沟与交通洞交汇点	—	—	—	9.362	0.34	
	32	磨房沟沟口	—	—	—	11.956	0.30	
	33	楠木沟沟口	—	—	—	11.088	0.30	
其他组	23	PD_1 探测长探洞出口	7	8	1.50	7.810	0.30	3个异常, 其中2个连续异常
	24	大水沟 (长探洞旁上游隧洞出口)	5	7	36.10	7.820	0.30	连续异常

6.2　岩溶水示踪试验成果分析

6.2.1　连通分析

连通分析的任务主要是通过计算水点间水流的视流速和示踪剂回收率判断水流运动速度、水流间的水量分配和区域水流走向。

6.2.1.1　视流速分析

1）数据计算

视流速指两点间的平均直线流速。视流速可利用试剂异常的初现时间或异常峰值到达的时间进行计算，求得的视流速相应为初现视流速（$V_初$）和峰值视流速（$V_峰$）。计算公式为

$$V_初 = \frac{L}{t_初} \tag{6.3}$$

$$V_峰 = \frac{L}{t_峰} \tag{6.4}$$

式中，L 为两点间的平面直线距离；$t_初$、$t_峰$ 分别为投放开始至异常开始出现和异常峰值出现的时间。

各次示踪试验视流速计算结果见表 6.32～6.38。

表 6.32　1967 年示踪试验各检测点视流速计算结果

编号	A	B	C	D
峰值出现时间/h	4.0	5.0	5.0	5.5
距投放点直线距离/m	41.0	70.0	92.0	115.0
峰值视流速 $V_峰$/(m/h)	10.2	14.0	18.4	20.9

表 6.33　1992 年示踪试验各检测点视流速计算结果

编号	位置	异常初现时间/天	异常持续时间/天	距投放点直线距离/km	初现视流速 $V_初$/(m/d)
A	磨房沟	28	4	6.9	246.43
B	楠木沟	28	2	7.2	257.14
C	老庄子泉	45		8.0	177.78
D	PD$_2$洞口	26		9.0	346.15
D$_1$	PD$_2$-230m	23	41	8.8	382.61
D$_2$	PD$_2$-564m	23	26	8.5	369.57
D$_3$	PD$_2$-1003m	23	28	8.0	347.83
E	PD$_1$洞口	27		9.0	333.33
E$_1$	PD$_1$-550m	34	9	8.5	250
E$_2$	PD$_1$-1447m	40	23	7.5	187.50
F	大水沟沟口	31	6	9.1	293.55
G$_1$	许家坪探洞45m			10.3	
G$_2$	许家坪探洞450m	34	15	10.1	297.06
H$_上$	毛$_上$			2.5	
H$_下$	毛$_下$			4.9	

表 6.34　1994 年示踪试验各检测点视流速计算结果

接收点	投放点	干海子（Mo）			甘家沟（I）			鸡纳店沟（Cr）		
		直线距离 /km	初现视流速 $V_初$ /(m/d)	峰值视流速 $V_峰$ /(m/d)	直线距离 /km	初现视流速 $V_初$ /(m/d)	峰值视流速 $V_峰$ /(m/d)	直线距离 /km	初现视流速 $V_初$ /(m/d)	峰值视流速 $V_峰$ /(m/d)
磨房沟泉组	磨	4.85	231	231	—	—	—	—	—	—
	磨$_中$	4.9	—	87.1	—	—	—	—	—	—
	磨$_下$	—	—	—	—	—	—	—	—	—
	毛	1.73	216	192	—	—	—	—	—	—
	楠$_上$	5.93	160	112	—	—	—	—	—	—
	楠	—	—	—	—	—	—	—	—	—
老庄子泉组	老$_1$	7.9	165	152	4.75	406	279	4.23	1208	682
	老$_2$	7.9	172	172	4.75	385	345	4.23	1208	682
	老$_3$	7.9	203	162	4.75	—	—	4.23	—	—
	老$_4$	8.25	184	169	4.98	383	321	4.75	—	719
	模	(13.1)	(259)	(243)	(9.95)	(766)	(622)	(11.45)	—	(1590)
三股水泉组	三$_北$	(13.7)	(303)	(303)	—	—	—	(11.5)	(1620)	(1139)
	三$_中$	(14.0)	(312)	(260)	—	—	—	(11.7)	(1648)	(1158)
	三$_南$	(14.2)	(297)	(259)	—	—	—	(11.8)	(1662)	(1168)
PD$_1$ 探洞组	洞口	(9.0)	(533)	(231)	(7.1)	(1044)	(724)	—	—	—
	550	8.55	167	167	—	—	—	—	—	—
	600	8.5	182	162	—	—	—	—	—	—
	1447	7.7	219	167	—	—	—	—	—	—
	2129.5	7.0	184	171	—	—	—	—	—	—
	2760	6.4	358	140	4.45	506	301	—	—	—
	2829	6.13	398	142	4.35	558	403	—	—	—
	3005	6.18	415	176	4.08	—	377	—	—	—
	3581	5.63	177	134	3.65	215	153	—	—	—
	3605	5.6	176	143	3.63	—	107	—	—	—
	3627	5.6	—	112	3.63	—	—	—	—	—
PD$_2$ 探洞组	洞口	(9.0)	(563)	(243)	(7.1)	(1045)	(724)	—	—	—
	2845.5	6.1	—	179	4.3	—	—	—	—	—
	3239	5.9	396	177	3.9	710	443	—	—	—
	3506	5.68	408	158	3.68	409	368	—	—	—
	3569	5.6	164	140	3.6	—	305	—	—	—
许家坪探洞组	许家坪洞口	10.45	273	179	7.85	373	243	—	—	—

注：( ) 表示两点间明流段占很大比例，视流速偏大

表 6.35　1997 年示踪试验各检测点视流速计算结果

组别	编号	位置	异常初现时间/天	峰值出现时间/天	距投放点直线距离/km	初现视流速 $V_初$/(m/d)	峰值视流速 $V_峰$/(m/d)
老庄子泉组	老$_1$	老庄子泉北岸主涌水口	6.5	7.5	12.15	1869.23	1620
	老$_2$	老庄子泉南岸主涌水口	5.5	7	12.15	2209.09	1735.71
	老$_3$	老庄子泉南岸下游泉口	6.5	9.5	12.0	1846.15	1263.16
三股水泉组	三$_北$	三股水泉北口	1.5	5	2.5	1666.67	500
	三$_中$	三股水泉中口	2.5	7.5	2.4	960	320
	三$_南$	三股水泉南口	6.0	6.0	2.5	416.67	416.67
磨房沟泉组	磨	磨房沟电站（二级）尾水	—	—	—		
探洞水组	PD$_1$	大水沟探洞 PD$_1$ 洞口	—	—	19.08		
	PD$_2$	大水沟探洞 PD$_2$ 洞口	—	—	19.08		
	许	许家坪探洞洞口			17.03		
沟水组	马$_口$	马斯洛沟沟口			11.13		
	铜	铜厂沟沟口			5.70		
	梅$_口$	梅子坪沟（麦地沟）沟口	0.5	1	10.93	(21860)	(10930)
	模$_口$	模萨沟沟口	5.5	9.5	16.50	(3000)	(1736.84)
	模$_中$	模萨沟养猪场	—	—	11.40		
	楠	楠木沟沟口	—	—	—		
	大	大水沟沟口			18.33		

注：（ ）表示两点间明流段占较大比例，流速偏大

表 6.36　2005 年示踪试验各检测点视流速计算结果

组别	编号	位置	异常初现时间/天	峰值出现时间/天	距投放点直线距离/km	初现视流速 $V_初$/(m/d)	峰值视流速 $V_峰$/(m/d)
解放沟组—手爬沟组	3	堡高洞	10.3	30.1	7.30	708.74	242.52
	4	堡高洞下洞	26.1	30.1	7.20	275.86	239.20
	6	堡探洞	26.1	28.1	7.15	273.95	254.45
	8	手爬沟	28.1	30.1	6.70	238.43	222.59
	10	手爬沟泉	—	30.1	6.03		200.33

续表

组别	编号	位置	异常初现时间/天	峰值出现时间/天	距投放点直线距离/km	初现视流速 $V_{初}$/(m/d)	峰值视流速 $V_{峰}$/(m/d)
西部景峰桥附近辅助洞组和3#探洞组	12	辅A洞股水	12.9	28.1	5.00	387.60	177.94
	13	辅A混	11.9	30.1	5.20	436.97	172.76
	14	辅A滴	10.9	31.1	4.80	440.37	154.34
	15	辅B洞	7.9	12.9	4.90	620.25	379.84
	16	辅B滴	11.9	31.1	4.50	378.15	144.69
	17	辅B滴2	11.9	25.1	4.30	361.34	171.31
	18	辅BK2+633	—	39.1	2.80		71.61
	19	3#探洞	27.1	37.1	4.8	177.12	129.38
磨房沟组—烂木场沟组	28	磨房沟泉	11.9	13.3	7.00	588.24	526.32
	29	磨房沟泉上游	11.9	20.9	6.95	584.03	332.54
	30	磨房沟沟口	11.9	16.3	13.12	1102.52	804.91
	31	磨房沟尾水	11.9/40.9	16.3/56	13.07	1098.32/319.56	801.84/233.39
	32	烂木场沟	19.9	20.9	13.29	667.84	635.89

表6.37　2006年示踪试验各检测点视流速计算结果

组别	编号	位置	距投放点直线距离/km	F				Cr			
				异常初现时间/天	峰值出现时间/天	初现视流速 $V_{初}$/(m/d)	峰值视流速 $V_{峰}$/(m/d)	异常初现时间/天	峰值出现时间/天	初现视流速 $V_{初}$/(m/d)	峰值视流速 $V_{峰}$/(m/d)
磨房沟组	磨1	磨泉下游沟中泉	1.10	34	—	32.35		25	—	44.00	
	磨2	一级电站消防水	1.40								
	磨3	磨沟左支沟	4.10								
	磨4	磨房沟沟口	6.35	33	—	192.42		20	33	317.50	192.42
	楠	楠木沟沟口	6.80	11	12	618.18	566.67				
东部长探洞组	PD1-1	东部PD1洞口	8.70	4	—	2175.00					
	PD1-2	东部PD1+1447	8.80	2	4	4400.00	2200.00				
	PD1-3	东部PD1+1719	8.85					30	13	295.00	680.77
	PD1-4	洞末堵水墙渗水	10.07	4	—	2517.50					
	PD2-1	东部PD2洞口	8.75	4	6	2187.50	1458.33	21	10	416.67	875.00
	PD2-2	东部PD2的3支洞	8.75	4	4	2187.50	2187.50				
	PD2-3	东部PD2的1支洞403m	8.75	4	5	2187.50	1750.00	26	10	336.54	875.00
	PD2-4	东部PD2+600处	8.76	3	5	2920.00	1752.00	30	14	292.00	625.71
	PD2-5	东部PD2+810处	8.78					27	10	325.19	878.00

续表

组别	编号	位置	距投放点直线距离/km	F				Cr			
				异常初现时间/天	峰值出现时间/天	初现视流速$V_{初}$/(m/d)	峰值视流速$V_{峰}$/(m/d)	异常初现时间/天	峰值出现时间/天	初现视流速$V_{初}$/(m/d)	峰值视流速$V_{峰}$/(m/d)
大水沟东部辅助洞组	东辅A_1	东部辅助洞A洞出水口（东BK17+200）	8.35	11	34	759.09	245.59	12	19	695.83	439.47
	东辅A_2	东部辅助洞A洞与5-1横洞交叉口A洞水（AK14+762）		11	13			12	16		
	东辅A_3	东部辅助洞A洞与7-1横洞交叉口A洞水（AK13+520）		10	34			12	16		
	东辅B_1	东部辅助洞B洞出水口	8.30	11	13	754.55	638.46	12	16	691.67	518.75
	东辅B_2	东部辅助洞BK14+882（底板涌水）		13	34			12	17		
	东辅B_3	东部辅助洞BK13+870（大水箱）		11	18			12	19		
	东辅B_4	东部辅助洞BK13+725		12	18			12	17		
	东辅B_5	东部辅助洞BK13+710		12	18			12	19		
	东辅B_6	东部辅助洞BK13+685		13	18			12	15		
	东辅B_7	东部辅助洞BK13+553		13	18			12	33		
	大水沟	大水沟口	9.28	13	16	713.85	580.00	12	19	773.33	488.42
三股水组	模$_{口}$	模萨沟口上游150m	14.35								
	三$_{北}$	三股水泉北口	16.00	7	7	2285.71	2285.71	23	10	695.65	1600.00
	三$_{中}$	三股水泉中口	16.10	7	18	2300.00	894.44	26	11	619.23	1463.64
	三$_{南}$	三股水泉南口	16.15	8	18	2018.75	897.22	30	15	538.33	1076.67
西部辅助洞组	西辅A_1	西部辅助洞A洞口	11.4	7	7	1628.57	1628.57	28	24	407.14	475.00
	西辅A_2	西部辅助洞AK1+243	10.2								
	西辅A_3	西部辅助洞AK5+160		8	11						
	西辅A_4	西部辅助洞AK5+165		6	12						
	西辅B_1	西部辅助洞B洞口	11.4		18	1425.00	633.33				
	西辅B_2	西部辅助洞BK4+760			8						
	西辅B_3	西部辅助洞BK5+218		8							
西部沟水组	解放沟	解放沟沟口	14.16	6	10	2360.00	1416.00	26	—	544.62	
	牛圈坪	牛圈坪沟上游交通洞口	11.1	6	18	1850.00	616.67				
	西雅江	西进水口PD$_3$附近雅砻江水	11.5	8	10	1437.50	1150.00				

注：Cr^{3+}浓度异常在大水沟东部辅助洞组接收点的初现时间按6月12日计；计算Cr^{3+}浓度峰值视流速时按第二次投放时间（6月17日）计

表 6.38　2009 年示踪试验各检测点视流速计算结果

组别	编号	位置	异常初现时间/天	峰值出现时间/天	距投放点直线距离/km	初现视流速 $V_初$/(m/d)	峰值视流速 $V_峰$/(m/d)
辅助洞组	1	AK5+150	8	8	8.446	1055.75	1055.75
	2	AK6+150	—	—	7.820		
	3	AK8+750	4	4	6.394	1598.50	1598.50
	4	AK10+610	3	3	5.885	1961.67	1961.67
	5	AK11+200	3	3	5.819	1939.67	1939.67
	6	AK12+575	—	—	5.929		
	7	AK13+505	6	9	6.163	1027.17	684.78
	8	AK13+878	6	6	6.305	1050.83	1050.83
	9	BK15+035，PD_1 竖井附近	5	7	6.795	1359.00	970.71
	26	AK11+364	—	—	5.829		
	35	AK11+563					
	10	BK13+740	5	6	6.283	1256.60	1047.17
	11	BK14+870（南侧拱肩渗滴水）	16	16	6.695	418.44	418.44
	28	辅助洞 B 洞西端出口总排水沟水	—	—	—		
	29	辅助洞 A 洞西端出口总排水沟水	—	—	—		
引水隧洞组	12	引（1）1+490（498）	7	9	11.200	1600.00	1244.44
	13	引（2）2+878	—	—	5.810		
	14	引（2）11+610	—	—	6.027		
	15	引（2）12+630	7	8	6.146	878.00	768.25
	16	引（2）13+805	6	8	6.480	1080.00	810.00
	34	引（2）11+295	—	—	6.027		
	40	引（3）13+791	6	8	6.404	1067.33	800.50
	18	引（4）13+672	6	7	6.323	1053.83	903.29
	27	引（4）14+240	—	—	6.541		
	19	施工排水洞：上线，SK15+620 改到横向排水洞下游侧	7	8	7.655	1093.57	956.88
泉水组	20	三股水泉南口	—	—	8.246		
	21	三股水泉中口	—	—	8.167		
	22	三股水泉北口	—	—	8.112		

续表

组别	编号	位置	异常初现时间/天	峰值出现时间/天	距投放点直线距离/km	初现视流速 $V_初$/(m/d)	峰值视流速 $V_峰$/(m/d)
沟水组	25	西部落水洞沟汇入西雅江处	—	—	13.365		
	30	牛圈坪沟（手爬沟）与交通洞交汇点	—	—	10.051		
	31	解放沟与交通洞交汇点	—	—	9.362		
	32	磨房沟沟口			11.956		
	33	楠木沟沟口			11.088		
其他组	23	PD₁长探洞出口	7	8	7.810	1115.71	976.25
	24	大水沟（长探洞旁上游隧洞出口）	5	7	7.820	1564.00	1117.14

2）数据分析

（1）1967 年示踪试验视流速分析

通过计算，第一次峰值通过后食盐回收率高达 68% 左右，且第一次峰值到达各接收点的地下水运动速度较第二次高峰期约大 20 倍。从示踪试验结果（表 6.32）可以看出，老庄子岩溶斜井与老庄子泉群的季节性泉群连通性较差，与常年泉群连通性较好。这反映出老庄子泉群是各方向的溶隙管道汇集而成，各管隙之间既有较弱的连通性，也有各自的"独立"性，地下水的混合不够充分。

（2）1992 年示踪试验视流速分析

按检出次数统计，大水沟长探洞-许家坪探洞一带 81% 的异常检出与投放点构成 N45°~55°W 方向，表明 NWW 向张扭性构造裂隙对本区地下水运动起控制性作用，Ⅰ 水文地质单元岩溶水通过 NWW 向控制裂隙向 Ⅲ 单元渗流补给。仅说明在岩性差异不大的情况下，包气带的裂隙水可产生一定程度的横向联系，这种联系随深度的增加、裂隙的闭合而减弱或消失。PD₁ 和 PD₂ 探洞内在浅部测点的检出情况比深部的好（表 6.33），也证明从投放点到接收点之间，示踪剂主要运移于包气带和饱水带的表层。在 21%~33% 的坡比情况下，平均运移速度为 7.41~15.94m/h。因此，结合地质条件分析，两大泉之间有地下分水岭的存在，其位置应在干海子一带。

（3）1994 年示踪试验视流速分析

三股水泉、PD₁ 探洞洞口、PD₂ 探洞洞口、模萨沟等测点，示踪水流表明流段比例较大，异常初现和峰值视流速较无明流水点明显偏高（普遍高出 1 倍以上）。除地表明流段比例较大的测点外，各点初现视流速为 160~1208m/d，最低最高值相差 7.5 倍，大多数水点视流速（160~500m/d）比多数其他岩溶山区的偏低一个数量级。三股水泉各点的 Mo 和 Cr 视流速普遍是老庄子泉各点的 1.5~2 倍，这说明示踪试剂是通过老₄、模两测点之间的模萨沟沟水传递过来的，而不是通过养猪场向斜承压含水层过来的。

考虑本区水流落差较大，且在长探洞 PD₂-2845.4m 集中突水点附近形成深达 700 多米的降落漏斗，岩体渗透性偏小的特点更显突出，这亦表明区内岩溶裂隙水广泛发育，并在输水系统中起主导作用。各水点示踪波形呈现裂隙流、管道流及其复合流的特征，这表明可溶岩经过广泛的区域变质后其组构、性质发生变化，赋予大理岩分散性溶蚀的性质，溶隙的普遍发育使大理岩成为一种以溶隙为主的溶蚀裂隙–管道型双重含水介质，只在排泄区等少数有利部位发育溶洞管道流。根据示踪结果，视流速可归纳成三大类五亚类（表6.39），各类有各自的地理分布和成因特点。

表6.39 水流类型及其视流速

水流类型	代表性分布区	成因类型	代表性水点	视流速/(m/d)
管道流	鸡纳店沟	古峰林地貌发育	老庄子泉各点（Cr）	>1000
	(1) 降落漏斗区 (2) 泉口附近	泥沙充填物被冲刷，水力坡降增大	长探洞（I）：2760、2829、2845.5、3005、3239	500~700
溶蚀裂隙流	(1) 单元间越流地段 (2) 降落漏斗区	泥沙充填物被冲刷，水力坡降增大	长探洞（I）：3581、3605；许家坪（I），许家坪（Mo）	200~400
	(1) 干海子分水岭地段 (2) 深部循环带	一般天然条件	长探洞（Mo）：3581、3605、3569、3627；老庄子泉各点（Mo）；楠木沟楠上（Mo）；绝大多数测点（Mo）的峰值视流速（$V_峰$）	100~200
混合流			长探洞（Mo）：2760、2829、2845.5、3005、3239、3506；磨（Mo）；许（Mo）；毛（Mo）	200~500

1992年示踪试验时间是1992年5~7月，当时两条长探洞正在揭露第Ⅲ水文地质单元中部涌水带，涌水量小于0.5m³/s，1993年第一季度（枯水期）长探洞涌水量降至0.2m³/s以下。1993年7月1日，PD₂探洞开挖至2845.5m处时发生集中涌水，瞬时最大涌水流量达4.91m³/s，1994年第一季度（枯水期）长探洞涌水流量仍保持在2.0m³/s左右。因此，1994年拟定的三元示踪试验方案中，T_1投放点选定于1992年示踪试验投放点附近相距20m的塌陷坑中，使1992年示踪试验成果与1994年三元示踪试验成果具有可比性。1992年和1994年在干海子两次投放钼酸铵进行示踪试验，分别投下试剂150kg和500kg，两次示踪试验主要参数对比情况见表6.40。

表6.40 1992年与1994年干海子示踪试验成果对比

项目 水点	初现时间/天		初现视流速/(m/d)		峰值浓度/(μg/L)		持续时间/天	
	1992年	1994年	1992年	1994年	1992年	1994年	1992年	1994年
磨	28	21	246	231	1.2	8.8	4	31
楠上	28	37	257	160	1.1	0.8	2	22
老	45	45	178	184	0.8	2.04	12	16

续表

项目 水点		初现时间/天		初现视流速/（m/d）		峰值浓度/（μg/L）		持续时间/天	
		1992 年	1994 年	1992 年	1994 年	1992 年	1994 年	1992 年	1994 年
PD₁长探洞	洞口	27	17	333	(533)	2.8	1.88	1	44
	550m	34	51	250	167	1.1	0.86	9	5
	1447m	40	35	187	219	4.4	1.10	23	26
PD₂长探洞	洞口	26	16	346	(563)	0.4	3.60	1	45
	230m	23	—	382	—	1.6	—	41	—
	564m	23	—	370	—	4.1	—	26	—
	1003m	23	—	348	—	1.5	—	28	—
许家坪洞		34	38	295	273	2.2	1.65	15	22

注：（　）表示两点间明流段占很大比例，视流速偏大

通过对比分析可知：

1994 年示踪试验所设的 31 个检测点中，有 30 处接收到钼示踪波，只有楠木沟沟口测点一处出现明显异常，这与 1992 年示踪试验的结果完全吻合，证实 1992 年示踪试验的连通性分析结论是可信的；两次试验测定的地下水初始视流速也大体吻合，说明试验的可重现性好。

就 1992 年示踪试验结果而言，总体上示踪波持续时间较短，峰值较小，推断有两方面的原因：示踪剂投放量偏小，仅为 1994 年投放量的 30%；测试检出限（0.4μg/L）偏高（是 1994 年的 8 倍），致使示踪波持续时间缩短，且多数情况仅检出脉冲值的峰值，示踪波连续性较差。此外，1992 年示踪试验未测定示踪元素本底值。基于以上几点原因，1992 年示踪试验示踪波曲线形态不清晰，异常出现的规律性较差，给后续的连通分析和黑箱分析造成了一定困难。

由于示踪波的连续性差，1992 年试验未做回收率计算，若以示踪波持续时间和峰值浓度两项指标综合评价示踪波强度，则各测点示踪波强度的相对比例在两次试验中也有较好的重现性。不同的只是许家坪探洞测点收到的示踪波信息减弱较多，这在一定程度上说明，在到达许家坪地段以前，水流混合模式基本未变，长探洞 2845.5m 处出现集中涌水后，流场的变化主要表现在：按一定模式汇合后的地下水流局部改变了流向，从排向许家坪-大水沟一带转向长探洞涌水点。

1994 年示踪试验是在大水沟厂址长探洞发生集中涌水 11 个月余之后进行的，长探洞涌水早已达到稳定状态。两次示踪试验成果的主要参数基本一致，试验重现性较好，这不但说明试验成果的可信度，而且论证了大水沟厂址集中涌水所形成的人为降落漏斗，尚未波及干海子主分水岭地段，干海子主分水岭的基本格局未产生明显的改变。

（4）1997 年示踪试验视流速分析

各水点间的初现视流速和峰值视流速详见表 6.35。由表可知，三股水泉测点组初现异常的时间变化较大，这与梅子坪沟直接补入和绕经老庄子泉群后由模萨沟在此补入有关。若将老庄子泉测点组的视流速与 1994 年示踪试验相对比分析（表 6.41），可见老庄子泉与各投放点间的初现视流速分别为海子洼地 2000m/d、鸡纳店 1200m/d、甘家沟 400m/d、

干海子 200m/d，这显示出岩溶水视流速由南向北有依次递减的趋势；同时表明白山组与砂岩、板岩组的边界部位存在连通性较好的地下水管道流，并由南向北汇集于老庄子泉群排泄。

表 6.41　1994 年、1997 年示踪试验视流速计算结果对比

示踪时间	投放点	示踪剂	接收点	距离/km	视流速/(m/d)	
					初现	峰值
1997 年	海子洼地	钼酸铵（Mo）	老庄子泉北岸（老₁）	12.15	2009	1736
			老庄子泉南岸（老₂）	12.15	1869	1620
			老庄子泉下游（老₃）	12.00	1846	1263
1994 年	鸡纳店	重铬酸钾（Cr）	老庄子泉北岸（老₁）	4.23	1208	682
			老庄子泉南岸（老₂）	4.23	1208	682
			老庄子泉下游（老₃）	4.23	未检出异常	
	甘家沟	碘化钾（I）	老庄子泉北岸（老₁）	4.75	406	279
			老庄子泉南岸（老₂）	4.75	385	345
			老庄子泉下游（老₃）	4.75	未检出异常	
			PD₁-2829m	4.35	558	403
			PD₂-3239m	3.90	710	443
			许家坪洞口	7.85	373	243
	干海子	钼酸铵（Mo）	老庄子泉北岸（老₁）	7.90	165	152
			老庄子泉南岸（老₂）	7.90	172	172
			老庄子泉下游（老₃）	7.90	203	162
			磨房沟泉泉口	4.85	231	231
			PD₁-3005m	6.18	415	176
			PD₂-3506m	5.68	408	158
			许家坪洞口	10.45	273	179

（5）2005 年示踪试验视流速分析

各点间的初现视流速与峰值视流速见表 6.36。表中示踪数据显示，区内地下水流速相当缓慢。落水洞—手爬沟组水点间的峰值视流速为 200.33 ~ 254.45m/d，落水洞—景峰桥辅助洞组水点间的峰值视流速为 71.61 ~ 379.84m/d，落水洞—磨房沟组水点间的峰值视流速为 233.39 ~ 804.91m/d，这些视流速与 1994 年示踪试验计算的干海子—磨房沟泉间的峰值视流速相当，表明本示踪区域含水层岩溶发育较弱，地下水主要沿稀疏构造裂隙网络流动，这可能与示踪期处于年度枯水期有关。

（6）2006 年示踪试验视流速分析

各点间的初现视流速与峰值视流速见表 6.37，其与 1994 年、1997 年试验视流速测定结果的对比见表 6.42。本次试验各点的初现视流速为 317.50 ~ 773.33m/d，峰值视流速为 192.42 ~ 875m/d；其中，磨房沟泉至大水沟辅助洞组地下水视流速较大，至大水沟长探洞

和磨房沟泉组（中间含地表河段）的地下水视流速相对较小，这表明地下水视流速与径流途中含水介质性质有关。磨房沟泉投放点至大水沟辅助洞组各检测点之间地下水视流速较大，这表明两者之间具有密切的水力联系，即受辅助洞施工的影响，原有的水流格局发生变化（干海子—大水沟水力分水岭遭受破坏），磨房沟的地下水绝大部分通过岩溶管道和集中溶蚀裂隙混合的含水介质流向正在施工的辅助洞，且多以隧洞涌水的方式排出地表，少量地下水通过越流（或地表水渗漏）方式补给探测长探洞。磨房沟泉投放点与大水沟长探洞、磨房沟泉下游沟水之间的地下水视流速较小，这反映出它们之间属于岩溶发育较弱、地下水流通道不通畅的稀疏网络状溶蚀裂隙含水介质。

表6.42　2006年示踪试验视流速测定结果与1994年、1997年试验测定结果的对比

示踪试验时间	投放点	接收点	直线距离/km	视流速/(m/d)	
				初现视流速	峰值视流速
1994年	甘家沟	老庄子泉北岸	4.75	406	279
		老庄子泉南岸	4.75	365	328
		PD$_1$-2829m	3.80	692	432
		PD$_2$-3239m	4.15	532	384
		许家坪洞口	7.80	371	241
	干海子	老庄子泉北岸	7.80	163	150
		老庄子泉南岸	7.80	170	170
		老庄子泉下游	7.80	201	160
		磨房沟泉泉口	4.75	228	228
		PD$_1$-2829m	5.80	389	132
		PD$_2$-3239m	5.30	381	147
		许家坪洞口	10.50	274	180
1997年	海子洼地	老庄子泉北岸	12.15	2009	1736
		老庄子泉南岸	12.15	1869	1620
		老庄子泉下游	12.0	1846	1263
2006年	磨房沟泉泉口	大水沟辅助洞组	8.35	691.67~773.33	439.47~518.75
		PD$_2$（洞口-支1）	8.75	416.67	875
		磨房沟沟水组	6.35	317.50	192.42

本次试验示踪结果与1994年、1997年示踪试验结果比较，磨房沟泉至大水沟辅助洞组之间地下水视流速比1997年位于古峰林地貌区的海子洼地—老庄子泉群的视流速小，而比1994年干海子至磨房沟泉泉口、老庄子泉群和长探洞之间的视流速大，大致相当于1994年甘家沟至PD$_1$-2829m、PD$_2$-3239m的视流速或更大，属于一种位于大泉泉口附近或大型降落漏斗区内，由于泥沙充填物被冲刷形成的集中裂隙与岩溶管道混合水流。而磨房沟泉至大水沟长探洞和磨房沟组的地下水流则属于一般天然条件下的溶蚀裂隙水流，示踪投放点与接收点之间水流通道不通畅，岩溶发育较弱，地下水主要沿稀疏构造裂隙网络

流动。

需要指出的是，本次试验中重铬酸钾试剂分两次投放，第一次投放量较小，投后约第 13 天（6 月 12 日）初现低平异常；第二次投放量大，投后第 11 天（6 月 27 日）即出现明显异常，比第一次异常初现所花时间提前了 2 天，这可能与 6 月后半月多次出现较大降雨、地下水循环速度加快有关。

（7）2009 年示踪试验视流速分析

本次试验计算的示踪剂投放点到各确认连通点间的初现视流速与峰值视流速见表 6.38。本次试验各检测点到投放点的初现视流速大多数为 800~1400m/d，少数点［AK8+750、引（1）1+490（498）、大水沟等］达到 1500~2000m/d；其中 AK8+750、AK10+610、AK11+200 等点与投放点位于同一水文地质单元，虽含水介质不同，但相互连通条件可能较好；而引（1）1+490（498）水点的视流速较大可能是存在施工明流段；大水沟为各隧洞出水点的汇流水，有较长距离的明流段，故其视流速较大。峰值视流速（大多数为 600~1300m/d）与初现视流速有大致相同的规律。

与 1994 年、1997 年、2006 年示踪试验的视流速测定结果（表 6.42）相比，本次试验各点视流速总体小于 1997 年，较 1994 年、2006 年的均明显偏大，应属于管道型为主、部分与集中裂隙混合的岩溶含水介质。另外，本次试验在枯水期进行，视流速偏大还可能与地下水位低、投放点与接收点之间的地下水水力坡度大（为 1%~2%）、地下储水盆地的水库效应影响较小等因素有关。此外，由于各隧洞在图上的位置难以确定，其中各接收点与投放点之间的直线距离是通过将隧道平面图缩放后移动到地形图（1∶10 万）上相应位置后量算的，这对视流速的计算会产生影响。

6.2.1.2 回收率分析

1）数据计算

示踪剂回收率指各示踪接收点检测到的示踪剂总量占示踪剂投放量的百分比率，一般采用下式计算：

$$M_{回} = \sum_{i=1}^{n} \frac{0.0216}{K} [(C_1 - C_{底}) + (C_2 - C_{底})] \cdot (Q_1 + Q_2) \Delta t \frac{L}{t_{初}} \quad (6.5)$$

式中，C_1、C_2 分别为浓度历时曲线上相邻两个样品的浓度，mg/m^3；$C_{底}$ 为示踪元素的浓度本底值，mg/m^3；Q_1、Q_2 分别为浓度历时曲线上相邻两个样品点上的流量，m^3/s；Δt 为取样间隔，天；$M_{回}$ 为示踪剂回收质量，kg；K 为示踪元素在示踪剂中的含量百分比，对于本区数次示踪试验所使用的示踪剂，食盐（NaCl）的 $K = 0.607$，钼酸铵 $[(NH_4)_6Mo_7O_{24} \cdot 4H_2O]$ 的 $K = 0.544$，碘化钾（KI）的 $K = 0.765$，重铬酸钾（$K_2Cr_2O_7$）的 $K = 0.354$。

由于示踪波的连续性差、未达到预期的示踪效果等原因，1992 年和 2005 年示踪试验未作回收率计算，其余各次示踪试验的示踪剂回收率计算结果见表 6.43。

表 6.43　历次示踪试验示踪剂回收率计算结果

示踪试验时间	接收点名称	食盐		钼酸铵		碘化钾		重铬酸钾	
		回收量/kg	回收率/%	回收量/kg	回收率/%	回收量/kg	回收率/%	回收量/kg	回收率/%
1967 年	老庄子泉群（A、B、C、D）	68.00							
1994 年	磨房沟泉			11.67	2.33				
	PD$_1$ 长探洞			1.38	0.28	0.67	0.22		
	PD$_2$ 长探洞			22.48	4.50	4.08	1.36		
	老庄子泉			1.93	0.39	2.14	0.71	17.88	3.7
	楠木沟			0.007	0.0014				
	毛家沟			0.01	0.002				
	许家坪探洞			0.0004	0.00008	0.0027	0.0009		
	合计			37.48	7.5	6.89	2.3	17.88	3.7
1997 年	三股水泉北口			2.09	0.59				
	三股水泉中口			1.36	0.39				
	三股水泉南口			0.84	0.24				
	梅子坪沟沟口			61.15	17.84				
	模萨沟沟口			71.96	20.56				
	合计			137.4	39.26				
2006 年*	磨房沟组							4.6	0.9
	大水沟长探洞组							0.6	0.12
	大水沟辅助洞组							378.6	75.7
	合计							383.74	76.77
2009 年	辅助洞组 AK8+750			0.07	0.02				
	辅助洞组 AK13+505			19.81	5.66				
	辅助洞组 AK13+878			4.64	1.33				
	辅助洞组 BK15+035			20.53	5.87				
	辅助洞组 BK13+740			0.37	0.11				
	引水隧洞组引（1）1+498			2.22	0.63				
	引水隧洞组引（2）12+630			4.64	1.33				
	引水隧洞组引（2）13+805			0.30	0.09				
	引水隧洞组引（3）13+791			14.45	4.13				
	引水隧洞组引（4）13+672			0.91	0.26				
	引水隧洞组施工排水洞：SK15+620			39.17	11.19				
	PD$_1$ 长探洞出口			0.004	0.001				

续表

示踪试验	接收点名称	食盐		钼酸铵		碘化钾		重铬酸钾	
时间		回收量/kg	回收率/%	回收量/kg	回收率/%	回收量/kg	回收率/%	回收量/kg	回收率/%
2009 年	大水沟（长探洞旁上游隧洞出口）			19.25	5.50				
	合计			126.36	36.12				

* 在 2006 年示踪试验中，因氟化铵试剂的异常检出不明显，故未计算其回收量

2）数据分析

（1）1994 年示踪试验回收率分析

①异常时间长

无论初现时间早或晚，异常延续时间都很长。高峰过后，曲线都拖着一条很长的尾巴。与 Mo、Cr 相比，I 曲线的拖尾现象看起来不很明显，这是检测精度相对较低造成的。从老$_1$、老$_2$、许家坪、3605、3569 等点示踪曲线衰减趋势分析，如检测精度提高一倍，各条 I 曲线也会出现明显的拖尾现象。产生拖尾现象的原因可能有围岩吸附-释放效应、双重介质非稳定流的横向对流效应、含水层静储量稀释效应、纵向水力弥散效应、横向水力弥散效应等，在本研究区内上述一种或多种效应起主导作用，是选择示踪物理模型的主要依据。为此，需对含水介质调查结果、示踪试验成果及岩溶水运动特点进行综合分析，才能做出合理判断。

②回收率低

本次试验中，三种示踪剂投放后的两个月中，回收率为钼酸铵 7.5%、碘化钾 2.3%、重铬酸钾 3.7%，均不到 10%，这与多数岩溶水示踪试验相比，回收率偏低很多，见表 6.43。失散的示踪剂可能停留在投放点附近的包气带、被围岩吸附、经弥散作用分散到整个含水层中、或经深层区域水流携带排入雅砻江。据野外调查，在锦屏补给区，包气带岩溶形态主要是竖井状的"朝天井"，包气带截留示踪剂的条件不好。区内地下水均衡工作已达到很高精度，深层区域地下水流即使存在（各种迹象表明确实存在深层区域水流），也不会超过 I 水文地质单元总水量的 10%，从而排除示踪剂大量排向雅砻江的可能性。Mo 和 I 都是阴离子，作为示踪剂被碳酸盐类和黏土类围岩吸附较少。对比沿水流方向排列的系列检测点（如老$_1$、老$_2$、老$_4$、模系列；长探洞 3239、3005、2845.5、2829、2760 系列）的示踪波变化可知，示踪剂吸附即使存在也不很严重。以上讨论表明，考虑本区示踪剂分流、裂隙广泛发育、无大规模深径流排向未查明的水点以及输出水量与输入水量比值大（4000~10000）的因素，说明观测系列尚不够长，已检出的异常波仅仅是一个漫长示踪波的开始，尚未回收的 90% 以上的示踪剂，大部分应分散在含水层的地下水中。

③多峰示踪曲线

多数示踪曲线具有多峰形态，曲线呈"剧烈起伏"形状。以长探洞 PD$_2$-3506m 水点的 Mo 曲线为例，在较为平滑的基础上，存在着 10 个以上的次级干扰波，干扰波均具骤起骤落的尖峰状，波高为基波值的 1~3 倍。老$_1$、老$_3$ 以及长探洞 3506、3569、3605 的 I 曲线也表现出较强烈的振荡，多峰曲线表明并连通道的普遍存在。

④异常分布的空间分散性

锦屏示踪结果的一个突出特点是，在大多数接收点上都收到了异常（表 6.11）。如 Mo 异常在楠木沟外所有测点上均有显示，说明示踪剂基本上已充满整个含水层的每个角落；I 异常也有相似的趋势。

⑤异常峰值相对稳定

各测点之间异常峰值变化不大，Mo 波的峰值变化在 0.5 ~ 8.6μg/L，I 波在 0.6 ~ 3.0μg/L，未见暗河发育地区集中水流值比分散水流值大 1 ~ 2 个数量级的现象。这表明含水介质具有管道网络的性质：既有离散管道的分异效应（多峰曲线），也有网络节点处的混合效应（次级峰值变化在同一数量级内）。

示踪试验结果表明，与暗河发育地区相比，锦屏地区岩溶水流速约慢 1 个数量级，示踪剂在运移过程中因受离散管道介质强劲的横向水力弥散的影响，基本上充满整个含水层；含水层既显示出离散管道流的分异效应又表现出一定程度的水流混合效应；示踪剂回收的基本特征进一步支持了关于溶蚀裂隙型介质的结论。

（2）1997 年示踪试验回收率分析

本次试验的回收率分析结果见表 6.38，总回收率较高（39.26%），这与连通性良好的地下水管道流有关，从而导致示踪剂弥散晕高峰持续 8 天左右；另外，示踪剂由泉排泄后，通过地表水的消水点再入渗补给低高程的三股水泉排出，从而增大了总回收率。

（3）2006 年示踪试验回收率分析

采用式（6.5）和表 6.20 中流量计算示踪剂重铬酸钾的回收量，因示踪剂氟化铵的异常不明显，故未计算其回收量。为避免重复计算或因各测点流量估计不准造成回收量累加，在计算回收量时对于有异常检出的各组测点，若该组测点的水流有汇合点并在汇合点测量了流量和浓度，则只按该汇合点的流量和异常浓度值来计算该组的示踪剂回收量。结果表明，试验期间（至 2006 年 8 月 1 日）重铬酸钾试剂总回收率高达 76.77%，其中东部辅助洞各涌水点累计总计回收量达到 378.6kg，占总回收量的 97.6%，表明磨房沟泉泉口与东部辅助洞各水点之间水力联系十分密切，投放点的水流绝大部分都流向了东部辅助洞，仅有极少量流向磨房沟和大水沟的勘探长探洞。

（4）2009 年示踪试验回收率分析

采用式（6.5）和各检测水点的平均流量（据华东勘测设计研究院资料）计算示踪剂四水合钼酸铵的回收量，从结果（表 6.38）可以看出，本次试验示踪剂的总回收率较 2006 年的偏低（如果考虑部分接收点的回收量存在重复计算，回收率还会更低）。分析其可能原因为：示踪试验在枯水期进行，地下岩溶水水位下降速度快、管道复杂，尤其是投放点附近的水位下降极快，可能会造成部分含有示踪剂的地下水滞留于一些悬挂（高位）地下溶潭中，或被饱含地下水（含试剂）的土壤（泥沙）和岩溶裂隙含水介质所截留、吸附。

6.2.1.3　地下水流向及量级分配分析

1）1994 年示踪试验地下水流向及量级分配分析

（1）干海子分水岭补给区（据 Mo 示踪结果）：T₁ 投放点的 Mo 示踪剂在全区 30 个测

点（楠木沟沟口除外）均检出了异常，证实干海子地带的地下水呈辐射状分流，是一个区域性分水岭地带。从回收率量级分配上反映出：干海子区域分水岭地段（T_1投放点部位），地下水主要流向东雅砻江沿江岸坡地带，直接排向雅砻江排泄基准面，其次向磨房沟泉排泄，少部分向老庄子泉排泄，这再次证明干海子地段存在区域性主分水岭，见表6.44。三股水泉检出 Mo 是老庄子泉群通过模萨沟水的集中汇流、异地入渗补给的结果。

表 6.44　干海子、甘家沟、鸡纳店岩溶水流向及量级分配　　　（单位:%）

水量分配（补给区／排泄区）	长探洞	老庄子泉	磨房沟泉	毛家沟	楠木沟	许家坪洞
干海子	63.7	5.2	31.0	0.03	0.02	0.001
甘家沟	69.0	31.0	—	—	—	0.04
鸡纳店	—	100	—	—	—	—

（2）甘家沟地下水分水岭地段（据 I 示踪结果）：T_2投放点的 I 示踪剂在老庄子泉、大水沟长探洞内和许家坪探洞内都检出了 I 异常，这表明甘家沟地段地下水流也呈辐射状向东雅砻江沿江岸坡和老庄子泉、模萨沟分流，视流速为 $200 \sim 400\text{m/d}$，变化差异不大。该地段地下水 70% 流向长探洞，30% 流向老庄子泉，在磨房沟流域未接收到异常信息，这说明长探洞涌水形成的降落漏斗具有强大的截取南部（含水水岭地带）来水的能力，已经成为新的区域排泄中心。示踪剂在磨房沟泉域未收到异常的信息，表明 T_2投放点偏向老庄子泉域内侧或高程稍低。T_2投放点虽位于 I 水文地质单元内，但在属于 III 水文地质单元的许家坪探洞和大水沟长探洞内检出 I 异常，这说明甘家沟一带地下水也存在 I 单元向 III 单元越流补给的现象。

（3）老庄子背斜西翼地下水（据 Cr 示踪结果）：T_3投放点（鸡纳店沟）位于老庄子背斜西翼白山组含水层内。Cr 异常在老庄子泉和三股水泉测点检出，且视流速大于 1000m/d，显示老庄子背斜西翼的岩溶地下水可以通过横（斜）切背斜核部（T_2y地层）的近 EW 向导水构造或绕过老庄子背斜倾伏端快速流向老庄子泉排泄，这证实沿鸡纳店沟一带存在地下集中管道流。除试验证据外，还存在有力的地貌学和水动力学证据。在鸡纳店沟两侧于 $2000 \sim 3000\text{m}$ 高程上广泛发育着锦屏地区罕见的典型古峰林洼地地形，显示地下集中管道普遍发育。说明这里在相当长的一段地质历史时期内就是西翼地下水流集中向东的水流十分活跃的地带。加上在背斜倾伏端岩溶发育基底隆起，从而出现锦屏地区罕见的发育浅岩溶条件的组合，导致古峰林洼地形态的产生，并长期成为这一地区的区域排泄中心。因此，西翼地下水就地向强排泄中心排泄，比排向 10km 以外的磨房沟泉更符合水文地质规律。此外，在磨房沟泉未检出 Cr 示踪剂，也佐证了老庄子背斜西翼的岩溶地下水不可能排向磨房沟泉。

（4）在许家坪洞检出 Mo 和 I 异常表明，尽管长探洞涌水形成的降落漏斗具有强大的截水能力，但来源于干海子、甘家沟的地下水还是有一部分继续向东流动，可能越过了大水沟上游的东西向横向断层，越流补给第 III 水文地质单元，排泄于许家坪一带。但进入第 III 水文地质单元的示踪剂 Mo 和 I 99% 流向了长探洞，许家坪试剂量仅占总量的 0.0016%

（Mo）和 0.058%（I），比长探洞小 3 ~ 5 个数量级。由此可以初步判断，大水沟至许家坪一带第Ⅲ水文地质单元的地下水排向长探洞的份额比通过许家坪一带散流排向雅砻江的份额至少要大 1 个数量级。

（5）Ⅰ、Ⅱ水文地质单元间的越流窗口（综合 Mo 与 I 示踪结果）：大部分测点接收到异常，示踪剂的弥散角为 185°（Mo）、95°（I），Cr 只在老庄子泉域检到异常（三股水泉的 Cr 异常源于老庄子泉），这表明 T$_1$ 投放点为干海子区域分水岭地段（偏向于磨房沟泉域一侧），T$_2$ 投放点也为主分水岭地段（偏向于老庄子泉域一侧），两个投放点均位于地下水辐射状分流的分水岭地段，其间距为 3.2km，因此可以初步得出干海子分水岭地段横宽在 3km 左右。据此可圈定出磨房沟泉、老庄子泉域间地下分水岭位于甘海子一带，大致沿上手爬断层、甘家沟向斜连成一线展布。西（北）、南段为结构性分水岭，中段为水力分水岭，与地表分水岭不完全重合。

（6）Ⅰ、Ⅲ水文地质单元之间的越流窗口：根据水文地质结构分析，第Ⅰ、Ⅲ水文地质单元之间在楠木沟—大水沟一段的边界处是一个巨大的越流窗口。该窗口在含水带的上部或局部构造发育部位存在较强的水力联系，以岩溶裂隙水面状分散慢速流为主要特征，局部也可能存在多个次级窗口组成的线状中速流。从视流速分析成果来看，不存在管道集中快速流。Ⅰ单元的白山组含水层与Ⅲ单元的 T$_2$y^5、T$_2$y^6 强–中等岩溶含水层直接接触。这一窗口由三个次级窗口组成。其中，两个为线状越流窗口：大水沟上游的东西向横断层窗口和楠木沟上游的 T$_2$y^5 强岩溶含水层与 T$_2$b 接触段。另一窗口为位于上述两条线状窗口之间的面状分散越流段：T$_2$y^6 中等岩溶含水层与 T$_2$b 直接接触段。许家坪洞接收到的 Ⅰ 异常强度（回收率）超出 Mo 异常约 40 倍。考虑到长探洞排泄中心巨大的截水能力，Ⅰ 回收强度大大超过 Mo 回收强度的事实表明甘家沟地段的地下水大多通过大水沟上游的东西向横断层越流窗口进入Ⅲ单元；而干海子一带的地下水更多的是通过另外两个窗口完成越流补给的。

2）1997 年示踪试验地下水流向及量级分配分析

根据所检出的 Mo 异常情况，除铜厂沟、马斯洛沟、许家坪探洞及其以北的各接收点与投放点和其他接收点之间不存在明显的水流连通关系外，存在海子洼地—梅子坪沟—三股水泉和海子洼地—老庄子泉—三股水泉两条水流线路。

（1）海子洼地—梅子坪沟—三股水泉：首先在示踪剂投放 1 天后便在梅子坪沟梅$_口$测点检出了最大的浓度异常，表明海子洼地地表水漏失点与梅子坪沟水之间存在着畅通径流通道关系。在投放后的 1.5 ~ 20 天，三股水泉三个出水口的示踪曲线上出现明显的组合式脉冲波；其中，抵达的时间分别为投后的 1.5 天和 5 天的异常，与梅子坪沟口记录到的两段 Mo^{6+} 高峰值（>3μg/L）时间（投放后数小时至 3.5 天和投后 7 ~ 8 天）相吻合。因此，从异常出现的时间来看，三$_北$ 的异常至少部分应来自梅子坪沟水的补给；三$_南$、三$_中$ 的异常也显示出了同样的规律；可以认为三股水泉与梅子坪沟水有着水流连通关系。

（2）海子洼地—老庄子泉—三股水泉：在老$_1$、老$_2$、老$_3$ 三个接收点均检出了峰值很高的异常，说明海子洼地地表水漏失点与老庄子泉各出水口之间存在通畅的水流连通，且两者之间的地下水流以管道流为主。与来自其他部位的另几股岩溶地下水混合后呈泉群形式溢出地表，由模萨沟汇集下泄，再由模萨沟内的消水点入渗补给三股水泉排向东雅砻江，这一水流现象可用三股水泉的后期脉冲波来解释。

（3）梅子坪沟部分沟水同样在沟谷切穿 T_2b 大理岩段，沿溶蚀裂隙状通道折向北流，在三股水泉口溢出地表；梅子坪沟水与马斯洛沟水之间无明显水流联系。模萨沟水与北侧Ⅲ水文地质单元的大理岩各水点（许家坪探洞、大水沟沟口、长探洞洞$_1$ 与洞$_2$）间无明显水流连通的迹象，说明沟水向北侧或根本没有漏失，或漏失量很少。并再次证实，在天然条件下，老庄子泉与磨房沟泉两泉域在干海子一带有较稳定的地下水分水岭，来自老庄子背斜以至更南部的岩溶水流不会超过分水岭补给磨房沟泉。以目前投放的钼酸铵示踪剂剂量（350kg），未能在三股水泉检出确定性异常，从而排除了在天然条件下老庄子泉与三股水泉两泉域间存在大规模深层岩溶水流的可能。

（4）海子洼地附近是锦屏山南部岩溶水重新分配的关键地段之一，定量评价其水量分配是进行老庄子泉水量均衡计算的重要依据。通过示踪剂回收量计算可以定量评价水量分配关系，计算结果（表6.45）表明，海子洼地的地下水有58.7%流向老庄子泉，41.3%返回梅子坪沟。需要说明的是，该水量分配计算的前提条件是，假设进入示踪剂投放渗坑的水流先汇入岩溶水主流再发生分流，这一假设能否成立还有待证明，故仅供计算老庄子泉水量均衡时参考。

表 6.45　海子洼地地下水流向及量级分配

水流方向	老庄子泉	梅子平沟	合计
示踪剂回收量/kg	68.3	48.0	116.3
水量分配/%	58.7	41.3	100

3）2005 年示踪试验地下水流向分析

根据试验结果和已有的水文地质调查资料，对该地区的水流格局情况进行简要的讨论。

（1）落水洞沟上游地表水（主要是非碳酸盐岩地区的地表汇水）进入落水洞碳酸盐岩地层后，洪水期的部分水和平水期（其中 5~6 月中旬全部）的大部分水通过落水洞沟底的落水洞潜入地下含水层中。由于落水洞沟底较厚的砂砾石沉积物的覆盖，没有发现明显的集中消水点。推测主要消水点（段）有两处，一处在 T_2z/T_3 地层接触界线与 F_6 断层附近，另一处可能在下游约 200m 处的 F_7、F_9 断层旁的溶洞群附近。

（2）沟水进入含水层后受到落水洞复式背斜中 T_1 相对隔水岩层的分隔、阻托而分成两股：一股水直接向东穿越解放沟复式向斜底部流向磨房沟泉，此股水流直接从埋深不大的解放沟复式向斜核部的 T_3 砂页岩底板下流向磨房沟泉；另一股水沿地层走向或沿 F_6、F_7 等断层向西南方向流向手爬沟附近和景峰桥一带，此股水流在四坪子西南约 2km 处的 T_1 相对隔水岩层消失处再次分流。其中，一股继续向西南方向运移，解放沟未出现 Mo^{6+} 浓度异常，表明这股水主要集中在手爬沟—普斯罗沟一带排泄；而手爬沟—普斯罗沟之间的水点 Mo^{6+} 初现异常时间的差异，则表明流向该区的这一股水有两个不同的途径，即沿 F_{25} 断层和顺背斜核部。沿 F_{25} 断层运移的地下水首先到达手爬沟一带，而顺背斜核部的地下水则受 T_2z 中部砂板岩夹层的阻隔，以裂隙水的方式沿背斜核部缓慢运移，后受手爬沟下切，以泉水方式出露地表。推测在四坪子西南分流的另一股地下水则因受 T_3 相对隔水岩层的阻托，或顺断层（如在辅助洞发现的走向 119°~138°的 F_1 新断层）转向北西方向流向景峰桥一带。

6.2.2　黑箱分析

6.2.2.1　1994 年示踪试验示踪波波形解释

由于本次试验仅检出示踪波的很少一部分，各种示踪剂回收率尚不足 10%，报告中暂不进行黑箱法定量研究，仅根据黑箱法原理对示踪波波形做些定性分析。

1）老庄子泉组

据 Cr 视流速判断，鸡纳店沟至老庄子泉一线浅层洞穴管道系统十分发育，管道流（快速流）占优势地位；甘家沟至老庄子泉（I 视流速）一线为管道流与裂隙流交替混合型；干海子至老庄子泉（Mo 视流速）一线则以深层裂隙流为主。波形分析进一步为上述结论提供了可靠的依据。

（1）Cr 波（图 6.11）：整体上呈脉冲波和指数波交替出现的形态，在第 5 天、第 18 天和第 27 天出现三次脉冲高峰，与 0~6 日、15~18 日和 25~27 日三处老庄子泉水量曲线上升支对应得很好，均滞后 2~3 天。波形起伏很大，显示出脉冲波的强劲优势。

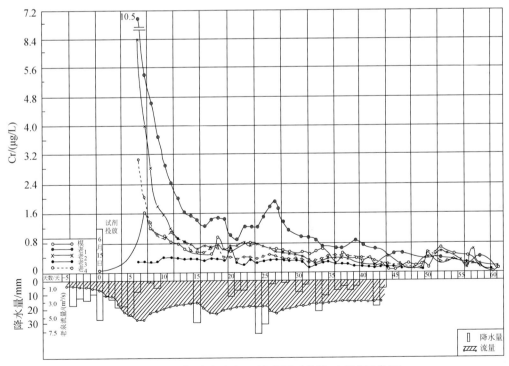

图 6.11　1994 年示踪试验 Cr 浓度历时曲线（老庄子泉组）

（2）Ⅰ波（图6.12）：老庄子泉老$_1$和老$_2$测点的两条示踪波具有典型的裂隙流长波与缓和的脉冲波叠加的复合形态，这似乎显示甘家沟—老庄子泉一线的浅层水流先在溶蚀裂隙介质中流动了一段，然后才进入老庄子泉附近的洞穴管道系统；老$_4$测点为典型的裂隙流短波，表明甘家沟与老庄子泉间深层水流主要为裂隙流，其流程更长，示踪波更弱，受示踪元素测试最低检出浓度所限，只能检出示踪波的局部高峰段。

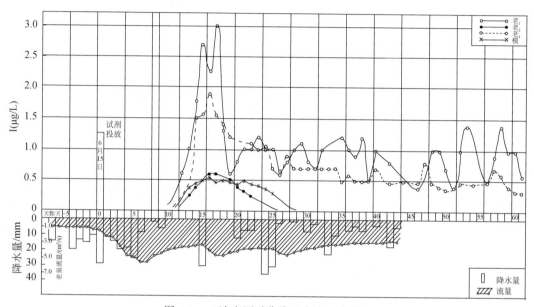

图6.12　Ⅰ浓度历时曲线（老庄子泉组）

（3）Mo波（图6.13）：在老庄子泉5个测点和三股水泉3个测点仅检出孤立的散波，且均集中在第40～60天，使它们得到相互印证，明显展现出孤立脉冲散波的特点。此外，老$_4$测点深层水流的信息强度远远大于老$_1$、老$_2$、老$_3$等测点浅层水流，表明干海子—老庄子泉一线地下水主要在深部流动，并具有比较缓慢的裂隙流性质。

2）许家坪探洞

在许家坪探洞收到了微弱的Mo与Ⅰ的示踪信息，与老庄子泉相似，Ⅰ波信息强度比Mo波大出约一个数量级，同时Ⅰ波具有典型的裂隙流长波形态，而Mo波则为微弱的脉冲型散波。造成Ⅰ波与Mo波在形态上差别的原因尚不清楚，但总的波形形态也进一步证实了视流速分析的结论，即投放点T_1和T_2至许家坪之间地下水流动以裂隙流形式为主。

3）长探洞组

（1）波形与流速分析

大水沟厂址长探洞内共设16处测点，按示踪波波形特征可分为三组，见表6.46。第Ⅰ组有5个测点（PD$_1$-3627m、PD$_1$-3605m、PD$_1$-3581m、PD$_2$-3569m、PD$_2$-3506m），出露于T$_2$y^5（Ⅳ）含水段，波形为长波与脉冲波的复合波（Mo波）或长波（Ⅰ波）（图6.14～图6.17），出现时间明显比第Ⅱ组滞后，波峰浓度较低（图6.14）。其中，Mo波的干扰波波高达基波的0.5～3.0倍，表现为示踪曲线的剧烈起伏；Ⅰ波的脉冲波起伏仅为基波高度的0.2～1.0倍，波形相对平缓。第Ⅱ组有7个测点（PD$_1$-3005m、PD$_1$-2829m、

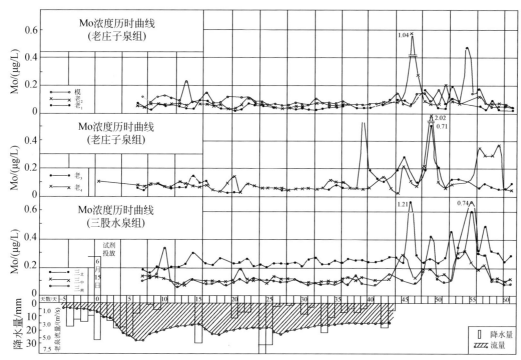

图6.13　Mo浓度历时曲线（老庄子泉组、三股水泉组）

PD$_1$-2760m、PD$_1$-口、PD$_2$-3239m、PD$_2$-2845.5m、PD$_2$-口），出露于T$_2$y^6（Ⅱ）和T$_2$y^5（Ⅲ）含水段，Mo波和I波的波形均为指数波与脉冲波叠加的复合波，其中PD$_1$-3005m与PD$_2$-3239m两测点脉冲波表现更为明显，显示系由同一管道水流补给。在长探洞各组测点中，该组异常和峰值出现时间最早，波峰浓度大，并从洞内向洞外依次出现，清晰地反映出弥散晕缓慢匀速移动的情景；根据PD$_1$-2760m与PD$_2$-3239m两测点的距离和到达时间差，推算出弥散晕的视流速为160m/d；PD$_1$-口为混合水，因大部分来自第Ⅰ组和第Ⅱ组各涌水点，波形介于第Ⅰ组与第Ⅱ组之间。第Ⅲ组有4个测点（PD$_1$-2129.5m、PD$_1$-1447m、PD$_1$-600m、PD$_1$-550m），出露于T$_2$y^4（Ⅰ）、T$_2$y^5（Ⅰ、Ⅱ）和T$_2$y^6（Ⅰ）含水段，这些点未检出I异常波。而Mo波具有裂隙波的脉冲式散波形态，异常出现时间最晚，据各测点异常初现和峰值出现时间分析，由分水岭向东雅砻江方向移动的Mo和I弥散晕由原来的相对集中水流转变为透水性较弱的裂隙水流，因而水量减少，流速降低，原来强度较大的Mo波变为比较微弱的脉冲式散波。

表6.46　大水沟长探洞各测点示踪波波形分组

分组		出露洞段			钼波			碘波		
编号	水点	桩程		含水层	波形	初现时间/天	波峰浓度/(μg/L)	波形	初现时间/天	波峰浓度/(μg/L)
		起	止							
Ⅰ	3627，3605，3581，3569，3506	3627	3480	T$_2$y^5（Ⅳ）	长波与脉冲波复合	31~34	0.8~2.6	长波	9~17	0.6~0.9

续表

分组		出露洞段			钼波			碘波		
编号	水点	桩程		含水层	波形	初现时间/天	波峰浓度/(μg/L)	波形	初现时间/天	波峰浓度/(μg/L)
		起	止							
II	3239、3005、2845.5、2829、2760、PD_1-口、PD_2-口	3480	2160	T_2y^6（II）T_2y^5（III）	脉冲波与指数波复合	15~18	1.7~6.5	指数波	6	1.4~3.0
III	2129.5、1447、600、550	2160	0	T_2y^5（I，II）T_2y^4（I）T_2y^6（I）	长波	35~51	0.3~0.9	—	—	—

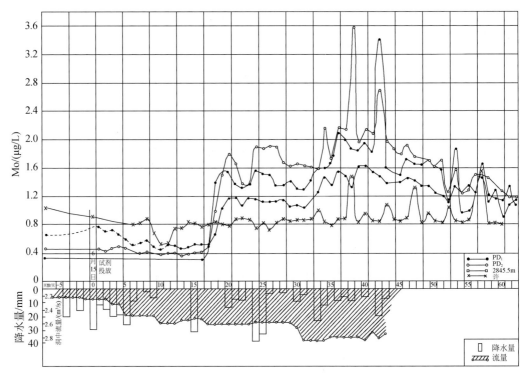

图 6.14　Mo 浓度历时曲线［长探洞组（洞口）］

（2）水文地质解释

本次试验取得的示踪曲线显示，锦屏地区大理岩含水层具溶蚀裂隙含水层性质并有充填态（天然态）和清洗态（人工扰动态）两种透水性。在清洗态的介质中一般发育连续流；在充填态介质中则以非连续流为主。证据如下：第 II 组各点示踪曲线的变化符合连续流中弥散晕运移规律（图 6.18）中，从水流上游向下游异常出现时间依次延后，异常峰值依次降低。以 Mo 波为例，其规律见表 6.47，I 波变化也表现出相同的规律性。第 I 组各点示踪曲线的变化则不符合上述规律（图 6.19），以长探洞 3506、3569、3581 三点为

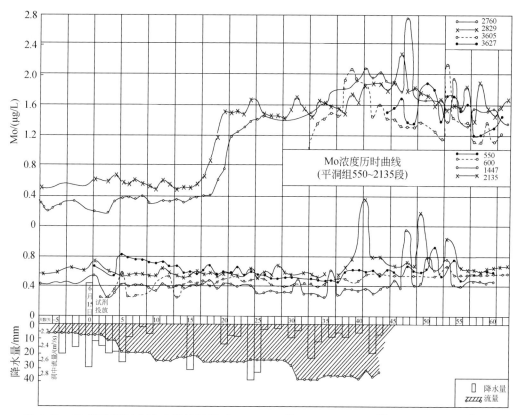

图 6.15　Mo 浓度历时曲线 [长探洞组（550~2135 段、2760~2829m 段、3605~3627m 段）]

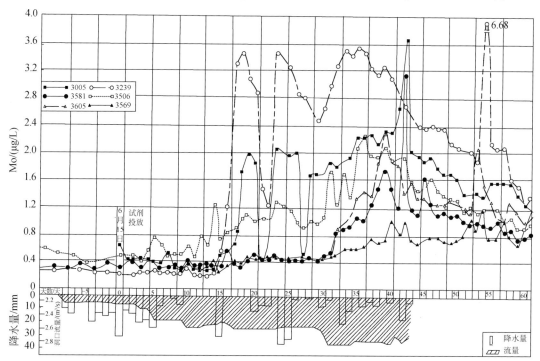

图 6.16　Mo 浓度历时曲线 [长探洞组（3005~3569m 段）]

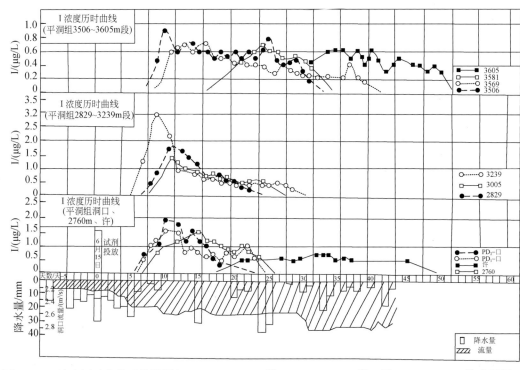

图 6.17 I浓度历时曲线［长探洞组（3506～3605m段、2829～3239m段、洞口、2760m）、许家坪洞口］

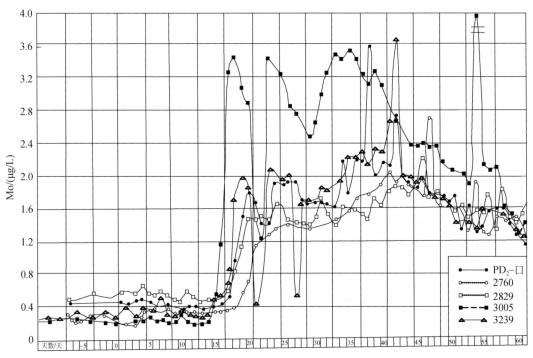

图 6.18 长探洞 3239～2760m 段 Mo 浓度历时曲线

例，其 Mo 波与 I 波到达时间的顺序各不相同，见表6.48。第 I 组各点到试验（检测）后期，波形和异常值趋向一致，说明通过 1～2 个月的冲刷，该段内通道的泥沙清洗接近完成，水流特征趋向于连续流。长探洞各点 I 异常到达时间比 Mo 早，视流速约为 Mo 的一倍（2845 点 I 视流速 610m/d，Mo 视流速 369m/d），相应 I 曲线具有较平滑特征。说明 Mo 示踪剂在运移途中（A_1–2845.5m 之间）有较长的充填态介质参与，表现出更多的离散流特点。综上所述：本区含水层具有充填态、清洗态双态透水性，两类透水性不仅透水性强弱不同，且水力学性质有本质的区别，可以想象，出现这种情况主要与开启度较大的通道的透水性在清洗前后可变化 1～2 个数量有关，微裂隙的作用居次要地位。

表 6.47　第 II 组各水点 Mo 波变化情况

水流方向	3239→3005→2845.5→2829→2760
时间/天	14.9→14.9→15.5→15.9→17.9
异常浓度峰值/(μg/L)	3.6→3.2→2.15→2.0→1.9

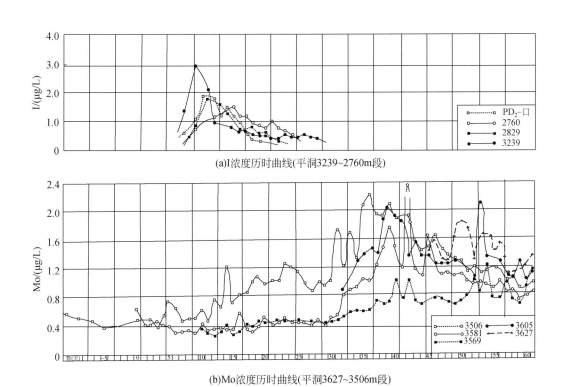

(a)I浓度历时曲线(平洞3239~2760m段)

(b)Mo浓度历时曲线(平洞3627~3506m段)

图 6.19　长探洞 3239～2760m 段 I 浓度历时曲线和长探洞 3627～3506m 段 Mo 浓度历时曲线

表 6.48　第 I 组各水点 Mo 波、I 波变化情况

弥散方向	3506→3569→3581
碘波到达时间/天	9→11→17
钼波到达时间/天	14→34→32

　　Mo 曲线为三峰示踪曲线（图 6.19），说明干海子投放点 A_1 与长探洞 2845 突水点之间存在三条并联的径流带，Ⅰ 曲线为单峰曲线，反映甘家沟 A_2 与 2845.5 之间只有一条径流带。第 Ⅰ 组 Mo 曲线具有单峰波形态，异常到达时间在投放后 30 天左右；但第 Ⅱ 组各点在这一波峰之前还有 15 天前后和 23 天前后到达的两个示踪波，它们在 3239 和 3005 两点表现最清楚。在 2845.5、2829、2760 三点波高虽变小，但形态依然清晰可见。据水文地质条件分析，30 天前后到达的波可能通过楠木沟上游 T_2y^5 岩层与 Ⅰ 水文地质单元 T_2b 直接接触的窗口越流进入 Ⅲ 单元的 T_2y^5 层。15 天和 23 天前后到达的两个波，一个通过大水沟上游的横向断层带进入 Ⅲ 单元；另一个则可能沿楠木沟和大水沟之间的某缺口进入 Ⅲ 单元，形成 3 条并联的示踪通道。第 Ⅰ 组和第 Ⅱ 组的碘曲线具单峰波形态，显示 A_2 与 2845.5 涌水点之间只有一条通道，该通道最可能的位置在大水沟上游断层附近。

　　径流带结构：结合示踪地段水文地质条件分析示踪曲线形态，可恢复（重建）试验区示踪剂运移通道分布情况（图 6.20）。从试验区水文地质条件可知，围绕 2845.5 突水点形成了一个较大的降落漏斗，漏斗区介质转为清洗态，未遭冲洗的上游段保留为充填态。这一宏观格局决定，每条地下水径流带也就是溶质运移通道，具有上游段为充填态，下游为清洗态的两种介质串联组成的结构。关于漏斗冲刷区发展的范围，可从示踪成果中获得一些信息。从长探洞第 Ⅰ 组示踪曲线（与第 Ⅱ 组相比）的特点（异常到达时间晚、显示非连续流特点）可知，冲刷区已扩大到以 3239 点位代表的 T_2y^6 地层，尚未到达 3506~4000m 段 T_2y^5。碘示踪曲线（和钼曲线相比）比较平滑，说明 A_2–2845.5m 段所占比例较高，即沿大水沟上游横断层带形成冲洗较好的通道。

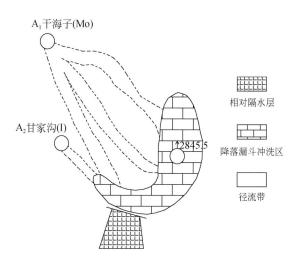

图 6.20　示踪剂运移通道示意图

　　复合波（基波上复合多条次级干扰波）是长探洞组示踪曲线的基本特点，明显与磨房沟泉组、老庄子泉组、许家坪探洞各测点不同。次级脉冲式干扰波可解释为溶质从投放区包气带向 PD_2–2845.5m 突水点深循环带运移途中在充填态的地下水径流带中移动时，因存在多条"优势水道"而发生离散流性质的横向水力弥散，每个次级脉冲峰与一条"优势水道"相应。因"优势水道"的几何长度及水流速度不同，所以到达下游清洗态连续流区的时间不同，从而形成多条脉冲波。而基波的峰状形态则反映因溶质运移路径的不同所造成的示踪质点滞留时间的随机分布特征，这样可根据长探洞组示踪波的基波形态计算含水层参数。

水流走向与通道分析：根据第 II 组波形的特点可以初步认为，在长探洞 PD_2-3239m ~ PD_1-2760m 段两侧围岩中存在着大涌水降落漏斗形成过程中因泥沙被冲刷而产生的溶蚀裂隙管道或强径流带，从而成为补给长探洞的一条重要径流通道。PD_1-2829m、PD_1-2760m 和 PD_2-2845.5m 三个测点的 Mo 波和 I 波形态都十分接近，说明它们系由同一水流所补给。据第 I 组波形特点，该组各水点与 PD_2-2845.5m 处水流通道间的联系关系相对较弱，这一点从它们的异常初现时间滞后很多亦可得到证实。值得注意的是 Mo 波到达第 I 组测点的时间比第 II 组滞后 16 ~ 18 天，而 I 波只滞后 3 ~ 4 天，个别点滞后 11 天。这说明 Mo 波和 I 波的移动通道不完全等同。通过对水流格局、Mo 波和 I 波强度在许家坪探洞的差异等因素进行综合分析，可以初步认为长探洞两侧应存在南北两个较级次窗口，在南侧窗口中 I 波相对强劲，北侧窗口中 Mo 波强度相对较大。长探洞水的连通情况解译可归纳成图 6.21 所示。

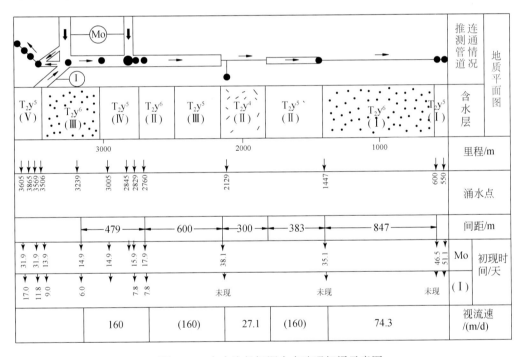

图 6.21　大水沟长探洞水点连通解译示意图

4）磨房沟泉组

只收到 Mo 波这一种示踪波，波形为典型的脉冲波（图 6.22），这个波形的特点可以用长探洞涌水降落漏斗的伸缩来解释。长探洞洞深 2760 ~ 3627m 段各涌水点相继出水后，由它们各自产生的单个漏斗叠加而成的复合漏斗迅速扩大，已穿过 I ~ III 单元边界，袭夺了磨房沟泉域的部分补给面积。洪水期，入渗补给强度增加，漏斗相应收缩，枯水期，补给强度减弱，漏斗扩大。本次试验期间出现大规模的 Mo 异常和显著的 I 异常，而在磨房沟泉泉口只收到零星分布的 Mo 异常信息，I 异常未能检出。这一结果表明，探洞排水漏斗在大部分季节已扩展到 T_1 投放点—磨房沟泉泉口连线以远的位置，只在洪水期的漏斗收缩期弥散晕有部分水流得以流向磨房沟泉，产生零星的示踪信息。

6.2.2.2 1997 年示踪试验示踪波波形解释

本次试验检出示踪剂异常的水点有梅子坪沟沟口、老庄子泉组 5 个点（老$_1$、老$_2$、老$_3$、模$_中$、模$_口$）、三股水泉 3 个点（三$_南$、三$_中$、三$_北$）9 处，按波形可将 9 个水点分为以下四组进行分析。

1）地表沟谷波形组（梅子坪沟沟口梅$_口$）

典型地表河示踪波呈不对称钟形形态，曲线特征值（参数值）可根据流量及水力坡度用经验公式求得。地表河波形见于一般地表河示踪，该波形也可出现在具有相当水流条件和河道几何形态的地下管道示踪中。从示踪角度看，所谓地表河水流特征指的是其集中、无压、河道流特征；河道几何形态特征则指其河道断面变化相对较小，分叉较少。单一的地下管道示踪波也具有不对称钟形形态，但其曲线特征值却受管道形态影响很大，既可接近地表河道示踪波形状，也可偏移很多（如喉道-深潭式串珠状地下管道），这种偏离主要表现在形成宽缓和拖长的下降支。根据梅子坪沟水的流量和水力坡度求出相同条件下地表河示踪波的参数，然后对比理论曲线与实测曲线，并据此对河道及水流特征进行定性解释。

（1）理论曲线

从海子洼地投放点（高程 2510m）至梅子坪沟口接收点（高程 1350m）的直线距为 10.93km，据地形图（1∶5 万）粗测其实际流程约 16.2km。河道属浅滩-水塘型，平均水力坡度 $i = （2510-1350）/（16.2×1000）= 0.072$，沟水平均流量为 4m³/s，由式（3.1）计算示踪波峰运移速度 $V_p = 0.38Q^{0.4}i^{0.2} = 0.3×4^{0.4}×0.05^{0.2} = 0.287 \text{m/s}$，相应示踪波波峰到

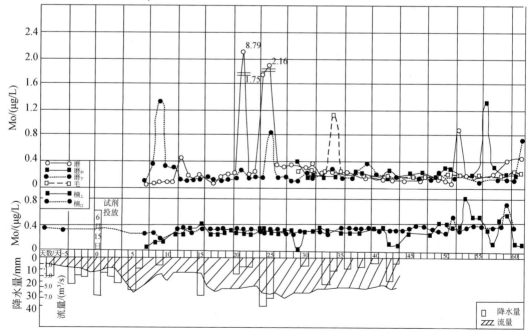

图 6.22 Mo 浓度历时曲线（磨房沟泉组）

达时间 $T_p = L/V_p = 16200/0.287 = 56446s = 15.68h$。10% 浓度波长 $T_{d10} = 0.7T_p^{0.86} = 7.47h$，上升支持续时间 $t_b = 1/3T_{d10} = 2.49h$，异常初现时间 $T_L = T_p - t_b = 15.68 - 2.49 = 13.19h$，10% 浓度终止时间 $T_{10} = T_L + T_{d10} = 13.19 + 7.47 = 20.66h$。

综上所述，据理论计算，Mo^{6+} 弥散晕应于投放后 13.19h 抵达梅子坪沟口水点；至 15.68h 达到峰值；上升期历时 2.49h；至 20.66h 浓度下降到峰值的 10%；全部过程应在 1 天内完成。

（2）实测曲线及对比分析

示踪波实测参数值及理论计算值见表 6.49。

表 6.49　梅子坪沟口（梅口）示踪曲线参数的实测值与理论值对比

参数名称	数学符号	理论计算值	实测值
异常初现时间/h	T_L	13.19	12
峰值出现时间/h	T_p	15.68	24
10% 浓度波长/h	T_{d10}	7.47	36
上升支波长/h	t_b	2.49	12
10% 浓度终止时间/h	T_{10}	20.66	48

由表 6.49 可知，示踪波参数的计算值与实测值差别很大，除异常初现时间较接近外，其余 4 项参数实测值均偏大 0.5 ~ 5 倍。进一步分析可知，其差别应比表中所列的要小。主要原因如下：

取样频率的影响。上升支波长 t_b 值差别最大，实测值比理论计算值约大 4 倍，这一差别很可能是因取样密度不够，致使把先期到达的异常峰值漏掉造成的。由于本次试验未把重点放在地表水示踪上，开始时梅口水点取样每天仅一次，在异常出现后 24h 才取第二个样品，显然会把上升支波长仅 2 ~ 3h 的高峰值漏掉。如果以上推测成立，峰值浓度 C_p 应远高于实际检测到的 22.68μg/L，于是 10% 浓度波长和 10% 浓度终止时间都会大幅度提前，即趋近理论计算值。由此从总体上可认为，实测曲线与理论曲线大致能够吻合；进而可以得出结论，示踪剂从进入渗坑至返回地面的一段地下流程没有对弥散晕运移产生重大影响（其流程较短，形态接近伏流式河道），致使模口曲线呈较好的地表河示踪波波形。这一点与海子洼地附近水文地质条件相符，即据该地段白山组大理岩含水层和砂板岩相对隔水层分布特点判断，进入落水洞的地表水经过很短的地下流程后，应很快又返回地表，其溢出点应在海子洼地下游大瀑布附近。

降雨的影响。梅口实测曲线为一多峰曲线，除投后第 1 天记录到最大峰值外，于投后第 3 天、第 6 天、第 8 天等又出现 4 ~ 5 次次级高峰，其中第 3 天和第 8 天两次起落幅度较大。如前所述，降雨曾引发渗坑第 2 次和第 3 次冲洗，造成两次补充瞬时投放，它们在时间上同示踪波的两个最大的次级高峰吻合。由此可以认为次级高峰的出现主要与降雨引起的包气带残存示踪剂被冲洗有关。因此梅口示踪波实际是由三次以上瞬时投放产生的示踪波叠加而成的复合波，这亦可解释梅口曲线 10% 浓度波长偏大的现象。

2）脉冲波组（三股水泉三南、三中、三北）

脉冲波指单一脉冲式异常或由一组离散的脉冲式异常组成的脉冲异常组合。属于这类波型的还有 1994 年示踪期间磨房沟泉的 Mo 示踪曲线、老庄子泉各点的 Mo 和 I 示踪曲线以及三股水泉各点的 Mo 示踪曲线，其形成机制尚不完全清楚，有待进一步研究。

根据 1994 年和 1997 年示踪试验的结果作一些推测。分析脉冲波形成条件可知，1994年和 1997 年出现的大量脉冲波有一个共同的水流条件，即它们均出现在携带示踪剂的小股水流与不含示踪剂的大股水流发生不充分混合处；相反，由携带示踪剂的大股水流直接补给的水点往往出现连续的不对称钟形波。例如，1994 年老庄子泉各点的 Mo 和 I 示踪波均为脉冲波，其形成条件是老庄子泉处于来自干海子（携带 Mo^{6+}）和甘家沟（携带 I^-）的小股分散水流同老庄子泉排泄地段大股无示踪剂水流的混合地段；1994 年三股水泉各点的 Cr 示踪波为脉冲波，其形成条件是三股水泉处于来自模萨沟白山组大理岩出露段的含示踪剂小股分散的溶蚀裂隙水流与三股水排泄区大股无示踪剂水流的混合地段。若上述推断成立，则本次试验期间在三股水泉三$_南$、三$_中$、三$_北$水点出现的脉冲波表明，在梅子坪下游和模萨沟中游 T_2b 灰岩分布段沟底存在一些溶蚀裂隙状漏水点，它们与三股水泉的三个排泄点有一定的水力联系，但不是三股水泉水的主要来源。

3）地下管道波形组（老庄子泉老$_2$，模萨沟泉模$_中$、模$_口$）

该组示踪波属于单一通道的地下暗河示踪波，也具不对称钟形形态。但其曲线的特征值（参数值）却受河道形态影响很大，既可接近地表示踪波形状（如河道形态接近地表河道的穿山式伏流），也可偏离很多（如喉道-深潭式串珠状地下暗河道）。这种偏离主要表现在形成宽缓和拖长的下降支。如果存在两条以上的并联通道，示踪波呈多峰状，这是几条不对称钟形波叠加的结果。

如前所述，模$_口$和老$_2$两条曲线中，模$_口$为老庄子泉水完全混合后的水点，对整个老庄子泉弥散晕形态的反映更具代表性，但是它与海子洼地之间有一段较长的地表明流，数学处理略为复杂。考虑到老$_2$水点为地下暗河系统出口，其实测示踪波形态与模$_口$曲线基本一致，以及该点示踪波受北岸泉影响较小，因而对南岸地下暗河水具代表性，决定选用老$_2$曲线来评价海子洼地—老庄子沟地下暗河水流特征。

（1）理论曲线

从投放点到老庄子泉南口（老$_2$）的直线距离为 12.15km，仿照地表河情况，设地下暗河实际河道长为直线距离的 1.5 倍，即实际水流距离 $L = 12.15 \times 1.5 = 18.23$km。设河道属浅滩-水塘型，全流程平均水力坡度 $i =$（2510–2130）/（18.23×1000）= 0.021，泉水平均流量 $Q = 4$m^3/s 或 $q = 2.2 \times 10^{-4}$m^2/s，$L_0 = Q_0/q = 0.02/（2.2 \times 10^{-4}）= 91$m，代入式（3.1）和式（3.3），波峰到达时间 $T_p =$（$18230^{0.6} - 91^{0.6}$）/（$0.23 \times 0.002^{0.2} \times 0.00022^{0.4}$）= 151142s ≈ 42h。10% 浓度波长 $T_{d10} = 0.7 T_p^{0.86} = 17.42$h，上升支持续时间 $t_b = 1/3$（T_{d10}）= 5.8h，异常初现时间 $T_L = T_p - t_b = 36.2$h，10% 浓度终止时间 $T_{10} = T_L + T_{d10} = 53.6$h。

（2）实测曲线及对比分析

示踪波实测参数值及理论计算值见表 6.50。

表 6.50　老庄子泉测点（老$_2$）示踪曲线参数的实测值与理论值对比

参数名称	数学符号	理论值	实测值
异常初现时间/h	T_L	36.1	132

续表

参数名称	数学符号	理论值	实测值
峰值出现时间/h	T_p	42.0	168
10%浓度波长/h	T_{d10}	17.4	828
上升支波长/h	t_b	5.8	24
10%浓度终止时间/h	T_{10}	53.6	960

表 6.49 中实测值与理论计算值相比，其初现时间 T_L、峰值时间 T_p、上升支波上 t_b 均拖后约 4 倍；初现时间拖后则显示地下管道实际水流流速为假设地表沟谷水流的 1/4，相应的过水断面面积比后者约大 4 倍。分析其原因，可能有以下几个方面。

试剂投放方式的影响：上升支波长增加的原因除与地下管道内水流速偏小外，还可能与试剂投放持续时间较长、投放点流量或选用分析公式等有关。这些因素会使示踪波峰值区变成一个持续几到几十小时的平台，导致出现上升波长增加的现象。10%浓度波长的实测值比理论值的拖长的倍数更大。这首先与后期两次瞬时投放的叠加有关，第三次瞬时投放与第一次投放相隔 8 天，仅此一项就使波长拖长 8 天。

降雨的影响：后期降雨引起的地下水位变化也会造成新的小规模次级波产生，这表现在示踪曲线呈阶梯状衰减，如在投放后第 19 天、第 25 天和第 38 天都出现了较明显的下降台阶。这些因素的存在大大增加了曲线在 10%～20% 间持续的时间，从而造成一定的误差。如果把波长终止浓度定为 20% 峰值，实测 20% 浓度波长将缩短到 19.5 天，割除第二次、第三次瞬时投放直接影响的 8 天后，20% 浓度波长实为 11.5 天，约为 10% 浓度波长理论值（17.4h）的 17 倍。

两次补充瞬时投放和其他次级波的叠加显然不能完全解释老₂示踪波下降支的大幅度拖长，只能认为地下管道过水断面主流区外存在规模较大的缓流区，快速流动区与缓流区间发生 Mo^{6+} 交换，可能是示踪波下降支衰减缓慢的另一个重要原因，这表明喉道、深潭、厅堂湖泊等交替出现的串珠状地下管道可能较为发育。

4）过渡型组（老庄子泉老₁、老₃两处）

过渡型指的是介于钟形连续波和离散的脉冲异常组合之间的过渡类型。过渡型波由一组脉冲波组成，连接各单一脉冲波波峰的虚线具钟形形态，脉冲波的谷底不一定在同一水平上。这种波形往往出现在示踪剂浓度差别很大的两股水流发生不均匀混合的地段。异常曲线组合形式较多，而锦屏二级水电站工程区的示踪试验以下列两种曲线组合为主。

（1）钟形波-脉冲波复合型曲线

老₃曲线属此类波形，特点是在钟形波基底上复合有多条次级脉冲波，1994 年长探洞组的 Mo 曲线和 I 曲线也显示出同样特点。本次老₃曲线上的脉冲波波高一般为钟形波高的 1/5 左右。1994 年长探洞 Mo 曲线脉冲波波高有的可达基波高度的 2～3 倍。推测钟形波-脉冲波复合曲线可能是弥散晕在稀疏裂隙介质中水流混合不完全情况下出现的波形。老庄子下游泉老₃测点示踪曲线的另一特点是初现时间（T_L）、峰值出现时间（T_p）和 10% 浓度终止时间（T_{10}）滞后于老₂曲线和模口曲线，这与该泉点为饱和带水排泄，在含水层中流速相对缓慢滞留时间较长是一致的。

（2）钟形波–脉冲波过渡型曲线

老庄子泉北岸（老$_1$）曲线为典型代表，其特点是钟形示踪波的下降支最初一段发生剧烈的波形震荡，使单条脉冲波的波谷接近本底值。1994 年示踪期间长探洞测点 PD$_1$–3005m、PD$_2$–3239m 示踪曲线的初期和长探洞测点组 3605～3627m 段、2760～2829m 段都出现过类似情况。这些水点的共同特点是处于示踪剂浓度不等的几股水流在含水层水头剧烈震荡状态下进行混合的地段，推测示踪波波形的强烈震荡可能与水流高度不均匀混合有关。

6.2.2.3　2006 年示踪试验示踪波波形解释

本次试验各检测水点的 Cr 示踪波形可分为以下三种类型。

（1）平波（裂隙型岩溶含水介质）：其形态表现为低值、拉长的平缓波，且没有显著峰值，代表典型的裂隙介质水流过程曲线。本次示踪检测的水点中，以大水沟探测长探洞水点的 Cr^{3+}最具代表性（图 6.23），其示踪波低平而宽缓，虽然 6 月下旬有小幅波动，但

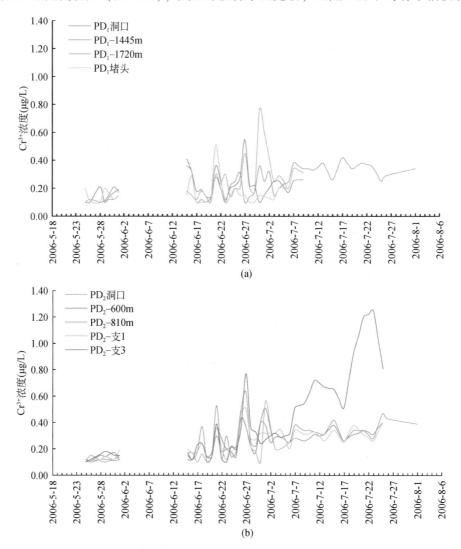

图 6.23　东部探测长探洞组部分检测点的 Cr^{3+}浓度曲线

总体上趋于平稳，并且持续 1 个多月。大水沟勘探长探洞的示踪波形态反映其含水介质以稀疏裂隙介质为主，地下水流速缓慢；即便在局部有沿断裂发育的管道，也因示踪距离较远，多被充填物充填，因而没有表现出明显的管道流形态。

（2）复合波（多回路管道与裂隙混合含水介质）：复合波由两个以上单一波叠加而成，它表示存在比较复杂（多回路）的地下通道或不同含水介质（管道与岩溶裂隙组合）。本次试验中，东部辅助洞组和磨房沟组各检测点的 Cr 异常波形态属此类型，其 Cr 波形的共同特点是具有同步示踪波形态，都是在平波上复合峰状波，反映出各点以稀疏裂隙与沿断裂发育的管道复合的含水介质。从波形的复杂程度（图 6.24，趋近地表河型）和视流速快、回收率高来看，东部辅助洞组各点更趋近并联回路管道型或集中裂隙型含水介质，而磨房沟组各点（图 6.25）则更趋近于裂隙型含水介质。

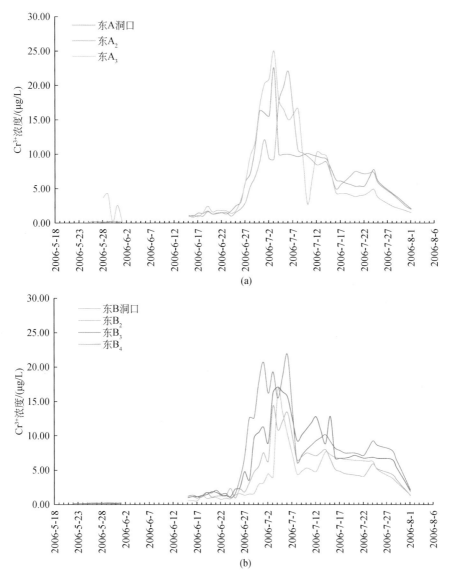

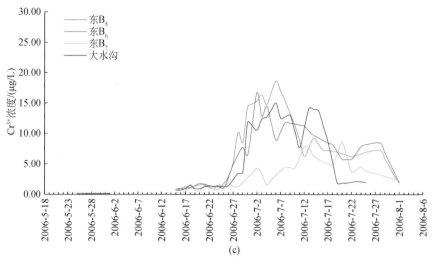

图 6.24　东部辅助洞组、大水沟各检测点的 Cr^{3+} 浓度曲线

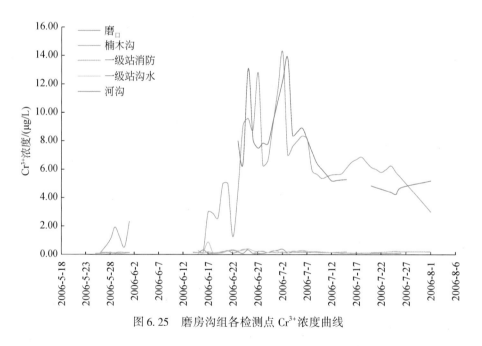

图 6.25　磨房沟组各检测点 Cr^{3+} 浓度曲线

（3）脉冲波：在波形上表现为脉冲小波峰，即一个或几个孤立异常波间歇出现，异常通常较微弱，可能是小股含示踪试剂的地下水与较强外来水流不均匀、间隙性混合的结果，或是受其他因素（人为、自然）影响造成的异常。本次试验中，西部解放沟、西部辅助洞洞口等水点的 Cr^{3+} 浓度曲线（图 6.26）即属于此类，由于这种波型无规律、不连续、波值低，故异常通常难以认定，对于稳定水流的长距离示踪试验，通常将其作无异常出现处理。

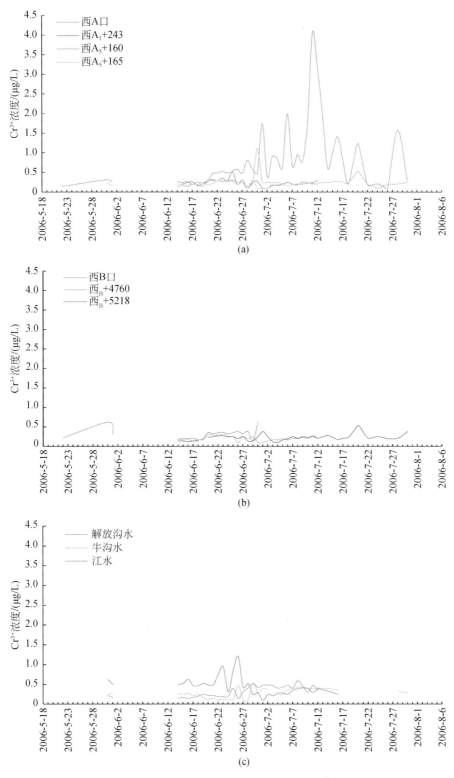

图 6.26   西部辅助洞组、西部沟水组各检测点 Cr³⁺浓度曲线

6. 2. 2. 4　2009 年示踪试验示踪波波形解释

本次试验各具有异常的检测水点的 Mo 示踪波形类型较为简单，均属于管道型示踪波，可再细分为简单多峰波和单一管道型波两种次级类型。

（1）简单多峰波：其形态多由两个以上单一波叠加而成。本次试验中，该类型的示踪波多具有 2~3 个波峰（图 6.27~图 6.29），主波峰与次波峰之间浓度值相差不大，反映出这些点［包括 AK13+505、BK15+035、AK8+750 和引（1）1+498 等］与投放点之间有少数多个空间连通条件良好的岩溶管道，属于并联回路管道型含水介质。与 2006 年磨房沟示踪试验东部辅助洞水点的示踪波波形（图 6.25）相比，浓度曲线相对简单，波峰数量少、峰值浓度偏高、波形宽度窄（即异常持续时间短）。这可能与示踪试验选择的实施

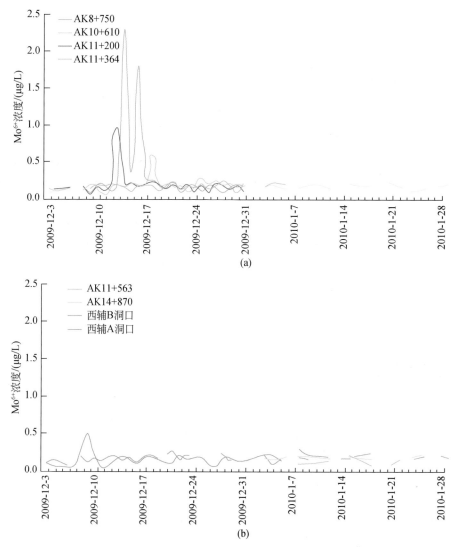

图 6.27　辅助洞 A、B 洞部分出水点 Mo^{6+}浓度曲线

时间有关，本次示踪试验选择在枯水期，在复杂的岩溶地下管道网络中，一些高位分支管道干枯，导致示踪剂流经的地下管道数量减少，而枯水期地下管道水流量小、沿途补给的地下水流量少（外来水流弱）可能是峰值浓度偏高的主要原因。

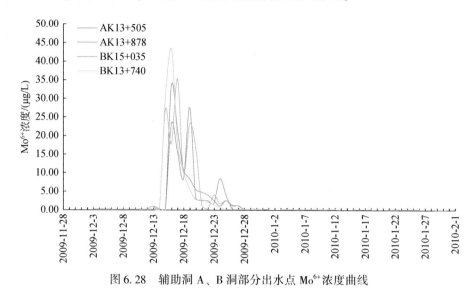

图6.28 辅助洞 A、B 洞部分出水点 Mo^{6+} 浓度曲线

（2）单一管道型波：由一个明显单峰带数个小尾峰形成，即一个单峰、拖尾有波动，亦可归为复合波类型。本次试验属于此种类型的有大水沟、PD 平洞、AK13+878、BK13+740（图6.30），其特点是多为狭窄、高尖的不对称钟形单峰波，部分示踪波拖尾部有波状变化或带小波峰，单峰峰值浓度多在 15.0μg/L 以上，最高达 43.21μg/L，主峰波宽一般在 5~7 天，异常持续时间短。这表明上述水点与老庄子泉之间以单一管道型岩溶通道为主、存在局部分支管道或岩溶裂隙的地下水文系统，属于管道型岩溶含水介质。示踪波形类似地表河水流

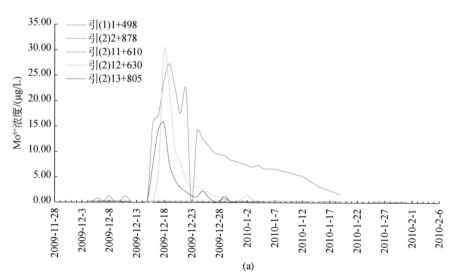

(a)

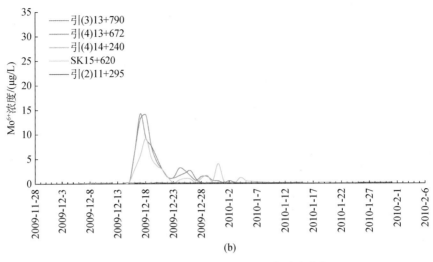

(b)

图 6.29　各引水洞部分出水点 Mo⁶⁺浓度曲线

模型，只是视流速（约 0.01m/s）比地表河模型视流速（通常大于 0.1m/s）低 1~2 个数量级。与其他类似岩溶含水介质区岩溶地下水文系统相比较，可以看出试验区域在示踪期间地下水流较为通畅，这可能与枯水期地下水水力坡度大、地下储水盆地水库回流水流效应影响小有关。此外，个别点表现出其他形式的波形，如大水沟 PD_1 长探洞（图 6.30）表现为低平波形态，这反映出裂隙型岩溶含水介质地下水运移缓慢的特征。

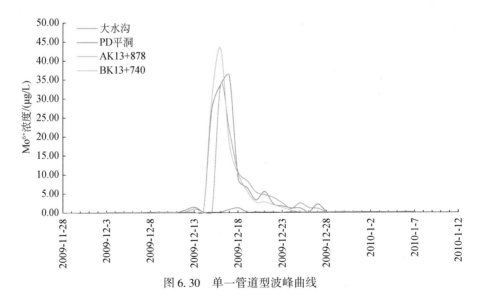

图 6.30　单一管道型波峰曲线

6.2.2.5　波形分析的干扰因素

岩溶水运动远比孔隙水和裂隙水复杂，因此示踪波波形除取决于双重介质特征和水文动态期的两个主要因素外，还受其他一些局部或偶然因素的严重干扰，这在一定程度上增加了解译的难度和不确定性。但通过细致的综合分析，多数可以找出并排除这些局部和偶然因素的影响，得出比较确定的结论。

1）检测因素

若示踪波浓度与测试最低检出浓度属于同一数量级，示踪波波长中一部分可能因低于最小检出浓度而丢失，使波形发生很大变化。取样频率不够高时，可能会丢失一部分脉冲波，或抓不到脉冲波的峰值。

2）介质因素

随地下水位升降，管道、裂隙不断参与或退出输水，大型管道的参与或退出可引起含水层透水性的突发性变化，从而使波形发生重大变化。输水管道中发生泥沙冲刷排泄或充填也会引起水流途径的突变性变化。

3）示踪剂因素

示踪剂在浓度高时被围岩吸附，浓度低时再释放出来，进入水流，这一过程将使波峰大幅度降低，波长大幅度增加。老庄子泉老$_4$和模萨沟模$_口$两测点的 I 示踪波波形十分接近，说明模萨沟水主要受老庄子泉补给；但两点的 Cr 示踪波波形相差甚远，老$_4$波形陡、模$_口$波形平缓，推测这可能与 Cr 元素同围岩发生了较活跃的交换有关。

6.2.3　比流速分析

我国水电工程岩溶调查中，在对岩溶地下水的管道汇流进行研究时，常用比流速值来评价汇流场的性质。比流速（u_i）是指岩溶管道水运动的单位水头流速，它与岩溶管道水运动的水力坡降 I（‰）的函数关系 $u_i = f(I)$ 是研究岩溶地下水汇流的核心问题，将数组其他水电工程的示踪试验成果综合成图 6.31 和表 6.51。

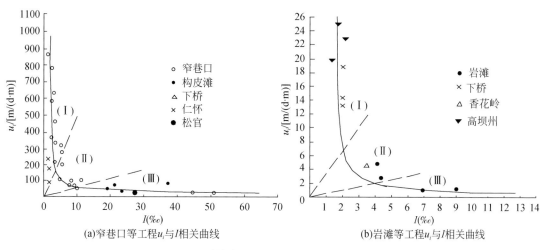

(a)窄巷口等工程u_i与I相关曲线　　　(b)岩滩等工程u_i与I相关曲线

图 6.31　其他水电工程岩溶水示踪试验成果图

Ⅰ. 快速流；Ⅱ. 中速流；Ⅲ. 慢速流

表 6.51　岩溶地下水（以管道流为主）比流速类型综合分析表

类型	水力坡降 $I/‰$	比流速 $u_i/$ $[m/(d·m)]$	比流速类型	汇流场性质
Ⅰ	<4	>200	快速流	管道流场
Ⅱ	4～10	200～60	中速流	脉管流场
Ⅲ	>10	<60	慢速流	溶隙流场

　　根据 1994 年示踪试验的视流速分析成果，锦屏二级水电站工程区的水流类型归纳为三大类五亚类（表 6.39）。为了与云贵高原地区其他水电工程相对比，将 1994 年、1997年示踪试验中管道流的比流速计算，见表 6.52。由表可知，锦屏二级水电站工程区属高山岩溶区，岩溶地下水的水力坡降较大，与云贵高原地区无法比拟，其比流速值均小于10m/（d·m），汇流场属于溶隙流场；此外锦屏地区归纳的水流类型（表 6.39）是根据视流速值的相对量级确定的，也是特定条件下的相对分类，与其他地区不具有可比性。

表 6.52　锦屏二级水电站工程区管道流比流速（u_i）统计表

示踪试验时间	示踪元素	投放点		接收点		投放点与接收点之间				异常时间/天		视速度/（m/d）		比流速/[m/(d·m)]	
		位置	高程/m	位置	高程/m	平距/m	高差/m	坡降$I/‰$	斜距/m	初现	峰值	初现	峰值	初现	峰值
1994 年	Cr	鸡纳店	2950	老$_1$	2160	4230	790	18.68	4303	3.5	6.1	1208	682	1.56	0.88
	I	甘家沟	3100	老$_2$	2170	4230	930	21.99	4330	13.0	14.5	385	345	0.36	0.32
				PD$_1$-2829m	1385	4350	1715	39.43	4676	7.8	10.8	558	403	0.35	0.25
				PD$_2$-3239m	1390	3900	1710	43.85	4258	6.0	8.8	710	443	0.42	0.28
1997 年	Mo	海子洼地	2510	老$_1$	2160	12150	350	2.88	12157	6.5	7.5	1869	1620	5.34	4.63
				老$_2$	2170	12120	340	2.81	12125	5.5	7.0	2009	1736	6.48	5.09
				老$_3$	2155	12000	355	2.96	12005	6.5	9.5	1846	1263	5.20	3.56

6.2.4　模拟研究

6.2.4.1　岩溶介质中的水流模型

　　假定流体不可压缩，示踪剂在岩溶管道中随地下水运移弥散，吸附作用可忽略不计。此时，地下水流场的流体动力学弥散方程表示为

$$\frac{\partial C}{\partial t} = D\frac{\partial^2 C}{\partial l^2} - V\frac{\partial C}{\partial l} \tag{6.6}$$

式中，C 为流场中示踪剂浓度，mg/L；D 为弥散系数，m^2/h；V 为水流平均流速，m/h；l为示踪剂运移距离，m；t 为示踪剂运移时间，h。

　　实际上，数次示踪试验表明，锦屏山大河湾地区大理岩含水介质具有明显的溶蚀裂隙性质。由于主要研究对象为埋深于地下水面以下 800m 的深部含水层，其水流运动受浅层

水动态变化的影响已很微弱，双重介质非稳定流特征表现得不十分突出。相反，离散态管道水流水横向力弥散对稀疏裂隙管道中运移的地下水和示踪剂起着主导作用。鉴于此，本节讨论的示踪特征曲线类型均为本区可能出现的岩溶水流通道示踪模拟结果。

下面讨论在本区可能存在的不同类型岩溶介质中示踪模拟结果，模型考虑了岩溶介质、投放方式及示踪条件三方面因素。按岩溶介质分，有单一管道、并联管道、交叉管道、串联管道、串并联混合管道、管道到裂隙、裂隙到管道等类型；按投放方式分，有单瞬时、双瞬时、连续示踪；示踪条件指溶质的运移距离及水流流速。

1）单一管道示踪

单一管道，如果不考虑断面的大小，可以简化为一维的管道模型，如图 6.32 （a） 所示。其中，A 为示踪剂投放点，B 为示踪剂接收点，沿管道轴线 （也可视为水流流线） 取自然坐标系，示踪剂浓度 $C(l, t)$ 满足方程式 （6.6）。

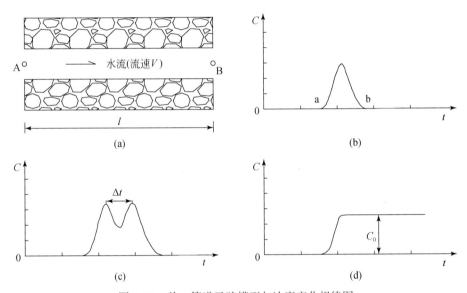

图 6.32　单一管道示踪模型与浓度变化规律图

（a） 单一管道模型示意图；（b） 单管道单瞬时投放的示踪曲线；
（c） 单管道双瞬时投放的示踪曲线；（d） 单管道连续投放的示踪曲线

（1）单瞬时投放

设瞬时投放的示踪剂质量为 M，示踪剂由水流携带向下游运移。如果不考虑水动力弥散，则示踪剂作活塞运动，示踪剂浓度在运动过程中不发生变化。当考虑水动力弥散时，可用解瞬时注入面源问题的方法求解。其解为

$$C(l, t) = \frac{M}{\sqrt{4\pi Dt}}\exp\left(-\frac{(l-Vt)^2}{4Dt}\right) \tag{6.7}$$

式中，C、V、t、D、M 的意义同前；l 为示踪剂投放点到接收点的距离，也就是溶质运移的路程。在接收点接收到的浓度–时间关系曲线 （下称“示踪曲线”），如图 6.32 （b） 所示。

从图 6.32 （b） 及式 （6.4） 可见，浓度曲线是一条正态分布曲线。但野外示踪结果往往并非如此，下面将作专门论述。图 6.32 （b） 的示踪曲线宽度 ab 与弥散系数 D、示踪剂运

移的距离 l、水流流速 V 及时间 t 有关。它随 D、t 及 l 的增大而加宽，随 V 的增大而缩小。此外，在示踪剂的接收点，当 $t = 1/V$（即 $1 = Vt$）时，示踪剂浓度 C 达最大值 $M/\sqrt{4\pi Dl/V}$。最大值与弥散系数 D 有关，弥散系数大，则最小值小，反之则最大值大。但是如果最大值与弥散系数无关，则在管道的任何地方，浓度的最大值都是相等的（活塞运动）。最大值出现的时间，即是溶质以其速度 V 运动到达接收点的时间。在管道的不同地方，其浓度的最大值也不同，最大值随距投放点距离的增大而减小。

（2）双瞬时投放

双瞬时投放指在某瞬时投放一质量为 M 的示踪剂后，间隔一定时间 Δt，再瞬时投放质量相同的示踪剂。其浓度 $C(l, t)$ 的数学表述如式：

$$C(l, t) = \begin{cases} \dfrac{M}{\sqrt{4\pi Dt}}\exp\left(-\dfrac{(l-Vt)^2}{4Dt}\right) & t < \Delta t \\ \dfrac{M}{\sqrt{4\pi Dt}}\exp\left(-\dfrac{(l-Vt)^2}{4Dt}\right) + \dfrac{M}{\sqrt{4\pi D(t-\Delta t)}}\exp\left(-\dfrac{(l-V)(t-\Delta t)^2}{4D(t-\Delta t)}\right) & t \geqslant \Delta t \end{cases}$$

$$(6.8)$$

双瞬时投放的示踪曲线如图 6.32（c）所示。当投放点与接受点的距离 l 不大，而 Δt 足够大时，浓度曲线为双峰曲线，且两个峰值的高度相等。如果有"拖尾"现象，后面的峰值将比前面的峰值大。当 l 变大或 Δt 变小时，两组曲线会发生叠加；当 l 足够大或 Δt 足够小时，两组曲线则变成只有一个峰值的单峰曲线。

（3）连续投放

如果向单一的管道连续投放浓度为 C_0 的示踪剂，微分方程的解为

$$C(l, t) = \frac{C_0}{2}\left\{\operatorname{erfc}\left(\frac{l-Vt}{\sqrt{4Dt}}\right) + \exp\left(\frac{Vl}{D}\right)\operatorname{erfc}\left(\frac{l+Vt}{\sqrt{4Dt}}\right)\right\} \tag{6.9}$$

式中，erfc（）为误差函数 erf（）的余误差函数。示踪曲线如图 6.32（d）所示。由图可知，浓度从初始值开始，增大到最大值 C_0 后都保持为一常数。

2）并联管道示踪

这里以三条管道并联的模型为例，其他情形可以类推。并联管道模型如图 6.33 所示，设三条断面相等的管道分别是 G_1、G_2、G_3，其长度和流速分别为 l_1、l_2、l_3 和 V_1、V_2、V_3。示踪剂投放点在 A，接收点在 B。

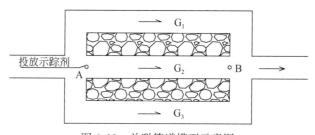

图 6.33　并联管道模型示意图

（1）单瞬时投放

单瞬时投放的数学模型为

$$C(l,\ t) = \frac{\displaystyle\sum_{i=1}^{n} Q_i C_i}{\displaystyle\sum_{i=1}^{n} Q_i} = \frac{\displaystyle\sum_{i=1}^{n} \frac{Q_i M_i}{\sqrt{4\pi D_i t}}\exp\left(-\frac{(l_i - V_i t)^2}{4 D_i t}\right)}{\displaystyle\sum_{i=1}^{n} Q_i} \tag{6.10}$$

式中，Q_i、C_i、M_i、D_i、l_i、V_i 分别为各管道的流量、示踪剂浓度、示踪剂质量、弥散系数、管道长度、水流速度。

若从 A 点投入质量为 M 的示踪剂，则 $M_i = Q_i M / \sum Q_i M_i = \dfrac{Q_i M}{\sum Q_i}$，$n$ 为并联管道的条数。

以下给出不同示踪条件下的示踪曲线。当流速相等（$V_1 = V_2 = V_3$）且长度相等（$l_1 = l_2 = l_3$）时，可以认为示踪剂是同时投放、同时到达的，示踪曲线与图 6.32（b）中单管道示踪曲线相同；当流速相等（$V_1 = V_2 = V_3$）而长度不等（$l_2 = 2l_1$，$l_3 = 3l_1$）时，示踪曲线如图 6.34（a）所示，图中的虚线 C_1、C_2、C_3 分别为短、中、长管道出口的示踪曲线，该处示踪剂浓度尚未与其他管道出口流体混合；实线为混合后的示踪剂浓度曲线；当流速不等（$V_2 = (1+1/4) V_1$、$V_3 = (1+2/4) V_1$）而长度相等（$l_1 = l_2 = l_3$）时，示踪曲线如图 6.34（b）所示，图中的虚线及实线的意义同图 6.38（a）；当流速不等（$V_2 = (1+1/4) V_1$、$V_3 = (1+2/4) V_1$）且长度不等（$l_2 = 2l_1$，$l_3 = 3l_1$）时，示踪曲线如图 6.34（c）所示。

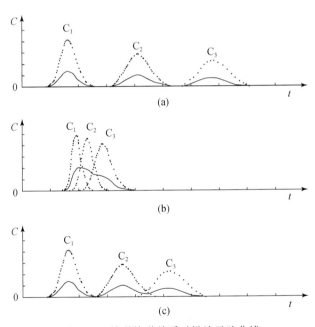

图 6.34　并联管道单瞬时投放示踪曲线

（a）流速相等，长度不等；（b）流速不等，长度相等；（c）流速不等，长度不等

（2）双瞬时投放

双瞬时投放的浓度曲线 $C (l,\ t)$ 的数学表述为

$C(l, t) =$

$$
\begin{cases}
\dfrac{\displaystyle\sum_{i=1}^{n} \dfrac{Q_i M_i}{\sqrt{4\pi D_i t}}\exp\left(-\dfrac{(l_i - V_i t)^2}{4 D_i t}\right)}{\displaystyle\sum_{i=1}^{n} Q_i}, & t < \Delta t \\[4ex]
\dfrac{\displaystyle\sum_{i=1}^{n} \dfrac{Q_i M_i}{\sqrt{4\pi D_i t}}\exp\left(-\dfrac{(l_i - V_i t)^2}{4 D_i t}\right)}{\displaystyle\sum_{i=1}^{n} Q_i} + \dfrac{\displaystyle\sum_{i=1}^{n} \dfrac{Q_i M_i}{\sqrt{4\pi D_i (t - \Delta t)}}\exp\left(-\dfrac{(l_i - V_i (t - \Delta t))^2}{4 D_i (t - \Delta t)}\right)}{\displaystyle\sum_{i=1}^{n} Q_i}, & t \geqslant \Delta t
\end{cases}
$$

$$(6.11)$$

式中各物理量的意义与式（6.10）相同。

　　以下给出不同示踪条件下的示踪曲线。当流速相等（$V_1 = V_2 = V_3$）且长度相等（$l_1 = l_2 = l_3$）时，示踪曲线与单管道同类曲线［6.32（c）］相似；当流速相等（$V_1 = V_2 = V_3$）而长度不等（$l_2 = 2l_1$，$l_3 = 3l_1$）时，示踪浓度曲线如图 6.35（a）所示，图中虚线 C_1、C_2、C_3 分别为三条短、中、长管道的示踪剂与其他管道混合前的浓度曲线，实线为混合后的浓度曲线；当流速相等（$V_1 = V_2 = V_3$）而长度相差较小（如 $l_2 = 1.6 l_1$，$l_3 = 2.2 l_2$）时，则浓度曲线会出现叠加，其示踪曲线如图 6.35（b）所示；当流速不等（$V_2 = 0.25 V_1$，$V_3 = 0.5 V_1$）而长度相等（$l_1 = l_2 = l_3$）时，示踪浓度曲线如图 6.35（c）所示，图中虚线 C_1、C_2、C_3 为第一瞬时投放示踪剂的浓度曲线，虚线 C_1'、C_2'、C_3' 为第二瞬时投放示踪剂的浓度曲线，实线为在管道交汇点混合后的示踪剂浓度曲线，该曲线已发生了叠加；当流速不等（$V_2 = (1+1/4) V_1$、$V_3 = (1+2/4) V_1$）且长度不等（$l_2 = 2l_1$，$l_3 = 3l_1$）时，示踪浓度曲线如图 6.35（d）所示。

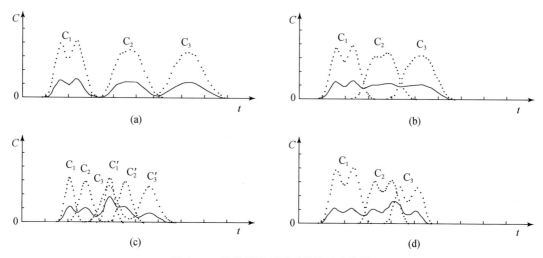

图 6.35　并联管道双瞬时投放示踪曲线

（a）流速相等，长度不等；（b）流速相等，长度相差较小；

（c）流速不等，长度相等；（d）流速不等，长度不等

（3）连续投放

向并联管道连续投放浓度为 C_0 的示踪剂，则示踪曲线 $C(l, t)$ 为

$$C(l, t) = \frac{\dfrac{C_0}{2} \sum_{i=1}^{n} Q_i \left(\operatorname{erfc}\left(\dfrac{l_i - V_i t}{\sqrt{4 D_i t}} \right) + \exp\left(\dfrac{V_i l_i}{D_i} \right) \operatorname{erfc}\left(\dfrac{l_i + V_i t}{\sqrt{4 D_i t}} \right) \right)}{\sum_{i=1}^{n} Q_i} \tag{6.12}$$

式中各物理量的意义同式（6.11）。

当流速相等，长度相等时，示踪曲线与图 6.32（d）相同；流速相等，长度不等。示踪曲线图 6.36（a）中的阶梯数，表示岩溶介质中存在的管道条数，浓度曲线的高度（H_1、H_2、H_3）代表各管道的相对流量大小。图中的管道长度比为 $l_2 = 2l_1$，$l_3 = 3l_1$。流速不等，长度相等时的示踪曲线如图 6.36（b）所示。其中速度比为 $V_2 = 0.75V_1$，$V_3 = 0.5V_1$。流速不等，长度不等。图 6.36（c）中各管道的长度和速度比分别为 $l_2 = 2l_1$，$l_3 = 3l_1$，$V_2 = (7/8) V_1$、$V_3 = (1/4) V_1$。

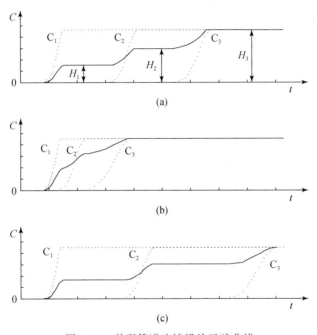

图 6.36　并联管道连续投放示踪曲线

（a）流速相等，长度不等；（b）流速不等，长度相等；（c）流速不等，长度不等

3）交叉管道示踪

（1）有来水的交叉管道

仅考虑单瞬时投放的情况，其他情况同前处理。有来水的交叉管道模型如图 6.37（a）所示，图中 A 为示踪剂投放点，B 为接收点，D 为管道交叉点。

其数学模型为

$$C(l,\ t) = \begin{cases} \dfrac{M}{\sqrt{4\pi Dt}}\exp\left(-\dfrac{(l-Vt)^2}{4Dt}\right) & l < l_1 \\[3mm] \dfrac{M\,Q_0}{(Q_0+Q_1)\sqrt{4\pi Dt}}\exp\left(-\dfrac{(l-Vt)^2}{4Dt}\right) & l \geqslant l_1 \end{cases} \qquad (6.13)$$

式中，Q_0、Q_1 分别为主管道与交叉管道来水流量；l_1 为示踪剂投放点到交叉点的距离。示踪曲线如图6.37（b）所示，图中虚线为没有来水稀释的单管道示踪曲线，实线为有来水的交叉管道的示踪曲线。

（2）有去水的交叉管道

有去水的交叉管道模型如图6.37（c）所示，这种类型管道的示踪曲线与单管道没有差别，一般情况下难以区分。

（3）有来水及去水的交叉管道

有来水同时又有去水的交叉管道模型如图6.37（d）所示，由于只有去水的交叉管道与单一管道示踪曲线无差别，所以这类示踪曲线与只有来水的交叉管道相同。

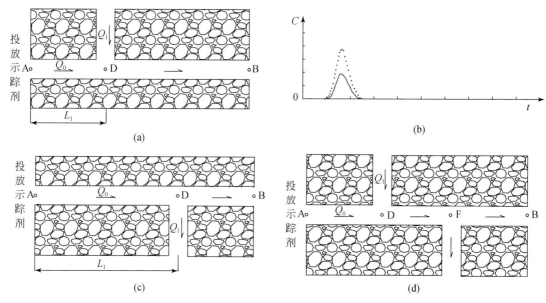

图6.37　交叉管道示踪模型

（a）有来水的交叉管道模型示意图；（b）有来水的交叉管道示踪曲线；

（c）有去水的交叉管道模型示意图；（d）有来水及去水的交叉管道模型示意图

4）串联管道示踪

串联管道是指一条管道与一个或多个储水池相串接，其模型如图6.38（a）所示，这里假设只有两个储水池。图中 AC、DE、FB 为管道，T_1、T_2 为地下储水池，设管道的长度分别为 l_1、l_2、l_3。从 A 点投入示踪剂，在 B 点接收示踪剂，示踪剂从管道进入储水池后，示踪剂被储水池的水所稀释。

（1）单瞬时投放

在储水池 T_1 的进口处 C，数学模型与单管道相同。经过 C 点后，示踪剂被储水混合稀

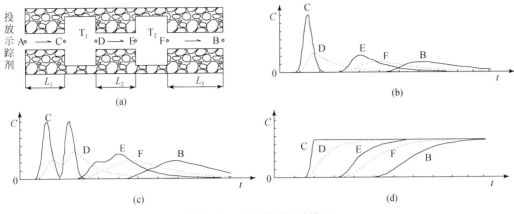

图 6.38　串联管道示踪模型

(a) 串联岩溶管道模型示意图；(b) 串联管道单瞬时投放示踪曲线；
(c) 串联管道双瞬时投放示踪曲线；(d) 串联管道连续投放示踪曲线

释，同时在出水口 D 以混合后的浓度输出。瞬时投放时，若进入第 I 个储水池的示踪剂浓度为 $C^{(1)}$，储水池 T_1 中示踪剂浓度的数学模型为

$$CT^{(1)}(t) = \int_0^t \frac{Q}{V_i} \left(\frac{V_i - Q}{V_i} \right)^{t-x+1} C^{(1)}(x) \, \mathrm{d}x \qquad (6.14)$$

式中，Q 为储水池 T_1 进出口的流量；V_l 为 T_1 的水体体积。然而 T_1 出口在 t 瞬时的溶质质量为 $M_{i+1}(t) = QCT^{(1)}(t)$。相应地，下一管道出口的示踪剂浓度是在不同时刻质量为 M_{i+1} 瞬时浓度的叠加。其对应的示踪曲线如图 6.38 (b) 所示，图中曲线 C、D、E、F、B 分别为图 6.38 (a) 中对应点的示踪曲线。从图形可以看出，经过储水池稀释，曲线变得平缓。

（2）双瞬时投放

双瞬时投放时，示踪剂浓度是前述浓度的叠加，如图 6.38 (c) 所示。

（3）连续投放

连续投放时，示踪曲线如图 6.38 (d) 所示。

5）串联后再并联管道示踪

管道与储水池串联后，在进口端 A 和出口端 B 并联，模型如图 6.39 (a) 所示。向进口端 A 点投放示踪剂，在出口端 B 点接收，单瞬时投放及双瞬时投放的浓度曲线如下所述。

（1）单瞬时投放

图 6.39 (b) 中图中虚线 C_1、C_2、C_3、C_4 为管道 G_1、G_2、G_3、G_4 的出口端与其他管道水混合前的示踪曲线，实线为混合后的曲线。从曲线可见，在相同的距离内，串联的储水池越多，曲线越平缓。

（2）双瞬时投放

图 6.39 (c) 为双瞬时投放时的浓度曲线，虚线和实线意义同前。从曲线可知，在双瞬时投放时，串联的储水池越少，曲线的双峰越明显；串联的储水池越多，曲线的双峰越不明显；串联的储水池足够多时，曲线成为单峰曲线。

6）向管道投放的双重介质示踪

向管道或裂隙投放的双重介质示踪，采用物理模拟的方法加以研究。物理模拟的原理

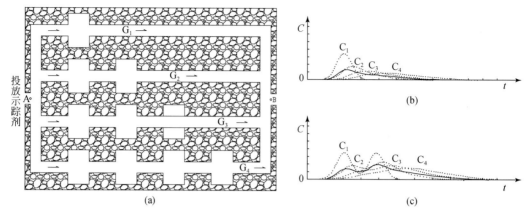

图 6.39　串并联管道示踪模型

（a）串联后再并联管道模型示意图；（b）串联后再并联管道
单瞬时投放示踪曲线；（c）串联后再并联管道双瞬时投放示踪曲线

是在实体模型与物理模型之间建立一种相似关系，然后对物理模型进行模拟研究。物理模型如图 6.40 所示。主体由 T_1、T_2、T_3 三个水箱组成，每个水箱都充满 0.1 ~ 1.0cm 的碎石，

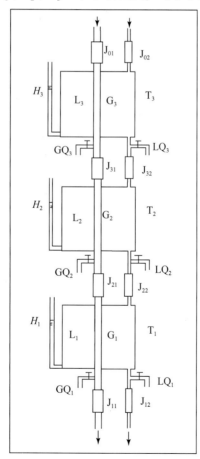

图 6.40　双重介质示踪物理模拟模型示意图

以代表裂隙介质，分别用 L_1、L_2、L_3 表示；在每个水箱的中心垂直位置上有一内径 $\varphi = 2.0cm$ 的塑料管道，用以模拟管道介质，代表符号为 G_1、G_2、G_3；在管壁上分布着直径为 $\varphi = 1 \sim 2mm$ 的小孔，使管道与裂隙相连，并使水流通过，管道内壁为双重介质的界面。在水箱的底部装有测压管 H_1、H_2、H_3，为各水箱水位的测量装置。在各水箱的管道进、出口上，分别装有流量计 J_{01}、J_{11}、J_{21}、J_{31}，用以测量管道流量；在水箱与水箱之间设置流量计 J_{02}、J_{12}、J_{22}、J_{32}，用以测量各水箱间裂隙水流的交换量。在每个水箱的管道及裂隙出口处，还设有示踪剂取样口。模型中各装置的符号见表 6.53。试验时，水流分别从管道进口 J_{01} 及裂隙进口 J_{02} 进入。向管道投放的双重介质试验，试验时从管道进口注入示踪剂溶液，从裂隙进口注入清水。在整个试验过程中，管道及裂隙的进水量大小不变。示踪剂采用食盐，取样间隔 $1 \sim 10min$，浓度变大时加密，变小时放稀。

表 6.53　物理模型装置符号表

水箱	管道介质				裂隙介质				
	管道	进口流量计	出口流量计	取样口	裂隙	进口流量计	出口流量计	取样口	水位
T_3	G_3	J_{01}	J_{31}	GQ_3	L_3	J_{02}	J_{32}	LQ_3	H_3
T_2	G_2	J_{31}	J_{21}	GQ_2	L_2	J_{32}	J_{22}	LQ_2	H_2
T_1	G_1	J_{21}	J_{11}	GQ_1	L_1	J_{22}	J_{12}	LQ_1	H_1

由于管道四周均与裂隙相通，管道中的溶质不断向裂隙运移，造成管道中溶质散失，故可以将管道内壁与裂隙介质交汇的地方，看作管道溶质散失的汇。由于管道中溶质的散失，从管道的进口端到出口端，示踪剂浓度在逐渐降低。在裂隙中，与管道相连通的地方即为示踪剂的投放点，示踪剂由交汇点进入裂隙介质。向管道投放的双重介质示踪试验，与溶质从管道向裂隙中的散失量与示踪剂在管道中的运移距离、管道及裂隙中的水流速度及浓度差等有关。在管道中距投放点较近的地方，由于管道内示踪剂的浓度高，而裂隙中示踪剂的浓度低，因而管道与裂隙之间溶质的交换量大、交换时间短；在管道中远离投放点的位置，由于管道中的示踪剂浓度逐渐降低，而裂隙中获得的示踪剂的浓度逐渐升高，因而其失散量小，如图 6.41 所示。管道反映的是岩溶水系统的快速流，裂隙反映的是慢速流，所以管道中的水流速度比裂隙快得多。因此，向管道投放的示踪剂大部分沿管道运移，只有少数在裂隙中运动。从本模型的三个水箱看，在两次试验过程中，从管道输出的溶质均占投放量的 80% 左右，从裂隙输出的仅占 20% 左右（表 6.54）。

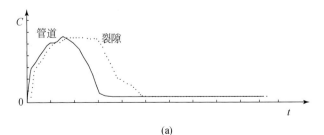

(a)

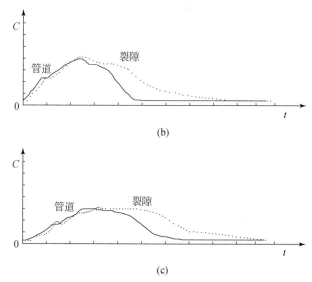

图 6.41 向管道投放的双重介质示踪物理模拟模型浓度曲线图

(a) T_3；(b) T_2；(c) T_1

表 6.54 向管道投放的双重介质模拟试验溶质运移表

试验	水箱	裂隙进	裂隙出	管道进	管道出	总进	总出
GD₁	T_3	0.0	315.6	1890.0	1278.4	1890.00	1594.09
	(%)	(0.0%)	(19.8%)	(100.0%)	(80.2%)		
	T_2	315.6	291.8	1278.4	1204.6	1594.09	1496.40
	(%)	(19.8%)	(19.5%)	(80.2%)	(80.5%)		
	T_1	291.8	280.6	1204.6	1111.7	1496.40	1392.29
	(%)	(19.5%)	(20.15%)	(80.5%)	(79.85%)		
GD₂	T_3	0.0	427.6	2220.8	1775.5	2220.75	2203.04
	(%)	(0.0%)	(19.41%)	(100.0%)	(80.59%)		
	T_2	427.6	354.1	1775.5	1636.0	2203.04	1990.10
	(%)	(19.4%)	(17.79%)	(80.59%)	(82.21%)		
	T_1	354.1	334.6	1636.0	1629.0	1990.10	1963.65
	(%)	(17.8%)	(17.0%)	(82.2%)	(83.0%)		

根据示踪曲线图 6.41 可知，开始向管道投放示踪剂时，不仅管道中示踪剂浓度上升，裂隙中的浓度也迅速上升。当管道中示踪剂浓度达到最大值时，裂隙浓度也很快达到最大值，而且两个最大值几乎相等。这是由于模型的尺寸较小，示踪剂在裂隙中运移的距离太短造成的。当向管道进口投放示踪剂突然停止，同时加入同流量的清水时，管道中示踪剂浓度迅速下降。但裂隙中示踪剂浓度下降的速度较慢。对比图中水箱 T_1、T_2、T_3 裂隙介质的浓度曲线可见，其拖尾 T_1 比 T_2 长、T_2 比 T_3 长。

7）向裂隙投放的双重介质示踪

向裂隙投放的双重介质示踪试验，其模型与向管道投放的模型完全一样，只是改变了示踪剂的投放位置，即从裂隙进口 J_{02} 投入示踪剂，从管道进口 J_{01} 注入固定流量的清水。采样密度同向管道投放的双重介质示踪曲线如图 6.42。由于水流在管道及裂隙中运行是平行的（都是往下运动），而且都按各自的规律运动。在投放示踪剂的过程中，裂隙上部的浓度比下部大。而在管道里，由于获得从裂隙中输入来的溶质，管道自上而下示踪剂的浓度越来越大。从机制上看，示踪剂浓度的增加是一个浓度叠加的过程。

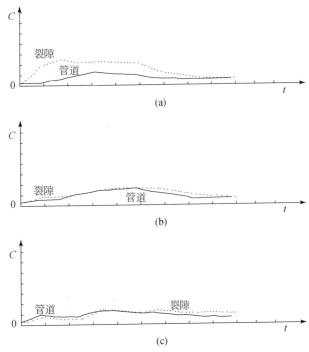

图 6.42　向裂隙投放的双重介质示踪物理模拟模型浓度曲线图

(a) T_3；(b) T_2；(c) T_1

由图 6.42 可见，水箱 T_3 中裂隙的示踪剂浓度随着示踪剂从 J_{02} 投入而逐渐升高，管道中的溶质浓度也在慢慢上升，但上升的幅度很慢。这是因为管道中水流速度快、流量大，进入的示踪剂很快被带走。当停止向裂隙进口 J_{02} 投入示踪剂而注入同量的清水时，裂隙中浓度开始下降，管道中的浓度亦随之下降，但下降速度很慢。因 T_2 和 T_3 两个水箱间的水量和溶质传输主要（80%）沿管道进行，在 T_2 水箱中管道 G_2 的浓度曲线与 G_3 管道的曲线接近，并与裂隙介质 L_2 的浓度曲线几乎重合。同理，T_1 水箱中管道 G_1 的浓度曲线裂隙介质 L_1 的浓度曲线也几乎重合，只是比 G_2、L_2 的曲线更加平缓。

两组试验（向管道投放和向裂隙投放）结果显示，溶质从系统输出的数量分配受流量的严格制约。两种情况下，从管道出口和从裂隙出口输出的示踪剂比例均为 4:1，与流量成正比（表 6.54 和表 6.55）。

表 6.55　向裂隙投放的双重介质模拟试验溶质运移表

试验	水箱	裂隙进	裂隙出	管道进	管道出	总进	总出
LX₁	T_3 (%)	885.5 (100.0%)	206.1 (38.6%)	0.0 (0.0%)	328.5 (61.4%)	885.50	534.73
	T_2 (%)	206.1 (38.6%)	118.8 (18.7%)	328.5 (61.4%)	517.5 (81.3%)	534.73	636.13
	T_1 (%)	118.8 (18.7%)	105.0 (16.1%)	517.5 (81.3%)	544.5 (83.8%)	636.13	649.53
LX₂	T_3 (%)	1046.5 (100.0%)	161.8 (64.2%)	0.0 (0.0%)	90.0 (35.8%)	1046.50	251.77
	T_2 (%)	161.8 (64.2%)	112.7 (29.1%)	90.0 (35.8%)	274.5 (70.9%)	251.77	387.20
	T_1 (%)	112.7 (29.1%)	104.3 (25.1%)	274.5 (70.9%)	310.5 (74.9%)	387.20	414.77
LX₃	T_3 (%)	491.0 (100.0%)	171.4 (37.1%)	0.0 (0.0%)	291.1 (62.9%)	491.05	462.58
	T_2 (%)	171.4 (37.1%)	89.1 (19.2%)	291.1 (62.9%)	375.3 (80.8%)	462.58	464.42
	T_1 (%)	89.1 (19.2%)	77.0 (18.0%)	375.3 (80.8%)	350.1 (82.0%)	464.42	427.11
LX₄	T_3 (%)	1121.3 (100.0%)	288.5 (32.2%)	0.0 (0.0%)	608.6 (67.8%)	1121.25	897.08
	T_2 (%)	288.5 (32.2%)	154.7 (19.4%)	608.6 (67.8%)	644.4 (80.6%)	897.08	799.11
	T_1 (%)	154.7 (19.4%)	124.2 (18.3%)	644.4 (80.6%)	555.1 (81.7%)	799.11	679.31

6.2.4.2　研究区水流模型的选择

1）地质调查成果分析

（1）含水介质基本特征

野外调查、长探洞勘察和地下水示踪查明的一系列水文地质现象表明，本区大理岩属岩溶裂隙型（或溶隙裂隙型）含水介质。这些现象如下：

长探洞中大大小小的出水点均沿裂隙面分布，未遭裂隙破坏的完整岩石孔隙度极小，岩体干燥无水，说明含水性主要与裂隙发育有关。

出水口断面绝大多数是封闭的"点"状形态，且多分布在两组裂隙面交汇处。出水口断面沿裂隙延伸方向的"宽度"（ω）多数不足 20cm；垂直裂隙面方向的开度（a）大多小于 10cm，一般不足 1cm。显示水流沿裂隙面的分布是非连续的，主要沿一些宽度与开度几厘米至几十厘米以下的离散的裂隙状管道运动。

长探洞中出水点水量最大 4900L/s，最小呈雨滴状或渗水状，大小相差极为悬殊，显示单管流量分布具有很宽的连续谱；同时水量的空间分布带有明显的随机特征。

长探洞中新揭露的水点涌水后，原有的水点流量有时受到影响（减少过干枯），有时不受明显影响，说明离散的管道间存在不同程度的连通关系，组成不规则的管路系统。

示踪剂到达各涌水点的时间顺序与水点的空间分布无严格的依存关系，常常有距投放点较远的水点异常出现在前，近的出现在后的现象，表明存在网状管道系统和水流相对通畅的优势水路。

投放于分水岭地段的 Mo 和 I 示踪剂几乎在全区所有接收点都收到了异常；同时，Mo 和 I 示踪剂的运移是交叉进行的，这一示踪成果说明在一定区域范围内，存在着统一的相互连通的三维网络管路系统。

水量大于 5~10L/s 的出水点，涌水之初均携带较多的泥沙，即所谓出混水。出混水的延续时间从 3~5 天到 1~2 个月不等，然后水质变清，这说明管路系统中有大量的泥沙充填物。这使得含水层在冲刷前后具有充填态（天然状态）和清洗态（人工扰动态）两种透水性。清洗态透水性可比充填态透水性高出几个数量级。

透水性沿裂隙面以管道形式呈不连续分布、管道在一定距离内具有完好的封闭性、不同管道断面面积和水流流量具有跨度很宽的连续谱及其分布具有明显的随机性，这些都是"裂隙"含水介质的典型特征。而单个水点的流量达 5~10L/s，以及管路内充填有外源泥沙物质则是"岩溶"（或"溶洞"）含水介质的典型特征。工程区内大理岩体兼备上述两组特征，可归为典型的"岩溶裂隙"型（或"溶蚀裂隙"型）含水介质。总之，锦屏地区岩溶所具有的"溶蚀裂隙"型特征不仅和本区岩溶处于初期演化阶段有关，更与本区大理岩岩溶发育特点有关。

（2）构造裂隙与地下水径流带

在印支期构造作用下，区内三叠系碳酸盐岩遭受到浅–中等程度的动力变质，岩石的原始孔隙基本上被填充，次生孔隙主要是各类次生构造裂隙和沿裂隙发育的次生溶蚀形态。因此，构造裂隙决定着次生透水性的空间分布格局。首先，沿构造破碎带形成具有区域规模的地下水径流带；其次，开度大、透水性好的区域构造裂隙，主要是 NWW 向张扭性控制裂隙组成相对均匀的含水网络，与径流带联合组成本区的地下水文网络。

①顺层径流带

大水沟长探洞水文地质剖面示意图（图 6.43），清楚地展现出水点与地质构造的密切关系；大、中型出水点主要分布在两种特定的构造部位：一是背斜和向斜核心；二是两种岩性的交界处。4km 长的洞线揭穿 T_2y 岩层共 10 段，其中 T_2y^5 大理岩层 5 段、T_2y^6 黑色碳质大理岩 3 段、T_2y^4 云母大理岩 2 段。3 段 T_2y^6 地层在复式向斜中都处于向斜核部；5 段 T_2y^5 大理岩中的 2 段组成背斜核心，3 段分布在其翼部；2 段 T_2y^4 地层位于背斜核部和褶曲翼部各 1 段。首先，背斜核部 2 段 T_2y^5 地层都出了大水（2760~2845.5m 出水段和 3569~4000m 出水段）；其次，向斜核心的 3 段 T_2y^6 地层中有 2 段出了大中型突水（1100m 段和 3239m 段）；再次，位于背斜核心的 T_2y^4 段，其大理岩夹层岩溶化十分强烈，0.3~0.5m 厚的白云岩夹层均分解成白云岩粉，掘进中随地下水涌入巷道，导致淹没轨道，给施工造成一定麻烦。相反，位于褶曲翼部的 3 段 T_2y^5 大理岩则岩体较完整，频频出现岩爆集中段，只在两种岩性交界处（1447m，1710m）和岸边卸荷带（600m，550m 等）出现规模较大的涌水。上述长探洞出水点分布与构造的关系暗示沿背斜轴、向斜轴和两种岩性交界处应有顺层径流带广泛发育。

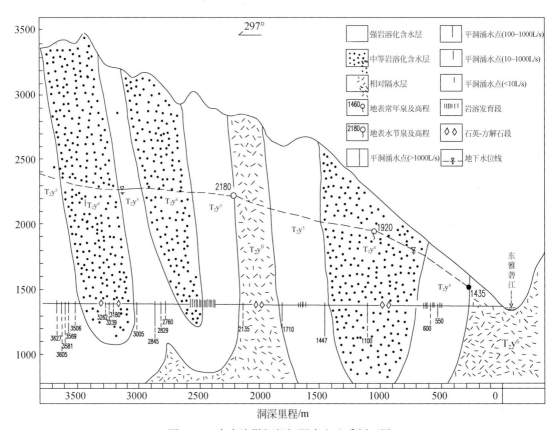

图 6.43　大水沟勘探长探洞水文地质剖面图

②横向径流带

区内广泛发育 NWW 向张扭性断层，沿这一组断层可形成和地层走向近于正交的横向地下水径流带。这类断层已查明的有 F_8 手爬正平移断层，大水沟上游横切 T_2b 和 T_2y 界线的一组 NWW 向断层，近 SN 向展布的 T_2b-T_2y 边界分布在 3000m 以上的高山区，由于地形险峻，不排除在地面测绘中漏掉个别规模小的横向断层。在长探洞 0～2000m 里程段，众多的中、小型出水点多数与这组断层（规模很小、频率较大）及其影响带密切相关。

③横向区域构造裂隙

除断层外，未发生错动的 NWW 向区域构造裂隙也很发育，它们表现有一定的等距性，频率较断层高。这些规律在长探洞中有很好的显示，该组构造裂隙开启性较好，与顺层和横向径流带共同勾绘出本区地下水文网络的主要骨架。

2）模型选择

（1）条件概化

影响模型选择的因素有试剂投放方式、介质、水流运动。

①投放方式

示踪采用了瞬时、点源投放方式。冲洗水量偏少（40～50m/d）使实际投放时间拉长到 1 天左右，但考虑到回收曲线延长时间很长（>50 天），投放仍可认为是瞬时完成的。

②介质

含水层属溶蚀裂隙型。因坑道突水时在降落漏斗范围内发生泥沙冲刷，示踪场部分为清洗态介质。示踪通道有着上游为天然态、下游为清洗态的串联型组合结构，在示踪场内，总体上天然态裂隙中水流具离散态性质，清洗态介质中为连续流。在裂隙含水层相对均匀和分散的透水性背景上，存在若干条透水相对通畅的地下水径流带，在 Mo 投放点 A_1 和 2845.5m 突水点间有三条并联的径流带（图 6.17）。

③水流运动

岩溶水特点是水位与流量随时间剧烈变化，本区也不例外。但对于长探洞涌水点所处的深部循环带（在地下水位以下 800m），几十米的水位变幅对流场的水力梯度和流量产生的影响可以忽略不计，这一点可从长探洞 2000m 里程向内，各点季节变化十分微弱的现象得到佐证。

（2）概念模型

在选择概念模型的过程中，我们对比过三种模型方案，最终选定三维栅状离散管路模型作为本次模拟的示踪模型。

双重介质非稳定流方案：考虑双重介质非稳定流是岩溶水运动的重要特点，据物理模拟，这一方案的曲线形态如图 6.41 所示。

双重介质稳定流方案：假设投放点位于裂隙介质内，接收点位于管道介质内，示踪物从裂隙介质通过弥散进入管道介质后，再经过快速流稀释、传输至接收点。这种情况，示踪曲线的表达式为

$$C = \sum_{i=1}^{N} \frac{M}{Q_0 V N} \exp\left(-\frac{t_i}{\tau}\right) \qquad (6.15)$$

式中，C 为示踪剂浓度；M 为示踪剂投放量；Q_0 为接收点出水量；V 为投放点静水体积；N 为并联溶隙流条数；t_i 为第 i 条溶隙流水质点滞留时间；τ 为在投放点静水体积中的平均滞留时间。

曲线特点是低矮平滑，或称裂隙长波。如图 6.44。

三维栅状离散管路方案：为模拟示踪剂在溶蚀裂隙介质中传输过程，我们参照近 10 年来提出的离散态裂隙水模型建立了三维裂隙管道网络模型（图 6.45）。单元管道的透水性呈随机分布。在网络中某一点作点源瞬时投放后，示踪剂将在水流携带和分子扩散双重作用下在示踪场内移动。考虑到分子扩散与管道内水力弥散相对微弱可以忽略不计，则可应用"质点追踪"的数学方法根据单元管道流量的分布曲线对示踪曲线进行拟合，进而求出含水层有关参数，并假定水流在管道内作稳定流动。

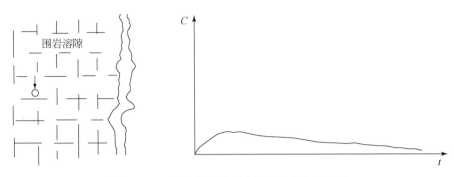

图 6.44　双重介质稳定流水流与示踪曲线特征

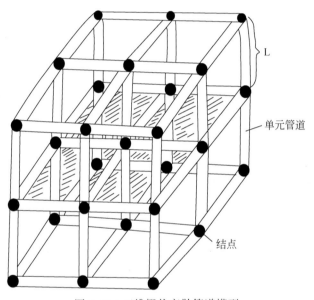

图 6.45　三维栅状离散管道模型

（3）方案选择

示踪成果显示，I、Mo 曲线对每次大型降雨事件引起的水文过程都没有明显反映，这说明长探洞各点示踪曲线主要反映溶质在深层循环带的传输过程，双重介质非稳定流作用居次要地位，因此第 I 方案不宜采用。在双重介质稳定流条件下，当投放于介质裂隙中的示踪剂随横向水流向管道介质弥散时，可采用两种不同模型。一种是简单地把裂隙介质视作具连续介质的慢速分散流场；另一种是将其视为具离散性质的（不存在 Fickian 短途混合）裂隙管路流场。前一种条件下，示踪曲线是基波和次级波均无明显起伏的低矮平滑的长波（图 6.44），可用双重介质稳定流模型模拟。锦屏示踪曲线的基波表现出清晰的峰状形态，属于后一种情况，因此决定采用第 III 方案，这显然符合锦屏示踪场的特点，即投放点位于天然裂隙介质（分散流场）内，而接收点位于清洗态裂隙介质（可视为集中管道流场，即连续流流场）。一系列现象表明，示踪剂投放后已分散到整个含水层的每一个角落，而不是保留在投放点附近的分散流场场内，因此按照示踪剂宏观弥散情况判断，也是采用第Ⅲ方案较符合实际。

3）模型概述

三维栅状离散管路模型（图 6.45）的基本单元是单元管道。采用一维管道而不是二维裂隙作为基本单元是基于长探洞的实地调查结果：洞壁上出水口绝大多数为"点"状孔。每条单元管道在其两端与 2 条或 2 条以上的管道相接，相接处称为结点。每个结点最多连接 6 条单元管道，这是考虑到锦屏地区的导水裂隙主要由顺层裂隙和与之正交的两组自身相交的张扭性横向裂隙共同组成，三组裂隙相交的基本构架可以简化为每个结点有 6 条单元管道的三维栅状管路。本模型为随机模型，单元管道长度可长可短，相互不一定相等。每个结点连接的管道数量也不定是 6 个，但不多于 6 个，即 $3 \leqslant n \leqslant 6$，仅仅为了便于看懂和便于计算，模型才用直方形栅网表示。

采用质点追踪法研究溶质传输过程时，每条具体水路可由数目不定的单元管道串联而成。在结点处几股水流的混合方式可有多种，最简单的一种是全混型。这种简化形式在裂隙水研究中采用较多，一般效果尚好，本模型也予以采用。沿管道轴透水性一般发生变化，因此取其平均值作为单元管道的透水性，质点在每条单元管道中的滞留时间

$$t = \frac{V}{Q} = \frac{l}{u} \tag{6.16}$$

式中，V 为管道体积；Q 为流量；l 为管道长度；u 为平均速度。

每条水路（或每个具体质点）的总滞留时间为各单元管道滞留时间之和，即 $T = \sum_{i=1}^{n} t_i$。系统中示踪剂质点滞留时间的随机分布特点由两个参数表达，即平均滞留时间 T_0 和标准差 σ，它们分别为分布函数的第一和第二动差。在网络中溶质弥散过程受两种作用制约，一是管道内分子扩散和水力弥散；二是管道间因流速不同而产生的水力弥散。两者相比，管道间的水力弥散起主要作用，为简化模型，管道内的水力弥散未予考虑。

6.2.4.3　数学模拟结果

1）水量模拟

（1）计算方法

单元管道的流量可用解自来水供水管路的方法计算。设水流为层流流态，单元管道流量 Q_{ij} 与两端结点间的压力差 $P_j - P_i$ 成正比，即

$$Q_{ij} = C_{ij}(P_j - P_i) \tag{6.17}$$

式中，C_{ij} 为结点 i、j 之间的平均导水系数。动力场可通过质量平衡公式计算，即

$$\sum_j Q_{ij} = 0 \tag{6.18}$$

（2）水量模拟曲线

设输出端 400 条管道出口均有一定水流溢出，且流量分布服从对数正态分布，若其总流量为 Q_0，则平均流量 $Q = Q_0/400$，把各出水点按流量几何级数递减序列分组，即每组流量的上限为下限的 2 倍，并按流量由大到小排成序列。因在水量传输中，流量最大的几组起主导作用，而且流量偏小的水点在实际测量上也存在技术困难，因此只取流量大于 0.5L/s 的 12 组数据进行统计即可满足模拟的需要。考虑到在稳定流条件下，单元管道两

端的水头压力差 $P_j - P_i$ 为常数，流量 Q 分布曲线应与管道导水系数 C 的分布曲线相同，两者可以相互代替使用。模拟结果中标准差 $\sigma = 0.2$ 和 $\sigma = 0.8$ 的两条分布曲线以直方图形式示于图 6.46。

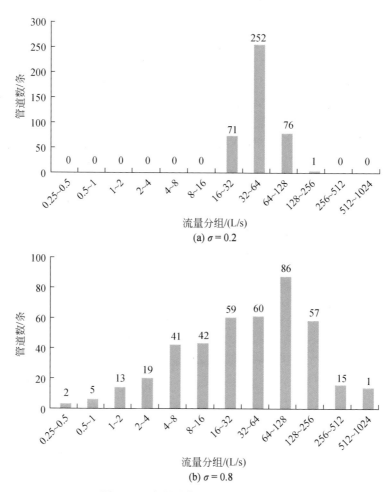

图 6.46　流量对数正态分布模拟结果

（3）长探洞水量分布及拟合

对长探洞 PD_1 和 PD_2 在掘进中揭露的 105 个流量大于 0.5L/s 的水点（按该点最大涌水量统计）进行统计的结果见表 6.56（最后一列）。表 6.57 中列出了标准偏差 C 分别为 0.8、0.16、2.4 的三组模拟数据及长探洞出水点实测数据。为了进行模拟，利用表 6.57 中数据绘制累积曲线（图 6.47）。对比实测数据与模拟值，可知长探洞出水点流量 Q（及管道导水系数 C）的分布较好地符合对数正态分布规律，其标准偏差 $\sigma = 2.4$。根据模拟结果可计算锦屏地区单元管道的平均长度 l_0，为此只需对比模型与实测数据。已知模型中输出断面共有 400 个出水口，其中流量 $Q > 0.5$L/s 的出水点有 105 个，通过比例计算求得长探洞（PD_1 和 PD_2 之和）边壁揭露的出水点共有（400×105）/103 = 408 个，这包括流量小于 0.5L/s 的所有出水点，其中也包括那些因流量十分微小而无法测出的出水点。根据出水点总数，可求单元管道平均长度 l_0，已知 4km 长的双线长探洞边壁总面积 $F = 4000 \times 12 \times 2 = 96000 m^2$，求得每条管道占有的面积为 $238 m^2$，单元管道平均长度为其平方根，即 $l_0 = 15.4 m$。同理，根据出水口面积分布曲线，求得长探洞边壁 404 条出水口的总面积为 $4.32 m^2$，有效孔隙度 $\rho = 4.41 \times 10^{-5}$。

表 6.56 长探洞 PD_1 和 PD_2 出水点涌水量统计表

流量区间/(L/s)	出水点数	累计出水点数	涌水量/(L/s)	累计涌水量/(L/s)	占总涌水量份额/%	累计涌水量份额/%	流速/(m/s)	断面 F/cm²	总断面 F/cm²
>1024	1	1	2000	2000	41.897	41.897	5.0	4000.0	4000.0
512~1024	1	2	700	2700	14.664	56.562	2.3	3043.5	3043.5
256~512	2	4	680	3380	14.245	70.807	1.3	2615.4	5230.8
128~256	2	6	505	3885	10.579	81.386	1.0	2525.0	5050.0
64~128	3	9	270	4155	5.656	87.042	0.9	1000.0	3000.0
32~64	4	13	170	4325	3.561	90.603	0.8	531.3	2125.2
16~32	6	19	157	4482	3.289	93.892	0.6	436.1	2616.6
8~16	8	27	103.3	4585.3	2.164	96.056	0.5	258.3	2066.4
4~8	12	39	72.2	4657.5	1.514	97.570	0.4	150.5	1806.0
2~4	18	57	53.1	4710.6	1.112	98.682	0.3	98.3	1769.4
1~2	22	79	37.3	4747.9	0.781	99.464	0.3	56.5	1243.0
0.5~1	26	105	25.6	4773.5	0.536	100	0.2	49.2	1279.2
合计	105		4773.5		100			14764	33230

表 6.57 出水点流量模拟与长探洞实测累计值

流量区间/(L/s)	模拟结果（个数）			长探洞实测结果（个数）
	$\sigma = 0.8$	$\sigma = 1.6$	$\sigma = 2.4$	
0.5~1	49	40	25	26
0.5~2	95	73	47	48
0.5~4	123	91	59	66
0.5~8	157	106	69	78
0.5~16	202	122	79	86
0.5~32	232	136	86	92
0.5~64	278	147	92	96
0.5~128	298	155	97	99
0.5~256	324	158	99	101
0.5~512	340	161	101	103
0.5~1024	346	162	102	104
0.5~2048	351	163	103	105

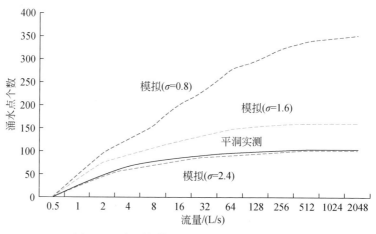

图 6.47　实测与模拟流量曲线（累积）拟合

2）示踪模拟（质点追踪法）

（1）质点追踪法概述

向已知流场注入一组示踪剂质点（简称质点）。设质点到达任一结点时，进入下游各条管道的概率与这些管道的流量 Q 成正比，也就是说水流（以及质点）在结点处发生全混合。通过追踪每个质点的运移路径确定其在系统中滞留的时间，可以了解该组质点滞留时间的分布情况，后者即为瞬时注入的浓度输出曲线，或称示踪曲线。质点在单元管道之中的滞留时间 T_i 与管道流量 Q_i 成正比，与管道体积 V_i 成反比，即 $T_i = V_i / Q_i$。而质点在系统中滞留的时间 T_{ij} 为其在途径各条单元管道所滞留时间之和：

$$T_{ji} = \sum_{i=0}^{j} T_i \qquad (6.19)$$

如果 $V = \mathrm{const}$，并以幂数坐标为横坐标时，栅状管路模型的导水系数分布曲线的形状将与浓度示踪曲线完全一样；实际上 $V \neq \mathrm{const}$，而往往是导水系数 C 的函数，在裂隙水研究中，用几种函数拟合的结果，以 $V = KC^{1/3}$ 关系拟合符合程度最高，其中 K 为常数。在这种条件下，质点在系统内滞留时间为

$$K_1 = \frac{K}{P_j - P_i} \frac{1}{C^{1/3}} \qquad (6.20)$$

令 $K_1 = \dfrac{K}{P_j - P_i}$，有

$$T = K_1 \frac{1}{C^{1/3}} \qquad (6.21)$$

（2）示踪曲线拟合

图 6.48（a）～（c）分别为长探洞出水点的流量 Q（导水系数 C）分布曲线、3239 测点 I 示踪曲线和 3581 测点 Mo 示踪曲线。三条曲线均为对数正态分布曲线，但均方差 σ 值各不相同，长探洞出水点流量分布曲线 $\sigma = 6.95$，3239 测点 I 示踪曲线 $\sigma = 7.68$，3581 测点 Mo 示踪曲线 $\sigma = 15.45$。对比三条分布曲线的均方差值可知，长探洞出水点流量分布曲线的 σ 值最小，即离散管道的导水系数值分布相对集中，Mo 质点滞留时间分布却很分

散，这反映了清洗态介质的导水性（长探洞出水点）与天然态导水性（3581 测点 Mo 示踪曲线）之间的差别。而 3239 测点 I 示踪曲线（$\sigma = 7.68$）已接近长探洞水点流量分布特征（$\sigma = 6.95$），说明 I 投放点 A_2 与集中涌水点（2845.5）之间裂隙泥沙充填物冲洗程度较高，导水性已接近清洗态。

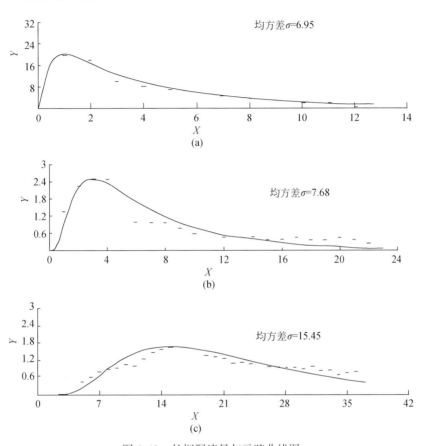

图 6.48　长探洞流量与示踪曲线图

（a）长探洞出水点流量分布曲线；（b）3239 出水点 I 浓度
历时曲线；（c）3258 出水点 Mo 浓度历时曲线

3）利用长探洞地质数据计算含水层参数

利用栅状管路模型对长探洞揭露的岩溶形态数据进行整理分析，也可以直接求出管路的几何参数：单元管道平均长度 l_0、平均宽度 ω_0、平均开启度 α 及有效孔隙度 ρ。下面就有关公式作简单推导并利用长探洞编录资料进行计算。

（1）管道平均长度

设长探洞为一圆形断面的坑道，直径为 D，要使一条宽 ω，长 l 的裂隙状管道与之相交，该管道必须位于与长探洞毗邻的一定范围内，称为临界区（图 6.49）。

该距离因管道在空间方位不同而发生变化，根据立体几何原理可知，长轴与长探洞正交，短轴与之平行到垂直各种方位的裂隙，其临界宽度 $\omega_{临}$ 可通过对角度 α 从 0 到 $\pi/2$ 进行积分求得

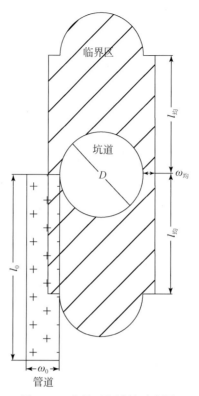

图 6.49　临界面积计算示意图

$$\omega_{临} = \frac{\alpha}{\pi} \int_0^{\pi/2} \omega\sin\alpha\mathrm{d}\alpha = \omega\,\frac{\pi}{2} \tag{6.22}$$

同理可求出临界长度 $l_{临}=2\times1/\pi$。相应地，临界面积的表达式为

$$F = \frac{\pi D^2}{4} + 2l_{临}(D + 2\omega_{临}) \tag{6.23}$$

设 S 为长探洞中两条相邻管道之间的距离，则 $SF = V$ 为每一条管道所占有的空间体积。据栅状模型结构可知，每个单元立方体有 12 条边棱（即管道），而每条边棱又为 4 个单元立方体共用，由此每个单元立方体平均占有 3 条管道，故

$$l_0^3 = 3SF = 3S\left[\frac{\pi D^2}{4} + 2l_{临}(D + 2\omega_{临})\right] \tag{6.24}$$

式中，$l_{临}$ 为管道平均长度（栅状模型中单元立方体边棱长度），将其代入 $l_{临}$ 与 $\omega_{临}$ 的表达式，则有

$$l_0 = 3S\left[\frac{\pi D^2}{4} + \frac{4l_0}{\pi}\left(D + 4\,\frac{\omega}{\pi}\right)\right] \tag{6.25}$$

当 $l_0 \gg D$ 时，式（6.25）可简化为

$$l_0^2 = \frac{12S}{\pi}\left(D + 4\,\frac{\omega}{\pi}\right) \approx 3.82(D + 1.27\omega) \tag{6.26}$$

当长探洞坑道断面直径 D、管道宽度 ω 和管道出口间距 S 已知时，根据式（6.26）即

可求出栅状模型单元管道的平均长度 l_0。利用长探洞 PD$_1$ 和 PD$_2$ 资料对洞口进行分段计算，计算结果见表 6.58。为了简化计算，管道宽度 ω_0 取平均值 0.1m。

表 6.58　单管平均长度 l_0 计算表（临界面积法）

统计段	洞深/m	岩层	部位	水点数 n/个	单管间隔 H/m	单管长度 l_0/m	临界面积 f/m²	管道密度/（条/10⁴m³）
第 1 段	3506～4000	T_2y^5	背斜核部	18	47.3	23.77	99.84	0.75
第 2 段	3210～3500	T_2y^6	向斜核部	11	23.4	16.72	72.32	2.10
第 3 段	2140～2970	T_2y^5	背斜核部	26	56.8	26.05	108.80	0.57
第 4 段	1550～1750	T_2y^5	翼部	2	28.5	18.45	79.08	1.60
第 5 段	700～900	T_2y^6	向斜核心	10	6.7	8.93	41.90	14.00
第 6 段	300～500	T_2y^5	岸坡减荷带	13	6.5	8.80	41.40	14.70
平均				13.3	28.2	17.12	73.89	2.00

对表 6.58 所列单管长度 l_0 的数据可作如下讨论：

6 段岩体平均单管长度 $l_0 = 17.12\text{m}$，相应岩体的管道密度（单位岩体体积所含管道数）为 2 条/10⁴m³，这些数据基本上可以代表锦屏示踪场的平均值。

l_0 的大小与岩体埋藏深度有密切关系。l_0 从洞口浅埋区（埋深 0～500m）9m 左右向山体内部（埋深 2000m 以上）增至 24m 左右，相应的岩体中管道密度从 14 条/10⁴m³ 降至 0.7 条/10⁴m³，相差 20 倍。

岩体中管道密度与岩性关系密切。同是在埋深 2000m 左右的水平上，T_2y^6 层状黑色大理岩的单管平均长度 $l_0 = 16.72\text{m}$，T_2y^5 块状大理岩 $l_0 = 24.91\text{m}$，相应的管道密度分别为 2 条/10⁴m³、0.65 条/10⁴m³，相差约 3 倍。

据长探洞涌水点统计计算（表 6.56），上述单元管道中只有 26% 有较大的过水断面，相当于涌水量大于 0.5L/s；74% 的管道开启度较低，在水流和溶质传导中居次要地位。

除临界面积法外，还利用简单统计法对上述 6 段岩体中的涌水点（$Q > 0.5\text{L/s}$）进行了统计，求出每条管道所占有的长探洞边壁面积，取该面积的平方根为单管平均长度 l_0，计算结果见表 6.59。由计算结果可知，l_0 值与地质条件的关系也有较好的反映，说明上述两种方法可以相互检验。此外，6 段 l_0 的平均值为 22.46m，相应的管道密度为 0.88 条/10⁴m³，为临界面积法求出值（2 条/10⁴m³）的 44%，考虑到统计对象为 $Q > 0.5\text{L/s}$ 的水点，简单统计法求得的结果略高于临界面积法，但差别总体处于方法误差范围内。两种方法对比，临界面积法相对更严密些，其计算结果准确度略高，可供设计使用。

表 6.59　单管平均长度 l_0 计算表（简单统计法）

统计段	洞深/m	岩层	部位	始点 x_1/m	终点 x_2/m	面积 A/m²	水点数 n/个	管道密度（A/n）/m³	单管长度 l_0/m
第 1 段	3506～4000	T_2y^5	背斜核部	3506	4000	8892.0	19	468.0	21.63
第 2 段	3210～3500	T_2y^6	向斜核部	3210	3500	5220.0	12	435.0	20.86

续表

统计段	洞深/m	岩层	部位	始点 x_1/m	终点 x_2/m	面积 A/m²	水点数 n/个	管道密度 (A/n)/m³	单管长度 l_0/m
第3段	2140～2970	T_2y^5	背斜核部	2140	2970	14940.0	27	553.3	23.52
第4段	1550～1750	T_2y^5	翼部	1550	1750	3600.0	3	1200.0	34.64
第5段	700～900	T_2y^6	向斜核心	700	900	3600.0	11	327.3	18.09
第6段	300～500	T_2y^5	岸坡减荷带	300	500	3600.0	14	257.1	16.03
平均						6642.0	14.3	540.12	22.46

（2）管道断面面积与岩石孔隙度

①岩石孔隙度

用两种方法计算了长探洞中管道的平均断面面积。一种直接统计洞内有涌水现象的岩溶形态的断面，所得数据反映洞壁与管道相切处管道断面分布的实际情况；另一种根据该点最大涌水量与给定的平均流速（沿管道）换算出管道的平均断面，一定程度上代表着管道全部长度的平均断面。计算时同样按流量段分段统计，求出断面分布曲线，然后计算平均值和标准偏差，两种方法的计算结果见表6.56、表6.60。利用岩溶形态直接统计数据确定含水层孔隙率的结果为：PD_1 与 PD_2 洞长各4000m，巷道两壁和顶板周长为9m，边壁总面积为 $7.2×10^4$m²，相应的孔隙率 $\rho = 3.85$m²$/7.2×10^4$m² $= 5.35×10^{-5}$。利用长探洞内涌水资料计算结果（PD_1 与 PD_2 边壁面积为 $9.8×10^4$m²），岩石孔隙率为 $4.41×10^{-5}$，上述两个结果十分接近。

表6.60　长探洞 PD_1 和 PD_2 岩溶孔隙统计表

面积分组/cm²	2048～1024	1024～512	512～256	256～128	128～64	64～32	32～16	16～8	8～4	4～2	2～1	1～0.5	<0.5	总面积/cm²
PD_1	0	1	0	4	1	2	2	6	1	8	8	9	2	17611
PD_2	1	0	0	2	1	3	4	2	6	6	5	3	1	20919
合计	1	1	0	6	2	5	6	8	7	14	13	12	3	38530

②单管平均断面面积

单管平均断面面积 f 可用下式计算：

$$f = \frac{\rho × 10^8}{l_0 × d} \tag{6.27}$$

式中，f 为单管平均断面面积，cm²；ρ 为岩石孔隙率；l_0 为单管平均长度，m；d 为管道密度，条/10⁴m³。

把各参数值代入式（6.24），得到 $f=$（$4.41×10^3$）/（17.12×2）$= 128.8$cm²。根据洞内观察，洞壁上管道断面多呈圆形或椭圆形，少数呈裂隙状，长短轴比多为 $1:1～1:3$，个别达到 $1:10$ 或更小。

6.3　岩溶水示踪试验研究结论

岩溶水示踪试验结果表明，在锦屏工程所处的高山峡谷岩溶区，利用地下水示踪方法能够获得较好的勘察效果，为解决重大的岩溶水文地质问题提供可靠的信息。示踪试验在示踪剂选样、投放量确定、试剂检测以及数据解译等方面积累了成功的经验，对研究区的水流格局、水量均衡、岩溶发育等获得了深入的认识，为若干水文地质推测和分析提供了试验判别依据。

6.3.1　磨房沟泉域与老庄子泉域的分水岭

20 世纪 60 年代的研究和"岩溶水文地质专题报告"都认为 I 水文地质单元由磨房沟泉和老庄子泉两个相对稳定的泉域组成，其间存在比较稳定的分水岭，并认为分水岭位置大致在上手爬断层与甘家沟砂板岩向斜一线。前已述及，由于在流域水均衡计算中，磨房沟泉域入渗系数偏大，流域面积偏小，部分专家建议重新考虑分水岭位置和苏那以南盐源盆地岩溶水流向磨房沟泉的可能。1992 年干海子示踪试验期间，在磨房沟泉与老庄子泉均检出异常，从而认为干海子投放点位于两泉分水岭地段，并存在辐射状水流。1994 年示踪试验验证了 1992 年试验的结论，并取得了如下一些新认识。

(1) 磨房沟泉与老庄子泉分水岭位于上手爬断层（F_8）与甘家沟紧密向斜连线一带，是一个有一定宽度的地带，在这一地带包气带水流的"分流"现象比较普遍。磨房沟泉与老庄子泉泉域的分水岭位于干海子主峰地带，横宽在 3km 左右，且在天然状态下稳定性较好，来自老庄子泉背斜的主要南部的岩溶水流不会越过分水岭补给磨房沟泉。与其他岩溶区一样，大理岩岩溶区泉域间地下、地表分水岭不完全吻合；老庄子泉和磨房沟泉间地下分水岭大致沿上手爬断层与甘家沟向斜连线展布。分水岭地区水流分岔流向两个相邻流域的现象在南斯拉夫狄纳尔山区和奥地利阿尔卑斯山区均有过报道，这表明 T_1 与 T_2 投放点应位于较稳定的分水岭地带。示踪剂分流现象既可发生在饱水带，也可发生在包气带。这种现象是因为此类构造强烈抬升地区由于巨厚的包气带裂隙发育甚至遗留有"化石岩溶"而引起的。本区包气带厚达 1500 ~ 2000m，存在多期水平岩溶发育带，加上大理岩相对均匀溶蚀，高山峡谷地区隔水边界不稳定，深部裂隙系统开放较好，裂隙水发育。故发生包气带分流及饱水带（弥散）分流的条件十分优越，从而导致多处检出异常，但分流量悬殊（表 6.44）。当示踪剂在包气带内流动时，形成两叉状或辐射状水流进入不同地下水流域，即包气带分流效应；若示踪剂到达地下水面后，在分子扩散或水力弥散作用下产生分流而进入两个相邻流域，这种示踪剂分流称为饱水带分流效应。锦屏地区包气带厚达 1500 ~ 2000m，存在多期"水平岩溶发育带"，十分有利于包气带分流；同时，溶蚀裂隙水较发育，发生饱水带（弥散）分流效应的条件优越。因此造成在 1994 年示踪试验中示踪剂异常在多处检测点普遍检出的现象。

(2) 老庄子背斜西翼 T_2b 大理岩地下水流向老庄子泉，有两个明确的示踪信息可以证明这一结论：一是投于背斜西翼 T_2b 大理岩中的 Cr 示踪剂始终未在长探洞和磨房沟泉检出；另一是在老庄子泉和长探洞都收到了 Mo 示踪剂的信息，Mo 标记的这两个泉域水流走向在很大程度上排除了在干海子一带有 SW-NE 向强大区域水流存在的可能性。1997 年示踪试验再次证实，在天然条件下老庄子泉和磨房沟泉两流域在干海子一带有较稳定的地下分水岭，且来自老庄子背斜以至更南部的岩溶水流不会越过分水岭补给磨房沟泉。

（3）磨房沟泉与老庄子泉分水岭分为三段：西段（北段），上手爬断层段（F_8），长约 3.3km，低角度正平移断层北盘（下降盘）的砂板岩阻断了两个泉域间的水力联系，成为稳定的隔水边界；南段，甘家沟向斜砂板岩连续出露段，长 2.8km，也是比较稳定的结构性分水岭；中段，甘家沟向斜砂板岩断续出露段，地面长 5km，在洞线高程长 8 ~ 9km，该段中间一段出露砂板岩近 2km，起一定的隔水作用，两侧为大理岩天窗，据钼和碘示踪的结果，分水岭为一较宽的地带，地下水分流现象普遍，在天窗段没有稳定的隔水结构，分水岭性质主要取决于大理岩透水性能。此外，该分水岭是在含水层处于天然状态（充填态）透水性条件下出现的，当隧洞穿过分水岭地段后，裂隙中充填的泥沙物质被清洗，含水层的相对隔水性将会发生变化。铬所标记的水流没有穿过天窗地段流到 I 水文地质单元当前的最低排泄基准——长探洞，同时长探洞排水降落漏斗没有明显波及老庄子泉域，说明分水岭地段的深部 T_2b 大理岩透水性比较微弱，但是也不能完全排除一旦隧洞接近分水岭地段时，因深部溶蚀裂隙中的充填物被冲刷而产生较高透水性的可能。

6.3.2　大理岩含水介质特点

工程区含水介质属溶蚀裂隙型。经过溶蚀扩大的裂隙，当其开启程度尚未达到人可进入的规模时，一般定性地称为溶蚀裂隙，以区别于溶洞等成熟期岩溶形态。其主要水力特点是透水性分异尚未达到成熟阶段，不同通道间透水性差别不像典型岩溶水那样悬殊，岩体透水性分布相对均匀，水流分散。岩溶裂隙水是介于典型裂隙水和典型岩溶水之间的一种地下水类型。与典型裂隙水（如砂岩水、花岗岩水等）的区别在于，溶蚀程度已扩大到一定程度，使外源泥沙物质得以在地下水流的携带下进入含水孔隙，并在水力条件允许的部位大量保存下来，使介质出现充填态和清洗态两种状态。清洗态透水性比未遭溶蚀的裂隙要大几个数量级，在有条件发生水力冲刷的地段形成典型集中管道式岩溶水流，这样在溶蚀裂隙含水层中，于局部地段也可出现大型岩溶通道，如大泉出口附近、季节变化带、坑巷大型突水点周围。在整理勘探资料、进行涌水预报、设计治水方案时，都需要考虑含水层的溶蚀裂隙型介质特点及两种不同状态透水性的存在。由于大理岩具溶蚀裂隙介质特点，按统计规律预测，隧洞遇到溶洞、厅堂等大型岩溶形态的概率很小，遇到洞内坍塌、涌泥等不良岩溶工程地质现象的可能性不大，所以施工条件相对较好，主要工程地质问题是涌水问题。工程区内含水层的透水性相对分散，有效孔隙率较小，这有利于采用高压灌浆或冷冻法穿过岩溶含水层。

1994 年示踪试验表明，锦屏地区岩溶地下水具有较大的水力坡降，从比流速分析对比可知，本区宏观上属溶蚀裂隙型流场。区内地下水流速偏低，溶隙水广泛发育，岩溶管道稀少，只发育于大泉附近及少数其他部位，这是大理岩岩溶特征的反映。天然条件下，局部大型溶蚀裂隙或串珠状溶洞成为主要地下水储水空间，会对工程施工造成一定影响。由

2005 年示踪试验可知，三坪子为一大型岩溶堰塞湖积盆地，盆地内湖相冲积物厚达数十米以上，具有较大的储水空间，并且有稳定的水源补给，加上附近岩溶裂隙储水构造的储水，对今后引水隧洞的施工可能会造成影响。1997 年示踪试验结果显示，从海子洼地经老庄子沟、甘家沟、干海子至磨房沟，由南向北岩溶水视流速递减，南北两端相差达 10 倍。在海子洼地至老庄子泉之间存在一条以集中通道为主干、直线长约 12 km 的地下岩溶管道系统，推测主要沿 T_2b 大理岩和 T_3 砂板岩边界发育。老庄子泉是中大理岩南部岩溶水的区域排泄基准和主要排泄中心，在这里，水流密度的增加和强烈的水流混合为地段岩溶发育提供了优越条件，该处应是中大理岩带岩溶发育强度和深度最大的地段。综合考虑落水洞、岩溶洼地等典型岩溶形态的分布和岩溶水流速度的差别可以认定，锦屏山南部岩溶发育较北部强烈。锦屏地区含水层具有明显的双层结构，浅层（季节变化带和常年饱水带数十米至百余米内）发育管道状集中水流，深层以相对分散的溶蚀裂隙水为主。大理岩均匀溶蚀裂隙介质中存在厚度较大的垂向流与水平流并存的混合带，而地下水在不同深度的多次袭夺是造成该地区地下水“分流”现象的主要原因。在高山峡谷区，隔水边界稳定性差，单元间水力联系广泛，尤其是在人为干扰条件下，越流加剧；干海子地下水存在 I 单元向 III 单元越流补给，其水流形式为溶蚀裂隙流。

6.3.3　各水文地质单元间的水力联系

1）I 单元与 III 单元间的越流窗口

从试剂回收量推算的水量分配及水点（磨房沟泉、许家坪探洞等）示踪结果来看，I 单元与 III 单元边界在楠木沟至大水沟一段形成巨大的越流窗口，以分散慢速流或局部的线状中速流为主的径流，沟通两个水文地质单元之间的水力联系。这一越流窗口可分为三个次级窗口，即大水沟上游 EW 向横断层、楠木沟上游 III 单元 T_2y^5 强含水层与 I 单元 T_2b 大理岩对接段、上述两条线状窗口间的面状分散越流段。在天然状态下窗口两侧 I 单元和 III 单元地下水水位接近，越流水量不大，但不同季节可能有越流方向的逆转，这是因为有 T_2y^4 隔水层和 T_2y^6 中的相对隔水薄层起着较稳定的隔水作用，使 III 单元地下水保持较高的水位。长探洞揭露 PD_2-2845.5m 水点后，在 T_2y^4 西侧形成高程较低的人工排泄基准，I 单元地下水向 III 单元越流的强度增加，大水沟上游和楠木沟上游两个线状越流窗口成为主要的越流通道。锦屏二级水电站工程区地下水流向示意图如图 6.50 所示。

2）III 水文地质单元含水层（组）划分

《锦屏二级水电站岩溶水文地质专题研究报告》（1992 年）把 III 水文地质单元 T_2y 地层划分成相间排列的三个中等含水层（T_2y^1、T_2y^3、T_2y^5）和三个相对隔水层（T_2y^2、T_2y^4、T_2y^6），通过长探洞勘探和 1994 年示踪试验取得了一些新认识，如图 6.43。长探洞 0～3650m 段主要揭露地层为 T_2y^4、T_2y^5、T_2y^6，根据长探洞出水情况和示踪剂运移速度可以确定上述三段岩层的含水性：①T_2y^4 为云母片状大理岩夹薄层白云岩，微弱含水层，起相对隔水层作用；②T_2y^5 为灰白色大理岩及杂色大理岩，为强含水层；③T_2y^6 为黑色薄层大理岩化灰岩、泥质灰岩、碳质灰岩，中等含水层。长探洞中在 T_2y^4 相对隔水层内、外的

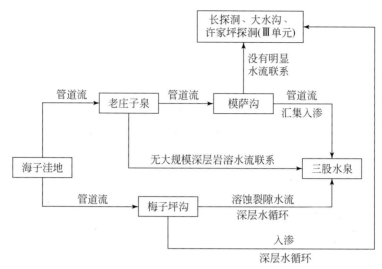

图 6.50　锦屏二级水电站工程区内地下水流向分析结果示意图

两组检测点对钼示踪剂的反应有明显差异。T_2y^4 以内各点（PD_1-3627m 至 PD_1-2760m 共 10 处）从第 14 天开始（PD_2-3239m）检出 Mo 异常，其中 4 天内在 PD_2-2845.5m、PD_2-2829m、PD_2-2740m 等处依次检出，显示 Mo 弥散晕以平均约 160m/d 的速度匀速前进；然后弥散晕在 T_2y^4 相对隔水层处受阻，至第 35 天才在 PD_1-1447m 测点出现。据计算，弥散晕穿过 T_2y^4 层的速度为 27.1m/d，约为 T_2y^5 和 T_2y^6 等含水层穿过速度的 1/6，据此可以认为，T_2y^4 层的透水性比 T_2y^5 和 T_2y^6 低约 1 个数量级。

3）三股水泉域及其与其他地下水流系统的联系

据 20 世纪 60 年代实测资料，对比模萨沟 T_2b 大理岩出露段上、下游两个水文断面的流量，证实该段沟水在不同季节漏失 $0.1\sim6m^3/s$。1994 年示踪试验期间，在三股水泉三个出水口均检出了 Cr 和 Mo 元素异常，其中北股表现最明晰。异常浓度曲线持续时间与模萨沟接近，但波形平缓，峰值仅为模萨沟的 $0.2\sim0.3$ 倍，时间上滞后 $2\sim3$ 天，这段时间三股水泉总流量目估 $1.5\sim3m^3/s$，据稀释程度估算，沟水渗漏损失 $0.3\sim0.4m^3/s$ 的大部分南流到三股水泉泉域。1994 年示踪试验再次验证，模萨沟水、梅子坪沟水与三股水泉均有水流联系，此两沟水对三股水泉均有不同程度的径流补给。1994 年、1997 年示踪试验均表明，天然条件下，在老庄子泉和三股水泉两流域间不存在明显的通过养猪场向斜深埋大理岩运动的区域水流。

2006 年、2009 年示踪试验均证实，三股水泉域为相对独立的水文地质单元，与磨房沟泉域之间没有明显的水力联系。区域岩溶发育、地下水分布与运移明显受断层、褶皱构造的联合控制，受构造、地形、东部侵蚀基准面低等因素的影响，区域岩溶地下水的水流格局总体上是由西向东、由南、北两边向中部大水沟附近的构造低地（鞍部）汇集，并在该处 T_2b 向斜核部或构造鞍部、T_2y 与 T_2b 接触界线（局部为断裂带）附近至其东部的 T_2y 向斜核部（T_2y^5、T_2y^6 大理岩）富集中，然后再分别向老庄子、磨房沟排泄。

4）模萨沟沟水漏失去向

1997 年示踪试验表明，在海子洼地漏失的地表水，进入地下后分成两股，分别排向老庄子沟和梅子坪沟，最终分别于老庄子泉和海子洼地下游大瀑布附近再次返回地表。在梅子坪沟和模萨沟下游沟谷横切 T_2b 大理岩地段，谷底存在溶蚀裂隙状漏水点，通过这些漏水点，部分沟水从南北两侧漏向三股水泉的三个出水口。在铜厂沟沟口未见 T_2b 大理岩水大量溢出的迹象。梅子坪沟沟水与马斯洛沟沟水无明显水流联系。海子洼地漏失的地表水（200~300L/s）约一半流向老庄子泉，另一半在下游返回梅子坪沟。老庄子泉由南岸和北岸两股岩溶水流排泄而成，两股水流的水量约各占老庄子泉总水量的一半。模萨沟沟水和梅子坪沟沟水向三股水泉的漏失量不大，比三股水泉总流量小 1~2 个数量级。此外，2009 年示踪试验再次证实，模萨沟沟水与北侧Ⅲ单元各大理岩层间水流联系不畅，这也说明三股水泉通过模萨沟向大水沟方向排泄的自然条件不良，锦屏二级地下厂房洞室受三股水泉方向来水的威胁不十分严重。

5）落水洞沟消水去向

2005 年，在落水洞沟以裂隙含水介质为主的岩溶地区开展的大型长距离示踪试验是一项十分复杂的工程，示踪剂的投放和接收条件的复杂程度在国内少见。试验在枯水期（泉域流量年度衰减末期）进行，示踪结果揭示了饱水带介质状况。结果表明，落水洞沟消水在落水洞复式背斜东翼至少存在两个主要消水地段，两者以 F_7 断层及 T_1 相对隔水岩层为界。沟水分成两股分别进入 T_2z 含水层中，两股消水量大致相当。其中一股水（靠近 F_6 断层、T_3 地层）以稀疏裂隙流方式直接向东穿越解放沟复式向斜底部流向磨房沟泉，致使东、西雅砻江地表分水岭与地下分水岭不一致；西雅砻江示踪段发育数条不同方向的断层或破碎带，另一股消水即沿这些断层和地层走向，通过具有双重介质性质（断裂和稀疏裂隙，无大规模的岩溶管道）的大理岩向西南和西部的手爬沟附近和景峰桥一带流动，最终多在这两个地段的西雅砻江水下排泄。

6.3.4　大理岩含水层净储量及深埋隧洞涌水来源分析

1）由勘探成果分析大理岩含水层的静储量

利用长探洞洞壁岩溶孔隙统计和涌水点曲线解释这两种方法求得的大理岩有效孔隙率（在 1300~1400m 高程水平上）分别为 0.054‰和 0.044‰，较表生带岩溶的岩溶率低 2~3 个数量级，这表明在深部循环带岩石虽然仍有很强的清洗态透水性（可形成 4~5m³/s 突水），但孔隙率极小、静储量十分有限，深部循环带调节水流的能力很小。

在岩溶区地下工程建设实践中，储存在大型岩溶空洞的静储量造成极大瞬时涌水的现象时有发生。但考虑到锦屏地区大理岩含水层属溶蚀裂隙型，隧洞埋深在地下水面以下 700~800m，与包气带大型含水岩溶形态的联系要经过巨厚的溶蚀裂隙性含水带，由于受到管道断面的限制，由静储量造成大量瞬时涌水的危险相对较小。所以长探洞 PD₂-2845.5m 突水点静储量补给的涌水量 3m³/s 可作为隧道施工设计的依据。

2）大水沟长探洞涌水来源分析

经过对磨房沟泉、老庄子泉和Ⅲ水文地质单元两个盆地的边界、水质和水量的研究，目前已基本查清长探洞各段涌水的补给来源。按 1994 年 5 月初情况统计，两条长探洞总涌水量为 1.9m³/s，据粗略的流域水量均衡计算，其中 0.4~0.45m³/s 来自Ⅲ水文地质单元，其余约 1.5m³/s 来自 I 单元的磨房沟泉域。

两条长探洞以 70°交角在 1350～1370m 高程上横穿 III 单元 T_2y^4 以外各含水层，成为排泄这些含水层中地下水的一条水平集水廊道。洞内涌水后，大水沟和许家坪沟各泉点相继干涸，说明集水廊道已袭夺了原大水沟和许家坪沟各泉点的汇水面积。北侧楠木沟各泉点仍维持原来水量，表明原大水沟与楠木沟间地下分水岭仍继续起作用。集水廊道在南北两侧形成极不对称的降落漏斗，对比 1992 年长探洞总涌水量，可知 III 单元 T_2y^4 以外含水层排向集水廊道的总水量为 0.2m³/s 左右。集水廊道在 III 单元 T_2y^4 以外的漏斗分布面积为 12km²，流域多年平均降水量 1141mm（流域平均高程 2400m），经过均衡计算可求得流域入渗系数为 0.46。长探洞 T_2y^4 以内各含水层形成的降落漏斗面积约 12km²，设流域平均入渗系数不变（0.46），多年平均降水量为 1265mm（流域平均高程 2800m），可求得该段长探洞集水量为 0.22m³/s。从长探洞总涌水量（1.9m³/s）中扣除 III 单元的补给量，可知 I 单元来水量为 1.45～1.5m³/s，则长探洞已成为 I 单元的第三个排泄中心，并袭夺流域面积约 40km²。由于洞内涌水量比较稳定，漏斗面积应随入渗补给强度的季节变化而大幅度地收缩和扩张。

当长探洞揭露 2845.5m 集中涌水点以后，长探洞除排泄 III 单元内的地下水以外，还接受 I 单元下泄的部分地下水补给；随着探洞向深部掘进，I 单元水的补给越来越占主导地位，说明深层地下水 I 单元与长探洞之间水力联系更强。大水沟长探洞为本区地下水第四个排泄中心，水源主要来自 I 单元的磨房沟泉流域和 III 单元，尚未袭夺老庄子泉泉域的地下水。

3）辅助洞及引水隧洞涌水来源分析

2009 年示踪试验表明，辅助洞和各引水隧洞东部出水带主要涌水点与老庄子泉之间的岩溶地下水流是相互连通的，即老庄子泉枯季地下水主要由西向东向大水沟方向流动，沿甘家沟-民胜乡断层和 T_2b 与 T_2y 或 T_3 接触界线发育主水流通道，其具体地下管道主要位于 T_2b 大理岩中，在大水沟附近 T_2b 与 T_2y 接触界线附近通过 "越流窗口" 进入 T_2y 含水层（主要是 T_2y^5、T_2y^6）中。因此，老庄子泉与盐塘组、白山组之间的水力联系密切，辅助洞和各引水隧洞东部涌水是老庄子泉流量减少并成为季节泉的主要原因。西部辅助洞涌水点与磨房沟泉之间没有水力联系，推测可能与鸡纳店一带老庄子泉域有关；但东部辅助洞大流量涌水发生后，导致磨房沟泉干枯及老庄子泉出现季节性断流现象，表明老庄子泉与东部辅助洞涌水点也有很强的水力联系。由此推测，老庄子泉域地下水在辅助洞开挖后分流排向了东、西端辅助洞。此外，引水隧洞线涌水则与三股水泉无直接联系。

不同季节岩溶水示踪试验结果存在较大差异。与历次示踪试验不同，2009 年示踪试验于枯水期进行，异常初现和峰值出现的时间快、异常值高，曲线形态以简单多峰（一般 2～3 个峰）或单峰波形态为主，波形狭窄（异常持续时间较短），这反映出示踪期间（枯水期）岩溶地下水文系统相对简单，从老庄子泉到东部各异常检出点之间的地下水连通，以单个或简单多个岩溶管道为主（丰水期可能表现为裂隙-管道混合含水介质）。老庄子泉与东部大水沟附近辅助洞、各引水隧洞的各异常检出点之间，枯水期地下水力坡度大，地下水流通畅、流速快，平均初现视流速在 800m/d 以上，个别点高达 1000m/d 以上，比以往历次示踪试验（1997 年试验除外）要高得多，这与洞室群施工期涌水所形成的降落漏斗有关。

　　Ⅰ、Ⅲ两大水文地质单元及 I_1、I_2 两个次级单元之间原本就没有地下分水岭，属于统一的地下水文系统。T_2y 含水层中 T_2y^5 大理岩属于强岩溶化层组、T_2y^6 大理岩属于较强岩溶化层组。而受隧洞施工影响，原地下水流格局遭受破坏，辅助洞和各引水隧洞东部出水带已成为新的区域地下水排泄中心。工程区隧洞施工最主要的涌水区段是 T_2y 与 T_2b 接触接带（断裂带）以东的第一个向斜的核部 T_2y^5、T_2y^6 大理岩，即东部二、三、四出水带，尤其是东部第二、三出水带（即在 2006 年磨房沟泉岩溶水示踪试验结果指出的"隔水墙"以西），其次是 T_2y 与 T_2b 接触界线附近。

第7章 雅砻江大河湾岩溶水动态和均衡分析

岩溶地下水动态与均衡分析对掌握区域水文地质条件、评价水量和水质、揭示地下水的补给、径流和排泄规律都具有重要的意义。研究表明，雅砻江大河湾地区岩溶水接受高山降水的入渗补给，且水温受补给高程控制明显。岩溶大泉是主要的排泄通道，天然条件下具有"双重排泄基准"，即以磨房沟泉和老庄子泉为代表的高程 2100~2200m 高位排泄基准和雅砻江低位排泄基准。水动态分析表明，磨房沟泉域调节能力较强，流量动态较稳定，流量衰减由主要排泄输水通道的管道状大溶隙岩溶水和输水能力相对较差的小溶隙介质岩溶水两个亚动态构成；老庄子泉流量主要受季节性降雨影响，为流量动态不稳定泉，流量衰减由岩溶管道、大溶蚀裂隙和小溶蚀裂隙、溶孔三种介质岩溶水的 3 个亚动态构成。水均衡分析表明，磨房沟泉与老庄子泉的各项参数值相差较大，主要是两个大泉所处地区岩溶发育程度的不同和长探洞集中涌水所致。

7.1 地表、地下水观测布置

自 20 世纪 90 年代以来，华东勘测设计研究院先后在锦屏二级水电站工程区开展了气象观测，具体包括地表沟水、泉水及东、西端各洞室的流量观测，大水沟厂址长探洞堵头水压力观测，老庄子泉及磨房沟泉钻孔地下水位长期观测等工作，具体观测布置位置如图 7.1 所示。

7.1.1 长期观测工作

（1）流量观测：共设立了 49 个沟、泉、隧（探）洞内的水量观测站，2 个地下水位长观孔及两个堵头压力表。测流方法采用流速仪法，流量测次根据水情变化确定；各站逐日流量根据实测流量及水位变化情况推算；洞内测流位置根据水情、施工等情况由现场地质技术人员确定。

（2）在大水沟、景峰桥、磨房沟处建有 3 个全自动监测气象站，监测项目有气温、湿度、风向、风速、雨量、蒸发，技术人员每小时记录一次数据，数据采用远程传输；在海拔 3000m 以上设立了上瓦厂气象站，采用人工观测，每天 8 时观测一次。

（3）长探洞堵头水压力观测：每 7 天对长探洞堵头（洞深 2.4km）观测一次，遇到隧洞内突发大涌水时，则加强观测至每天观测一次。

（4）两大泉钻孔地下水位长期观测：每天观测一次。

具体工作量详见表 7.1。

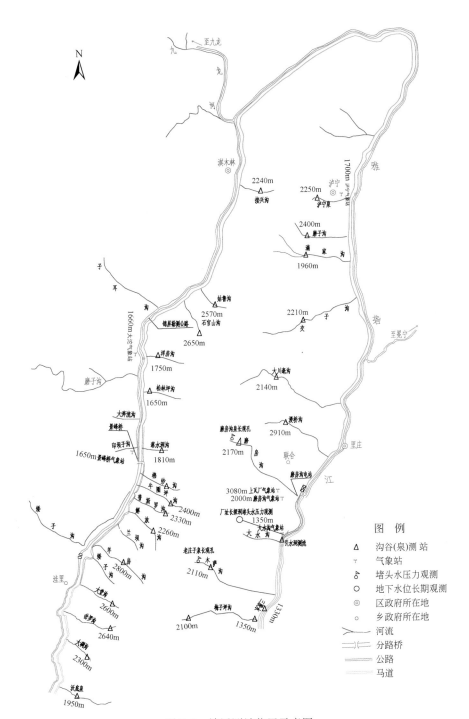

图 7.1　锦屏测站位置示意图

表 7.1　长期观测工作量表

序号	观测类别	观测部位			观测时间/站点
1	气象观测	上瓦厂气象站			1994～2013 年/1 站
		磨房沟气象站			1994～2013 年/1 站
		大水沟气象站			1994～2013 年/1 站
		景峰桥气象站			2003～2012 年/1 站
2	沟水、泉水流量观测	岔罗沟、大川豪沟、大碉沟、大堂沟、交子沟、满家沟、谩桥沟、梅子坪（高山）、梅子坪（沟口）、磨子沟、模萨沟、松林坪沟、沃底泉、羊房沟（高山）、羊房沟（沟口）、洋房（沟口）			2009～2013 年/16 站
		姑鲁沟、接兴沟、解放沟（高山）、			2002～2013 年/3 站
		核桃沟			2006～2013 年/1 站
		大水沟			1992～1999 年、2002～2003 年/1 站
		解放沟沟口、兰坝沟			2002～2004 年/2 站
		落水洞沟			2002～2005 年、2009～2013 年/1 站
		棉纱沟			2002～2003 年/1 站
		老庄子泉			2009～2013 年/1 站
		泸宁泉			2002～2013 年/1 站
		磨房沟（一级尾水）			1993～2010 年/1 站
		磨房沟小电站堰			2006～2009 年/1 站
		磨房沟堰			2006～2007 年/1 站
		模萨沟 Y1～Y6 站			2006～2013 年/6 站
		楠木沟			1992～1999 年、2006～2010 年/1 站
		牛圈坪沟（高山）、牛圈坪沟（沟口）、普斯罗沟（高山）、普斯罗沟（沟口）、石官山沟			2003～2013 年/5 站
		羊圈沟			2006～2010 年/1 站
		磨房沟左支沟			1993～1997 年、2006～2013 年/1 站
	隧洞流量观测	长探洞 PD₁、PD₂			1992～2006 年/2 站、2009～2013 年/1 站（PD1）
		辅助洞	东端排水洞出口		2005～2013 年/1 站
			西端 A、B 洞出口		2005～2013 年/2 站
			辅排 1#、辅排 2#		
		施工排水洞	下长探洞		2008～2013 年/1 站
			与辅引 3#交叉		
		引水隧洞	西端		2009～2013 年/1 站
			4#横向排水洞		

序号	观测类别	观测部位	观测时间/站点
3	厂址长探洞堵头水压力观测	2845 堵头水压力观测	1997~1998 年、2002~2014 年
		3500 堵头水压力观测	1997~1998 年、2002~2014 年
4	两大泉地下水位观测	磨房沟泉钻孔地下水位长期观测	2006~2014 年
		老庄子泉钻孔地下水位长期观测	2006~2014 年

注：流量及气象观测成果统计截止时间为 2013 年底

7.1.2　观测成果的意义及作用

掌握锦屏山复杂的水资源系统、两大泉附近地下水位的变化、长探洞堵头水压力变化，研究它们各自的动态规律和转化关系，为隧洞群施工过程中可能存在的环境地质问题提供依据。同时，为后续均衡计算分析提供观测资料。

7.2　岩溶水动态分析

雅砻江大河湾地区岩溶地下水的补给来源主要是大气降雨、降雪及地表水的入渗，并且主要以大泉的形式集中排泄。通过对区内各大泉的动态特征研究，能够了解区内岩溶水及其含水介质的空间分布和含水层系统的结构特征。本节主要介绍研究区水温的动态变化，地下水流量的动态变化及地下水流量的衰减分析 3 个方面的内容。

7.2.1　岩溶地下水水温动态分析

水温动态是地下水热动态的一个重要方面，且岩溶地下水热动态对岩溶地下水动态研究具有重要的价值。水温动态的研究不仅对水文地质学的基本理论发展有很大的促进作用，而且对解决目前生产实际中的具体问题有积极的意义。首先在地下水形成条件研究方面有一定的指导意义，可以利用温度动态观测资料评价地下水补给及排泄条件，地下水与地表水以及各含水层之间的相互关系；其次地下水温动态规律确立以后，还可以继续预测地下水水量，查明水文地质断面中的强烈渗透带，隐蔽或局部的地下水排泄源，寻找地下水汇聚点，确定地下水的运动速度以及含水层的水文地质参数等。

地下水的温度动态有很多影响因素，而其中最基本的因素是气温动态，对浅层地下水则尤其如此。气温的昼夜、年及多年的变动传至地下引起地下水温度相应的变化。在这个基础上再叠加来自地壳内部以及在较大深度由放射性组合元素蜕变引起的固定热流；另外，在硫化矿床附近的地下水中，当存在吸热的化学反应或生物化学反应时，对地下水波动也有影响。地下水温动态还与人为因素有关，如具有热调节作用的大型水库、城市中带有巨大热源的工业联合企业以其输热管道网等，但这些因素都是局部的。形成地下水温度变动的最大外因是太阳能，地球的转动且接受太阳热流的倾斜角度不断变化，致使地球大气圈内出现昼夜的、年度的及多年的空气温度变化周期。

雅砻江大河湾地区由于高山降雪入渗补给，岩溶水水温普遍较低，年平均水温多为 8~16.6℃，按地下水的温度分类（表 7.2）属于冷水类型，3200m 高程以上则趋向于极冷水类型。显然，这种低温对碳酸盐岩溶蚀作用强度起着很大的制约作用，水温越低，碳酸的溶解度越高，但化学作用进行的越慢，以此削弱了水对碳酸盐岩的溶蚀能力，低温水是研究区岩溶发育程度较弱的重要原因之一。

表 7.2　地下水的温度分类

类别	非常冷的水	极冷的水	冷水	温水	热水	极热的水	沸腾的水
温度/℃	<0	0~4	4~20	20~37	37~42	42~100	>100

由于受气候垂直分带的影响，岩溶水温度变化具有比较明显的高程效应，泉水水温与出露高程成反比，水温越低显示其补给高程越高，反之亦然。表 7.3 为研究区主要水系及泉水的水温，岩溶泉水水温与高程相关关系如图 7.2 所示，两者的关系可以使用式（7.1）所描述的直线来表示。地表水流温度变化的高程效应具有与岩溶泉水类似的规律，两者的相关关系如图 7.3 所示，也可以使用式（7.2）所描述的直线来表示。

$$y = -0.0057x + 22.796 \qquad (7.1)$$
$$y = -0.7073x + 15.66 \qquad (7.2)$$

表 7.3　工程区主要水系和泉水水温、气温一览表

类型	测点位置	测点高程/m	取样日期	水温/℃			气温/℃		
				最大值	最小值	平均值	最大值	最小值	平均值
地表水	雅砻江	1328	1990 年 6 月~1996 年 1 月	21.0	5.0	13.1	31.8	2.2	19.8
	大水沟沟口	1340	1990 年 6 月~1996 年 1 月	18.0	9.0	13.9	25.0	5.5	15.9
	楠木沟沟口	1370	1990 年 6 月~1996 年 1 月	21.8	7.0	14.2	34.0	7.3	19.8
	楠木沟水	1400	1990 年 6 月~1992 年 3 月	19.0	12.6	15.8		14.4	14.4
	楠木沟水	1550	1992 年 3 月~1993 年 11 月	15.0	11.3	13.4	25.5	6.5	16.9
	毛牛支沟水	2950	1995 年 5 月~1996 年 1 月	18.0	3.0	10.3	19.7	2.0	11.3
	毛家沟沟口	2100	1992 年 6 月~1996 年 1 月	23.1	3.0	10.8	28.0	1.3	14.4
	毛家沟水	2950	1995 年 5 月~1996 年 1 月	12.4	0.6	7.5	17.0	1.0	9.5
	磨房沟左支沟	2200	1990 年 6 月~1995 年 5 月	10.2	8.2	9.1	14.0	10.0	11.3
	羊坪子沟水	2900	1995 年 3 月~1996 年 1 月	13.3	3.7	9.6	22.1	1.2	12.6

类型	测点位置	测点高程/m	取样日期	水温/℃			气温/℃		
				最大值	最小值	平均值	最大值	最小值	平均值
泉水	磨房沟泉	2174	1990 年 6 月 ~ 1996 年 1 月	12.0	9.0	10.1	25.0	5.2	13.5
	老庄子泉	2150	1990 年 6 月 ~ 1996 年 1 月	12.7	8.0	11.0	32.0	5.0	16.9
	三北	1468	1990 年 8 月 ~ 1991 年 6 月	20.0	12.0	15.8	24.0	7.0	18.8
	三中	1450	1990 年 6 月 ~ 1991 年 6 月	15.0	12.5	13.6	25.3	9.0	18.8
	三南	1450	1990 年 6 月 ~ 1992 年 3 月	13.0	12.5	12.8	21.5	17.5	19.5
	1 号洞上游沟泉	1355	1990 年 6 月 ~ 1996 年 1 月	21.0	10.8	16.6	30.5	12.3	19.9
	大水沟泉	1920	1992 年 3 月			12.0			7.5
	小水沟泉	1345	1990 年 5 月 ~ 1992 年 6 月	23.0	13.0	14.4	27.0	5.0	18.0
	楠木沟泉	1845	1992 年 3 月			13.4			19.2
	楠木沟泉	1950	1992 年 3 月 ~ 1996 年 1 月	14.0	12.2	12.9	24.5	7.0	16.6
	楠木沟泉	2300	1992 年 3 月			8.0			10.6
	钙华层水泉	1350	1992 年 2 月			13.7			11.5
	一碗水泉	1360	1990 年 6 月 ~ 1992 年 2 月	19.0		15.5	17.0		17.0

研究区地表水系的温度具有随季节性变化的显著特点。雅砻江江水每年夏季（6 ~ 9 月）水温较高，最高达 21℃（表 7.3），12 月至次年 2 月水温较低，最低为 5℃，平均水温为 13.1℃，变幅 16℃，属气候型动态。次一级支沟水系年水温变幅相对较小，水温平均值为 7.5 ~ 15.8℃。除毛家沟口（年变幅 20.0℃）和磨房沟左支沟（年变幅 2.0℃）外，一般次级支沟年变幅为 3.7 ~ 15℃。毛家沟口地表水季节性变化很大，受气温影响使其年变幅较大；而磨房沟左支沟水则由岩溶水转换而成，且沟谷深切，受气温影响较小，其年变幅接近泉水。

泉水水温年变幅更小，磨房沟泉、老庄子泉的平均水温分别为 10.1℃ 和 11.0℃，年

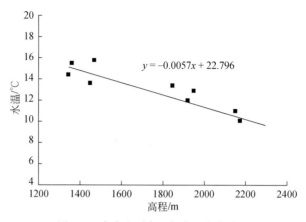

图 7.2　泉水出露高程与水温变化关系

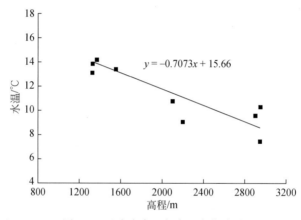

图 7.3　地表水高程与水温变化关系

变幅为 3℃ 和 4.7℃；三股水泉（三$_北$、三$_中$、三$_南$）平均水温分别为 15.8℃、13.6℃、12.8℃，年变幅分别为 8℃、2.5℃、0.5℃，该泉的水温高于磨房沟泉和老庄子泉，这与三股水泉受模萨沟水和梅子坪沟水的入渗补给有关。中小泉平均水温为 8 ~ 16.6℃，年变幅离散性较大，为 0.7 ~ 10.2℃，它不仅受大气变化制约，而且受补给高程的控制。泉水温度较低的主要原因是高山降雪入渗补给，泉水温度年变幅小，季节性变化不明显，这反映出大泉泉域地下水有一定的调节能力。

大水沟长探洞内最高水温为 19℃，最低水温为 10.8℃，洞内平均水温为 13.0℃，属于冷水型。全洞平均水温的年变幅为 6.5℃，洞深 779m 以浅水温为 15 ~ 19℃，接近锦屏地区年平均气温，但水温随季节性变化不明显；洞深 779 ~ 1100m（PD$_1$洞为 1220m）水温随洞深呈负梯度，平均水温下降为 3℃ 左右；PD$_1$洞 1220 ~ 1700m、PD$_2$洞 1100 ~ 1740m 水温缓慢上升 1℃。两条探洞洞深 1700 ~ 2500m，呈负梯度，2500m 以后水温下降较快，如图 7.4 所示。

探洞中的水温不仅和洞深有关，还和探洞中涌水量的多少有关，而且一般水温与涌水流量呈负相关关系。涌水流量大，流速快的涌水点，水温普遍较低，最低水温点一般都在

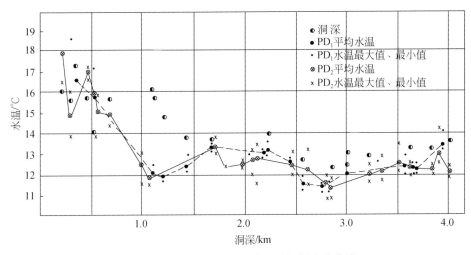

图 7.4　长探洞 PD_1 和 PD_2 水温随洞深变化曲线

大涌水段，具体的如图 7.5 所示；同时，同一渗水裂隙的上、下游壁的水温也存在差异，如 PD_2 洞深 564m，上游壁水温为 15.8℃，下游壁水温为 14.0℃，相差 1.8℃ 显示导水裂隙内水流方向，自高温向低温渗流。

　　探洞浅埋，季节性变化带内水温局部高于地温，如 PD_2 洞深 236m 和 446m 水点处水温高于地温，其余深埋水点的水温均低于地温，一般低于地温 0.1 ~ 0.8℃，其中洞深 1002.4 ~ 1450m，水温低于地温 1.5 ~ 4.2℃；洞深 2200 ~ 2845.5m，水温低于地温 1 ~ 3℃；洞深 3500m 后，水温一般低于地温 0.08 ~ 1.0℃；水温与地温的关系表明，低水温条件直接影响地温。

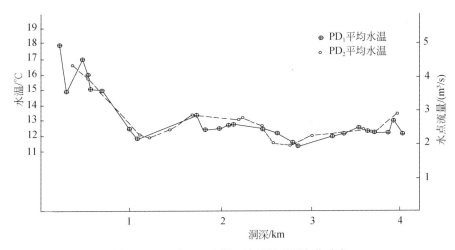

图 7.5　PD_1 和 PD_2 水温、流量随洞深变化动态

　　根据流量较稳定的 PD_2 洞深 295m 和洞深 573m 涌水点的 24 个月水温观测资料分析，水温年变动幅度分别为 2.1℃ 和 1.7℃，表明地下水水温不直接受季节性气候变化的影响，仅受补给源处的季节性气候变化影响。根据探洞内出水点的长期观测资料可知，探洞水温

随着洞深的增大呈递减趋势。不同洞段温度变化如下：Ⅰ浅层潜水带水温变幅为 3.5 ~ 4.1℃，随季节略有变化，可能与局部地表水入渗补给有关；Ⅱ中部涌水带水温变幅较小，为 0.6 ~ 1.6℃，随季节性变化不明显；Ⅲ和Ⅳ深部涌水带地下水温变化不大，甚为稳定。探洞 PD_2 也具有类似的规律。

由以上分析可以得出，本区岩溶水年平均水温为 7.5 ~ 16.6℃，属冷水类型。受气候垂直分带的影响，岩溶水温度与出露高程成反比。雅砻江的次一级支沟及泉水，年气温变幅逐渐减小，反映出岩溶地下水径流深度较深，影响着地温场。

7.2.2　岩溶地下水流量动态分析

岩溶地下水动态分析，可以选择反映动态特征的单因素进行分析，像流量、水位、水化学成分等，本节主要选择流量这个重要因素并对该地区的几个大泉进行流量分析，包括磨房沟泉、老庄子泉等。

7.2.2.1　磨房沟泉流量动态分析

磨房沟泉为研究区内第一大泉，出露于锦屏山东坡青纳断层（F_4）南端的Ⅰ单元东侧边界的东侧，泉口高程 2174m，高出磨房沟沟底 20 余米，高出雅砻江 830m，泉口段有弱承压性的流态。

磨房沟泉泉域范围广阔且存在非常厚的包气带，其历年流量动态规律性较强，如图 7.6 所示。一般每年 4 ~ 5 月泉流量最小，为最枯月份，9 月泉流量最大，为最丰月份，该泉长期流量观测资料由三部分组成：1965 ~ 1967 年原锦屏工程指挥部实测；1990 ~ 1993 年磨房沟二级电厂测得相应流量资料；1994 ~ 2013 年由华东勘测设计研究院水文队实测。由于受辅助洞施工涌水的影响，从 2005 年开始磨房沟各月平均流量相比历年同期流量逐渐减少，并于 2006 年 3 月 23 日出现断流，受降水补给后该泉于 10 月 3 日恢复出流，但流量仅为 2.65m³/s，至同年 11 月 8 日开始又出现断流现象，并且在 2007 ~ 2010 年，都出现了长达几个月的断流现象，至 2011 年之后则出现了断流的现象，见表 7.4。该泉部分典型年份的月平均流量动态曲线，如图 7.7 所示。

表 7.4　磨房沟泉实测流量表　　　　　　（单位：m³/s）

月份 年份	1	2	3	4	5	6	7	8	9	10	11	12	年平均
1966	6.27	4.73	3.89	3.16	2.82	4.37	7.72	10.40	13.90	12.40	9.92	7.86	7.29
1990	5.16	3.71	3.06	2.55	2.83	5.88	8.68	10.82	11.67	12.01	9.07	7.21	6.89
1991	5.21	3.85	2.96	2.24	1.96	2.43	7.56	11.30	11.68	11.17	8.67	6.75	6.32
1992	4.87	3.66	2.79	2.24	1.89	2.35	5.51	6.83	7.55	7.21	6.28	4.90	4.67
1997	3.00	2.49	2.21	2.06	2.13	3.92	7.62	10.80	11.60	11.00	8.53	5.57	5.91
1998	4.31	3.40	2.72	2.22	1.99	3.79	10.10	10.50	11.70	13.10	9.18	6.28	6.61
1999	5.55	3.99	3.02	2.45	1.75	4.51	9.30	9.03	8.78	5.44	4.98	4.73	5.29

续表

年份＼月份	1	2	3	4	5	6	7	8	9	10	11	12	年平均
2000	4.79	4.22	3.44	2.56	2.50	4.45	5.95	8.86	12.22	9.24	6.58	6.43	5.94
2001	5.45	3.60	2.41	2.03	2.11	4.07	7.23	12.60	14.70	12.50	7.55	6.94	6.77
2002	6.07	4.46	3.41	2.83	2.58	3.71	6.41	10.80	9.68	9.37	7.27	5.47	6.02
2003	4.38	3.44	2.79	2.43	2.17	4.35	7.89	8.23	10.30	9.58	8.14	6.09	5.82
2004	4.79	3.89	3.32	2.90	3.09	3.90	6.20	8.41	10.40	9.75	8.03	6.53	5.93
2005	5.05	3.95	3.16	1.56	0.72	0.97	3.69	7.53	9.00	7.75	6.47	4.17	4.50
多年平均	4.99	3.80	3.00	2.47	2.32	3.98	7.51	9.88	11.18	10.23	7.85	6.23	6.12
2006	2.49	1.50	0.58					0.01	0.08	1.76	0.33	0.106	
2007	0.068	0.026				0.038	0.53	1.20	1.24	0.68	0.29	0.106	
2008	0.061	0.020					1.15	1.54	1.89	1.02	0.35	0.176	
2009	0.071	0.051	0.019				0.31	0.69	0.76	0.20	0.079	0.043	
2010							0.56	0.33	0.49	0.25			
2011	0	0	0	0	0	0	0	0	0	0	0	0	0
2012	0	0	0	0	0	0	0	0	0	0	0	0	0
2013	0	0	0	0	0	0	0	0	0	0	0	0	0

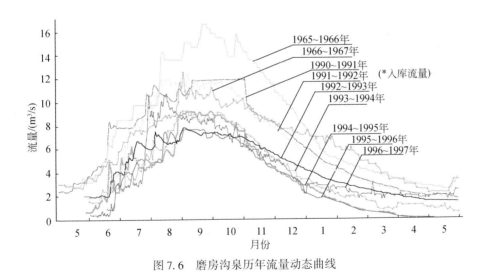

图 7.6　磨房沟泉历年流量动态曲线

　　磨房沟泉流量对降水有一定的迟缓。分析磨房沟泉流量与降水量关系可知，磨房沟月平均流量迟后降水量 2 个月（图 7.8）。按流量迟后降水量 2 个月分析，则月平均流量与月降雨量有较强的相关关系，关系式为 $Q=0.02605x+2.90697$。但磨房沟泉年平均流量与年降雨总量相关关系较弱，流量随降水量的变化较小。磨房沟泉流量与降水量的关系表明

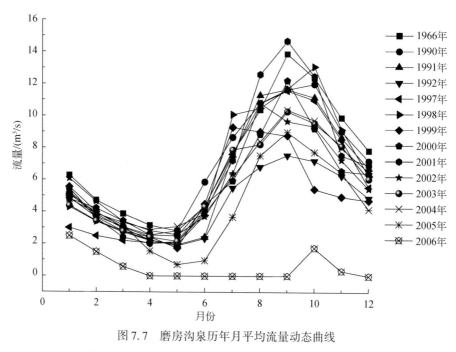

图 7.7 磨房沟泉历年月平均流量动态曲线

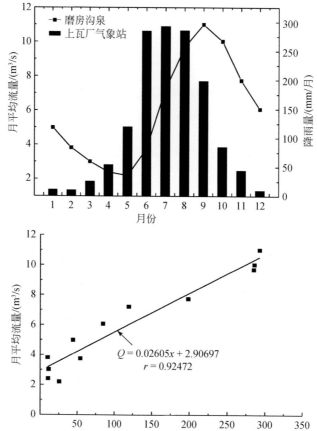

$$Q = 0.02605x + 2.90697$$
$$r = 0.92472$$

图 7.8 磨房沟泉月平均流量与上瓦厂气象站月降雨量关系图

磨房沟泉域补给源主要为大气降雨和降雪；降水补给入渗的距离较长，泉域调节能力较强，这与磨房沟泉域范围广阔以及存在巨厚的包气带相吻合。

7.2.2.2　老庄子泉流量动态分析

老庄子泉为本区第三大泉，出露于Ⅰ单元东侧边界民胜乡断裂带附近的老庄子沟沟口，是由发育于沟内冲洪积层和沟两岸中边的6~10个季节泉和常年泉组成的泉群，泉口高程为2127~2170m。

老庄子泉群历年月平均流量动态表现出随季节变化的规律性，一般每年的4~5月泉流量最小，8~9月流量最大，如图7.9所示。从泉群流量动态曲线的结构看，老庄子泉群与磨房沟泉有部分相似，即反映了大气降雨、降雪大面积均匀入渗补给和有岩溶发育的特征。但该泉的特点在于，流量对于大气降水的反应要比磨房沟泉灵敏得多，调蓄功能相对较差，丰水期流量峰值滞后降水主波峰达到15天左右，同时，每一次降雨过程在泉流量上均有对应明显的次级波峰突起，且滞后1~2天，表现出不稳定岩溶泉的流量变化特征。这种有别于磨房沟泉的流量动态特征，其原因主要有以下两个方面：①图7.10中的曲线反映的是季节泉和常年泉流量的叠加，据20世纪60年代的观测资料，其中临时性和季节性泉流量占总流量的73.5%（据1996年资料），故其流量动态主要受季节泉动态的控制和影响。②泉群发育于横向深谷中，浅部多管道的运移排泄条件好。

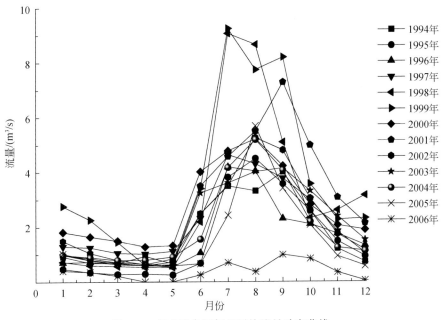

图7.9　老庄子泉历年月平均流量动态曲线

泉月平均流量与月降雨量有较好的相关关系，流量迟后降水量1个月。1994年1月~2006年12月及2009年10月以后，对该泉进行了流量观测，具体见表7.5。按流量迟后降水量1个月分析，月平均流量与月降雨量满足直线方程$Q = 0.0143x + 0.6027$（图7.11）。老庄子泉年平均流量随年降雨总量的增加呈增大的趋势，说明老庄子泉域受降水影响较

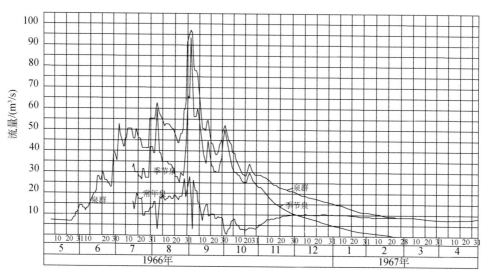

图 7.10　老庄子泉流量动态曲线（1966 年 5 月～1967 年 4 月）

大，泉域调蓄能力较差，接受了较多的地表径流补给。

表 7.5　老庄子泉实测流量表　　　　　　　　（单位：m³/s）

年份＼月份	1	2	3	4	5	6	7	8	9	10	11	12	年平均
1994	0.92	0.69	0.68	0.94	0.66	2.48	3.49	3.31	4.01	2.59	1.21	0.73	1.81
1995	0.48	0.35	0.28	0.29	0.26	0.68	3.82	4.50	3.57	2.59	1.48	0.94	1.60
1996	0.71	0.73	0.65	0.61	0.55	1.06	4.19	4.04	2.30	2.10	1.75	1.33	1.67
1997	1.29	1.25	1.05	1.02	1.12	2.32	4.64	4.30	3.78	2.99	1.83	1.05	2.22
1998	0.73	0.60	0.57	0.54	0.53	2.19	9.06	8.66	5.09	2.32	2.61	3.15	3.00
1999	2.76	2.26	1.45	0.61	0.63	3.40	9.24	7.74	8.19	3.57	2.27	2.32	3.70
2000	1.82	1.65	1.50	1.28	1.33	4.02	4.77			2.80	2.06	1.90	
2001	0.99	0.79	0.64	0.60	0.73	3.49	4.57	5.49	7.28	4.98	3.07	2.14	2.90
2002	1.49	1.05	0.79	0.64	0.84	2.48	3.52	5.25	4.80	3.04	1.74	1.17	2.23
2003	0.97	0.86	0.71	0.65	0.60	3.24	3.61	4.02	4.15	3.31	2.39	1.53	2.17
2004	0.98	0.89	0.79	0.80	0.91	1.56	4.17	5.18	4.07	2.19	1.25	1.13	1.99
2005	1.03	0.80	0.69	0.59	0.59	0.66	2.43	5.68	3.41	2.08	0.94	0.57	1.62
多年平均	1.32	1.10	0.86	0.69	0.77	2.67	5.54	5.81	5.34	3.20	2.17	1.78	2.60
2006	0.41	0.36	0.22	0.01	0.01	0.26	0.70	0.37	0.99	0.84	0.34	0.04	0.38
2009										1.15	0.05		
2010							1.36	2.15	2.11	1.32	0.61		
2011						0.23	1.18	0.10	0.06	0.06	0.00		
2013						0.00	1.04	1.09	1.09	0.52	0.06		

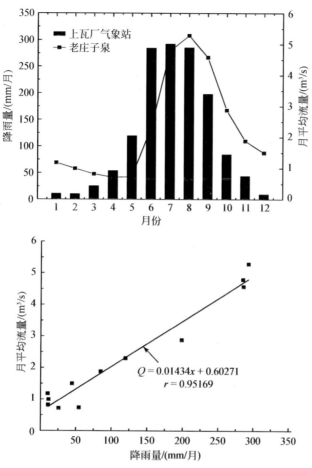

图 7.11　老庄子泉月平均流量与上瓦厂气象站月降雨量关系

　　老庄子泉不同于磨房沟泉的流量动态特征的主要原因是：首先，老庄子泉群由季节性泉和常年泉组成，且其流量动态主要受季节性泉的流量动态的控制和影响；其次，老庄子泉群发育于横向深谷中，浅部大多管道的运移排泄条件较好。

　　下面介绍三股水泉的流量动态，三股水泉是本区的第二大泉，出露于 T_2b 东大理岩带的东侧边界处，主要受 T_2y 条带状大理岩、粉砂岩、泥灰岩以及峨眉山玄武岩组的阻水作用而涌出地表，由相距 450m 和 350m 的三个大泉组成，泉口高程从北到南分别为 1468m、1455m、1455m，形成区内悬挂式第一大泉，高出雅砻江水面 150～170m。由于三股水泉远距当时拟建的锦屏二级水电站，故泉水流量未予长期观测，加上三股水泉水流分散无法采用仪器测流，所以流量采用每月 10 日、20 日、30 日到现场目估三次，所以精度可能会有较大的影响，表 7.6 中列举的数据就是根据上述方法观测得到。图 7.12 为三股水泉历年月平均流量动态曲线。一般目测在丰水期泉水流量达 $20m^3/s$（图 7.13 是三股水泉丰水期的排水情况），枯水期泉水流量为 1～$2m^3/s$（图 7.14 反映了三股水泉枯水期的水流状态），年平均泉水流量为 5～$6m^3/s$，具有暴涨暴落的特性。与模萨沟沟口和梅子坪沟沟口水的径流特征相一致。

表7.6　三股水泉流量统计表　　　　　　　　　　（单位：m³/s）

年份	1月	2月	3月	4月	5月	6月	7月	8月	9月	10月	11月	12月	年平均	最大	日期/日	最小	日期/日
2009											2.50	2.32	2.41				
2010	3.55	2.91	2.42	2.00	1.74	3.11	4.55	4.17	4.22	4.27	3.18	2.50	3.22	5.00	7~10	1.66	5~20
2011	2.53	2.38	2.62	2.95	3.18	3.77	4.37	4.62	4.17	3.15	3.18	2.43	3.28	4.75	8~10	2.30	12~30
2012	2.42	2.33	2.26	2.82	2.90	3.60	6.60	6.00	7.30	5.20	3.50	2.50	3.95	4.60	8~20	1.95	3~20
2013	2.55	2.40	2.35	2.20	2.45	3.20	4.50	5.35	5.80	3.40	3.00		3.38				
多年平均	2.76	2.51	2.41	2.49	2.57	3.42	5.00	5.03	5.37	4.01	3.07	2.44	2.97				

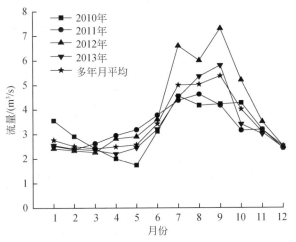

图7.12　三股水泉历年月平均流量动态曲线

图7.13　三股水泉丰水期水流

图7.14　三股水泉枯水期水流

从表 7.6 可以看出，三股水泉在 2010 年以后几乎没有出现过断流的情况，而且流量在丰水期和枯水期的分布比较明显，且枯水期流量比较稳定，从中可以判断出以三股水泉作为排泄基准面的含水层水量比较丰富，并且在隧洞开挖后所受影响不是很大。

7.2.2.3　长探洞涌水的流量动态分析

根据长探洞所揭示的地层、构造、水化学及水动态变化等因素，可划出四个出水带，如图 7.15 所示，各带动态可归纳如下。

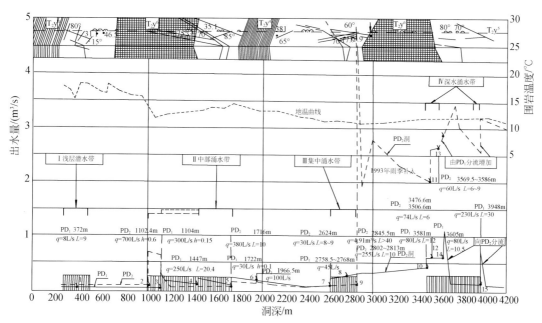

图 7.15　锦屏二级水电站长探洞水文地质实际材料图

q. 涌水初始瞬时流离；*L.* 涌水初始喷水距离（m）；*h.* 初始涌水高度（m）

Ⅰ浅层潜水带：自洞深 230m 处见地下水位以后，渗水量是随着掘进深度增加而缓慢、平稳地增加，最终稳定渗水量维持在 50～80L/s，随季节变化。

Ⅱ中部涌水带：自 1992 年 1 月揭露该带，至 1992 年 8 月通过该带期间，探洞内多次涌水，涌水量时涨时落，起伏变化大，最终涌水量稳定在 200L/s 左右。

Ⅲ集中涌水带：自 1993 年 4 月揭露该带，至 1993 年 7 月 1 日揭露 PD$_2$-2845.5m 涌水点，探洞内涌水量突升，瞬时流量达到 4910L/s，半个月后，流量虽衰减至 1936L/s，但受当年雨季影响，流量又回升至 2500～2800L/s，最终全洞稳定流量为 2000～2200L/s。

Ⅳ深层涌水带：自 1994 年 4 月揭露该带，至 1994 年 8 月通过该带的第一段喷水构造，1995 年 3 月揭露该带的第二段喷水构造，探洞内涌水量又出现时涨时落现象，起伏甚大，全洞涌水量上升至 2800～3000L/s。图 7.16 反映了 PD$_1$、PD$_2$ 的历年涌水动态。

大水沟长探洞涌水动态有如下特点：探洞的地下水总流量一般在探洞掘进遇较大裂隙时或裂隙密集带突水前，基本上随着探洞的不断加深呈少量的稳步增大，反映了含水介质以扩散流补给，具相对稳定连续的特点，但在揭露较大或特大涌水点时，则流量动态变化

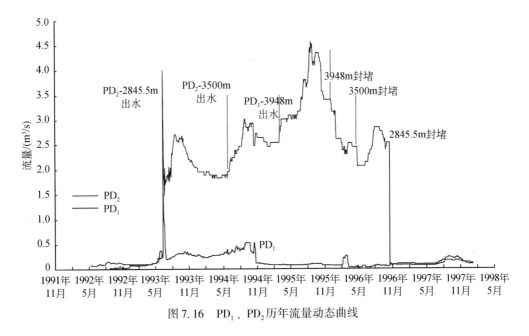

图 7.16　PD₁、PD₂ 历年流量动态曲线

较大；第 Ⅰ 出水带的流量相对较稳定，且不受探洞深部出水带涌水影响。而第 Ⅱ、Ⅲ、Ⅳ 出水带则在涌水初期动态变化较大，存在较明显的初始压力衰减阶段，但其后则保持一个较稳定的流量动态。在第 Ⅱ 出水带上部大多数出水点衰减较快，以至呈现滴水或干枯现象，部分出水点具季节性。第 Ⅲ、Ⅳ 出水带内各涌水点衰减缓慢，持续稳定的时间长，季节性变化小，反映出水文地质体的裂隙性含水介质的特点。

Ⅱ、Ⅲ 两条出水带中主要集中涌水有 10 处，见表 7.7。其中，PD₂-1002.4m（PD₁-1104m）涌水属初期涌水→衰减涌水→稳定涌水→干枯类型，与长探洞深部涌水点揭露有关；PD₂-2845.5m 涌水点属初期涌水→衰减涌水→稳定涌水类型，说明该点不仅有大的静水储量，而且有稳定的补给来源；PD₁-3948m 涌水点属初期涌水→涌水递增→稳定涌水类型，显示涌水通道从阻塞→畅通，并有稳定的补给来源。

表 7.7　长探洞出水量大于 0.1m³/s 出水点一览表　　　　（单位：m³/s）

出水带	位置	瞬时最大流量	稳定流量
Ⅱ	PD₁-1104m	0.3	0
	PD₂-1002.4m	0.7	0
	PD₁-1431.7m	0.1	0.0005~0.0001
	PD₁-1447m	0.25	0.03
	PD₂-1716m	0.38	0.01
Ⅲ	PD₁-3628.9m	0.08	0.2
	PD₁-3948m	0.23	0.69
	PD₂-1996.5m（涌泥）	0.1	<0.0002
	PD₂-2809m	0.255	0.05
	PD₂-2845.5m	4.91	2.0

7.2.2.4　其他沟（泉）的流量动态

在研究区除了上述几个主要代表性的流量动态监测点外，还有一些支沟也有长期的观测资料，以大水沟、楠木沟、泸宁泉为代表。

1）楠木沟水流量动态

楠木沟沟口位于磨房沟下游约 1km 处，沟谷全长 9.5km，流域面积为 27.1km²。高程 1950m 以上为干沟或部分季节性干沟，高程 1950m 以下为常年性径流沟谷。其年平均径流量为 1.4×10^6 m³，最大值为 0.28m³/s（1993 年 9 月 10 日），最小值为 0.004m³/s（1994 年 5 月 19 日），属不稳定性径流水。分析流量与降雨量的关系中可以看出：①1992～1997 年流量动态稳定，衰减特征相同。②降雨对流量变化反映灵敏，一般滞后 3～5 天。③大水沟长探洞涌水前后，楠木沟的径流量无明显变化，其枯水期流量为 0.01～0.017m³/s，较为稳定，表明长探洞涌水对楠木沟地表径流无直接影响。④长探洞封堵前后（1996 年 10 月），流量动态衰减正常。

以上特征均表明楠木沟地表径流流域有其独立的结构，主要受南北向阻水地层的阻隔；其径流量小，与流域面积补给不一致，显示区内高高程范围内（干谷或季节性干谷部分）有较多的消水点，越岭向大水沟或磨房沟流域渗流，与低高程径流无直接联系。示踪试验证实，楠木沟沟口的检测点无任何异常，但其上游的检测点均有异常值，佐证了以上分析。

2）大水沟水流量动态

大水沟水流量的长期观测自 1992 年 2 月 24 日开始，其时流量仅为 0.004m³/s，已受长探洞第 II 出水带影响，其丰水期流量从 0.7m³/s 减少到 0.015m³/s，枯水期流量仅 0.003m³/s；第 III 出水带揭露以后，出现季节性干枯。分析流量与降雨量的关系可以得出：①1992～1996 年，丰水期均在 9 月出现（流量在 20L/s 左右），与大泉相近；枯水期流量为 0～1L/s；1996～1997 年峰值提前至 8 月，而且衰减期不完整，与探洞在 10 月关闸堵水密切相关。②降雨对流量曲线波峰的反映差。③1992～1993 年丰水期流量回升和枯水期衰减均较缓慢，而 1993～1995 年则较快。上述流量动态特点反映了大水沟水与长探洞涌水之间补给源的同一性和水流通道的连通性。1996 年 10 月长探洞堵水后，枯水期流量回落至 24L/s，丰水期流量回升至 43L/s。

3）泸宁泉流量动态

泸宁泉域位于工程区 I 单元北侧，均为盐塘组地层，其西侧边界为锦屏山断层，北侧以与地表沟谷的地形分水岭为界，东侧由盐塘组地层内的相对隔水层阻离，南侧以断层为界，形成平均高程 3225m，泉域面积 18km² 的水文地质单元。

泸宁泉泉口高程 2280m，枯水期流量为 0.03～0.13m³/s，从表 7.8 可以看出 2003～2013 年，泸宁泉泉水流量在丰、枯水期都比较稳定，且与多年平均值一致，丰水期一般集中在 7～11 月，枯水期流量和丰水期流量相差一个数量级。从历年流量统计中可以看出，泸宁泉在辅助洞和引水隧洞开挖之后，其补给来源、径流方式、排泄方式所受影响不大。图 7.17 为泸宁泉历年月平均流量动态曲线图，更加形象直观地反映出了其流量动态变化。

表 7.8　泸宁泉流量统计表　　　　　　（单位：m³/s）

年份	1月	2月	3月	4月	5月	6月	7月	8月	9月	10月	11月	12月	年平均	最大	日期	最小	日期
2002									0.68	0.55	0.38	0.25					
2003	0.130	0.075	0.052	0.029	0.036	0.190	0.56	0.52	1.00	0.72	0.37	0.15	0.32	1.60	9月22日	0.025	4月5日
2004	0.130	0.100	0.090	0.100	0.110	0.200	0.46	0.72	0.65	0.51	0.36	0.19	0.30	1.07	8月23日	0.052	3月27日
2005	0.100	0.074	0.049	0.032	0.042	0.094	0.11	0.20	0.28	0.24	0.22	0.20	0.14	0.36	9月23日	0.026	4月22日
2006	0.140	0.085	0.046	0.036	0.048	0.200	0.36	0.29	0.36	0.37	0.26	0.13	0.19	0.52	9月4日	0.030	4月5日
2007	0.081	0.053	0.049	0.047	0.110	0.240	0.44	0.43	0.48	0.36	0.20	0.096	0.21	0.83	7月22日	0.040	3月5日
2008	0.086	0.062	0.042	0.041	0.049	0.084	0.17	0.40	0.24	0.19	0.11	0.15		0.85	9月13日	0.029	3月31日
2009	0.058	0.028	0.020	0.016	0.019	0.053	0.18	0.50	0.51	0.35	0.13	0.077	0.16	0.82	8月26日	0.014	4月26日
2010	0.063	0.057	0.031	0.020	0.012	0.100	0.53	0.56	0.65	0.56	0.34	0.20	0.26	0.96	8月25日	0.011	5月4日
2011	0.097	0.061	0.041	0.033	0.032	0.110	0.21	0.23	0.41	0.45	0.38	0.21	0.19	0.47	10月4日	0.025	5月17日
2012	0.088	0.060	0.047	0.035	0.030	0.080	0.70	0.78	0.69	0.48	0.34	0.28	0.30	1.15	8月14日	0.030	4月15日
2013	0.120	0.085	0.077	0.044	0.028	0.130	0.40	0.32	0.46	0.43			0.21				
多年平均	0.10	0.067	0.049	0.039	0.047	0.130	0.37	0.44	0.55	0.44	0.29	0.17	0.22				

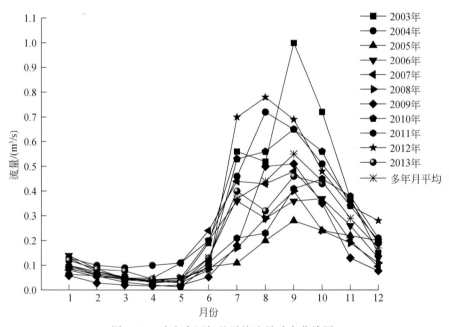

图 7.17　泸宁泉历年月平均流量动态曲线图

7.2.3　岩溶地下水流量衰减分析

在以大气降水为主要补给来源的岩溶含水层中，地下水的排泄主要是消耗岩溶含水层中的动储量。利用岩溶泉、暗河的流量和钻孔水位的衰减资料，根据岩溶含水赋存空间的变化特点和岩溶含水层的水动力条件研究岩溶水资源评价的方法，称为岩溶地下水衰减分析法。

在岩溶水文地质调查工作中，由于岩溶含水层中地下水流态及储水空间在时空上表现出高度不均匀性，传统的水文地质方法如抽（压）水试验法测渗透系数等受到了很大的限制。人们更多地通过水动力及水化学分析方法来了解岩溶含水层的结构信息，其中应用得较早且较广泛的是泉流量曲线衰减分析。

早在 1904 年，Boussinesq 及 Maillet 就用指数函数来描述泉流量的衰减过程，此后，该分析方法在地表水和地下水计算中得到广泛应用。例如在南斯拉夫迪纳尔岩溶区，就利用泉水长期观测动态曲线特征，计算泉流量的衰减系数、含水层导水系数、储水系数和降水有效渗入系数等诸项参数，并据此进行水资源评价。

7.2.3.1　基本原理

对于一个无外源补给的岩溶地下水系统，当地下水的排泄完全是岩溶含水介质中原有储量的自然消耗时，流量的变化具有指数衰减的规律：

$$Q(t) = Q_0 e^{-\alpha t} \tag{7.3}$$

$$\alpha = \frac{\pi^2 K h}{4 \mu L^2} \tag{7.4}$$

上述方程最早是 Boussinesq（1904）推导出来的，其来自潜水非稳定流的基本方程

$$\frac{\partial}{\partial x}\left(h\frac{\partial H}{\partial x}\right) + \frac{W}{K} = \frac{\mu}{K}\frac{\partial H}{\partial t} \tag{7.5}$$

式中，Q_0 为干旱初期流量；$Q(t)$ 为任意时刻的流量；α 为衰减系数；L 为地下水流域长度；h 为含水层厚度；H 为含水层水头；W 为单位时间、单位面积上垂向补给含水层的水量；μ 为潜水水位变化范围内岩石的给水度；K 为渗透系数。在推导过程中 Boussinesq 假设：①含水层是均质各向同性的；②水是不可压缩的；③忽略地下水位线以上的毛细管作用；④含水层无外源补给，即 $W=0$。

对于岩溶含水层而言，含水介质在空间上往往差异很大，很难用 Boussinesq 模型进行分析。因此，Maillet（2011）提出了适用于岩溶地区的衰减模型——水箱模型。其假设在整个岩溶含水层中，水流基本符合达西定律，简化模型如图 7.18 所示。

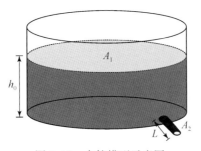

图 7.18　水箱模型示意图

水箱底孔连接孔口面积为常数 A_2 的管道，其长为 L，管道内充满了砂子，其渗透系数

为 K，代表含水层的平均渗透系数。当含水层无外源补给时，水箱初始水位为 h_0，水流由底孔排出。根据达西定律可知，管道内流量为

$$Q = V \cdot A_2 = \frac{Kh}{L} \cdot A_2 \tag{7.6}$$

根据质量守恒得

$$\frac{KhA_2}{L} = -A_1 \frac{\mathrm{d}h}{\mathrm{d}t} \tag{7.7}$$

当 $t = t_0 = 0$ 时，$h = h_0$。对式（7.7）进行积分，得

$$\int_{t_0}^{t} K \frac{A_2}{A_1} \mathrm{d}t = -\int_{h_0}^{h} L \frac{\mathrm{d}h}{h} \tag{7.8}$$

$$h = h_0 \cdot \mathrm{e}^{-\frac{K}{L} \cdot \frac{A_2}{A_1} \cdot t} \tag{7.9}$$

联立式（7.6）和式（7.9），则有

$$Q(t) = Q_0 \cdot \mathrm{e}^{-\alpha_D t} \tag{7.10}$$

$$Q_0 = \frac{KA_2 h_0}{L} \tag{7.11}$$

$$\alpha_D = \frac{K}{L} \frac{A_2}{A_1} \tag{7.12}$$

式（7.10）即为 Maillet 方程。由于管道流量在任何时刻都与水箱体积 $W(t)$ 成正比，即 $Q(t) = \alpha \cdot W(t)$，该模型也被称为线性水箱模型。式（7.12）表明衰减系数 α_D 与渗透系数 K 的关系，与管道面积成正比，与管道长度，水箱面积成反比。该模型表明，对于渗透系数为 K 的含水层，当其含水面积在衰减过程中不发生变化时，其流量呈指数型函数衰减。

对于岩溶含水层而言，其往往存在渗透性相差很大的几种含水介质。故其在衰减过程中往往具有几个不同数量级的衰减系数。Mero（1964）以此将岩溶含水系统表示为几个线性水箱模型的并联系统，不同的水箱代表不同含水介质系统，衰减曲线为若干指数函数曲线的叠加，方程式表达如下：

$$Q(t) = \sum_{i=1}^{N} Q_i \mathrm{e}^{-\alpha_i t} \tag{7.13}$$

式中，Q_i 为第 i 段衰减曲线初始流量；α_i 为第 i 段衰减曲线衰减系数。Forkasiewicz 和 Paloc（1967）认为对于不同的水箱模型其出流条件（L、A_2、A_1）为常数，即上述方程的不同衰减系数仅与渗透系数 K 有关，即衰减速度与含水介质有关。故其认为最大的衰减系数对应于管道介质，最小的衰减系数对应于基质和细小裂隙介质，中间的衰减系数对应于大裂隙介质。束龙仓等则通过室内试验模拟验证了衰减曲线与含水介质之间的对应关系。黄敬熙认为泉流量衰退曲线由若干段指数曲线组成，而非若干指数函数的叠加，其指数方程可表述如下：

$$Q(t) = \begin{cases} Q_1 \mathrm{e}^{-\alpha_1 t} & 0 \leqslant t \leqslant t_1 \\ Q_2 \mathrm{e}^{-\alpha_2 t} & t_1 \leqslant t \leqslant t_2 \\ \vdots & \vdots \\ Q_N \mathrm{e}^{-\alpha_N t} & t_{N-1} \leqslant t \leqslant t_N \end{cases} \tag{7.14}$$

式中各值函数与前面所述一致。该方程在国内应用的非常广泛，本书是通过运用该法

来解释研究区两大岩溶含水层的含水结构的水运动特征。

7.2.3.2 泉流量衰减分析

在衰减的起始时期，所有的充水介质通道在同一时期都进行排泄，且大通道吸收小通道的水向泉口集中排泄。大通道地下水的排泄速度、衰减速度都比小通道的大，所以在衰减初期，泉口流量主要由大通道流组成，它的衰减系数也由大通道流的衰减速度决定。当流量衰减到一定程度时，泉口流量主要由次一级较细小的裂隙流组成，它的衰减系数取决于这一级通道水的衰减速度，依次类推可知，泉口流量的衰减过程可分解为几个亚动态期，而且在同一个亚动态期，流量按同一衰减速度衰减，即衰减系数为常数。因此，可以用分段指数函数来拟合流量衰减曲线，每一段代表一个亚动态，每一个亚动态又与一种岩溶含水介质相对应，由此可以建立不同亚动态的衰减系数与岩溶含水介质的对应关系。至于衰减系数和含水介质中孔隙的有效直径的数量关系，目前尚没有足够的勘察、试验资料来加以确定，这也是岩溶界正在研究的课题。对于衰减曲线，一般情况下以 $\lg Q$ 对时间 t 为坐标作图，它将有若干折线段，每一折线段代表一个亚动态，每一个亚动态又与一种岩溶含水介质相对应，由此可建立不同亚动态的衰减系数与岩溶含水介质的对应关系。表 7.9 为几个岩溶泉的流量衰减特征，这些泉的衰减过程均由三个亚动态组成，它们大致代表着三种规模的岩溶含水介质出水，这三种介质分别为岩溶管道、溶蚀大裂隙、细小裂隙、孔隙。

表 7.9　几个岩溶泉流量衰减特征

衰减系数 / 衰减期 ＼ 泉名	雅德罗泉（南斯拉夫）	桂林试验场	湖南洛塔
第一亚动态	0.0250	0.044	0.151
第二亚动态	0.0086	0.015	0.039
第三亚动态	0.0012	0.005	0.017

流量衰减曲线可根据亚动态的多少、划分为三种不同的类型。

单一型：衰减曲线只包括一个折线段，它表明含水介质是单一而较均匀的，或是大面积较均匀的岩溶水。

双段型：衰减曲线由两个折线段组成，表明含水介质是双层模型，浅部是管道流而深部是裂隙流。

多段型：衰减曲线由三段或四段组成，表明含水介质是多层次结构，分别是岩溶管道、溶蚀大裂隙、溶隙或裂隙、细小裂隙或孔隙。

以磨房沟泉和老庄子泉为研究区主要的排泄中心，两泉域为岩溶区第一水文地质单元两个独立的子水文地质单元，电站引水隧洞群穿过两泉的分水岭地带。为了探究两泉的含水结构及其在长探洞开挖期间的变化，考虑用长探洞开挖前后泉枯水季节的流量资料进行衰减分析。限于两泉的流量资料有限，因此选用 1965～1966 年及 1990～1997 年的流量资料进行分析。

衰减曲线拟合采用图解法。首先将衰减期流量观测值绘于半对数坐标系（$\lg Q$-t）内，衰减开始时刻为 0。然后根据点的分布特征，作拟合各点的折线。最后选取拟合程度最好的线段作为该时段的衰减曲线。图 7.19 和图 7.20 为两泉各年丰水期后流量衰减曲线，分别代表开挖前、开挖期间及探洞封堵后的衰减曲线。

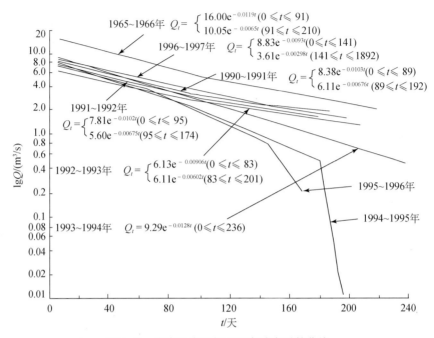

图 7.19　磨房沟泉历年流量衰减半对数曲线

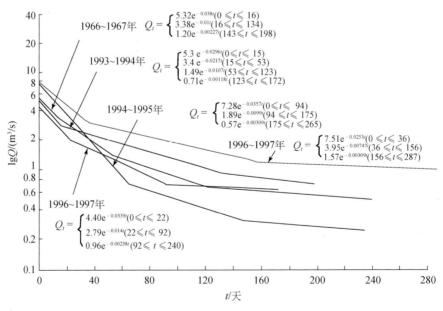

图 7.20　老庄子泉流量衰减半对数曲线

从图 7.19、图 7.21、图 7.22 可知，对于磨房沟而言，在天然状态下，磨房沟泉流量衰减曲线具有两个明显的亚动态，第一亚动态衰减系数 α_1 为 0.00906～0.0119，第二亚动

态 α_2 为 0.00298~0.00676。这反映了在衰减期间，岩溶地下水系统有两类含水介质的地下水向泉口排泄，从野外调查情况来看，两类含水介质应该是：①受主干断裂控制的管道状大溶隙，其连通性较好，输水能力较强，是该泉域岩溶水运移的主干道；②持水能力较好，连通性和输水能力相对较差的小溶隙。具体而言，管道状大溶隙发育于研究区内两大 NNE 向断层破碎带及 NWW 向张扭性裂隙带中，而小溶隙为各类次生构造裂隙及沿裂隙发育的次生溶隙。

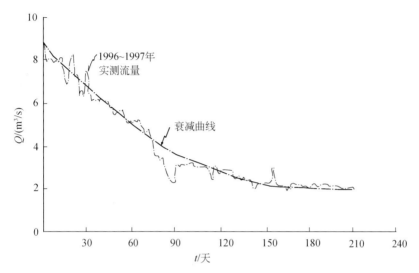

图 7.21 磨房沟泉 1996~1997 年流量衰减曲线拟合图

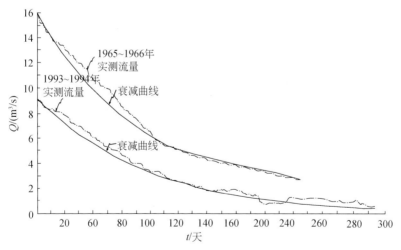

图 7.22 磨房沟泉流量衰减曲线拟合效果图

由于大水沟长探洞的开挖，特别是 1993 年集中涌水点 2845.5m 的揭露，1993~1994 年此泉流量衰减曲线只具有一个亚动态，且基流段衰减拟合性较差。1996 年初大水沟长探洞的封堵使得磨房沟衰减规律在一定程度上得到恢复，但拟合程度依然较低。

老庄子泉衰减曲线在天然状态下由 3 个亚动态组成，虽然 1993~1994 年表现为 4 个亚动态，但是因为第一、二亚动态衰减系数均大于 0.02，故仍将其归为第一亚动态，且从图 7.20 和图 7.23 可以看出，这 3 个亚动态的衰减系数分别为 0.0217 ~ 0.038、0.00742 ~ 0.014 和 0.00118 ~ 0.00309，这也反映了老庄子泉域至少有三种规模的岩溶含水介质、即第一亚动态反映出以米计的岩溶管道，第二亚动态为以分米计的大溶蚀裂隙，第三亚动态为以有效直径厘米至毫米计的小裂隙和溶孔。随着长探洞的开挖，流量曲线转变分化为更多段指数曲线，到探洞实行封堵，其衰减曲线仍可以由 3 个亚动态组成，仅存在局部时段的衰减速度加快，流量有一定的变化，反映出老庄子泉受工程的影响相对较小。

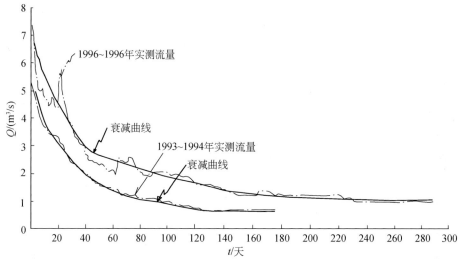

图 7.23　老庄子泉流量衰减曲线拟合效果图

由表 7.10 可知，相对于国内其他岩溶地区，如贵州普定后寨地下水及湖南洛塔，磨房沟泉的衰减系数偏小，这与其岩溶发育程度不高有关，而老庄子泉则具有更大的衰减系数，反映出其岩溶发育程度较高。

表 7.10　岩溶水流量衰减方程表

年份	泉名	第一亚动态			第二亚动态			第三亚动态		
		Q_0 /(m³/s)	α_1 /(L/d)	持续时间 /天	Q_0 /(m³/s)	α_2 /(L/d)	持续时间 /天	Q_0 /(m³/s)	α_3 /(L/d)	持续时间 /天
1965	磨房沟泉	15.68	0.0102	93	9.92	0.0061	117			
1990		8.43	0.0103	89	6.11	0.00676	103			
1991		7.81	0.0102	95	5.6	0.00675	79			
1992		6.13	0.00906	83	4.76	0.00602	118			
1993		9.18	0.0129	236						
1994		8.22	0.0145	95	—	—	—			
1995		7.15	0.011	62	—	—	—			
1996		8.7	0.0108	145	—	—	—			

年份	泉名	第一亚动态			第二亚动态			第三亚动态		
		Q_0 /(m³/s)	α_1 /(L/d)	持续时间 /天	Q_0 /(m³/s)	α_2 /(L/d)	持续时间 /天	Q_0 /(m³/s)	α_3 /(L/d)	持续时间 /天
1966	老庄子泉	5.32	0.038	16	3.4	0.01	118	1.23	0.0024	64
1993		5.25、4.45	0.03、0.021	15、38	2.48	0.01	69	0.84	0.00118	49
1994		7.28	0.0357	94	1.89	0.00997	81	0.57	0.00309	90
1995		4.4	0.0339	22	2.79	0.0014	59	0.96	0.00238	149
1996		7.51	0.0253	36	3.95	0.00742	120	2.01	0.00309	131

注：符号"—"代表异常

对比磨房沟泉和老庄子泉的衰减特征可知，它们的起始衰减时间、衰减期和衰减系数均有差异。老庄子泉的起始衰减时间较磨房沟来得早，且多了一个衰减系数大于 0.02 的亚动态，该亚动态衰减快、时间短，说明与其相对应的包气带和饱水带上部的岩溶管道以及沟中厚度较大的砂、卵（砾）漂石层的具有良好的径流条件，其排泄条件较好。而磨房沟由于泉域较大，地下水系统对大气降水有较强的调节能力，因而第一衰减期的衰减时间较长。

综上所述，两岩溶泉含水层可用如下水箱模型表示（图7.24）。该模型为两个 Maillet 水箱模型串联，该模型与 Forkasiewicez 和 Paloc（1967）提出的并联模型相比，考虑到了不同含水介质之间的水量交换，因而更能真实地反映岩溶含水系统。图中 A 为连通性较好、输水能力较强、排水速度较快的大溶隙；B 为小溶蚀裂隙，其连通性、输水能力及排水速度相对较差。在丰水期，降雨补给强度大于泉排泄强度，多余入渗量储存在 A、B 中。A 的水位 h_1 上升快速，B 的水位 h_2 上升缓慢，使得 $h_1 > h_2$，此时，A 中的水除向泉口排泄外，还"反渗"补给 B，补给量为 Q_1。在枯水衰减期，泉水无补给来源，其将排泄含水层储水量。A 的水位下降迅速，B 水位下降缓慢，使 $h_2 > h_1$，此时，大裂隙 A 吸收小裂隙 B 的水向泉口排泄，排泄量为 Q_2。衰减期又可分为两个部分，衰减初期，溶管水由

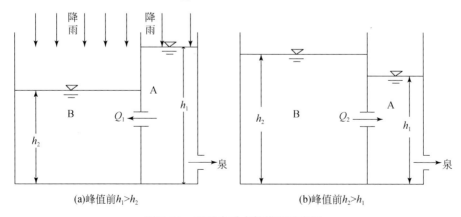

(a)峰值前$h_1 > h_2$　　　　　　　　　(b)峰值前$h_2 > h_1$

图7.24　双重介质水箱模型示意图

A. 大溶隙裂隙介质；B. 小溶隙裂隙介质

于其连通性好、流速快而成为主要水源，泉流量衰减速度也由它主导，这一过程与磨房沟泉第一亚动态对应；由于溶管水较少，故而很快进入衰减后期，即第二亚动态。这一时期泉水主要是溶隙水，故衰减速度慢，但衰减时间长。

　　为了验证模型的正确性，对 1966～1967 年老庄子岩溶斜井和老庄子 1 号钻孔进行分析。根据 20 世纪 60 年代的示踪试验发现，当向岩溶斜井投放食盐后，4～5h 内在老庄子各泉口迅速检测到了试剂样品，这说明岩溶斜井与老庄子泉有很好的水力联系，而且斜井水位动态和泉群流量动态十分相似，变化的起止时间和幅度都一一对应（图 7.25）。而且斜井宽达 1m。因此我们可认为岩溶斜井的水位可表示为管道状大裂隙含水介质的水位，即水箱 A 中的水位。老庄子 1 号钻孔距岩溶斜井约 20m（距斜井内含水通道，而不是斜井出口）。但两者水位一般情况下相差达 10m 以上，其动态类型也不相同。与斜井相比，钻孔水位动态变化平缓很多，90 年代的示踪试验也表明该孔与岩溶斜井并无地下水的直接连通。而且钻孔揭露的是含水层岩溶发育程度低，仅有小溶隙和溶孔。故其代表小溶隙裂隙介质水位，即 B 水箱中的模型。

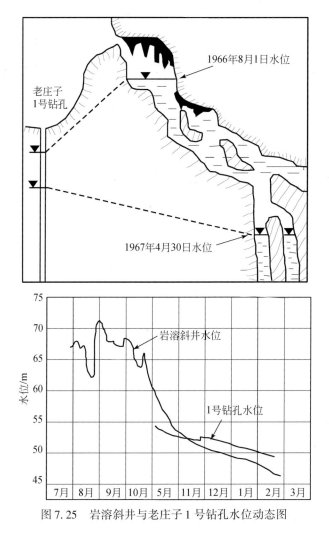

图 7.25　岩溶斜井与老庄子 1 号钻孔水位动态图

从图 7.25 可以看出，在衰减初期，斜井水位高于钻孔水位，由于泉刚进入枯水季节，小溶蚀裂隙 B 中的水位一般处于全年高水位，水箱 A 中水位与 B 中水位相差不大，故岩溶管道内水大部分快速排向泉出口，小部分排向小溶蚀裂隙 B 中，由于老庄子 1 号钻孔靠近老庄子泉口，受季节性泉出流的影响，钻孔水位仍呈缓慢的下降状态，但其下降速度明显小于斜井内的下降速度。当斜井水位和钻孔水位相等时，小溶蚀裂隙水开始补给管道状大裂隙水体，此时斜井水位下降速度与钻孔水位趋于一致，表明泉水主要排泄小溶蚀裂隙水。上述分析表明本书提出的模型基本符合研究区岩溶含水系统特征。

7.2.3.3　长探洞涌水流量衰减分析

在大水沟长探洞涌水流量分析中，选取具有代表性的涌水点 PD_1-1002.4m（PD_2-1104m）涌水点，其流量衰减半对数曲线如图 7.26 所示，对 PD_2-2845.5m 集中涌水点、PD_1-3948m 集中涌水点进行分析。各涌水点流量衰减方程如下。

PD_1-1002.4m：

$$Q_t = \begin{cases} 0.645e^{-0.132t} & (0 \leqslant t \leqslant 2) \\ 0.547e^{-0.0409t} & (2 \leqslant t \leqslant 22) \\ 0.28e^{-0.0148t} & (22 \leqslant t \leqslant 43) \end{cases} \tag{7.15}$$

PD_2-2845.5m：

$$Q_t = \begin{cases} 4.91e^{-0.248t} & (0 \leqslant t \leqslant 3) \\ 2.74e^{-0.0498t} & (3 \leqslant t \leqslant 11) \\ 1.95e^{-0.02t} & (11 \leqslant t \leqslant 16) \end{cases} \tag{7.16}$$

从上述衰减方程可以看出，PD_1-1002.4m 的 3 个亚动态的衰减系数均不相同但是都很大，说明该点的衰减时间和衰减速度均较快，同时具有三类含水介质的特性。由于探洞深部同类含水介质被揭露，不能得到外来水源的进一步补给而干涸。

PD_2-2845.5m 集中涌水点不仅涌水量大，而且总流量衰减缓慢，反映的情况比较复杂。但根据长期观测资料，有 5 个流量动态阶段比较清晰。初始衰减阶段后，一方面，由于高水头、大流速的冲刷，与主通道相连结的次级裂隙通道中的充填泥沙被逐渐冲刷掉，涌水补给路径变通畅，过水断面及降落漏斗扩大，涌水补给量亦随之增大；另一方面，涌水时正值汛期，得到部分大气降雨的迅速补给。因此，后 4 个阶段的流量动态难以用衰减进行分析，但也清楚说明了多重含水介质的存在。此处仅对初始衰减阶段进行衰减分析。从衰减方程可以看出该涌水点的衰减初期速度快，3 个亚动态的衰减系数均大于 0.02，说明衰减到最低点后仍以管道大溶隙含水介质排泄，继续得到了补给源的补给。

PD_1-3948m 涌水点自涌水后，涌水流量持续增加且最终稳定流量为丰水期 0.9m³/s，枯水期 0.7～0.8m³/s，直至封堵。整个过程没有表现出明显的衰减规律，表明涌水点有与地下水源相关联的通道，岩溶水能够得到迅速补给。

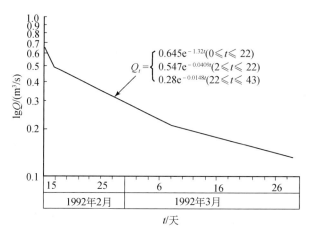

$$Q_t = \begin{cases} 0.645e^{-1.32t}(0 \leqslant t \leqslant 22) \\ 0.547e^{-0.0409t}(2 \leqslant t \leqslant 22) \\ 0.28e^{-0.0148t}(22 \leqslant t \leqslant 43) \end{cases}$$

图 7.26　PD_1–1002.4 涌水点流量衰减半对数曲线

7.2.3.4　衰减水量的空间计算

利用衰减方程，可计算出衰减水量在一个泉域地下水系统中所占的空间，以及各类含水介质的空间大小。进而分析各岩溶含水赋存空间的变化特点，为引水隧洞水文地质评价提供依据。计算公式如下：

$$V = V_1 + V_2 + V_3 \tag{7.17}$$

$$V_1 = Q_{01} \int_0^{t_1} e^{-a_1 t} \mathrm{d}t \tag{7.18}$$

$$V_2 = Q_{02} \int_{t_1}^{t_2} e^{-a_2 t} \mathrm{d}t \tag{7.19}$$

$$V_3 = Q_{03} \int_{t_1}^{t_2} e^{-\alpha_3 t} \mathrm{d}t \tag{7.20}$$

式中，V 为总衰减流量所占空间；V_1 为大型含水介质的空间；V_2 为中型含水介质的空间；V_3 为小型含水介质的空间，且各含水介质空间所占比例即多年平均储水系数为 $K_i = V_i/V \times 100\%$（$i = 1, 2, 3$）。

通过计算，将成果列于表 7.11 中，从表中可以看出：在衰减时间相当的情况下，磨房沟泉域衰减空间是老庄子泉域的 2～3 倍，显然，这是由于磨房沟泉域面积大，含水介质间连通性好，有较强的调节能力。再者，磨房沟泉的多年平均储水系数（K）为第一亚动态占 70.5%，第二亚动态占 29.5%，表明白山组厚层状纯大理岩含水介质占主导。而老庄子泉的多年平均储水系数（K）为：第一亚动态占 42.4%，第二亚动态占 36.9%，第三亚动态占 20.7%，表明三种含水介质均占有一定的空间，以溶管溶隙为主，与泉域内分布 T_2y 岩组的含水介质有关。长探洞 PD_1–1002.4m（PD_2–1104m）和 PD_2–2845.5m 涌水点所表现的含水空间有明显的差异，前者以大溶隙、小裂隙溶孔含水介质为主，后者则以溶管–溶隙含水介质（$K = 77.85\%$）为主，有较强的调节能力。

表7.11 衰减流量及个含水介质空间计算结果

泉名	年份或出水点	第一亚动态			第二亚动态			第三亚动态			总和	
		α	V/10^6m³	K/%	α	V/10^6m³	K/%	α	V/10^6m³	K/%	V/10^6m³	比例/%
磨房沟泉	1965~1966	0.0119	76.83	65.86	0.0065	39.83	34.14				116.66	100
	1990~1991	0.0103	42.44	66.42	0.00676	21.46	33.58				63.9	100
	1991~1992	0.0102	41.05	72.46	0.00675	15.60	27.54				56.65	100
	1992~1993	0.00906	30.90	59.45	0.00602	21.08	40.55				51.98	100
	1993~1994										59.65	100
	1996~1997	0.0093	59.93	88.34	0.00298	7.91	11.66				67.84	100
老庄子泉	1966~1967	0.038	5.51	20.18	0.01	17.24	63.13	0.00227	4.56	16.69	27.31	100
	1993~1994	0.0296	13.28	59.23	0.0107	6.22	27.74	0.00118	2.92	13.03	22.42	100
	1994~1995	0.0357	17.00	74.53	0.00997	3.56	15.61	0.00309	2.25	9.86	22.81	100
	1995~1996	0.0339	5.90	26.67	0.014	7.91	35.76	0.00238	8.31	37.57	22.12	100
	1996~1997	0.0253	15.33	31.36	0.00742	20.76	42.46	0.00149	12.80	26.18	48.89	100
长探洞	PD₁-1002.4m	0.132	0.098	9.63	0.0409	0.60	58.94	0.0148	0.32	31.43	1.018	100
	PD₂-2845.5m	0.248	0.90	31.14	0.0498	1.35	46.71	0.02	0.64	22.15	2.89	100

据以上分析,磨房沟泉域以第一含水介质为主导,各类含水介质之间的连通性较好,这是磨房沟泉域大,也是白山组大理岩组的介质反映。而老庄子泉域三类含水介质都占有一定的空间,这与泉域相对较小和泉域内分布 T_2y(背斜核部)介质有关。

从表7.12和表7.13可以看出,无论是丰水期还是枯水期其总排泄量保持在同一量级水平上(除1996年稍有异常以外),长探洞涌水量巨大变动与总排泄量极稳定可以判别长探洞的岩溶地下水的来源与附近沟、泉水密切相关。楠木沟水历年动态十分稳定,丰水期的排泄量为 0.08~0.18m³/s(除1966年以外);枯水期的排泄量为 0.01~0.017m³/s。不受长探洞涌水流量变化的影响,可以判定楠木沟水与长探洞涌水关系不大。大水沟水历年动态十分明显,随长探洞涌水量增加,而沟水减少,直至干涸,形成季节性沟谷。长探洞涌水封堵后,沟水有一定的复流,但尚未恢复到原样。老庄子泉群,由于观测年限较短,难以判定。长探洞Ⅲ带涌水后,1994年的丰水期仍有流量 4.01m³/s 排泄,应无大的影响。但在枯水期流量为 0.66m³/s 略偏低一些,可能存在一定的影响;长探洞Ⅳ带涌水后,枯水期排泄流量不断减少,可能影响程度加大。总体而言,老庄子泉群的衰减特征无明显变化,可视为影响不明显。由表7.12看出,磨房沟泉在丰水期的泉流量为 7.55~11.30m³/s,主要受大气降水影响,与长探洞涌水关系不明显;但由表7.13可知,其枯水期的泉流量与长探洞涌水流量关系密切。Ⅲ带(PD₂-2845.5m 涌水点)涌水以前,枯水期的泉流量为 1.5~1.9m³/s;涌水以后(1994年)降至 0.86m³/s(衰减近1/2)。Ⅳ带涌水以后,磨房沟泉在枯水期发生断流(1995年、1996年)。因此可以断定,长探洞涌水对磨房沟泉产生季节性影响,每年有两个月左右的断流现象存在。从长探洞内Ⅲ带涌水分析可知,该带涌水与干海子分水岭的 I 单元岩溶地下水补给有关；Ⅲ带的涌水造成人为改变天然条件下的径流状态，较长期时间涌溢使分水岭地段的地下水位下降，原应汇入磨房沟泉的水量减少；Ⅳ带的涌水应是袭夺磨房沟泉域的岩溶地下水的结果。

表 7.12　各排泄点历年 9 月（丰水期）流量汇总

年份	地表水流量/(m³/s)		泉水流量/(m³/s)		大水沟厂址长探洞		总排泄流量/(m³/s)
	楠木沟	大水沟	老庄子泉	磨房沟泉	流量/m³	情况说明	
1992	0.14	0.015		7.55	0.237	（1）Ⅲ带 2845m 与主喷水点于 1993 年 7 月 1 日揭露，于 1996 年 10 月 18 日封堵 （2）Ⅳ带 3500m 喷水构造于 1994 年 5 月 20 日揭露，于 1996 年 4 月 30 日封堵 （3）Ⅳ带 3948m 喷水构造，于 1995 年 3 月 13 日揭露，于 1996 年 1 月 8 日封堵	
1993	0.18	0.020		8.92	2.922		
1994	0.081	0.015	4.01	8.77	3.39		16.266
1995	0.10	0.014	3.57	7.59	4.344		15.618
1996	0.049	0.018	2.30	8.61	2.697		13.674
1997	0.14	0.037	3.78	11.30	0.36		15.617

表 7.13　各排泄点历年 5 月（枯水期）流量汇总

年份	地表水流量/(m³/s)		泉水流量/(m³/s)		大水沟厂址长探洞		总排泄流量/(m³/s)
	楠木沟	大水沟	老庄子泉	磨房沟泉	流量/m³	情况说明	
1992	0.017	0.003		1.89	0.229	（1）Ⅲ带 2845m 与主喷水点于 1993 年 7 月 1 日揭露，于 1996 年 10 月 18 日封堵 （2）Ⅳ带 3500m 喷水构造于 1994 年 5 月 20 日揭露，于 1996 年 4 月 30 日封堵 （3）Ⅳ带 3948m 喷水构造，于 1995 年 3 月 13 日揭露，于 1996 年 1 月 8 日封堵	
1993	0.017	0.004		1.52	0.248		
1994	0.014	0.001	0.66	0.86	2.160		3.695
1995	0.010	0	0.26		3.128		3.398
1996	0.013	0	0.55	0	2.086		2.649
1997	0.010	0.024	1.12	2.117	0.146		3.417

7.2.3.5 深埋隧洞开挖对大泉流量衰减的影响

一般情况下，岩溶系统的含水结构不会随着时间的变化而发生显著性变化。当岩溶系统遭遇外界破坏时（自然或人为），其含水结构就会发生变化，这样反映含水层含水介质的泉衰减规律也会发生变化。研究区的大部分流量资料均来自于施工前期，故可以通过泉衰减规律来分析工程的影响。

由表 7.10 可知，在 20 世纪六七十年代，磨房沟泉尚未受到外界干扰，衰减曲线具有两个亚动态；在 1990 年测得的衰退曲线仍具有两个亚动态，且衰减参数变化较小。而 1991 年大水沟长探洞开挖，由于 I 单元和Ⅲ单元之间存在水力联系窗口，且这种联系主要表现为深层联系，磨房沟泉衰减曲线出现了一定的动态变化。这种变化在前两年主要表现在长探洞涌水点袭夺大量磨房沟泉域水，使得泉含水层储水量逐年递减。1993 年 PD₂-2845.5m 涌水点揭露使得泉流量衰减曲线退化成单一型曲线，这时整个含水结构发生了根本性的改变。随着越来越多的深部涌水点被揭露，衰减曲线初始段仍按指数函数衰减，衰减系数与天然状态下第一亚动态系数接近，但后衰减过程无规律可循，磨房沟泉所排泄的流量也越来越少。1996 年初大水沟长探洞封堵后，磨房沟泉含水层储水性仍只有部分恢复。相对而言，老庄子泉流量受工程的影响较小，其在长探洞开挖过程中均具有3个亚动态（1993～1994年表现为4个亚动态，因其第一、二亚动态衰减系数均大于0.02，故仍将其归纳为第一亚动态），随着长探洞开挖的深入，其衰减结构略有变化，但尚未发生根本性变化。

初步推测导致上述变化的原因是，长探洞涌水点不断揭露并成为 I 单元地下水新的排泄口，在高压下使得原来充填态裂隙得到疏通扩大，新的涌水点袭夺了大量储存在裂隙内的水流，从而第二亚动态发生了根本性的改变。长探洞涌水之初携带大量泥沙即可证明这点。充填态裂隙疏通扩大为清洗态裂隙使得封堵后第一亚动态衰减期变长。大水沟长探洞开挖引起磨房沟泉域发生的变化表明磨房沟泉受人工扰动影响大，特别是与其有直接水力联系的区域。因此锦屏二级水电站引水隧洞开挖过程中需考虑对岩溶水文地质的影响。

7.3　岩溶水均衡分析

水均衡研究实质就是应用质量守恒定理去分析参与水循环中各要素的数量关系。地下水均衡是以地下水为对象的均衡研究，目的在于阐明某个地区在某一段时间内，地下水水量输入与输出之间的数量关系。进行均衡计算所选定的区域称作均衡区，最好是一个地下水流域。进行均衡计算的时间段，称作均衡期，可以是若干年，也可以是一个水文年。某一均衡区，在一定的均衡期内，地下水水量的收入大于支出，表现为地下水储量增加，称作正均衡；反之，支出大于收入，地下水储量减少，称作负均衡。对于一个地区来说，气候经常以平均状态为准发生波动。多年中，从统计学的角度看，气候趋近平均状态，地下水也保持总的均衡。在较短时期内，气候发生波动，地下水也经常处于不均衡状态，从而表现为地下水水量与水质随时间发生有规律的变化，即地下水动态变化。由此可见，均衡是地下水动态变化的内在原因，动态则是地下水的均衡外部表现。

7.3.1　地下水系统概念模型

锦屏二级水电站工程区的水均衡分析，是建立在岩溶水文地质格局基础上的。特别是大水沟长探洞的掘进和多元示踪试验、红外测温等工作的进行，对工程区岩溶水文地质条件有了进一步认识：①I 单元磨房沟泉和老庄子泉两泉域间存在地下分水岭，位于干海子一带，F_8 至甘家沟段为结构性分水岭，中间段为水力分水岭，面积为32km^2；②老庄子泉域与沃底泉泉域的地下分水岭位于幺罗杆子一带；③示踪试验成果表明，老庄子泉除 I_2 单元的降水入渗补给外，尚有海子洼地水的补给；三股水泉则除降水入渗补给外，还有模萨沟、梅子坪沟沟水消失的补给；④楠木沟高程1950m以上存在越流补给大水沟探洞，该高程以下则为地表径流；⑤磨房沟至周家坪沿江一带，在大水沟长探洞掘进前有年平均0.81m^3/s的地表或地下水排向雅砻江，长探洞掘进后，这部分水消失通过长探洞排泄。

锦屏山地下水是由溶管、大溶隙、裂隙等多重结构组成的岩溶地下水系统。系统的输入主要为大气降水，输出主要为泉水排泄。根据区内岩溶水的补给、径流和排泄特征，建立描述本区岩溶地下水系统的概念模型，如图7.27所示。

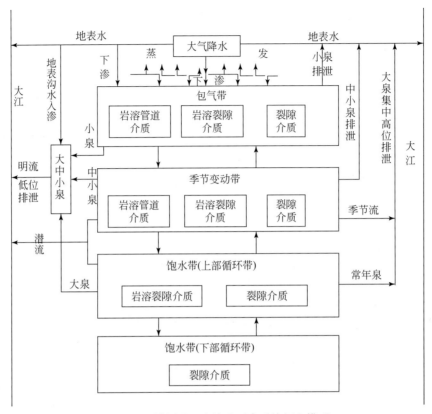

图 7.27　锦屏地区岩溶地下水系统概念模型

7.3.2　均衡方程的建立

据上述概念模型,并假设在计算时间内研究区内多年平均地下水储存量变化为零,同时考虑到研究区地下水补排特征,由质量守恒定律建立如下均衡方程:

$$Q = Q_1 + Q_2 + Q_3 \tag{7.21}$$

式中,Q 为大气降水量;Q_1 为蒸发量;Q_2 为泉流量;Q_3 为泉域地表径流。

7.3.3　均衡参数的确定

7.3.3.1　泉域面积

根据地质结构综合分析,圈定磨房沟泉域、老庄子泉域、三股水泉域、沃底泉泉域和泸宁泉泉域的边界。各泉域的补给面积依次为 $192.55\mathrm{km}^2$、$97\mathrm{km}^2$、$60\mathrm{km}^2$、$54\mathrm{km}^2$ 和 $18\mathrm{km}^2$。

7.3.3.2　入渗系数

在锦屏二级水电站岩溶水文地质专题研究中，对 I 水文地质单元磨房沟泉域亚单元（I_1）和老庄子泉域亚单元（I_2）的边界进行了初步划分，并根据仅有的 1965～1967 年气象与泉流量观测资料进行了水均衡估算分析，初步提出 I 单元降水入渗系数为 0.649～0.748。对此，1993 年以后又进行了与此相关的边界条件、大气降水等的观测复核工作。于 1994 年采用 1992 年设立的上瓦厂气象站（高程 3080m）、大水沟气象站（高程 1341m）和 1993 年增设的磨房沟气象站（高程 1830m）的同步观测资料，对磨房沟泉域的水均衡分析进行重新复核，提出该泉域的平均入渗系数为 0.485。同时分析了 1992 年提出的入渗系数偏大的原因，主要是泉径流量采用的是 20 世纪 60 年代中期的长期观测成果，而降水量是根据 90 年代初期上瓦厂站和大水沟站观测不足一个水文年的降水成果推演的，未考虑高山效应，两种参数观测成果不同步，且观测系列不长，再加上磨房沟泉年径流量在 60 年代中期与 90 年代初差异甚大。

大气降水的入渗条件，是受当地小气候、地形、岩性、地质构造、岩溶、土壤和植被等多种因素的制约。由于特殊的地理、地质条件，锦屏二级水电站工程区具有较高的入渗强度，较之我国其他岩溶化碳酸盐岩地区的入渗系数（0.3～0.5）稍大，其主要原因为：①虽地形坡度较陡（35°～45°），但相对高差巨大，地表径流弯弯曲曲流经岩溶地段和堆积物地段，增加了大气降水的入渗强度；②地层陡立（倾角在 60°～85°），卸荷和松弛的物理地质现象普遍可见，为降雨入渗创造特殊良好的条件；③锦屏二级水电站工程区内存在三级夷平面，虽岩溶发育的成层性不显著，但在剥夷面上的岩溶发育是普遍可见的，又加上多属裸露型岩溶，是大气降水入渗的有利条件；④锦屏山两侧分布的砂岩、板岩地段，除地层陡立、卸荷松弛外，地表植被发育，物理风化强烈，降水的入渗条件也较一般情况为利；⑤本地区由于物理风化剥蚀作用强烈，各沟谷内均有数米至数十米的透水性较好的块石、砾石堆积，对地表径流起到了缓冲分散作用，并加大了沟水与下部岩石的接触断面，有利于转入异地入渗；⑥据多种勘探手段查明，沟谷内存在消水点，如楠木沟、模萨沟和梅子坪沟等沟谷都存在沟水消失点，加大入渗强度，是锦屏二级水电站工程区内存在的另一特殊情况；⑦据上瓦厂气象站（高程 3080m）长期观测，每年 10 月至次年 3～4 月普遍降雪，降雪量约占年降水量的 5%～10%，从降雪到融雪入渗的过程比降雨慢得多，很大程度上缓解了一次降水或一组降水的强度，而呈面状或带状相对持续地渗入地下，从而大大提高了降水的入渗率。

7.3.3.3　大气降水量

为加强长期观测系列，曾收集盐源气象站（101°31′E、27°26′N、高程 2545m，系国家基本气候观测站）自 1965～1996 年的气象资料，并与工程区内的气象站之间建立相关关系（表 7.14）。其相关性与高山效应、地区效应等因素有关，且以地区效应为主（约占 70%）、高山效应为次（约占 30%）。从盐源气象站长期观测资料可知，锦屏二级水电站工程区长期观测时段为平水年份段，因此上述各水点是平水年份段的动态特征。

表 7.14　盐源站与锦屏二级水电站工程区气象站相关分析

站名	分析项目	相关性质	相关程度（置信度99%）	相关系数 r	实用价值判定	经验回归方程	预测区间（2S）	回归方程（预测区间）
上瓦厂站（▽3080m）	月降水量	正相关	强相关	0.901	有	$y=1.205x+24.42$	22.54	$y=1.205x+46.96$ $y=1.205x+1.98$
	月蒸发量	正相关	强相关	0.770	有	$y=0.3x+34.52$	11.86	$y=0.3x+46.38$ $y=0.3x+22.66$
磨房沟站（▽1830m）	月降水量	正相关	强相关	0.940	有	$y=x+11.53$	11.62	$y=x+23.15$ $y=x-0.09$
	月蒸发量	正相关	强相关	0.864	有	$y=0.92x-6.47$	18.90	$y=0.92x+12.43$ $y=0.92x-25.37$
大水沟站（▽1341m）	月降水量	正相关	强相关	0.941	有	$y=0.87x+11.07$	9.80	$y=0.87x+20.87$ $y=0.87x+1.27$
	月蒸发量	正相关	强相关	0.870	有	$y=1.11x-50.83$	22.12	$y=1.11x-28.71$ $y=1.11x-72.95$

　　进一步对比雅砻江大河湾区里庄、泸宁、洼里和外围的木里地域等气象站自 1954～1997 年的不完全统计（表 7.15），可见不同高程有着不同的降水量，但大范围内无相关性。这是由地区效应（高山区气候条件复杂）所致。但以东、西雅砻江分之，则可见东雅砻江河湾内的大水沟、里庄、磨房沟、泸宁、上瓦厂等气象站的降水量均随着高程的增加而增加，有着明显的降水高程效应；洼里、木里、盐源气象站的降水量也有此趋势（图 7.28）。

表 7.15　雅砻江大河湾区各气象站年平均降水量统计表

站名	高程/m	降水量/(mm/a)	备注
大水沟站	1341	860.7	1992 年 4 月～1997 年 12 月
里庄站	1450	962.8	1959～1962 年
磨房沟站	1830	984.5	1993 年 10 月～1997 年 12 月
泸宁站	1900	1035.7	1983 年 1 月～1983 年 12 月
上瓦厂站	3080	1291.2	1992 年 4 月～1997 年 12 月
洼里站	1668	666.1	摘自选坝阶段报告
木里站	2300	847.4	
盐源站	2545	820.4	32 年（1965～1996 年）年平均

　　由上述分析可知，工程区从雅砻江河谷至锦屏山分水岭地带降雨高程效应十分明显，降水量随高程的增加而增大。由大水沟、磨房沟、上瓦厂 3 个气象站的实际年平均降水量（表 7.15），拟合得到工程区降水量与高程的相关关系如图 7.29 所示，两者关系满足直线方程式（7.22）。各泉域的降水量均按该高山效应推算。

$$y = 0.2572x + 607.4 \qquad (7.22)$$

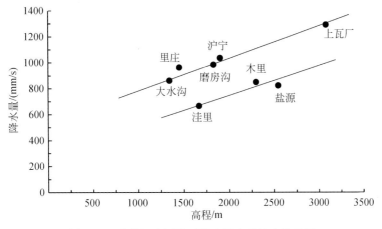

图 7.28　雅砻江大河湾区降水量高程效应关系图

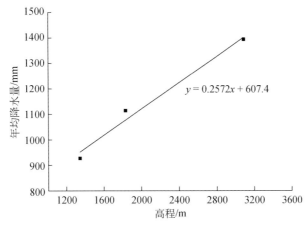

图 7.29　锦屏工程区实测降水量高程效应关系

7.3.3.4　蒸发量

根据大水沟、磨房沟、上瓦厂 3 个主要气象站在 1992～1997 年的实测蒸发皿蒸发量统计，其蒸发量的年平均值见表 7.16，总体趋势为蒸发量随高程的增加而减小。

表 7.16　雅砻江大河湾区主要气象站年平均蒸发量统计表

站名	高程/m	蒸发量/(mm/a)	年份
大水沟站	1341	1496.09	1992～1997
磨房沟站	1830	1474.76	1992～1997
上瓦厂站	3080	1127.53	1992～1997

为了便于进一步分析，上述 3 个气象站实测的多年平均蒸发量与高程之间的关系可回归成线性方程（图 7.30）：

$$y = -0.2249x + 1834.8 \tag{7.23}$$

据此估算磨房沟泉域、老庄子泉域、沃底泉域、泸宁泉域的平均年蒸发量，并利用水面蒸发量折减法来求得泉域地面蒸发量（折减系数按工程实际情况取为 0.3），从而得到各泉域蒸发量见表 7.17。

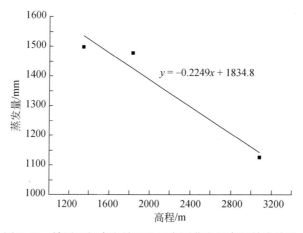

图 7.30　锦屏二级水电站工程区实测蒸发量高程效应关系

表 7.17　雅砻江大河湾区各主要泉域蒸发量估算表

泉域	平均蒸发高程/m	水面蒸发量/(mm/a)	地面蒸发量/mm
磨房沟泉域	3745	762.4	228.72
老庄子泉域	3585	830.6	249.18
沃底泉域	3350	930.9	279.27
泸宁泉域	3225	984.2	295.30

7.3.3.5　各大泉流量及地表径流

1）磨房沟泉的流量

采用与降水量同步和迟后 1 个月统计，并用大水沟长探洞集中涌水（1993 年 7 月 1 日）前的流量，同时考虑该泉域边界出露的中小泉（如节兴泉、石官山沟健美泉等）年平均流量都在 0.5 m³/s 左右。其流量、降水量、蒸发量见表 7.18。

表 7.18　磨房沟泉径流量、降水量、蒸发量统计表（长探洞集中涌水前）

时段	年降水量 （高程 3745m） /mm	年降水总量 /10⁶ m³	年蒸发量 （高程 3745m） /mm	年蒸发总量 /10⁶ m³	泉年径流总量（同步） /10⁶ m³	泉年径流总量 （迟后 1 个月） /10⁶ m³
1992 年 4 月 ~ 1993 年 3 月	1502.02	289.21	208.88	40.22	140.89	139.76

续表

时段	年降水量 （高程 3745m） /mm	年降水总量 /10^6m^3	年蒸发量 （高程 3745m） /mm	年蒸发总量 /10^6m^3	泉年径流 总量（同步） /10^6m^3	泉年径流总量 （迟后 1 个月） /10^6m^3
1992 年 5 月 ~ 1993 年 4 月	1472.02	283.44	219.56	42.28	139.76	138.78
1992 年 6 月 ~ 1993 年 5 月	1519.72	292.62	225.53	43.43	138.78	138.26
1992 年 7 月 ~ 1993 年 6 月	1463.22	281.74	227.06	43.72	138.26	134.37
1992 年 8 月 ~ 1993 年 7 月	1458.62	280.86	237.71	45.77	134.37	135.32
平均	1483.12	285.57	223.75	43.08	138.41	137.30

2）老庄子泉的流量

1993 年 10 月 ~1997 年 12 月，老庄子泉的年平均径流量为 56.10×10^6m^3，迟后 1 个月统计的年径流量为 55.91×10^6m^3，相差甚小，且不计大水沟长探洞涌水对老庄子泉流量的影响（理由如 7.2.3 节所述），故直接采用多年平均值进行均衡分析。另外，1997 年海子洼地示踪试验表明，海子洼地消水量有 58.7%（相当于年径流总量 18×10^6m^3）流向老庄子泉，这部分水量与老庄子泉域边界出露的中小泉（如羊房沟源头、大碉沟源等）径流量大致相当，因此降水入渗部分仍可采用老庄子泉年平均径流总量。

3）沃底泉的流量

沃底泉的最大流量为 3~5m^3/s，最小流量为 0.7m^3/s，采用年平均流量为 1.2m^3/s。沃底泉区内无长期观测资料，水均衡分析所用的参数是以工程区资料为依据推算，其分析结果较粗略。

4）泸宁泉的流量

泸宁泉无长观资料，其 1990 年 5 月的目测流量约为 0.21m^3/s，按工程区磨房沟泉的长期观测资料分析，其 1990 年平均流量是 5 月流量的 2.44 倍，据此推算并考虑泸宁泉的排泄条件，采用年平均流量 0.4m^3/s。

5）各泉域地表径流

限于工作精度和工作条件，各泉域内的地表径流无实际观测资料。据野外调查，在泉域范围内的次一级支沟大多为干沟或季节性干沟，地表径流量很小，如左支沟为 0.14m^3/s（4 年平均），钻铲沟为 0.15m^3/s，铜厂沟、甘家沟等均为干沟。据统计，10 条次一级支沟的年平均流量为 3.0m^3/s。

7.3.4　均衡计算及分析

7.3.4.1　工程区地下水系统均衡分析

工程区水均衡计算结果见表 7.19。从表中可以看出，磨房沟泉域各项值均比老庄子泉域大，两大泉的入渗系数差别较大。其原因是：①岩溶发育程度是强与弱的反映，与前述动态分析相吻合；②老庄子泉域内分布 T_2y 地层；③由于 PD_2-2845.5m 长期观测资料系列不长，老庄子泉流量采用 1993 年 10 月以后的长期观测成果，长探洞已发生喷水，从动态分析看，影响是有限的，但未能完全消除，所以导致入渗系数偏小。此外，沃底泉域入渗系数最大，其原因是该泉域内的砂板岩出露范围内，除蒸发部分以外，均通过苏那洼地入渗向沃底泉排泄，增加了入渗量，这也是把砂板岩出露面积划入该泉域范围的原因。

表 7.19　工程区岩溶泉水均衡分析

参数项 / 参数值 / 泉域	磨房沟泉	老庄子泉域	沃底泉域	泸宁泉域
①　补给面积/km²	192.55	97	54	18
②　年降水量/mm	1483.12	1416.39	1357.92	1468.03
③　年降水总量 $Q/10^6 m^3$	285.57	137.39	73.33	26.43
④　年蒸发量/mm	223.75	244.68	279.27	295.3
⑤　年蒸发总量 $Q_1/10^6 m^3$	43.08	23.73	15.08	5.32
⑥　泉水年径流量 $Q_2/10^6 m^3$	138.41	56.10	37.84	12.61
⑦　地表径流 $Q_3/10^6 m^3$	103.75	56.96	18.92	7.9
⑧　入渗系数	0.485	0.408	0.516	0.477
均衡　$Q-(Q_1+Q_2+Q_3)/10^6 m^3$	0.33	0.60	1.49	0.60

注：沃底泉、泸宁泉的水均衡因无长期观测资料，仅作估算分析

7.3.4.2　地表水系均衡分析

1992 年同时建立大水沟和楠木沟流量站，并于 1992 年 3 月开始进行同步观测，观测结果详见表 7.20。

表 7.20　大水沟与楠木沟径流量汇总表　　　　（单位：$10^6 m^3$）

年份	地名	径流量												合计
		1月	2月	3月	4月	5月	6月	7月	8月	9月	10月	11月	12月	
1992	大水沟			0.0107	0.0098	0.0080	0.0091	0.0140	0.0294	0.0396	0.0347	0.0291	0.0241	
	楠木沟			0.0556	0.0508	0.0456	0.0424	0.1007	0.2827	0.3599	0.3256	0.1744	0.0991	

续表

年份	地名	径流量												合计
		1 月	2 月	3 月	4 月	5 月	6 月	7 月	8 月	9 月	10 月	11 月	12 月	
1993	大水沟	0.0213	0.0169	0.0185	0.0134	0.0114	0.0108	0.0100	0.0128	0.0517	0.0351	0.0340	0.0109	0.2660
	楠木沟	0.0778	0.0546	0.0589	0.0456	0.0464	0.0497	0.0820	0.1896	0.4545	0.4123	0.1738	0.1188	1.8159
1994	大水沟	0.0037	0.0024	0.0027	0.0026	0.0027	0.0026	0	0	0.0398	0.0379	0.0229	0.0118	0.1292
	楠木沟	0.0854	0.0591	0.0558	0.0481	0.0381	0.0594	0.1080	0.1236	0.2106	0.1509	0.0988	0.0777	1.1154
1995	大水沟	0.0011	0	0	0	0	0	0	0.0125	0.0357	0.0347	0.0223	0.0080	0.1143
	楠木沟	0.0618	0.0398	0.0393	0.0311	0.0277	0.0383	0.1248	0.2519	0.2672	0.2616	0.1265	0.0849	1.3551
1996	大水沟	0.0041	0	0	0	0	0	0	0.0535	0.0454	0.0297	0.0359	0.0585	0.2271
	楠木沟	0.0638	0.0526	0.0408	0.0378	0.0353	0.0287	0.2218	0.3133	0.1277	0.0909	0.0758	0.0590	1.1475
1997	大水沟	0.0643	0.0581	0.0643	0.0622	0.0643	0.0622	0.0803	0.1065	0.0952	0.1001	0.0835	0.0794	0.9203
	楠木沟	0.0405	0.0363	0.0334	0.0311	0.0259	0.0323	0.1160	0.3401	0.3620	0.3374	0.1297	0.0901	1.5748
多年平均	大水沟													0.3314
	楠木沟													1.4017

1）大水沟均衡分析

大水沟位于初选厂址下游 0.7km 处，是工程区内沿雅砻江右岸切割最浅、地形险恶的一级支沟，沿沟行人难于同行。沟谷全长 4.5km，流域面积 20km²，流域内分布地层有 T_2y、T_2b、T_3 三类岩层组合。各类地层组合和相应分布高程分析见表 7.21。其中，降水量、蒸发量分别按高程效应拟合公式（7.22）、式（7.23）推算。此外，T_3 地层分布范围不足 1km²，故不单列；T_2b 地层入渗水量的大泉排泄、地表径流量进入Ⅲ单元内。

表 7.21　大水沟流域内年平均补给量表

分布地层		T_2b+T_3	T_2y		小计
高程/m	分水岭	3200 ~ 4000	3500	2000	
	沟底	2750	1950 ~ 2200	1350	
	平均	3200	2900	1700	
面积/km²		4.5	13.5	2.0	
降水量	年均/mm	1321.3	1247.1	950.6	
	总量/10^6m³	5.946	16.836	1.901	24.683
蒸发量	年均/mm	313.9	352.3	505.8	
	总量/10^6m³	1.413	4.756	1.012	7.181
入渗水量/10^6m³		2.884			
地表径流量/10^6m³		1.649			
流域内补入水量/10^6m³		1.649	12.080	0.889	14.618

天然状态下，大水沟流域内的年平均补给量仅 $14.618 \times 10^6 \mathrm{m}^3$。1989 年 11 月实测沟、泉水排泄总量为 $34.69 \times 10^6 \mathrm{m}^3$。据磨房沟泉动态分析：每年 11 月的径流量比年平均值高 20% 左右，按此推算，大水沟流域内年平均排泄水量为 $27.752 \times 10^6 \mathrm{m}^3$。年平均补入量仅是排泄量的 60% 左右，显然是存在相邻单元或流域的地下水越流补入，沿江排泄。长探洞开挖以后，1992 年 1 月 27 日长探洞 Ⅱ 涌水带揭露，瞬时最大涌水流量为 $0.7 \mathrm{m}^3/\mathrm{s}$。随即大水沟瀑布失去往日景观，流量从 $0.7 \mathrm{m}^3/\mathrm{s}$ 降至 $0.015 \mathrm{m}^3/\mathrm{s}$；长探洞 Ⅲ 涌水带揭露后，每年出现 6 个月干涸，年排泄总量仅 $0.171 \times 10^6 \mathrm{m}^3$。证实长探洞开挖以后，大水沟沿江排泄的水量均被长探洞引流排泄，长探洞封堵涌水带以后，大水沟复流，1997 年实测年径流量为 $0.92 \times 10^6 \mathrm{m}^3$，远不及原天然状态。

2）楠木沟的水均衡问题

楠木沟位于磨房沟泉与大水沟厂址之间，是一条切割相对较深的雅砻江一级支沟、沟谷全长 9.5km，流域面积 $27.1 \mathrm{km}^2$。分布地层为 T_2b、T_2y，同样按地层组合，分布高程分析见表 7.22。其中，降水量、蒸发量分别按高程效应拟合公式（7.22）、式（7.23）推算。此外，T_3 地层分布范围不足 $1 \mathrm{km}^2$，故不单列；T_2b 地层入渗水量的大泉排泄、地表径流量进入 Ⅲ 单元内。

表 7.22　楠木沟流域内年平均补给量表

分布地层		T_2b	T_2y		小计
高程/m	分水岭	3200~4193	2500~3600	2000	
	沟底	2900	1950~2200	1350	
	平均	3600	2700	1700	
面积/km²		9	16	2.1	
降水量	年均/mm	1420.1	1197.7	950.6	
	总量/10⁶m³	12.781	19.163	1.996	33.940
蒸发量	年均/mm	262.7	377.9	505.8	
	总量/10⁶m³	2.364	6.046	1.062	9.472
入渗水量/10⁶m³		6.199			
地表径流量/10⁶m³		4.218			
流域内补入水量/10⁶m³		4.218	13.117	0.934	18.269

楠木沟流域年平均补给量为 $18.269 \times 10^6 \mathrm{m}^3$，但多年平均径流量仅为 $1.402 \times 10^6 \mathrm{m}^3$，不足补入量的 8%，说明楠木沟内岩溶相对发育、沟底存在很多消水点，沟水转换成岩溶地下水，顺层向下游大水沟流域内沿江排泄。

综合大水沟和楠木沟的补给和排泄之间关系，补给量（$32.887 \times 10^6 \mathrm{m}^3$）与排泄量（$29.154 \times 10^6 \mathrm{m}^3$）基本满足平衡状态，这反映出 Ⅲ 水文地质单元的岩溶地下水既顺坡又顺层地向下游排至雅砻江的地下水运移特征。

7.3.4.3　大水沟长探洞涌水均衡分析

1）Ⅲ集中涌水带的补给、排泄分析

长探洞于 1993 年 7 月 1 日揭露最大瞬时流量达 4.91m³/s 的涌水点，且两条探洞的总排泄流量为 5.45m³/s，至 1994 年 4~6 月总排泄流量降至 1.84m³/s。采用 1993 年 7 月~1994 年 6 月时段进行均衡分析，且不考虑长探洞于 1994 年 5 月 20 日揭露Ⅳ带涌水因素的影响。综合水文地质调查和水温、水化学、水同位素的研究以及多次示踪试验的成果，Ⅲ集中涌水带的均衡分析见表 7.23。由均衡分析可知，长探洞Ⅲ集中涌水带的补排关系大致平衡，两者相差 16% 左右，这可能是由于Ⅲ带涌水与大泉之间另存在一定的袭夺关系或曲折不畅的连通关系。

表 7.23　长探洞Ⅲ集中涌水带的补给、排泄关系表　　　　（单位：$10^6\mathrm{m}^3$）

补给			排泄	
条件		水量	条件	水量
大水沟	Ⅰ单元地表径流量	1.649	长探洞总涌水	74.395
	Ⅲ单元降水补入量	12.969		
楠木沟	Ⅰ单元地表径流量	4.218	大水沟	0.171
	Ⅲ单元降水补入量	14.501		
Ⅰ单元分水岭地段地下水		24.149	楠木沟	1.777
长探洞涌水带静储量		7.399	中小泉	0.500
合计		64.435	合计	76.843

2）Ⅳ深层涌水带的均衡分析

1994 年 5 月 20 日揭露第Ⅳ涌水带，至 1996 年 4 月 30 日该带全部封堵，历时两年左右。为了便于按水文年计算，均衡分析时段采用 1994 年 5 月~1996 年 4 月（共两个水文年），其中 1994 年 5 月因不足一个月在涌水量中考虑排除。同时综合水文地质条件、水化学、水同位素以及多次岩溶地下水示踪试验的成果，对Ⅳ深层涌水带进行均衡分析见表 7.24。由均衡分析可知，长探洞涌水期间磨房沟泉消失水量与Ⅳ涌水带的排出水量大致相当，即长探洞内Ⅳ深层涌水带的排出水量主要是由涌水构造袭夺磨房沟泉域径流所致。

表 7.24　长探洞Ⅳ深层涌水带的补给、排泄关系表

时段	磨房沟泉域实测年降水量 /mm	磨房沟泉域估算年降水量 /mm	磨房沟泉域估算年降水总量 /$10^6\mathrm{m}^3$	磨房沟泉应有径流量 /$10^6\mathrm{m}^3$	磨房沟泉实测径流量 /$10^6\mathrm{m}^3$	磨房沟泉径流消失水量 /$10^6\mathrm{m}^3$	长探洞Ⅳ带排出水量 /$10^6\mathrm{m}^3$
1994 年 5 月~1995 年 4 月	1106.6	1270.9	244.712	118.685	113.912	4.773	17.881
1995 年 5 月~1996 年 4 月	1428.5	1592.8	306.694	148.747	102.537	46.21	30.590
总计			551.406	267.432	216.449	50.983	48.471

注：磨房沟泉域估算年降水量按高程效应拟合公式（7.22）计算；入渗系数按长探洞涌水前的值取为 0.485

7.4　岩溶水动态与水均衡分析结论

（1）雅砻江大河湾"河间地块"为无区外水补给的水文地质单元，其间的大气降水量有典型的随山体高度增加而递增的高程效应，根据分析工程区三个不同高程的气象站同步观测资料，工程区内多年平均降水量与高程之间的关系是满足式（7.22）的线性关系。

（2）"河间地块"内各类岩溶含水层岩溶水分布面积占河湾内总面积的 74.6%，岩溶水受大气降水补给，以大泉排泄为主，天然条件下以磨房沟泉和老庄子泉为代表的上部排泄基准和以三股水泉为典型的下部排泄基准的立体分布。

（3）本区岩溶水年平均水温为 7.5~16.6℃，属冷水类型。受气候垂直分带的影响，岩溶水温度与出露高程成反比关系。雅砻江水→次一级支沟水→泉水，年气温变幅逐渐减小，这反映出岩溶地下水径流深度较深，影响着地温场。

（4）磨房沟泉泉域有较强的调蓄能力，为流量动态较稳定泉，流量衰减由主要排泄输水通道——管道状大溶隙和输水能力相对较差的小溶隙介质岩溶水的两个亚动态构成；老庄子泉流量主要受季节性流量控制，为流量动态不稳定泉，流量衰减由岩溶管道、大溶蚀裂隙、小裂隙和溶孔三种介质岩溶水的 3 个亚动态构成。在长探洞开挖形成低位人工排泄口的条件下，磨房沟泉演变为动态不稳定泉，衰减特征发生了根本变化；老庄子泉的衰减结构特征虽然没有发生变化，但总体衰减速度加快，枯水期流量减小，动态变幅增大。1996 年 10 月长探洞封堵后，两泉流量和衰减结构特征得到恢复。

（5）水均衡分析结果表明，磨房沟泉域亚单元 I_1 和老庄子泉域亚单元 I_2 的大气降水入渗系数分别为 0.485 和 0.408；沃底泉域、泸宁泉域的大气降水入渗系数分别为 0.516 和 0.477。

（6）水动态和水均衡分析结果表明，大水沟长探洞集中涌水已对 I 单元岩溶水产生较大影响，I 单元分水岭地段的岩溶地下水向雅砻江排泄的水量已被长探洞内Ⅲ集中涌水带引流排泄，且改变了岩溶地下水的径流状态，形成在一定范围内的 I 单元岩溶地下水的排泄口，较长时期的排泄降低了分水岭地段的地下水位，造成对两大泉流量的影响；长探洞内Ⅳ深层涌水带主要是袭夺磨房沟泉域的水量。

第8章 雅砻江大河湾岩溶水文地质分区及循环特征

在对锦屏工程区水文地质条件综合分析的基础上，将含水层（组）划分为孔隙含水层（组）、裂隙含水层（组）和裂隙—岩溶含水层（组）三种类型。区内主要岩溶含水层为中三叠统杂谷脑组（T_2z）厚层夹中层状大理岩、厚层状条带状或角砾状大理岩；中三叠统白山组（T_2b）质纯大理岩；盐塘组（T_2y）较纯大理岩、不纯大理岩和非可溶岩。而上三叠统变质砂岩、板岩与下三叠统变质砂岩、片岩（局部夹大理岩）等非可溶岩层为本区地下含水边界或地表分水岭。工程区内岩溶水直接接受大气降水补给，向雅砻江排泄，锦屏河间地块是独立于盐源盆地和雅砻江两岸的水文地质单元。根据岩性组合、岩溶发育程度、地貌特征以及水文地质条件等因素，将工程区内与锦屏引水隧洞有关的区域划分为四个水文地质单元，即中部管道–裂隙汇流型、东南部管道–裂隙畅流型、东部溶隙–裂隙散流型和西部溶隙–裂隙散流型水文地质单元。各单元岩溶水文地质条件具有明显差异，具有不同的补给、径流和排泄特征。

8.1 岩溶水循环总体规律

8.1.1 工程区岩溶水补径排特点

锦屏二级水电站工程区所处的锦屏山由雅砻江环绕深切，主体山峰高程 3900 ~ 4488m，相对高差 2560 ~ 3150m，与主构造线相一致，NNE 走向的独立"河间地块"。该岩溶区的地表水发育较差，多数为干谷和季节性干谷；河间地块内地下水有岩溶水、裂隙水和孔隙水三种类型，均由大气降水补给，并排向雅砻江。其中可溶岩分布面积为 840.9km²，占河湾内总面积的 74.7%，岩溶水分布于各层组类型的岩溶含水层中。其中，厚层连续状纯岩溶层组 [T_2b、T_2、$P_1(q+m)$、C_2h–C_3m 部分] 面积 546.5km²，占河湾内总面积的 48.5%；纯–不纯岩溶层组间层型（T_2y）含水层面积 205.8 km²，占河湾内总面积的 18.3%；不纯岩溶层组型（T_1、P_2）含水层面积 88.6km²，占河湾内总面积的 7.9%；非岩溶类型含水层面积 285.8km²，占河湾内总面积的 25.3%。

区内岩溶水文地质特点表现为受构造控制的岩溶大泉发育，如沿民胜乡断层和青纳断层分别发育的老庄子泉（流量 0.7 ~ 10.0m³/s，出露高程 2130 ~ 2170m）、磨房沟泉（流量 2.58 ~ 17m³/s，出露高程 2174m）和泸宁泉（流量 0.1 ~ 2m³/s，出露高程 2280m），均发育于白山组大理岩的东侧边界。三股水泉沿 NNE 向断层发育于白山组大理岩临江陡崖之下，出露高程 1468 ~ 1455m，枯水期流量为 1.0m³/s，丰水期流量达 20.0m³/s。大水沟探洞（高程 1300m）中多次发生涌水亦是沿顺层裂隙或 NWW 向裂隙呈高水头大压力形式涌出；洞深 2845.5m 处特大涌水的瞬时最大流量达 5.0m³/s，半月后降至 2.0m³/s 左右，雨季回升至 3.0m³/s，一个水文年后稳定流量保持在 2.0m³/s，该涌水洞段为岩溶发育强度弱于白山组大理岩的盐塘组地层。区内主要含水岩组为白山组和盐塘组碳酸盐岩，除了沿构造发育的大泉排泄之外，在雅砻江的陡峻谷坡一带，地下水以分散的裂隙性渗流在岸边或江水位以下高程排入雅砻江。

工程区属裸露型深切河谷高山岩溶区，基本可以认为与外界无水力联系，可视为相对独立的岩溶水文地质系统。系统内以裂隙-溶隙大理岩岩溶含水介质为主，包气带-饱水带上部岩溶及岩溶水具有一般岩溶发育特征，而深部岩溶发育与岩溶水的活动主要分布在受断裂和可溶岩与非可溶岩分界面控制的部位。地形下切深度不断加大和区域气候的演变，形成了从雅砻江河谷至锦屏山分水岭地带的气候分带，寒带岩溶与亚热带岩溶并存，且水化学环境温度普遍较低（大多低于 15℃）。受地质构造等因素的控制形成的沿 NNE 向主构造线与横向（NEE、NWW 向）张-张扭性断裂交叉网络系统，以及紧密褶皱、陡倾地层在很大程度上控制了地下水的富集与运移。岩溶地下水排泄方式也差别悬殊，表现为大泉集中、中小泉分散排泄和双重基准排泄。岩石普遍发生不同程度的区域变质，总体岩溶发育程度较弱。新生代以来，地壳大幅度提升，河流深切，水文网不断调整变化，与之相适应的岩溶垂向发育始终占主导地位。这些因素的综合作用，导致了岩溶发育和岩溶水分布的不平衡与工程区岩溶及其水文地质条件的特殊性和复杂性。

8.1.1.1　补给特征

工程区与大河湾区域以外几乎无水力联系，岩溶地下水的补给来源为大气降水。据观测资料研究，高山降雪和降雨的高程效应十分明显，锦屏地区为深切的高山峡谷地貌，有上寒下暖、上湿下干的小气候分异，由此促成了高山峡谷区的小气候环流（图 8.1），即河谷地带的热气流上升，与山体上部分水岭地带冷空气汇合时就会形成降雨和降雪。工程区降水的强度分布规律是：分水岭地带比河谷区要大得多，区内三个不同高程的气象站同步观测的降水量见表 8.1。

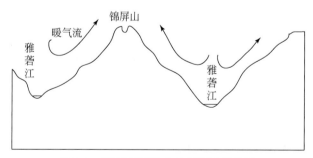

图 8.1　雅砻江河谷小气候环流示意图

表 8.1　锦屏二级水电站工程区气象站降水量统计表　　　　　（单位：mm）

时间	上瓦厂站（▽3080m）	磨房沟站（▽1830m）	大水沟站（▽1341m）
1992 年	1358.0		自 4 月始观
1993 年	1406.7	自 10 月始观	851.5

续表

时间	上瓦厂站（▽3080m）	磨房沟站（▽1830m）	大水沟站（▽1341m）
1994 年	1171.7	967.3	885.5
1995 年	1389.5	1021.0	839.1
1996 年	1211.5	960.6	868.2
1997 年	1172.7	1056.4	870.8
平均值	1285.0	1001.3	863.0

据三个气象站多年平均值回归分析，可求得高程 $x(m)$ 与降水量 $y(mm)$ 之间的关系，即高程每增加 100m，降水量即增加 25.72mm。

8.1.1.2　运移特征

根据岩溶含水介质和地下水流态，可将工程区地下水运动形式划分为溶隙-裂隙分散状慢速流、溶隙-裂隙管道状慢速流及管道状快速流。

溶隙-裂隙分散状慢速流分布最广。据 20 世纪 60 年代中期 8 个钻孔（孔深 50 ~ 450m）的抽水、注水、压水试验，可知较完整大理岩的渗透系数为 0.07 ~ 0.0002m/d，较破碎的多为 0.29 ~ 0.90m/d，个别段为 4.4 ~ 23.5m/d，均表现为溶隙-裂隙慢速流。此外，区内两大泉（老庄子泉和磨房沟泉）的流量动态比较稳定、呈指数衰减，其衰减系数在宏观上也表现出慢速流的特征。

溶隙-裂隙管道状慢速流发育在含水层的深部，受地层、构造等因素的制约。例如，在大水沟长探洞内见较多该种形式的流动，水流管道内堆积较多黏性土，这是慢速流的主要标志。在探洞揭露初期，因夹带大量黏性土，涌水很混浊；随之涌水变清，管道疏通，逐渐转变为管道快速流。

管道状快速流仅在大泉排泄区局部表现突出，是管道状慢速流在排泄区受地下水长期排泄溶蚀的结果。这种管隙形态反映出其发育受构造控制的特点，"蚀"的特征比"溶"的特征显著，而且管道状快速流往往构成地下水运移的平面交叉网络和深部水运移循环的路径。

从地形条件和地下水露头看，本区地下水饱水带埋藏较深，上部包气带厚度较大（可达百米到数百米），在包气带和季节变动带中地下水以垂向运动为主，在近水平循环带兼有水平和垂向的运动。在二维平面上受构造特征的控制，富水带上部的地下水运移以近 NS 向和近 EW 向构成的网络为主。由长探洞勘探查明，深部循环带的地下水常与 NWW—NEE 向断裂构造有关而分布不均，且循环交替缓慢。此外，该带地下水与水平循环带地下水的水力联系因所处的水文地质条件不同而有所差异。

8.1.1.3　富集特征

由前述章节的研究成果可知，工程区内完整大理岩的孔隙度较小、透水性微弱。地下水的富集在微观上取决于岩体裂隙、岩溶孔隙的特征，在宏观上受控于地质构造、岩溶发育程度及两者制约下的含水层分布。国内外大量调查研究和试验证实，岩溶孔隙对地下水富集的影响较显著,岩溶孔隙的生成和发展,既受可溶岩的分布制约,也受地质构造的控制。锦屏二级水电站工程区内很多地段存在由纯大理岩、不纯大理岩和泥质灰岩构成的强、弱富水性相间的岩组,随着地史的变迁,岩溶孔隙的生成和发展在可溶岩内越来越集中,致使相间岩组的差异性越来越显著。另外,据大水沟长探洞勘探查明,岩溶水的成带状富集受岩层组构的制约突出,岩溶水的富集规律明显。

分布于锦屏山上部地带的 T_2b 大理岩,受新生代以来多期溶蚀作用的影响,岩溶较其他地带发育,成为工程区地下水资源的主要赋存场所,呈现出岩溶越发育、富水越显著的特点。受区域性压性-压扭性断层和相对隔水层的阻隔,T_2b 岩组处于锦屏山分水岭地带,但是地下水在位于该带的老庄子背斜、干海子-石官山向斜等部位大量富集,约占工程区地下水资源量的 60%。在同一富水层内,岩溶水的富集有所差异:①饱水带上部和季节变动带的富水程度高于饱水带下部,这主要是随着埋深增大,围压增大,导致大部分裂隙趋于闭合,岩溶发育也随之减弱;②由老庄子 1 号钻孔和大水沟长探洞勘探揭示,深部饱水带的地下水主要富集于岩溶孔隙、裂隙和断层,且随着埋深的进一步增加,岩溶水的分布越来越不均一;③工程区内大泉排泄区的地下水富集程度高于补给区。

8.1.1.4　排泄特征

锦屏二级水电站工程区岩溶地下水主要以泉的形式排向当地支沟、再排向雅砻江,或直接排向雅砻江,排泄的突出特点是以大泉集中排泄为主和"双重基准"排泄。大泉集中排泄以磨房沟泉、老庄子泉、沃底泉和三股水泉为代表,这四大泉总流量约占区内排泄总量的 60% ~ 70%。"双重基准"排泄,是指:①以磨房沟泉、老庄子泉为代表的锦屏山中部地带(高程 2100 ~ 2200m)的高位基准排泄,排泄的岩溶水经地表径流后最终排向雅砻江,该高位排泄基准的形成与地质构造和隔水边界所构成的相对封闭的水文地质结构有关;②锦屏山两侧以雅砻江低位基准的排泄,坡麓地带的岩溶泉主要出露于雅砻江一级支沟和雅砻江边。出露于一级支沟中的岩溶泉,一般为小泉散布,流量均小于 5L/s,由于一级支沟内常堆积厚度较大的块砾层,泉水往往伏于其下成为潜流,或为下部岩体所吸收,或经一段潜流后再以泉的形式在较低部位出露,如在大水沟、楠木沟、毛家沟、三坪子均见此种现象;出露于雅砻江边的岩溶泉多半具有不同幅度的悬挂特征,以三股水泉的悬挂幅度最大(约150m)。

工程区岩溶地下水的上述排泄特点,一方面反映了本区岩溶发育及岩溶水分布的不均衡,另一方面反映出区域岩溶发育仍有滞后于雅砻江侵蚀基准的迹象。

8.1.2　工程区以南岩溶水补径排特点

工程区以南(盐源盆地)的碳酸盐岩与工程区碳酸盐岩的变质程度不同,通过调查发现,其岩溶发育程度明显较工程区高;盐源盆地大多以灰岩和泥质灰岩为主,地表及地下岩溶形态(洼地、朝天井、落水洞、地下暗河、石芽、溶洞等)极为发育,为一个相对独立的岩溶水文地质系统。岩溶水分布广泛,且含水量丰富,排泄集中,见

图 8.2。其岩溶水的补给主要是大气降水和地表水通过岩溶洼地、漏斗、落水洞、溶蚀裂隙直接补给，其次在高山区接受融雪水、断裂带水、基岩裂隙水的补给；地下水的运动受构造所控制，盆地的几个岩溶水排泄带和岩溶大泉都有自己独立方向的补给区；其岩溶水以岩溶裂隙泉水、岩溶大泉、暗河形式排泄于地表水系中，具有排泄集中、排泄量大的特点。

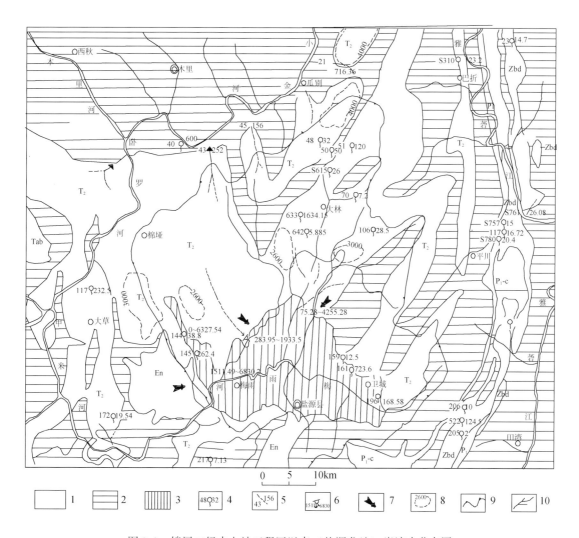

图 8.2　锦屏二级水电站工程区以南（盐源盆地）岩溶水分布图

1. 岩溶水分布区；2. 裂隙水分布区（包括部分岩溶暗河不发育的或碳酸盐夹层岩组）；3. 松散层分布区；4. 岩溶泉：左为编号、右为流量（L/s）；5. 暗河：左为编号、右为流量（L/s）；6. 岩溶水排泄带，数字为最小—最大流量（L/s）；7. 地下水流量；8. 夷平面，数字为高程（m）；9. 地表分水岭；10. 河流

工程区以南（盐源盆地）的瓜别地区主要沿小金河断裂两侧及可溶岩与非可溶岩接触带，以暗河与岩溶大泉的形式排泄于小金河；东部与西部中山、高山区，岩溶地层呈 SN 向与非可溶岩相间分布，断裂纵横发育，岩溶水主要沿断裂带、断裂交叉处及可溶岩与非

可溶岩接触带及溪沟两侧出露；在盆地内主要沿可溶岩与松散层接触带、断裂带及河流两岸与谷底出露。盆地内存在深循环带，并向小金河区域最低侵蚀基准面排泄，不可能通过比区域性最低侵蚀基准面低的砂板岩向工程区流动（图8.3）。

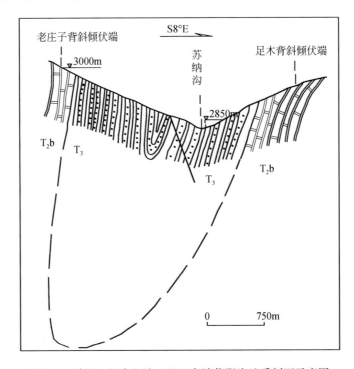

图8.3　锦屏二级水电站工程区南端苏那沟地质剖面示意图

2002年对锦屏二级水电站工程区以南（盐源盆地）进行了水化学取样，通过研究工程区南部岩溶水化学和同位素基本特征，寻求论证工程区岩溶水补给来源、水量均衡的水化学和水同位素依据。在工程区南部（盐源盆地）及盆地北缘山区一带，分别取16组岩溶水化学及水同位素水样，进行水化学、水同位素分析，取样点位置分布如图8.4所示。16组样品中，有泉水10组、沟水5组、水库水1组，见表8.2。

表8.2　锦屏二级水电站工程区南部水化学、水同位素取样和测试项目　　　（单位：件）

项目	水质分析	$\delta^{18}O$ 及 δD	T	合计
泉水	10	10	10	30
沟水	5	5	5	15
水库水	1	1	1	3
共计	16	16	16	48

（1）沃底泉：沃底泉的三个水样具有十分接近的水化学成分和同位素组成，$\delta^{18}O$ 浓度分布表明该泉的补给区平均高程在3400m左右，水化学成分亦与工程区 T_2b 地层出露的大泉接近。凭借水量均衡（泉域面积为50km²，平均流量在2m³/s左右）、泉域平均

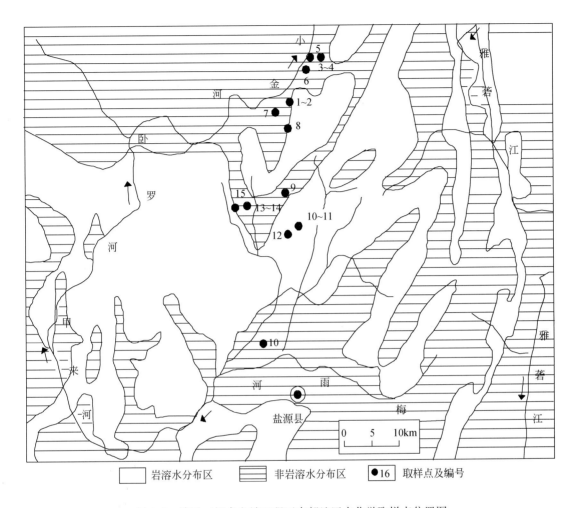

图 8.4　锦屏二级水电站工程区南部地区水化学取样点位置图

高程在 3400m 左右这两项指标，基本可以断定可行性研究阶段圈定的沃底泉域范围是可信的。

（2）瓜别北沟泉：瓜别北沟泉宏观上位于火炉山向小金河倾斜的西坡上，出露在瓜别北沟 T_2b 含水层被切割至 2060m 高程的部位，处于高位排泄基准面（2100～2200m）附近，比磨房沟泉（2170m）和老庄子泉（平均高程 2150m）出露高程约低 100m。调查时该泉流量近 $2m^3/s$，火炉山分水岭区有 70～80km^2 的 T_2b 和 T_2y 地层分布，成为该泉的补给区。为了证明这一推论，在瓜别北沟泉取水化学和同位素样品，$\delta^{18}O$ 的检测结果显示，该泉补给区平均高程在 3400～3500m，与火炉山一带地形高程相吻合，为水文地质调查的结论提供了水同位素支持。

（3）火炉山西南侧出水洞（8#）：该出水洞是在 T_2b 地层出露高程很高（2977m）的一个小排泄点，出水量极小，且水的矿化度较低（96.6mg/L），$\delta^{18}O$ 比瓜别北沟泉（火炉山 T_2b 含水层的主要排泄点）高 1‰多。该出水洞补给高程在 3100m 左右，可能为就近雨水补给；正是由于循环距离短，所以地下水矿化度较低。

（4）石真沟沟水：石真沟沟水（12#）在 2574m 高程处流量约 $1m^3/s$；其上还有两个泉水，流量分别为 0.5L/s（10#）和 20L/s（11#）。其东北侧鱼洞一带在 3000~3500m 高程上分布有数十平方公里的 T_2b 地层，从水文地质条件分析应为补给区。水化学和水同位素研究结果显示，沟水的补给区平均高程应为 3000m 左右，与鱼洞一带地形高程一致。^3H 值测定和水化学成分分析显示，10#泉水和 12#沟水有同一补给来源，但与 11#（流量 20L/s 左右）有较大差别。这表明本区水文地质结构因断裂构造破坏比较复杂，可能形成一些小的流域。但总体来说，12#沟水汇集上游排泄的地下水，其水化学特征和 $\delta^{18}O$ 值均和鱼洞一带水文地质条件相符，从侧面佐证：$1m^3/s$ 左右的沟水是由鱼洞一带 T_2b 含水层排泄汇集而成。

（5）元宝村附近泉水：元宝村附近地形切割和地质构造破坏都较强烈，T_2b 和 T_2y 呈小块出露，形成一些流量较小的泉水（如 13#和 15#），流量为 15~25L/s。水化学成分和 $\delta^{18}O$ 均与其补给区面积对应良好，补给区平均高程较泉水出露点高 300~400m，地下水矿化度为 70~100mg/L，并随补给区平均高程的降低而升高。

由水量均衡、水化学和稳定同位素（$\delta^{18}O$）研究表明，盐源盆地（元宝村、石真沟、火炉山西南侧出水洞）多数含水单元的地下水已基本上就地以中、小型岩溶泉形式排出地表。这与小金河、卧罗河、甲末河、梅雨河地表水系处于区域Ⅲ级剥夷面（2100~2400m）的地形低洼处有关，同时也与岩性、岩溶的发育程度有关，该区白山组岩溶水就地排泄完全符合地下水运动规律。

工程区以南的岩溶水具有独自的补给、径流、排泄系统，与工程区无直接水力联系。

8.2 岩溶水文地质单元划分

8.2.1 雅砻江大河湾地区含水层（组）划分

根据含水介质的特点及地下水在含水层中的运动、储存特点，雅砻江大河湾地区含水介质可划分为不同的含水层（组），各类型含水层（组）受到相邻隔水层（组）的控制，形成各自独立的循环条件，但因构造作用的影响，其在区域地下水总循环中又有机联系在一起。雅砻江大河湾地区存在三类含水介质，即孔隙含水层（组）、裂隙含水层（组）和裂隙-岩溶含水层（组），工程区内含水层（组）出露如图 2.7 所示。

8.2.1.1 孔隙含水层（组）

孔隙含水层（组）介质为第四纪松散沉积物，主要岩性为角砾石、砂砾石、碎块石、黏土等，透水性强。分布于雅砻江河谷两岸和山前的冲洪积地带主要有冲洪积、残积、坡积、崩积层。雅砻江河谷内含水层呈带状分布，两岸广泛分布着Ⅲ级夷平面、断续分布着数级阶地，在缓坡地段分布着胶结良好的新生界角砾岩。Ⅱ级夷平面在砂岩、板岩地段风化盖层较厚，其内有河流相石英砾石及红土；在碳酸盐岩地段仅在低洼地方堆积有角砾岩。Ⅲ级夷平面表现为沿雅砻江分布的最低一级谷肩，此级谷肩之下为

"V"形峡谷,该级夷平面形成于上新世,盖层堆积物为粉砂壤土或巨厚层钙质胶结的角砾岩。

雅砻江两岸阶地零星发育,保存较好的有西雅砻江的洼里、东雅砻江的里庄等地,发育 6～7 级阶地。T_6、T_5 阶地皆发育红土、红土砾石层,且自地面向下红土含量减少,含砂量增多,颜色由棕红色变成黄红色,系原冲击物经湿热化作用的残积物,与以红土化为特征的炳草岗组沉积相一致,形成于中更新世。位于其上的 T_7 阶地形成于早更新世晚期。在本区雅砻江下游桐子林河段,T_2 阶地与河床下部沉积物为距今 2.3 万～1.0 万年的河湖相沉积层,形成时代为晚更新世晚期。位于其上的 T_4、T_3 阶地形成于晚更新世早、中期。T_1 阶地则形成于全新世。

孔隙含水层(组)在本区内分布的厚度变化较大,厚度为数米至数十米,含水层岩性主要为钙质胶结的角砾石,由带棱角的岩块被河流搬运不远的距离即沉积胶结而成。水位年变化幅度大,一般在 10m 左右,透水性强但富水性差,出露泉流量小于 0.5L/s,这在岩溶水文地质上无实际意义,但在高程 3000m 以上的部分由覆盖层内渗出的永久性出水点(民用饮水点)具有特殊意义。

8.2.1.2　裂隙含水层(组)

锦屏工程区内属于裂隙含水层(组)的出露地层有:上泥盆统—下石炭统(D_3-C_1)、中二叠统峨眉山组($P_2\beta$)、下三叠统(T_1)、上三叠统(T_3)、燕山期花岗岩(γ_5^2)。从岩性来看,可分为碎屑岩类裂隙水含水层、岩浆岩类裂隙含水层两大类。

1)碎屑岩类裂隙水含水层

上泥盆统—下石炭统(D_3-C_1),岩性为黑色千枚状粉砂质板岩,夹薄层泥质灰岩和钙质粉砂岩,层厚 750m,出露于东部全骨楼一带,近 NNE 向沿东雅砻江西岸呈条状展布,与下伏地层呈整合接触。岩性主要为非可溶性岩,灰岩多为薄层,岩溶不发育,故列入裂隙含水层(组)。

下三叠统(T_1),分布于本区西部,沿西雅砻江东岸呈条状展布,岩性复杂,相变大。四坪子一带为灰绿色绿帘石、绿泥石岩;猫猫滩—景峰桥及其北延部位,有黑云母绿泥石片岩、变质中细砂岩、碳质泥岩、砾状大理岩等,层厚 300～350m;在巴折以东,出露青天堡组(T_1q),岩性为砂岩、砾岩、泥岩夹泥质灰岩,层厚 370～510m。由于上述含水层下部与岩溶较发育的中三叠统杂脑组(T_2z)接触,且该层(组)出露地势较低,在降雨和径流过程中,水分易进入杂脑组(T_2z),故该含水层富水性差,水交替循环缓慢,有相对隔水作用。

上三叠统(T_3),主要分布于大药山–手爬梁子–二罗一带及模萨沟养猪场–梅子坪、民胜乡一带,均呈 NNE 向展布构成复式向斜核部,自下而上分为:①青灰色中–厚层中西砂岩夹薄层砂质板岩;②黑色板岩夹少量深灰色细砂岩或粉砂岩、砂质板岩;③青灰色厚层中粗砂岩,偶夹板岩;④灰黑色板岩夹青灰色粉砂岩,偶夹薄层泥灰岩,上部可见砂岩、板岩互层并有含砾粗砂岩及呈透镜状的砾岩,层厚 1400～2025m。该含水层总体上裂隙不发育,且岩性均为非可溶性岩,故富水性差,水交替循环缓慢,仅有少量风化裂隙水出露。

2）岩浆岩类裂隙含水层

中二叠统峨眉山组（$P_2\beta$），岩性主要为绿色-浅绿色致密块状玄武岩，局部夹少量凝灰岩，顶部有一层厚 40m 的灰褐色-紫红色凝灰质粉砂岩。本层厚 100 ~ 625m，至巴折以东一带，层厚变化较大，达 1838 ~ 3230m。燕山期花岗岩（γ_{52}）、中基性侵入角闪岩、酸性细晶岩脉等，主要出露于东雅砻江里庄一带。该含水层中的地下水在岩石风化带的孔隙和裂隙中赋存与运动，由于裂隙细小，富水性极差且不均匀。地下水流向与地形坡向一致，以基流形式汇入沟谷河流，以表流形式向碳酸盐岩分布区排泄。

8.2.1.3　裂隙—岩溶含水层（组）

该含水层（组）由上-中石炭统黄龙组—马平组 C_2h-C_3m，下二叠统栖霞组—茅口组 $[P_1(q+m)]$，中二叠统宣武组（P_2x）、中二叠统（P_2）、二叠系—三叠系（T-P），中三叠统盐塘组（T_2y^1、T_2y^2、T_2y^3、T_2y^4、T_2y^5、T_2y^6）、杂脑组（T_2z）、白山组（T_2b）含水层组成。从岩性角度看，可分为：①厚层连续状纯大理岩岩溶水含水层；②中间厚层状-不纯大理岩、泥质灰岩、条带状大理岩岩溶水含水层；③薄互层状砂岩、绿泥石岩、大理岩裂隙水-岩溶水含水层；④中厚夹层状火山变质碎屑岩夹大理岩裂隙水-岩溶水含水层。

1）厚层连续状纯大理岩岩溶水含水层

上-中石炭统黄龙组—马平组（C_2h-C_3m）沿东雅砻江西岸呈条状出露，北至满家沟一带，南至磨房沟电厂附近。岩性为灰白色致密块状大理岩，局部地段变质程度较浅，夹有结晶灰岩，层厚 1530m，岩溶发育中等，富水性中等，未见有大泉出露。该含水层底部为上泥盆统—下石炭统（D_3-C_1）黑色千枚状粉砂质泥板岩夹薄层泥质灰岩和钙质粉砂岩，可起到相对隔水作用，同时限制岩溶的发育。

下二叠统栖霞组—茅口组 $[P_1(q+m)]$，出露于锦屏山主峰（高程 4183m）以北地表。岩性为灰白色、灰黑色厚层致密块状、浅变质含燧石结核大理岩。上部夹中厚层（单层厚 10 ~ 20cm）浅变质大理岩及薄层状灰岩、白云质大理岩。顶部在皮罗渡一带见有厚 1m 的紫黄色千枚状砂质页岩，具有隔水顶板的作用，在本区内层厚 350 ~ 375m；至玻璃村、巴折以东一带，层厚 181 ~ 583m，岩性以灰岩为主，夹灰色粉砂岩、板岩等。

白山组（T_2b），主要分布于工程区中部，沿本区河间地块中部近 NNW 向条状出露，形成锦屏山的主峰山脉。北部沿两条控制性断层（锦屏山断层和青纳断层）之间展布，南部沿另两条控制性断层（一碗水断层和甘家沟民胜乡断层）之间展布。底部岩性为杂色大理岩与结晶灰岩互层；中部岩性为粉红色厚层状大理岩；上部岩性为灰色-灰白色致密厚层块状大理岩。本层厚 750 ~ 2270m。地表沟谷吸水严重，沟谷多成干谷或季节性干谷，地下水交替循环较快，岩溶较发育，出露三大泉（磨房沟泉、老庄子泉群、沃底泉），泉总流量达 6.5 ~ 46.6m³/s。

2）中间厚层状-不纯大理岩、泥质灰岩、条带状大理岩岩溶水含水层

中三叠统盐塘组（T_2y）在本区河间地块沿近 NNW 向条状出露，几乎贯通南北，沿复式向斜轴向延伸近 100km，西侧与出露的白山组相邻，岩性主要为泥质结晶灰岩、白云质大理岩、中细晶大理岩和条带状大理岩及砂岩、板岩、绿片岩互层，岩溶

发育程度为中-弱，有少量泉出露，多数流量为 0.2~50L/s，地表沟谷水流局部地段缺失，沟谷多属季节性干谷。北部段从和爱乡附近的雅砻江岸边向南延伸至磨房沟电厂附近，北部段岩组的含水层底板是具有相对隔水作用的上二叠统变质火山岩、绿片岩夹薄层大理岩、砂板岩，该段含水层富水性为中-弱；中部段从磨房沟电厂附近沿东雅砻江西岸向南延伸至三股水泉出露处，中部段岩组紧邻东雅砻江，无相对隔水边界，该段富水性较强，出露有楠木沟、大水沟、模萨沟等沟谷下游的泉眼和三股水泉，泉水沿沟谷排向雅砻江，水交替循环强劲；南部段从三股水泉出露处向南延伸至本区南边界，南部段岩组的含水层顶、底板分别是具有相对隔水作用的上三叠统青灰色粉砂岩、黑色板岩互层和上二叠统峨眉山组玄武岩及少量凝灰岩，因地表出露的排泄区被隔水底板所阻隔，故该段含水层富水性中等，有少量泉点出露，但水交替循环缓慢。

3）薄互层状砂岩、绿泥石岩、大理岩裂隙水-岩溶水含水层

中二叠统宣武组（P_2x），出露于满桥沟和磨房沟之间一带，近 NS 方向呈条状狭长展布，层厚 50~375m。底部为中薄层黑色大理岩化灰岩，含少量泥质和碳质；下部为青灰色页岩、灰质板岩；中部以砂岩、粉砂岩为主；上部为碳质板岩；顶部为杂色厚层状硅化灰岩。

中三叠统杂脑组（T_2z）岩性主要是白色-灰白色纯大理岩偶夹绿片岩透镜体、厚层砂岩、板岩、云母片岩等，岩溶发育程度为中-弱，北部有泉水出露，流量200L/s。东雅砻江西岸羊房沟和矮子沟一带出露，呈条状分布，含水层顶、底板分别是具有相对隔水作用的下三叠统绿帘石、绿泥石岩、变质中细砂岩等和上三叠统青灰色粉砂岩、黑色板岩互层的岩石，出露高程为 1700~2800m，北端是东雅砻江河谷的一部分，排泄基准面为雅砻江，有利于地下水的排泄，富水性中等，水循环交替较快，岩溶发育程度中等。

4）中厚夹层状火山变质碎屑岩夹大理岩裂隙水—岩溶水含水层

中二叠统主要出露于联合乡一带，为一套变质火山岩夹结晶灰岩、大理岩及绿片岩等，层厚 2000~2200m。对西侧出露的中三叠统盐塘组（T_2y）而言，具有相对隔水层作用，亦限制其岩溶发育程度。该含水层本身富水性差，岩溶不发育，仅在风化裂隙带有小泉出露，地表无渗水现象。

二叠系—三叠系（T-P），仅在西雅砻江东岸的健美一带沿江边分布，岩性复杂，其确切时代尚未确定。自下而上可分为四个岩性段：①下部为薄层状含钙质粉细砂岩，上部为灰色-灰黑色粉细砂岩，钙质砂岩夹薄层状浅变质大理岩、砂岩、板岩等；②底部为绿泥石片岩，中部为含黑色矿物的玄武岩，上部为绿色致密块状变质火山岩；③灰色-灰褐色粉砂岩与薄层状结晶灰岩互层；④薄层状大理岩夹绿砂岩，以及中薄层状浅变质大理岩夹少量板岩。因岩性主要是变质大理岩与板岩、砂岩互层，可溶性岩为薄层状且有不纯夹层，富水性差，水交替循环缓慢，岩溶不发育。

综上所述，划分出锦屏二级水电站工程区主要含水层（组），见表8.3。

表 8.3　锦屏二级水电站工程区内主要含水层（组）划分结果

系	统	组	代号	厚度/m	含水层（组）名称	主要岩性		富水性	水文地质特性
三叠系	上统		T_3	1400~2025	裂隙含水或相对隔水	砂岩、板岩、偶夹薄层泥灰岩		很弱	有少量地表径流，季节变化大，小泉零星散布
	中统	白山组	T_2b	750~2270	溶隙-裂隙-管道含水层	灰白色厚层大理岩	灰白色厚层大理岩角砾状大理岩下部变为绿片岩和云母片岩等	强	地表沟谷吸水严重，出露四大泉，泉水流量为 6.5~46.6 m^3/s，枯水期地下水位径流模数为 6~15L/s
		盐塘组	T_2y^6	100~300	溶孔-裂隙含水层	灰黑色含泥质灰岩		弱	未见泉水出露，深部靠近强富水层部位，富水性增强
			T_2y^5	1000	溶隙-裂隙含水层	中厚-厚层状中粗晶大理岩		强	地表沟谷吸水明显，少量泉水出露，泉流量为 2~50L/s
			T_2y^4	400	溶孔-裂隙含水或相对隔水	条带状云母大理岩		很弱	无地表水流漏失现象，发育有位置较高的裂隙泉，流量小，动态不稳定
			T_2y^3	60~175	溶隙-裂隙含水层	灰白色中厚层大理岩		弱	未见泉水出露
			T_2y^2	250	相对隔水	黑云角闪片岩夹薄层大理岩		很弱	
			T_2y^1	310	溶隙-裂隙含水层	中厚层大理岩，下部为泥质灰岩		中等	有季节性干谷-干谷和地表沟谷水流漏失现象

（注：T_2，总厚度 Δ150~750）

8.2.2　雅砻江大河湾地区岩溶水文地质单元划分

　　锦屏工程区内岩层产状陡立，可溶岩顺锦屏山脉中部呈条带状分布，形成岩层走向、地质构造线方向、大型复式紧密向斜褶皱轴面方向、山脉走向和河流流向五大因素合为一体的方向基本一致，这一独特的"河间地块"的岩溶水文地质条件具有特殊性和复杂性，使得河谷岩溶研究的一些成熟理论和方法在这里失去意义。突出表现在阶地对比法，岩溶成层发育与地壳活动的关系等在该区均得不到满意的解答。该区不发育向东、西雅砻江排泄的可与阶地对比的水平层状岩溶系统。

　　区内中部可溶岩和东、西两侧的非可溶岩与上述五大因素的组合，迫使岩溶的发育和岩溶水动力运移的主要方向与五大因素的方向一致，即 NNE 方向。结合区域（包括盐源盆地）地质构造、地层岩性、水文地质条件和大水沟长探洞获得的地质信息，工程区岩溶水的补给范围除了当地泉域范围大气降水补给顺层向深部低高程排泄之外，无其他补给来源；径流区为大河湾地区沿 NNE 向纵向分布的深部连续的构造发育的可溶岩体；排泄区在大水沟一带构造鞍部可溶岩临江出露区；出水点为该区的岩溶大泉和岸边河床的其他出水点。锦屏工程区独特的地质结构为岩溶水纵向深部循环提供了地质空间。水工引水隧洞布置在大水沟一带 1600m 高程部位，正是区内地下水的汇集与集中排泄区，洞线无论在空间上作何调整，均将不可避免地要横穿中部含水岩体。该洞段施工中出现高水头大压力大流量的涌水不可回避。

工程区不同地带（地段）的水文地质条件有明显差异，其规律性受地形地貌、地层岩性、地质构造、含水介质类型、岩溶发育及气候条件的控制或影响，据此，雅砻江大河湾河间地块内对隧洞涌水条件有影响的地区，可划分为以下 4 个水文地质条件有所差异的岩溶水文地质单元（图 2.7）。

Ⅰ：中部管道–裂隙汇流型水文地质单元（包括Ⅰ、Ⅴ岩溶区）；

Ⅱ：东南部管道–裂隙畅流型水文地质单元（等同Ⅱ岩溶区）；

Ⅲ：东部溶隙–裂隙散流型水文地质单元（等同Ⅲ岩溶区）；

Ⅳ：西部溶隙–裂隙散流型水文地质单元（等同Ⅳ岩溶区）。

8.3 各单元地下水循环特征

8.3.1 Ⅰ岩溶水文地质单元

本单元为中部管道——裂隙汇流型水文地质单元。分布于锦屏山中部分水岭地带，面积约 344km^2，呈 NNE 向宽 3.5~8.0km，长约 59km 的带状纵贯全区。单元内地形陡峻崎岖，通行艰难，主峰山顶高程为 3900~4488m，多呈独峰和鳍脊状起伏延展，如图 2.7 所示。地层组合为中三叠统白山组（T$_2$b）连续状纯大理岩，地层普遍陡倾，是工程区内最重要的相对富水性强的岩溶含水层。

单元内地质构造总体上为一个向南倾伏的紧密状复式背斜构造，由于褶皱轴向南倾呈波状起伏，工程区内存在两个马鞍形轴向凹曲，该部位是地形陡变，沟谷深切，岩溶相对集中发育，水文地质条件异常的部位有大泉分布，为高侵蚀基准排泄中心。一是手爬梁子一带，西侧发育深切的棉沙沟，东侧发育毛家沟（下游沟谷称磨房沟）。二是鸡纳店–甘家沟一带，西侧发育解放沟，东侧发育深切的老庄子沟（下游沟谷称模萨沟），构成二道翻越锦屏山、沟通东西雅砻江的重要通道。本单元的西侧、南端和模萨沟以南的东侧边界均由 T$_3$ 砂岩、板岩组封闭，边界清晰可靠。西侧边界高程均大于 3000m，T$_3$ 砂岩、板岩组封闭得十分完整，而东侧边界高程多数略低于 3000m，在模萨沟以北地段与Ⅲ水文地质单元接壤，存在两个水文地质单元之间的局部水力联系"窗口"。

岩溶组合地貌为脊峰、丛峰–深谷、干谷，较典型的岩溶形态为零星分布的峰丛、溶峰、天生桥、洼地、漏斗、溶洞、干谷、斜井，其中前五者大多数高悬于高程 3600m 之上，是第二岩溶期在前期基础上改造发育的产物，并受到后期外营力的破坏和改造，近代物理风化剥蚀作用强烈，岩溶形态均为裸露型，植被稀少，低洼的溶沟内多见倒石堆、碎石流等物理地质现象。山顶气候冷湿，常年有积雪。单元内地下水主要接受大气降雨、融雪补给，年降雪量约占全年降水量的 5%~10%，融雪可视为天然场地的调节"库容"，是锦屏工程区内水文地质条件的特殊性。

Ⅰ单元内岩溶水的径流为管道-裂隙汇流型,向大泉汇流富集、高位侵蚀排泄基准排泄。高位侵蚀基准高程为 2100~2200m,相当于Ⅲ级剥夷面高程。该单元内发育三个大泉,自北至南,分别为磨房沟泉、老庄子泉和沃底泉,各泉域之间均有雄厚山体主峰构成的地下水分岭。单元北侧还发育泸宁泉,其中与工程有关的磨房沟泉域与老庄子泉域之间的分水岭,曾做过示踪试验和分析研究工作,主要工作如下:

(1) 磨房沟泉和老庄子泉同是本单元的两个稳定的集中排泄中心,是长期地质作用的产物。经长期观察表明,两者在流量动态、水化学和水同位素动态,都有各自的特性和相对稳定性,表明有各自固定的泉域范围。

(2) 从流量动态分析:两者存在固有的差别,由于磨房沟泉域的调蓄能力强,从宏观上有大气降水的反应周期,磨房沟泉滞后 30 天左右,老庄子泉则滞后 15 天左右;对一次性降雨,磨房沟泉反应不明显,而老庄子泉则出现明显的波峰起伏响应,流量衰减,老庄子泉要早 20 天进入衰减期,在衰减过程中老庄子泉比磨房沟泉多一个亚动态,这反映出两泉含水介质系统的细微差别,这也是两大泉在发生和发展过程中各自成体系的结果。

(3) 据 1990~1995 年的水化学、水同位素的长期观测,两大泉在水化学、水同位素上既存在自身的稳定性,也存在两泉的差异性,这说明两大泉各自的独立性,在水文地质条件相似、泉域面积都较大的情况下,出现如此稳定性和差异性是具有固定性泉域的表征。

(4) 1992 年和 1994 年先后两次的示踪试验重复性良好,在干海子主峰地带地下水呈辐射状径流,主要是顺大江岸坡下泄,直接向低位排泄基准的雅砻江排泄,其次是向北或向南径流,补给磨房沟泉和老庄子泉群,向高位排泄基准排泄,充分地证实了干海子主峰地带是磨房沟泉域和老庄子泉域的主分水岭,其宽度为 3.0km 左右。

据此将Ⅰ水文地质单元划分为三个泉域亚单元,并对北侧的泸宁泉域进行分析,如图 8.5 所示。

8.3.1.1 Ⅰ₁磨房沟泉域水文地质亚单元

本亚单元位于Ⅰ水文地质单元的北部,由锦屏山势最高的主峰构成,平均高程为 3745m 左右,NNE 向长约 30km,NWW 向横宽 3.5~8.0km,泉域面积为 192.55km^2。北界为自然边界节兴沟;西界由变质火山岩、砂岩、板岩所封闭,与西雅砻江无直接水力联系;南界终于干海子主分水岭;东界与Ⅲ水文地质单元接壤,由 T_2y^6 泥质灰岩阻隔。但在局部地段封闭不完善,存在两个水文地质单元之间的水力联系"窗口"。

1) 补给

本亚单元处于较高地势,岩溶地下水的补给条件简单,大气降雨、降雪是唯一的来源。据对降水量的长期观测 (1992~1997 年),高山气象站降水量为 1172~1407mm,多年平均值为 1285mm,降水的入渗系数为 0.485。本亚单元的西侧手爬梁子一带,受地形和构造条件的制约,存在由 T_3 砂岩、板岩组接受的大气降水入渗,补给本亚单元的岩溶地下水。单元内的毛家沟、节兴沟、石官山沟等沟谷内有地表水部分入渗消失,转换补给的迹象存在。

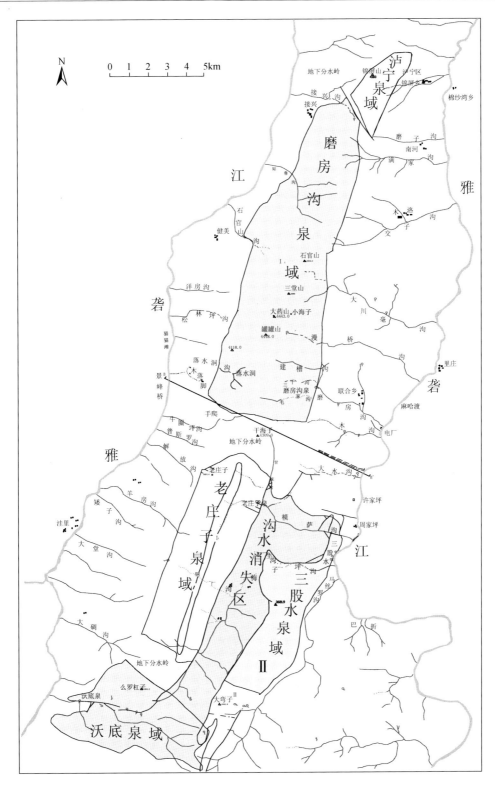

图 8.5　锦屏二级水电站工程区泉域范围示意图

2）径流

本亚单元的岩溶地下水径流网络是受地层组合和构造的控制，为 NNE 向与 NWW 向相互贯联网络。据大泉衰减分析，由两个亚动态的含水介质构成岩溶水的径流网络，在包气带地下水以垂直向运动为主，进入季节变动带和饱水带，以水平向运动为主。从宏观上看，地下水的运动几乎不受锦屏山地形分水岭的控制，除部分沟谷（石官山沟、漫桥沟、节兴沟等）有排泄以外，绝大部分是汇向于磨房沟泉集中排泄。1994 年示踪试验表明，在干海子投放的 Mo 示踪剂到达磨房沟泉的直线视流速为 231m/d，属溶隙流类型，反映出本亚单元内的分水岭地段与泉口附近排泄地段的地下水呈管道-溶隙类型的特征，各类介质的有机组合构成岩溶地下水的径流网络。

3）排泄

本亚单元内沟谷深切且十分发育，地形起伏大而复杂，岩溶水的排泄以小泉分散和大泉集中排泄相结合为特征，两者均以高位侵蚀排泄基准排泄。

小泉主要分布在节兴沟、石官山沟和毛家沟内，按高程划分大致可分为两个高程带，高高程带为 3000～3200m，泉流量较小，仅为 1～20L/s；低高程带为 2300～2400m，泉流量较大为 1～250L/s，这些小泉经一段地表径流后部分又在沟谷内入渗消失，最终汇入大泉集中排泄。

大泉是指磨房沟泉，泉口高程 2174m，高出沟底 20m 左右，现泉口已被人为改造，兴建磨房沟一级水力发电站。磨房沟泉是工程区内最大的稳定排泄中心，据 1992～1997 年长期观测资料得知，年总径流量为 $102 \times 10^6 \sim 218 \times 10^6 \mathrm{m}^3$，多年平均总径流量为 $162.1 \times 10^6 \mathrm{m}^3$；较 1965 年 5 月～1966 年 4 月的观测成果（$267.43 \times 10^6 \mathrm{m}^3$），减少将近一半，此原因可能与大气降水和人类活动有关。泉流量动态比较稳定，未出现我国南方强岩溶区泉流量随降水量急剧波动的情况，属于稳定型岩溶泉。从宏观上看，含水层厚且相对均匀，饱水带上部以及其上的岩溶化程度强于饱水带下部，岩溶地下水在包气带、季节变动带的活动仍十分强烈，饱水带的上部厚 300～400m，岩溶化带相对较强，在较大的水力比降条件下，岩溶地下水运动较快；饱水带下部仅有沿构造和可溶岩与非可溶岩的接触部位，发育相对较弱的岩溶地下水运动。

8.3.1.2　I_2 老庄子泉域水文地质亚单元

本亚单元位于 I 水文地质单元的中部，也由锦屏山主峰构成，平均高程 3585m，较 I_1 磨房沟泉域低 160m 左右，NNE 向长约 21km，NNW 向横宽 4.5～5.0km，泉域面积为 97km²。北界为干海子主峰的南坡；西界由 T_3 砂岩、板岩组封闭，界面平直且高程均在 3000m 以上，与西雅砻江无直接的水力联系；南界终于么罗杠子（高程 4393.2m）主峰一带，形成本亚单元地势两头高、中间低的马鞍状形态；东界也由 T_3 砂岩、板岩组封闭，界面平直，但高程略低于 3000m。总体而言，本亚单元的东、西两侧边界封闭完整，为一相对独立的含水单元。本亚单元在地层组合和地质构造上，具有特殊性。由于 T_2b 大理岩构成的背斜隆起幅度大，老庄子沟切割又深，致使下部层位（T_2y 绿砂岩和片状大理岩）在背斜核部出露，从水文地质条件上，在本亚单元中间形成一道相对弱透水的"帷幕"。甘家沟、鸡纳店沟和老庄子沟组成的模萨沟深切，使锦屏山体支离破碎，堰塞洼地在鸡纳店沟内普遍发育，在一定程度上使 T_2y 这道 "帷幕" 的隔水性削弱，但对含水体的深部的相对弱透水作用无疑是不容忽视的。

1）补给

本亚单元的岩溶地下水主要由大气降水补给，但在梅子坪沟发育的东侧边界也存在洼地吸水补给。根据 1993 年 10 月～1997 年 12 月的长期观测资料汇总分析，大气降水的入渗系数为 0.408，较 I_1 亚单元的入渗系数减少 16% 左右，这与本亚单元内的含水介质特征有关。在梅子坪沟延展的东侧单元边界发育梅子洼地，高程为 2510m，1997 年的示踪试验结果显示，海子洼地-老庄子泉群的直线视流速达 1846～2009m/d，属管道流。按示踪剂回收率推算的水量分配百分比数 58.7% 估算，由梅子坪沟、海子洼地汇集水量，大致为年均 0.5m³/s 左右补给老庄子泉排泄。本亚单元内甘家沟、鸡纳店沟、老庄子沟及铜厂沟内均有沟水入渗消失转换调节，但不影响总体水量分配。

2）径流

本亚单元中间存在的相对弱透水的 T_2y "帷幕"，对岩溶水的径流无疑起控制作用，在一定范围内将 T_2b 富含水层分为东、西两层。在含水层浅部，这道 "帷幕" 的隔水作用已大大减弱（从沟谷切割分析，大致上在高程 2700～2800m），含水层的下部地下水径流，除部分沿 NWW 向构造贯通以外，其余部分地下水必须沿南北顺层运移，绕过"帷幕" 向老庄子泉汇集排泄。沿本亚单元的东界，受 T_3 砂岩、板岩组的封阻，相对集中地发育岩溶管道，形成管道流。这类特殊部位形成的地下水管道，在本亚单元内比较突出，从宏观上分析，岩溶水的运移不受锦屏山地形分水岭的控制。外业调查证实，本亚单元的岩溶水网络，可由近 NS 向发育的甘家沟、NW 向发育的鸡纳店沟和 SW 向发育的老庄子沟特征为代表，沟谷内岩溶较发育，洼地多见，以管道-裂隙汇流型径流，向大泉集中排泄。

3）排泄

本亚单元岩溶水的排泄以大泉集中排泄为主，小泉分散排泄流量甚微。值得指出的是，本亚单元边界外缘 T_3 岩组内，小泉零星散布，这类小泉分布高程均在 3000m 高程左右的山丘上，它的后坡多为高达数百米的 T_2b 大理岩陡壁，地貌上无明显的汇水地形，但常年不干枯，为当地居民的饮用水。如边界西侧的羊房沟村和一碗水小泉；边界东侧的民胜乡村-甘家堡子一带的民用水点，无疑它是由 I_2 亚单元岩溶水通过裂隙外溢的代表性水点。本亚单元的大泉为老庄子泉群，它出露在距东部边界 70m 左右的老庄子沟底，从块石、卵石层和沟边的基岩裂隙中溢出。

据外业调查，老庄子泉群出露带宽 312m，高程为 2170～2127m。其中，上游段为季节性泉群出露，高程为 2170～2129m，高差 40m，是季节变动带；下游河段为常年泉群出露段，高程为 2129～2127m，宽 60～70m，见图 8.6。据钻探和地下水动态分析，地下水通道主要是规模不等的近于垂直或垂直的溶蚀裂隙密集形成的岩溶化带，在泉群分布的 312m 范围内有 5 个溢出水带，带宽 6～50m，各带之间岩体完整，相对富水性差，宽 10～100m。群泉这一结构特征，使各泉在水位、动态上存在一定的差异，年排泄量为 50×10^6～$70 \times 10^6 m^3$，多年平均排泄量为 $56.10 \times 10^6 m^3$。

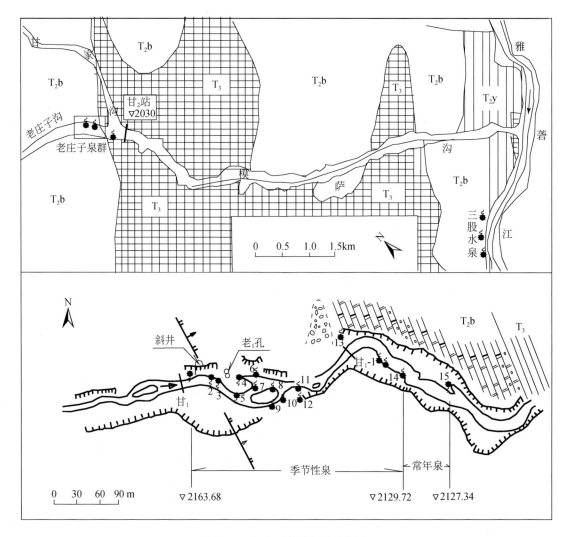

图 8.6　老庄子泉群出露示意图

　　洪水期暂时性出水口和季节性出水口统称季节性泉，为季节性变动带的水动力反映，水交替强烈，透水性强，1967 年 2 月 24～28 日进行连通试验，测得地下水流速为 244.8～583.2m/d，反映出以管道-溶隙型的混合流为主。但是，经过 72～96h 以后出现的第二次异常，延长时间达 10～15 天，地下水流速为 12.2～19.2m/d，反映出深循环流的流速是很缓慢的，深部岩溶的发育特点与浅部岩溶输水通道是明显不同的。常年泉为饱水带的出水口，具有对大气降水反应迟缓、变化幅度小、透水性弱的特点。老庄子 1 号孔距老庄子岩溶斜井（井内含水通道）约 20m，钻孔终孔深 450.47m，分别在孔深 22～31m（对应高程 2138～2129m）和 350～370m（对应高程 1810～1790m）处揭露了上下两个富水段，其单位涌水量分别为 56.941L/min 和 323.4L/min，岩体渗透系数分别为 4.461m/d 和 21.309m/d，且下富水段水位高于上富水段 0.4～1.5m，证明深部存在弱承压的透水性较好的富水条带，具有向上运移的深循环水力条件。经示踪试验和泉流量衰减期的长期观测表明：该孔与相距 20m 的岩溶斜井并无地下水的直接连通，如图 8.7 所示。①钻孔水位与斜井水位的同步下降，且上富水段与下富水段的变化基本一致，说明该泉排泄区地下水（包括浅部和深部循环带地下水）具有较好的水力联系；②斜井水位比钻孔水位变化快，两者相交于 A 点，说明以老庄子斜井为代表的大孔隙介质中的快速流与周围裂隙慢速流有互补转换：在 A 点前，斜井水位高于钻孔水位，管道流补给裂隙流；在 A 点后，斜井水位低于钻孔水位，裂隙流补给管道流。

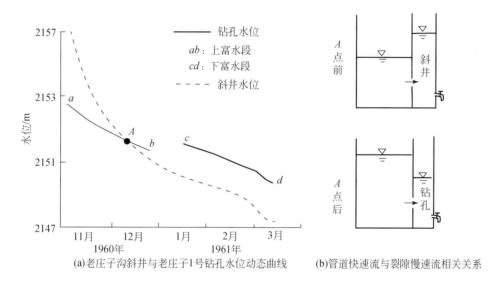

(a)老庄子沟斜井与老庄子1号钻孔水位动态曲线　　　(b)管道快速流与裂隙慢速流相关关系

图 8.7　老庄子沟岩溶斜井与老庄子 1 号钻孔之间连通关系试验成果示意图

新生代以来地壳抬升速度较快，岩溶发育相对滞后，以致本单元 2100～2200m 排泄基准保持了相当长的一段时间，总体岩溶发育程度较弱，并以垂向发育为主，老庄子 1 号钻孔（孔深 300m）揭露的岩溶形态仅为以厘米和毫米计的溶痕、溶孔和小溶隙，以致地下水深循环活动受限。本亚单元内岩溶地下水在包气带和季节变动带的活动强烈、饱水带上部强岩溶带相对发育程度稍强，以管道流为主，尤其在鸡纳店沟和 T_2b 与砂岩、板岩组的接触地带，饱水带下部受构造控制存在相对较弱的深循环流。

老庄子泉群上游段为季节性泉群出露，是季节变动带；下游段为常年泉群出露段。地下输水道主要是规模不等的近于垂直或垂直的溶蚀裂隙、溶隙密集形成岩溶化带。以老庄子斜井为代表的大孔隙介质中的快速流与周围裂隙慢速流有互补转换。本亚单元内岩溶地下水在包气带、季节变动带活动强烈，饱水带上部强岩溶带相对发育程度稍强，以管道流为主，饱水带下部受构造控制存在相对较弱的深循环流。

8.3.1.3　I_3沃底泉域水文地质亚单元

I_3沃底泉域水文地质亚单元位于 I 单元的南端，将沃底泉域列于 I 单元内，仅为阐明 I 水文地质单元的完整性以及工程区南部盐源盆地的相互关系。本亚单元岩层组合和地质构造十分复杂，地层由 T_2b 大理岩和 T_3 砂岩、板岩组合，前者为较强岩溶化的富水层；后者为非岩溶化的相对隔水层。它们在空间上的分布受褶皱和断裂构造的控制。本亚单元总体上发育在褶皱轴呈马鞍状凹曲的构造部位，北部老庄子背斜在苏那村北倾伏，南部的足木背斜也在苏那村南倾伏，如图8.8。两者的核部均在 T_2b 大理岩，褶皱轴凹曲部位覆盖 T_3 砂岩、板岩组形成的本亚单元岩组和构造的特征。在可溶岩与非可溶岩的接触带上，岩溶洼地或深岩溶集中发育，如图8.5，计有苏那洼地、阿扎扣底洼地等，洼地内深岩溶发育，多见落水洞消水点。

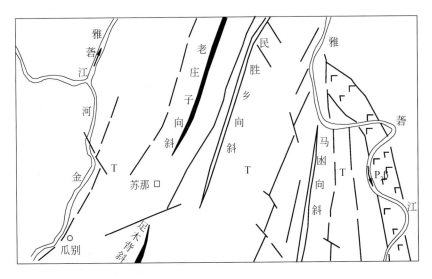

图8.8　I_3沃底泉域水文地质亚单元构造纲要图

1）补给

本亚单元的北、东、南三侧的边界由可溶岩组成，且岩溶相对较为发育，汇水集中大泉排泄，岩溶水由大气降水补给，无其他外来水源的补入，根据岩组和水文地质条件，确定本亚单元面积为 $54km^2$，平均高程在 3350m 左右。

2）径流

据外业调查统计的节理玫瑰图（图8.9），本亚单元的岩溶地下水网络应为 NW、NWW—NEE 和 NE 向三组裂隙构成的裂隙网络，与单元内发育的三个洼地方向相一致，地下水的径流呈管道-裂隙混合类型。从两个洼地的吸水性（表8.4）来看，本亚单元内的岩溶管道流是十分突出的，从宏观上分析，岩溶水的运移受地形分水岭制约，由苏那沟汇流为主，苏那沟谷纵向特征如图8.10所示。

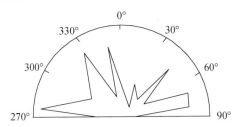

图8.9　I_3沃底泉域水文地质亚单元节理玫瑰图

表 8.4　岩溶干谷吸水情况　　　　　　　　　　　　（单位：m³/s）

吸水层组	沟谷名称	汇水区岩组	吸收情况	总吸水量	集中吸水量
T₂b	苏那沟	T₂b+T₃	全部集中吸入	3 ~ 5	3 ~ 5
	阿查扣底沟	T₂b+T₃	全部集中吸入	0.8 ~ 1.0	0.5 ~ 1.0

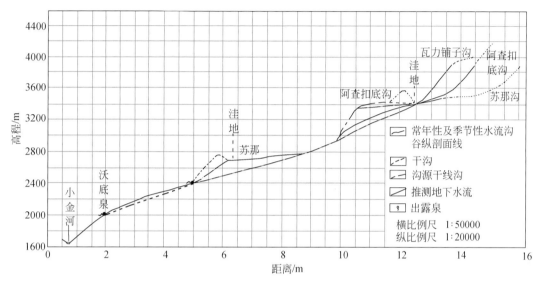

图 8.10　苏那沟及其主要支沟沟谷纵剖面图

3）排泄

本亚单元的岩溶水排泄是小泉分散排泄和大泉集中排泄相结合。小泉呈有规律地沿可溶岩和非可溶岩的边界分布，高程均高于 3000m，一般流量为 0.5 ~ 20L/s，由于小泉排泄高程较高，且向苏那沟汇流，故不影响总水量的分配，见表 8.5。

表 8.5　出露泉水统计一览表

编号	位置	高程/m	地层时代	泉水类型	流量/(L/s)			备注
					最大	最小	调查时	
W₂	苏那梁子	3230	T₂b	下降泉			0.5	
W₃	苏那	3175	T₂b	下降泉			3.0	
W₄	苏那三村	3180	T₂b	下降泉			0.5	
W₅	苏那三村	3000	T₂b	下降泉			20.0	
W₆	团结乡	2450	T₂b/ T₃	下降泉			0.05	
W₇	庙子沟	1950	Q(T₂b/ T₃)	下降泉	5000	700	1000 ~ 2000	沃底泉

大泉集中排泄是指沃底泉排泄，沃底泉位于庙子沟底，由冲坡积层中外溢，泉口高程为 1950 ~ 2400m，丰水期泉口高程上升，枯水期泉口高程下降，由于泉口部位已是 T₃ 砂岩、板岩分布地段，因此泉口变动是与伏流有关，据实地调查，泉流量变动较大为 0.7 ~

5.0m³/s，年平均约 1.2m³/s，向最低排泄基准——小金河排泄。

8.3.1.4　泸宁泉域水文地质单元

泸宁泉域位于 I 单元的北侧，由于该泉流量较小，且远离工程区，因此未作深入研究。本亚单元内均为盐源组地层，其西侧边界为锦屏山断层，北侧以与地表沟谷的地形分水岭为界，东侧由盐塘组地层内的相对隔水层阻隔，南侧以断层为界，形成平均高程 3225m、泉域面积 18km² 的水文地质单元。

1）补给

大气降水是本亚单元岩溶地下水的唯一补给来源，降水的入渗系数为 0.477。

2）径流

本亚单元内岩溶地下水径流受地层组合和构造的控制，小溶蚀裂隙流应是本亚单元内地下水运动的主要形式。由于受盐塘组地层间层型岩溶层组的影响，从宏观上分析岩溶水的运移受地形分水岭的制约。

3）排泄

本亚单元的岩溶水排泄以泸宁泉集中排泄为主，泉口高程 2280m，枯水期流量约 0.21m³/s，推测年平均流量为 0.4m³/s，通过一级支沟向雅砻江排泄。

I 水文地质单元内地下水主要接受大气降雨、融雪补给。本单元内岩溶水向大泉汇流富集，高位侵蚀排泄基准排泄（磨房沟泉和老庄子泉）。高位侵蚀基准高程为 2100～2200m。该单元内发育磨房沟泉、老庄子泉和沃底泉三个大泉。磨房沟泉和老庄子泉是本单元两个稳定的集中排泄中心。干海子主峰地带地下水呈辐射状径流，主要是顺大江岸坡下泄，直接向低位排泄基准的雅砻江排泄；其次是向北或向南径流，补给磨房沟泉和老庄子泉群，向高位排泄基准排泄，说明干海子主峰地带是磨房沟泉域和老庄子泉域的主分水岭。由四个水文地质单元分布图可知，I 单元还通过干海子向 III 单元越流补给，最终流向雅砻江。I、III 单元水力联系密切。I 水文地质单元补给、径流、排泄规律如图 8.11。

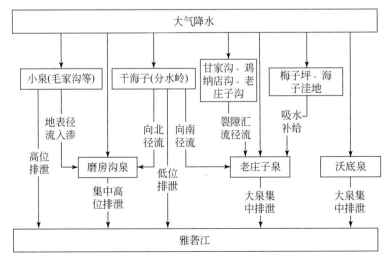

图 8.11　I 水文地质单元补给、径流、排泄规律示意图

8.3.2 II 岩溶水文地质单元

本单元为东南部管道-裂隙畅流型水文地质单元，位于锦屏二级水电站工程区东南部的模萨沟以南，呈 3～5km 宽的不规则带状向 S—SW 方向延伸至工程区外，本单元内山顶高程 3500～3900m，最高主峰大弯子高程 4282.6m，相对高差达 3000m。本单元两侧发育有梅子坪沟和普斯罗沟，出露岩层为中三叠统白山组（T_2b）纯大理岩，属较强岩溶化管道-裂隙含水层，出露岩层为中三叠统白山组（T_2b）纯大理岩，属较强岩溶化管道-裂隙含水层，四周为弱岩溶化岩层和非岩溶化岩层等相对隔水层，与雅砻江无密切水力联系。该单元典型岩溶形态少见，岩溶地貌组合形态为丛峰-深谷，地表岩溶形态以朝天井、石芽为主，相对在剥夷面高程带上岩溶较发育。

8.3.2.1 补给

单元内岩溶水除接受大气降水补给外，还有部分谷沟水入渗补给，主要是模萨沟水和梅子坪沟水的补给。

1）大气降水入渗补给

II 水文地质单元出露面积约 60km²，东西两侧的相对隔水边界出露高程均低于 3000m，近 NNE 向展布的主脊高程均大于 3500m，若按 1992～1997 年高山站长期观测资料——年均降水量 1285mm、年降水总量 77.10×10⁶m³，入渗系数选用 0.485（参照磨房沟泉域的统计值），则本单元大气降水补给量为 37.40×10⁶m³（相当于年平均 1.2m³/s）。

2）模萨沟水消失补入分析

模萨沟横向切割本单元的北端部位，是工程区内东雅砻江沿岸切割最深的一级支沟之一。20 世纪 60 年代中期原锦屏工程指挥部曾在该沟内放置三个测流站，具体位置如图8.12 所示。观测时间为 1966 年 5 月～1967 年 4 月（1 个水文年），由观测资料可知，模萨沟水在流经 T_2b 地层时发生大量的沟水消失现象，各段漏失情况如下。

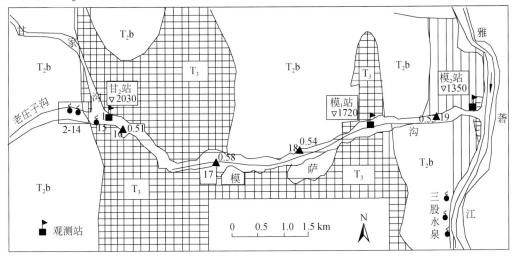

图 8.12 模萨沟测流站具体位置示意图

　　模萨沟自甘$_2$站（高程2030m）至模$_1$站（高程1720m）段，全长5.4km，沟水流经T$_3$砂岩、板岩（和尚堡子倒转向斜）和T$_2$b大理岩组（西牦牛山背斜），其中T$_3$砂岩、板岩段为大气降水补给区段，T$_2$b大理岩段为沟水消失地段，两个测流站的流量差动态曲线如图8.13所示。

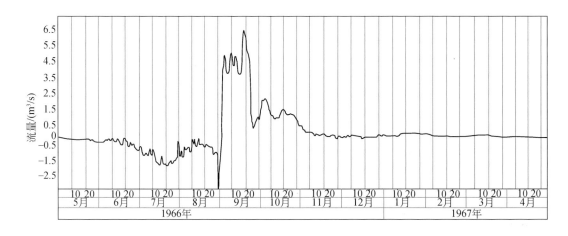

图8.13　模萨沟甘$_2$站—模$_1$站流量差动态曲线

　　从图8.13可知：

　　（1）1966年5～8月，沟水流量消失0.2～1.8m^3/s，个别极值达2.8m^3/s，历时4个月平均沟水消失量为0.8m^3/s，锦屏地区7～8月为降水季节，由于沟谷经历长达半年左右的干旱季节，地下水位已降至最低点，因而降水初期被大量吸入，呈现消失流量大于区间补入水量的现象，为负态曲线。

　　（2）1966年9～11月中旬，降水季节的后期，区间补入量大于沟水消失量，呈正态曲线，该区间内T$_3$砂岩、板岩出露面积约19km^2，为区间流域面积的76%，由于T$_3$砂岩、板岩渗透系数较小，地下水补给沟水的滞后时间较长，又加上集中降水后的关系，才导致1966年9月出现正态曲线。

　　（3）1966年11月中旬～1967年4月，为区间补入量与沟水流量消失量大致持平时期，历时5个半月。

　　综上所述，模萨沟自甘$_2$站至模$_1$站区段，沟水流量消失量为年平均0.8m^3/s左右，由T$_2$b大理岩组成的西牦牛山背斜地段的沟水流量消失，可通过沿沟覆盖层堆积物中伏流排向下游区段，或顺沟构造下渗，补给岩溶地下水。

　　模萨沟自模$_1$站（高程1720m）至模$_2$站（高程1350m）段，全长2.5km，沟水流经T$_3$砂岩、板岩、T$_2$b大理岩组（东大理岩带）、T$_2$y片状大理岩组和P$_2$β峨眉山玄武岩组。其中非可溶岩组和弱可溶岩组的出露面积仅2km^{2}左右，降水补入量较少；T$_2$b大理岩组出露段长0.5km，为模萨沟水消失的主要地段，并通过岩溶管道直接补入Ⅱ单元，两个流量测站取得的流量差动态曲线，如图8.14。

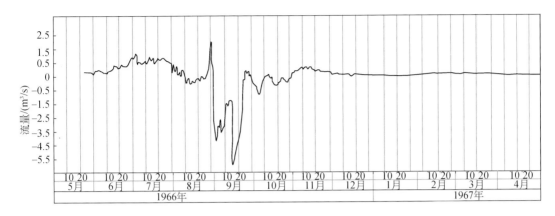

图 8.14　模萨沟模$_1$站—模$_2$站流量差动态曲线

图 8.14 可以看出，工作区除 1966 年 6 月下旬~8 月初和 1966 年 9 月初受一次性集中降水的影响，呈正态曲线以外，几乎全年 80% 的时间沟水流量均有不同程度的消失，其中 1966 年 9~11 月上旬，上游区段大量正态流量差曲线的水量均在本区段内下渗消失，最大消失量达 6m³/s。这表明在模萨沟沟水变动带附近存在岩溶管道，高水位时，消失量甚大；沟水位低时，消失量明显减少；自 1966 年 8~11 月上旬（历时 104 天），沟水平均消失量为 1.2m³/s，枯平水位时期沟水平均消失量为 0.3m³/s。

综上所述，模萨沟两个区段的流量消失，在丰水期平均可达 2.0m³/s，最大消失流量极值可达 7m³/s 以上，平水期平均为 0.9m³/s，年平均沟水流量消失量为 1.2m³/s，直接补给 II 单元，并由三股水泉排泄，导致三股水泉水位具有暴涨暴落的特性。模萨沟流量消失直接补给三股水泉的事实，1994 年示踪试验已证实。

3）梅子坪沟水消失、补给 II 单元，由三股水泉集中排泄

梅子坪沟位于三股水泉下游 1km（指第一股泉），沿 II 单元和 I 单元之间的 T₃ 砂岩、板岩组（养猪场复向斜南延部分）展布，除沟口段沿断层构造发育、横切地层以外，主要沿 T₃ 砂岩、板岩地层呈近 SN 向发育，全长 21.6km，是区内发育最长的沟谷之一，流域面积为 128.4km²。据 20 世纪 60 年代中期和 90 年代初期多次野外调查，梅子坪沟的沟水流量消失也是十分明显，尤其是海子洼地一带的中游地段，因而在梅子坪沟的中、上游地段表现为季节性干谷，每年枯水期发生干枯。梅子坪沟的下游在瀑布沟段水量增加，有消水复流存在，枯水期沟口地表流量为 0.2~0.4m³/s，丰水期水量猛增至 3~4m³/s，年平均径流量为 0.8~1.2m³/s，由于该沟远距工程区，未进行长期观测。

海子洼地出露高程为 2510m，洼地以上流域范围有 45km²，按降水量的高山效应粗略估算，海子洼地年均吸入水量为 27.13×10⁶m³（相当于年平均 0.86m³/s），其中 0.5m³/s 的年平均水量补给老庄子泉排泄，其余顺沟下渗，海子洼地以下流域范围有 83.4km²，同理估算，年均约有 55.55×10⁶m³ 水量在梅子坪沟沿横向切割 T₂b 地层的断裂构造发育地段内消失，补给 II 单元岩溶地下水，经汇流向三股水泉集中排泄。

8.3.2.2　径流

经 20 世纪 60 年代中期的岩溶专题研究和本阶段向南扩测查证，II 水文地质单元的岩

溶水在主峰大弯子（高程4283.6m）地带存在地下水分水岭，大弯子主峰北坡的岩溶地下水向北运移，流向三股水泉集中排泄，主峰南坡岩溶地下水自北向南径流，流向沃底泉集中排向小金河，沃底泉泉域以南段的T_2b大理岩的岩溶地下水排向盐源盆地。据外业调查，本单元裂隙以NW向和NE向两组最为发育，如图8.15所示。因此岩溶地下水的网络以NNE向（顺层向）裂隙构成裂隙网络，以管道-裂隙混合流为主，这可从1997年示踪试验得到证实：三股水泉的三个视流速实测值分别为2500m/d、1200m/d、418m/d。

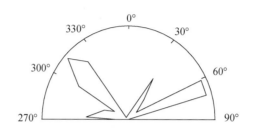

图8.15　Ⅱ水文地质单元节理玫瑰图

8.3.2.3　排泄

本单元岩溶水的排泄以大泉集中排泄为主，大泉出露于Ⅱ单元北部的单元东界的雅砻江西岩一陡崖下，由相距450m和350m的三个大泉组成，故称三股水泉。泉口高程自北向南分别为1468m、1455m和1455m，高出雅砻江水面150m左右。从化学特征（表8.6）看，各泉是相通的，但各泉的动态有较大的差异，1995年枯水期，北泉曾一度干枯，但中、南泉仍保持溢出外涌，三个泉的年动态变化较大，1990年3月26日（枯水期）总流量仅1m³/s左右，水温约12°C，到丰水期流量猛增至20m³/s，水温约18°C，其原因与外源水和谷沟水的补给有关。详见前节补给源的分析，年平均流量为4～5m³/s，由于该泉远距锦屏二级水电站，泉水流量未予长期观测，仅做不定期的动态观测工作。

表8.6　三股水泉水化学特征表　　　　　　　　　　（单位：mg/L）

含量 \ 项目 地点		Ca^{2+}	Mg^{2+}	HCO_3^-	SO_4^{2-}	Cl^-	矿化度	水质类型	备注
三股水泉	北	36.1	4.9	138.5	7.2	3.5	131.1	HCO_3-Ca	取样时间：1990年6月6日
	中	36.9	3.9	139.1	8.2	3.5	134.1	HCO_3-Ca	
	南	42.1	4.4	155.6	8.2	2.5	146.6	HCO_3-Ca	

归纳三股水泉的特征如下：

（1）三股水泉在雅砻江Ⅳ、Ⅴ级阶地形成以前，仅是Ⅱ水文地质单元东侧接触带处，受T_2y地层阻隔而产生的较强岩溶化带。此时Ⅱ单元的岩溶地下水主要由模萨沟、梅子坪沟和普斯罗沟排向雅砻江，自Ⅳ级阶地发育以后，由于雅砻江的急速下切，以及不断的溶蚀、侵蚀作用，形成现在的岩溶地貌景观，为锦屏地区以雅砻江低位基准的排泄大泉。壮观的悬挂式大泉显示，自Ⅳ级阶地发育以后，岩溶发育滞后于河谷的快速下切。

（2）三股水泉的补给源来自三个方面，通过Ⅱ水文地质单元的地下水运移，集中于三股水泉排泄，约占泉总排泄量的28%；通过模萨沟沟水的流量消失，补给三股水泉集中排泄，约占泉总排泄量的31%；通过梅子坪沟沟水的消失，补给三股水泉排泄，约占泉总排泄量的41%。

（3）三股水泉的暴涨暴落特性，主要与两侧沟谷水的直接补给有关，与模萨沟和梅子坪沟沟水的径流特征相一致，模萨沟的流量长期观测成果已经证实。

（4）三股水泉的补给、径流和排泄条件具有特殊的性质，谷沟地表水流的汇集作用和集中下渗补给作用是锦屏地区沿江岸坡地带岩溶水的运移特征。经证实，锦屏二级水电站引水隧洞部位与三股水泉无直接关系。

Ⅱ水文地质单元内地下水主要接受大气降水、部分沟谷水入渗补给。本单元内岩溶水在主峰大湾子地带存在地下水分水岭，大湾子主峰北坡的岩溶地下水向北流向三股水泉集中排泄；主峰南坡岩溶地下水向南流向沃底泉集中排向小金河；沃底泉泉域以南地段的T_2b大理岩带的岩溶地下水排向盐源盆地。Ⅱ水文地质单元补给、径流、排泄关系，如图8.16所示。

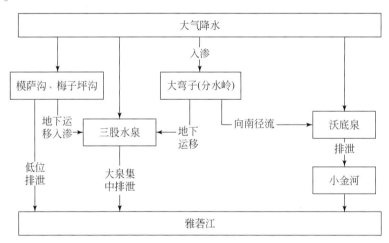

图8.16　Ⅱ水文地质单元补给、径流、排泄规律示意图

8.3.3　Ⅲ岩溶水文地质单元

本单元为东部溶隙–裂隙散流型水文地质单元，分布于锦屏山东部的谷肩–谷坡地带，紧邻Ⅰ水文地质单元呈NNE向条状延展，横宽2.5~4.5km，纵长35km左右，与Ⅰ水文地质单元接壤的边界高程略低于3000m。在楠木沟–许家坪地段本单元东界以东雅砻江为界，高程为1350~1310m；楠木沟以北受构造控制，东界出露高程高于2200m，由二叠系的变质火山岩、绿片岩及玄武岩阻隔，如图8.5所示。

本单元出露地层中三叠统盐塘组（T_2y）为纯大理岩、不纯大理岩和泥质灰岩及非可溶岩组合，见表8.7。构造上为陡立的紧密褶皱群，局部地层陡倾倒转，致使富水层、贫水层和相对隔水层多次重复出现，在空间分布上它们之间既相连又相隔，地下水径流运移的条件十分复杂。

表 8.7　盐塘组岩溶含水层（组）划分一览表

系	统	组	代号	厚度/m	含水层（组）名称	主要岩性	富水性程度	水文地质特性
三叠系	中统	盐塘组	T_2y^6	100~300	溶孔-裂隙含水层	灰黑色含泥质灰岩	弱	无地表径流，未见泉水出露
			T_2y^5	500~1000	溶隙-裂隙含水层	中厚-厚层状中粗晶大理岩	强	地表沟谷吸水明显，少量泉水出露，泉流量2~50L/s
			T_2y^4	400	溶孔-裂隙含水层	条带状云母大理岩	弱	无地表水流漏失现象，发育有位置较高的裂隙泉，流量小，动态不稳定
			T_2y^3	60~175	溶隙-裂隙含水层	灰白色中厚层大理岩	中等	未见泉水出露
			T_2y^2	257~300	溶隙-裂隙含水层	灰绿色黑云角闪石片岩夹含钠铁黑云母角岩和条带状大理岩	弱	未见泉水出露
			T_2y^1	310	溶隙-裂隙含水层	中厚层状大理岩、含白云质团块（条带）大理岩，下部为碳质、泥质灰岩	中等	有季节性干谷和地表沟谷水流漏失现象

本单元内典型的岩溶形态十分少见，山脊多呈鱼鳍状，山坡以石芽、溶沟、溶槽较发育。近EW向分布的雅砻江一级支沟内，高程在1900m以下多见陡坎、瀑布，地貌上"裂点"甚多；高程在2200~2600m段沟谷开阔，以干谷为主，沟谷边缘部多见第四系角砾岩，其间岩房发育，为当地居民的临时性住地。其中，楠木沟内可见规模稍大的天生桥，基座由基岩构成，桥由第四系角砾岩组成，谷底内多见消水点，如图8.17所示。自磨房沟至周家坪沿江谷坡地带，广布第四系角砾岩台地，台面缓倾、台缘清晰，其间发育大量岩房溶蚀地貌，自V级阶地高程带以下至Ⅱ级阶地高程带内岩房规模巨大，多为5m×30m×10m（高×宽×深），洞内有石钟乳、钙华堆积，以及季节性渗水、滴水，说明现代尚在发展的溶蚀作用。

本单元内曾进行大水沟厂址的长探洞勘探工作，长探洞各含水带的运动特征分节叙述如下。

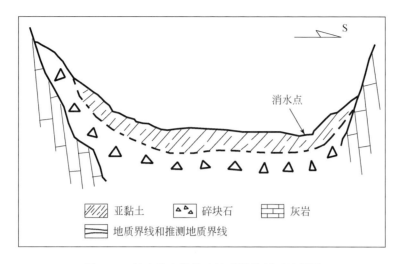

图 8.17 楠木沟中段沟底地质结构剖面示意图

8.3.3.1 补给

由于本单元处于东雅砻江的谷肩–谷坡地带，因此岩溶水的补给除接受大气降水补给以外，尚存在特定部位的跨水文地质单元的越界补入，尤其是 I 水文地质单元的分水岭地段，天然状态下顺坡流经Ⅲ单元直接排向雅砻江。I 单元岩溶水补给Ⅲ单元的特定部位：从地层上分析是断失 T_2y^6 的地方，从构造上分析为 NW 向或 NWW 向断裂和裂隙发育部位，1994 年示踪试验已证明有多个水力联系的"窗口"存在。从回收率分析，干海子分水岭地段跨越Ⅲ单元直接排向雅砻江的水量占 60% 左右（天然流场要小得多），因此在Ⅲ单元的特定部位，从 I 单元补入的水量远远小于大气降水的补入量。

8.3.3.2 径流

本单元的径流条件十分复杂，由于单元西界紧邻 I 单元，又处于雅砻江的谷肩–谷坡地带，因此岩溶水的径流与 I 单元的渗流场关系十分密切。如前所述，I 单元的两界、南端和东界的南段（周家坪断层以南）均由非可溶性岩（砂岩、板岩组）包围，且地层陡倾或近于直立，地层厚度大，因此可视为岩溶地下水的屏障，但东界的北段由弱可溶岩（T_2y^6 泥质灰岩）阻隔，在较大的水力坡降长期作用下，弱可溶岩也会发生不同程度的溶蚀，致使 T_2y^6 泥质灰岩层被击穿或部分被击穿，如磨房沟泉已出露在 T_2y 地层内。此外，走向 NW 或 NWW 的断层和裂隙较发育，因此单元边界封闭得不够完善，存在两个水文地质单元之间水力联系的"窗口"。

本单元谷坡地带的地下水总体上是顺坡径流排向雅砻江，由于本单元地层组合为稍强透水的 T_2y^1、T_2y^3、T_2y^5，弱透水的 T_2y^4、T_2y^6 以及非可溶的 T_2y^2 相间排列，在包气带和饱水带上部的地下水既顺坡又顺层运移。其中，T_2y^6 地层厚度较大（与陡倾的紧密褶皱有关），一般情况下它的相对阻水作用是存在的，可作为两个水文地质单元划分的边界。本单元的地下水网络由 NNE 向（顺层）和 NWW 向（构造裂隙）组成，大水沟一带的彩红外航片解译显示线性构造是较为发育的（图8.18），从长探洞内统计各层位的裂隙发育优势面有差别，局部存在细微的水网差异，如图8.19。由于新生代以来地壳抬升较快，大江不断地强烈下切，因此谷坡地带的地下水网络为了适应排泄基准的下降而不断地重新调整网络，地下水沿近垂直的层面和构造裂隙向深部发育，高水头作用下的溶蚀作用，可能"蚀"比"溶"的作用更显著。总体来说，本单元的岩溶地下水为溶隙管道–裂隙的混合流，且在天然状态下不存在管道快速流。

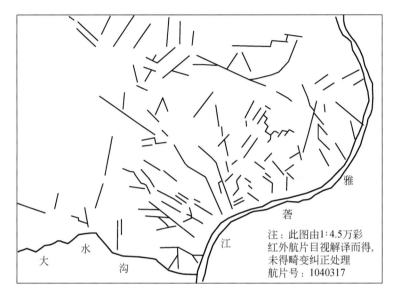

图8.18　大水沟一带彩红外航片线性影像解译图

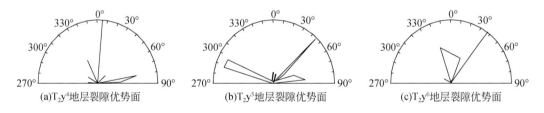

图8.19　长探洞内各地层裂隙发育优势面统计示意图

长探洞内各含水带的运动特征如下：

（1）Ⅰ浅层潜水带。主要由大水沟流域内的大气降水和沟水入渗补给。由于出露高程较低，均直接向雅砻江运移，受 T_2y^4 相对隔水层阻隔，沿分布的小泉和大水沟沟水出露高程均稍高于江水季节变动带，在断裂和裂隙发育的局部地段存在浅层潜流。

（2）Ⅱ中部涌水带。主要由本单元大气降水和沟水消失入渗补给。该出水带由数个喷水构造组成，单点喷水流量为 $50 \sim 700 \mathrm{L/s}$，具有流量衰减快的特征，并在深部喷水点揭露以后，外部喷水点流量迅速减小，直至干枯。现存 1447、1722 喷水点有小于 $50 \mathrm{L/s}$ 水量稳定溢流，其余均干枯。此外本段地下水温很低，仅 $11 \sim 12 ℃$。相对岩溶发育程度和富水程度较Ⅰ带强，显然与Ⅰ带和Ⅱ带之间的相对隔水作用有关，该带岩溶水应有一定的埋深排向雅砻江（探洞高于江水面约 15m，江水深 20m 左右，河床覆盖层厚 30～40m），是谷坡地带正常排泄基准面附近的地下水排泄面。

（3）Ⅲ集中涌水带。除接受本单元的大气降水和沟水入渗补给外，尚有Ⅰ单元水越界补入。Ⅰ带与Ⅱ带之间的 T_2y^4 层阻水作用很强（与埋深大有关）形成区内最大的涌水构造，最强的富水带，最大瞬时流量达 $4.91m^3/s$，稳定流量为 $1.7～2.0m^3/s$，为国内外罕见。1994 年示踪试验中，在干海子投放的 Mo 试剂和在甘家沟（高程 3100m）投放的Ⅰ试剂，在长探洞内接到的顺序在Ⅲ带内是有规则的，见表 8.8。反映出为统一的含水体系，是从Ⅰ单元越界补入的岩溶地下水径流特征。Mo 试剂和Ⅰ试剂到达视流速的差别，证实Ⅰ单元与Ⅲ单元之间存在多个径流"窗口"。Ⅲ集中涌水带的补给源以Ⅰ单元来水为主，本单元大气降水补给为次。从主喷水构造有长达半余年的浑水喷溢来看，天然状态下，该喷水构造的排泄能力不强，使带内充填巨量的黏性土，是雅砻江排泄基准的深循环带上部水流所致。

表 8.8　1994 年示踪试验示踪剂浓度异常出现规律

水流方向	3239→3005→2845.5→2829→2760
Mo 异常初现时间/天	14.9→14.9→15.5→15.9→17.9
Ⅰ异常初现时间/天	6.0→6.3→7.1→7.8→8.8

（4）Ⅳ深层涌水带

除接受Ⅰ单元越界补入以外，主要是磨房沟泉域的岩溶水被袭夺入探洞内，主要依据是：①长探洞水的化学特征更接近磨房沟泉水；②长探洞水的同位素 δ 值进入磨房沟泉分布的特征值内；③1994 年示踪试验中，Mo 和Ⅰ达到长探洞的时间出现异常，试剂最早到达 3506 检测点（Mo 初现时间为 13.9 天，Ⅰ初现时间为 9 天），探洞中更深的检测点（3605，3581，3569）Mo 初现时间晚一个等级，见表 8.9。检测点 3506 出水构造与更深洞段之间的水力联系不畅，两者之间有不同的渗流补给通道，推断前者是干海子分水岭地带的顺坡下泄岩溶地下水，后者是绕经磨房沟泉域渗流补给岩溶地下水，且由于长探洞的高程远远低于磨房沟泉流域，易形成对磨房沟泉水的袭夺；④1995 年枯水期，磨房沟泉发生罕见的断流现象，除 1994 年降水偏少的因素外，与长探洞内涌水日益增加和磨房沟一级电厂施工也有关。该带的富水性远远弱于Ⅲ带，由数个喷水构造组成，单点喷水量一般为 60～80L/s，喷距 6～12m，其中 PD_1-3948m 喷水点初始涌水量为 230L/s，间隔 17 天后涌水量增至 690L/s，浑水喷溢达一个月后才变清，显示地下水的运移条件已十分缓慢。从埋藏条件和水力条件看，应属深循环带水流的典型代表。

表 8.9　1994 年示踪试验示踪剂浓度异常出现时间

检测点桩号	3506	3569	3581	3605
Mo 异常初现时间/天	13.9	34.1	31.9	13.1
Ⅰ异常初现时间/天	9.0		17.0	

8.3.3.3 排泄

本单元内无大泉集中排泄现象，楠木沟以北，呈散流状排向雅砻江一级支沟中；而在楠木沟以南地段，既存在江边坡脚出露小泉散流状排向雅砻江，又存在潜流方式排向雅砻江以及通过深循环少量排泄的可能性。天然流场状态，沿江部分出露水点特征见表8.10。

表8.10 沿江部分出露水点特征（天然流场状态）

类型	地点	流量/(L/s)	特征
沟水	楠木沟	53	出水点高程1905m，从沟底块、卵石层溢出，上游干谷
	大水沟	700	出水点高程1440m，从块石层中溢出，上游季节性干谷
泉水	一碗水泉	1	从基岩裂隙中溢出，为季节性泉
	PD₁上游沟	2~3	从基岩裂隙中溢出，为常年泉，流量变化不大
	小水沟泉	300	从钙华层中溢出，呈散流状，季节性变化大
	周家坪泉	100	从钙华层中溢出，呈散流状，季节性变化大

楠木沟排泄量自1992年3月~1997年12月进行长期观测，年排泄量为 1.03×10^6 ~ $1.83 \times 10^6 \mathrm{m}^3/\mathrm{s}$，多年平均排泄量为 $1.463 \times 10^6 \mathrm{m}^3/\mathrm{s}$，流量较稳定，变化幅度不大。大水沟也在同期进行长期观测，由于受长探洞集中涌水的影响，大水沟排泄量明显地减少，甚至成季节性干谷，长探洞封堵后水量略有恢复。小水沟泉和周家坪泉均从钙华堆积物中溢出，钙化层堆积高度比江水面高出80m左右，相当于Ⅲ级阶地的高程，是晚新世以来的一个排泄点，泉流量季节性变化大，但常年不干枯。

沿江地带以潜流方式排向雅砻江，经过1995年和1997年先后两次采用红外线测温仪进行测温调查，自长探洞涌水封堵以后，在大水沟至周家坪一带，出现了较多的低温异常区，尤其在周家坪探洞附近，这仅仅是浅表部潜流排泄，江水一般深达20m左右，因此受测试设备的限制，更深部位的潜流排泄无法测得。本单元磨房沟以北，延展至雅砻江谷肩地带，其岩溶地下水的补给、径流、排泄条件有很大的不同，由于距工程区较远而省略。

Ⅲ水文地质单元内地下水除接受大气降水补给外，还存在特定部位由Ⅰ水文地质单元地下水越界补入，尤其在雅砻江的谷肩、谷坡地带与Ⅰ单元的水力联系十分密切。本单元内岩溶水无大泉集中排泄现象，在楠木沟以北呈散流状流入雅砻江一级支沟中；在楠木沟以南地段，既存在江边坡脚出露小泉呈散流状排向雅砻江，又存在以潜流方式排向雅砻江，以及通过深循环少量排泄的可能性。Ⅲ水文地质单元补给、径流、排泄规律见图8.20。

8.3.4 Ⅳ岩溶水文地质单元

本单元为西部溶隙-裂隙散流型水文地质单元，呈NNE向条带展布于工程区西部的石官山沟—木落脚—解放沟一线，沿西雅砻江右岸坡谷肩发育，地势上东高西低、北高南低。在落水洞以北，地形高程大于3000m；落水洞以南，地形高程均低于3000m，以强烈剥蚀、溶蚀的常态深谷为主要地形特征，如图2.7所示。构成本单元的地层为 T_2 层状大理岩、角砾状

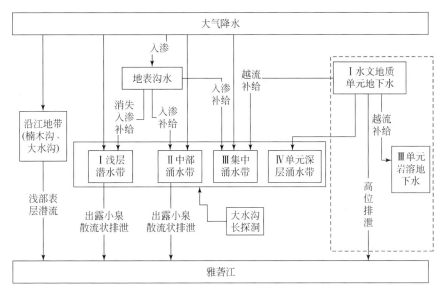

图 8.20　Ⅲ水文地质单元补给、径流、排泄规律示意图

大理岩，其间夹 3 ~ 4 层相对隔水的变质火山岩、绿砂岩，岩相变化大。从地质构造上看，本单元由向南倾伏的复式背斜构成，在单元南端宝石山梁子上背斜构造保存完整，两翼地层为中等倾角（40°~ 60°），故本单元向南仅延至兰坝村以北，除北部敞开以外，东、南和西侧均由 T₃ 砂岩、板岩地层包围封闭，为一个与雅砻江无直接水力联系的水文地质单元。

　　本单元的北部突出特点是构造断裂十分发育，从地面调查和航片线性构造图 8.21 反映的情况看，单元内与锦屏山断裂近于平行的 NNE 向压-压扭性断裂最为发育，其次为 NE 向、NW 向及其二者的共轭追踪张裂隙（NWW 向），它们的交叉切割使得本单元内岩体支离破碎，改善了地下水的运移条件。本单元内典型的岩溶地貌少见，地表形态以溶沟、溶槽、石芽和角峰为主，在Ⅰ-Ⅱ剥夷面发生和发展时期，岩溶发育强度相对工程区其他单元有所减弱。同时本单元的北部和南部存在岩溶发育强度的显著差异，北部为中等-稍强的富水性条件，而南部地段为弱-中等的富水性条件。

8.3.4.1　补给

　　本单元岩溶水的补给以大气降水为主，但在本单元的北部，由于断裂交错切割其中的 NE 向、NW 向断裂及其共轭张裂隙，不仅控制了地表谷沟的发育，而且使地表沟谷普遍吸水，落水洞沟和四坪子一带的吸水量分别达到 30 ~ 50L/s 和 5 ~ 10L/s，地表二级支沟几乎都是干沟，存在地表径流转换入渗补给地下水，最终排向雅砻江。可是在四坪子-棉纱沟以南地段岩体相对完整，横向切割的一级支沟十分发育，几乎间隔 2 ~ 3km 发育一条，计有手爬沟、牛圈坪沟、普斯罗沟、解放沟等沟谷，这些沟谷是常年有地表水径流，直接向雅砻江排泄，未发现地表径流转换入渗的沟水消失点。

8.3.4.2　径流

　　岩溶水的径流在本单元北部为 NNE 向和 NWW 向构成的地下水网络，呈溶隙-裂隙型

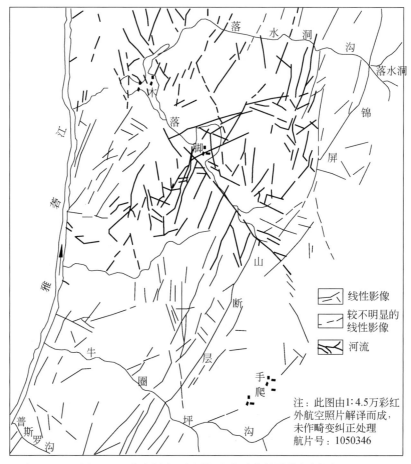

图 8.21　落水洞沟–牛圈坪沟航片线性影像解译图

散流形式运移，总体上是自北向南顺层径流和自东向西顺坡径流的综合网络径流；但在本单元的南部，由于一级支沟发育，而且沟谷又深切，限制了岩溶地下水的自北向南运移，以顺坡径流为主。

8.3.4.3　排泄

本单元岩溶水的排泄以小泉或地下潜流形式分散地排向雅砻江，不存在大泉集中排泄的景观。解放沟 201、202 号钻孔揭露岩性多较完整，岩心采取率为 75% ~ 85%，岩体渗透系数一般为 0.0028 ~ 0.071m/d，局部为 13.3 ~ 23.5m/d，属弱透水性，如图 8.22。另外，从解放沟探洞（高程 2240m，洞深 187m）和在三滩坝址、普斯罗沟坝址的勘探长探洞亦可证实，本单元表现出弱含水层和顺坡径流的特性。本单元的岩溶水文地质条件与拟建的锦屏二级水电站的引水隧洞直接有关，根据上述的单元北部与单元南部存在较大的岩溶水文地质条件差异，在洞线比选时应尽量向南靠，这样岩溶水文地质条件较为有利。

Ⅳ水文地质单元的岩溶水主要受大气降水的补给，同时存在来自地表径流转换入渗的补给。总体上，岩溶地下水为自北向南顺层径流和自东向西顺坡径流的综合网络径流，并以小泉或地下潜流形式分散地排向雅砻江。Ⅳ水文地质单元补给、径流、排泄关系，如图 8.23。

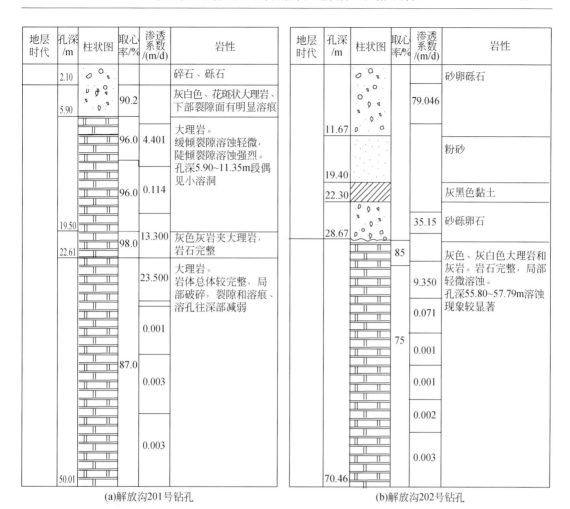

地层时代	孔深/m	柱状图	取心率/%	渗透系数/(m/d)	岩性
	2.10				碎石、砾石
	5.90		90.2		灰白色、花斑状大理岩、下部裂隙面有明显溶痕
			96.0	4.401	大理岩。缓倾裂隙溶蚀轻微，陡倾裂隙溶蚀强烈。孔深5.90~11.35m段偶见小溶洞
			96.0	0.114	
	19.50		98.0	13.300	灰色灰岩夹大理岩，岩石完整
	22.61			23.500	大理岩。岩体总体较完整，局部破碎，裂隙和溶痕、溶孔往深部减弱
			87.0	0.001	
				0.003	
	50.01			0.003	

(a)解放沟201号钻孔

地层时代	孔深/m	柱状图	取心率/%	渗透系数/(m/d)	岩性
	11.67			79.046	砂卵砾石
	19.40				粉砂
	22.30				灰黑色黏土
	28.67			35.15	砂砾卵石
			85	9.350	灰色、灰白色大理岩和灰岩。岩石完整，局部轻微溶蚀。孔深55.80~57.79m溶蚀现象较显著
				0.071	
			75	0.001	
				0.001	
				0.002	
	70.46			0.003	

(b)解放沟202号钻孔

图8.22　解放沟201、202号钻孔简要柱状图

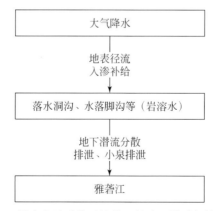

图8.23　Ⅳ水文地质单元补给、径流、排泄规律示意图

　　综上所述，工程区各水文地质单元之间的补给、径流、排泄规律及各水文地质单元之间的联系如图8.24。

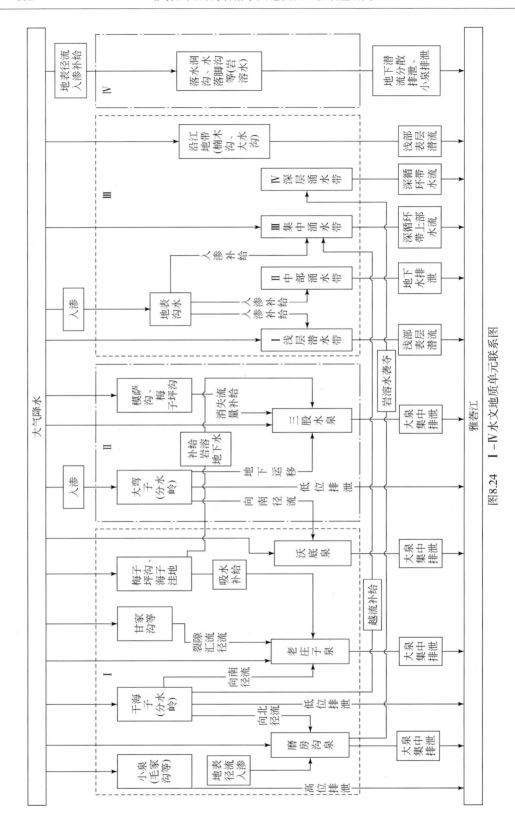

图8.24　Ⅰ–Ⅳ水文地质单元联系图

第9章 深埋隧洞涌突水及外水压力预测研究

涌突水主要是由于在隧洞开挖过程中围岩变形破坏，或者因为揭露了溶洞、断层等过水通道，使岩溶裂隙间的高压水突破隧洞围岩或克服隔水层、断层、裂隙等的阻力，以突然的方式引起涌水量突然变大，大量地下水涌入隧洞的一种现象。隧洞高压涌突水和高外水压力问题将对工程设计和施工产生重大影响。锦屏二级水电站位于高山峡谷岩溶区，其深埋隧洞埋深大、岩性较脆、地下水丰富等特点，导致地下水水压极高，岩体更有可能发生水力劈裂作用，形成涌突水灾害。针对隧洞涌突水问题，本章结合锦屏二级深埋隧洞综合介绍了几种涌水量预测方法。根据锦屏二级深埋隧洞实践，介绍了现场实测法、水动力学、折减系数法及数值模拟法在深埋隧洞外水压力预测中的应用，并给出了长探洞与引水隧洞外水压力预测情况。针对锦屏二级深埋隧洞岩溶裂隙水地质，采用宏观预报、长距离预报、短距离预报相互结合、相互印证的预报方案对隧洞中的高压涌水点进行预报。

9.1 深埋隧洞稳定涌水量预测

隧洞涌水预测在国内外已有众多实例，成功者并不多，尤其是在岩溶区就更屈指可数，现有的众多预测方法更多的还是来自后验归纳，其原因依然是岩溶区地质条件的复杂和千变万化，究其本质仍然是：①地质体空间结构特征，并以结构界面最为重要；②地质体含水介质类型；③水动力场特征及其边界条件。锦屏二级拟定洞线涌水预测的难度在于在这三方面都是特例，且由于地形条件的恶劣和洞线埋深巨大而难以获得深部地质条件的更详细资料。现根据大水沟长探洞和辅助洞揭露的情况，在岩溶水文地质条件分析研究的基础上，选择以下几种方法进行试算，以求建立尽可能多的参照系，揭露或逼近可能涌水的实质，然后再进行涌水综合预测。

9.1.1 水文地质比拟预测技术

水文地质比拟法主要是通过对比分析与设计工程有一定比拟条件（相同或类似地质、水文地质条件）的实际工程，以已有工程资料为依据，对相关主要因素进行对比分析，建立比拟计算公式来预测设计工程中的一些未知量。考虑到影响预测量大小的因素多种多样，且影响权重大小不一，为了使预测量最大程度地符合客观实际，水文地质比拟法须以实际水文地质资料为依据，通过长期的观测、收集，筛选影响预测量大小的主要因素并确定适当的数学表达式。

根据锦屏辅助洞的实际涌水量对水文地质条件相似拟定洞线段的涌水量进行比拟推算。由两条辅助洞的涌水量观测可发现：峰值涌水量主要为揭露断层时管道式突水对静储量的消耗，其峰值大小取决于管道开口度、水头大小等，其过程均在短期内迅速衰减；而稳定涌水量则为疏干水位降至洞壁乃至洞底时的两侧进水，涌水随洞深呈近线性稳定增长。

水文地质比拟预测技术采用单位面积稳定流量法，其试算公式如下：

$$Q = q_0 FS \tag{9.1}$$

$$q_0 = Q_0 / (F_0 S_0) \tag{9.2}$$

$$Q = \eta Q_0 S \tag{9.3}$$

式中，Q 为预测引水洞段的稳定涌水量；Q_0 为辅助洞已施工洞段的稳定涌水量；F 为引水隧洞过水断面面积（洞断面周长乘以洞长）；F_0 为辅助洞过水断面面积；S 为引水隧洞地下水水位降低值；S_0 为辅助洞地下水水位降低值；$\eta = F / (F_0 S_0)$ 为流量折减系数，视隧洞表面涌水构造发育程度而定，取值 $0.2 \sim 0.6$，并对东西两侧洞段分别取值。

其中锦屏辅助洞断面为 6.0m×6.25m 的城门洞型，引水隧洞断面为直径 13m 的近圆形断面，其面积增加了几倍，单位面积内的涌水构造必将减少；并且多条隧洞同时施工，存在地下水的相互袭夺；同时考虑岩层厚度与裂隙频率的关系，即岩层厚度越大，其裂隙分布越稀。根据以上分析，流量折减系数的取值为：东端（Ⅲ区）由于构造含水带发育，且连通性较好，并存在较稳定的补给源，取值 0.3；中部（Ⅰ区）白山组地层埋深大，裂隙频率变小，岩溶发育程度变弱，取值 0.2；西端（Ⅳ区）虽然构造较发育，但其地下水补给源有限，地下水位容易因隧洞涌水而下降，取值 0.5。

结合观测资料，两条辅助洞的稳定涌水量为 9.06m³/s。辅助洞单位面积稳定流量等统计计算结果见表9.1，试算结果见表9.2。由表9.2可知，水文地质比拟法计算两条辅助洞的总涌水量为 11.37m³/s，七条隧洞总涌水量为 27.8m³/s。

表 9.1 辅助洞涌水有关参数统计表

地层	涌水量/(m³/s)	洞长/m	洞表面积/10⁵m²	单位面积流量/[10⁻⁵m³/(s·m²)]
东端 T_2y 地层	6.80	8357.3	2.14	3.179
中部 T_2b 地层	2.00	2760.0	0.71	2.835
西端 T_2z 地层	2.26	11775.7	3.01	0.751

表 9.2 水文地质比拟法试算成果表

隧洞	部位	段长/m	表面积/10⁵m²	试算涌水量/(m³/s)
排水洞	西端	4651.5	1.28	1.22
	中部	8126.0	2.24	1.27
	东端	3973.0	1.10	0.04
引水洞1#	西端	4159.1	1.70	1.62
	中部	8107.0	3.31	1.88
	东端	4412.0	1.80	0.07

续表

隧洞	部位	段长/m	表面积/$10^5\,m^2$	试算涌水量/(m^3/s)
引水洞 2#	西端	4136.4	1.61	1.54
	中部	8100.0	3.15	1.79
	东端	4426.0	1.72	0.06
引水洞 3#	西端	4147.3	1.69	1.61
	中部	8121.0	3.31	1.88
	东端	4414.0	1.80	0.07
引水洞 4#	西端	4092.1	1.59	1.52
	中部	8129.0	3.17	1.79
	东端	4446.0	1.73	0.07
辅助洞 A	西端	6728.0	1.66	0.94
	东端	925.0	0.23	0.22
辅助洞 B	西端	6698.0	1.77	1.00
	东端	603.0	0.16	0.15
预测总涌水流量/(m^3/s)				18.74
辅助洞现有涌水流量/(m^3/s)				9.06
累计总涌水流量/(m^3/s)				27.80

9.1.2　等效洞径预测技术

等效洞径预测是根据辅助洞的实际涌水量，将所有隧洞等效为一条体积相当的隧洞进行比拟推算。锦屏二级地下洞室工程中将 7 条隧洞等效为一个直径为 28.1m 的圆形隧洞进行分析，仍按表9.1 的参数试算，取流量折减系数为1，计算隧洞群的总涌水量，计算结果见表9.3。

表 9.3　引水隧洞、辅助洞、排水洞稳定涌水量等效洞径法预测表

隧洞名称	部位	段长	表面积/m^2	试算流量/(m^3/s)
七条隧洞等效为一个直径为 28.1m 的隧洞	东端	4092.1	361245.49	11.48
	中部	8129	717617.99	20.34
	西端	4446	392487.34	2.95
预测总涌水量/(m^3/s)				34.77

9.1.3　简易水均衡预测技术

由水量守恒可得水均衡方程：

$$\Delta Q = R - W \tag{9.4}$$

式中，ΔQ 为地下水存储量变化；R 为降水量；W 为排泄量。

在不考虑静水储量的情况下，隧洞涌水以动水储量为主。由于锦屏引水隧洞工程区为相对独立的"河间地块"，补给来源仅为大气降水而无其他径流补给，故选用均衡方法中的降水入渗系数法来测定特定洞段的隧洞涌水量。

根据水文地质条件，一定范围内大气降水的有效入渗补给部分或全部涌入隧洞，其平均涌水量为

$$Q_{cp} = \frac{1000\eta F\alpha R}{365} \tag{9.5}$$

式中，Q_{cp} 为隧洞平均涌水量，m^3/d；F 为地表补给面积，km^2，在汇流型单元（Ⅰ）为该单元地表总面积，在散流型单元和碎屑岩区则根据地形圈定；R 为大气降水量，mm。按降水高山效应回归方程式确定，其中Ⅰ单元采用两大泉平均补给高程的加权平均值；α 为大气降水入渗系数。根据地质结构、岩性条件和拥有资料的情况，在不同洞段分别采用计算值或经验值。其中Ⅰ单元校正后取值 0.462；η 为折减系数，取值 0.2~1.0，取决于洞段所处部位、埋深、岩石富水性、断裂发育特征等。

运用以上公式并结合具体资料进行涌水量预测，试算结果见表 9.4。

表 9.4　隧洞涌水量水均衡法试算成果表

洞段代号	长度/m	降水量 R/mm	补给面积 $F/10^6 m^2$	入渗系数 α	折减系数 η	试算涌水量/（m^3/s）
L_1—L_2	28	938.3	0.01	0.15	0.0	0.0
L_2—L_4	2051	1148.3	12.40	0.40	1.0	0.181
L_4—L_5	543	1271.8	0.706	0.15	1.0	0.0043
L_5—L_7	1113	1333.6	2.75	0.40	1.0	0.047
L_7—L_8	765	1383.0	4.375	1.00	0.8	0.023
L_8—L_{10}	8560	1505.46	321.55	0.80	1.0	7.09
L_{10}—L_{11}	4254	1089.9	47.10	1.00	0.95	0.59
总计	17314					7.93

上述计算部分为降水补给的动水储量，除此之外，锦屏山内尚存在大量的静水储量，其值估算如下：

磨房沟泉（S_1）、老庄子泉（S_2）和两大泉分水岭面积（S_3）总和（S）为 $S = S_1 + S_2 + S_3$。其中，$S_1 = 193.55 km^2$，$S_2 = 97 km^2$，$S_3 = 32 km^2$，故有 $S = 322.55 km^2$。

两大泉域综合储水系数估算为 $\rho = 0.016$，隧洞与地下水水位高程之差 Δh 按照 800~1000m 计算。则Ⅰ单元静水储量为 $V_{静} = \rho S\Delta h$，其值为 $4115.8×10^6 ~ 5144.8×10^6 m^3$。

当 7 条隧洞同时施工时，溶蚀裂隙的开启程度将决定隧洞的涌水量，隧洞率先排泄动水储量，再排泄静水储量。静水储量的排泄取决于涌水通道的半径。通常将其等效为圆形管道，此时由圆形管道的最小喉道半径决定其排泄流量。若按照等效圆形管道直径 1.5m、500m 水头计算，Ⅰ单元静水储量排泄涌水量可达到 35m^3/s。

9.1.4　三维渗流场数值模拟技术

9.1.4.1　计算范围与计算模型

由于工程区内岩溶发育较弱，至雅砻江谷底高程仅发育连续性差的溶蚀裂隙型岩溶，不存在沿河谷两岸具水力联系的岩溶系统。雅砻江大河湾内的地块具有除大气降雨和降雪补给以外，无其他水流补给相对独立的水文地质环境。因此，对工程区内的初始渗流场分布以及地下水流向分析中，将水文上相对独立的整个大河湾作为渗流场分析计算范围，南北向分别以磨房沟泉、老庄子泉为分界线。

引水隧洞洞线（景峰桥—大水沟）的洞线平均长度为 16.67km，洞线方向 N58°W，最大埋深 2525m，埋深大于 1500m 的洞线长度为 13.3km。典型地貌如图 9.1 所示。不考虑东西雅砻江形成的渗流场影响，海平面高程以下为相对不透水层。

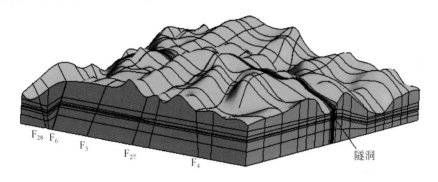

图 9.1　锦屏山立体图

计算数值模型坐标系建立在 1954 北京坐标系上。

（1）X 向为 EW 向，分别以东、西雅砻江河床中心线为界。X 方向范围在坐标系上的值为 0 ~ 32.9m，最大纵横宽度约为 22.9km；

（2）Y 向为 SN 向，近似以输水隧洞轴线为中心线，并考虑到自然地形、工程地质条件。南边界取至老庄子泉附近的么罗杠子–巴折，北部取至接兴沟–磨子沟一带，南北边界距隧洞中心线各约 25km，最大纵横宽度约 50km；

（3）考虑到隧洞开挖底板高程约为 1600m，和可能的地质发育影响深度，Z 方向向下取至海平面高程，到地面最大埋深 4480m。如图 9.1 所示。

有限元计算模型前处理采用西班牙巴塞罗那数值研究中心开发的专用软件 GID 处理。锦屏二级水电站工程区地质条件和地形地貌均非常复杂，断层、褶皱、节理也较为发育。在三维有限元模型中，综合考虑了岩体地质力学模型的概化和计算区域地形地貌的模拟等问题。网格剖分如图 9.2，采用空间六面体 8 节点实体单元，为了保证各断层、岩脉有较好的单元形态，避免模型因单元各边尺寸相差过分悬殊而出现的网格奇异，各断层、岩脉均采用六面体单元模拟，对辅助洞和引水隧洞部位的实体为便于准确模拟采用加密网格的处理方式，对不同范围的灌浆圈分别剖分，整个结构共剖分单元 51450 个，节点 55936 个。

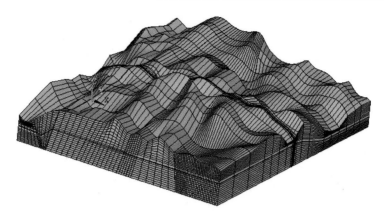

图9.2　锦屏山三维渗流场有限元网格剖分图

9.1.4.2　计算模拟的地质条件

1）地层岩性

根据锦屏二级水电站岩溶水文地质图，进行水文地质分析，将工程区内的地层分为：上三叠统（T_3），中三叠统（T_2），下三叠统（T_1），上二叠统（P_2），下二叠统栖霞组—茅口组[$P_1(q+m)$]，上二叠统峨眉山组（$P_2\beta$），中、上石炭统黄龙组—马平组（C_2h-C_3m），位于东雅砻江一带的前泥盆系（AnD），上泥盆统—下石炭统（D_3-C_1）。

其中中三叠统又分为：位于工程区中部的白山组（T_2b），位于锦屏山断层以西的西部未建组（T_2z），盐塘组（T_2y）。

2）地质构造

根据地质报告，本计算模型选取了以下几个规模较大、对工程区有较大影响的断层、岩脉进行模拟，具体包括以下断层：①F_4断层（青纳断层）；②F_5断层（拉纱沟—一碗水断层）；③F_6断层（锦屏山断层）；④F_8断层（上手爬正平移断层）；⑤F_{10}断层（甘家沟-民胜乡断层）；⑥F_{11}断层（老庄子逆断层）；⑦F_{12}断层；⑧F_{22}断层；⑨F_{23}断层；⑩F_{25}断层；⑪F_{27}断层。位于工程区内的褶皱、节理因构造部位和岩性不同而异。总体而言，以NNE向的顺层节理和近EW向（NWW向和NEE向）的张扭性节理最为发育，由于节理众多，因此对其进行等效模拟。

建立的数值分析模型中，单独进行模拟的材料总列于表9.5，材料分区平面图参见图9.3。

表9.5　三维渗流计算材料参数表

单元材料编号	材料名称		K_x/(m/d)	K_y/(m/d)	K_z/(m/d)
1	上三叠统（T_3）	东部	0.012	0.012	0.012
2		西部	0.012	0.012	0.012
3	白山组（T_2b）	上层	1.8	1.8	1.8
4		中层	0.3	0.06	0.3
5		下层	0.012	0.012	0.012
6	西部未建组（T_2z）		0.12	0.12	0.12

单元材料编号	材料名称		$K_x/(\text{m/d})$	$K_y/(\text{m/d})$	$K_z/(\text{m/d})$
7	盐塘组（T_2y）	上层	0.072	0.0864	0.0864
8		中层	0.072	0.018	0.072
9		下层	0.012	0.012	0.012
10	下三叠统（T_1）		0.012	0.012	0.012
11	上二叠统（P_2）		0.012	0.012	0.012
12	上二叠统峨眉山组（$P_2\beta$）:		0.012	0.012	0.012
13	下二叠统栖霞组—茅口组 [$P_1(q+m)$]		0.12	0.12	0.12
14	中、上石炭统黄龙组—马平组（C_2h-C_3m）		0.12	0.12	0.12
15	上泥盆统—下石炭统（D_3-C_1）		0.012	0.012	0.012
16	燕山期侵入岩 γ_5^2		0.06	0.06	0.06
17	第四系 Q		1.2	1.2	1.2
18	F_4 断层		0.6	0.6	0.72
19	F_5 断层		0.6	0.6	0.9
20	F_6 断层		0.6	0.6	1.2
21	F_8 断层		1.2	1.2	2.4
22	F_{10} 断层		0.6	0.6	0.72
23	F_{11} 断层		0.6	0.6	0.9
24	F_{12} 断层		0.96	0.96	1.152
25	F_{22} 断层		0.6	0.6	0.9
26	F_{23} 断层		0.6	0.6	0.72
27	F_{25} 断层		0.6	0.6	0.72
28	F_{27} 断层		0.96	0.96	1.152

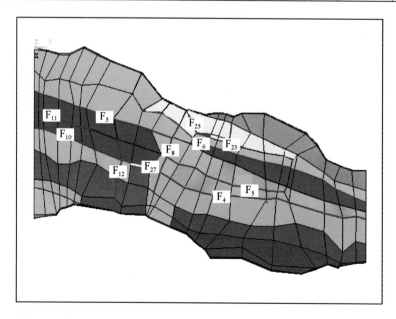

图9.3　锦屏二级水电站工程区有限元模型材料分区及断层位置示意图

9.1.4.3　边界条件的确定

模型的东西边界为东、西雅砻江河岸，对于位于河水水位以下的节点，水头值稳定且有充足的水量补给，因此将东西边界上河岸水平面高程上的节点均取为第一类边界，即定水头边界，具体水头值根据提供的各水文站点的实测水头值（表9.6）和水力比降推算而得。

表9.6　雅砻江东西部观测水位

	名称	起点距/m	高水位 （黄海）/m	时间	低水位 （黄海）/m	时间
东部	泸宁站		1657.36	1998 年 9 月 5 日 1:00 ~ 6:00	1646.43	
西部	大水沟水尺		1343.69	1998 年 9 月 5 日 8:00	1325.67	1998 年 2 月 12 日
	三滩水文站	12550	1653.37	1998 年 9 月 5 日 0:00 ~ 3:00	1637.2	1998 年 2 月 12 日
	普斯罗沟水尺	14300	1647.05	2002 年 8 月 14 日 8:00	1635.66	2002 年 4 月 2 日
	景峰桥水尺	17700	1642.48	2002 年 8 月 14 日 8:00	1633.23	2002 年 4 月 3 日
	猫猫滩水尺	22250	1635.27	2002 年 8 月 14 日 8:00	1627.27	2002 年 4 月 4 日

模型的南北截取边界因缺乏观测资料，实际示踪试验表明南北边界是水文地质单元的分界面和地下分水岭，因此取隔水层为边界。计算模型的底边界取为隔水层边界。工程区范围内的泉水出露位置节点为定水头边界条件。

9.1.4.4　初始三维渗流场的反演计算

锦屏二级水电站工程区工程水文地质条件复杂，地下水丰富，含水层具有岩溶管道、溶蚀裂隙、构造裂隙及岩块孔隙几个层次的导水构造，所研究的渗流区域是典型的有溶蚀岩体的渗流问题。而工程区的初始渗流场是工程区水文地质情况最真实的反映，它作为渗流分析的初始条件，对准确确定工程区水文地质参数至关重要，是渗控分析的基础，其准确性决定了将来渗控计算结果的合理性和精度。通过三维渗流有限元计算可得到工程区的初始渗流场。

在初始渗流场模拟的实施过程中，根据工程区地形、地貌特点，选择若干个位置点假定为地下分水岭，其水头值也是根据工程区地质资料进行假定得到的一个范围值，根据假定的位置和水头值选取多种组合进行计算，建立计算值与假定值之间的关系式，并使得某些已知点处（如泉水出露位置、探洞封堵监测位置作为参考点）的水头与计算水头在某种定义下最小，从而反过来求出满足这种最小条件的位置、水头组合。为了减小求解的工作量，初始渗流场反演分析采用基于优化求解的正反分析方法，即采用正交理论及多变量优化方法联合求解实现以上过程。

9.1.4.5　工程区地下初始渗流场分布

工程区内的地下初始渗流场分布规律受地层岩性、地质构造、地下水动力条件、地形地貌、新构造运动及岩溶发育的影响，考虑以上因素对工程区进行了三维渗流有限元分析。

根据有限元计算结果，整个工程区内渗流速度最大值为 16.07m/d，水力梯度最大值为 5.35；隧洞沿线附近渗流速度最大值为 5.12m/d，水力梯度最大值为 1.26。

研究区域内宏观地可以分为东、西两部分，东部的地下水自西向东，西部的地下水自东向西流动。南、北边界地下水有向工程区中部（即磨房沟、老庄子泉）汇集的趋势，中部则呈散流状向两大泉和顺坡沿大江谷坡排泄。

图 9.4 绘出了工程区自由面等值线图，由图可以看出，渗流自由面等值线基本与由雅砻江环绕深切而成的大河湾的地形一致，在沿河岸岸坡顺坡方向等值线大小逐级降低，说明自由面位置沿河岸岸坡顺坡方向减小。

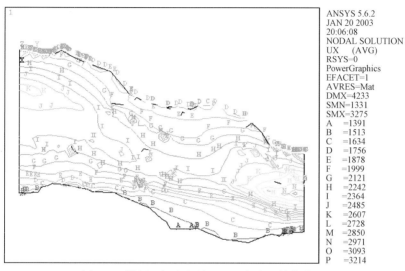

图 9.4　锦屏二级水电站工程区自由面等值线图

Y 方向边界上自由面位置相对较高，其中 Y 值最大边界处，自由面位置达到 3275m。

图 9.5 给出隧洞沿线等势线图，从图中可以看出：地下水变化平缓，在隧洞中部最大埋深处，地下水埋藏较深。1#引水隧洞沿线高程、位置水头及相应的压力水头值见表 9.7。

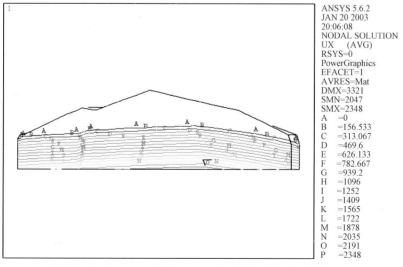

图 9.5　锦屏二级水电站工程区引水隧洞沿线初始等势线图

表 9.7　1#引水隧洞沿线位置水头值　　　　　　　　（单位：m）

洞线长度	503.74	1019.1	2032.7	3012.5	4086.8	5083.9	6001.4	7026.3	8020.1	9012.3
隧洞高程	1616.1	1614.2	1617.5	1613.9	1610.0	1606.4	1603.0	1599.1	1595.7	1592.0
位置水头	1855.5	1894.1	1981.3	2081.1	2161.4	2467.2	2528.0	2588.6	2626.2	2629.1
压力水头	239.1	279.85	363.78	467.19	551.40	860.78	924.96	989.13	1030.5	1037.1
洞线长度	10019.0	11019.	12018.	13033.	14039.	15027.	16500.	16520.	17088.	17600
隧洞高程	1588.4	1584.7	1581.1	1577.4	1573.7	1570.1	1564.7	1314.6	1312.6	1311.0
位置水头	2591.8	2521.9	2433.1	2352.9	2260.6	2162.6	1901.8	1892.7	1623.1	1385.0
压力水头	1003.4	937.1	852.07	775.50	686.87	592.52	337.1	578.0	310.0	73.9

　　从表中数据可以看到，1#引水隧洞沿线在距离东部隧洞口 9012.3m 处，最大压力水头达到 1037.1m；洞室间距为 58.2m 的其余几条隧洞的位置水头和压力水头也有类似规律，其中 4#隧洞的最大压力水头 1061.1m 是整个隧洞区压力最大值。

9.1.4.6　引水隧洞涌水预测

　　在对锦屏二级水电站工程区引水隧洞开挖过程的涌水量计算和分析如下：

　　四条隧洞第一步开挖穿越的主要是Ⅲ水文地质单元（即东部溶隙–裂隙散流型水文地质单元），开挖长度约为 4km。开挖涌水量随隧洞的掘进平稳地递增，其中 1#引水隧洞第一步开挖完毕，稳定涌水量在 1.85m³/s 左右，1#引水隧洞稳定涌水量在 1.35m³/s 左右，3#引水隧洞稳定涌水量在 1.57m³/s 左右，4#引水隧洞稳定涌水量在 2.57m³/s 左右，四条隧洞总涌水量约为 7.34m³/s。

　　第一步开挖范围内 1#引水隧洞单位长度最大涌水量为 0.734L/(s·m)，2#引水隧洞单位长度最大涌水量为 0.667L/(s·m)，3#引水隧洞单位长度最大涌水量为 0.755L/(s·m)，4#引水隧洞单位长度最大涌水量为 1.084L/(s·m)。

　　第二步开挖穿越的主要是Ⅰ水文地质单元东部，开挖长度约为 4.5km，加上第一步隧洞开挖长度，共开挖约 9km。根据有限元计算结果，1#引水隧洞第二步开挖完毕，稳定涌水量在 2.46m³/s 左右，2#引水隧洞稳定涌水量在 1.76m³/s 左右，3#引水隧洞稳定涌水量在 2.01m³/s 左右，4#引水隧洞稳定涌水量在 3.31m³/s 左右，四条隧洞总涌水量约为 9.54m³/s。

　　第二步开挖范围内 1#引水隧洞单位长度最大涌水量为 1.73L/(s·m)，2#引水隧洞单位长度最大涌水量为 1.16L/(s·m)，3#引水隧洞单位长度最大涌水量为 1.29L/(s·m)，4#引水隧洞单位长度最大涌水量为 2.09L/(s·m)。

　　第三步开挖穿越的主要是Ⅰ水文地质单元西部（即中部管道–裂隙汇流型水文地质单元和东南部管道—裂隙畅流型水文地质单元），开挖长度约为 5km，加上前两步隧洞开挖长度，共开挖约 13.5km。根据有限元计算结果，1#引水隧洞第三步开挖完毕，稳定涌水量在 3.56m³/s 左右，2#引水隧洞稳定涌水量在 2.55m³/s 左右，3#引水隧洞稳定涌水量在 2.89m³/s 左右，4#引水隧洞稳定涌水量在 4.82m³/s 左右，四条隧洞总涌水量约为 13.82m³/s。

　　第三步开挖范围内 1#引水隧洞单位长度最大涌水量为 10.65L/(s·m)，2#引水隧洞单位长度最大涌水量为 7.54L/(s·m)，3#引水隧洞单位长度最大涌水量为 8.65L/(s·m)，

4#引水隧洞单位长度最大涌水量为 14.40L/（s·m）。因为开挖的隧洞穿越了 F_5 断层、F_8 断层，因此涌水量和最大单位长度涌水量都有较明显的增加。

第四步开挖穿越的主要是Ⅳ水文地质单元，开挖长度约为 5km。涌水量与洞口距离关系曲线如图 9.6 所示。根据有限元计算结果，1#引水隧洞第四步开挖完毕，稳定涌水量在 5.26m³/s 左右，2#引水隧洞稳定涌水量在 3.94m³/s 左右，3#引水隧洞稳定涌水量在 4.53m³/s 左右，4#引水隧洞稳定涌水量在 7.24m³/s 左右，四条隧洞总涌水量约为 20.974m³/s。

第四步开挖范围内 1#引水隧洞单位长度最大涌水量为 2.46L/（s·m），2#引水隧洞单位长度最大涌水量为 1.82L/（s·m），3#引水隧洞单位长度最大涌水量为 3.02L/（s·m），4#引水隧洞单位长度最大涌水量为 4.55L/（s·m）。

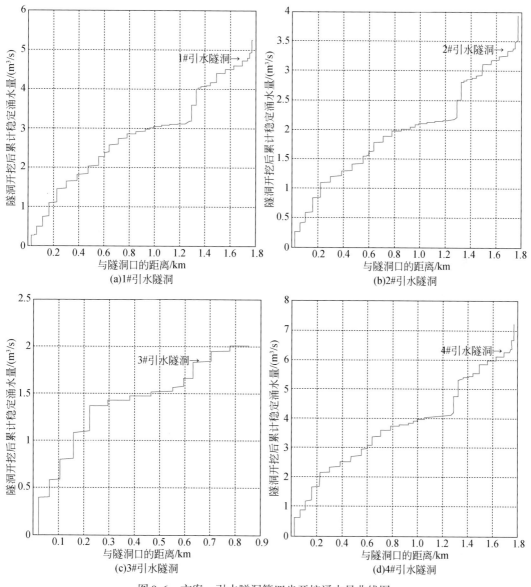

图 9.6　方案一引水隧洞第四步开挖涌水量曲线图

表9.8列出了四条隧洞开挖完毕后，各地段总的涌水量。

表9.8　方案一隧洞沿线涌水总量

1#引水隧洞		2#引水隧洞		3#引水隧洞		4#引水隧洞	
洞口距/m	流量/(m³/s)	洞口距/m	流量/(m³/s)	洞口距/m	流量/(m³/s)	洞口距/m	流量/(m³/s)
637.18	0.275	630.68	0.262	628.61	0.577	617.68	0.620
1063.48	0.501	1052.64	0.417	1046.14	0.766	1030.97	0.867
1590.79	0.755	1577.71	0.596	1569.13	1.041	1551.56	1.194
2219.17	1.104	2205.94	0.848	2192.70	1.054	2179.47	1.667
2963.36	1.455	2949.49	1.102	2935.62	1.336	2923.02	2.207
3823.35	1.646	3808.36	1.206	3793.37	1.452	3779.15	2.393
4683.31	1.831	4667.20	1.305	4651.09	1.558	4634.98	2.517
5543.27	2.040	5526.04	1.420	5508.81	1.681	5491.69	2.737
5982.67	2.272	5967.46	1.624	6319.17	1.904	6304.20	3.083
7064.04	2.592	7054.56	1.785	7045.08	2.078	7035.60	3.383
7777.90	2.736	7774.01	1.893	7770.12	2.199	8496.65	3.732
8491.53	2.852	8493.24	1.970	8494.94	2.284	9227.00	3.780
9205.08	2.913	9212.39	2.007	9591.41	2.362	10522.04	3.975
10513.38	3.047	10516.26	2.103	10519.15	2.431	11129.47	4.023
11135.05	3.076	11133.19	2.122	11131.33	2.455	12343.73	4.080
12377.81	3.118	12366.45	2.153	12355.10	2.489	13215.48	5.307
13247.59	3.590	13236.06	2.502	13224.52	2.872	14042.04	5.400
14055.28	4.062	14050.61	2.852	14045.95	3.261	15544.20	5.834
15523.55	4.406	15530.44	3.105	15537.33	3.533	16211.25	6.011
16199.98	4.508	16203.14	3.175	16207.28	3.625	16876.68	6.178
17647.46	5.260	17658.18	3.940	17668.90	4.532	17679.61	7.242

9.1.4.7　辅助洞开挖对引水隧洞涌水量的影响分析

隧洞实际开挖之前，在引水隧洞南侧沿平行于引水隧洞的方向开挖两条全长约为17500m的辅助洞，即A线辅助洞，B线辅助洞，其中A线辅助洞断面为净宽5.5m，净高4.5m；B线辅助洞断面为净宽6.0m，净高5.0m，两条辅助洞横断面都采用城门洞形。辅助洞的开挖必将影响引水隧洞的涌水量。限于计算规模，模型中未对辅助洞开挖进行模拟，下面仅从定性的角度分析辅助洞的开挖对隧洞沿线水位下降和涌水量的影响。

由计算结果可见，隧洞开挖完毕，1#引水隧洞稳定涌水量在5.26m³/s左右，2#引水隧洞涌水量在3.94m³/s左右，3#引水隧洞涌水量在4.53m³/s左右。考虑到辅助洞出水面面积仅为引水隧洞的1/2，采用类比的方式可以得到辅助洞，开挖将使得单条引水隧洞涌水量比无辅助洞时减少10%，即1#引水隧洞稳定涌水量将在4.74m³/s左右，2#引水隧洞单条隧洞涌水量将降低到 3.55m³/s 左右，3#引水隧洞单条隧洞涌水量将降低到 4.08m³/s 左右，4#引水隧洞单条隧洞涌水量将在 6.52m³/s 左右，四条隧洞总涌水量将减少为 18.89m³/s。

以上仅为辅助洞开挖在无防渗措施条件下相当粗略的分析。

9.1.4.8 锦屏地下洞室群的涌水预测

根据三维渗流场分析，7 条隧洞同时开挖后，在不设防渗措施的情况下，漏斗形成过程中的涌水量由降雨入渗及地下水位降低排水两部分组成。该过程的出水量是一个动态的过程，该过程中 7 条隧洞的总涌水量预测为 26.64m³/s。

9.1.5 隧洞稳定涌水量预测评价

将两条辅助洞稳定涌水量预测值与实测资料进行对比，见表 9.9。

表 9.9 辅助洞稳定涌水量比较表 （单位：m³/s）

项目	水文地质比拟法	雨季实测	枯水期封堵灌浆前	枯水期封堵灌浆后
辅助洞稳定涌水量	11.37	11.5	8.74	6.29

由表 9.9 可知，水文地质比拟法的辅助洞稳定涌水量预测值与雨季实测涌水量相近，故隧洞设计时选用雨季时的稳定流量，水文地质比拟法预测结果比较准确，具有工程指导意义。

将多种方法预测的地下洞室群稳定涌水量进行对比分析，见表 9.10。

表 9.10 深埋长隧洞群稳定涌水量比较表 （单位：m³/s）

项目	水文地质比拟法	等效洞径法	简易水均衡法	三维渗流有限元法
总涌水量	27.8	34.77	7.93	26.64

由表 9.10 可知，水文地质比拟法、等效洞径法和三维渗流有限元法洞室群总涌水量预测值相近。但由于这三种方法均未考虑隧洞防渗设施，而简易水均衡法只考虑了降雨补给的动水储量而未考虑排泄工程区水文单元的静水储量，故简易水均衡法预测值偏小。

综合以上几种预测方法，并且考虑安全裕度，在不设防渗措施的条件下，预测两条辅助洞的总稳定流量为 10~13m³/s；7 条隧洞的稳定涌水流量为 27.43~29.93m³/s，见表 9.11。

表 9.11 辅助洞、排水洞、引水隧洞稳定涌水量预测表 （单位：m³/s）

位置	东端（T₂y）	中部（T₂b）	西端（T₂z）	合计
辅助洞 A	0.08	1.5	4.0	5.58
辅助洞 B	0.05	1.5	0.8	2.35
排水洞	0.60	1.5~2.5	1.8	3.9~4.9

位置	东端（T_2y）	中部（T_2b）	西端（T_2z）	合计
引水洞 1#	0.05	3.5 ~ 4.5	2.2	5.75 ~ 6.75
引水洞 2#	0.05	2.0	1.5	3.55
引水洞 3#	0.05	2.5	1.4	3.95
引水洞 4#	0.05	1.5 ~ 2	0.8	2.35 ~ 2.85
合计	0.93	14 ~ 16.5	12.5	27.43 ~ 29.93

注：表中流量均为稳定流量，未考虑单点最大流量

9.2　深埋隧洞突发涌水量预测

隧洞施工中的突发性最大涌水量是涉及施工安全和进度的重要水文地质问题，而对其预测却十分困难，因此，仅根据长探洞的涌水情况并结合理论试算进行预测，主要有水力学方法和工程类比法。

9.2.1　水力学方法

此方法是根据能量守恒原理，并且只适用于裂隙管道式突水的初始涌水量预测：

$$Q = \pi\mu r^2 \sqrt{2gh} \tag{9.6}$$

式中，Q 为管道状涌水的初始涌水量，m^3/s；h 为涌水口至初始涌水的潜水面的高度，m，取自三维渗流场分析的结果；r 为涌水管道等效于圆形管道的最小喉道半径，m；μ 为流量系数，视管道断面几何形态规则程度和管道长短曲直及光滑程度而定。对于地质体而言，取值 0.2 ~ 0.6。

估算结果见表 9.12。

表 9.12　可能裂隙式突水点初始涌水量试算成果表

可能突水点代号	h/m	R/m	μ	$Q/(m^3/s)$
L_{10}	780	0.17	0.42	4.720
L_9	968	0.15	0.30	2.921
L_8	1023	0.16	0.30	3.417

9.2.2　工程类比法

根据长探洞施工中 PD_2 -2845.5m 处出现瞬时涌水量为 $4.91m^3/s$ 的涌水及辅助洞 BK2+633 处出现瞬时涌水量为 $7.3m^3/s$ 的涌水实例，考虑到引水隧洞最大外水压力约为 1000m，与长探洞所承受的外水压力基本相当，因此，引水隧洞的最大突水量预测至少与长探洞及

辅助洞内已出现的突水量相当。

对引水隧洞高程为 1600~1650m 的白山组大理岩，虽然宏观上分析在该高程带岩溶以裂隙型为主，但由于白山组深部的岩溶发育情况还不是十分清楚，需要考虑以下几点因素：①T₂b 裂隙的溶蚀程度和开启程度可能比长探洞中的 T₂y 要大；②T₂b 中可能存在封存静水储量；③雨季暴雨对突水量的影响。因此，单点最大突水流量的量级可能为 5~7m³/s。

9.3 深埋隧洞外水压力预测研究

水荷载是水工隧洞最主要的荷载，外水压力是和有压隧洞中的内水压力相对而言的，而对无压隧洞和刚建成未经使用的隧洞，一般不存在内水压力，故其衬砌水荷载与外水压力指的是同一概念。对于深埋隧洞，天然的地下水面线与隧洞轴线之间的高差很大，从而形成相对较大的衬砌外水荷载，而外水压力对引水隧洞的围岩和衬砌的稳定性有较大的影响。随着科学的发展和技术的进步，地质勘测手段、岩石力学理论、施工机械设备等的不断发展，世界上各种用途隧洞工程的建设得到了突飞猛进的发展，其主要表现就是隧洞长度不断增长及埋深不断增加。随着埋深的增加，隧洞的高外水压力问题就会变得更加突出。深埋隧洞的高外水压力已成为目前水利水电工程建设中亟待解决的难题。

9.3.1 预测方法

9.3.1.1 现场实测方法

现场实测方法是指在施工期利用埋设在洞室衬砌内的渗压计，直接测定外水压力。当存在多层水文地质结构，围岩地下水与土层地下水联系微弱，且采用限裂衬砌结构时，可考虑将内水水头视为外水压力。

通过对 1995 年 12 月底及 1996 年 10 月 18 日相继完成的 3+948、3+500、2+845.5 三个出水段堵头水压力表的监测（长探洞 3+948 出水段堵头水压力监测成果见表 9.13）。从长期检测成果中分别可以获得一个相对稳定的压力表读数，分别为 7.42MPa、7.27MPa、7.95MPa，即为三个堵头的实测外水压力，表明在 1996 年枯水期时，这三个出水段的静水压力为 7.27~7.95MPa，地下水位埋藏高程在 2180~2210m；1997 年丰水期，堵头压力表读数明显上升，平均值在 9.3MPa 左右，并于 1997 年 9 月 30 日测得最大读数为 9.32MPa（2+848.5）、9.34MPa（3+500）；而在枯水期的压力为 7.73~7.84MPa，两个季节的水位变幅达 150 余米。

表 9.13 长探洞 3+948 出水段堵头水压力观测成果表

序次	1996 年		压力表读数/MPa	观测间隔时间
	月	日		
1	1	8	0.25	
2		8	0.50	2min

续表

序次	1996 年		压力表读数/MPa	观测间隔时间
	月	日		
3		8	0.75	1min
4		8	1.00	1min
5		8	1.25	
6		8	1.50	2min
7		8	1.75	
8		8	2.00	1min
9		8	3.00	30s
10		8	3.50	20s
11		8	4.00	10s
12		8	4.50	10s
13		8	5.00	14s
14		8	5.50	16s
15		8	6.00	15s
16		8	6.50	22s
17		8	6.80	145s
18		8	7.00	245s
19		8	7.10	13min
20		8	7.20	31min
21		8	7.21	48min
22	1	8	7.28	4h
23		9	7.32	13h
24		9	7.35	11h
25		10	7.35	12h
26		11	7.38	1 天
27		12	7.38	1 天
28		14	7.38	2 天
29		16	7.41	2 天
30		18	7.42	2 天
31		20	7.42	2 天
32		22	7.42	2 天
33		24	7.42	2 天
34		27	7.42	3 天
35	2	1	7.42	5 天
36		5	7.41	4 天
37		11	7.41	6 天
38		16	7.40	5 天

序次	1996 年		压力表读数/MPa	观测间隔时间
	月	日		
39		21	7.40	5 天
40		26	7.40	5 天
41	3	2	7.40	4 天
42		7	7.39	5 天

9.3.1.2　水动力学方法

地下水头的作用，必然会对地下洞室围岩或衬砌产生外水压力，这种附加应力的存在对地下洞室的稳定将产生较大影响。因此地下洞室设计必须分别就不同情况考虑外水压力对隧洞的影响。

大量工程实践表明，作用在地下洞室上的外水压力并不等于全水头（地下水位与隧洞高程之差）。外水压力的大小是受水文地质条件控制的。由于岩体结构的不均匀性和各向异性，地下水通道曲折复杂，使得深部的地下水存在较大的水头损失。根据岩体裂隙发育程度和地下水补给与排泄条件，可用 $H_0 = \beta \times H$ 估算隧洞的外水压力水头，式中：H_0 为外水压力水头；H 为地下水位静水头；β 为折减系数，取值 $0 \sim 1$。

β 本身是一个关于地下水位、岩体结构、导水构造性质、衬砌性质等多种因素的综合性指标。

洞室开挖后出露的地下水，由于存在一定的外水压力，其地下水将以一定的速度流出，这个过程是压力水头（H_0）转化为流速水头（$V^2/2g$）的过程。实验表明，压力水头转化为流速的过程中，不可避免有一定的水头损失，特别是岩体中裂隙水和岩溶裂隙水的水流通道曲折复杂，其水头损失更大。

锦屏长探洞出露的地下水大多沿张裂隙、溶蚀裂隙或与其相通的风钻孔出露。为便于计算，均近似视之为管嘴出流，同时，对山体中地下水在探洞中出露时可看作保持定水头（暂时性），即外水压力不变。

根据在定水头条件下管嘴出流的实验和水箱中管两端水头平衡可得

$$H_0 + P_0/\rho \times g + V_0^2/2g = V^2/2g + h_{损} + P_c/\rho \times g \tag{9.7}$$

一般情况下，两端大气压相差很小，P_0 和 P_c 可对应消去，令 $h = \xi \times V^2/2g$（ξ 为水头损失系数），则

$$V = \frac{1}{\sqrt{1+\xi}}\sqrt{2gH_0} \tag{9.8}$$

令

$$\varphi = \frac{1}{\sqrt{1+\xi}}$$

则

$$V = \varphi\sqrt{2gH_0}$$

式中，φ 为管嘴系数，它与出水管道的形式有关，与水头无关，其变化范围为 $0 \sim 1$，可根据表 9.14 选择。

表 9.14　管嘴的系数 μ、φ、ε、ζ 值

管嘴形成与出流条件		系数			
		μ	φ	ε	ζ
1. 外伸式圆柱形管嘴，l≥3d					
(a)	（a）入口边缘尖锐	0.82	0.82	1.00	0.50
(b)	（b）匀级入口，即入口边缘作圆，平均为	0.95	0.95	1.00	0.06
(c)	（c）管嘴轴线与管嘴面斜交成 β 角，则当				
	$\beta=0°$	0.62	0.82		0.50
	$\beta=10°$	0.80	0.80		0.57
	$\beta=20°$	0.78	0.78		0.64
	$\beta=30°$	0.76	0.76	1.00	0.71
	$\beta=40°$	0.75	0.75		0.80
	$\beta=50°$	0.73	0.73		0.87
	$\beta=60°$	0.72	0.72		0.94
(d)	（d）圆柱形长管嘴				
	l=3d	0.82	0.82		0.50
	l=5d	0.79	0.79		0.00
	l=10d	0.77	0.77		0.69
	l=25d	0.76	0.71	1.00	0.98
	l=50d	0.71	0.71		0.98
	l=75d	0.64	0.64		1.44
	l=100d	0.59	0.59		1.88
		0.55	0.55		2.30

续表

管嘴形成与出流条件	系数			
	μ	φ	ε	ζ
2. 内插式圆柱形管嘴				
(a) 当 $l \geq 3d$ 时	0.71	0.71	1.00	1.00
(b) 当 $l \leq 3d$ 时	0.51	0.97	0.53	0.06
3. 收缩圆锥形管嘴 当 $\beta=12°\sim15°$时，平均为 m（即 μ）和 φ 值与 β 的关系如下图 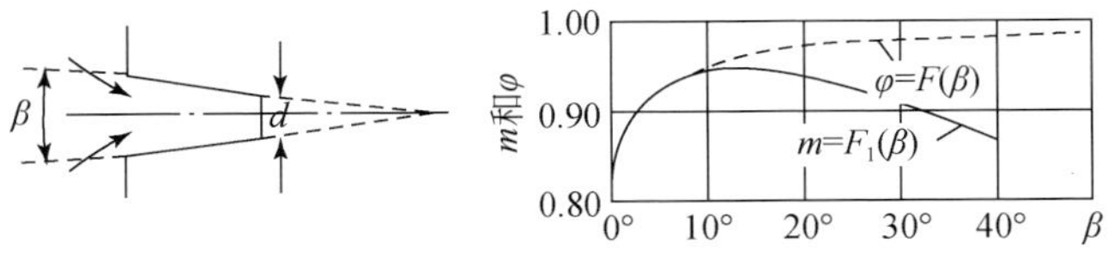 	0.94	0.96	0.98	0.09
4. 外伸管嘴（无线型型嘴） 				
图中所示形状	0.97	0.97	1.00	0.06
其他类似形状，视水头而异	0.959~0.994	0.959~0.994	1.00	0.08~0.01
5. 消防管嘴 随管嘴之形状而异，通常为	0.97~0.99	—	—	—

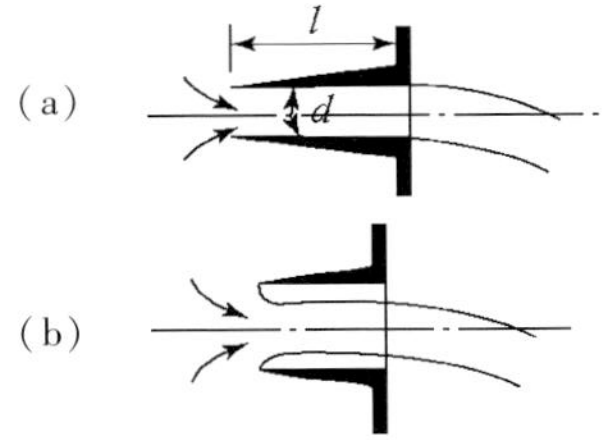

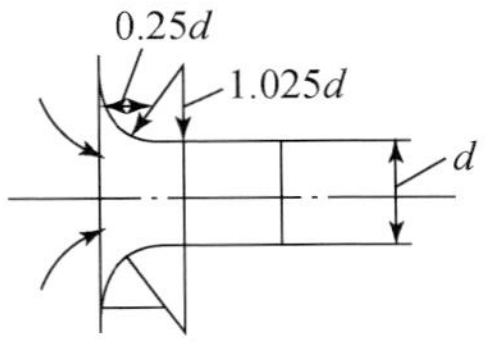

续表

管嘴形成与出流条件	系数			
	μ	φ	ε	ζ
6. 扩张圆锥管嘴 下图中，（a）所示者，当 $\theta=5°\sim7°$时，平均为	$0.45\sim0.50$	$0.45\sim0.50$	1.00	$3.94\sim3.00$
（b）所示者，当 $\theta=5°$时	0.483	0.483	1.00	3.0
（c）所示者（其第 I 节系按管道进水口流线形式，第 II、III、IV 及 V 节系按圆锥角 $\theta=5°$的形式构造）				
（1）由 I 节组成的管嘴	$0.027\sim0.994$	$0.927\sim0.994$		
（2）由 I、II 两节组成的管嘴	$1.481\sim1.595$ $0.726\sim0.782$	$1.481\sim1.505$ $0.726\sim0.782$	1.00	
（3）由 I、II、III 三节组成的管嘴	$1.893\sim2.123$ $0.359\sim0.402$	$1.893\sim2.123$ $0.359\sim0.402$		
（4）由 I、II、III、IV 四节组成的管嘴	$0.209\sim0.244$ $2.055\sim2.261$	$0.209\sim0.244$ $2.055\sim2.261$		
（5）由 I、II、III、IV、V 节组成的管嘴	$9.128\sim9.14$	$9.123\sim9.14$		

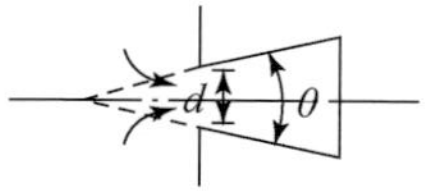

（a） 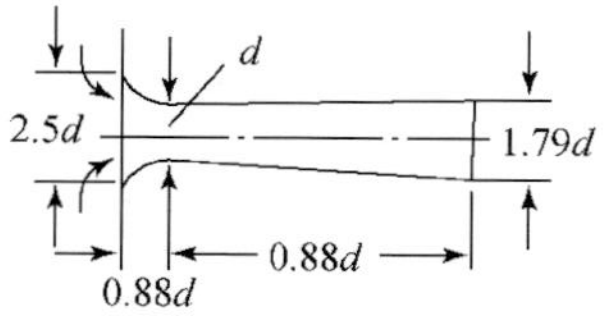　（b） 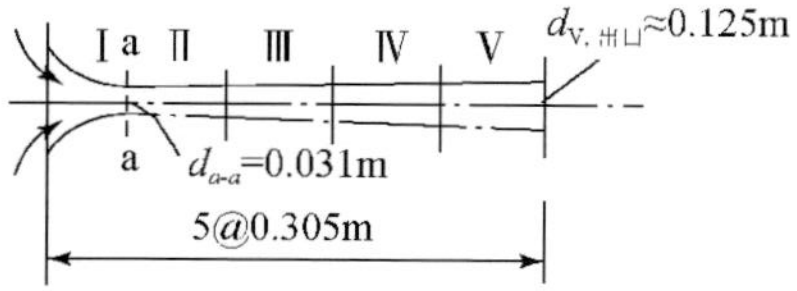　（c）

图中标注：θ、d、$2.5d$、$1.79d$、$0.88d$、$0.88d$、I a II III IV V、$d_{进口}=0.031\text{m}$、$5@0.305\text{m}$、$d_{V,出口}=0.125\text{m}$

注：上排数字是就断面 a-a 而言；下排数字是就出口断面而言
资料来源：《水工设计手册》

9.3.1.3　三维数值模拟方法

在对锦屏二级水电站工程区资料的详细分析并加以概化的基础上，进行水文地质分析，将工程区内的地层进行划分，选取规模较大、对工程区有较大影响的断层、岩脉，以及位于工程区的主要结构面进行等效模拟，建立三维数值分析的物理模型。根据模型应力场分析边界条件能够真实反映模型结构的力学行为原则。对数值模型取应力边界条件，根据各水文站点的实测水头值和水力比降推算得到模型的渗流边界条件。

本书严格来讲属于饱和、非饱和与稳定、非稳定渗流，由于目前对于降雨入渗条件下岩体饱和非饱和渗流机理和渗流特性的认识还不够深入，因此，将降雨入渗效果看作维持地下渗流场的稳定因素，采用稳定渗流分析方法进行研究。对于稳定渗流分析，我们把裂隙岩体按等效连续各向异性介质来进行处理。岩体水力学认为：对于裂隙岩体，若裂隙较发育，表征单元体（REV）存在且不是过大，则一般认为该模型是有效的。岩体中水流流速一般不大，因此可以认为地下水运动服从不可压缩流体的饱和稳定达西渗流规律。下面给出等效连续各向异性介质模型的有限元基本格式。

1）达西定律

认为岩体中水流运动为层流，仍服从线性达西定律。

$$v_i = -k_i J_i = -k_i h_i \quad (i = x, y, z) \tag{9.9}$$

式中，v_i 为流速分量；k_i 为渗透系数；J_i 为水力坡降分量；h_i 为水头。

2）稳定渗流的基本微分方程

根据水流连续性方程，稳定渗流的基本微分方程可表示为

$$\frac{\partial}{\partial x}\left(k_x \frac{\partial H}{\partial x}\right) + \frac{\partial}{\partial y}\left(k_y \frac{\partial H}{\partial y}\right) + \frac{\partial}{\partial z}\left(k_z \frac{\partial H}{\partial z}\right) = 0 \tag{9.10}$$

另外，渗流区域内的渗流能量可表示为

$$I(H) = \iiint\limits_{\Omega} \frac{1}{2}\left[\frac{\partial}{\partial x}\left(k_x \frac{\partial H}{\partial x}\right)^2 + \frac{\partial}{\partial y}\left(k_y \frac{\partial H}{\partial y}\right)^2 + \frac{\partial}{\partial z}\left(k_z \frac{\partial H}{\partial z}\right)^2\right] \mathrm{d}x\mathrm{d}y\mathrm{d}z \tag{9.11}$$

对于稳定渗流，基本微分方程的定解条件仅为边界条件。

在初始渗流场模拟的实施过程中，初始渗流场反演分析采用基于优化求解的正反分析方法，即采用正交设计理论及多变量优化方法联合求解确定地下分水岭位置及水头值。

具体来说，就是在正交设计的基础上，根据有限元正算的结果，用逐步回归分析方法建立渗流场分布与假定的水头、位置之间的回归数学关系式。利用这个数学函数式和各参考点结果，建立下列目标函数：

$$E(x) = \sum_{i=1}^{n} \left[H_i(x) - h_i\right]^2 \tag{9.12}$$

式中，$H_i(x)$ 为 i 参考点的计算水头和假定位置点水头之间的函数式；x 为假定点的位置；h_i 为 i 参考点已知水头值；n 为参考点个数。

最后利用优化方法找出使目标函数达到最小值即全局最优值的最佳水头组合，认为其为与真实渗流场近似的特征水头。利用反演后的水头对岩体应力场与渗流场的影响、开挖对渗流的影响进行分析，得出应力场、渗流场分布及其规律；通过三维渗流有限元计算，

得出隧洞沿线不同地质区段不同渗控方案的外水压力。

对 1#引水隧洞前期初始渗流场分布计算,其中 1#引水隧洞沿线高程、位置水头及相应的压力水头值等成果见表 9.7,1#引水隧洞沿线在距离东部隧洞口 9012.3m 处,最大压力水头达到 1037.1m。

对施工期引水隧洞灌浆圈降低 0.5 个数量级的开挖方案进行计算预测,隧洞沿线位置水头值成果见表 9.15。

表 9.15　施工期引水隧洞沿线位置水头值

洞线长度/km	0.000	1.227	2.284	6.054	8.880	9.495	12.532	15.55
地下水位/m	1642.8	1689.0	1755.0	1882	1857.4	1786.5	1702.5	1632.8

9.3.1.4　折减系数法

折减系数法是利用全水头乘以折减系数,确定外水压力的方法。具体为根据勘察资料和水文地质条件分析确定地下水位线,再将地下水位线以下的水柱高乘以折减系数,作为估算衬砌外缘的外水压力值。

1) 地下水位线的确定

(1) 地下水位的确定可利用钻孔、泉、井、支沟直接观测。

(2) 若无实测资料,可采用岩体卸荷带下限值;也可根据三维渗流场分析的初始渗流场确定。

2) 折减系数的确定

根据岩体岩溶发育程度确定的折减系数经验值见表 9.16。

表 9.16　根据岩溶发育程度确定的折减系数

岩溶发育程度	弱岩溶发育区	中等岩溶发育区	强岩溶发育区
折减系数 β	0.1 ~ 0.3	0.3 ~ 0.5	0.5 ~ 1.0

9.3.1.5　工程防治方法

高外水压力可能引起高压钢管在外压作用下失稳及引水隧洞围岩破坏等问题,在岩溶地区的深埋隧洞,当高外水压力超过隧洞围岩或混凝土衬砌抗拉强度时将发生劈裂破坏,从而引起隧洞围岩或衬砌的破坏等。

对外水压力的工程防治方法主要如下:

(1) 设置平行排水洞和排水孔。在对地质环境影响允许的情况下,可设置平行排水洞和排水孔,可有效降低暴雨期短时地下水位升高引起的高外水压力问题,使暴雨期地下水迅速从排水洞中排走,起到降低暴雨期地下水位的作用。

(2) 高压灌浆,引水洞洞周作环向高压灌浆,形成承压圈,减少作用在衬砌上的水压力。

9.3.2　工程预测实例

9.3.2.1　长探洞外水压力预测

长探洞全洞岩溶总体不发育，仅见沿结构面发育的溶孔、小型溶洞和溶痕。洞内涌水的方式有裂隙性岩体中的渗滴水、线性流水，透水性断层带或溶蚀裂隙中的集中涌水、喷水。两条探洞在施工过程中，发生涌水、喷水事件十余次，综合地质、构造、水化学以及水动态变化等因素可以划分为四个出水带：Ⅰ浅层潜水带，Ⅱ中部涌水带，Ⅲ集中涌水带，Ⅳ深层涌水带。长探洞出水带划分及主要特征见表9.18。

根据探洞中涌水的形态特征，利用水动力学原理，对三个典型涌水洞段（分别为 PD_1 洞1431~1447m涌水段、PD_2 洞2845.5m涌水段、PD_1 洞3628.9~3948m涌水段）的外水压力进行预测计算，结果见表9.18。

从表9.18中可以看出，PD_1 洞1431~1447m涌水段的静水压力为2.67~5.07MPa，PD_2 洞2845.5m涌水段的静水压力为6.87~8.51MPa，PD_1 洞3628.9~3948m涌水段的静水压力为9.59~9.62MPa。

预测表明：长探洞局部的外水压力相当可观，不同洞段和同一出水段的不同出水构造，因富水构造（网络）的连通性不同而异，连通性好，水头折减系数大，水头也高，地下水流出的冲力也就越大；反之则小。因此对特殊洞段应做好超前灌浆止水，防止涌水对施工的危害。

9.3.2.2　引水隧洞外水压力预测

1）计算模型和计算范围

由于工程区内岩溶发育较弱，至雅砻江谷底高程仅发育连续性差的溶蚀裂隙型岩溶，不存在沿河谷两岸具水力联系的岩溶系统。因此，对工程区内的初始渗流场分布及地下水流向分析中，将水文上相对独立的整个大河湾作为渗流场分析计算范围，南北向分别以磨房沟泉、老庄子泉为分界线。

引水隧洞洞线（景峰桥—大水沟）的洞线平均长度为16.67km，洞线N58°方向，最大埋深2525m，埋深大于1500m的洞线长度为13.3km。不考虑东、西雅砻江形成的渗流场影响，海平面高程以下为相对不透水层。

计算分析数值模型范围：X 向为EW向，分别以东、西雅砻江河床中心线为界。模型最大纵宽21.5km。Y 向为SN向，近似以引水隧洞轴线为中心线，并考虑到自然地形、工程地质条件；南边界取至老庄子泉附近，北边界取至磨房沟泉域带，南北边界距隧洞中心线各约12.5km，最大纵横宽度约25km；考虑到隧洞开挖底板最低高程约为1565m，以及可能的地质发育影响深度，Z 方向向下取至海平面高程，到地面最大埋深约4500m。有限元模型如图9.2所示。

表9.17 出水带划分及其特征

亚单元	按单出水带特征	洞深	稳定水量 /(m³/s) 最大	最小	平均	出水带特征	水温/℃	矿化度	P_{CO_2}	$\dfrac{[1/2Ca^{2+}]+[1/2Mg^{2+}]}{[AlK]}$	$\dfrac{[Ca^{2+}]}{[Mg^{2+}]}$	$\dfrac{[AlK]}{[1/2SO_4^{2-}]}$
Ⅲ—1	Ⅰ 浅层潜水带 第一出水带	PD₁- 245~593.7m PD₂- 236~587.2m				渗滴水、线状流水带。在 PD₁-372m 处第一次沿一溶槽从风钻孔中喷水，喷距达9m。该带部分出水点水量较稳定（如 PD₁-535m，PD₂-236m 等），季节性变化小，补给源稳定，出水量为 0.05~0.08m³/s，以 T₂y⁵ 层南北向补给为主，且不受探洞深部出水带涌水影响	14.8 ~ 17.8	160 ~ 180	199 ~ 318	0.99~1.03	4.1~7.7	11.5~30.4
	Ⅱ 中部潜水带 第二出水带	PD₁- 952.2~ 1725.5m PD₂- 980~ 1718.8m	0.19	0.15	0.18	包含两部分：渗滴水、线状流水和集中涌水。为岩溶水和断层裂隙水；集中涌水点位置：PD₁-1104m，PD₁-1431.7m，PD₁-1447m，PD₂-1002.4m，PD₂-1716m。其中单点水涌水瞬同流量较大，最大达 0.7m³/s，但衰减快，稳定流量小。揭穿 PD₁-1447~1722m 集中涌水点以后，浅部 PD₁-1447~1722m 集中涌水点在1992年5月干枯。该带揭穿流水点相继，大水沟流量明显减少。部分集中涌水点（PD₁-1104m，PD₂-1002.4m）表现为季节性流水，表明这一带的地下水位已降低到探洞高程附近。水质分析结果表明，该带水的水化学特征与大水沟、小水沟、许家坪钙华一带的水相同或相近，其补给源相同	11.9 ~ 13.3	180 ~ 200	257 ~ 494	1.00~1.02	5.6~10.5	17.7~36.0

续表

亚单元	出水带	按涌水特征	洞深		稳定水量/(m³/s)			出水带特征	水化学特征值					
					最大	最小	平均		水温/℃	矿化度	P_{CO_2}	$\dfrac{[1/2Ca^{2+}]+[1/2Mg^{2+}]}{[AlK]}$	$\dfrac{[Ca^{2+}]}{[Mg^{2+}]}$	$\dfrac{[AlK]}{[1/2SO_4^{2-}]}$
Ⅲ—2	第三出水带	Ⅲ 集中涌水带	PD₁—3443.6~3948m PD₂—2620~2860m	3.56 2.90 3.17	11.3~12.7	113~140	126~185	渗、流水、集中涌水；属岩溶水和断层裂隙水。刚进入该含水带时多为沿张性结构面的滴水和线状渗水，水量为1~14L/s，出水带中心部位侧则发生高压集中喷水，喷距大于40m，最大瞬时水量达4.91m³/s，衰减后的稳定水量为1.7~2.0m³/s，该带揭穿后，大水沟断流			0.98~1.02	5.5~7.6	22.5~77.5	
		Ⅳ 深层涌水带	PD₁—3443.6~3948m PD₂—3262.0~4033.9m		11.8~14.3	112~131		由数个喷水点组成，单个喷水点流量为60~80L/s，喷距6~20m，属岩溶裂隙水，其中以PD₁—3948m喷水量较大，达690L/s，静水压力为7.30~7.42MPa（未稳定）				6.2~15.4		

表 9.18　三个涌水段外水压力估算

涌水位置　项目	PD$_1$-1431~1447m 涌水段			
	1431	1445	1446	1447
涌水轨迹				
涌出速度 V/(m/s)	13.3	16.0	18.7	2.8
管嘴系数 ψ	0.24	0.3	0.35	0.14
作用于该点的水头/m $H_0=\dfrac{V^2}{2g\psi^2}$	152	145	146	160
折减系数 β	0.3	0.3	0.3	0.6
该点的静水压力 P/MPa	5.07	4.83	4.87	2.67

续表

涌水位置 项目	PD₂-2845.5m 涌水段				PD₁-3628.9~3948m	
	风钻孔 1	风钻孔 2	超 4 孔	超 5 孔	3628.9	3948
涌水轨迹						
涌出速度 $V/(\mathrm{m/s})$	14.2	25	8.9	6.7	28.2	63.3
管嘴系数 ψ	0.14	0.21	0.14	0.12	0.23	0.50
作用于该点的水头/m $H_0=\dfrac{V^2}{2g\psi^2}$	525	723	206	159	767	818
折减系数 β	0.6	0.85	0.3	0.2	0.80	0.85
该点的静水压力 P/MPa	8.75	8.51	6.87	7.95	9.59	9.62

2）地质条件

根据锦屏二级水电站岩溶水文地质图，并进行水文地质分析，工程区内的地层分为：上三叠统（T_3）、中三叠统白山组（T_2b）、杂谷脑组（T_2z）、盐塘组（T_2y）、下三叠统（T_1）、上二叠统（P_2）、下二叠统栖霞组—茅口组［$P_1(q+m)$］、上二叠统峨眉山组（$P_2\beta$）、中、上石炭统黄龙组—马平组（$C_2h\text{-}C_3m$）、前泥盆系（AnD）、上泥盆统—下石炭系（$D_3\text{-}C_1$）。根据地质报告，计算模型选取了 F_{28}、F_6、F_5、F_{27}、F_4 等几个规模较大、对工程区有较大影响的断层、岩脉进行模拟，位于工程区内的褶皱、节理因构造部位和岩性不同而异，总体而言，以 NNE 向的顺层节理和近 EW 向（NWW 向和 NEE 向）的张扭性节理最为发育，由于节理众多，因此将其进行等效模拟。

3）渗流边界条件

模型东西边界为东、西雅砻江河岸，因此东西边界上河岸水平面高程上的节点均取为第一类边界即定水头边界。模型的南北截取边界因缺乏观测资料，实际示踪试验表明南北边界是水文地质单元的分界面和地下分水岭，因此取为不透水边界，计算模型的底边界取为不透水边界；工程区范围内的泉水出露位置节点为定水头边界条件。对于上下游边界，水位以上节点按照可能出溢边界考虑（计算程序迭代的需要），隧洞开挖后，隧洞内壁边界节点均按可能出溢边界来考虑。

4）计算成果分析

计算方案：引水隧洞灌浆圈降低 1 个数量级，引水隧洞实施衬砌。

图 9.7 和图 9.8 分别为沿引水隧洞洞轴线方向和隧洞最大埋深横剖面 T_2b（4#引水隧洞，8+880）方向的水压力等值线图。由图中可以看出，渗流自由面等值线在沿洞轴线的纵剖面基本与由雅砻江环绕深切而成的大河湾地形一致，在沿河岸岸坡顺坡方向等值线大小逐级降低，说明自由面位置沿河岸岸坡顺坡方向减小，隧洞沿线地下水位见表 9.19。可以看出。在隧洞最大埋深横剖面 T_2b（4#引水隧洞，8+880）方向上，地下水位下降呈漏斗状，漏斗状底部的地下水位为 1998m 左右，灌浆圈外缘水压力 1.94MPa，灌浆圈内水力坡降为 19.0。在引水隧洞线以南 2km 范围以外和洞线以北 1.5km 范围以外地下水位下降在 110m 以下。引水隧洞洞顶最高地下水位约为 2015m，位于距离隧洞进口 8.2km 断面附近，该处灌浆圈外缘水压力 1.98MPa，灌浆圈内水力坡降为 19.5。

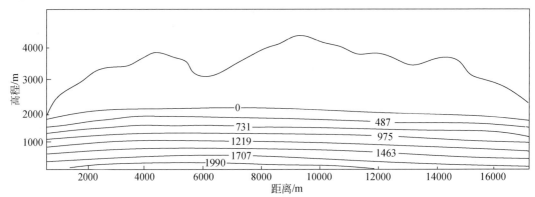

图 9.7　1#引水隧洞沿线压力水头等值线图

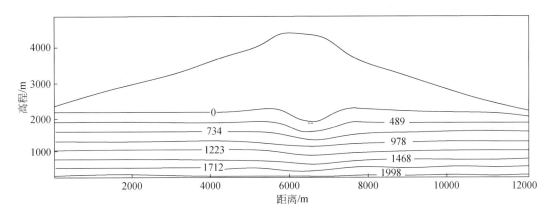

图9.8 最大断面（8+880）压力水头等值线图

表9.19 引水隧洞沿线地下水位

洞线长度/km	0.00	3.150	5.556	7.92	8.880	10.238	12.764	15.78
地下水位/m	1642.8	1805.8	1901.4	2010.7	1998.4	1886.4	1802.4	1710.0

9.4 深埋隧洞岩溶裂隙水地质超前预报

为了掌握掌子面前方一定范围内有无突涌水，查明其范围、规模、性质，预测突涌水量的大小及其变化规律，并评价其对施工的影响，需对深埋隧洞岩溶裂隙水地质进行超前预报。开展深埋隧洞岩溶裂隙地质超前预报应针对深埋长隧洞地质情况，在施工中遵循"综合预报、先探后掘、全程跟踪、突出重点""宏观与长短距离预报结合，不同物探方法结合，地质与物探结合"的基本原则。具体而言，主要采用宏观预报法预测全洞段的涌突水位置及规模，采用 TSP 进行涌突水长距离预报，重点采用地质雷达法、瞬变电磁法、红外探水法进行短距离预报，采用超前钻探及经验法，准确预测涌突水位置和规模。

9.4.1 岩溶裂隙水特征

锦屏引水隧洞工程区穿越的地层为三叠系浅海-滨海相、海陆交替相地层，碳酸盐岩占 70% ~80%，属裸露型深切河间高山峡谷岩溶区，接受大气降水补给。岩溶化地层和非岩溶化地层呈 NNE 向分布于河间地块，其可溶岩地层主要分布于锦屏山中部，而非可溶岩分布于东西两侧。受 NNE 向主构造线与横向（NWW 向、NEE 向）扭-张扭性断裂交叉网络的影响，构成了河间地块地下水的集水和导水网络。

大河湾与外界无水力联系，岩溶地下水的补给来源为大气降雨和降雪。地下水运动形式可分为溶隙-裂隙分散状和管道状慢速流，以及管道状快速流。岩溶地下水主要以泉的形式排向当地支沟，最终排向雅砻江，或直接排向雅砻江。其突出特点是以大泉集中排泄为主和双重基准排泄。大泉排泄是以磨房沟泉、老庄子泉、沃底泉和三股水泉为代表。

根据工程区岩溶含水层组、岩溶水的补给、运移、富集和排泄特点，工程区不同地带的水文地质条件有明显差异，其规律性受地形地貌、地质构造、含水介质类型、岩溶发育及气候条件的控制或影响，据此将大河湾区划分为以下 4 个岩溶水文地质单元（图 2.7）：①中部管道-裂隙汇流型水文地质单元；②东南部管道-裂隙畅流型水文地质单元；③东部溶隙-裂隙散流型水文地质单元；④西部溶隙-裂隙散流型水文地质单元。

9.4.2　高压涌水点超前预报方法

锦屏二级水电站引水隧洞开挖期间，结合地下洞室群的水文地质条件特点，主要采用了宏观预报、长距离预报、短距离预报相互结合，相互印证的预报方案。即首先采取 TSP 进行中长距离预报，对掌子面前方 100～150m 处较大的构造进行初步预报；然后采取掌子面雷达进行短距离预报，对可能存在的含水构造进行精确预报，确定异常目标在掌子面前方的分布位置；最后进行钻孔雷达精确预报，进一步确定含水构造的形态、位置及规模，以对目标体进行精确定位。

9.4.2.1　宏观地质超前预报

隧洞地质分析与施工地质灾害的宏观预报，是以前人的区域地质资料和深入的地面地质调查取得的第一手资料为基础，通过不良地质分析方法，宏观预报隧洞施工可能遇到的不良地质类型、规模、大约位置和走向，宏观预报地质灾害的类型和发生的可能性。实践证明：隧洞所在地区的地质分析和不良地质宏观预报是地质超前预报的基础和前提，是隧洞高水平施工地质灾害超前预报不可或缺的第一道工序。因为只有在地质分析和宏观预报的指导下，才能更准确、更有效地实施下一步的隧洞开挖掌子面前方不良体地质超前预报、超前钻探、判断及临近警报等后续预报工作。

隧洞宏观预报的具体内容如下：

（1）隧洞洞身主要不良地质类型，特别是能够引发施工地质灾害的主要不良地质类型，如岩溶、断层等；

（2）隧洞洞身主要不良地质的空间分布规律；

（3）隧洞洞身主要的地质灾害对隧洞施工的影响。

宏观预报的主要程序如下：

（1）收集、整理工程区区域地质资料，结合地质调查进行资料分析，研究区域断裂及岩溶发育规律，从而判断工程区岩溶发育特征、断裂发育方向及规模，以及可能出现的地质灾害；

（2）根据前期的地质勘察资料，对岩溶隧洞的工程地质和水文地质状况做出预测；

（3）依据前述分析结果，预测地层岩性分布、主要构造、可能突水突泥段、围岩类别、有害气体等洞段的桩号范围及风险级别，提出隧洞需加强预报及预处理的洞段，以及计划采取的综合地质超前预报方案，并随开挖过程进行调整。

9.4.2.2　长距离地质超前预报

采用多种方法的综合勘探技术手段，定性和定量地预报距掌子面前方 50～200m 范围内的不良地质体。长距离地质超前预报实施程序如图9.9所示。

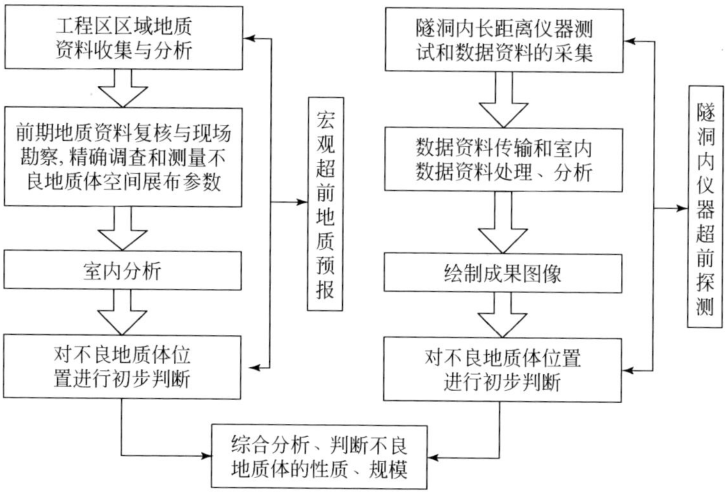

图9.9 长距离地质超前预报实施程序图

（1）长距离地质超前预报分为两个部分：基于地面地质分析的宏观不良地质体预报和隧洞内长距离仪器探测，它是由两种或两种以上的勘探技术手段相结合进行的综合预报。一般采用工程地质法对地面不良地质体进行预报，采用 TSP 技术进行隧洞内 150m 的长距离探测，必要时采用陆地声纳法作为 TSP 预报成果的对比验证手段。

（2）预测掌子面前方存在的岩层界线、断层、软岩、溶洞和富水带等不良地质体。主要是查明上述不良地质体的位置和规模，用于指导短距离预报。

（3）一般一次预报洞段长 150m，每 100m 预报一次，重复段 50m。

9.4.2.3 短距离地质超前预报

短距离地质超前预报是在长距离地质超前预报的基础上进行的，预报距掌子面前方 50m 范围内的不良地质情况，判断围岩类别等。所采用的预报方法主要为物探仪器测试、超前钻探及经验法。

（1）主要是通过工程地质法、经验法、地质雷达（含孔内雷达）、瞬变电磁、超前钻探相结合的方法进行预测，通过对不同地质体标志的确认，以及不良地质体出现前的前兆标志，对不良地质体可能出露的位置进行预测和判断，对不良地质体的类型、规模、位置进行预测。

（2）短距离预报距离分两种情况：①掌子面前方岩体完整，反映信息较强时，通常预报距离为 50m；②掌子面前方裂隙发育，岩体较破碎，反映信息较弱时，一般预报距离为 20～30m。

（3）短距离预报成果包括：地层岩性、构造、岩溶、地下水、围岩类别、有害气体等。

由于短距离预报是在长距离预报的基础上进行的，所以预报的精度一般要超过长距离地质超前预报，特别是对不良地质体性质的预报。对地质灾害预报而言，相当于临灾预报。

9.4.2.4　超前钻探

根据长短距离地质超前预报结果，重点对软弱、破碎围岩段，特别是富水带等不良地质地段实施超前钻探。孔深一般为 5～30m，其中在掌子面每开挖循环布置加深钻孔，探测深度可达 7～8m，利用多功能地质钻机钻深 20～30m。通过钻进时间、速度、压力、卡钻、跳钻及涌出物等特征，可以判断掌子面前方岩性、地下水变化等地质情况。

9.4.2.5　施工地质灾害临近警报

隧洞掘进过程中，在出现断层破碎带、溶洞、暗河、岩溶陷落柱和洞穴淤泥带之前，一般都会出现各自明显或不明显的前兆标志。这些标志的出现，常常预示前述不良地质体已经临近。因此，不良地质前兆预测法，一方面有助于掌子面前方不良地质体的性质鉴别，另一方面更有助于对不良地质体临近的判断。即隧洞施工地质灾害监测、判断和临近警报技术。它是在隧洞所在地区不良地质宏观预报和隧洞的洞体不良地质体长距离、短距离超前预报和超前钻探的基础上进行的。主要包括：施工地质灾害的环境监测，施工地质灾害发生可能性的判断。通过施工地质灾害临近警报，判断塌方、涌水等不良地质灾害发生的可能性和位置，从而达到减少甚至避免严重施工地质灾害发生的目的。

隧洞风险等级判断见表 9.20。

表 9.20　隧洞风险等级划分表

风险等级	宏观地质分析预测	风险描述	预报方案及预警
Ⅰ级风险区	可能的富水带核心部位（流量大于 $1m^3/s$）；极强岩爆发生段；大断层通过段	对人员、设备和施工进度造成特大影响	综合预报方案，红色预警
Ⅱ级风险区	可能的富水带核心部位（流量为 $0.5～1m^3/s$）；强岩爆发生段；较大断层通过段	对人员、设备和施工进度造成重大影响	综合预报方案，橙色预警
Ⅲ级风险区	可能的富水带影响部位（流量为 $0.1～0.5m^3/s$）；中等及轻微岩爆发生段；一般断层通过段	对人员、设备和施工进度造成较大影响	地质分析+单仪器预报方案，黄色预警
Ⅳ级风险区	可能的富水带影响部位（流量小于 $0.1m^3/s$）；轻微或无岩爆发生段；无断层通过段	对人员、设备和施工进度造成较小影响	地质分析+单仪器预报方案，蓝色预警

9.4.2.6　超前预报的流程

超前预报的流程如图 9.10 所示。

9.4.3　岩溶高压涌水预测经验

锦屏二级地下洞室群涌水具有高水头、大流量、强交替、突发性的特点，可能发生涌水的部位和可能发生涌水的前兆分析如下。

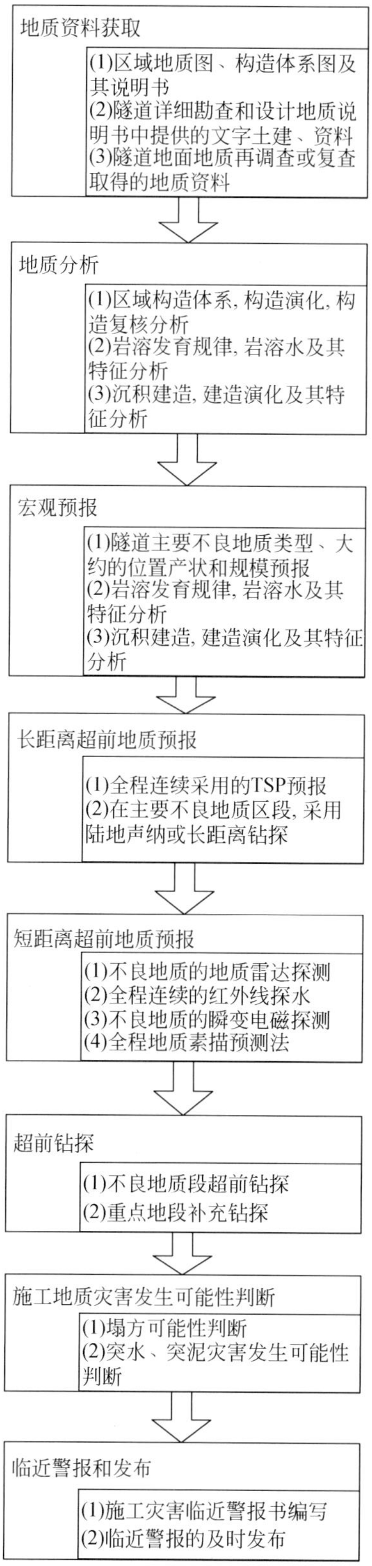

```
┌─────────────────────────────┐
│ 地质资料获取                 │
│ ┌─────────────────────────┐ │
│ │ (1)区域地质图、构造体系图及│ │
│ │ 其说明书                 │ │
│ │ (2)隧道详细勘查和设计地质说│ │
│ │ 明书中提供的文字土建、资料│ │
│ │ (3)隧道地面地质再调查或复查│ │
│ │ 取得的地质资料           │ │
│ └─────────────────────────┘ │
└─────────────────────────────┘
              ↓
┌─────────────────────────────┐
│ 地质分析                     │
│ ┌─────────────────────────┐ │
│ │ (1)区域构造体系, 构造演化, 构│ │
│ │ 造复核分析               │ │
│ │ (2)岩溶发育规律, 岩溶水及其│ │
│ │ 特征分析                 │ │
│ │ (3)沉积建造, 建造演化及其特│ │
│ │ 征分析                   │ │
│ └─────────────────────────┘ │
└─────────────────────────────┘
              ↓
┌─────────────────────────────┐
│ 宏观预报                     │
│ ┌─────────────────────────┐ │
│ │ (1)隧道主要不良地质类型、大│ │
│ │ 约的位置产状和规模预报   │ │
│ │ (2)岩溶发育规律, 岩溶水及其│ │
│ │ 特征分析                 │ │
│ │ (3)沉积建造, 建造演化及其特征│ │
│ │ 分析                     │ │
│ └─────────────────────────┘ │
└─────────────────────────────┘
              ↓
┌─────────────────────────────┐
│ 长距离超前地质预报           │
│ ┌─────────────────────────┐ │
│ │ (1)全程连续采用的TSP预报 │ │
│ │ (2)在主要不良地质区段, 采用│ │
│ │ 陆地声纳或长距离钻探     │ │
│ └─────────────────────────┘ │
└─────────────────────────────┘
              ↓
┌─────────────────────────────┐
│ 短距离超前地质预报           │
│ ┌─────────────────────────┐ │
│ │ (1)不良地质的地质雷达探测 │ │
│ │ (2)全程连续的红外线探水   │ │
│ │ (3)不良地质的瞬变电磁探测 │ │
│ │ (4)全程地质素描预测法     │ │
│ └─────────────────────────┘ │
└─────────────────────────────┘
              ↓
┌─────────────────────────────┐
│ 超前钻探                     │
│ ┌─────────────────────────┐ │
│ │ (1)不良地质段超前钻探     │ │
│ │ (2)重点地段补充钻探       │ │
│ └─────────────────────────┘ │
└─────────────────────────────┘
              ↓
┌─────────────────────────────┐
│ 施工地质灾害发生可能性判断   │
│ ┌─────────────────────────┐ │
│ │ (1)塌方可能性判断         │ │
│ │ (2)突水、突泥灾害发生可能性│ │
│ │ 判断                     │ │
│ └─────────────────────────┘ │
└─────────────────────────────┘
              ↓
┌─────────────────────────────┐
│ 临近警报和发布               │
│ ┌─────────────────────────┐ │
│ │ (1)施工灾害临近警报书编写 │ │
│ │ (2)临近警报的及时发布     │ │
│ └─────────────────────────┘ │
└─────────────────────────────┘
```

图 9.10　综合地质超前预报的流程图

1) 可能发生涌水的部位

（1）可溶岩与非可溶岩接触界面，特别是白山组和盐塘组的交界部位；

（2）引水隧洞通过的断层、向斜、背斜核部位置；

（3）近 EW 向和 NNE 向结构面是工程区内地下水活动的重要通道，是引水隧洞可能突水的部位；

（4）近 EW 向结构面相交处及 EW 向结构面与层面相交的部位也是可能突水的位置。

2) 可能发生涌水的前兆分析

根据对锦屏二级地下洞室群内涌水特征的分析研究及相关资料，对深埋高压隧洞涌水前兆作出如下经验性预报：

（1）当隧洞由弱可溶岩进入强可溶岩的边界部位时，可能发生涌水。

（2）探洞内造成突水灾害的导水构造主要集中发育在向斜一翼，因此进入向斜一翼时可能发生涌水。

（3）当黑色岩体进入白色花斑状岩体时，前方可能涌水。

（4）根据大突水点的涌水特征，一般有渗滴水段—线状渗水段—集中涌水段—高压喷水段，当隧洞由渗、滴水段进入线状渗水段时，应做好出现集中涌水的准备。

（5）风钻孔内出现浑水，前方可能有涌水；若浑水喷射 5m 以上，则前方可能有大于 30 ~ 50L/s 的涌水存在；当超前钻孔内出水能喷射 3.5m 以上，或涌水速度大于 7m/s，或风钻孔内有涌水速度大于 14m/s 的出水时，前方可能出现大于 50L/s 的涌水存在。

（6）当地温测值出现比前一点低时，可能有涌水。

第 10 章　雅砻江大河湾岩溶
水文地质工程效应分析

雅砻江大河湾独特的岩溶水文地质条件是锦屏二级水电站工程建设的控制性因素之一。本章从引水隧洞洞线及地下厂房位置选择和设计等方面阐述了岩溶发育程度和水文地质条件对工程枢纽布置、设计和施工的影响。分析了地下洞室群开挖揭露的岩溶发育特征和涌水特征，并提出了相应的治理措施，为深埋长隧洞等建筑物顺利施工和安全运行提供了技术保障。

10.1　工　程　效　应

在岩溶地区进行隧洞、地下洞室开挖，易诱发涌水、突泥、洞壁洞顶塌落等灾害，也会诱发地面沉降、塌陷、裂缝、滑坡、泥石流等次生灾害，这些灾害对人员及设备存在重大的安全隐患。以下简单分析了岩溶水文地质对引水隧洞洞线、地下厂房位置、工程施工及水工结构的影响。

10.1.1　引水隧洞洞线选择的影响

正确的隧洞布置有利于围岩稳定，隧洞布置不当则容易发生围岩失稳。岩溶水文地质工程区考虑岩溶的发育分布对隧洞布置的影响时，一般应考虑以下原则。

（1）隧洞进出口段布置应以地形、地质条件、岩溶发育、水文条件及施工布置等进行综合考虑，如地形上要求地形完整、山体雄厚、进洞相对容易、附近无大型可溶岩危岩体、早期岩溶洞穴、钙化堆积体、岩溶塌陷区及管道水、暗河出口等，同时也应避开地表径流汇水区。

（2）隧洞位置应尽量选择地质构造简单、岩体完整部位。尽量避开区域性断裂带、褶皱核部、岩浆岩接触带等。在可溶岩地区应尽量避开岩溶发育强烈地段。

（3）隧洞轴线布置时，应充分估计岩溶发育程度和涌水的影响，在满足水工布置要求的前提下，尽可能布置在岩溶侵蚀基准面以下，以防止大规模岩溶洞穴及高压管道水对地下洞室稳定的不利影响，当无法避开时，应使洞室轴线尽量与岩溶洞穴或管道发育方向呈大角度相交，以减小影响段长度。

1991 年选坝阶段拟定了许家坪、大水沟和麻哈渡三个厂址，结合拟定的解放沟、棉纱沟、景峰桥、猫猫滩四个闸址，一共可以组成 12 条可能的洞线方案。从而形成以解放沟—许家坪为南线，猫猫滩—麻哈渡为北线，南北宽约 7km，东西长约 17km 的方案比选工程区。

在这 12 条可能的洞线中，以猫猫滩—许家坪洞线为最长，达 19.722km，穿越的地层条件也明显不利，工程量及水头损失明显较大，故首先放弃。其次由解放沟、棉纱沟、景峰桥三闸址至麻哈渡厂址的三条洞线，由于要穿越工程地质条件和水文地质条件均十分复杂的磨房沟出水地段和青纳断层，且麻哈渡厂址的水位要比其他厂址高出 11～15m，水能利用条件也不利。另外，洞长与其他方案比较，除景峰桥至麻哈渡洞线略短于景峰桥至许家坪洞线外，其他的均相对较长，缺点明显，因此亦予以放弃。

景峰桥—大水沟洞线⑥的地质条件优越，碳酸盐岩段约占全洞线的93%，砂板岩、绿片岩等仅占7%，围岩稳定性好。洞线中段位于磨房沟和老庄子两大泉域的地下分水岭附近，地下水径流速度慢，岩溶发育程度相对其他位置弱些。主要缺点是洞线全线埋深较大，一般埋深达 1500～2000m，最大埋深达 2525m，因而发生较强程度的岩爆可能性较大。

因此，通过对洞线长度、能量指标、地质条件、工期和工程投资、闸址选择等多种因素的综合考虑，经过多年的比较，最终选择景峰桥—大水沟洞线。

10.1.2　地下厂房位置选择的影响

10.1.2.1　影响地下洞室稳定的地质因素

影响地下洞室围岩稳定的主要地质因素有以下几个方面。

（1）岩石性质。根据岩石的饱和单轴抗压强度，将岩石划分为硬质岩（可再细分为坚硬岩、中硬岩）和软质岩。坚硬的岩石一般对围岩的稳定性影响小，而软质岩则由于强度低、水理性差、易产生较大变形而对围岩稳定性影响大。对于均质块状的硬质岩石构成的岩体，由于岩石的强度和变形接近于各向同性，一般情况下，围岩具有较好的稳定性；在具有层状结构的岩层中，由于岩石在强度和变形性质上存在差异，作为围岩具有不均一性。此外，具有单层结构和多层结构的岩体，其围岩稳定条件是不相同的，厚层状和薄层状的岩体稳定条件也不相同。

从围岩稳定角度分析，地下洞室的位置和结构布置，以均质厚层或块状的硬质岩作为围岩条件最好，洞室位置的选择，应尽量避开软质岩体或薄层岩体及软硬相间的岩体。

（2）岩体结构。其中以碎块状、碎屑状结构岩体的稳定性最差，薄层状、块裂或碎裂结构岩体次之，而厚层状及块体状岩体则稳定性好。

（3）地质构造。应具体分析地下洞室所通过的褶皱、断层、节理密集带，以及节理裂隙及其组合对围岩稳定性的影响。

褶皱：一般情况下，地下洞室的洞轴线垂直于褶皱轴比平行于褶皱轴更有利于围岩的稳定；横穿陡倾角紧密褶皱比缓倾的舒缓褶皱有利于顶拱围岩的稳定；洞室布置于褶皱的翼部比布置于褶皱的核部常有利于顶拱围岩的稳定，但褶皱的翼部对于边墙可能存在块体的稳定和偏压问题；背斜的轴部较向斜轴部有利于围岩的稳定；向斜轴部常形成地下水汇集的储水构造，可产生涌水并对洞室稳定不利。

断层、节理密集带：断层、节理密集带等构造破碎带岩体破碎、完整性差、易变形、水理性差，遇水易软化、泥化，洞段的围岩稳定性差。洞室若垂直或大角度穿过断层、节理密集带时，可最大限度地缩短其出露长度，减小不利的影响。当洞轴线与上述结构面夹角小于 30°时，对围岩稳定最为不利。构造带的规模、性状对洞段围岩的稳定具有控制作用，破碎带宽且以松软物质为主时，对围岩稳定性的不利影响最大。对规模不大的断层，应注意与其他结构面有无不利组合，具体分析不利块体出现的部位、规模，为加固处理提供依据。另外，应注意软弱构造破碎带开挖后吸水软化、泥化问题，须对开挖面及时进行封闭保护处理。

节理裂隙及其组合对围岩稳定的影响，岩体中节理裂隙分布广、规模小，对围岩稳定的影响程度各不相同。应实地调查统计，按产状归纳分组，且要重点调查岩体中的层面构造及其他贯穿性长大裂隙的规模和性状，运用赤平极射投影、实体比例投影等方法，分析节理裂隙与其他结构面的组合关系，确定对顶拱、边墙、端墙围岩稳定不利的组合，并根据各组节理的延伸长度研究其相互交切性，估计组合块体的规模。最后，根据各组结构面的性状、物理力学性质，分析评价围岩的稳定性。

（4）地下水。地下水对地下洞室围岩稳定的影响有地下水的动水压力和静水压力作用；对各种结构面和软质岩石的软化、泥化及膨胀作用；对结构面充填物的潜蚀作用；对易溶岩的溶解作用；向斜轴部或导水结构面及交汇带的构造涌水；岩溶发育带的集中涌水；等等。

（5）地应力。地应力场大多数是以水平应力为主的三向不等压空间应力场。三个主应力的大小和方向随时空而变化。随着洞室的开挖，洞室围岩在天然初始地应力场的背景条件下产生应力重分布，从而形成二次应力场。当岩体强度能够适应重分布应力的变化，围岩的松弛变形较小且在允许范围内时，二次应力将达到新的平衡，围岩是稳定的，不会产生失稳破坏；但当围岩不能承受新的应力，且围岩的松弛变形自身不能控制时，则围岩的应力不平衡，将产生向洞内的围岩压力，即山岩压力，如不采取支护处理措施，围岩将产生失稳破坏。在坚硬完整的岩体中，如地应力水平较高，则会产生地应力的突然或快速释放，出现岩爆、松弛等高地应力破坏。

10.1.2.2　地下洞室的基本要求

地下洞室的工程地质问题，主要是洞室的围岩稳定及进出口边坡的稳定。洞室位置、轴线方向及进出口的基本地质要求见表 10.1。

表 10.1　地下洞室的基本地质要求

项目	基本地质要求
洞室位置	（1）地形完整，尽量避开沟谷等低洼地形，洞室围岩应有足够埋深； （2）岩体完整，构造简单，尽量避开软弱、易膨胀、易溶解、岩溶发育的岩层和严重破碎等不良地段； （3）尽可能避开规模较大的断层、活动断裂及褶皱轴部等构造部位； （4）尽量避开地下水丰富的含水带和可能大量涌水的汇（集）水构造； （5）尽可能避开谷坡应力释放降低带和应力集中增高带，洞室宜位于应力正常带内； （6）避开含有害气体、高放射性元素环境及有用矿产
轴线方向	（1）地质结构面发育又处于低地应力区时，轴线一般应与层面、断层主要节理等主要结构面，岩溶发育带相垂直或有较大的夹角； （2）当处于高或较高地应力区时，轴线尽可能与最大主应力方向呈小角度相交

10.1.2.3　岩溶区地下厂房布置原则

地下厂房位置和轴向选择直接关系到它的运行条件、围岩稳定性、支护型式及施工安全，也是影响地下厂房工程量及其造价的主要因素，甚至关系到工程的成败。而在岩溶水文地质条件地下洞室的布置，应从基本的地形地质条件入手，要求地形完整雄厚稳定，岩石坚硬完整和地质构造简单的有利条件。同时应了解沿线岩溶地貌特征、地表及地下水的径流和补排关系、岩溶发育特点，使洞室尽量避开强岩溶含水层地层，大范围的溶蚀破碎透水带及可溶岩汇水构造地段。主要考虑以下原则：

（1）岩溶区地下洞室总体布置除了满足工程结构需要之外，为减少岩溶对洞室稳定的影响，首先应选择岩溶发育程度低的区段，如引水隧洞宜布置在地下水的径流区，尽量远离岩溶水的排泄区，因为排泄区岩溶洞穴一般规模较大，地下水活动强烈，施工涌水量也大。

（2）应避开岩溶发育密集带、大溶洞与地下暗河，长线洞室无法避开时，也应以大角度穿过。

（3）地下洞室与岩溶洞穴的距离一般应大于2.5倍洞室跨度。

锦屏二级水电站的发电厂房采用地下厂房形式，根据咨询意见和进一步的勘察研究，设计共拟定两个方案进行比选，方案一为三洞室方案，方案二为二洞室（取消尾调室）方案。方案一为三洞室布置方案，以主厂房［344.4m×25.8m×68.7m（含副厂房及装配场）］、主变室（314.95m×19.8m×33.0m）、尾调洞（230×15m×66.6m）为主体的洞室群。主厂房轴线位于 PD_2 洞295m处，按N50°E平行布置，底板高程约1292.10m，顶拱高程1364.30m，上覆岩体厚度为297～464m；主变洞与厂房平行排列，位于厂房东侧，顶拱高程1367.80m，两洞室间岩墙厚45m，尾调洞平行布置于主变洞的东侧，顶拱高程1372.00m，两洞室间岩墙厚36m。方案二采用地下厂房的布置形式，拟采用二洞室（取消尾调室）的布置方案，由主厂房（344.4m×25.8m×68.7m）、主变室（314.95m×19.8m×33.0m）构成的主体洞室群。主厂房轴线位于 PD_2 洞243.8m处，按N35°E平行布置，底板高程约1292.10m，顶拱高程1364.30m，上覆岩体厚度为231～292m；主变洞与厂房平行排列，位于厂房外侧，顶拱高程1367.80m，两洞室间岩墙厚45m。

根据工程地质条件调查及评价，两个地下厂房方案均具备修建大跨度地下洞室的工程地质条件。但两个方案在地层岩性、地质构造、地应力、水文地质条件和围岩稳定性等方面有差异，其主要工程地质条件及比较列于表10.2。

表 10.2　方案一、方案二地下厂房工程地质条件比较表

地下厂房方案 项目	方案一	方案二
地层岩性特征	主厂房、主变室为 T_2y^{5-1} 和 T_2y^{5-2} 中厚层大理岩，岩石微风化-新鲜，岩体较完整-完整。地下厂房上覆岩体厚度为297～464m。尾调室主要为 T_2y^{5-1} 地层，少部分（约17%）为 T_2y^4 地层	主厂房通过地层主要为 T_2y^{5-1} 中厚层大理岩，部分（约23%）位于 T_2y^4 中薄层条带状云母大理岩。岩石微风化，岩体较完整-完整性差。地下厂房上覆岩体厚度为231～327m。主变室为 T_2y^4 地层

续表

地下厂房方案 项目	方案一	方案二
地质构造特征	厂房地段主要发育一些小型断层、破碎带，共揭露 29 条小断层。其中一条 f_7 为 II 类结构面，III-1 及 III-2 类结构面各发育有 9 条、19 条，其中以近 EW 向为主，占 66.7%，其次为 NW 向及近 SN 向，均占 13.3%，NE 向少，仅占 6.7%；并以陡倾角为主，占 88.5%，中、缓倾角仅分别占 10.0%、3.3%；断层性质以逆断层为主，少量平移断层。它们的总体特征是：断层宽度大多在 50cm 以内，宽度为 0~50cm 的占 96.3%，长度一般在数百米以内。裂隙较发育-发育，以高倾角裂隙为主，少量缓倾角，闭合-微张，充填钙质，少量铁锰质渲染。体积裂隙数一般为 5~10 条/m^3，少量≥少量条/m^3	厂房地段断层构造较发育，主要为 24 条小型断层（以 III-1、III-2 类结构面为主），其中 III-1、III-2 类结构面断层各发育有 11 条和 13 条，按走向可分为近 SN、NE、NW、近 EW 向四组，主要走向为近 EW 向，占 58.3%，其次为 SN 向，占 20.8%，NW 向及 NE 向各占 16.7% 及 4.2%。并以陡倾角为主，占 83.3%，中倾角次之，占 16.7%。断层性质以逆断层为主，少量平移断层。它们的总体特征是：断层宽度均在 0.5m 以内，长度一般在 200m 以内。裂隙发育，局部密集发育，长大缓倾结构面发育，体积裂隙数一般为 10~15 条/m^3，少量≥20 条/m^3。以高倾角裂隙为主，缓倾角裂隙次之，大多闭合-张开，充填铁锰质、钙质及少量泥质
水文地质条件	T_2y^5 大理岩属强富水性地层，深部岩溶微弱，地下水类型属溶隙-裂隙水，地下水较丰富，现厂支 1 洞总水量达 80~230L/s，具有承压性，少数无压。出水量较大的出水点主要沿 N0°~35°E，NW（SE）∠70°~85° 高倾角裂隙及 N60°~90°W，SW∠20°~25° 缓倾角裂隙涌出，另外 N10°~35°E，SE∠10°~25° 的缓倾角裂隙涌水量也较大。沿前两组裂隙的地下水仅在 PD_2 及厂支 1 洞涌出的水量就达 89.5L/s，占厂房区水量的 75%。预测地下厂房总涌水量可达 0.5m^3/s 以上，汛期最大涌水量可达 0.7m^3/s	T_2y^4 大理岩属弱富水层，据平洞资料统计，厂房洞段大多干燥，仅有少量渗滴水。地下水类型为裂隙水或溶隙-裂隙水，T_2y^{5-1} 大理岩属强富水性地层，地下水较丰富，深部岩溶微弱，地下水类型属溶隙-裂隙水，据厂支 2 资料表明，T_2y^{5-1} 洞段洞顶普遍渗滴水，沿 N45°W，NE∠75° 的断层带出现两处涌水，但水量不大，DK32 在 3m 处也出现涌水，无压力，可以预测在地下厂房开挖过程中将会出现涌水，但水量不大。预测地下厂房区总涌水量可达 0.15m^3/s 左右，汛期时可达 0.2m^3/s

从表 10.2 可以看出，两个地下厂房方案均具备修建大跨度地下洞室的工程地质条件，但两个方案均具有不同的优缺点，详细分述见表 10.3。

表 10.3　地下厂房方案一、方案二优缺点

地下厂房方案	方案一	方案二
优点	(1) 主厂房、主变室岩性为 T_2y^5 中厚层大理岩，岩体微风化–新鲜，岩体较完整–完整，岩石单轴湿抗压强度为 73~85MPa，岩质坚硬 (2) 围岩以Ⅲ–Ⅱ类为主，围岩质量较好，洞室基本稳定	(1) 主厂房在方案一基础上向山外移后，洞室群位于 T_2y^4 条带状云母大理岩和 T_2y^{5-1} 中厚层细晶大理岩内，厂支 2 和厂支 3 探洞均表明，地下水不发育，说明该方案的岩溶裂隙涌水已得到改善 (2) 地应力最大主应力量级一般为 10.6~16.8MPa，方向为 S43.1°E，属中等地应力量级。由于厂房轴线与地应力方向的夹角大，地应力量级的降低对厂房的高边墙稳定相对有利 (3) 上游引水调压室及高压竖井避开了 f_7 断层的影响
缺点	(1) 厂房区段属于第Ⅲ水文地质单元的第一出水段，岩性为强富水层，地下水丰富，施工时将不可避免地遭遇网状导水系统中的导水裂隙，遇到不同程度的涌水，地下水问题突出 (2) f_{29}、f_{41} 等高倾角断层与主厂房小角度相交，对厂房顶拱、边墙的稳定不利 (3) 该方案地应力量级为 10.1~22.9MPa，方向为 S11°~72°E，平均为 S47.4°E，属中高地应力量级。厂房轴线与地应力的夹角大，局部有轻微–中等岩爆，对厂房的高边墙稳定问题相对突出 (4) 上游引水调压室及高压竖井受 f_7 断层影响较大，围岩类别较差；若上游引水调压室及高压竖井避开 f_7 断层，则厂房北端将遭遇规模较大的 f_{17} 断层 (5) 尾调室规模大（230m×15m×56.6m），其位置与方案二基本相同，存在结构面发育和围岩类别相对较差的缺点	(1) 围岩以Ⅲ类为主，围岩质量较方案一差 (2) 厂区发育的结构面相对较多，主要 6 组结构面，且以 NWW—NEE 向缓倾角节理较发育，体积裂隙数达到 10~15 条/m³，特别是长大缓倾的结构面比方案一发育，对洞室围岩稳定不利。f_{65} 断层分布内边墙的西南侧，与厂房轴线呈小角度相交，并将在内边墙下部出露，其与顺层裂隙及其他结构面之间的的相互组合的不稳定块体，对边墙的稳定不利 (3) 主变室位于 T_2y^4 条带状云母大理岩内，其饱和单轴抗压强度为 56~74MPa，虽然该岩体仍不失为较好的岩体，但相对 T_2y^5 地层略差；而且 f_{16}、f_{24} 等断层与主变室轴线小角度相交，对洞室稳定不利

从地层岩性角度分析，方案一优于方案二；在地质构造特征上，两方案相近，方案一洞室群范围大，断层较多；方案二长大的中缓倾角裂隙较方案一发育。但从水文地质条件分析，据长探洞及钻孔揭示，方案二中厂房区无大的岩溶管道发育，以溶蚀裂隙发育为主，岩溶总体不发育。方案二中主厂房在方案一基础上向山外移后，洞室群位于 T_2y^4 条带状云母大理岩和 T_2y^{5-1} 中厚层细晶大理岩内，厂支 2 和厂支 3 探洞均表明，地下水不发育，说明该方案的岩溶裂隙涌水已得到改善。且方案二预测地下厂房区总涌水量可达 0.15m³/s 左右，汛期时可达 0.2m³/s；仅为方案一中总涌水量的 30%、28.6%。

综合比较，对于主厂房而言，方案一和方案二各有优缺点，方案一略优于方案二。而对洞室群而言，方案二由于减少了一个大型洞室，洞室群之间的围岩影响减少，且主厂房和主变室以Ⅲ类围岩为主，仍具有成洞条件，且减少了高地应力的影响。同时，该方案充分避免或降低了岩溶水文地质条件下岩溶裂隙水对洞室稳定的影响，虽然该方案围岩条件

相对较差，但可通过支护手段加以解决。

10.1.3　对工程施工的影响

　　岩溶区地下洞室的涌水（包括涌泥）条件，首先取决于建筑物区岩体的岩溶发育特征。岩体的储水能力和导水能力，都随着岩溶的发育而增强。岩溶水分布的不均一性、方向性和集中程度，较之裂隙水更甚，因此岩溶区地下洞室或基坑的涌水条件与裂隙、孔隙介质相比有明显差异，其较突出的特点是流量大、压力高，具有突发性、季节性和不稳定性。涌水严重威胁着施工过程中施工人员、设备的安全，此外，涌水不同程度地影响着工程的施工进度。各深埋隧洞开挖掘进施工进度如图 10.1～图 10.12 所示，其中标深色的为涌水对施工进度有影响的情况。

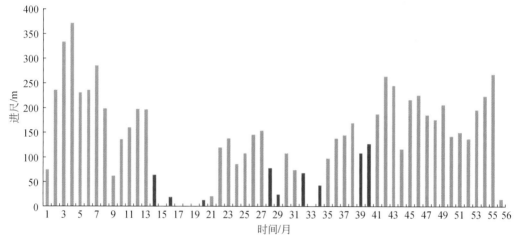

图 10.1　A 线辅助洞（东端）开挖掘进施工进度柱状图

第 1 月为 2003 年 10～12 月累计进尺，其余为每月进尺；第 15、17～19、33 月在涌水影响下施工进尺为 0

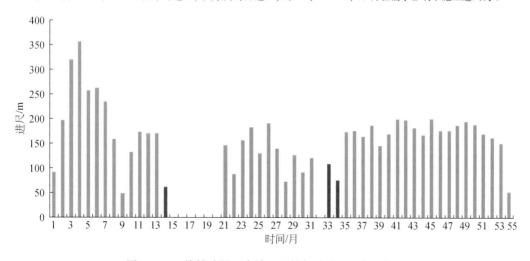

图 10.2　B 线辅助洞（东端）开挖掘进施工进度柱状图

第 1 月为 2003 年 10～12 月累计进尺，其余为每月进尺；第 15～20、32 月在涌水影响下施工进尺为 0

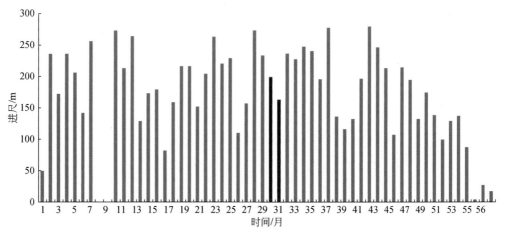

图 10.3　A 线辅助洞（西端）开挖掘进施工进度柱状图

图中未表示 2003 年前期施工进度；第 8、9 月在涌水影响下施工进尺为 0

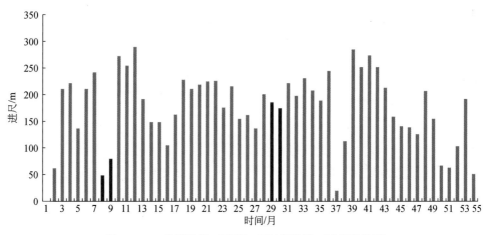

图 10.4　B 线辅助洞（西端）开挖掘进施工进度柱状图

图中未表示 2003 年前期施工进度

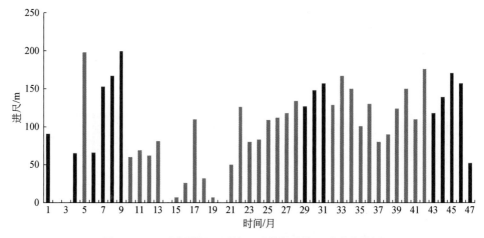

图 10.5　1#引水隧洞（西端）开挖掘进施工进度柱状图

第 1 月为 2007 年 8 月，其余为每月进尺；第 3、4 月在涌水影响下施工进尺为 0

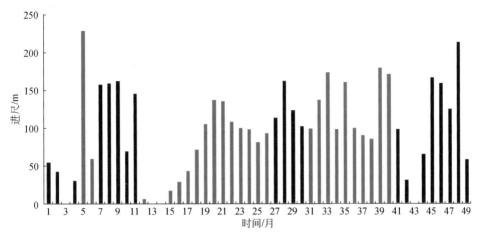

图 10.6　2#引水隧洞（西端）开挖掘进施工进度柱状图

第 1 月为 2007 年 8 月。其余为每月进尺；第 3、43 月在涌水影响下施工进尺为 0

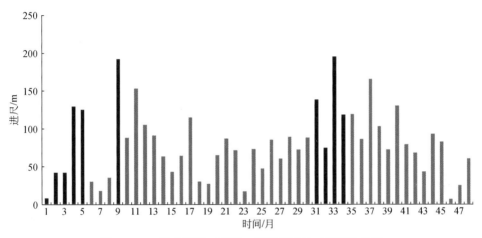

图 10.7　3#引水隧洞（西端）开挖掘进施工进度柱状图

第 1 月为 2007 年 8 月，其余为每月进尺

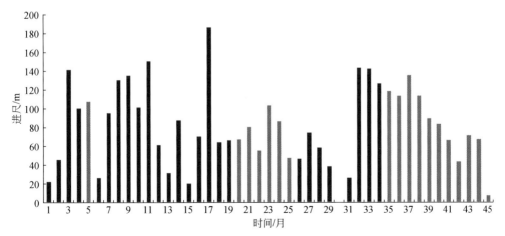

图 10.8　4#引水隧洞（西端）开挖掘进施工进度柱状图

第 1 月为 2007 年 8 月，其余为每月进尺；第 30 月在涌水影响下施工进尺为 0

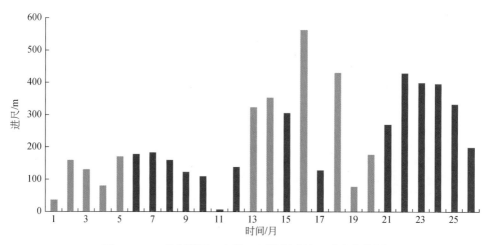

图 10.9　1#引水隧洞（东端）开挖掘进施工进度柱状图

第 1 月为 2008 年 11 月，其余为每月进尺

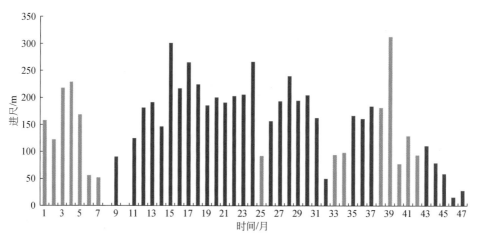

图 10.10　2#引水隧洞（东端）开挖掘进施工进度柱状图

第 1 月为 2007 年 7 月，其余为每月进尺；第 10 月在涌水影响下施工进尺为 0

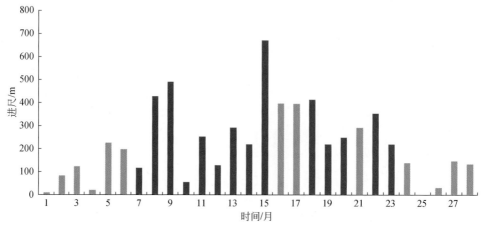

图 10.11　3#引水隧洞（东端）开挖掘进施工进度柱状图

第 1 月为 2008 年 11 月，其余为每月进尺

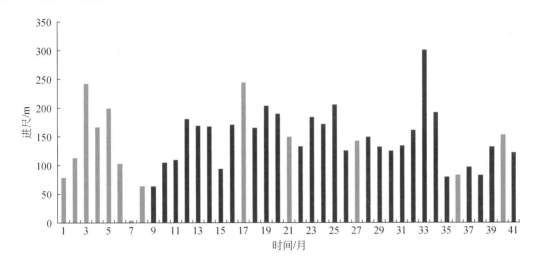

图 10.12　4#引水隧洞（东端）开挖掘进施工进度柱状图

第 1 月为 2007 年 8 月，其余为每月进尺

以辅助洞为例，进一步说明涌水对施工的影响。

1）东端施工进度

2005 年 1 月 8 日，B 线辅助洞 BK14+888 遭遇高压突涌水。2005 年 3 月 30 日，A 线辅助洞 AK14+762 发生集中大流量突涌水，工程施工严重受阻。2005 年 1~7 月，A、B 线辅助洞都在进行地下水处理施工，掌子面（除 B 绕行洞和 4-1#横通道掌子面外）基本处于停工状态，直至 7 月底当 B 绕洞成功绕过富水带后才恢复了主洞的掘进。2005 年全年 A 线辅助洞掘进 568m，B 线辅助洞掘进 775m。

2006 年 3 月 15 日 A 线辅助洞 AK13+878 发生大流量集中突涌水，瞬间出水量约 2.7m³/s，致使 A 线辅助洞全断面过流，部分施工设备被淹没。但由于受地下涌水及施工队伍士气的影响，洞内爆破、出渣、排水、通风等工作不顺，极限故障频繁，施工进度不理想。

2006 年 7 月 18 日，AK13+520 揭露集中大流量地下涌水，瞬间出水量约 1.26m³/s，在保 B 线辅助洞和 A 线辅助洞掌子面能够继续掘进的原则下，采用 A 线辅助洞全断面过流，采用在涌水点前方从 B 线辅助洞增设 7-2#横通道，采用反向、正向开挖富水洞段，富水带贯通后该段瞬时最大涌水量约 3.0m³/s。

2007 年 A 线辅助洞 7-2#横通道—4#横通道段全断面过水，B 线辅助洞作为施工主要运输通道，受运输能力限制，停工等待出渣现象频繁，也造成了对开挖进度影响。

2008 年 1 月 A 线辅助洞 AK10+744 ~ AK10+691 遭遇涌泥带。

2）西端施工进度

2004 年 7 月 23 日 ~ 9 月 24 日 AK1+117 超前灌浆，B 线在 BK1+095、BK1+118.5 的灌浆封堵，BK1+135 涌水及 BK0+542 ~ BK0+564 坍塌处理等是影响进度的主要原因。2004 年 A 线辅助洞开挖 1922m，B 线辅助洞开挖 2003m，2004 年 A 线月平均进尺 160.17m，B 线月平均进尺 166.92m。

2006 年 1 月进入 F_5 断层影响带施工，施工进度缓慢，2 月中旬西端辅助洞进入白山组大理岩地层施工。在施工组织中按"先探后掘"的指导方针组织掘进，并采用了孔内雷达和电法及结合表面雷达、TSP、钻探法等多种预报技术，对正常开挖造成一定影响。随着地下水的揭露，2006 年 5 月底，洞内地下水总量大于 $2.8\mathrm{m}^3/\mathrm{s}$，水沟过流能力已不满足排水需要，大部分水从路面排泄，在一定程度上影响了出渣运输工作。2006 年 9 月 30 日~10 月 6 日在 B 线辅助洞 BK6+090~BK6+106 遇强岩爆对施工影响较大。2006 年 A 线辅助洞掘进 2627m，B 洞掘进 2447m，2006 年 A 线月平均进尺 218.92m，B 线月平均进尺 203.93m。

10.1.4　对水工结构的影响

10.1.4.1　岩溶发育对引水隧洞围岩稳定性的影响

岩溶区地下洞室围岩稳定性与非岩溶区的不同之处主要在于需要考虑洞穴、充填物及岩溶集中管道水对围岩稳定的影响。具体影响分析如下：

（1）考虑到岩溶区洞穴的存在，对围岩稳定可能会产生一定的影响，因此在岩溶地下洞室围岩分类时，根据不同情况可采用常规围岩加岩溶影响修正的方法。对无洞穴或小型洞穴周边完整、无充填、无水者，可不考虑岩溶对围岩稳定的影响，按常规围岩对待，对 1.5 倍洞径以外的岩溶洞穴影响可不予考虑；对无充填中型洞穴，可适当降低围岩类别；对有充填洞穴，除小型者外，一般按充填物性状、强度等确定围岩类别；对大型溶洞、集中涌水点，均作为特殊岩溶洞段专门处理；对溶隙、溶蚀破碎带、溶蚀断层带、溶蚀破裂岩体等，按其性状单独分类并适当降低围岩类别。

（2）由于洞穴充填物多是后期洞壁围岩垮塌，水流携带物沉积等所形成的近期充填物，成分复杂、块体大小不一、含水量高和无胶结的特性，围岩类别为Ⅴ类，在隧洞开挖形成临空面后，除极少数已停止发育的干燥溶洞充填物能暂时性稳定外，绝大多数情况下其充填物无自稳能力，必须采取完善的支护处理措施，并且在一期支护时，对作用在支护结构上的压力应有充分估计。

（3）位于地下水位之上的地下洞室除汛期集中涌水段外，可不计岩溶水的作用。地下水位以下洞段则需考虑岩溶水的作用：①稳定分析中需考虑围岩岩土体渗透压力的作用；②管道水在高水头作用下可将单薄围岩劈裂、击穿，需实测其水头压力作为设计外水压力设计参数。

雅砻江大河湾锦屏二级水电站主要是通过深埋长隧洞引水进行发电，引水隧洞及高压管道围岩大部分位于白山组大理岩和盐塘组 T_{2y}^5 大理岩，此岩性有利于岩溶发育，是工程区岩溶发育较强的区域。本区以磨房沟泉和老庄子泉为排泄基准面。在天然状态下，老庄子泉和磨房沟泉在干海子一带存在一个较为明显的分水岭地带，该处地下水呈辐射状排向两个大泉和顺坡沿大江谷坡排向雅砻江。根据勘探洞平洞的探测资料和观测统计资料，可得出此区域存在较大的储水构造区。隧洞所在区域内地形地质条件复杂、地下水活跃，深埋长隧洞将不可避免地遇到高地应力和高外水压力等工程问题。有些洞段岩溶形态主要为溶蚀裂隙；岩溶主要沿近 EW 向及近 SN 向的陡倾角结构面发育，且多垂直向发育为主，岩溶内大多无充填物，或局部有少量充填物，且岩溶周边岩体破碎-较破碎，围岩稳定性差，易坍塌，需在施工期进行加强支护。有时需要对溶洞和溶蚀宽缝进行回填，并加强支护，局部需要灌浆处理；由于引水隧洞很长的特点，有时上游水位可能波动比较大，对于其围岩要求稳定性高及围岩渗透性也高，为了避免内水外渗，所以应加强洞段的防渗处理。

锦屏深埋引水隧洞上面存在深厚的含水层，如白山组含水层，再加上该地区岩溶发育多顺层面发育，隧洞穿越断层接触面时，很容易发生涌水和突泥现象。近 EW 向和 NNE 向结构面是工程区内地下水活动的重要通道，是引水隧洞可能突水的部位，当引水隧洞由弱可溶岩进入强可溶岩的边界部位时，也可能发生涌水，大水沟长探洞内造成突水灾害的主要导水构造多数集中发育在向斜一翼，因此进入向斜一翼时可能发生涌水和突泥。引水隧洞在高程 1600m 左右穿越锦屏山，最大埋深达 2525m，且多数洞段为可溶岩，其岩溶发育程度对围岩稳定产生了较大影响。

10.1.4.2 地下水对引水隧洞围岩稳定性的影响

地下水的存在和活动也是影响围岩稳定的重要因素，它在洞周产生的力学、物理和化学作用会使围岩稳定性趋于恶化。通常，地下水可以降低围岩的强度，尤其是降低软岩强度的作用更明显，大型地下洞室软弱围岩和断层破碎带的垮塌与破坏通常伴随着地下水的发育。这一方面是因为软弱围岩或断层带是地下水发育的优势通道，另一方面是因为地下水使得软弱围岩或断层带的力学强度进一步降低；故洞室开挖卸荷下这类富水围岩通常容易发生局部垮塌并导致工程危害。总的来看，在锦屏二级水电站地下洞室群开挖过程中，雨季发生的局部围岩垮落现象相对较多而且很多不良地层的垮塌都出露较丰富的地下水。例如，在辅助洞开挖过程中，集中涌水段外水压力达到 5～6MPa，辅助洞西端在施工过程中遭遇多次集中涌水。根据三维渗流场分析，在天然状态下 I 单元白山组大理岩分布区地下水面平缓近似水平，埋藏较深，压力水头在 1000m 左右，尚需考虑雨季引起短时外水压力升高问题，如此高的外水压力对隧洞围岩和衬砌的稳定十分不利。虽然在地下厂房修建前勘探洞排出了大量赋存在岩体中的地下水，而且洞室群开挖前都进行了较系统的排水廊道开挖和隔水帷幕，但是局部不良地层中储存丰富的地下水仍无法避免。因此，保持地下厂房围岩不出现滴水或渗水，并在可见的不良岩层或断层区增加排水孔也是预防其发生滑塌或破坏的重要措施。

在深埋隧道中，由于隧道通过的地段地质条件复杂，揭露的水文地质单元多，水源补给量充足，所以其涌水具有两个重要特点：一是涌水量大，二是水头压力高。隧道的开挖，使地下水的排泄有了新的通道，破坏了原有的补径排循环系统的平衡，加速了径流循环，也加剧了地下水对岩体的改造作用。对于深埋隧道来说，由于水头压力高，这种力学改造作用尤为显著。地下水的力学改造作用有静水压力作用和动水压力作用，这两种水力作用都能使岩体发生水力劈裂，使裂隙的连通性增加，张开度增大，从而增加渗透能力。除此之外，动水压力作用还能使裂隙面上的充填物发生变形和位移，尤其是剪切变形和位移，由此导致裂隙的再扩展。

雅砻江锦屏二级水电站厂址长探洞导水裂缝的扩展就是水力劈裂的实例。在涌水点附近可观察到隧洞开挖之前的导水裂缝的缝壁上常常被锈染呈黄褐色，而 PD_2 在 2848.5m 和 3580m 大型突水点附近还能观察到导水裂缝末端没有锈染痕迹，这显然是隧洞开挖之后地下水水力劈裂作用使原来的导水裂缝扩展的结果。这种裂缝集中于突水点附近，显张性、网状交织，受构造裂隙影响而具有一定方向性。上述现象表明，水力劈裂作用实际上是在高水头压力作用下，岩体断续裂隙（或孔隙）发生扩展，裂隙（或孔隙）相互贯通后再进一步张开所致。研究表明，深埋隧道工程施工中，不良的水文地质结构可能会在隧道周围产生高水头压力的环境，这类高水头压力可能导致隧道围岩中断续延伸结构面的劈裂，进而相互贯通，成为地下水的集中涌出通道，其表现形式即为高压突水。在高水头压力作用下，裂隙的劈裂多表现为 II 型裂纹的断裂扩展。研究结果给出了判断裂隙劈裂的临界水头压力计算判据；同时，还给出了裂隙压裂后，其张开度变化的计算公式，从而为涌水量的评价提供了基础。

　　然而，在高外水压力条件下，围岩稳定性不仅受外水压力大小的影响，还与隧洞边缘与富水带的距离——防突层厚度 h 有关。当防突层厚度较大时，由于防突层抑制了因裂隙闭合产生的围岩松动破坏的继续发展，也抑制了地下水的突然涌出。孙广忠把洞室与含水构造之间的岩体称为防突层，也就是防止突水的隔水层。并给出了防突层厚度 h 与突水时的极限水头高度 H 之间的关系：

$$h = 0.5D \left(\gamma_w H / \sigma_t \right)^{1/2} \tag{10.1}$$

式中，D 为洞径；γ_w 为水的容重；σ_t 为岩石的抗拉强度。

10.2　地下洞室群岩溶特征及工程处理

10.2.1　洞室开挖揭露岩溶发育特征

　　锦屏二级水电站引水发电系统由进水口、引水隧洞、上游调压室、高压管道、地下厂房、主变室、尾水出口事故闸门室及尾水隧洞等建筑物组成，采用 4 洞 8 机布置形式。引水发电系统从西雅砻江到东雅砻江分别穿越下三叠统绿泥石片岩和变质中细砂岩（T_1）、杂谷脑组大理岩（T_2z），上三叠统砂板岩（T_3）、白山组大理岩（T_2b）、盐塘组大理岩（T_2y）等地层。岩层陡倾，其走向与主构造线方向一致。西部的杂谷脑组大理岩（T_2z）、中部的白山组大理岩（T_2b）、东端的盐塘组大理岩（T_2y），都是有利于岩溶发育的岩石，且引水系统穿越地层的岩溶发育也主要集中在这三个岩层分布区。现主要就这三个区阐述引水系统岩溶的发育规律。

　　前期勘查结果表明，引水隧洞线路区岩溶发育程度总体微弱，不存在层状的岩溶系统，东部盐塘组地层岩溶形态为溶蚀型，在隧洞线高程为中小溶隙介质。厂址区深部岩溶不发育，仅见沿裂隙面溶蚀迹象，偶见小型溶蚀孔洞和溶蚀槽。其含水层类型以强富水层（T_2y^5）和弱富水层（T_2y^4、T_2y^6）为主，岩溶裂隙水丰富，地下水自南向北补给。

　　在锦屏二级水电站各工作面陆续施工后，在施工排水洞、引水隧洞、高压竖井、高压管道下平段部位均揭露出不同规模和形态的岩溶现象。例如，引水隧洞 3#、4# 桩号 0+300

一带先后揭露出大溶洞，引水隧洞 1–2#桩号 1+500 一带也发育有规模较大的岩溶形态；3#上游调压室底部隧洞开挖过程中揭露一沿缓倾角裂隙破碎带发育的溶洞，8#高压管道竖井反井钻机导孔开挖在钻进过程中遇到岩溶宽缝，8#高压管道下平洞在向上游侧开挖过程中遭遇竖直发育溶蚀管道。

10.2.1.1　岩溶形态

1）杂谷脑组

引水隧洞西端岩溶主要发育于杂谷脑组（T_2z）大理岩地层中，集中发育于引水隧洞桩号 0+250 ~ 0+450、1+435 ~ 1+535 两个洞段。其余洞段偶见发育小型溶洞或溶蚀裂隙，所揭露的岩溶形态一般均以近垂直的为主。引水隧洞西端洞段岩溶发育程度一般较弱，前期进水口勘察中仅在各平洞及钻孔内偶见沿溶蚀裂隙发育的小溶孔，西引 1#、2#施工支洞及闸门井交通洞内也很少看到岩溶发育迹象，岩溶发育主要集中于引水隧洞近岸坡的局部洞段，深部岩溶局部较发育。在各洞室施工过程中揭露出规模不一的溶洞，最大一个轴长达 48m，通过对这些岩溶进行统计，统计结果见表 10.4。引水隧洞西端杂谷脑组大理岩内共揭露出大小不等的岩溶形态 278 个，形态以不规则的亚圆形为主，充填情况不一，其中直径大于 10m 的大型溶洞有 5 个，占总数的 1.8%；中型溶洞（直径 5 ~ 10m）有 7 个，占总数的 2.52%；小型溶洞（直径 0.5 ~ 5m）有 68 个，占总数的 24.46%；溶蚀宽缝（宽 0.5 ~ 2.5m）11 条，占总数的 3.96%；溶穴（直径 0.1 ~ 0.5m）156 条，占总数的 56.12%；溶孔（<0.1m）31 条，占总数的 11.15%。

表 10.4　西端杂谷脑组大理岩岩溶形态统计表

岩溶形态		溶洞			溶蚀宽缝	溶蚀裂隙		合计
		大型	中型	小型		溶穴	溶孔	
直径（宽度）/m		>10	5 ~ 10	0.5 ~ 5	0.5 ~ 2.5	0.1 ~ 0.5	<0.1	
个数	1#引水隧洞	1	1	10	1	65	15	93
	2#引水隧洞		3	26	4	22	4	59
	3#引水隧洞	3	2	24	1	48	9	87
	4#引水隧洞	1				12		13
	2#、3#间		1	8	5	4		18
	JPD_1					3		3
	JPD_9					2	3	5
合计/个		5	7	68	11	156	31	278
百分比/%		1.80	2.52	24.46	3.96	56.12	11.15	100

2）白山组

根据开挖所揭露的岩溶现象统计分析，中部白山组大理岩岩溶总体发育微弱，仅局部岩溶集中发育，如 5+880 岩溶区（最为发育）、12+100 ~ 12+300 强烈溶蚀条带区、9+040 ~ 9+060（2#洞）、11+393 ~ 11+400（3#洞）等部位。4 条引水隧洞岩溶形态统计结果见表 10.5。

表 10.5　引水隧洞中部 4 条引水隧洞岩溶形态数量统计表

岩溶形态		溶洞			溶蚀宽缝	溶蚀裂隙		合计
		大型	中型	小型		溶穴	溶孔	
直径（宽度）/m		>10	5~10	0.5~5	0.5~2.5	0.1~0.5	<0.1	
个数	1#引水隧洞	0	2	6	7	55	296	366
	2#引水隧洞	0	1	1	3	41	103	148
	3#引水隧洞	0	1	7	2	7	228	245
	4#引水隧洞	0	0	0	2	30	66	98
合计/个		0	4	14	14	133	693	858
百分比/%		0	0.47	1.63	1.63	15.50	80.77	100.00

4 条引水隧洞中部白山组共揭露出 858 个岩溶，以溶蚀裂隙为主，占岩溶总数量的 96.27%；无发育大型溶洞；中型溶洞 4 个，占总数的 0.47%；小型溶洞 14 个，占总数的 1.63%；溶蚀宽缝 14 个，占总数的 1.63%。另外除了局部集中发育溶洞、溶蚀宽缝等岩溶形态外，在桩号 12+110~12+335 洞段 4 条引水隧洞均发育了强烈溶蚀洞段，围岩工程性状较差，其特征为围岩溶蚀条带发育，宽度以 10~30cm 为主，局部可达 60cm，主要沿 NNW—NNE 向和 NEE—NWW 向两组结构面发育，带内岩石遭受强烈溶蚀作用，钙镁等矿物溶滤流失，残留其他低溶解度的矿物成分，因此形成很多微细小孔洞，并且造成岩石破碎，强度偏低，局部甚至呈粉末状。

3）盐塘组

从引水发电系统东端各洞室在盐塘组共揭露出大小不等的岩溶形态 1057 个（表 10.6），以小型溶洞、溶蚀宽缝、溶穴和溶孔为主；且大多以近垂直的岩溶管道为主，形态以不规则的亚圆形为主，充填情况不一。其中，大型溶洞（>10m）2 个，占 0.18%，中型溶洞（直径 5~10m）6 个，仅占总数的 0.57%；小型溶洞（直径 0.5~5m）52 个，占总数的 4.92%；溶蚀宽缝（宽 0.5~2.5m）33 个，占总数的 3.12%；溶穴（直径 0.1~0.5m）229 个，占总数的 21.67%；溶孔（<0.1m）735 个，占总数的 69.54%。

表 10.6　引水发电系统东端盐塘组岩溶形态数量统计表

岩溶形态	溶洞			溶蚀宽缝	溶蚀裂隙		合计
	大型	中型	小型		溶穴	溶孔	
直径（宽度）/m	>10	5~10	0.5~5	0.5~2.5	0.1~0.5	<0.1	
合计/个	2	6	52	33	229	735	1057
百分比/%	0.18	0.57	4.92	3.12	21.67	69.54	100

10.2.1.2　岩溶发育程度分区

引水隧洞西端杂谷脑组、中部白山组、东端盐塘组三套大理岩地层岩溶发育特征有明显区别。中部白山组以强烈溶蚀带为特点，西端和东端近岸坡则以集中岩溶发育区为特点，其中西端近岸坡在平面上划分了 5 个区（图 10.13，其中 3 个岩溶集中发育区），东端近岸坡在平面上划分了 7 个岩溶集中发育区（图 10.14），隧洞沿线各岩溶分区情况见表 10.7。

表 10.7　隧洞沿线岩溶分区情况表

分区	洞室 桩号 埋深	1#引水隧洞	2#引水隧洞	3#引水隧洞	4#引水隧洞
西端近岸坡	Ⅰ区	0 ~ 0+378/0 ~ 703	0 ~ 0+350/0 ~ 617	0 ~ 0+275/0 ~ 498	0 ~ 0+250/0 ~ 394
	Ⅱ区	0+378 ~ 0+435 /703 ~ 695	0+350 ~ 0+398 /617 ~ 614	0+275 ~ 0+374 /498 ~ 537	0+250 ~ 0+365 /394 ~ 525
	Ⅲ区	0+435 ~ 0+802 /695 ~ 948	0+398 ~ 0+799 /614 ~ 1004	0+374 ~ 0+786 /537 ~ 984	0+365 ~ 0+773 /525 ~ 773
	Ⅳ区	1+480 ~ 1+534 /1441 ~ 1503	1+435 ~ 1+535 /1528 ~ 1592	1+442 ~ 1+530 /1577 ~ 1600	
	Ⅴ区	2+860 ~ 2+950 /1546 ~ 1562	2+800 ~ 2+925 /1609 ~ 1645	2+730 ~ 2+860 /1692 ~ 1670	2+640 ~ 2+805 /1675 ~ 1654
中部白山组	5+880	5+850 ~ 5+930 /2100 ~ 2130	5+860 ~ 6+015 /2100 ~ 2130		
	强烈溶蚀条带	12+112 ~ 12+247 /1998 ~ 2048	12+200 ~ 12+298 /2008 ~ 2010	12+265 – 12+335 /1948 ~ 1966	12+241 ~ 12+321 /1908 ~ 1948
东端 近岸坡	Ⅰ区	16+440 ~ 16+510 /430 ~ 474			
	Ⅱ区			16+500 ~ 16+677.4 /279 ~ 407	16+460 ~ 16+662.2 /270 ~ 420
	Ⅲ	施工排水洞：SK16+050 ~ 120/530 ~ 615			
	Ⅳ	施工排水洞：SK16+390 ~ 430/250 ~ 330			
	Ⅴ	东引 1 号施工支洞：S1K0+150 ~ 220/230 ~ 300			
	Ⅵ区	15+950 ~ 16+000 /811 ~ 858			
	Ⅶ区	15+730 ~ 15+800 /1041 ~ 1069			

1）杂谷脑组

引水隧洞西端杂谷脑组大理岩属于西部溶隙-裂隙散流型水文地质单元。根据碳酸盐岩的岩组划分、连续厚度、间互层组合及非可溶岩的分布情况，该区属于弱岩溶化区（Ⅳ区）。根据前期勘探资料及已开挖洞室所揭露的岩溶发育情况分析，可将西端杂谷脑组大理岩在平面上分为 5 个区（图 10.13、表 10.7）。

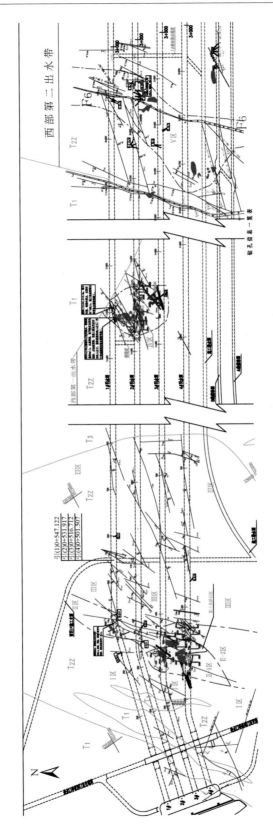

图10.13　引水隧洞西端杂谷脑组大理岩1630m高程岩溶分区图

Ⅰ区：近岸坡浅部，水平埋深 250~378m，垂直埋深 394~703m，大多位于 T_2z 地层内，部分位于 T_1 地层内，岩性以白色–肉红色大理岩为主，局部为灰色细晶致密大理岩，绿砂岩常以透镜体或团块形式出现于该层内。该区岩溶总体发育微弱，据钻孔、勘探平洞、施工支洞等均未揭露出溶洞，仅发育一些小规模的岩溶形态，如溶蚀裂隙。

Ⅱ区：岩溶发育于近岸坡中部一带，即引水隧洞桩号 0+250~0+450 洞段，其水平埋深 250~435m，垂直埋深 394~703m，均位于 T_2z 地层内，岩性以白色中粗晶大理岩为主，到 4#引水隧洞大溶洞南侧边墙一带为灰色细晶致密大理岩。岩溶发育主要集中在该区，主要沿 NE 向一组顺层破碎带上盘侧发育的一大型岩溶带，属近垂直型岩溶管道，带内发育大型溶洞、串珠状溶洞及溶隙、溶孔等，溶洞及溶隙内充填大量次生黄泥及岩块，溶洞内壁钙华及方解石，方解石最大厚度约 20cm，溶洞一般为干洞，个别溶洞内存有少量静态清水。

该区处于地下季节变动带内，在地下水及空气等共同作用下，岩溶相对较发育。根据Ⅱ区岩溶发育程度不同，可以划分为Ⅱ–1、Ⅱ–2 两个亚区。

Ⅱ–1 区：岩溶作用强烈，发育大、中型溶洞，分布于岩溶带边缘，位于 3#、4#引水隧洞西端，在 4#引水隧洞 0+250~0+330、3#引水隧洞 0+275~0+327 一带，以大、中型溶洞为特征，其溶蚀强度、深度均较大，揭露时均未出现较大涌水，洞内基本干燥，仅 3#洞中型溶洞内部可见少量静态清水（水深约 2m，水质清澈，水温 17.8℃）。溶洞壁一般钙华及方解石，方解石厚度一般在 10cm 左右，最厚可达 20~40cm，洞底部见较多溶洞堆积物，堆积物成分为碎块石和黏性土，黏性土为黄色，厚度从几厘米到几十厘米不等，一般沉积于钙华下，且 4#洞内的大型溶洞北侧壁黏性土与钙华呈层叠状交替出现。

Ⅱ–2 区：小型溶洞及溶蚀裂隙区，为Ⅱ–1 区以外的区域。该区分布于 4 条引水隧洞线，范围相对较大，溶蚀强度和深度相对较小，主要发育小型溶洞、溶蚀宽缝及溶蚀裂隙，溶洞及溶穴发育深度一般为孔深 15m（高程 1607.5m）以上，在 4#引水隧洞 0+295 左右最深，而在 3#引水隧洞 0+340 处深度达到 23.80m（高程 1598.7m）。根据 4#引水隧洞 ZK1、ZK2、ZK6、ZK7 几个钻孔揭示，溶蚀裂隙在孔底（33.15m）一带仍然较发育，岩心大多呈碎块状或粒状。溶洞壁大多钙华，洞内无充填或充填少量岩块及黄色泥质，局部见灰黑色细砂（ZK20 号孔孔深 17~23m 溶洞）。溶蚀宽缝主要沿 N55°~65°W，SW∠5°~15°发育在 1#引水隧洞 0+408~0+412 北边墙（3.5m×1.5m×0.5m）充填钙华、泥质，初始涌水量为 100~200L/s，股状涌水，水浑浊，呈黄色，夹大量泥质，后渐变清，水量变小，至 2007 年 11 月 9 日稳定流量为 1~2L/s。

Ⅲ区：该区水平埋深 435~820m（引水隧洞桩号 0+450~0+802 洞段），垂直埋深 525~1004m，均位于 T_2z 地层内，岩性为灰白色–灰黑色大理岩，局部夹绿砂岩或砂板岩透镜体。该区在一定程度上受到岩性的影响，因此岩溶发育甚微，以发育溶蚀裂隙为主。

Ⅳ区：水平埋深 1445~1534m，垂直埋深 1441~1592m，位于 T_2z 地层内，岩性以 T_2z 白色中粗晶大理岩为主，局部洞段夹灰白色–灰黑色大理岩或绿砂岩透镜体，中厚层块状。以岩溶集中发育为特征，如 1#、2#、3#引水隧洞，沿 N60°~80°W，NE∠70°~80°一组结构面发育一系列溶洞、岩溶管道及溶隙、溶孔等岩溶形态。其中引（1）1+487 南侧底脚沿溶蚀管道出现突涌水，初始瞬时涌水量约 3m³/s，同时携带较多灰黄色泥沙，随后逐步衰减，水也慢慢变清。水量基本稳定在 200L/s，水质变清，目前洞口已被洞渣填满，流量约 30L/s。

Ⅴ区：水平埋深 2640~2950m，垂直埋深 1546~1692m，岩性以 T_2z 白肉色–红色中粗晶大理岩为主，局部洞段夹深绿色绿砂岩条带或透镜体，中厚层块状。该区主要沿 F_6 断层及其影响带两侧发育多个小型溶洞、溶穴、溶孔等，主要分布于 1#、2#引水隧洞内，溶洞多充填碎块石和黄泥。

2）白山组

由于隧洞线高程，大理岩岩体深埋，由于地下水循环活动能力相对较弱，加上地下水温度低，水压力高，故白山组大理岩在低温高压（10℃，10MPa）条件下的溶蚀速率（19.971mm/ka）要低 2.5~4 倍（广西、湖南、云南、湖北等地区的溶蚀速率（C）达 51~85mm/ka）。另外，根据开挖揭露的溶蚀结构面情况分析，且岩溶总体微弱，局部集中发育，且以近垂直岩溶系统为主。

原可行性研究阶段勘察报告中的"白山组大理岩溶发育总体微弱，不存在层状的岩溶系统。在高程 2000m 以下，岩溶发育较弱并以垂直系统为主，深部岩溶以 NEE 向、NWW 向的构造节理及其交汇带被溶蚀扩大了的溶蚀裂隙为主"的结论得到进一步论证。

（1）引水隧洞 5+880 岩溶区

引水隧洞 5+880 岩溶区主要集中于 1#引水洞引（1）5+850~引（1）5+930 洞段、2#引水洞引（2）5+850~引（2）6+000 及 4#横向排水洞的 1#-2#引水洞间洞段范围。地面高程 3710~3740m，埋深 2100~2130m，岩性为白山组（T_2b）灰白色粗晶厚层状大理岩，该区结构面发育，无区域断层通过，共发育 10 条Ⅲ–2 结构面，且以 NWW—NW 向为主；裂隙主要发育 3 组：①N40°~60°W，NE∠65°~85°；②N20°E，NW∠65°~70°；③N50°~60°W，SW∠75°~80°。

洞段处于引水隧洞中部第五出水带核心部位，开挖揭示该洞段岩溶发育，地下水丰富，溶洞、岩溶管道、溶隙、溶孔等岩溶形态均有揭露，其中引（1）5+882.5 南侧内边墙发育宽 7~8m，长约 20m，高 8~15m 的中型溶洞，该洞段初始突涌水量为 3.37m³/s，同时携带较多灰色泥沙，随后逐步衰减，水量基本稳定在 300L/s，水质变清。该部位无区域断层通过，但结构面较发育，共发育 10 条破碎带，均为Ⅲ–2 结构面，且以 NWW—NW 向为主。1#-2#引水洞 5+880 岩溶区地质平切图及剖面图，如图 10.14 和图 10.15 所示。

根据引水隧洞开挖地质编录、钻探及物探（声波和地震波 CT）等资料揭示的岩溶发育情况来看，该范围洞段溶蚀较强烈，发育一个中型溶洞及两个小型溶洞，以及一系列溶隙、溶孔等岩溶形态。溶洞及溶隙大多为未充填–半充填型。溶洞充填物以碎块石、黄色泥沙、角砾岩为主。下面将分段对不同位置岩溶发育情况进行评价。

①引（1）5+850~引（1）5+930 洞段

北侧边墙–拱肩：在引（1）5+868~引（1）5+872 洞肩揭露沿产状 N30°W，NE∠75°、N65°W，近垂直、N45°W，SW∠70°~75°结构面发育有小型溶洞，最大溶洞沿 N30°W，NE∠75°结构面发育溶洞。该处岩溶可分上、下两部分，下部大小 3.5m×3.5m，可见深度 4~5m，充填物为碎裂岩、泥质、岩屑及角砾岩。上部形态不规则，由 3 个分支组成，一

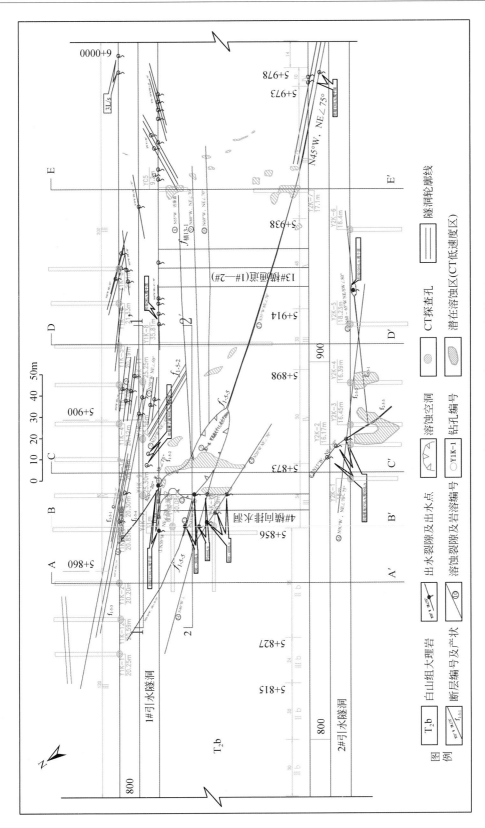

图10.14　1#-2#引水隧洞5+880区域工程地质平切图

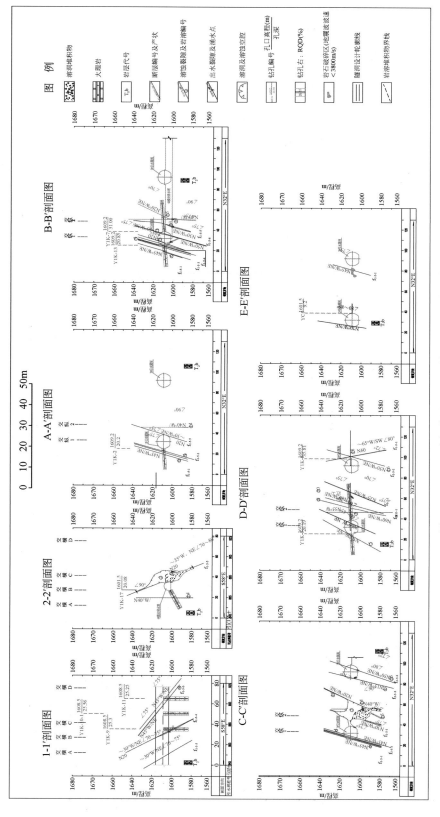

图10.15　1#~2#引水隧洞5+880区域工程地质剖面图

个宽约4m，高约10m，以及两个宽约2m，高约6m的溶洞组合，其顶端有小的溶蚀通道，3个分支的溶洞里基本无充填物，3个分支的连接处（北侧洞肩）为钙、泥质胶结的溶洞堆积物，该溶洞发育形态如图10.16所示。已根据设计要求，对拱肩以上的溶洞进行清理，并砼回填处理。依据钻孔及孔间TC测试，引（1）5+850~引（1）5+930洞段北侧边墙除引（1）5+868~引（1）5+872发育溶洞外，其他洞段边墙20m范围内岩体中未发现其他溶洞，仅发育溶隙或小溶孔（直径一般小于40cm）。表明部位岩溶总体不发育，仅局部发育小型溶洞及溶孔、溶蚀，采取固结灌浆处理。

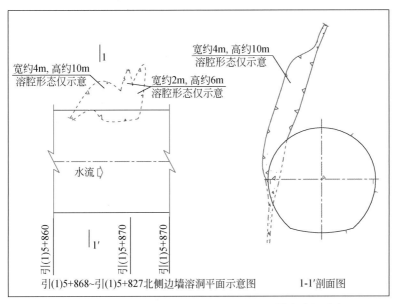

图 10.16　引（1）5+868~引（1）5+872 北拱肩溶洞形态

南侧边墙-拱肩：引（1）5+850~引（1）5+930洞段南侧边墙岩溶发育，其中引（1）5+860~引（1）5+882发育两条宽各10~20cm、NW向破碎带沿面溶蚀，形成0.8m×1.5m的溶洞，沿结构面形成宽0.5~1.5m的宽缝，充填角砾岩、块石、少量泥质、铁锰质渲染，其中引（1）5+882南侧边墙溶洞为2011年2月26日大涌水出水口。在对引（1）5+882南侧边墙溶洞进行清理时，南侧边墙里侧约4m发现一个溶洞，溶洞沿NW向破碎带发育，破碎带宽约0.3m，影响带1~2m。该溶洞宽5~7m，高大于11m，沿破碎带发育方向长度大于20m，溶洞底板充填大量的块石［最大可达（5~6）m×（3~4）m×（1~2）m］、角砾岩、泥沙，部分堆积物经钙质胶结较好；当4#横向排水洞开挖至1#引水隧洞时，干涸，岩溶底板积着大量黄色泥沙。该溶洞底部有大量溶洞堆积物充填，受引水隧洞开挖扰动影响，溶洞顶部破碎围岩坍塌、掉块，稳定性差。该溶洞处于三条NW—NWW向溶蚀破碎带及一系列NW向、NWW向结构面交汇部位，岩体破碎，在地下水长期作用下，岩体发生溶蚀，在形成一定的腔体后，破碎岩体在重力作用下坍塌，经过一定长的时间，最终形成目前的岩溶形态。4#横向排水洞在PH（4）0+007~PH（4）0+013洞段岩溶裂隙发育，宽0.1~0.5cm；PH（4）0+013~PH（4）0+035洞段发育一条破碎带，沿面溶蚀，上游边墙底形成宽约50cm的溶蚀宽缝，下游边墙至洞肩发育一个宽4~5m溶洞（充填角砾岩、碎块石、泥质），在洞肩发育 1～2m 大小的空腔，该溶洞与引（1）5+882 南侧边墙内侧溶洞为同一溶洞，PH（4）0+013～PH（4）0+035 洞段共揭露两条溶蚀裂隙，在洞室底板及边墙底板皆溶蚀形成 0.1～0.5m 宽的溶蚀宽缝，洞顶呈一般节理状，宽 1～2cm，充填岩屑。引（1）5+910～引（1）5+920 洞段南侧边墙经 Y1K-8 钻孔查明，岩体未揭露溶洞，主要是岩溶裂隙。本洞段岩溶发育，以中型溶洞、小溶洞、溶蚀宽缝发育为主；对于直径大于 0.5m 的岩溶，有充填物则先砼置换回填处理，无充填物的溶洞则直接砼回填处理，该洞段进行全断面系统裸岩防渗固结灌浆处理。引（2）5+882 南侧边墙内的中型溶洞，该溶洞在南侧边墙 3～30m，与溶洞向下发育，底板堆积大量的块石、黄色泥砂质。引（1）5+882 南侧边墙内侧溶洞和 4#横向排水洞与 1#引水隧洞交会洞段发育的溶洞（实为同一溶洞）堆积物按设计要求清除并回填砼处理，并采取堵水系统防渗及固结灌浆处理。

引（1）5+850～引（1）5+930 洞段洞顶：该洞段洞顶发育三条破碎带破碎宽 10～30cm，走向为 NWW-SEE，充填岩屑、角砾。另洞段岩溶裂隙较发育，宽一般小于 1cm，局部达 2～3cm。该洞段加强了固结灌浆处理。

引（1）5+850～引（1）5+930 洞段底板：岩溶以溶裂隙为主，局部沿面形成 0.2～0.8m 大小的溶洞。其中引（1）5+845～引（1）5+865、引（1）5+865～引（1）5+890 发育 0.3～0.8m 大小溶洞，充填角砾、碎块石，钙质胶结好，铁锰质锈蚀严重，见架空现象，架空部分被积水充填，对该溶洞松散的堆积、泥质进行清理，并回填砼，并进行系统防渗固结灌浆处理。

引（1）5+850～引（1）5+930 向上游及下游延伸段：引（1）5+800～引（1）5+850、引（1）5+930～引（1）5+940 两个洞段岩溶发育微弱，未发育大的岩溶形态，仅局部沿结构面呈轻微溶蚀状，发育溶孔及溶蚀裂蚀。采取固结灌浆处理。

②引（2）5+850～引（2）6+020 洞段

引（2）5+850～引（2）5+940 洞段，围岩总较完整-完整性差，局部溶蚀结构面发育，围岩较破碎，岩石新鲜。洞段共发育 5 条较大的溶蚀结构面，宽 5～40cm，局部沿面形成 0.4～1m 大小的溶洞，沿溶蚀结构面多出水，洞段初始最大出水量达 2～2.2m³/s，稳定水量约 1m³/s，地下水从底板冒出，该洞段地下水与 1#引水隧洞、4#横向排水洞地下水连通性好。采取先对引（2）5+880～引（2）5+890、引（2）5+915～引（2）5+935 处上断面南侧边墙发育较宽的溶蚀结构面、溶洞进行刻槽回填砼处理，对于溶蚀空腔进行预埋管灌浆处理，并进行系统的裸岩防渗固结灌浆处理。

引（2）5+940～引（2）5+970 洞段围岩完整性差-较完整，结构面较发育，沿面多闭合状，局部沿面呈溶蚀状，该洞段处于引（2）5+860～引（2）5+940 与引（2）5+970～引（2）6+015 地下水丰富洞段之间，进行裸岩防渗固结灌浆处理。

引（2）5+970～引（2）6+015 洞段南侧边墙及洞顶围岩完整差-较完整，北侧边结构面发育围岩完整性差，局部较破碎，另洞段北侧边墙及洞顶发育一条宽约 10cm 涌水溶蚀裂隙，最大初始流量约 100L/s。对该洞段进行裸岩防渗固结灌浆处理。

③4#横向排水洞及 13#横通道

4#横向排水洞溶洞集中于 1#-2#引水隧洞之间 PH（4）0+007～PH（4）0+035 洞段，其他洞段围岩较完整-完整，结构面不发育，岩溶不发育。

PH（4）0+007～PH（4）0+013洞段：该段岩溶裂隙发育，宽0.1～0.5cm，围岩完整性差，该洞段处于1#引水隧洞与4#横向排水洞堵头部位，结合1#引水隧洞南侧边墙防渗固结灌浆，堵头段采取围岩防渗固结灌浆措施。

PH（4）0+013～PH（4）0+019洞段：该段上游边墙沿破碎带发育一个岩溶，内充填碎块石、黄色泥砂质，该与1#引水隧洞引（1）5+882南侧边墙里侧约4m中型溶洞同属一溶洞，当清理至4#横向排水洞底板下4～6m时，该洞段溶洞渐变为三条宽0.05～1m的溶蚀破碎带，该组破碎带走向N20°～60°W，陡倾，带内充填钙质胶结较好-好的角砾岩，局部架空，架空部位充填黄色泥质，现总水量小于10L/s。采取对溶洞堆积物进行清除及砼回填处理，并进行系统裸岩防渗固结灌浆处理。

PH（4）0+019～PH（4）0+040，其中PH（4）0+019～PH（4）0+035洞段发育三条溶蚀构造面，宽0.05～1m，一般洞顶宽度0.05～0.1m，底脚较宽0.3～1m，充填碎块石、角砾，粒径多为10～50cm，钙质胶结较好-好，局部见架空，架空部位充填少量黄色泥质，目前涌水量约300L/s。由于PH（4）0+16～PH（4）0+040处于两堵头之间，该洞段进行堵水及系统防渗裸岩固结灌浆处理。

PH（4）0+040～PH（4）0+227洞段围岩较完整，洞室干燥。堵头部位进行了灌浆处理。

1#-2#引水隧洞之间的13#横通道岩溶总体不发育，主要沿结构面呈溶蚀状，其中PH（4）0+009～PH（4）0+010、PH（4）0+035～PH（4）0+038处发育两条破碎带，宽5～20cm，充填碎裂岩、泥质、岩屑，沿带轻微岩溶；PH（4）0+014～PH（4）0+016洞段发育一条宽1～5cm，充填角砾、岩屑、泥钙质胶结较好的结构面，沿面呈溶蚀状，推测结构面皆延伸至引（2）5+882南侧边墙中型岩溶空腔。13#横通道PH（4）0+00～PH（4）0+042洞段进行了系统裸岩防渗固结灌浆处理。

（2）中部溶蚀破碎区

引水隧洞中部白山组大理岩除了局部集中发育溶洞、溶蚀宽缝等岩溶形态外，在桩号12+110～12+335洞段四条引水隧洞均发育了强烈溶蚀洞段，该洞段位于白山组中部第一向斜的东翼，埋深约2000m；其特征为主要沿NNW—NNE向和NEE—NWW向两组结构面发育，围岩溶蚀条带宽度以10～30cm为主，局部可达60cm，带内岩石遭受强烈溶蚀作用，钙镁等矿物溶滤流失，残留其他低溶解度的矿物成分，因此形成很多微细小孔洞，并且造成岩石破碎，强度偏低，局部甚至呈粉末状，围岩工程性状较差；该强烈溶蚀洞段在各洞分布情况见表10.8。强烈溶蚀洞段围岩多为Ⅳ类围岩，部分为Ⅲ类围岩，围岩稳定性较差，进行了二次扩挖，并加厚砼衬砌，对强烈溶蚀洞段进行围岩固结灌浆处理。

表10.8　引水隧洞中部强烈溶蚀条带在各洞的分布情况

洞号	1#引水隧洞	2#引水隧洞		3#引水隧洞	4#引水隧洞
桩号	12+112～12+247	12+200～12+298		12+265～12+335	12+241～12+321
围岩分类	Ⅳ	其中12+200～12+233及12+242～12+298为Ⅳ类，其余为Ⅲ类		Ⅲ类	12+254～12+294为Ⅳ类，其余为Ⅲ类

3）盐塘组

根据各洞室岩溶集中发育的分布情况，引水隧洞末端及压力管道附近划分了7个岩溶发育区（图10.17）。

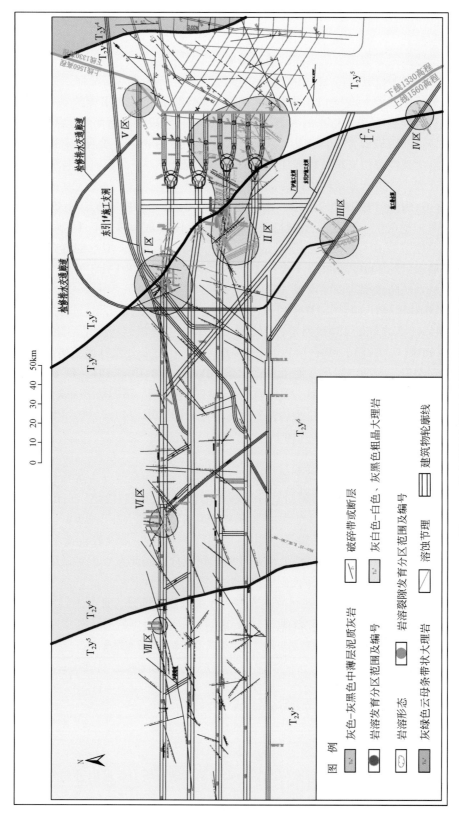

图10.17 引水隧洞末端及高压管道附近岩溶分区

Ⅰ区：位于 1#引水隧洞桩号引（1）16+440～引（1）16+510 一带，水平埋深 600～670m，大多位于 T_2y^6 地层内，少部分位于 T_2y^5 地层内，均发育在 f_7 断层附近。且 T_2y^6 地层内的岩溶形态规模明显比 T_2y^5 地层内的要大，同时也比 T_2y^5 地层内发育。该洞段发育数个小型溶洞，岩溶以垂直方向为主，溶洞里半充填–未充填。

Ⅱ区：位于 3#引水隧洞桩号引（3）16+500～引（3）16+510 至 8#高压管道下平段一带，水平埋深 300～625m，在 T_2y^5、T_2y^6 地层均有岩溶发育，且大多发育在 f_7 断层附近。在 3#上游调压室底部沿 f_7 断层的次生结构面形成中倾角的溶蚀带，可见带宽 6～10m。该洞段发育 1 个中型溶洞、数个小型溶洞，溶洞里半充填–未充填。

Ⅲ区：位于施工排水洞桩号 SK16+050～SK16+120 一带，水平埋深 530～615m，均位于 T_2y^6 地层内，以近铅直方向的岩溶管道为主。

Ⅳ区：位于施工排水洞桩号 SK16+390～SK16+430 一带，水平埋深 250～330m，均位于 T_2y^5/T_2y^6 地层界线附近，均发育在 f_7 断层附近，且以近铅直方向的岩溶管道为主。

Ⅴ区：位于东引 1#施工支洞桩号 S1K0+150～S1K0+220 一带，水平埋深 230～300m，均位于 T_2y^5 地层内，发育一个小型溶洞及数个洞穴，以垂直方向为主，充填少量的黄泥、砂。

Ⅵ区：位于 1#引水隧洞桩号引（1）15+950～引（1）16+000 一带，水平埋深 800～900m，均位于 T_2y^6 地层内，发育一个中型溶洞及一个大型溶洞，溶洞满充填碎石和黄泥。

Ⅶ区：位于 1#引水隧洞引（1）15+730～引（1）15+800 一带，水平埋深 1000～1100m，均位于 T_2y^5 地层内，发育一个直径约 1m 的小型溶洞，未充填。

10.2.1.3　优势结构面分析

1）杂谷脑组

岩溶发育受岩性、构造、地下水动力条件、地形地貌及新构造运动的制约，诸因素相互作用，共同影响区内的岩溶发育。对本区而言，岩性、构造（及构造运动）和地下水动力条件是影响岩溶发育的主要因素，在岩性条件确定的情况下，构造则为主控因素。

工程区褶皱、断层发育，NNE 向、NE 向、近 EW 向构造组成了本区的构造骨架，纵张断层和横张断层、节理切割带常为地下水活动通道，也为地下水富集地带。从地质调查统计可以看出，岩溶大泉、洼地、溶蚀裂隙等岩溶形态多数沿断层及其交汇地带发育；长探洞、辅助洞所揭露的岩溶形态中，除沿层面发育以外，其余几乎都沿 NE—NEE 向、NW—NWW 向的断层、裂隙发育，说明断裂构造是控制本区岩溶发育的最主要因素。

在引水隧洞西端的杂谷脑组大理岩洞段，断裂构造较发育，地下水动力条件较好，但由于该岩层夹有绿片岩、绿砂岩等非可溶岩，虽抑制了大理岩的岩溶发育，但由于地下水作用强烈，局部岩溶较发育。据统计，西端杂谷脑组大理岩岩溶发育的优势结构面主要有三组：① N48°E，NW∠70°；② N73°W，NE∠75°；③N68°E，SE∠34°。其中以近 NE 向为主，约占 49.0%，其次是 NW 向及近 EW 向结构面，分别占 25.5% 和 25.5%。结构面倾角以陡倾角为主，约占 61.7%；其次为中等倾角，约占 36.2%，缓倾角仅占 2.1%。

西端揭露的几个大型溶洞及溶腔均与岩性、构造、地下水动力条件有关，所有的岩溶带均发育在可溶岩（杂谷脑组大理岩洞段），并且均发育在较大构造的上、下盘或附近，岩溶及地下水相对富集。例如，4#引水隧洞引（4）0+252～引（4）0+283 的溶蚀空腔基本沿 f_{4-0-2}（产状 N55°～75°E，SE∠30°～40°）的下盘发育；1#引水洞引（1）1+487～引（1）1+520 洞段的溶洞、溶蚀宽缝、溶穴也是沿 N60°～80°W，NE∠70°～80°结构面发育，沿该断层带在引（1）1+487 发生流量约 $3m^3/s$ 的突涌水。

2）白山组

白山组在地表呈一条 NNE 向的大理岩带，长约 59km，宽 3.5～8km，构成锦屏山主峰，属较强岩溶化区。从地质调查、勘探资料看，本区地下岩溶发育网络主要是规模不等、垂直或近垂直的顺层溶蚀裂隙和 NWW 向的张性溶蚀裂隙构成垂直或近于垂直的岩溶化网络。

结合现场开挖揭露的岩溶发育情况，经对 4 条引水隧洞白山组大理岩中所发育的 466 条溶蚀结构面进行统计表明，其岩溶发育的优势结构面有四组，产状分别为：① N66°W，NE∠77°；②N67°W，SW∠77°；③N73°E，SE∠70°；④N12°W，NE∠78°。可见白山组大理岩中岩溶主要沿 NWW 向、NEE 向结构面发育，少量沿 NNW 向结构面发育，皆为高陡倾角。这表明白山组大理岩深部岩溶的发育主要受 NWW 向、NEE 向构造控制。

3）盐塘组

工程区不同地带（地段）的水文地质条件有明显差异，其规律性受地形地貌、地质构造、含水介质类型、岩溶发育及气候条件的控制或影响，根据工程区岩溶含水层组、岩溶水的补给、运移、富集和排泄特点，将大河湾内对隧洞涌水条件有影响的地区划分为 4 个水文地质条件有所差异的岩溶水文地质单元，其中东端岸坡区属于"Ⅲ. 东部溶隙——裂隙散流型水文地质单元（等同Ⅲ岩溶区）"。

据对所揭露的 569 个岩溶形态所在的结构面进行赤平投影统计，岩溶发育的主要优势结构面为：①N60°～83°W，NE 或 SW∠76°～83°；②N11°～38°E，NW∠71°～85°；③N72°E，NW∠66°；④N50°E，SE∠39°。说明岩溶主要沿 NWW 向陡倾角结构面发育，其次是沿层面陡倾角结构面溶蚀，再次是沿 NE—NEE 向中陡结构面发育。

不同的地层岩性内岩溶发育的主要优势结构面也有所不同，现按地层进行赤平投影统计：

（1）T_2y^4 地层内岩溶发育的主要优势结构面有：①N30°E，SW∠25°；②N70°W，SW∠30°；③N70°W，SW∠75°；④N70°E，SE∠80°；⑤N40°E，SE∠60°。

（2）T_2y^5 地层内岩溶发育的主要优势结构面有：① N83°W，SW∠80°；② N70°～80°E，NW∠66°～82°；③N48°E，SE∠36°；④N10°E，NW∠88°。

（3）T_2y^6 地层内岩溶发育的主要优势结构面有：①N9°E，NW∠86°；②N88°W，NE∠76°；③N86°E，SE∠71°。

从岩溶发育的优势结构面来看，岩溶大多沿 NWW—NEE 向的陡倾角结构面及 NNE—NEE 向中缓倾角结构面发育；但在岸坡地带的 T_2y^4 地层中岩溶则大多沿中缓倾角发育。

另对工程区东端岸坡一带的溶蚀结构面的走向及倾角分别进行了统计，溶蚀结构面以近 EW 向为主，约占总数的 50.0%，其次是近 SN 向及 NE 向结构面，分别占 21.6% 和 19.0%，NW 向的最少，约占 9.5%；倾角则以陡倾角为主，占总数的 79.3%，中倾角的占 14.7%，缓倾角的最少，仅占 6.0%。

10.2.1.4　岩溶率统计

1）杂谷脑组

为了了解工程区岩溶水平方向上的发育情况，根据各洞室开挖揭露的岩溶形态统计，进行各引水洞的面积岩溶率（岩溶的面积/洞室的洞周面积）统计（总长度为 6051m），1#~4#引水隧洞总体的面积岩溶率分别为 0.44%、0.30%、0.39%、1.18%，平均面积岩溶率为 0.57%。岩溶相对较发育的部位主要集中于 Ⅱ 区和 Ⅳ 区一带，其面积岩溶率分别为 4.53% ~14.85% 和 0.22% ~5.64%，局部最高为 4#引水隧洞引（4）0+250 ~引（4）0+365 洞段，达到 14.85%；其次为 Ⅴ 区，其面积岩溶率为 0.03% ~0.30%；Ⅰ 区和 Ⅲ 区岩溶发育微弱，其面积岩溶率均在 0.03% 以下。这也说明西端近岸坡地下水变动带（水平埋深为 250~435m）局部部位及构造较发育部位岩溶发育程度较高。

2）盐塘组

（1）钻孔线岩溶率统计

从目前揭露的岩溶情况看，东端岸坡的岩溶发育是相对集中，为了对岸坡的岩溶发育情况更合理的评价，统计了前期厂址的 51 只钻孔及施工期补充勘察的 DK43、DK44 钻孔及高压管道 1#、8#竖井先导孔孔内电视成果的线岩溶率，见表 10.9。

表 10.9　各地层线岩溶率统计表

地层代号	统计长度/m	溶蚀长度/m	线岩溶率/%		
			最大值	最小值	平均值
T_2y^4	1352.41	50.56	16.22	0	3.74
T_2y^5	2366.11	25.55	9.63	0	1.08
T_2y^6	224.34	5.35	12.06	0	2.38
累计	3942.86	81.46			2.07

由表 10.9 可以看出，55 个钻孔及先导孔的平均线岩溶率为 2.07%，其中有 23 只钻孔的线岩溶率为 0，有 4 只钻孔的线岩溶率高达 10% 以上，最大的线岩溶率达 16.22%，说明工程区的岩溶发育是不均匀的。不同的地层其线岩溶率也不相同，T_2y^4 地层中的平均线岩溶率最高，为 3.74%，T_2y^5 地层中的平均线岩溶率最低，仅为 1.08%，T_2y^6 地层中的平均线岩溶率为 2.38%。说明岩溶的连通性较差，未发育大型溶洞。

（2）隧洞面积岩溶率统计

由于钻孔多为沿垂直方向钻进，钻孔的岩溶率基本上能代表岩溶在垂直方向上的发育程度，为进一步了解工程区岩溶水平方向上的发育情况，进行各洞室面积岩溶率（岩溶的面积/洞周面积），统计表见表 10.10。

表 10.10　T_2y^5、T_2y^6 地层面积岩溶率统计表

地层代号	T_2y^5	T_2y^6
溶蚀面积/m^2	184.92	735.18
洞室面积/m^2	192514.57	206364.13
平均面积岩溶率/%	0.10（0～1.647）	0.36（0～5.971）
	0.231	

通过对东端 1#～4# 引水隧洞，东引 1#、2# 施工支洞及施工排水洞等部位的 T_2y^5、T_2y^6 地层的面积岩溶率统计表明，不同部位的面积岩溶率及线岩溶率有所不同，面积岩溶率范围值为 0～5.971%，平均面岩溶率为 0.231%，以 3# 引水隧洞末端至 3# 调压井底部一带的面积岩溶率及东引 1# 施工支洞桩号 0+570～0+600 一带最高，分别达 3.123% 和 5.971%；同一地层在不同部位的面积岩溶率存在一定的差异，如 T_2y^5 的面积岩溶率为 0～1.647%，平均值为 0.10%；T_2y^6 的面积岩溶率为 0～5.971%，平均值为 0.36%。另对 f_7 断层附近的平均面积岩溶率进行统计表明，该断层附近的平均面积岩溶率为 0.783%，明显高于东端岸坡面积岩溶率的平均值 0.231%，说明在 1560m 高程的岸坡岩溶发育集中于 f_7 断层附近。

10.2.1.5　岩溶发育规律

1）杂谷脑组

西部杂谷脑组大理岩中岩溶有一定程度发育，岩溶总体较东部塘组大理岩发育，岩溶的发育明显受构造及岩性变化控制，背斜核部 T_1-F_6 之间的杂谷脑组大理岩的岩溶相对 T_1-T_2z-雅砻江之间的背斜西翼部杂谷脑组大理岩要发育。在辅助洞 BK2+683～BK2+696 处沿 N65°～80°W，SW∠65°～85° 发育一组锦屏山断层（F_6）的派生裂隙，平行密集发育，沿该裂隙密集带形成一系列串珠状溶蚀管道，最大的溶洞宽约 5m，最大高度约 15m。引水隧洞西端岩溶集中发育于桩号 0+250～0+450、1+435～1+535 两个洞段。除揭露较大型的岩溶洞穴外，在其他部位岩溶形态均为溶隙、溶孔或小型溶洞（直径小于 250cm），岩溶形态一般均以近垂直发育为主。

2）白山组

中部白山组大理岩岩溶总体发育微弱，仅沿结构面发育有少量溶蚀现象，部分溶蚀裂隙宽度为 10～20cm，局部发育规模较大 [（0.3×0.5）m～（1.2×2）m] 的近垂直向溶蚀管道，且这些规模较大的管道均沿断层带出露，但未见大的岩溶管道及厅堂式岩溶形态。岩溶发育在水平方向也具有一定的规律，白山组地层中发育的小型溶蚀管道及溶洞主要集中在辅助洞 AK5+182～AK5+239、BK5+315～BK5+335、AK6+976～AK6+999、BK6+467～BK6+500 段、1# 及 2# 引水隧洞 5+850～5+940 洞段、3# 引水隧洞引（3）8+900～引（3）9+000 洞段的 NEE 向及 NW 向断层带附近发育。随着洞深的增加，岩溶发育相对微弱，以溶隙、小溶孔为主，构造成为岩溶发育的主控因素，一些相对较大的岩溶现象均产出在断层等构造发育部位。

3）盐塘组

大水沟厂址部位沿江地带岩溶地下水的季节变动带埋深为 50～600m，由于岩层透水性强、弱相间分布，因此有"悬托"类型；沿江地带的正常排泄带埋深 800～1160m；深循环带上部埋深 1550～1800m，接受 I 单元上部岩溶地下水顺坡径流的补给；深循环带下

部埋深 1800~2130m，与Ⅰ单元岩溶地下水有一定的直接水力联系。从地温场受控于地下水水温场来看，沿江地带的深循环流有一定活动性。

季节变动带位于工程区地下水最高水位和最低水位之间，水平距离 40~800m，其厚度可达数十米至 600m 左右。受雨季影响地下水位于高水面时，该带上升进入上部的饱气带内，水分充满饱气带内的岩溶孔隙，当雨季过后，地面来水消失，该带水面迅速回落至地下稳定潜水面。因此，该带水面随季节变化而涨落频繁，故溶蚀作用较为强烈，溶洞、溶蚀宽缝、溶穴和溶孔等岩溶形态均有不同程度发育。但据辅助洞、引水隧洞所揭露的地下水深循环带的岩溶发育情况来看，深部岩溶总体发育微弱，以溶蚀及溶孔为主。

据统计，T_2y^6 地层内的岩溶较 T_2y^5 相对发育，且规模也是 T_2y^6 地层内较 T_2y^5 相对要大，大、中型溶洞也主要分布在 T_2y^6 地层内。

岩溶率统计结果表明，不同部位的面积岩溶率及线岩溶率有所不同，岩溶发育具有明显的不均一性，面积岩溶率范围值为 0~5.971%，平均面岩溶率为 0.231%，以 3#引水隧洞末端至 3#调压井底部一带的面积岩溶率及东引 1#施工支洞桩号 0+570~0+600 一带最高，分别达 3.123% 和 5.971%；同一地层在不同部位的面积岩溶率存在一定的差异，如 T_2y^5 的面积岩溶率为 0~1.647%，平均值为 0.10%；T_2y^6 的面积岩溶率为 0~5.971%，平均值为 0.36%。另对 f_7 断层附近的平均面积岩溶率进行统计表明，该断层附近的平均面积岩溶率为 0.783%，明显高于东端岸坡面积岩溶率的平均值 0.348%，说明在 1560m 高程的岸坡岩溶发育集中于 f_7 断层附近。其中Ⅰ、Ⅱ、Ⅳ三个岩溶分区均发育 f_7 断层附近，如 3#引水隧洞与厂 9#施工支洞交汇处、1#引水隧洞与东引 1#施工支洞交汇处、7#及 8#高压管道均发育大–中–小型溶洞等不同规模的岩溶形态。

从勘探成果及揭露情况表明，工程区褶皱、断层发育，NNE 向、NE 向、近 EW 向构造组成了本区的构造骨架，纵张断层和横张断层、节理切割带常为地下水活动通道，也为地下水富集地带。从地表地质调查统计可以看出，岩溶大泉、洼地、溶蚀裂隙等岩溶形态多数沿断层及其交汇地带发育；岩溶发育受岩层产状、褶皱、断层和裂隙的控制，主要沿 NEE-NWW 向、NNE—NNW 向两组陡倾角的结构面发育，规模总体较小，以垂直向溶洞、溶蚀管道、溶孔及溶蚀裂隙为主，岩溶总体发育微弱，不存在如地下暗河及厅堂式等大型的典型岩溶形态；锦屏山东、西端在近岸坡的地下水季节变动带附近溶蚀作用较为强烈，溶洞、溶蚀宽缝、溶穴和溶孔等岩溶形态均有不同程度发育。

10.2.2　工程处理措施

锦屏二级水电站是以发电为主要目的的大（Ⅰ）型水电工程，由 4 条引水隧洞所组成的地下洞室群是世界上规模最大的水工地下洞室群，亦为建设难度最大的水工隧洞工程。对开挖施工过程中揭示的不良地质洞段采取有针对性的处理措施，是保证隧洞施工期安全和永久结构安全，以及确保引水发电目标实现的必要手段。岩溶是可溶岩发育区域普遍的溶蚀现象，在岩溶地区建坝、修筑有压隧洞风险较大，历史上曾经有过多起由于不重视岩溶处理而导致的安全事故。

对于锦屏二级水电站引水隧洞所发现的岩溶，先进行系统清除溶腔内堆积物、局部扩挖并砼回填置换、防渗、固结灌浆等专门处理。

本节以引水隧洞东端为例，阐述岩溶处理的原则及措施。引水隧洞东端工程区出露的地层为 T_2y^4 灰绿色条带状云母大理岩、T_2y^{5-1} 灰黑色中厚层细晶大理岩、T_2y^{5-2} 灰白色粗晶（臭）大理岩及花斑状大理岩和 T_2y^6 灰–灰黑色中薄层泥质灰岩。工程区内近岸坡地带岩溶相对发育，但以局部集中发育为主。东端近岸坡地带岩溶主要以沿 NWW 向陡倾角结构面发育为主，其次是沿层面陡倾角结构面溶蚀，再次是沿 NE 向中等倾角结构面发育。

10.2.2.1　岩溶处理原则

结合锦屏二级水电站工程岩溶分类、发育特点和现场开挖施工期处理措施，参考类似水电工程成功的设计和施工经验，为确保隧洞渗透稳定和结构安全，同时指导引水隧洞各岩溶发育洞段的具体措施，岩溶发育洞段的针对性处理方案——置换、回填混凝土+固结灌浆。具体针对不同形态岩溶的处理原则如下：

1）溶穴、溶孔等溶蚀裂隙的处理原则

岩溶尺寸一般小于 0.5m 溶穴、溶孔，无需进行有针对性的处理，可结合隧洞系统喷锚支护或混凝土衬砌一并回填，后期进行一定深度的防渗固结灌浆处理。

2）溶蚀宽缝的处理原则

缝宽一般为 0.5～2.5m，处理措施以回填为主，深部宽缝结合系统锚杆孔注浆充填，衬砌后进行一定深度的防渗固结灌浆处理。

3）小型溶洞的处理原则

岩溶尺寸一般为 0.5～5m 的小型溶洞永久处理以回填混凝土（砂浆）为主，对于围岩深部的小型溶洞，可结合系统锚杆孔进行注浆或回填。衬砌后隧洞周边进行一定深度的防渗固结灌浆处理。

4）大、中型溶洞洞群的处理原则

岩溶尺寸大于 5m 的大、中型溶洞处理以回填混凝土+灌浆为主，人工清除溶腔内部分堆积物，合理安排溶腔内各支叉混凝土回填顺序，确保回填混凝土填满整个空腔。混凝土回填工作完成后在隧洞周边进行系统裸岩固结灌浆加固围岩。主要的处理措施和施工顺序为：初期支护→回填混凝土→固结灌浆→系统支护→边墙预应力锚杆（索）加固→底板下挖及支护→二次衬砌。

对于岩溶发育相对较弱的洞段，主要采用系统固结灌浆进行处理。另外对于部分较破碎的Ⅳ类围岩洞段采用拱架进行加强支护。

10.2.2.2　岩溶处理措施

下面以引（3）16+580 溶洞为例阐述形态复杂岩溶处理措施及处理过程：

引水隧洞未端沿 f_7 断层带两侧揭露大量不同形态岩溶，其中 3 号引水隧洞引（3）16+592～引（3）16+595 开挖时揭露一个中型溶洞，可见大小为 8m×13m×20m（宽×长×高），溶洞底部块石杂乱堆积，块径 0.5～1.5m 为主，沿面附钙华，局部见少量次生泥，溶洞内壁较平整，除新垮塌的部位外，绝大多数部位沿面发育钙华，钙华厚 5～20cm，局部达 40～50cm，呈浅黄色和白色，且溶洞周围发生三条溶蚀宽缝。后通过岩溶处理施工支洞进一步揭露，溶洞由三个连通的溶洞 A、B、C 组成，其中 A 溶洞长 16 ~ 18m，南侧宽 3 ~ 5m，北侧宽 10m，高 8 ~ 11m，底板堆积洞渣、石块、岩粉、钟乳石，该溶洞西侧通过一个直径 1 ~ 1.2m 溶蚀管道连接 B 溶洞：6m×6m，高 10 ~ 12m，南侧低北侧高，发育石钟乳、石笋，堆积块石、钟乳石，南侧底板发育溶洞，北侧上向通过一个直径 0.8 ~ 1m 的溶蚀管道连接 C 溶洞：4m×6m、高约 2m 溶洞，北侧向上延伸，发育石钟乳、石笋，边墙见 10 ~ 20cm 溶腔，可见深度 1 ~ 2m，向下延伸。

针对该洞段的岩溶，主要下列专项措施处理：①采用钢拱架支护，完成该洞段的开挖工作。②根据开挖揭露的岩溶特点，开展相应的岩溶勘察工作，查明岩溶发育形态、规模、特征。③在岩溶查明的情况后，对溶洞置换回填处理：③-1 处理边顶拱部位的溶洞，通过在调压竖井、C4 通过风洞高程 1610m 设置两个岩溶处理施工支洞（其中在 C4 通过风洞设置岩溶处理支施，兼有 f_7 断层附近岩溶发育情况的作用）进入溶洞，并溶洞清理及回填混凝土处理；③-2 对岩溶处理施工支洞底板进行灌浆，以确保引水隧洞洞壁外 20m 范围内岩体能满足隧洞防渗要求，并回填岩溶处理施工支洞；③-3 对于底板采用整体向下开挖 5m，用混凝土置换回填处理。④在混凝土置换回填处理后，对引水隧洞进行全断面、深度为 20m、压力为 3 ~ 6MPa 的裸岩防渗固结灌浆处理，并通过物探、压水试验检测。⑤在裸岩灌浆结束后，绕筑厚 80cm、配双层钢筋混凝土衬砌。⑥最后对引水隧洞进行全断面、深度为 20m、压力为 3 ~ 6MPa 的固结灌浆处理，并通过物探、压水试验检测。

鉴于引水隧洞末端对电站安全运行的重要性，除开挖支洞或直接预埋管对所发现的溶洞进行专门处理外；对局部集中发育岩溶洞段采取灌浆压力取 1.5 ~ 2.5MPa、孔深 12 ~ 20m 的衬前无盖重裸岩灌浆，典型的如东-1-16+450 岩溶区。衬砌完成后，有盖重固结灌浆加强处理，即东端近岸坡段（调压室上游侧约 1.3km 范围）衬砌后固结灌浆提高压力至 6.0MPa（西端岩溶段仍为 3.0MPa），排距 2.0m，每排 20 孔，孔深入岩 6.0m（约一倍隧洞半径），采用纯水泥浆灌浆处理。

10.3　地下洞室群高压涌水特征及工程处理

10.3.1　地下洞室群高压涌水特征

在隧道的开挖过程中，由于人为打破了原本处于平衡的地质体，赋存有孔隙水、裂隙水及岩溶水的含水层的破坏接通了地下含水系统，使地表水及地下水沿着被打通的孔隙、裂隙涌入隧道，形成涌（突）水。无论在隧道的建设过程中还是建成后的维护阶段，地下水都是一个重大的工程难题。锦屏二级水电站地下洞室群埋深大、洞线长，工程区穿越了复杂的水文地质单元。如果对施工掌子面前方的水文地质条件分析预测不准，或者对涌水流量预计过小，以至于未能对突发的涌水事故采取及时的、合适的预防措施，将会造成施工人员的伤亡，并引起重大的经济损失，同时也会影响工程的施工进度。因此，分析工程区的水文地质条件及准确预测工程区的涌水量在工程勘察及施工过程中是非常有意义的。

锦屏二级水电站为长隧洞引水式电站，四条平行布置的引水隧洞自景峰桥至大水沟横穿锦屏山，洞主轴线方位角为 N58°W，与区域主构造近于正交。两条辅助洞布置在引水隧洞南侧，与引水隧洞平行。一条施工排水洞平行布置在 B 辅助洞与 4#引水隧洞之间。7 条隧洞单洞长度约为 17.5km，埋深平均为 1500 ~ 2000m，最大埋深达 2525m，其中包气带厚达数百米，饱水带厚达近千米，均处于高山峡谷的锦屏山岩溶地区，地质条件复杂。

隧道的涌水研究首先要从涌水通道及涌水水源两方面进行分析。涌水通道包括岩性及构造等多方面的地质条件，是能否发生涌（突）水的地质基础，是必要条件。但要确定涌（突）水的类型和涌（突）水量的大小，要从区域地下水的赋存条件来分析。锦屏二级地下洞室工程穿越多个褶皱断层带，提供了良好的涌水通道，其涌水来源可以归为三类：岩溶溶洞水、基岩裂隙水及大气降水。

10.3.1.1　出水带划分

1) 长探洞出水带划分

根据长探洞内出水构造的分布规律和涌水动态，综合地层、构造、水化学以及水动态变化等因素可以划分出三个出水带和四个涌水带，四个涌水带分布如图 10.18 所示。四个涌水带具体如下。

Ⅰ带：为浅层潜水带。PD_1 -245 ~ 593.7m（PD_2 -236 ~ 587.2m），该带出水量随探洞掘进缓慢、平稳地递增，稳定渗水量为 50 ~ 80L/s，随季节性略有变化，但 PD_2 不随深部涌水带的揭露而发生变化。经水文观测与地面调查分析该带地下水补给方向来自厂址区的南部或西南部的大水沟地带。

Ⅱ带：为中部涌水带。PD_1 -952.2 ~ 1725.2m（PD_2 -980 ~ 1718.8m），该涌水带由数个喷水构造组成，单个喷水点的流量在 50 ~ 700L/s（瞬时最大），流量衰减快，且有深部喷水点揭露以后，外部喷水点流量迅速减小，直至干枯。探洞内多次涌水，涌水量时涨时落，起伏变化大，最终全洞涌水量稳定在 200 L/s。

Ⅲ带：集中涌水带。PD_1 -2566.9 ~ 2833.9m（PD_2 -2620 ~ 2860m），1993 年 4 月揭露其中主涌水带为洞深 2624 ~ 2845.5m，为探洞内最大涌水带，瞬时最大涌水量达 4.91m^3/s，喷距大于 40m，且涌水中含泥量较大，混浊水持续时间长达 6 个月以上。初期流量衰减甚快，降至 2m^3/s 后，由于涌水量在雨季（丰水期）受降水补给，致使 1993 年涌水量回升至 2.5 ~ 2.8m^3/s，至 1994 年枯水期，稳定涌水量为 2.00m^3/s 左右。全洞涌水总量稳定在 2200L/s 左右。该涌水带流量大，水压高，流速大，造成 PD_2 全洞淹没，无法继续施工。

Ⅳ带：深层涌水带。PD_1 -3443.6 ~ 3948m（PD_2 -3262 ~ 4033.9m），其中主涌水带为洞深 3506.6 ~ 4033.9m，该涌水带为数个喷水点构成，单个喷水点一般流量为 60 ~ 80L/s，喷距 6 ~ 12m，仅 PD_1 -3948m 喷水点涌水量较大，从初始涌水量 230L/s 增至 690L/s（间隔 17 天），最大喷距达 35m。由于出水口增大，喷距后期减至 20m 左右。该点含泥量初期达 27.2g/L，持续近 1 个月，涌水变清，揭露该带以后，全洞涌水总量保持在 2.8 ~ 3.0m^3/s。主喷水点水温同样甚低，仅 12℃ 左右，致使全洞地温不大于 13℃。1996 年 10 月将Ⅲ、Ⅳ带地下水封堵以后，Ⅲ带边续部分的部分渗水多在 PD_1 内渗出，PD_2 内基本干枯，显示地下水的补给源来自厂址区以西或西北方向。

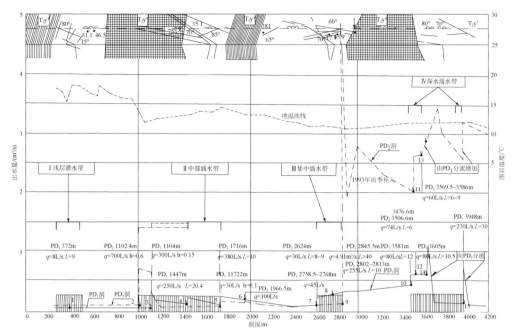

图 10.18　长探洞涌水带分布图

图中：q：涌初始瞬时流离　L：涌水初始喷水距离（m）　h：初始涌水高度（m）

2）辅助洞出水带划分

辅助洞出水带的划分主要是按东部的盐塘组地层、中部的白山组地层及西部的杂谷脑组地层进行，并根据各地层内的出水情况进行出水带的划分（图 10.19）。

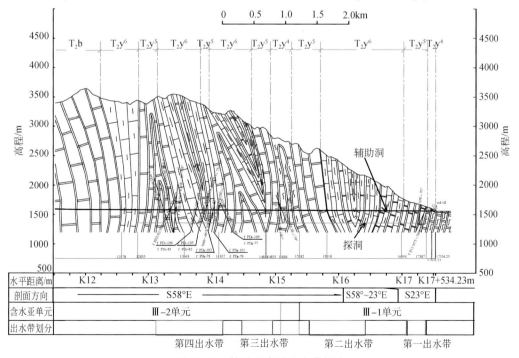

图 10.19　辅助洞东端出水带划分

（1）东部出水带

东部出水带均位于盐塘组地层内，处于第Ⅲ水文地质单元。东部出水带的涌水的补给来源有：除大气降水外，还有磨房沟泉和老庄子泉的减少量；两泉分水岭面积 32km² 范围在天然状态下流向Ⅲ单元的水量和其他泉的减少量。故该带的涌水对地下水位及磨房沟泉、老庄子泉等泉流量有重大影响。涌水类型属初期涌水–衰减涌水–稳定涌水类型，单点涌水量大于 1000L/s 的共发生 3 次。按涌水特征可划分为 4 个出水带。辅助洞东端出水构造统计见表 10.11。

表 10.11　辅助洞各出水带涌水情况一览表

出水带编号		各出水带桩号	所在地层及水文地质单元	大于100L/s涌水点个数	初始最大单点流量/(m³/s)	雨季稳定涌水量/(m³/s)	枯季最大涌水量/(m³/s)	
							堵水灌浆前	堵水灌浆后（2008年5月）
东部	第一出水带	AK14+925 ~ AK14+145 BK15+087 ~ BK14+045	盐塘组及Ⅲ东部溶隙–裂隙散流型水文地质单元	2	5	0.45	0.2	0.2
	第二出水带	AK13+892 ~ AK13+823 BK13+897 ~ BK13+824		1	2.7	0.8	0.5	0.5
	第三出水带	AK13+567 ~ AK13+477 BK13+603 ~ BK13+476		2	4.1	2	1.3	1.3
	第四出水带	AK13+214 ~ AK12+721 BK13+230 ~ BK12+492		1	0.15	0.7	0.5	0.5
中部	第一出水带	AK10+950 ~ AK12+000 BK12+100 ~ BK10+970	白山组及Ⅰ中部管道–裂隙汇流型水文地质单元	3	0.60	3.3	2.8	2.1
	第二出水带	AK10+600 ~ AK10+860 BK10+598 ~ BK10+860		4	0.30	0.8	0.65	0.4
	第三出水带	AK10+230 ~ AK10+175 BK10+285 ~ BK10+113			0.02	0.3	0.1	0.1
	第四出水带	AK7+876 ~ AK9+407 BK7+787 ~ BK9+315			0.008	0.15	0.09	0.09
	第五出水带	AK5+532 ~ AK7+679 BK5+620 ~ BK7+590		4	0.2	0.8	0.7	0.4
	第六出水带	AK4+471 ~ AK5+420 BK4+485 ~ BK5+455		6	0.5	2	1.8	0.6
西部	第一出水带	AK1+007 ~ AK1+451 BK1+015 ~ BK1+480	杂谷脑组及Ⅳ西部溶隙–裂隙散流型水文地质单元	3	5.0	0.1	0.05	0.05
	第二出水带	AK2+567 ~ AK3+130 BK2+578 ~ BK3+159		1	7.3	0.1	0.05	0.05
合计				27		11.5	8.74	6.29

（2）中部出水带

中部出水带均位于白山组地层内，处于第Ⅰ水文地质单元。辅助洞进入白山组地层后，由于白山组大理岩属强富水地层，地下水有恒定和充足的补给源，其水压力大、水量稳定，衰减缓慢；随隧洞埋深增加，其溶裂隙宽度变小，无大于 1000L/s 的集中涌水点发生。按涌水特征可划分为 6 个出水带。

（3）西部出水带

西部出水带均位于杂谷脑组地层内，处于第Ⅳ水文地质单元。该带的性状同第一出水带，补给源有限，主要为静水储量，初期涌水量极大，单点涌水量大于 1000L/s 的共发生两次，对工程影响较大，但当静水储量释放后，由于没有稳定的补给来源，涌水量很快衰减，最终水量均较小。按涌水特征可划分为两个出水带。

3）引水洞出水带划分

根据施工期现场调查与总结分析，引水隧洞的出水情况见表 10.12。

表 10.12　引水洞各出水带分布及涌水情况一览表

部位	出水带编号	引水隧洞各出水带桩号		所在地层及水文地质单元	大于 100L/s 涌水点个数	初始最大单点流量/(m^3/s)
东部	第一出水带	引(1)15+212～引(1)14+046 引(2)15+212～引(2)14+044	引(3)15+212～引(3)14+042 引(4)15+211～引(4)14+040	盐塘组及Ⅲ东部溶隙-裂隙散流型水文地质单元	5	0.15
	第二出水带	引(1)13+877～引(1)13+746 引(2)13+880～引(2)13+762	引(3)13+883～引(3)13+777 引(4)13+886～引(4)13+798		3	1
	第三出水带	引(1)13+717～引(1)13+215 引(2)13+742～引(2)13+200	引(3)13+732～引(3)13+185 引(4)13+736～引(4)13+307		1	0.2～0.3
	第四出水带	引(1)12+974～引(1)12+415 引(2)13+032～引(2)12+431	引(3)13+089～引(3)12+447 引(4)13+146～引(4)12+463		1	1.09
中部	第一出水带	引(1)12+122～引(1)10+941 引(2)12+133～引(2)10+946	引(3)12+144～引(3)10+951 引(4)12+155～引(4)10+956	白山组及Ⅰ中部管道-裂隙汇流型水文地质单元	4	1.84
	第二出水带	引(1)10+786～引(1)10+525 引(2)10+802～引(2)10+541	引(3)10+817～引(3)10+556 引(4)10+833～引(4)10+572		1*	0.6～0.7*
	第三出水带	引(1)10+465～引(1)10+055 引(2)10+421～引(2)10+040	引(3)10+378～引(3)10+059 引(4)10+335～引(4)10+080		1	0.1
	第四出水带	引(1)9+500～引(1)8+981 引(2)9+487～引(2)7+166	引(3)9+475～引(3)7+350 引(4)9+462～引(4)7+534		1	0.29
	第五出水带	引(1)6+783～引(1)5+815 引(2)6+968～引(2)5+768	引(3)7+152～引(3)5+721 引(4)7+366～引(4)5+674		9	3.93
	第六出水带	引(1)5+654～引(1)4+524.5 引(2)5+604～引(2)4+505	引(3)5+557～引(3)4+491 引(4)5+510～引(4)4+476		1	0.2

续表

部位	出水带编号	引水隧洞 各出水带桩号		所在地层及水 文地质单元	大于100L/s 涌水点个数	初始最大单点 流量/(m³/s)
西部	第一出水带	引(1)1+534~引(1)0+959.5 引(2)1+613~引(2)0+957	引(3)2+100~引(3)0+945 引(4)2+105~引(4)0+933	杂谷脑组及Ⅳ 西部溶隙-裂 隙散流型水文 地质单元	1	0.1
	第二出水带	引(1)3+125~引(1)2+708.5 引(2)3+130~引(2)2+676	引(3)3+173~引(3)2+640 引(4)3+176~引(4)2+611		2	3
	近岸坡出 水带	引(1)0+251~引(1)0+802 引(2)0+236~引(2)0+799	引(3)0+212~引(3)0+786 引(4)0+211~引(4)0+773		1	0.1
合计					31	

＊施工排水洞内涌水点

10.3.1.2　隧洞涌水情况

1) 辅助洞

(1) 辅助洞东端涌水情况 (表 10.13、图 10.20)

辅助洞东端目前处于工程区东部溶隙-裂隙散流型水文地质单元 (Ⅲ),该单元在平面上呈宽 2.5~4.5km 的长带状。在辅助洞东端的施工中,曾出现 13 次流量大于 100L/s 的集中涌水。代表性涌水点如图 10.21 所示,其中涌水量大于 1m³/s 共有三处,位于桩号 AK14+762、AK13+878、AK13+520,初始最大流量分别为 5m³/s、2.7m³/s、1.26m³/s,并携带大量的泥沙;均处于东部Ⅲ水文地质亚单元,其中 AK14+762 大涌水点对应于长探洞中的Ⅲ集中涌水带内,而 AK13+878、AK13+520 (~AK13+487) 两个集中涌水点则对应Ⅳ深层涌水带。

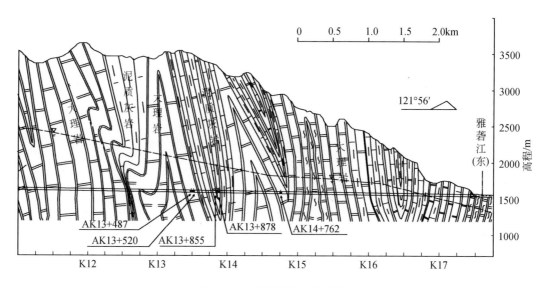

图 10.20　东端涌水点示意图

（2）辅助洞西端涌水情况（表 10.13、图 10.21、图 10.22）

根据辅助洞揭露的地质情况及地面测绘成果，西端存在落水洞背斜，背斜核部为 T_1 绿砂岩、绿泥石片岩相对隔水层，两翼为富水性差异较大的 T_2z 大理岩。背斜西翼的大理岩分布洞段为 B 洞 BK0+718 ~ BK1+973 和 A 洞 AK0+691 ~ AK1+964，背斜东翼的大理岩分布洞段为 B 洞 BK2+588 ~ BK3+159 和 A 洞 AK2+577 ~ AK3+139。

表 10.13　辅助洞集中涌水量大于 1m³/s 统计表

位置	洞深	涌水量	出水构造产状	层位
辅助洞东端	AK14+762	初始 5000L/s，现 200L/s	N70°E，NW∠52°	T_2y^5
	AK13+878	初始 2700L/s，现 800L/s	N80°~90°E，SE~NW∠82°~88°	T_2y^6
	AK13+520 ~ AK13+489	初始 1260L/s，现 2000L/s	N80°~85°W，NE∠82°	T_2y^5
辅助洞西端	BK1+118 ~ BK1+138	初始 5000L/s，现 5L/s	N5°~15°，E⊥	T_2z
	BK2+633	初始 7300L/s，现 130L/s	N65°~80°W，SW∠65°~85°	T_2z

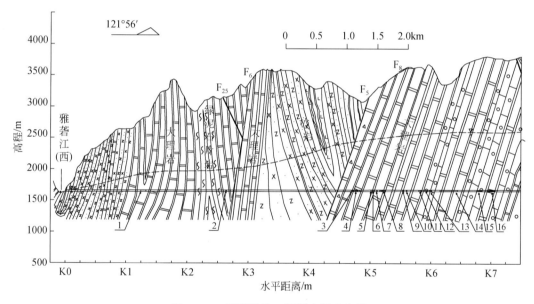

图 10.21　西端辅助 A 洞涌水段分布图

1. AK1+246 ~ AK1+330；2. AK2+630 ~ AK2+640；3. AK4+695 ~ AK4+707；4. AK4+720 ~ AK4+800；5. AK5+009 ~ AK5+013；6. AK5+038 ~ AK5+061；7. AK5+098 ~ AK5+113；8. AK5+150 ~ AK5+240；9. AK5+528 ~ AK5+551；10. AK5+588 ~ AK5+602；11. AK5+790 ~ AK5+850；12. AK5+880 ~ AK5+930；13. AK5+965 ~ AK6+010；14. AK6+150 ~ AK6+446；15. AK6+760 ~ AK6+840；16. AK6+950 ~ AK7+070

（3）大涌水点实况

①辅助洞东端

AK14+762 集中涌水：2005 年 3 月 30 日，在 A 洞 AK14+762 桩号掌子面爆破施工过程中，在爆破 10min 后又听到类似岩爆的爆裂声，随即大流量的地下涌水瞬时冲出，实测涌水流量为 5m³/s。掌子面左侧边墙下部发育的一组结构面 N70°E，NW∠52°，在高外水

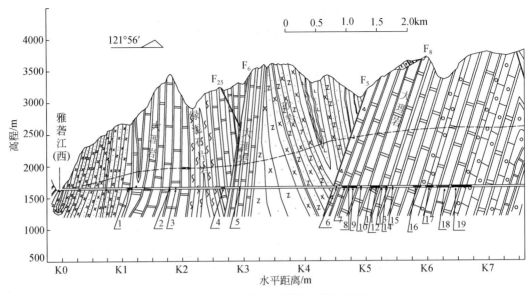

图 10.22 西端辅助 B 洞涌水段分布图

1. BK1+078 ~ BK1+164；2. BK1+780 ~ BK1+790；3. BK1+886 ~ BK1+893；4. BK2+635 ~ BK2+690；5. BK2+930 ~ BK2+940；
6. BK4+510 ~ BK4+520；7. BK4+610 ~ BK4+690；8. BK4+710 ~ BK4+720；9. BK4+742 ~ BK4+850；10. BK4+905 ~ BK4+927；
11. BK5+071 ~ BK5+098；12. BK5+100 ~ BK5+216；13. BK5+223 ~ BK5+290；14. BK5+307 ~ BK5+346；15. BK5+431 ~ BK5+439；
16. BK5+768 ~ BK5+890；17. BK5+970 ~ BK6+090；18. BK6+150 ~ BK6+350；19. BK6+390 ~ BK6+715

压力（约 5MPa）作用下，岩塞被劈裂，形成宽 1 ~ 1.3m、高约 1.7m 的出水口（图 10.23）。经过 9 天排泄，含泥量明显降低，4 月 8 日的实测流量降为 2.26m³/s，流量渐趋稳定。

图 10.23 辅助洞东端 A 洞 AK14+762 大涌水点出水口（2005 年 10 月 30 日）

AK13+878 集中涌水：2006 年 3 月 15 日 8：30，AK13+878 掌子面右侧壁下部沿 N80° ~ 90°E SE ~ NW∠82° ~ 90°断层向外突涌水（图 10.24），喷距约 8.0m，流量约 2.7m³/s，水质呈土黄带黑色，具臭味，并携带大量黏土及粉砂；目前该点稳定水量约 0.8m³/s。

AK13+520 集中涌水：2006 年 7 月 18 日 16：50，AK13+520 掌子面右侧壁拱肩沿 EW 向结构面自上而下向外突涌水（图 10.25），喷距约 30m，流量约 1.26m³/s，水质呈土黄色，并携带大量黏土及粉砂，后该点水量增加至 1.5m³/s。

图 10.24　辅助洞东端 A 洞 AK13+878 大涌水点出水口（2006 年 3 月 15 日）

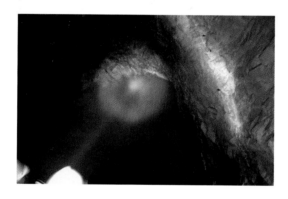

图 10.25　辅助洞东端 A 洞 AK13+520 大涌水点出水口（2006 年 7 月 18 日）

AK13+489 集中涌水：2007 年 1 月 26 日，A 洞反向开挖至桩号 AK13+494 时，沿 N80°~85°W，NE∠82°张性破碎带向外涌水，总水量约 4.1m³/s（如图 10.26），水质浑浊并呈土黄色，含大量黏土及粉砂。贯通该涌水洞段时，揭示的出水构造如下：沿面右侧洞肩及洞顶形成数个 0.4m×0.25m、0.6m×0.3m×0.5m 的溶蚀空洞，左侧洞顶沿 N80°~85°W，NE∠82°结构面形成一个长 4m，宽 1.5~2.0m 的溶蚀管道，向上可见深度 6~7m，向下沿倾角 70°~75°在洞底 AK13+494 底板处涌水。左壁形成一个长 3m，宽 0.3~0.6m 的溶蚀管道空洞，向外涌水，沿管道溶蚀面铁锰质富集充填呈强溶蚀状。

图 10.26　AK13+489 底板涌水放大照片（2007 年 1 月 26 日）

AK10+728 涌泥情况：2008 年 1 月 8 日，AK10+728 掌子面右侧顶部垮塌呈一个向上 15 ~ 20m，形成长度约 5m，宽 3.5 ~ 4m 的空腔，并伴有大量涌泥与粉砂及岩块向外堆积至掌子面后 22m 处，合计堆积物量约 150m³（图 10.27），垮塌处的最大单个岩块长度达 6m、宽 3.5m，并有少量地下流水，流量为 5 ~ 8L/s。

图 10.27　AK10+728 涌泥现象

②辅助洞西端

BK2+633 集中涌水：2005 年 4 月 20 日，BK2+633 掌子面处集中大涌水（图 10.28），所在地层为 T_2z 大理岩，初始集中涌水量为 7.3m³/s，涌水携带出大量的深灰色粉细砂及铁锰质结核，有机质含量高，同时见有泥质及锰质胶结的半成岩粉细砂，最大块径可达 15cm；但其衰减速度较快，稳定流量为 0.04 ~ 0.06m³/s。

BK6+130 ~ BK6+190 洞段涌泥情况：该洞段受 f_{w87}：N65° ~ 70°W；NE∠90°，N50°W，SW∠85°；SN，W∠70° ~ 80°三组结构面交切，岩层破碎，沿结构面溶蚀，多出露股状及线状渗、涌水，局部初期涌水浑浊，随即变清，至 2006 年 10 月 15 日该洞段揭露总出水量约 50L/s。从 2008 年 6 月进行该段底板欠挖处理时，该段各涌水点开始夹带泥沙，并且泥沙含量非常高，整个洞段涌水量约 15L/s，8 月 30 日查看时，该洞段的泥沙已堆积达 0.5m 左右厚，局部厚达 1m，并且还在不断地涌泥涌沙，估算现场涌泥总量大于 500m³。后施工单位针对涌沙段进行了灌浆封堵。涌沙情况如图 10.29 ~ 图 10.31 所示。

图 10.28　辅助洞西端 B 洞 BK2+633 大涌水点出水口（2005 年 4 月 20 日）

图 10.29　BK6+170 涌沙点照片

图 10.30　BK6+181 涌沙点照片

图 10.31　底板涌沙情况

2）引水隧洞及施工排水洞

引水隧洞揭露的地下水丰富，出水形式以散状的渗滴水、线状流水为主，以透水性断层带或溶蚀裂隙中集中涌水为主要出水形式。经统计，4 条引水隧洞共揭露出水点 2692个。其中，流量大于 1000L/s 的突涌水点达 7 个，约占 0.26%；流量为 50~1000L/s 的突涌水点有 56 个，约占 1.83%；流量为 1~50L/s 的涌水点有 347 个，约占 10.88%；流量小于 1L/s 的出水点数量最多，达 2289 个。引水隧洞沿线出水点统计情况见表 10.14，其中单点出水量大于 $1m^3/s$ 的出水点情况见表 10.15。

表 10.14　隧洞沿线揭露出水点统计表

洞室		涌水量 $Q/(L/s)$							合计
		<1	1~10	10~50	50~100	100~500	500~1000	≥1000	
1#隧洞	出水点数	843	75	11	5	6	0	3	943
	百分比	89.39	7.95	1.17	0.53	0.64	0	0.32	10.61
2#隧洞	出水点数	619	128	25	2	14	0	1	789
	百分比	78.46	16.22	3.17	0.25	1.77	0	0.13	100
3#隧洞	出水点数	305	15	3	2	0	0	3	328
	百分比	92.7	4.56	0.91	0.61	0	0	1.22	100
4#隧洞	出水点数	446	60	7	1	4	0	0	518
	百分比	86.11	11.58	1.35	0.19	0.77	0	0	13.89
施工排水洞	出水点数	76	15	8	1	4	1	0	105
	百分比	72.38	14.29	7.62	0.95	3.81	0.95	0.00	100
其他施工支洞	出水点数	0	0	0	1	4	4	0	9
总计	出水点数	2289	293	54	12	32	5	7	2692
	百分比	85.03	10.88	2.00	0.45	1.19	0.19	0.26	100
		85.03	10.88			1.83		2.26	

表 10.15　引水隧洞洞集中涌水量大于 $1m^3/s$ 统计表

位置	洞深	涌水量	出水带	层位
引水隧洞东端	引（1）12+706 底板	初始 1090L/s，现已封堵	东部第四出水带	T_2y^5
	引（3）13+790 底板	初始 1000L/s，现已封堵	东部第三出水带	T_2y^6
引水隧洞中端	引（1）5+879~引（1）5+881.5 底板	初始 3370L/s，现干洞	中部第五出水带	T_2b
	引（2）5+915~引（2）5+917 底板	初始 2000~2500L/s；现 800L/s	中部第五出水带	T_2b
	引（3）11+392 底板	初始 1840L/s，雨季水量增大明显，已封堵	中部第一出水带	T_2b
引水隧洞西端	引（1）1+487~引（1）1+492 底板	初始约 3000L/s，3 天后为 50~100L/s，最终约 30L/s	西部第一出水带	T_2z

从出水点数量分析，1#引水隧洞出水点最多，943 处出水，最少出水点为 3#引水隧洞。从洞室之间的布置看，引水隧洞南侧有前期开挖好的辅助洞及其先行的施工排水洞，因此 3#、4#引水隧洞出水数点少于 1#、2#是正常现象。从突水点数量分析，仍以 1#引水隧洞数量最多，但大于 $1m^3/s$ 突涌水点反而是 3#引水隧洞最多，这正好反映埋深隧洞高外水压特征，且地下水排泄、径流是以溶蚀管道或断层为主通道。

（1）引水隧洞东部涌水情况

引水隧洞东端盐塘组大理岩洞段涌水量大于 50L/s 的水点共为 19 个（大于 100L/s 的水点共 15 个），其中 1#洞 3 个、2#洞 10 个、3#洞 2 个、4#洞 4 个。引水隧洞东端中，涌水量大于 $1m^3/s$ 共有 2 处，分别位于引（1）12+706、引（3）13+790 底板，初始最大流量分别为 $1.09m^3/s$、$1.0m^3/s$，并携带出大量的泥沙。

（2）引水隧洞中部涌水情况

引水隧洞中部白山组大理岩中已揭露的地下水流量大于 50L/s 涌水点 18 个，其中 1#洞 7 个、2#洞 5 个、3#洞 2 个、4#洞 4 个；其中大于 $1m^3/s$ 涌水点共 3 处，分别位于桩号引（1）5+879～引（1）5+881.5、引（2）5+915～引（2）5+917、引（3）11+392 底板，初始最大流量分别为 $3.37m^3/s$、$2.5m^3/s$、$1.84m^3/s$。其引（1）5+879～引（1）5+881.5、引（2）5+519～引（2）5+917 涌水点在 4#横向排水洞掘进至 1#引水隧洞南侧边墙 30m 范围内时，涌水水量渐趋减少或干涸，现地下水集中于 4#横向排水洞，总涌水量约 $1.5m^3/s$。另引（3）9+441 出水点在东端各大出水点封堵后，其汛期的最大流量由去年的 290L/s 增大至 $2.44m^3/s$。

（3）引水隧洞西端涌水情况

引水隧洞西端近岸坡地下水主要集中在杂谷脑组大理岩层内，表现为岩溶管道水和少量裂隙水。其中岸坡浅部（0～800m）岩溶管道水单点最大初始流量为 100～200L/s，并迅速衰减为 10L/s 左右，最后稳定水量 1～2L/s（枯水期）；裂隙水主要表现为小流量线状-淋雨状、渗滴水几种出水形式，股状涌水少见，且出水量一般小于 1L/s。

引水隧洞西端大于 50L/s 的水点仅为 6 处，大于 $1m^3/s$ 的涌水点达 1 个，位于引（1）1+487～引（1）1+492 底板，岩性为 T_2z 灰白色角砾、条带状大理岩，沿 NWW 向断层的溶穴及溶洞涌出，其初始最大流量约 $3m^3/s$，现流量仅为 30L/s，表明其补给源有限，主要为静水储量。

3）隧洞涌水情况的水文地质解释

隧洞洞线穿越了介质类型、岩溶水结构类型和水动力条件都有很大差异的岩溶水文地质单元和非可溶岩段。洞线中连续状纯大理岩段长 10km，间层状大理岩段长 4.5km，非可溶岩段长 1.7km。从岩体物理性状及其围压条件的基本规律和工程区实际勘探资料证实，完整大理岩基本不透水，其岩体渗透性和岩溶发育也随埋深的增大而减弱。所以受地质构造控制的溶蚀裂隙将是隧洞涌水的关键因素。具体地说，即 NNE 向和 NWW 向为主的构造网络（断层或大裂隙）的碎裂情况和溶蚀开启程度及其与岩溶"双层多重"介质的"上层"岩溶水的连通状况将始终控制整个引水隧洞的涌水状况。并且存在 600～900m 的高水头条件，使得涌水预测变得更加复杂和困难。

洞线处于高山峡谷型岩溶区，工程部位总体岩溶发育微弱。岩溶发育程度是中部相对较强，两侧比中部弱；上部较强，下部微弱。工程区东部为盐塘组地层，岩溶形态为溶蚀型，在洞线高程上为中小溶隙介质。工程区西部发育有落水洞背斜，地层为杂谷脑组大理岩，该区岩溶发育程度总体较弱，具有较明显的垂直分带，岩溶形态以溶蚀裂隙为主，溶蚀裂隙发育密度很小。中部白山组大理岩岩溶发育受两大泉地下水循环深度的控制，在高程 1730～1870m 以下岩溶发育微弱，为中小型的溶隙介质。

由于东端所发生的集中涌水主要来自Ⅰ单元的补给，已对工程区水文地质环境产生了影响。西端杂谷脑组大理岩所发生的集中涌水主要为岩体内的静水储量，涌水水量的衰减普遍较快，对工程区的水文地质影响不显著。

从已发生涌水的情况及涌水水源的角度分析，将隧洞内不同含水岩体及地质体内发生涌水的几种不同情况的成因分析如下。

（1）发生于碳酸盐岩与非碳酸盐岩层接触带。工程区内碳酸盐岩与非碳酸盐岩相间分布，在两种岩类接触带，岩溶水交替活动强烈，岩溶发育，形成一系列的竖井、落水洞、溶蚀裂隙及上升泉等岩溶形态，一旦开挖隧道揭露该类地质体，便会造成大规模的涌水现象。

（2）发生于断层破碎带。由于断裂的存在，岩层破碎，结构疏松，且断层角砾之间存在着较大的孔隙、裂隙及断层，为地下水的活动提供了场所。一般情况下，在正断层的破碎带、逆断层的上盘或下盘及节理裂隙特别发育处，非常有利于地下水的聚集，容易发生涌水现象。在断层破碎带发生涌水情况往往与岩溶发育情况及裂隙带紧密结合。

（3）发生于裂隙带。裂隙带往往与断层褶皱相伴而生，断层破碎带裂隙发育，而对于非断层地带的脆性岩类，往往在大的地质构造作用下容易产生脆性破坏而发育一系列的节理裂隙，以各种组合形式存在的节理裂隙成为地下水的良好通道，如果开挖之前存在稳定的水源充满裂隙，一旦开挖至此，就会发生劈裂及突发的涌水灾害。

涌水灾害属隧道施工过程中遇到的流体地质灾害类型之一，受多方面因素控制，使得涌水的成因比较复杂，尤其是在深埋特长隧道中的涌水又有其特殊性致使其发生原因更加复杂，因此以上所描述的隧道涌水成因类型常常不是单一存在的，而是多种组合因素叠加同时存在的。

10.3.1.3　涌水类型分析

涌水主要以岩溶裂隙与管道（溶洞）集中涌水和高压喷水等形式出现，主涌水点常出现在掌子面或靠近掌子面的隧洞顶部、底部或掌子面与洞壁的交接部位，且大都从岩体结构面、溶蚀破碎带及断层、管道与溶洞中喷出。隧洞涌水地质条件见表10.16。

表 10.16　隧洞涌水地质条件

性质	途径	补给程度	流量/(m³/s)		动态	其他
			瞬时	稳定		
集中管隙状突水	溶蚀管隙（开口大管隙）	近无限补给	1.5~7	1~2	稳定	排泄畅
多股的袋装喷射涌水	溶蚀裂隙、构造裂隙	近无限补给	0.5~1.5	0.5~1.0	稳定	排泄不畅
集中股状涌水	构造断裂、溶蚀裂隙	有限补给	1~2	0.02~0.2	不稳定	排泄畅
带状或股状涌水渗水	构造裂隙、风化裂隙层面、溶孔	有限补给	<0.05	0~0.02	不稳定	

根据统计分析，地下洞室施工期洞内涌水类型主要有集中大流量涌水、高压涌突水、线状流水和渗滴水三类，具体型式如下。

（1）集中大流量涌水：涌水量相对较大、并存在一定的压力。该段划分标准为某一洞段（根据裂隙结构面贯通性划分）总流量：$50L/s \leqslant Q_总 \leqslant 500L/s$；单点流量：$20L/s \leqslant Q_单 \leqslant 300L/s$。

（2）高压涌突水：涌水流量大、压力高，单点流量 $Q_单 \geqslant 500L/s$。

（3）线状流水和渗滴水：出现在破碎带或节理裂隙发育洞段，涌水压力不高，但涌水面大，对辅助洞运行有一定影响。该段划分标准为某一洞段（根据裂隙结构面贯通性划分）总流量 $Q_总 \leqslant 50L/s$ 或单点流量 $5L/s \leqslant Q_单 \leqslant 20L/s$。渗滴水型出水，其量少、水压力低。

10.3.1.4　隧洞涌水特征

岩溶涌水是指处于可溶岩区的水工建筑物基坑、地下洞室等在施工开挖过程中引起的集中涌水现象。

涌水的来源主要有以下三个方面。

（1）岩溶条件：岩溶水往往沿可溶岩与非可溶岩接触带发育岩溶现象，易形成岩溶泉或暗河，施工开挖后易发生带状涌水；可溶岩中的不整合界面、断层带、断层交汇带、破碎带、节理密集带等形成的构造型溶蚀带是岩溶涌水的主要部位，地下水往往沿此集中径流和排泄；对于岩溶地下管道或暗河系统，地下水位以下的管道或暗河常年有水，施工一旦揭露即会涌水；相对封闭的地下大型集水洞穴或管道，处于溶蚀退化阶段，下部发生淤塞和集水，一旦击穿会发生大量的突水和涌泥涌水。

（2）水动力条件：地下洞室处于地下水位以上，处于地下水入渗补给途径中，一般发生季节性涌水；地下洞室处于地下水位以下时，会发生常年涌水，按出流型式分溶隙型涌水和管道型涌水；地下洞室开挖引起周围地下水位下降，邻河侧河或沟谷水补给地下水，发生地表水沿岩溶管道倒灌。

（3）施工揭露条件：当地下洞室等施工开挖揭露岩溶洞穴或管道水时，将产生岩溶涌水。

影响隧洞涌水量的因素主要有围岩渗透特征、洞室尺寸、地下水位高度、衬砌及注浆圈渗透性、隧洞含水层厚度及洞室形状等。造成涌水的常见不良地质条件是断层、大型岩溶（管道或溶蚀裂隙）等。施工实践表明，锦屏地下洞室群大流量涌水部位主要位于可溶岩与非可溶岩接触界面，特别是白山组和盐塘组的交界部位；断层、褶皱核部位置；近NWW向和NNE向结构面的相交处；结构面与岩层层面的交接部位，特别是岩溶裂隙密集带和断层揭露处等。其涌水规律特征如下。

（1）在洞室施工过程中涌（突）水时一般携带有大量的粉细砂及黏质粉土，即发生涌泥、涌沙现象。此类洞段一般受2～3组结构面交切，并沿一组张扭性结构面发生溶蚀，形成一定体积容量的溶蚀空洞或空腔，由内向外涌出褐黄色泥质、粉砂及碎石块等，初期涌水浑浊，随后变清。

（2）涌水洞段的出水构造统计表明，工程区的出水构造按走向来划分主要有NEE-NWW向及近SN向两组。NEE-NWW向多为张扭性结构面，为主要出水构造，近SN向则主要是顺层发育，尤其在埋藏浅部和背斜核部。

（3）隧洞东端涌水类型一般属初期涌水→衰减涌水→稳定涌水，存在较明显的初始压力衰减阶段，但其后则保持一个较稳定的流量动态，因为不仅有大的静水储量，而且有稳定的补给来源；隧洞西端由于没有稳定的补给来源，涌水衰减较快，最后渗流水甚至干枯；个别涌水如辅助洞东端 AK13+520 ~ AK13+489 涌水点属初期涌水→涌水递增→稳定涌水类型，显示涌水通道从阻塞→畅通，并有稳定的补给来源。

（4）隧洞东端大部处于工程区东部溶隙–裂隙散流型水文地质单元（Ⅲ），该含水单元的地下水补给来源较丰富，除Ⅲ单元补给以外，尚有Ⅰ单元的越界补给，故施工过程中遭遇大的突涌水的概率较西端高。

（5）隧洞西端杂谷脑组大理岩的涌水点初期渗水量虽然较大，但由于都没有恒定和充足的补给源，因此涌水量均衰减较快、最终水量均较小。

（6）隧洞中部白山组地层地下水有恒定和充足的补给源，水量稳定，但因隧洞埋深大，其岩溶相对不发育，溶蚀裂隙宽度较小，单点涌水量均不大。

10.3.2　深埋隧洞高压涌水治理

10.3.2.1　深埋隧洞高压涌水治理原则

深埋隧洞高压涌水治理的原则主要如下：

（1）因地制宜，综合治理。在隧洞施工过程中，应有系统的排水措施，以保证施工安全。

（2）结合隧洞降低外水压力的措施进行处理。

（3）治理涌水应考虑多方面的影响，防止因隧洞排水而产生的地面塌陷或工业及生活用水干枯等不良影响。

10.3.2.2　深埋隧洞高压涌水治理措施

根据统计分析，施工期洞内出水形式主要有集中大流量涌水、高压涌突水、线状流水和渗滴水三类。本书分别选取引流导洞封堵、分流减压封堵、高压堵水灌浆三种处理措施。

1）引流导洞封堵

对于集中大流量涌水，应采用引流导洞封堵。处理方式主要分为"排、控、堵"三个过程：①"排"，首先通过工程措施（如开挖分流导洞），将大涌水从主要工作区或交通要道引开，排入施工排水洞内；②"控"，通过工程措施（如安装导流钢管）将大涌水进行控制，做到可自如地关闭和排放；③"堵"，当工程上不需要继续排水减压时，可对大涌水进行封堵，从而彻底解决大涌水的问题。

2）分流减压封堵

对于高压涌突水的处理采用"分流减压"方案，以降低施工难度和施工风险，最终达到封堵地下涌水的目的。"分流减压"方案的具体做法为：第一步，根据围岩和出水情况，有针对性地在出水部位附近进行钻孔，降低出水压力；第二步，进行深部高压固结灌浆。待周围固结好形成一定的抗压功能后，利用引排孔进行原孔灌浆，达到完全封堵的目的。

3）高压堵水灌浆

对局部集中的、出水结构连通性差的线状流水和渗滴水出水渗漏岩体结构面采用局部封堵处理，即封堵隧洞周边围岩地下出水裂隙，减少渗水量的灌浆工程措施。局部封堵处理根据裂隙结构面的走向、产状布置封堵灌浆孔，使钻孔与裂隙在不同深度斜向相交，以通过灌浆施工，将该涌水点出露的主裂隙充填满水泥浆液，在较大的范围内，堵塞涌水通道。通过封堵灌浆，形成一个环状防渗固结体，达到一定的防渗厚度，确保隧洞在安全状态下运行。

对于出水流量大、出水构造连通性好的线状流水和渗滴水出水段，采用系统高压固结灌浆处理。目的是通过系统、全断面布置固结灌浆，封闭岩体渗水裂隙和通道，增强围岩抗渗性和长期渗透稳定性，从而减免外水内渗，防止围岩发生水力渗透破坏。为保证围岩形成分层承载结构，可采用孔内分段灌浆施工工艺。使外层围岩固结灌浆圈渗透系数相对较小，把高压地下水尽可能阻隔在远离隧洞临空面的外圈，而在保证围岩渗透稳定的前提下，使邻近隧洞临空面的内圈围岩适当加大渗透系数而自然减压，保证隧洞近临空面结构外压承载安全。系统高压固结灌浆同样采取先灌低压力出水点，后灌高压力出水点，从集中出水点两侧拉拢施灌，灌浆洞段长度应保证集中大涌水点封堵后不造成岩石劈裂和发生水力渗透破坏。

10.3.2.3　深埋隧洞高压涌水治理实例

2005 年 3 月 30 日，A 线辅助洞掘进至 AK14+760 桩号，掌子面左侧边墙下部涌出高压水，初始涌水量约 5.0m³/s，水质浑浊，掌子面后方 380m（断面宽 6.0m，下同）处水流平均流速 1.27m/s，水温约 11°C。2005 年 4 月 8 日后流量基本趋于稳定，实测流量 2.5m³/s，掌子面后方 380m 处水流平均流速约 0.92 m/s。据对 A 线辅助洞大涌水点部位观察，掌子面左侧边墙下部发育一组结构面 N70°E，NW∠52°，其中一条结构面宽 0.6 ~ 1.3m，带内充填碎裂岩块，直径为 0.2 ~ 20cm，沿面溶蚀，铁锰质渲染。由于在高外水压力（约 5MPa）作用下，岩塞沿结构面破坏，形成宽 1.0 ~ 1.3m、高约 2.8m（水下 1.7m）、深 4.2m 的出水口。

A 洞大流量涌水后，相邻的 B 洞掌子面多处出水点水质由原来的清澈变浑浊，流量和压力也有明显的下降，其中掌子面后方的超前孔喷水距离由初期的 6m 降为不到 4m，B 洞各出水点总流量由原来的 0.62m³/s 降为 0.47m³/s；比辅助洞高程低约 200m 的 5km 长探洞 2+845 及 3+500 两个堵头水压力也发生了明显的变化，2+845 堵头压力表读数由原先的 7.4MPa 降为 4.5MPa，3+500 堵头压力表读数由原先的 7.7MPa 降为 7.6MPa。

根据现场施工条件和出水情况，提出"分流导洞直接封堵"方案，即在距涌水点 30m 处开挖 A-1#涌水处理导洞，导洞高程略低于 A 洞高程，涌水沿导洞内预先安装好的钢管外泄，A 洞浇筑衬砌混凝土，施工方案如图 10.32 ~ 图 10.34 所示，该方案封堵程序及主要施工技术要求如下：

（1）开挖 A-1#涌水处理导洞（进一步揭露出水口地形、地质条件），并安装导洞压力钢管（DN1000 低压钢管、DN350 低压及高压钢管）及阀门（DN1000 低压蝶阀、DN350 高压闸阀）。

（2）浇筑堵头一期混凝土并进行回填、固结灌浆，回填灌浆压力不小于 1.0MPa，固结灌浆终孔压力为 8.0MPa。

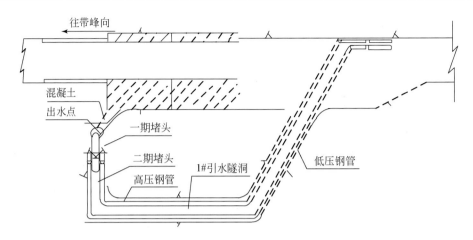

图 10.32　引流方案平面布置图

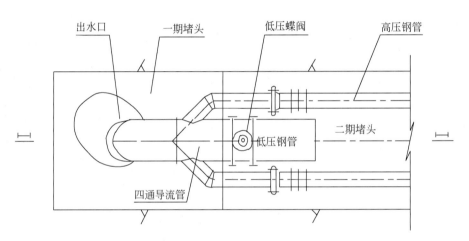

图 10.33　一期堵头详图

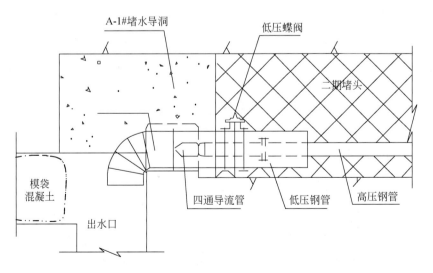

图 10.34　I-I′剖面图

（3）施工出水洞模袋围堰，为 A 洞衬砌混凝土施工提供条件，模袋围堰灌浆是 A 洞大涌水点封堵工程施工的重点和难点，为此要求施工单位先进行模袋围堰灌浆试验。

（4）A 洞衬砌段混凝土浇筑，并进行回填、固结灌浆，回填灌浆压力为 0.5MPa，固结灌浆终孔压力为 8.0MPa。

（5）关闭 DN1000 低压蝶阀，浇筑堵头二期混凝土并进行回填、固结灌浆，回填灌浆压力不小于 1.0MPa，固结灌浆终孔压力为 8.0MPa。

（6）关闭 DN350 高压闸阀，拆除高压闸阀后的压力钢管，AK14+762 掌子面大涌水点封堵工程完工。

2005 年 8 月初进行 A-1#涌水处理导洞开挖，于 2005 年 10 月完成 A-1#涌水处理导洞开挖、模袋围堰灌浆试验、一期堵头混凝土浇筑及回填灌浆、压力钢管及阀门安装等工序，至 2006 年 3 月 15 日已完成 AK14+921～AK14+984 与 AK14+828～AK14+801 两段的堵水灌浆和固结灌浆及 AK14+738～AK14+758 衬砌混凝土底板浇注。

此外，对于隧洞存在的外水压力采用系统防渗固结灌浆+衬砌+浅层排水"处理措施。锦屏二级水电站地下洞室群采用"以堵为主，堵排结合"的方式，通过采用超前预注浆（超前长导管预注浆或超前平导管预注浆）和局部地带二次高压固结灌浆，使隧洞周边形成一定厚度固结灌浆圈，使之成为承载高外水压力和地应力的主要结构，从而保证隧洞衬砌结构的安全。为使固结灌浆圈承受大部分外水压力，必须保证加固圈和衬背之间排水条件良好。可以采用在隧洞衬砌上钻孔排水，在衬砌与围岩之间设盲沟或排水槽排水，或在隧洞上部或侧面设平行导洞并钻深孔排水等方法，及时排走从固结灌浆圈渗透到衬背的水量，阻止衬背外水压力的增长。隧洞内水放空后，围岩仅出现微小的裂纹。

10.4　开挖验证及评价

隧洞开挖揭露出的岩溶发育及涌水量实测数据验证了前期工程区岩溶发育程度分区、岩溶水文地质单元划分及水文地质单元岩溶地下水补径排关系的研究结论，工程区深埋长隧洞群的瞬时最大涌水量和稳定涌水量实测值总体上与预测值吻合，上述研究成果对于施工中地下水控制、涌水封堵、围岩支护加固及减轻工程区水文地质环境不良影响发挥了重要作用。同时，也验证了基于前期多种勘探方法及后期多种试验、观测方法对高山峡谷区水电工程岩溶水文地质研究预测是一种合理有效的方法。

10.4.1　岩溶发育

针对在辅助洞、施工排水洞、引水隧洞、高压竖井、高压管道下平段部位均揭露出不同规模和形态的岩溶现象，自 2008 年持续开展东、西端近岸坡岩溶补充勘察工作。从勘探成果及揭露情况分析，引水隧洞岩溶主要沿 NWW—NEE 向张性构造带、裂隙带发育，且受岩层产状、褶皱、断层和裂隙的控制，构造是岩溶发育的主控因素。工程区岩溶发育总体微弱，洞线高程的深部岩溶形态为溶蚀裂隙和岩溶管道，不存在地下暗河及厅堂式大型岩溶形态；但锦屏山两侧岸坡地带局部岩溶相对发育。

10.4.2　涌水及外水压力

长探洞、辅助洞、引水隧洞、施工排水洞的施工过程中曾多次出现大涌水，人类活动也是地下水排泄的另一种方式。在锦屏 7 条长大隧洞施工过程中所揭露的大量人工地下水排泄点，使磨房沟泉全年干枯、老庄子泉呈季节性干枯，但由于泸宁泉、沃底泉远离工程区，两泉流量未受影响。

1）引水隧洞涌水

西部（西端杂谷脑组）出水带的涌水，具有初始流量大，稳定流量小的特征，说明地下水的补给条件，初始突涌水的水源以岩溶空腔中储藏地下水为主，可推测西端岩溶相对发育，但连通性差。而中部、东部突大于 $1m^3/s$ 大突涌水点，具有水量稳定，雨季水量有明显增大的现象。这可说明中部、东部地下水之间都具有一定联系，在地下水漏斗下降后，地下水更多向主通道汇集，隧洞开挖完后，引水隧洞出水多数洞段变成干燥，但大突涌水的水量没有明显变化。

2）辅助洞涌水

自 2005 年以来，在辅助洞东端的施工中，曾出现 14 次流量大于 100L/s 的集中涌水，其中涌水量大于 $1m^3/s$ 共有三处，位于桩号 AK14+762、AK13+878、AK13+520，初始最大流量分别为 $5m^3/s$、$2.7m^3/s$、$1.26m^3/s$，并携带出大量的泥沙。

根据辅助洞揭露的地质情况，由于西端存在落水洞背斜，背斜核部为 T_1 绿砂岩、绿泥石片岩相对隔水层，两翼为富水性差异较大的 T_2z 大理岩。背斜西翼的大理岩分布洞段为 B 洞 BK0+718 ~ BK1+973 和 A 洞 AK0+691 ~ AK1+964，背斜东翼的大理岩分布洞段为 B 洞 BK2+588 ~ BK3+159 和 A 洞 AK2+577 ~ AK3+139。在辅助洞开挖前，其上部有统一的潜水面，具有较强的水力联系。

辅助洞开挖后，原平衡遭到人工渗流场的破坏，当分别掘进至 A 洞 AK1+117 及 AK1+245 ~ AK1+318、B 洞 BK1+118 ~ BK1+138 洞段时（西端第一水带），因深部水力联系较弱，形成多个涌水点，辅助洞中出现瞬时最大流量达 $5m^3/s$（BK1+138 处），但它们的衰减普遍较快，其两洞的稳定流量为 60L/s，表明该洞段地下水的补给源弱，水量有限。

3）外水压力

外水压力对引水隧洞的围岩和衬砌的稳定性有较大影响。根据长探洞三个出水带封堵后的实测水压力（表 10.17）显示，PD$_1$ 洞 3948m 出水构造 1996 年 3 月的水压力为 7.4MPa；PD$_1$ 洞 3500m 涌水构造和 PD$_2$ 洞 2845.5m 涌水构造的多年平均水压力分别为 8.60MPa 和 8.65MPa，两者水压力最大值出现在 1998 年（高山站年降水量达 1604.3mm），分别为 10.22MPa 和 10.12MPa。其最大水压力是平均水压力的 1.07 ~ 1.15 倍，与长探洞内流量的最大值和平均值的关系极为相近，显示了东部地带的外水压力特征。

表 10.17　长探洞封堵后实测水压力一览表　　（单位：MPa）

年份 \ 位置	PD₁洞3948m 出水构造		PD₁洞3500m 涌水构造			PD₂洞2845.5m 涌水构造		
	2 月	3 月	最大值	最小值	平均值	最大值	最小值	平均值
1996	7.42	7.40	8.35	—	—	—	—	—
1997	—	9.34	7.77	8.38	9.32	7.73	8.33	
1998	—	10.22	8.00	8.96	10.12	7.92	8.89	
1999	—	9.59	8.00	8.51	9.80	8.00	8.54	
2000	—	9.08	8.02	8.53	9.68	8.24	8.82	
2003		9.10	7.80	8.32	9.10	7.80	8.35	
2004		9.60	7.80	8.44	9.60	7.80	8.44	
2005		8.40	7.30	7.86	8.10	4.25	5.18	
平均		9.21	7.81	8.43	9.39	7.39	8.08	

10.4.3　地下水影响评价

锦屏二级水电站7条横穿锦屏山的深埋隧洞的实施，在一定程度上可能破坏原有锦屏山地下水循环系统的局部平衡，具体上来说可能会引起区域地下水位下降、局部岩溶塌陷等问题。针对锦屏二级水电工程，隧洞群的开挖将会揭露不同含水地层，如不合理及时处理就可能会出现区域地下水位下降、泉水断流等问题。例如，辅助洞、引水隧洞、施工排水洞施工发生涌水后，对磨房沟泉、老庄子泉已产生了显著影响。

施工期间根据隧洞涌水形式，选取了引流导洞封堵、分流减压封堵、高压堵水灌浆等处理措施，对地下涌突水进行了有效控制。同时在锦屏山和各隧洞处布置了地表水及地下水长期观测系统，经过有效的工程控制及地下水系统的调整，锦屏二级水电站引水隧洞区地下水系统已趋于新的稳定状态。

主要参考文献

陈葆仁.1988.地下水动态及其预测.北京:科学出版社

陈葆仁,洪再吉,汪福炘.1998.地下水动态及其预测.北京:科学出版社

陈南祥,杨素珍,韩玉平.1999.隧洞涌(突)水分析与防治.华北水利水电学院报,20(1):28-31

崔冠英,朱济祥.2008.水利工程地质(第4版).北京:中国水利水电出版社

董兴文.1991.用岩溶水动态曲线分析计算渗入系数的研讨.四川地质学报,11(2):135-140

龚自珍,王珽,覃有强.1994.锦屏水电工程区岩溶水化学研究.水文地质工程地质,(4):41-47

何才华.2003.论新构造运动.贵州师范大学学报(自然科学版),21(2):58-63

华东勘测设计研究院.1994.锦屏二级水电站岩溶水示踪试验

华东勘测设计研究院.2005.雅砻江锦屏二级水电站可行性研究报告(3 工程地质)

华东勘测设计研究院.2006.雅砻江锦屏深埋长隧洞岩溶水文地质研究及应用

华东勘测设计研究院.2007.锦屏辅助洞(引水隧洞)施工期涌水对水文地质影响研究专题报告

华东勘测设计研究院.2008.雅砻江锦屏二级水电站东端岸坡岩溶工程地质勘察报告

华东勘测设计研究院.2009a.锦屏二级水电站辅助洞和引水隧洞施工期涌水对周边影响处理方案专题报告

华东勘测设计研究院.2009b.雅砻江锦屏二级水电站东端引水系统岩溶处理设计专题报告

华东勘测设计研究院.2012.雅砻江锦屏二级水电站引水系统岩溶水文地质勘察报告(技施阶段)

黄保健,张之淦,陈伟海,高明刚,齐继祥,单治钢.1995.高山峡谷区岩溶水示踪试验——以川西锦屏地区为例.中国岩溶,(4):362-371

黄敬熙.1982.流量衰减方程及其应用——以洛塔岩溶盆地为例.中国岩溶,(2):118-126

刘崧.1997.物探方法在岩溶勘查中的应用综述.地质科技情报,16(2):85-91

卢耀如.1999.岩溶水文地质环境演化与工程效应研究.北京:科学出版社

卢耀如,杰显义,张上林.1973.中国岩溶(喀斯特)发育规律及其若干水文地质工程地质条件.地质学报,(1):121-136

马祖陆,周春宏,张之淦,黄俊杰.2006.四川锦屏落水洞岩溶地下水示踪.中国岩溶,(3):201-210

毛昶熙.2003.渗流计算分析与控制(第2版).北京:中国水利水电出版社

潘亨永,王仲龙.1990.引水隧洞沿线岩溶分布规律及隧洞涌水地质分析.水利水电技术,(3):30-33

裴建国,陶友良,童长水.1993.焦作地区天然水环境同位素组成及其在岩溶水文地质中的应用.中国岩溶,12(1):45-53

彭土标.2011.水力发电工程地质手册.北京:中国水利水电出版社

任美锷.1983.岩溶学概论.北京:商务印书馆

任美锷,刘振中,飞燕.1979.中国岩溶发育规律的若干问题.南京大学学报(自然科学版),15(4):95-108

任旭华,束加庆,单治钢,刘勇.2009.锦屏二级水电站隧洞群施工期地下水运移、影响及控制研究.岩石力学与工程学报,(S1):2891-2897

任雪梅,陈忠,罗丽霞.2003.夷平面研究综述.地理科学,23(1):107-111

单治钢.2009.锦屏二级深埋隧洞岩溶发育程度的宏观地质预报及其验证.山东大学学报(工学版),

39（s2）：96-100

单治钢，张宁．1993．锦屏二级水电站引水线路区岩溶发育规律的初步研究．水力发电，（8）：20-25+29

沈照理．1993．水文地球化学基础．北京：地质出版社

沈照理，刘光亚，杨成田，孙世雄，陈葆仁．1985．水文地质学．北京：科学出版社

孙广忠．1993．工程地质与地质工程．北京：地震出版社

孙恭顺，梅正星．1988．实用地下水连通试验方法．贵阳：贵州人民出版社

谭周地，李广杰，何满朝．1984．河谷深岩溶的发育分布规律．长春地质学院院报，（1）：63-72

铁道部第二勘测设计院．1984．岩溶工程地质．北京：中国铁道出版社

铁道第一勘察设计院．2004．铁路工程水文地质勘察规程（TB10049—2004）．北京：中国铁道出版社

王怀颖，袁志梅，王瑞久．1994．岩溶地下水流系统和同位素地球化学研究．北京：地质出版社

王思敬，杨志法，刘竹华．1984．地下工程岩体稳定分析．北京：科学出版社

王运生，黄润秋，严明．2001．雅砻江大河湾地区区域地貌演化．成都理工学院学报，28（s1）：210-213

吴吉春，薛禹群．2009．地下水动力学．北京：中国水利水电出版社

熊道锟．2004．岩溶发育垂直分带及其工程地质意义．四川地质学报，24（2）：95-98

杨立铮，刘俊业．1979．试用示踪剂浓度-时间曲线分析岩溶管道的结构特征．成都地质学院学报，（4）：44-49

叶定衡，王新政，赵玉敏．1995．中国新构造运动基本特征．中国地质科学院地质力学研究所所刊，16：77-81

袁道先．1993．中国岩溶学．北京：地质出版社

袁道先．1998．论岩溶环境系统．中国岩溶，7（3）：179-186

曾贤薇．2009．其宗水电站坝址区岩溶发育特征及岩溶水系统研究．成都理工大学博士学位论文

张春生．2007．雅砻江锦屏二级水电站引水隧洞关键技术问题研究．中国勘察设计，（8）：41-44

张建岭．2012．雅砻江中游地貌特征及演化．成都理工大学博士学位论文

张祯武．1990．岩溶地下水管流场类型与示踪曲线的对应关系及在生产中的应用．中国岩溶，9（3）：211-218

张祯武，邹成杰．1995．岩溶地下水分散流场示踪探测原理及其在水库渗漏研究中的应用．中国岩溶，14（3）：251-260

章程，袁道先，曹建华，蒋忠诚．2004．典型表层岩溶泉短时间尺度动态变化规律研究．地球学报，25（4）：467-471

中国地质调查局．2012．水文地质手册（第二版）．北京：地质出版社

中国地质科学院岩溶地质研究所．1996．锦屏二级水电站94岩溶水示踪试验模拟研究

中国科学院地质研究所岩溶研究组．1979．中国岩溶研究．北京：科学出版社

中华人民共和国国家标准编写组．2006．水利水电工程岩溶工程地质勘察技术规程（DL/T 5338-2006）．北京：中国计划出版社

中华人民共和国水利部．2002．水工隧洞设计规范（SL 279—2002）．北京：中国计划出版社

中国地质调查局．2012．水文地质手册（第二版）．北京：地质出版社

周创兵，陈益峰，姜清辉，卢文波．2008．复杂岩体多场广义耦合分析导论．北京：中国水利水电出版社

周春宏．2005．深埋长隧洞地质超前预报技术．地质灾害与环境保护，（4）：419-424

卓宝熙．2008．中国工程地质遥感技术应用特点与若干问题探讨．中国工程学报，10（3）：87-92

邹成杰．1994．水利水电岩溶工程地质．北京：水利电力出版社

朱岳明．1997．Darcy渗流量计算的等效结点流量法．河海大学学报（自然科学版），（4）：105-108

Boning C W. 1974. Generalization of stream travel rates and dispersion characteristics from time-of-travel measurements. U. S. Geological Survey Journal of Research, 2 (4): 495-499

Boussinesq J. 1904. Recherches théoriques sur l'écoulement des nappes d'eau infiltrées dans le sol et sur le débit des sources. Journal De Mathématiques Pures Et Appliquées, 5 (10): 363-394

Clark I D, Fritz P. 1997. Environmental Isotopes in Hydrogeology. Boca Raton: CRC Press

Craig H. 1961. Isotopic variations in meteoric waters. Science, 133 (3465): 1702-1703

Field M S, Wilhelm R G, Quinlan J F, et al. 1995. An assessment of the potential adverse properties of fluorescent tracer dyes used for groundwater tracing. Environmental Monitoring & Assessment, 38 (1): 75-96

Forkasiewicz M J, Paloc H. 1967. Régime de tarissement de la foux- de- la- vis (Gard) étude préliminaire. La Houille Blanche, 3 (1): 29-36

Gong Z Z. 1996. Application of hydrogen oxygen isotopes in karst hydrogeology of the Jinping Hydropower Station. 中国岩溶, 15 (1-2): 189-199

Kilpatrick F A, Wilson J F J. 1989. Measurement of time of travel in streams by dye tracing. U. S. G. P. O. For sale by the Books and Open- File Reports Section

Maloszewski P. 1993. Mathematical modelling of tracer experiments in fissured aquifers. Professur fur Hydrologie Universiteit Freiburg i Br

Małoszewski P, Zuber A. 1982. Determining the turnover time of groundwater systems with the aid of environmental tracers: 1. Models and their applicability. Journal of Hydrology, 57 (3): 207-231

Małoszewski P, Zuber A. 1985. On the theory of tracer experiments in fissured rocks with a porous matrix. Journal of Hydrology, 79 (3): 333-358

Maloszewski P, Zuber A. 1991. Influence of matrix diffusion and exchange reactions on radiocarbon ages in fissured carbonate aquifers. Water Resources Research, 27 (8): 1937-1945

Maloszewski P, Zuber A. 1996. Lumped parameter models for the interpretation of environmental tracer data. Manual on mathematical models in isotope hydrology, IAEA- TECDOC, 910: 9-50

Małoszewski P, Rauert W, Stichler W, et al. 1983. Application of flow models in an alpine catchment area using tritium and deuterium data. Journal of Hydrology, 66 (1): 319-330

Maloszewski P, Rauert W, Trimborn P, et al. 1992. Isotope hydrological study of mean transit times in an alpine basin (Wimbachtal, Germany). Journal of Hydrology, 140 (1): 343-360

Mero F. 1963. Application of the Groundwater Depletion Curves in Analyzing and Forecasting Spring Discharges Influenced by Well Fields // Symposium on Surface Waters, General Assembly of Berkeley of IUGG, IAHS, 107-117

Maillet E. 2011. Essais d'Hydraulique Souterraine et Fluviale. Nature, 72 (1854): 25-26

Mero J L. 1964. Section of geological sciences: Mineral resources of the sea. Transactions of the New York Academy of Sciences, 26 (5): 525-544

Taylor K R. 1986. Traveltime and dispersion in the Shenandoah River and its tributaries, Waynesboro, Virginia, to Harpers Ferry, West Virginia. Water- resources investigations report (USA)